完美讲堂

3ds Max 游戏美术设计与制作技法精讲

李梁 杨桂民 李淑婷 编著

人民邮电出版社
北京

图书在版编目（CIP）数据

完美讲堂3ds Max游戏美术设计与制作技法精讲 / 李梁，杨桂民，李淑婷编著. -- 北京 : 人民邮电出版社，2019.4
ISBN 978-7-115-50025-0

Ⅰ. ①完… Ⅱ. ①李… ②杨… ③李… Ⅲ. ①三维动画软件 Ⅳ. ①TP391.414

中国版本图书馆CIP数据核字(2018)第249782号

内 容 提 要

本书通过一系列的案例，对游戏制作中所涉及的创建模型、拆分 UV、绘制贴图等流程和制作方法由浅入深地进行讲解。全书共 8 章，可以分为 3 部分。第 1 部分是基础入门，包括第 1 章至第 3 章，介绍游戏的分类和游戏制作中岗位的划分，讲解在游戏制作中常用的 3ds Max 软件的界面、基础操作等知识，以及建模过程中常用工具的参数设置和操作方法，再通过一个具体的弩车案例讲解了模型的制作思路和操作方法。第 2 部分为道具场景制作，包括第 4 章至第 6 章，主要通过宝箱、武器斧子、游戏场景模型和 3 转 2 场景案例来分解具体模型的创作思路、制作过程及制作完成后的渲染输出设置。第 3 部分主要是游戏角色的制作过程，包括第 7 章和第 8 章，分别以游戏中的男性和女性角色为例讲解游戏角色的身体、头部、头发、手部、装备、服饰模型等细节部分的制作过程。此外，还讲述了在完成模型后如何拆分角色的 UV 以及角色贴图的绘制等。

本书附赠学习资源，包括全部案例的素材文件和效果文件，以及操作演示讲解视频。

本书适合广大游戏美术人员、各类游戏培训机构，以及游戏设计专业的学生等阅读使用，也可以作为高等院校游戏设计相关专业的教辅图书及教师的参考图书。

◆ 编　　著　李　梁　杨桂民　李淑婷
　责任编辑　张丹阳
　责任印制　马振武
◆ 人民邮电出版社出版发行　　北京市丰台区成寿寺路 11 号
　邮编　100164　　电子邮件　315@ptpress.com.cn
　网址　http://www.ptpress.com.cn
　北京捷迅佳彩印刷有限公司印刷
◆ 开本：787×1092　1/16
　印张：18.75　　2019 年 4 月第 1 版
　字数：585 千字　　2025 年 1 月北京第 23 次印刷

定价：98.00 元

读者服务热线：(010) 81055410　印装质量热线：(010) 81055316
反盗版热线：(010) 81055315
广告经营许可证：京东市监广登字 20170147 号

前言

在CG行业学习和工作了多年，在此期间有迷茫、有困难、有瓶颈，也有无助。只因喜欢，坚持到了现在，蓦然回首，一切都是美好的。

刚入行的时候，学习的过程中经常会遇到很多的问题和困难，自己尝试过很多方法都不能很好地解决。静下心来思考或是反复学习之后，不经意间通过其他的方法解决了问题，在这个过程中会有一些心得体会，也悟到了问题真正的解决方法。编写此书的目的就是希望可以把这些“不经意间”的内容传递下来，使后来的学习者可以少一些困难，少走些弯路，多一些学习的信心和乐趣。同时也希望能给新入行的朋友做一些指引和帮助。

随着影视娱乐、文化产业以及电子产品的兴起，大量的兴趣爱好者和具有相关专业背景的从业人员进入游戏或影视娱乐制作行业。这个行业在不断满足人们日益提高的文化娱乐要求的同时也为社会提供了大量的就业机会。在人们接受文化产业乃至科技成果带给大家欢娱享受的同时，大家是否想过，这些游戏是怎么制作的，这些电影效果是怎么实现的，使用了什么样的工具，制作过程是否像玩游戏一样有趣。在本书中我们会针对游戏画面的制作给大家一个答案，帮助大家在游戏制作的这条路上找到乐趣和捷径。

本书针对游戏美术制作的不同岗位做了不同类型的案例分析和经验分享，每一类案例都值得读者朋友们展开深入的学习与研究。

关于学习方法这里有一些小建议，在制作一个作品时，大家先按照书中所教授的方法来做，等到大家熟练地掌握了这个方法之后再发掘属于自己的制作方法和制作步骤。这样才能在制作模式中，结合前人的制作技能、经验以及理念不断地夯实基础、发现问题、规避风险，在短时间内，提高你的制作水平，加快成长速度。这样我们的努力也就有了真正的价值体现。

关于本书的编写，我们更是付出了大量心血。为了让读者更好地了解到这个行业的制作规则和制作项目的商业价值，我们精心挑选了符合行业制作要求的商业案例进行展示、分析，并以切片化的分析模式将案例打碎，更加系统、透彻地帮助大家梳理思路，找到方法。在特定的案例情境下，本书又结合了图片展示和视频教学，真正地让读者看懂、学会。我们以过来人的身份帮助读者朋友们找到乐趣、明确方向。随书附赠学习资源，包括全部案例的素材文件和效果文件，扫描“资源下载”二维码即可获得下载方法。读者扫描“在线视频”二维码还可观看高清语音教学视频。

资源下载

在线视频

最后和大家聊一聊本书适合哪些人群来参考、学习，这也是我们编写这本书的真实目的和意义所在。无论你是刚刚入行的初学者，还是业内从业多年的技术流，抑或是高校教授本专业的老师，本书都具有相当高的应用价值和参考价值。我们希望用我们的行业经验和案例分享，帮助你们在CG创作的道路上找到快乐、发现美好。

编者

2019年2月

目录

第 3 章　3ds Max建模基础 19

第 4 章　网络游戏道具制作 35

第 1 章

游戏设计基础知识

本章知识点

- 从制作技术上游戏的分类
- 游戏研发岗位的划分

1.1 游戏分类

按游戏制作技术不同，游戏可以分为2D游戏、2.5D游戏以及3D游戏三类。

2D游戏也称为二维游戏，游戏画面里出现的场景与角色多以图片的形式呈现，这样的游戏对游戏机的硬件要求不高，并且运行速度快。例如，《植物大战僵尸》，如图1-1所示。

图1-1

2.5D游戏是二维游戏向三维游戏过渡的一种制作技术，其主要制作方法是用三维软件进行建模，模型精度比较高，然后渲染出图，场景是一张视角不变的图片，角色用三维制作完成然后渲染出连续的单张动作，最后被程序逐一调用。这种游戏视觉效果更显逼真，既使用了二维游戏技术，又达到了三维效果，运算速度也快。例如，《神雕侠侣》，如图1-2所示。

图1－2

3D游戏是完全由三维软件进行建模，并且能将模型导入引擎实现实时互动的游戏。其视觉效果逼真、互动性强，但其对计算机的硬件配置要求较高。随着现代游戏设备的提升，3D游戏已成为现代的主流游戏。例如，《魔兽世界 》，如图1-3所示。

图1－3

1.2 游戏美术制作流程

游戏研发岗位主要分为策划组、美术组、程序组。其中美术组又分成2D组、3D模型组、动作特效组，如图1-4所示。

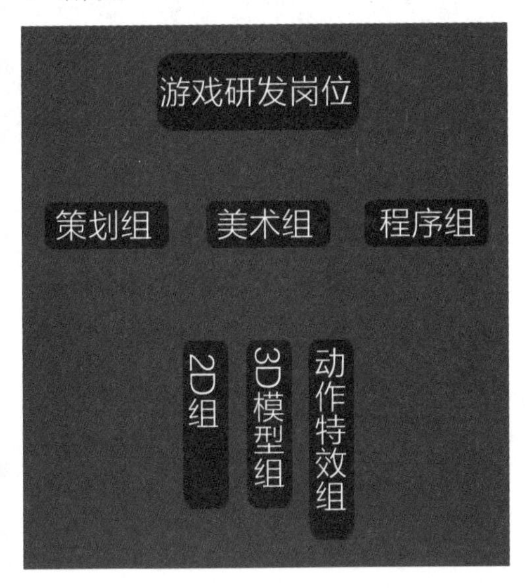

图1-4

游戏美术制作流程是首先由游戏策划组提出一套文字描述的游戏设计方案交给美术组；然后由美术组组长根据游戏类型确定美术风格，由2D组先将文字转化成概念性的氛围图，根据氛围图分解为角色原画、场景结构原画，以尽量满足3D制作的要求，3D模型组在收到2D组移交过来的原画图纸之后进行建模并且绘制贴图，动作特效组还要调整动作制作特效；最后将制作好的美术资源转交给程序组，所有美术资源供程序调用。

1.3 本章作业

不同的游戏类型有不同的制作规范与制作技术，了解游戏的类型才能根据要制作的游戏研发要求运用相应的游戏制作技术。找一款自己比较熟悉的游戏，分析一下是什么类型的游戏。

学习笔记

第2章 3ds Max软件基础

本章知识点

- 界面的布局
- 3ds Max的基础操作(创建不同的几何体、对几何体进行简单的修改，对几何体进行移动、旋转、缩放)

安装完3ds Max软件之后，在Windows界面上就会出现图2-1所示的图标。

图2-1

双击鼠标左键，软件将被打开，3ds Max的开机画面如图2-2所示。

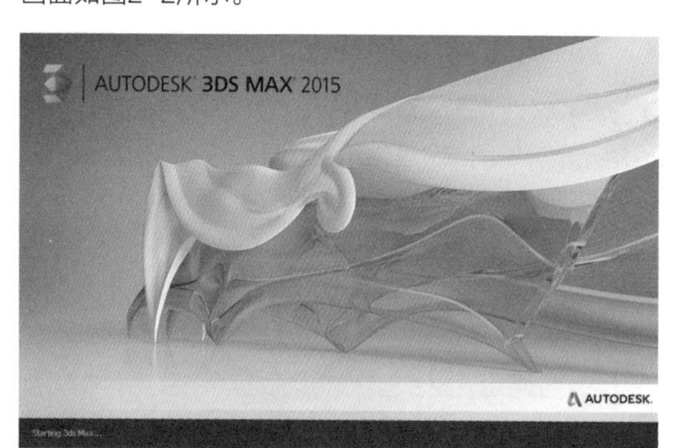

图2-2

2.1 3ds Max界面介绍

3ds Max 2015版本的界面如图2-3所示。

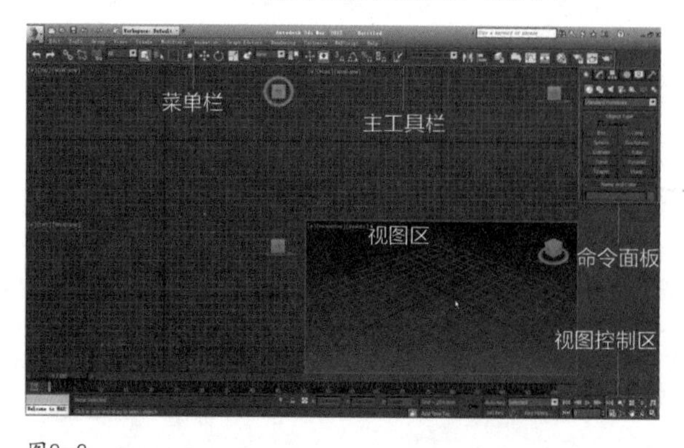

图2-3

红色框起来的区域为游戏建模常用的模块，分别为视图区、主工具栏、命令面板、菜单栏、视图控制区。其中视图区、主工具栏、命令面板会在后面重点介绍。菜单栏在制作模型过程中应用较少，视图控制区有相应的快捷键替代，所以这两部分作为次重点介绍。

2.1.1 视图区

视图区主要是方便用户从不同的角度去观察物体的状态。每个窗口的左上角都标注有观察角度，在默认情况下整个视图区显示的是Top-顶视图、Front-前视图、Left-左视图、Perspective-透视图。相应的快捷键就是他们的首字母，如图2-4所示。单击某个窗口该窗口边缘就会变成黄色线框，成为当前活动窗口。

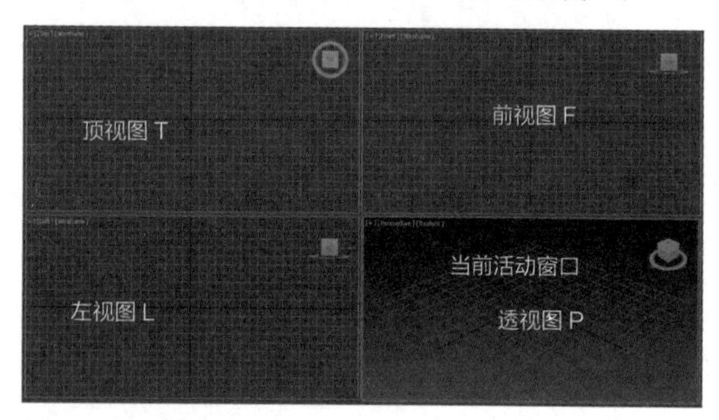

图2-4

为了便于观察可以将一个视图单独放大，选择一个视图按“Alt+W”组合键可以将当前活动的视图放大，如果想再次切换回4个视图的状态可以再次按“Alt+W”组合键。

在观察物体的时候需要放大缩小视图来观察物体，转动鼠标的中键滚轮可以操控视图放大、缩小。

在观察物体时需要转到物体的背后观察物体，按住“Alt+鼠标中键”然后拖曳鼠标指针可以操控视图旋转。

在观察物体时如果物体在视图窗口的边角上不便于观察，可以按住鼠标中键，然后拖曳鼠标指针操控视图平移。

2.1.2 命令面板

命令面板是右侧面板的总称，其中包括了创建面板、修改面板、层级面板、运动面板、显示面板、工具面板。命令面板是该软件的主要操作面板。当选择到某个面板时相应的面板的内容，就会弹出到最前面，如图2-5~图2-7所示。

图2-5 图2-6 图2-7

2.1.3 主工具栏和视图控制区

主工具栏涵盖了该软件的工具，这是制作模型过程中必不可少的一部分。主工具栏都是以图标形式呈现的，比较容易记忆，如图2-8所示。

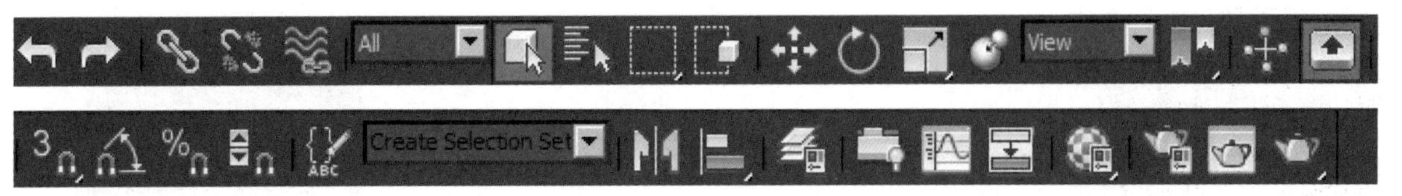

图2-8

视图控制区主要是对视图的放大、缩小、平移的一些操作，如图2-9所示。

图2-9

观察物体实际上是对视图的一种操作，一些常用的快捷操作如下。

单视图的放大缩小：-鼠标中间滚轮。

视图的平移：-按住鼠标中键拖动鼠标。

视图的旋转：-按住键盘上的Alt键同时按住鼠标中键移动鼠标。

为了便于观察，可以将一个视图放大，快捷键是“Alt+W”，再次按“Alt+W”组合键就会返回四视图状态。在单视图状态下可以通过T、F、L、P快捷键来切换不同的观察角度。

2.1.4 菜单栏

菜单栏涵盖了该软件的大部分功能，对于英文基础弱的用户来说从菜单栏入手会显得吃力，所以在本书的讲解中采用了其他的方式代替这部分的命令，也达到了同样的制作效果。个别的菜单会在后面讲解到。菜单栏如图2-10所示。

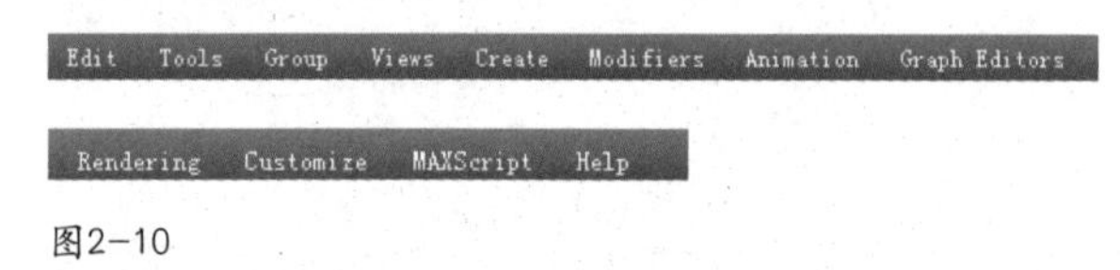

图2-10

2.2 3ds Max基础操作

2.2.1 创建物体

在创建面板下面第一排图标，罗列着不同对象的分类，分别为几何体、二维样条线、灯光、摄像机、助手、空间扭曲、系统。本节主要用到的是几何体、二维样条线、灯光和摄像机，如图2-11所示。

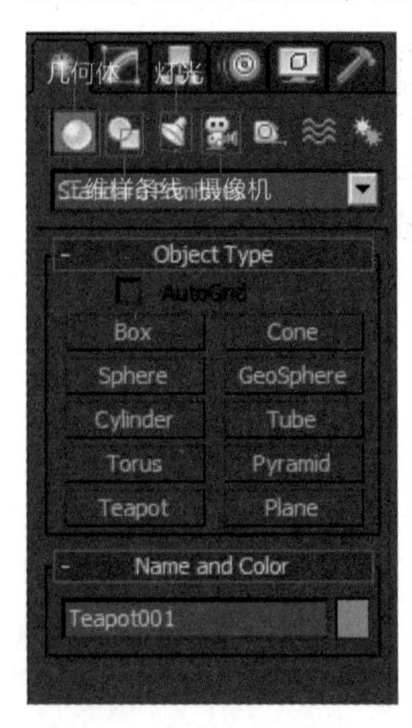

图2-11

进入不同的创建对象面板，将出现不同的子层级，如图2-12~图2-15所示。

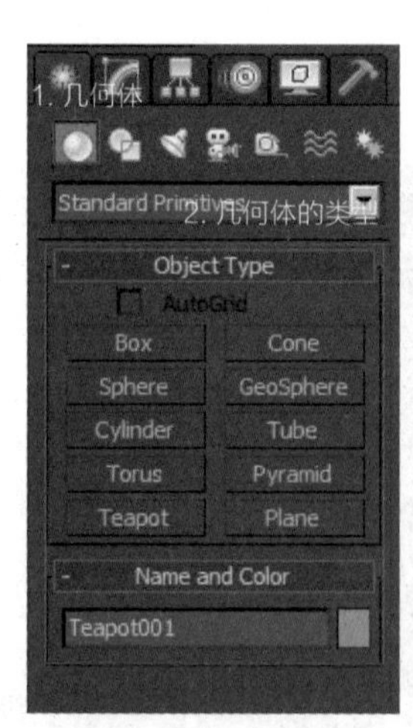

图2-12

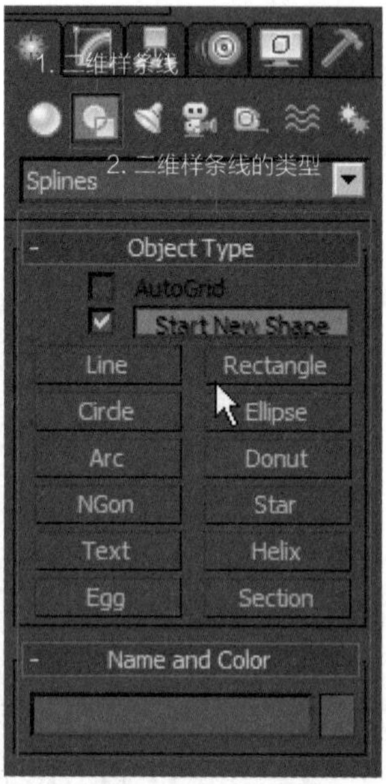

图2-13

图2-14

图2-15

几何体包括长方体、球体、圆柱体、圆环、面片等形体，如图2-16所示。

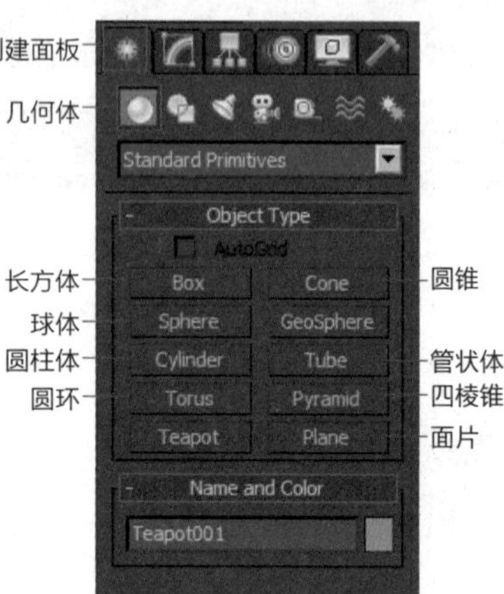

图2-16

创建长方体

单击激活想要创建的几何体，然后在视图中拖曳创建，本例中创建Box，如图2-17、图2-18所示。

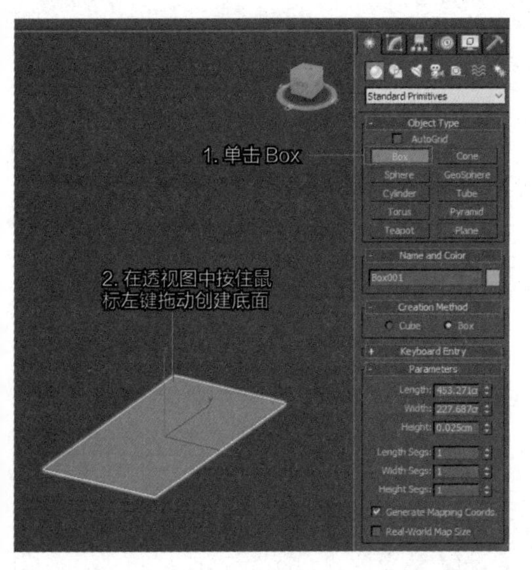

图2-17

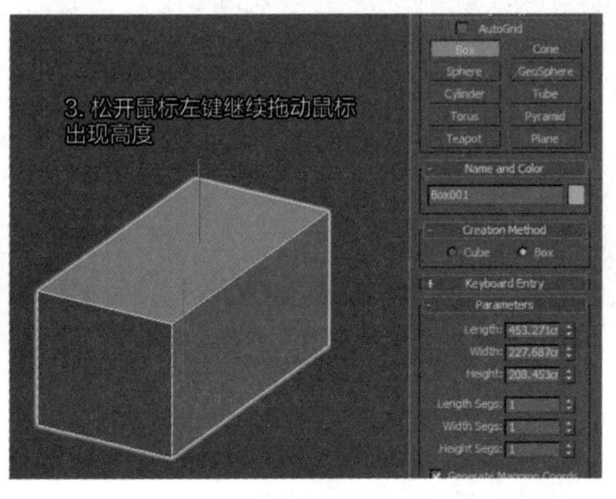

图2-18

二维样条线包括线、圆、文本等样条线，如图2-19所示，这部分在后面的章节会详细讲解。

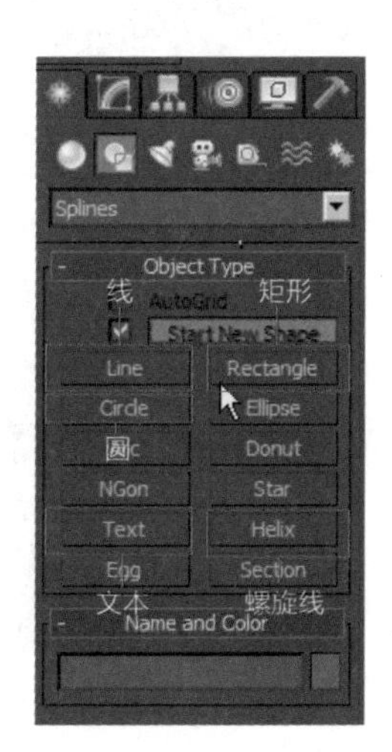

图2-19

2.2.2 修改物体

选择创建的物体，在修改面板中可以对物体的长、宽、高，以及长度段数、高度段数、宽度段数进行调节。以Box为例，其操作如图2-20、图2-21所示。

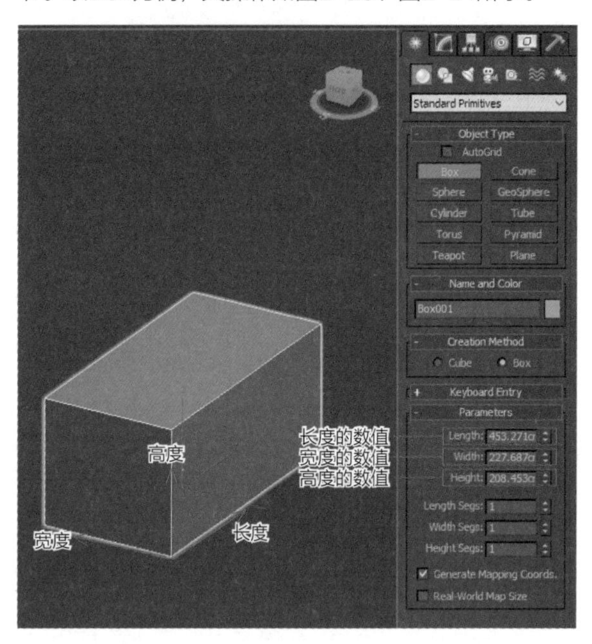

图2-20

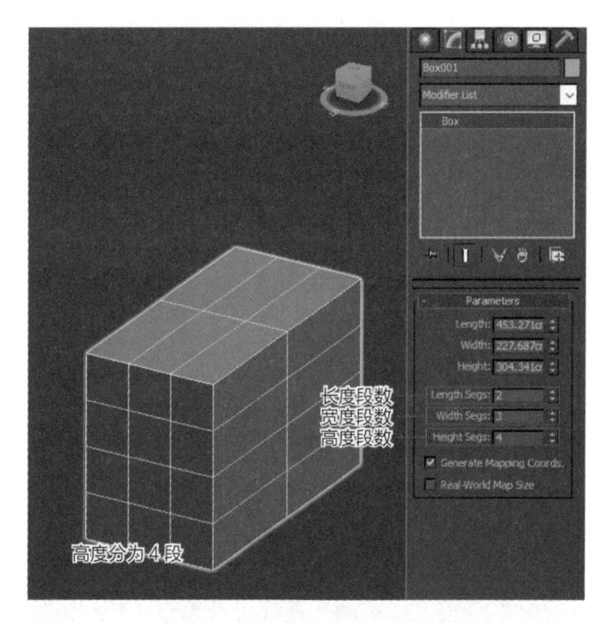

图2-21

2.2.3 操作物体

对物体的操作主要是指对物体的选择、移动、旋转、缩放。这样就用到主工具栏上的选择工具、移动工具、旋转工具、缩放工具，如图2-22所示。

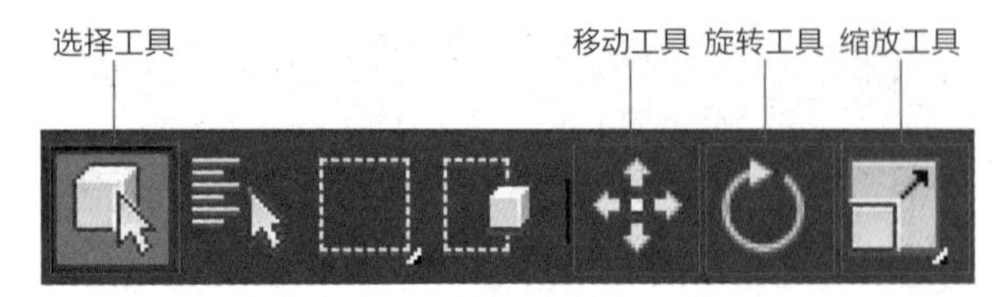

图2-22

1.选择物体

① 左键单击激活选择工具，然后在视图里面单击要选择的物体。

② 左键单击激活选择工具，然后在空白处开始框选，此时会拖出虚线框，在虚线框内或者框住一部分的物体都会被选择。

③ 左键单击一个物体按住Ctrl键然后单击其他物体可以实现物体的加选。

④ 当选择了多个物体后想减选某个物体，可以按住Alt键然后单击要减选的物体即可。

2.移动物体

左键单击移动工具将其激活，然后在视图里面左键单击物体，物体上会出现坐标。按住不同的箭头拖动鼠标会实现物体的左右、前后、上下移动，如图2-23~图2-26所示。

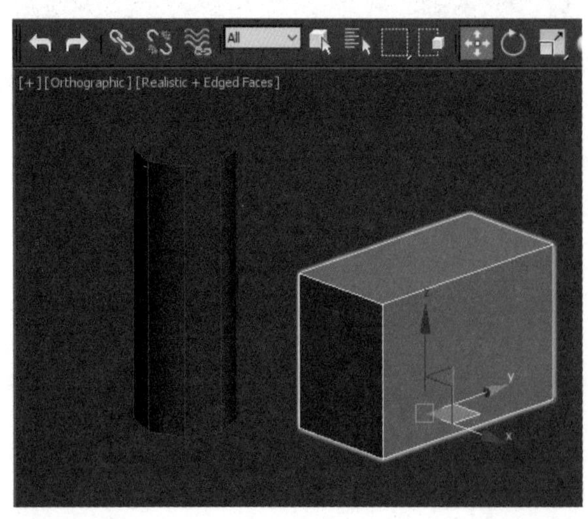

图2-23

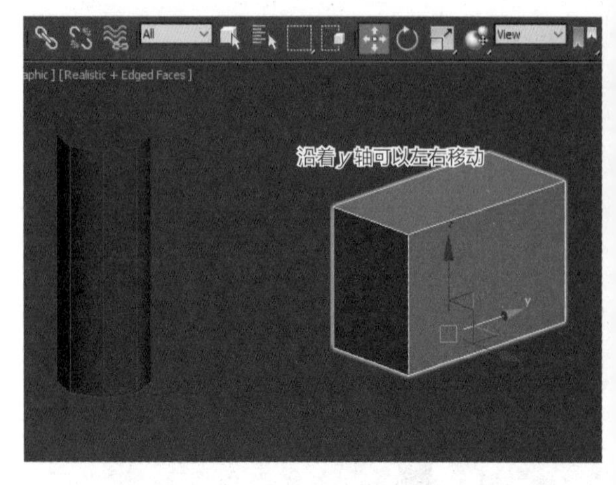

图2-24

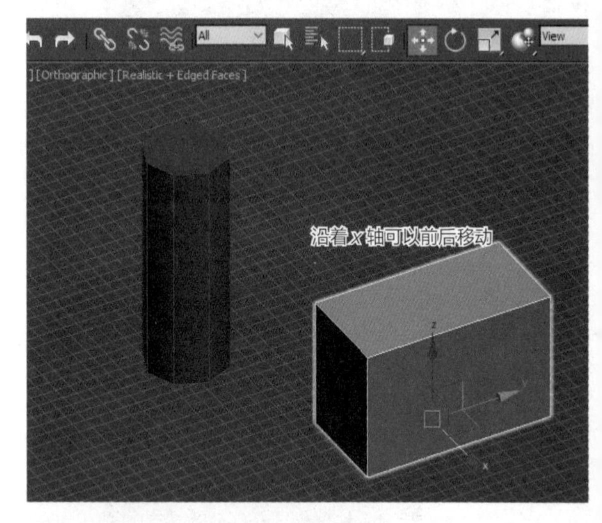

图2-25

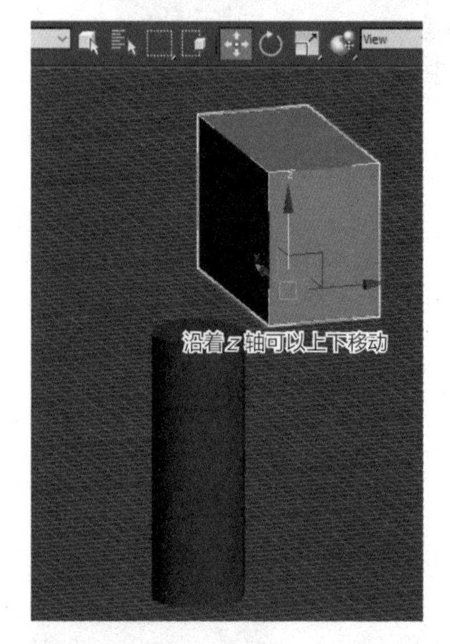

图2-26

3.物体的旋转

左键单击旋转工具将其激活，然后在视图中单击物体，物体上显示出一个选择控制器图标，不同颜色的线表示不同的轴向，在旋转时一定要沿着轴向旋转，如图2-27、图2-28所示。

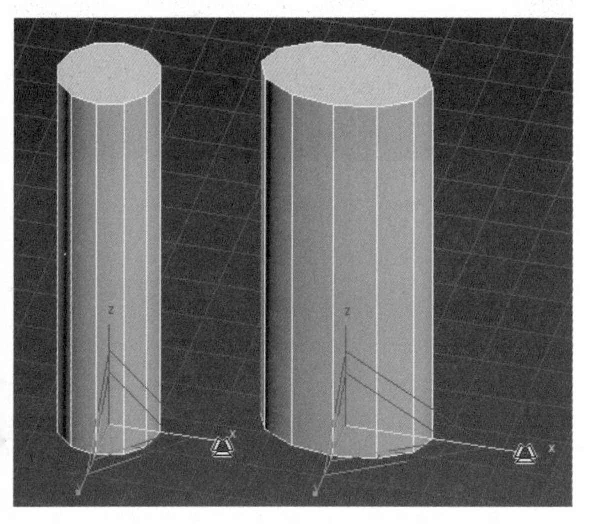

图2-27

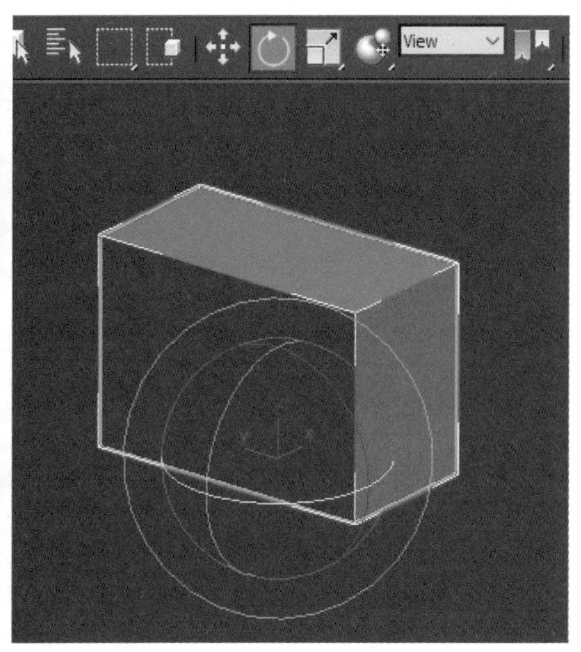

图2-28

4.物体的缩放

左键单击缩放工具将其激活，然后在视图中单击物体，物体会显示坐标。物体的缩放有三种形式：单轴缩放、双轴缩放、等比缩放（三轴同时缩放），如图2-29~图2-31所示。

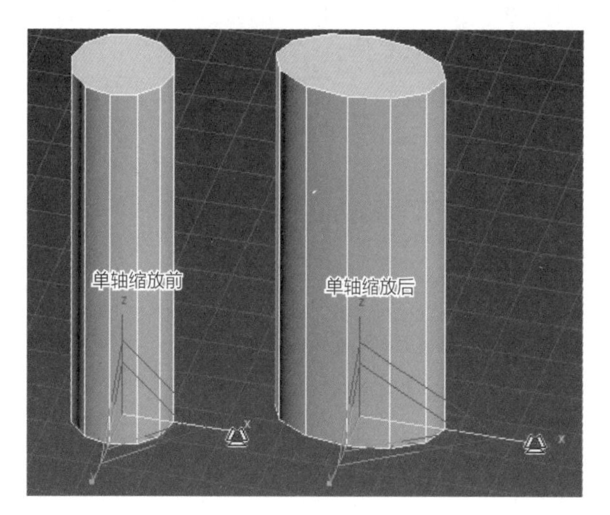

图2-29

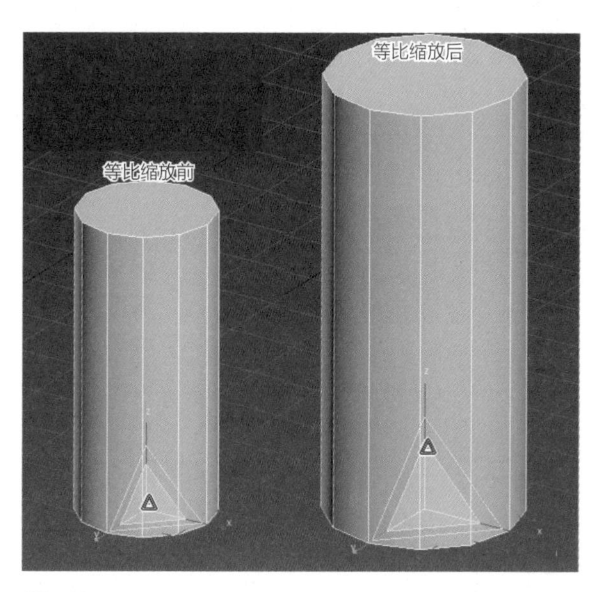

图2-30

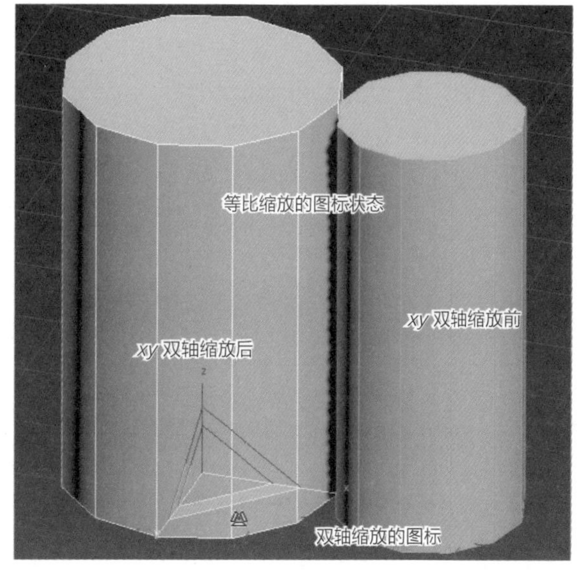

图2-31

2.3 本章作业

根据所学的内容搭建一个小物件，如桌椅、小雪人等，如图2-32所示。

作业参考图可参看“资源\作业\第2章\小物件”。

图2-32

学习笔记

3ds Max建模基础

本章知识点

本章主要讲解基本形体转化成可编辑多边形，之后通过一些命令来逐步修改制作复杂模型

- ◆ 模型在转变为复杂形体时用到的命令：连接命令、目标焊接命令、塌陷命令
- ◆ 进入不同的点线面层级灵活运用移动、旋转、缩放命令调整形状
- ◆ 模型的复制、模型的镜像、模型的对齐
- ◆ 三维建模的制作思路是先创建基本的形体，然后对基本的形体进行修改编辑以便达到自己想要的形状

3.1 可编辑多边形

创建物体后在修改面板中可以对物体进行简单的修改，但是不能将物体改变成复杂形状，要想将物体改变成复杂形状必须进行以下操作。

3.1.1 转换为可编辑多边形

选择物体，单击鼠标右键，在弹出的菜单中执行“Convert To> Convert to Editable Poly”命令，将物体转化成可编辑多边形，如图3-1所示。

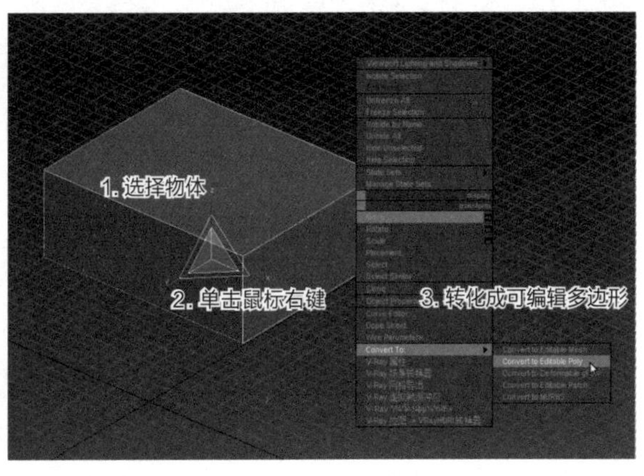

图3-1

3.1.2 子集编辑

转化成可编辑多边形之后修改面板也随之变化，如图3-2所示。

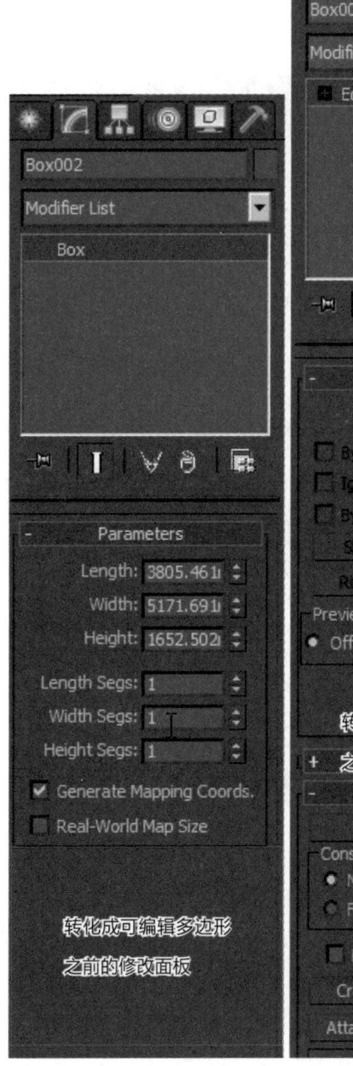

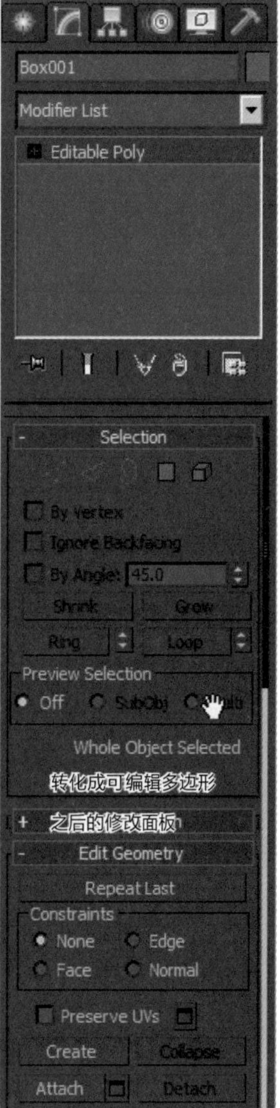

图3-2

① 在修改面板中由原来的简单的长短变化、粗细变化改变成可以层级操作，可以进入不同的级别对物体进行编辑。最明显的就是有了点、线、边界、面、元素五种选择分类。单击其中一种分类，它会变成黄色状态，这就进入了相应的级别，如图3-3~图3-5所示。

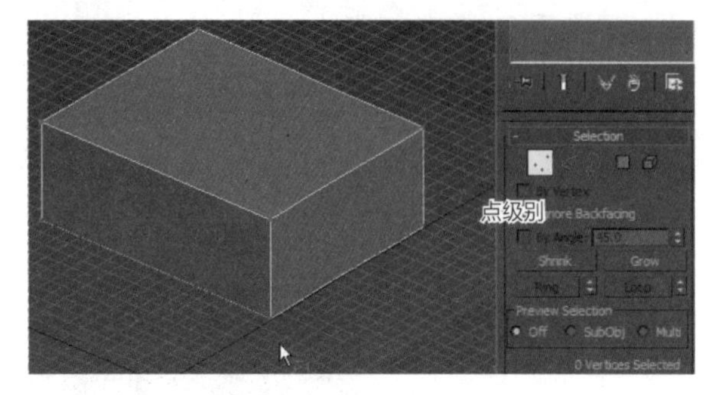

图3-3

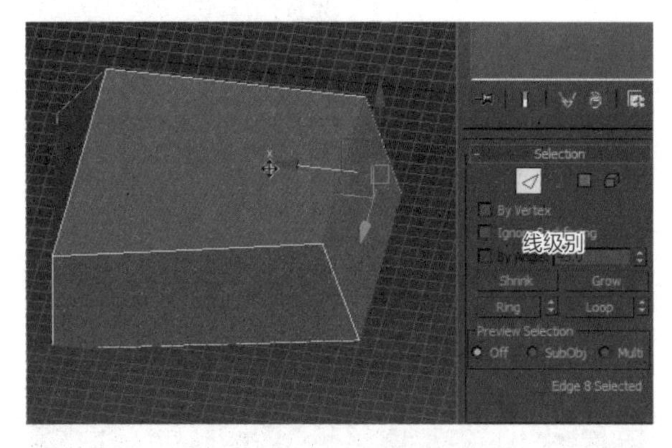

图3-4

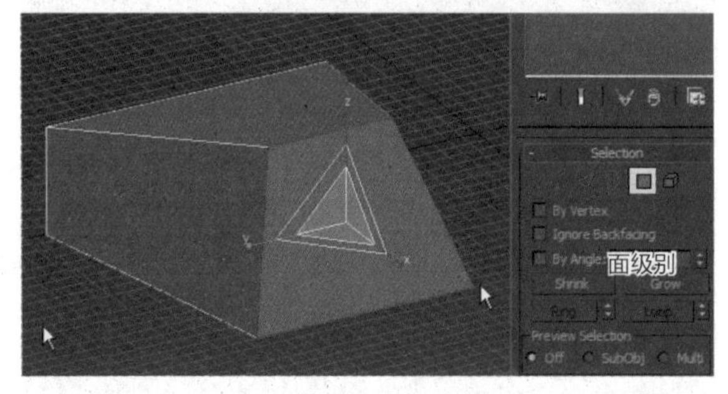

图3-5

② 以下是进入不同的级别配合移动、旋转、缩放工具调整造型的效果。进入点级别，单击移动工具，选择点并移动点的位置，如图3-6所示。

③ 进入线级别，单击缩放工具，选择模型的线，缩放操作可以调整线的长度，如图3-7所示。

④ 进入面级别，单击旋转工具，选择面并且旋转可以调整面的斜度，如图3-8所示。

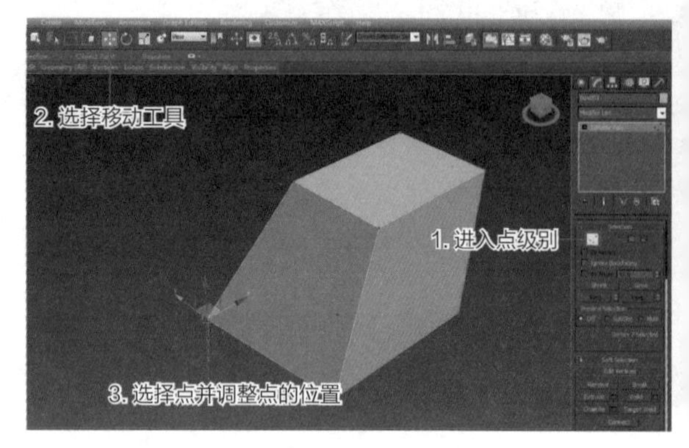

图3-6

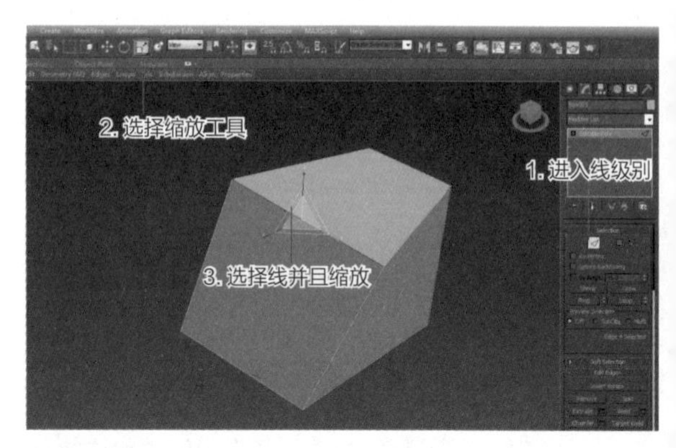

图3-7

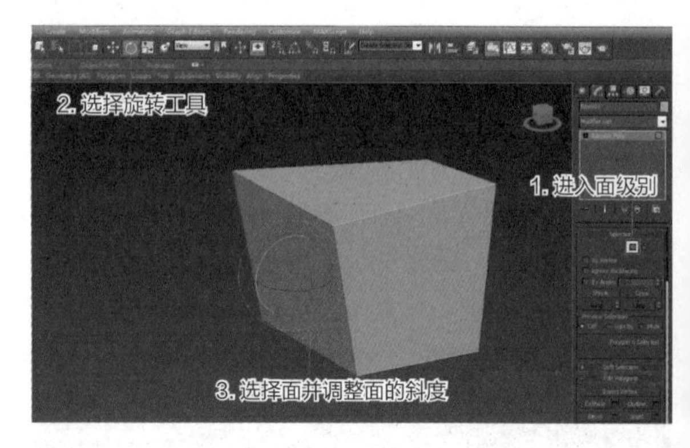

图3-8

3.2 模型制作中常用的命令

3.2.1 连接命令

默认状态下是将被选择的线的中点连接起来，形成一条线，也可以通过设置，添加多条线，连接工具主要起到加线作用。

❶ 操作：进入线级别，选择至少两条以上的线，单击鼠标右键，在弹出的面板中用鼠标左键单击“Connect”连接命令，如图3-9、图3-10所示。

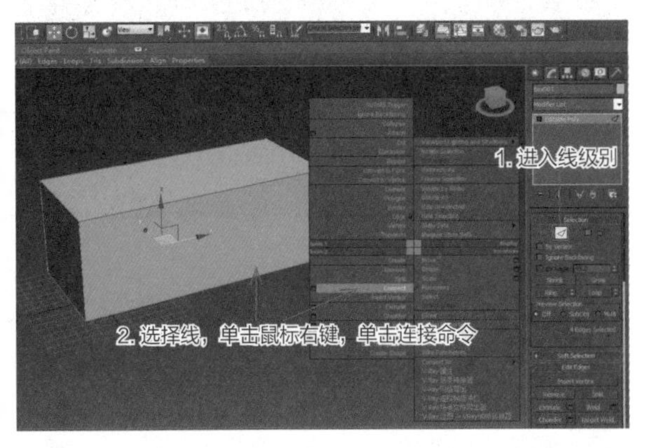

图3-9

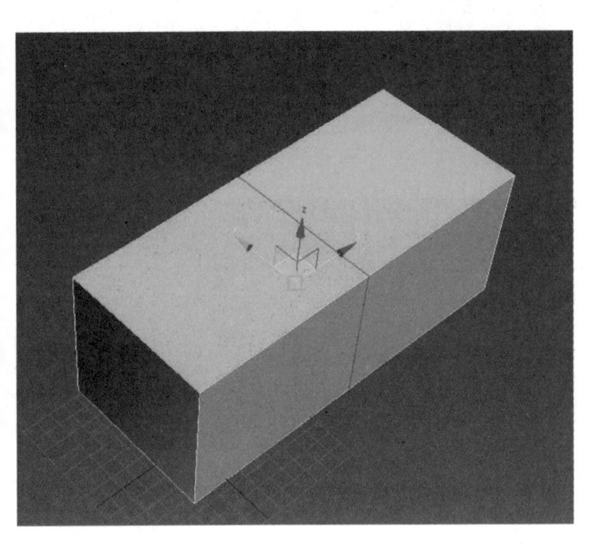

图3-10

❷ 进入线级别，选择线，右键单击连接命令的左侧窗口，执行加线命令，可以在执行命令中设置加线的条数、加线的间距、加线的位置，如图3-11和图3-12所示。

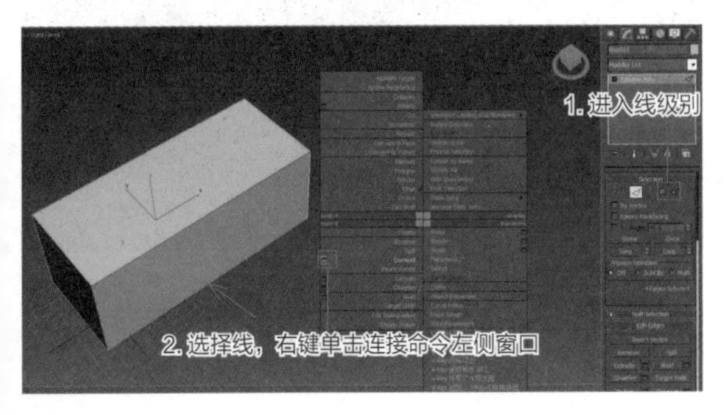

图3-11

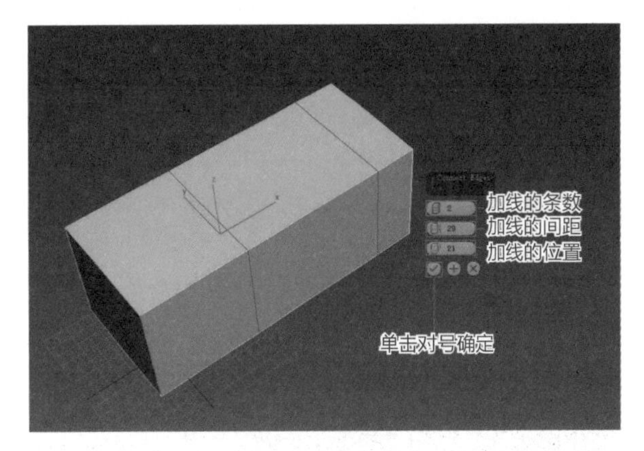

图3-12

❸ 进入点级别，选择两个点，单击鼠标右键，在弹出的面板中用鼠标左键单击“Connect”连接命令也可以加线，如图3-13所示。

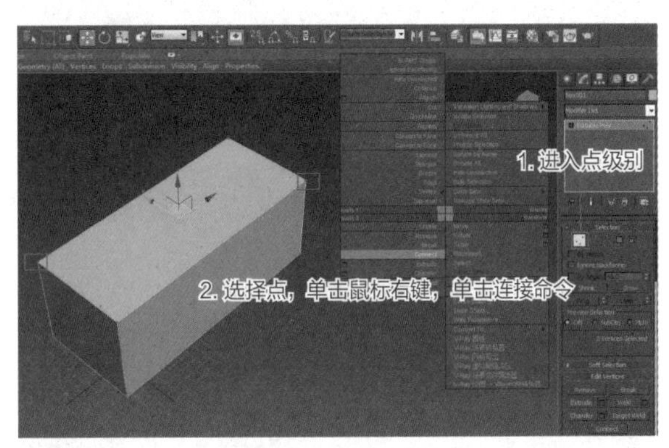

图3-13

❹ 加线后的效果如图3-14所示。

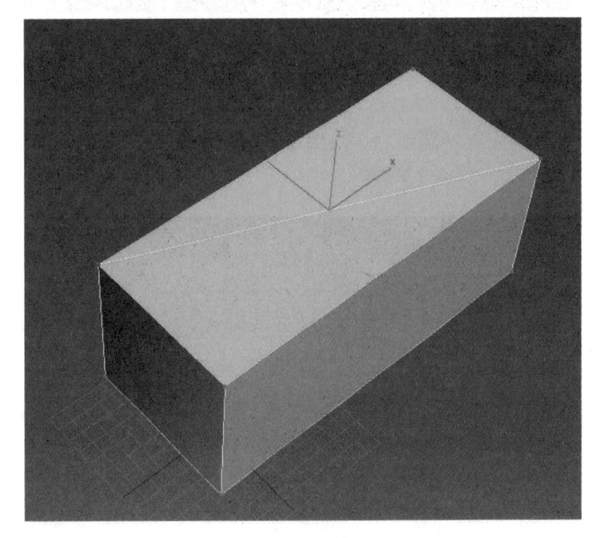

图3-14

3.2.2 塌陷命令

将选中的点、线、面居中变成一个点，塌陷命令起到合并点的作用。在点级别、线级别、面级别下右键都有塌陷命令。

① 操作：选择两个以上的点，单击鼠标右键，在弹出的面板中用鼠标左键单击“Collapse”塌陷命令，如图3-15、图3-16所示。

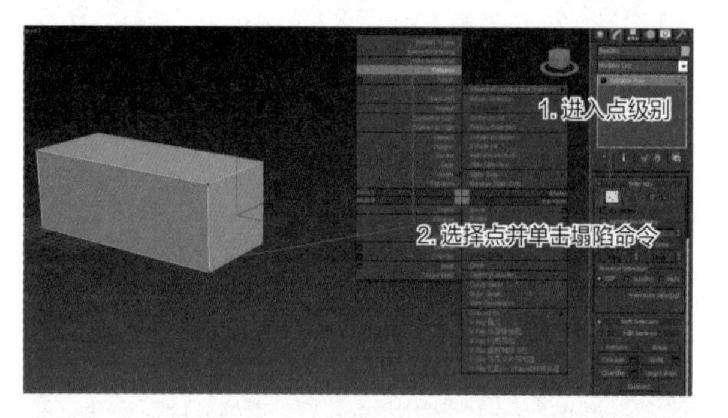

图3-15

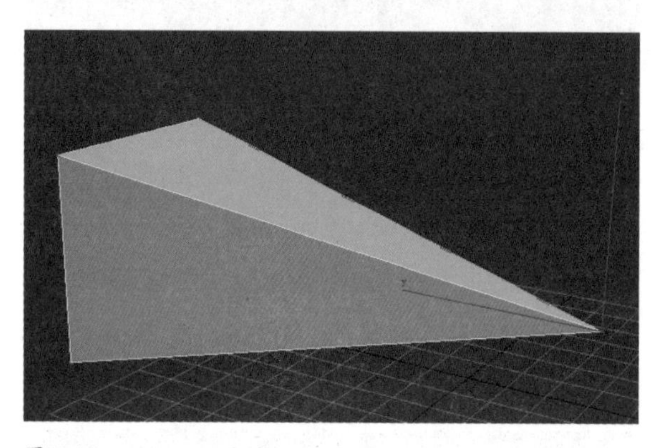

图3-16

② 操作：选择一条以上的线，单击鼠标右键，在弹出的面板中用鼠标左键单击“Collapse”命令，如图3-17、图3-18所示。

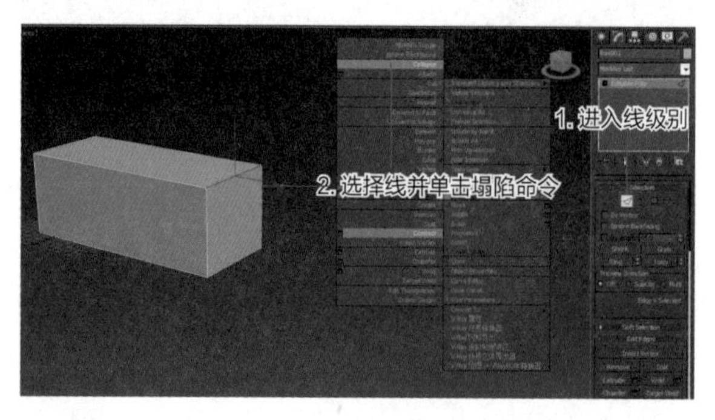

图3-17

图3-18

3.2.3 目标焊接命令

目标焊接也能起到合并点的作用，与塌陷的区别是只能将两个点合并，不能同时将多点合并。目标焊接不是居中合并，而是目标点不动将选中的点焊接到目标点上。

① 操作：进入点级别，单击鼠标右键，在弹出的面板中单击“Target Weld”目标焊接命令，如图3-19所示。

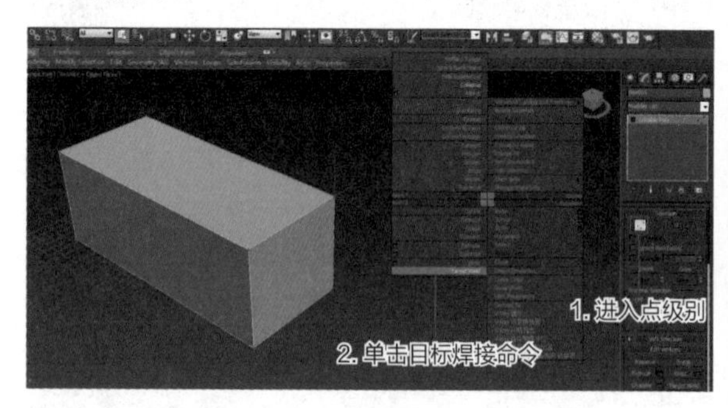

图3-19

② 选择点并拖出虚线，如图3-20所示。

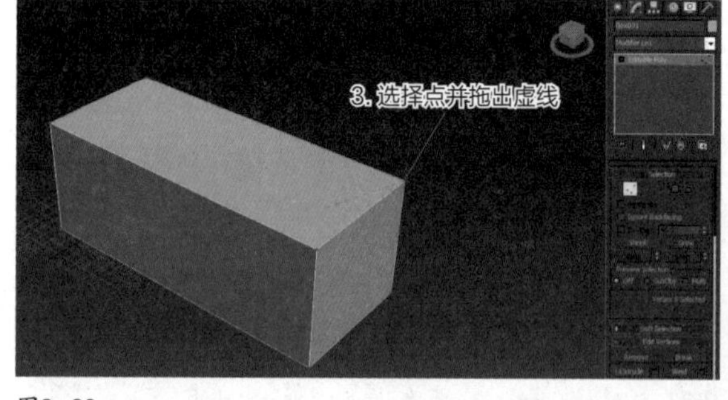

图3-20

③ 单击到目标点上，如图3-21所示。

图3-21

3.3 弩车模型案例

下面将通过制作一个弩车模型来学习建模工具的用法。本例中的弩车如图3-22所示。

图3-22

在这部分将学习到如下知识点。

❶ 基本形体的创建与简单修改。

❷ 模型在转变为复杂形体时用到的命令：连接命令、目标焊接命令、塌陷命令。

❸ 进入不同的点线面层级灵活运用移动、旋转、缩放命令调整形状。

❹ 模型的复制、模型的镜像、模型的对齐。

模型文件在资源\模型\第3章\弩车模型。

3.3.1 车身模型制作

1.创建弩车车身

❶ 在创建面板里面，单击几何体下的Box，在透视窗口中创建一个长方体，如图3-23所示。

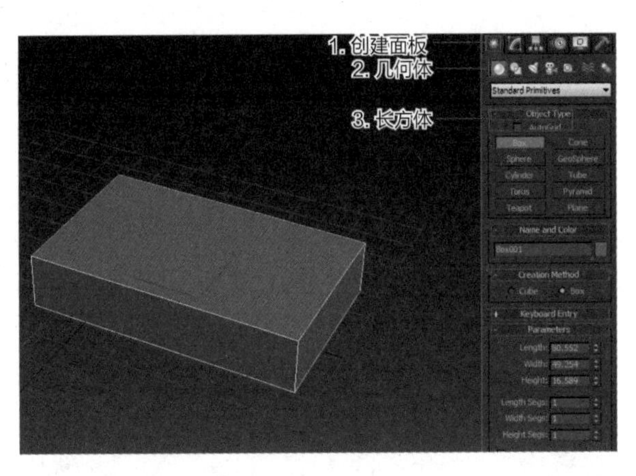

图3-23

❷ 如果造型不准确可以通过单击主工具栏上的缩放工具，沿着单轴来缩放调整物体的大小，如图3-24所示（注意不要整体缩放，整体缩放物体的比例不变）。

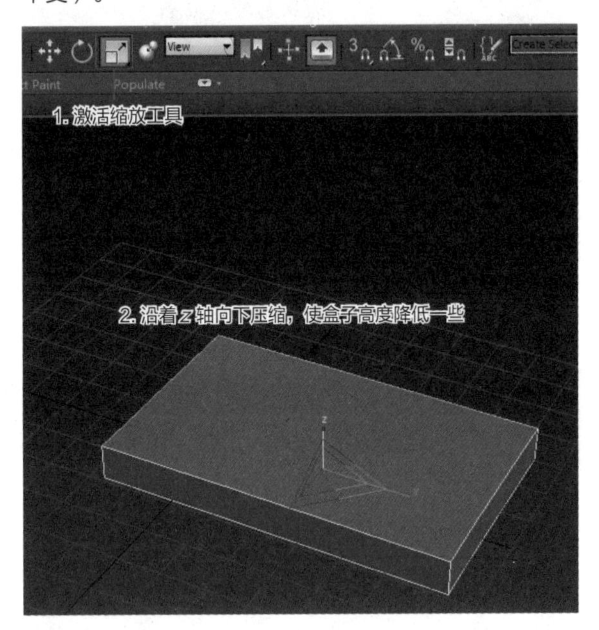

图3-24

❸ 确定好基本形状后将物体转化为可编辑的多边形才能进行点线面的编辑。

❹ 选择物体，单击鼠标右键，在弹出的菜单中执行“Convert To> Convert to Editable Poly”命令，将其转化成可编辑多边形，如图3-25所示。

❺ 单击“ ”图标进入修改面板，单击线级别图标，激活线级别，此时线级别会变成黄色，选择横向的线，单击右键，在弹出的面板上左键单击“Connect”连接命令，这样就在物体的中间加了一条线，如图3-26~图3-28所示。

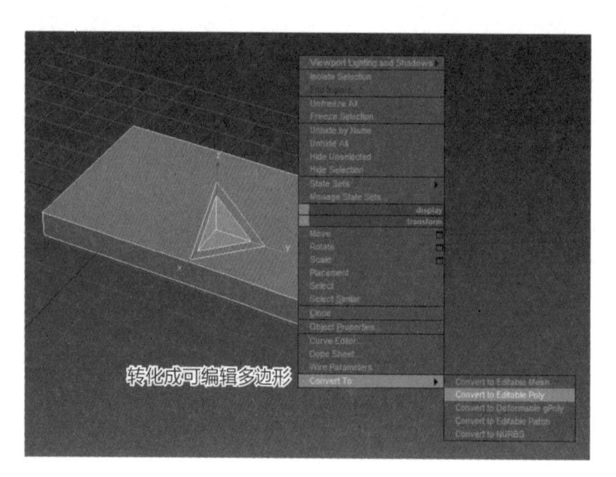

图3-25

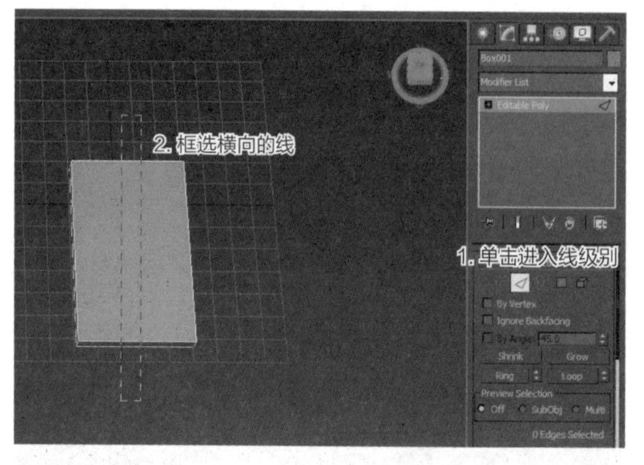

图3-26

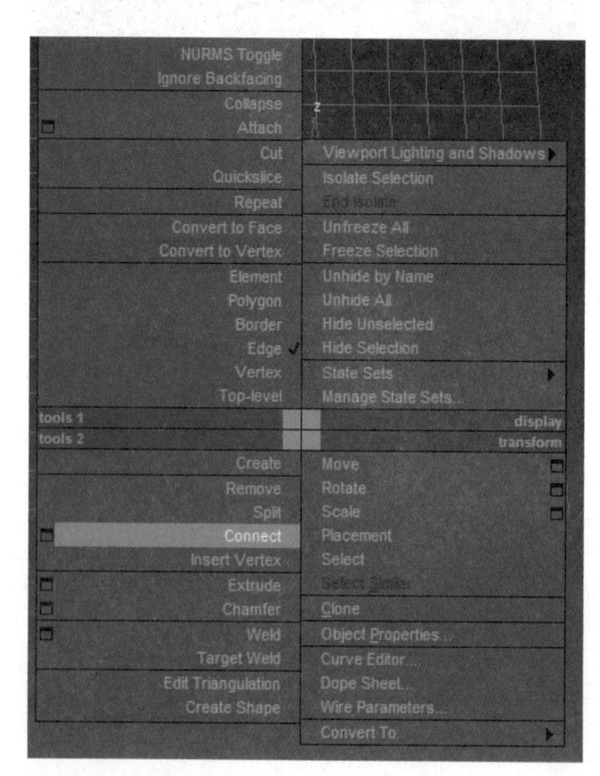

图3-27

图3-28

⑥ 在修改面板里面激活点级别，选择中间的点，单击工具栏上的“▣”移动工具沿着y轴拖曳出来，如图3-29所示。

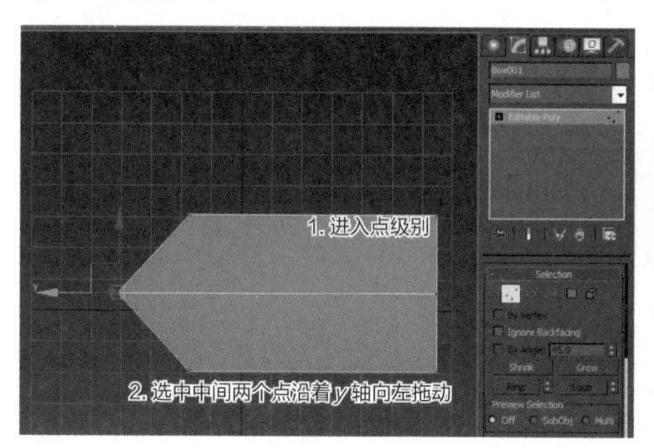

图3-29

⑦ 再次单击点级别图标，此时图标恢复成灰色就退出了点级别。按住“Shift”键，同时沿着z轴移动复制出一个物体，如图3-30所示。

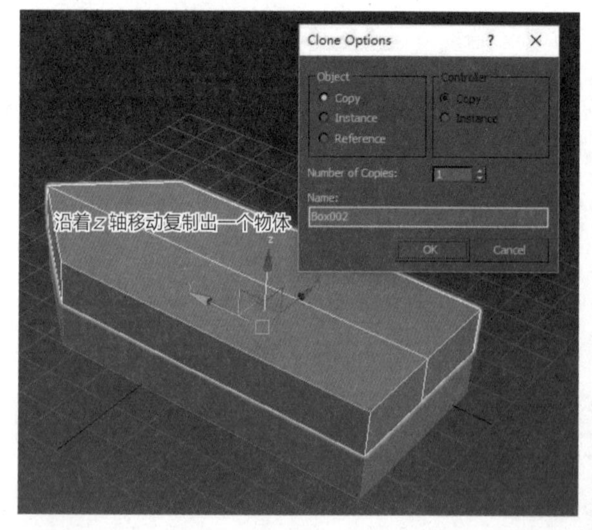

图3-30

⑧ 单击工具栏上的“▣”缩放工具，然后选择物

体缩放调整大小，如图3-31所示。

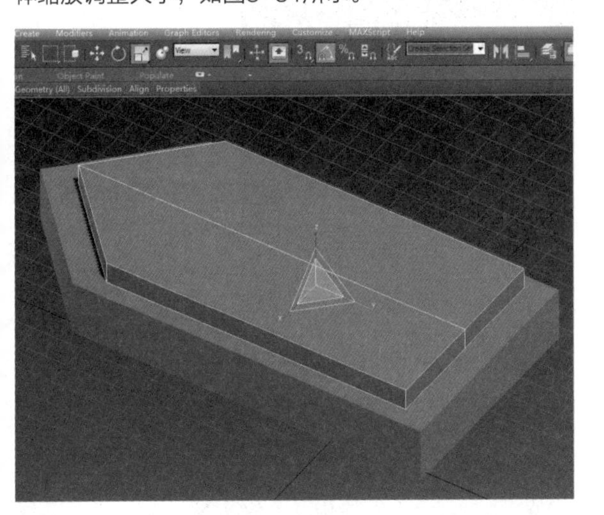

图3-31

2.创建车轮和车身上的附件模型

① 按“L”键进入左视图，在创建面板下几何体中单击圆柱体按钮，在视图中拖曳出圆柱体，如图3-32所示。

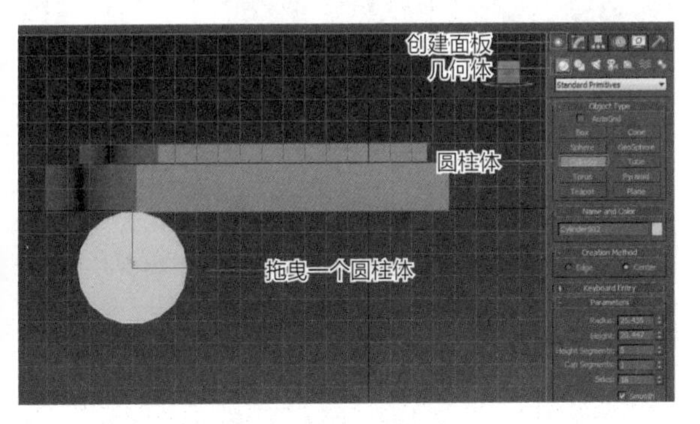

图3-32

② 单击“ ”图标进入修改面板，修改圆柱体的高度段数为1、边数为8，如图3-33所示。

（提示：大家还可以根据自己创建的圆柱体大小调整半径、高度的大小。）

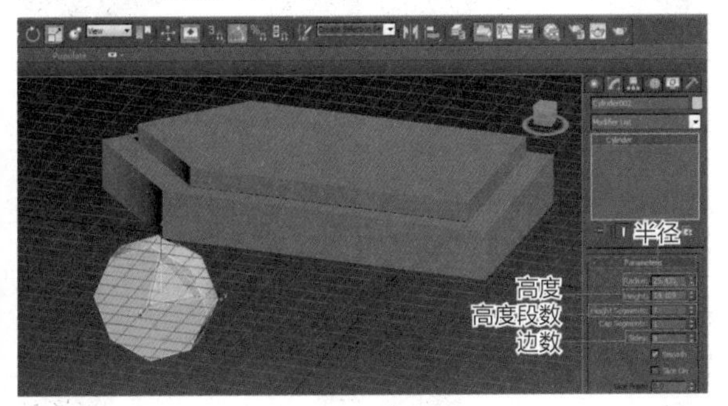

图3-33

③ 选择一个轮子，激活移动工具按住“Shift”键并且沿着*y*轴移动，在弹出的面板中选择Copy，单击“OK”按钮。如图3-34所示。

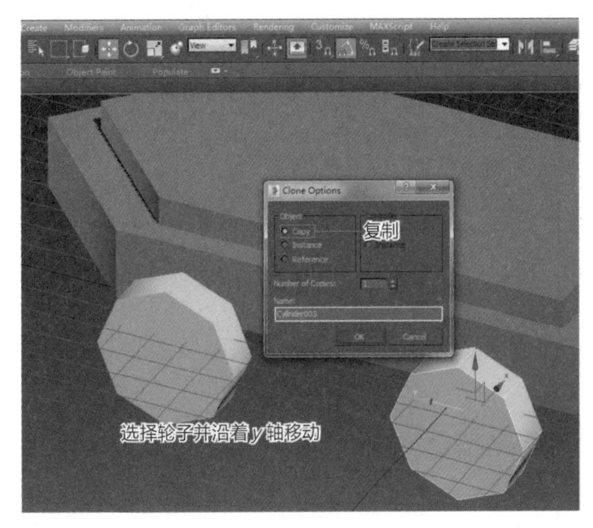

图3-34

④ 选择第一个轮子按住Ctrl键加选第二个轮子，按住“Shift+移动工具”复制右侧的轮子。如图3-35所示。

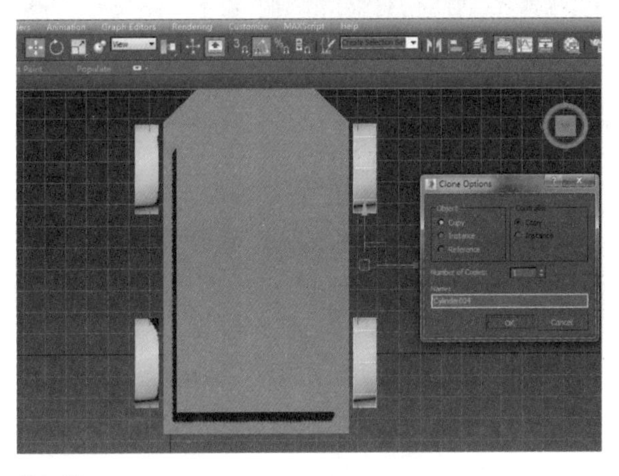

图3-35

⑤ 在创建面板里面，单击几何体下的Box，在透视图里面创建一个Box，单击鼠标右键，在弹出的菜单中执行“Convert To> Convert to Editable Poly”命令，将Box转化成可编辑多边形，如图3-36所示。

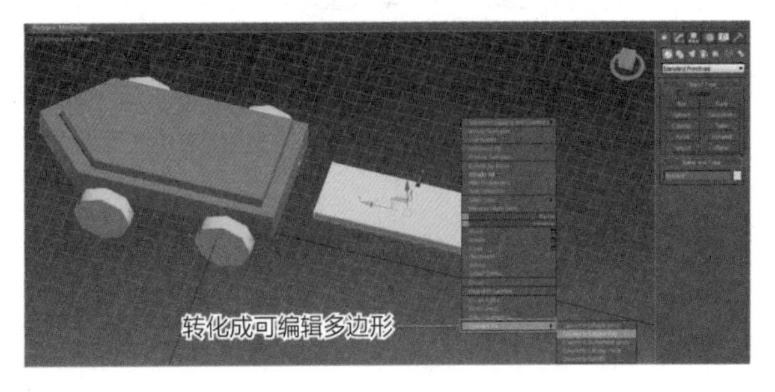

图3-36

⑥ 在修改面板中激活线级别，选中横向的线，单击鼠标右键，在弹出的面板中左键单击“Connect”连接命令添加一条中线，如图3-37~图3-39所示。

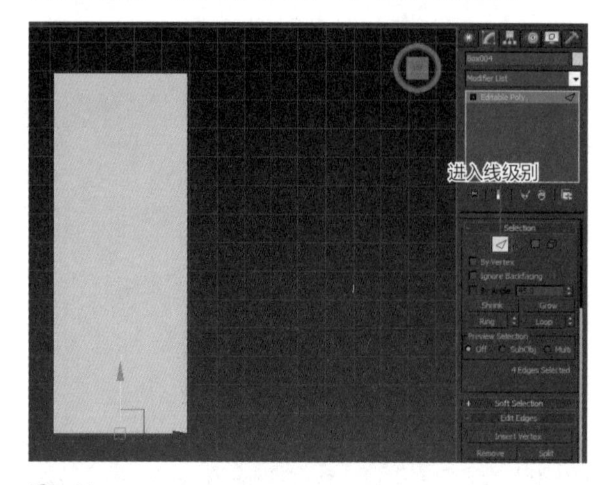

图3-37

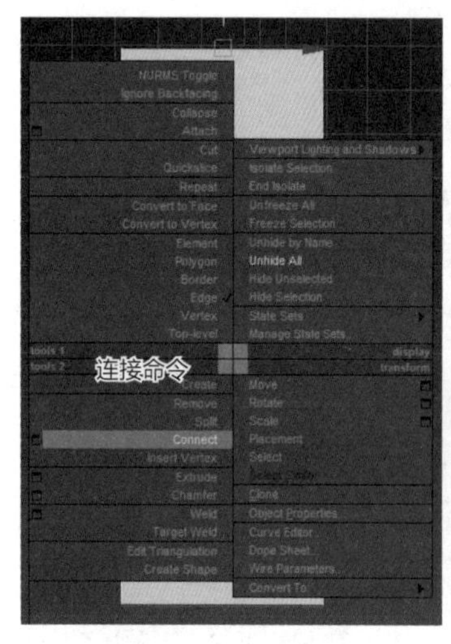

图3-38

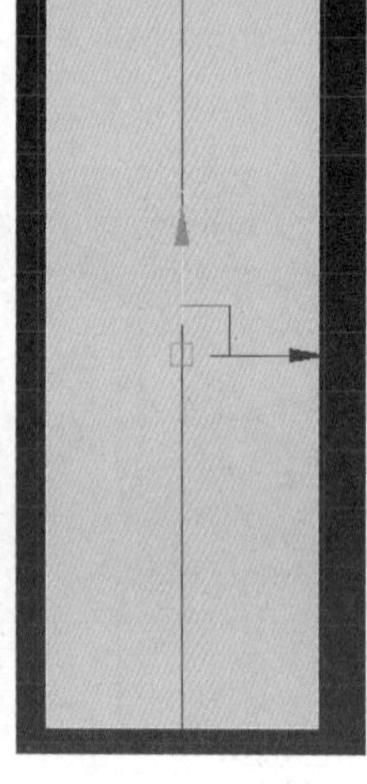

图3-39

⑦ 框选纵向所有的线，右键单击连接命令左侧的窗口，在弹出的对话框中设置添加三条线，单击对号按钮，如图3-40~图3-42所示。

⑧ 从顶视图选择四个顶点的点用缩放工具单轴缩放，选择中间的点用缩放工具往外缩放，在顶视图调整成一个椭圆形状，如图3-43~图3-45所示。

⑨ 在透视图里面选择顶面中间的三个点用移动工具沿着z轴将点提高，选择中间的一个点再次提高，让中间的线调整到圆弧状态，如图3-46和图3-47所示。

图3-40

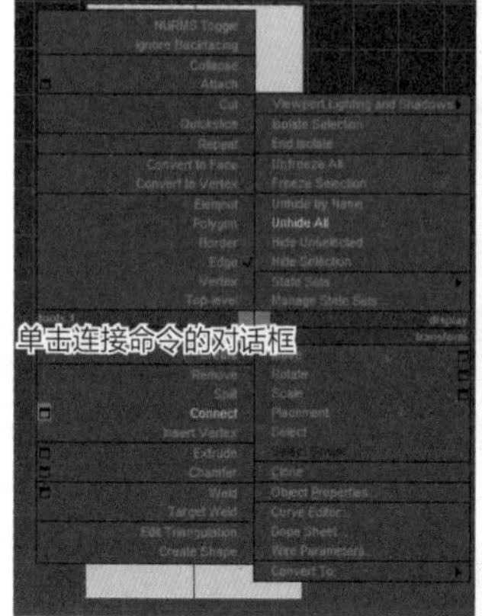

图3-41

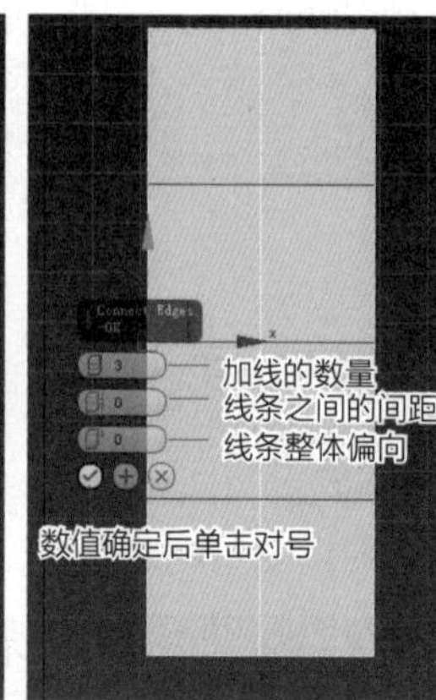

图3-42

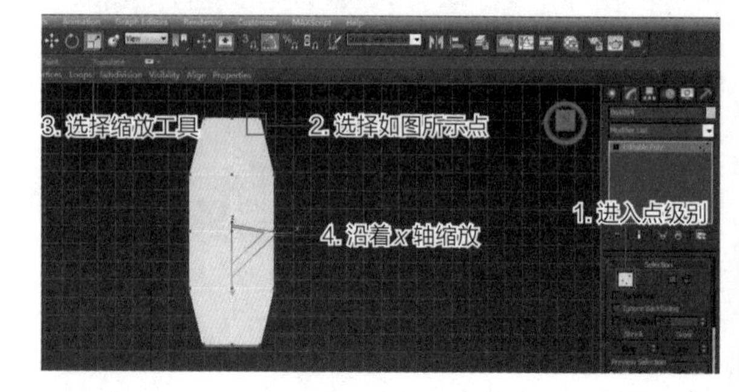

图3-43

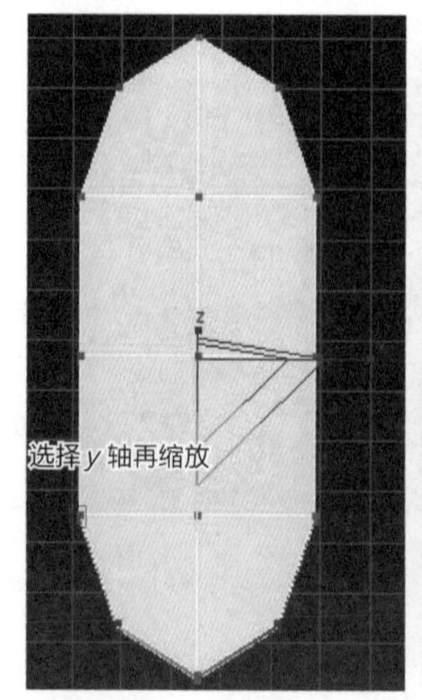

图3-44

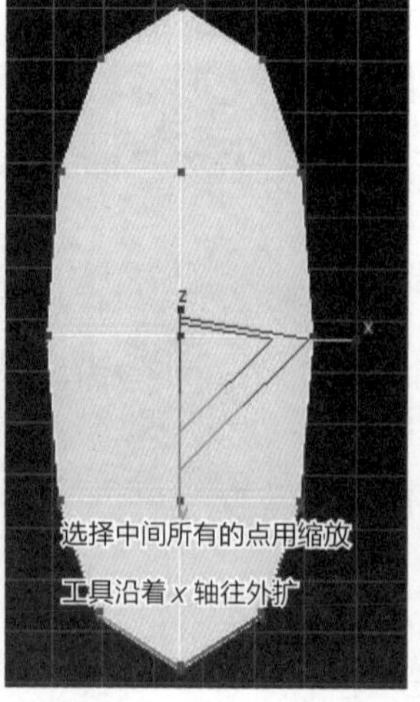

图3-45

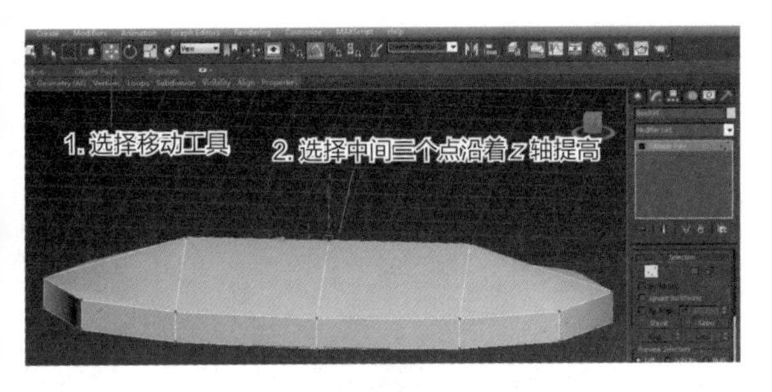

图3-46

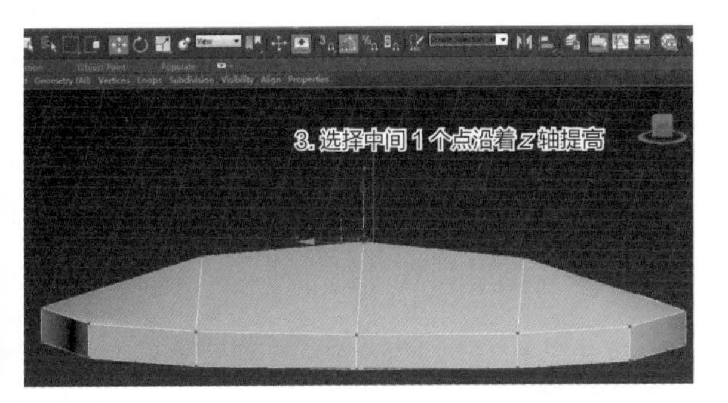

图3-47

3.3.2 车身固定点的制作

⓵ 把自动网格打开，在第一层车身上创建Box，如图3-48所示。

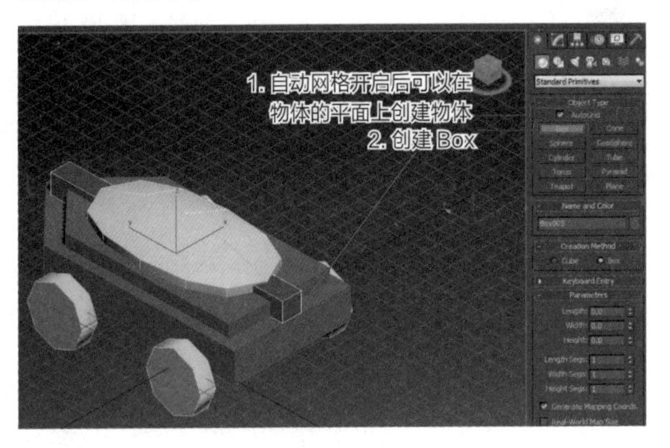

图3-48

⓶ 在刚创建的Box末端创建一个固定点Box，如图3-49所示。

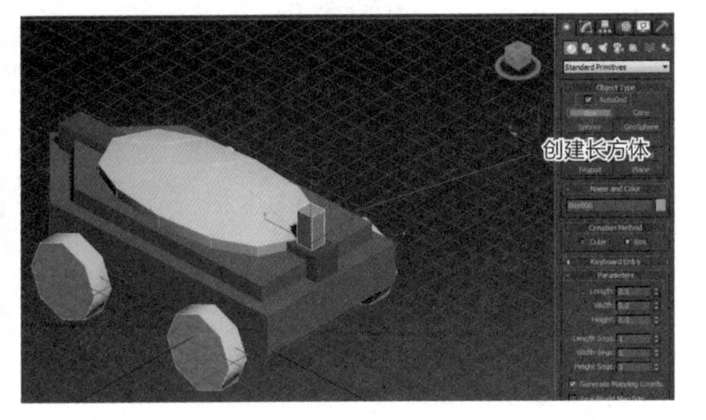

图3-49

⓷ 在车身两侧再制作两个固定点，创建一个Box，如图3-50所示。

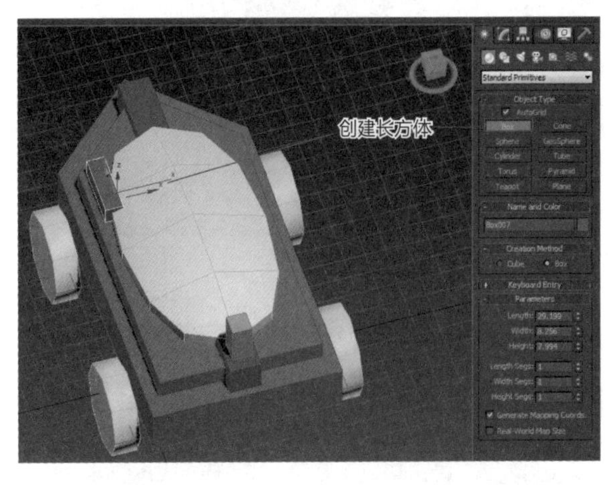

图3-50

⓸ 选择刚刚创建的长方体，单击鼠标右键，在弹出的菜单中，执行“Convert To> Convert to Editable Poly”命令，将其转化成可编辑多边形，如图3-51所示。

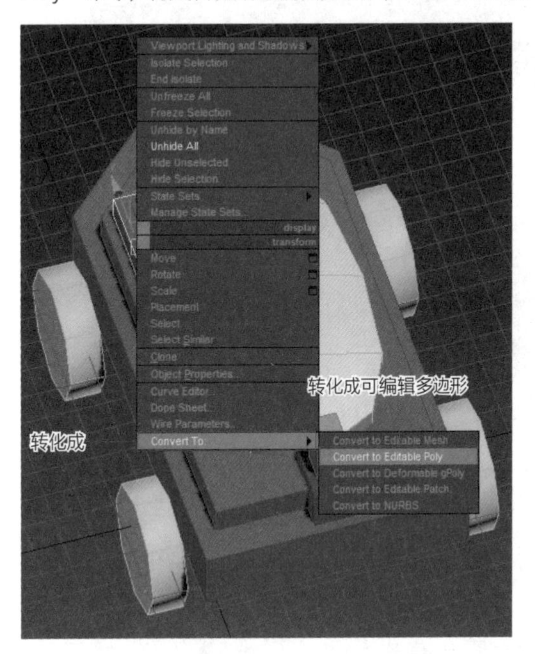

图3-51

⓹ 进入修改面板的线级别，选择中间的线，单击鼠标右键，在弹出的面板中左键单击“Connect”连接命令，在中间加了一条线，如图3-52、图3-53所示。

⓺ 进入点级别，单击鼠标右键，在弹出的面板中左键单击“Target Weld”目标焊接命令，如图3-54所示。

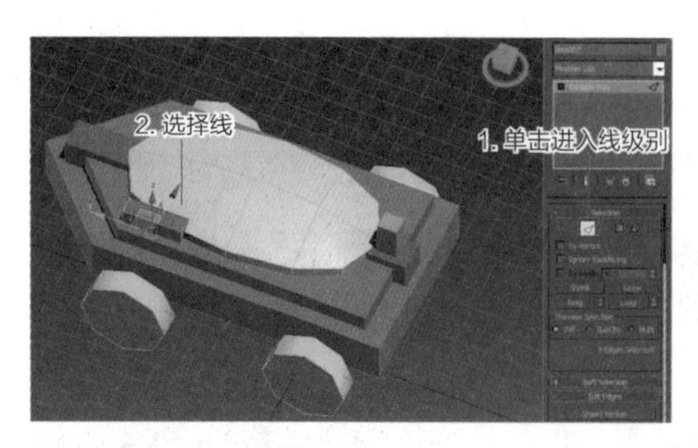

图3-52

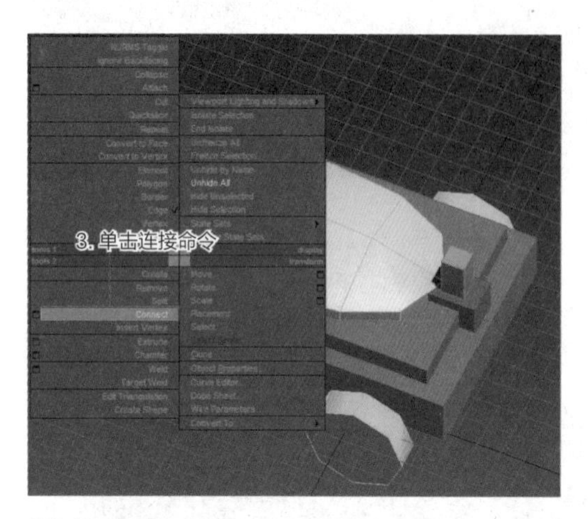

图3-53

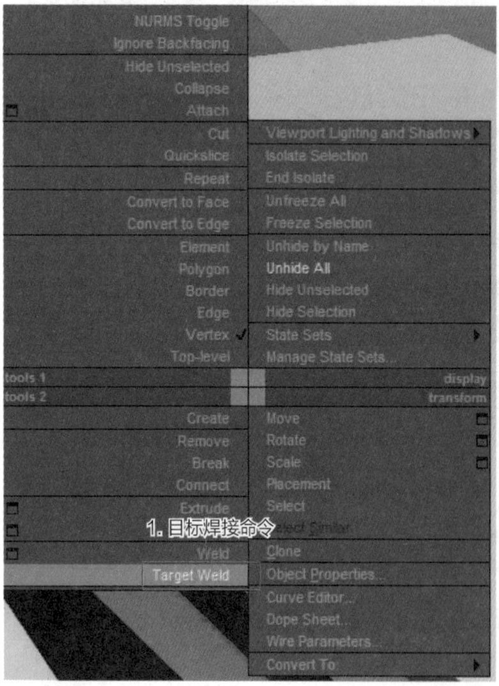

图3-54

⑦ 选择点，用鼠标拖动，等拖出虚线时再单击目标点，可以把点焊接在一起，如图3-55和图3-56所示。

图3-55

图3-56

⑧ 用同样的方式把下面的点目标焊接在一起，如图3-57所示。

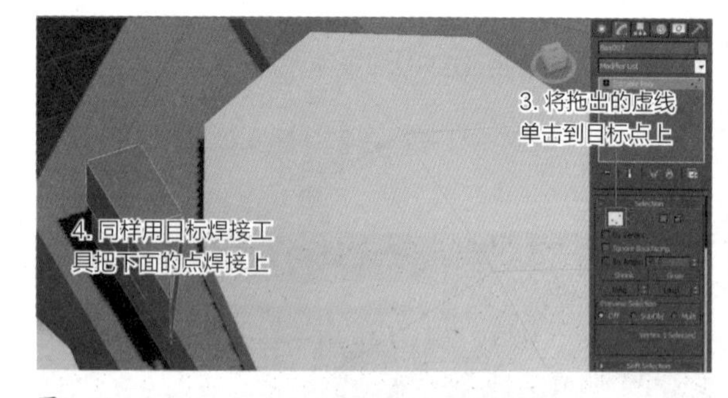

图3-57

⑨ 选择Box其他的点，用移动工具调整长方体的形状，如图3-58所示。

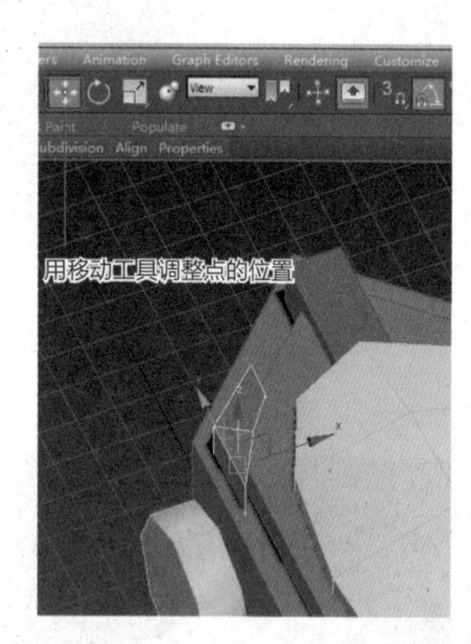

图3-58

⑩ 退出点级别，选择物体，单击工具栏上的镜像工具复制出一个。具体参数如图3-59、图3-60所示。

⑪ 创建一个Box，放在两个轮子中间作为车轴，如图3-61所示。

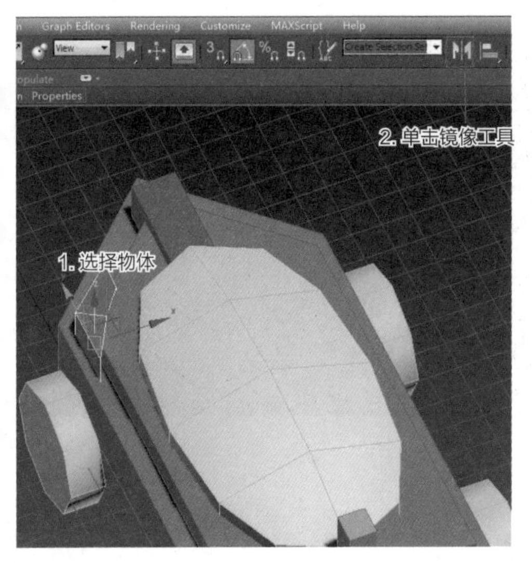

图3-59

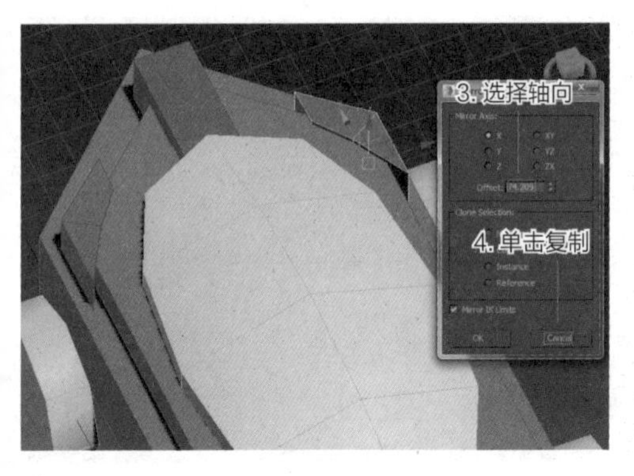

图3-60

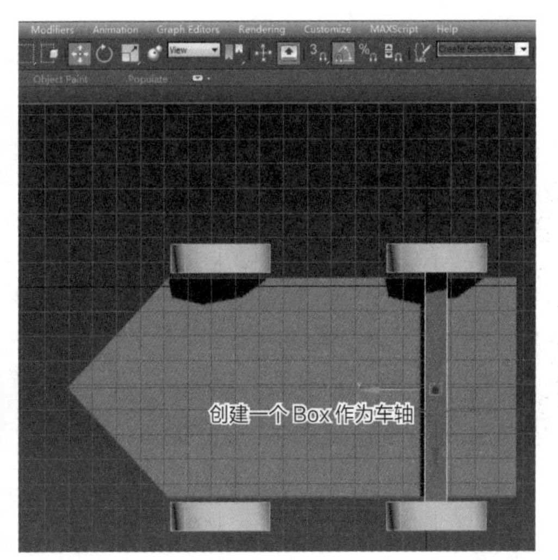

图3-61

⑫ 选择车轴的Box，按“Shift+移动”键沿着y轴方向拖动复制出另一个车轴，在弹出的对话框中选择“Copy”，单击“OK”按钮。这样车身制作完成，如图3-62所示。

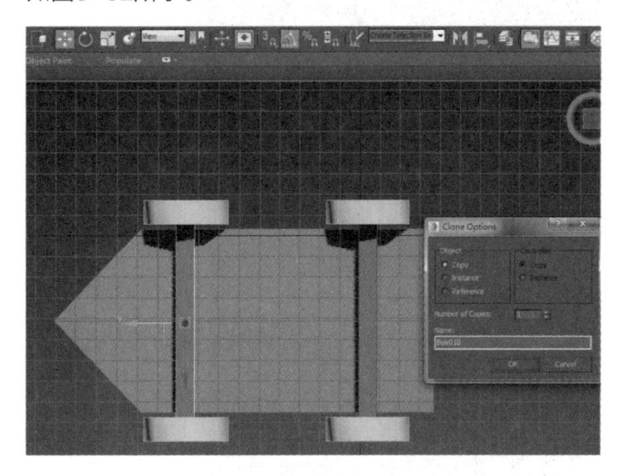

图3-62

3.3.3 弩的制作

1.创建箭模型

① 在创建面板中，创建一个圆柱体，将边数改为4，如图3-63所示。

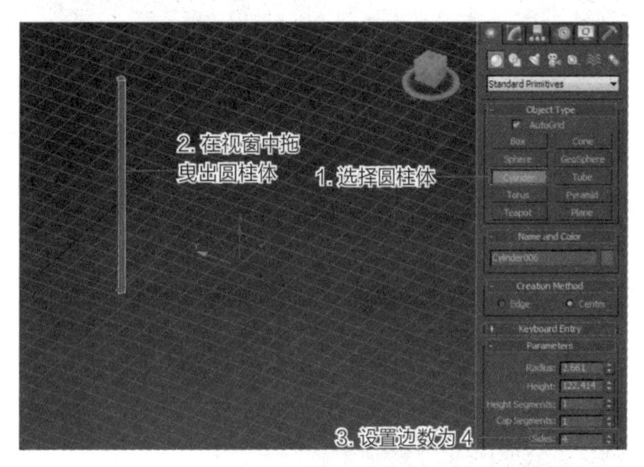

图3-63

② 再创建一个四棱锥，四棱锥的长、宽数值设置一致，如图3-64所示。

③ 用对齐工具保证箭头与箭身中心对齐：选择四棱锥单击对齐工具，再单击箭柄，选择中心对齐，单击“OK”按钮，沿着z轴用移动工具将箭头移动到顶部，如图3-65所示。

④ 创建一个Box，单击鼠标右键，在弹出的菜单中执行“Convert To> Convert to Editable Poly”命令，将其转化成可编辑多边形，如图3-66所示。

图3-64

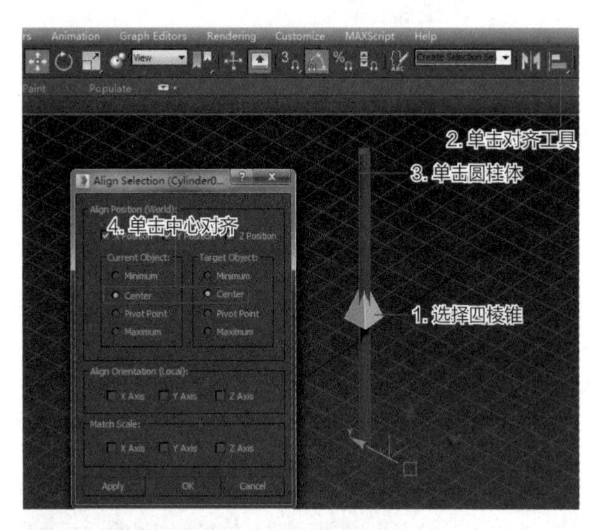

图3-65

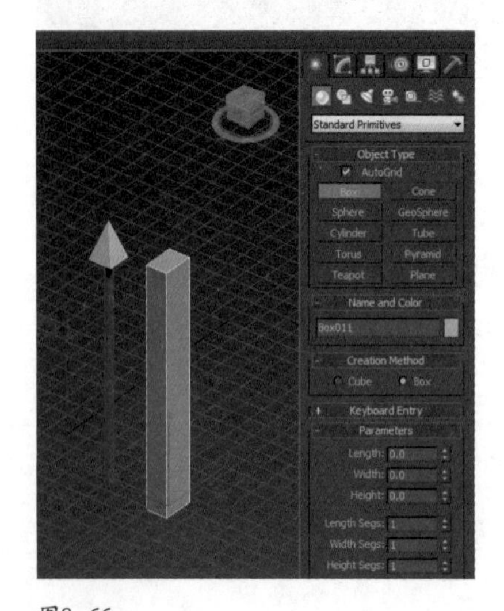

图3-66

⑤ 进入线级别，选择顶上的线，单轴缩放使上部宽度变宽，如图3-67所示。

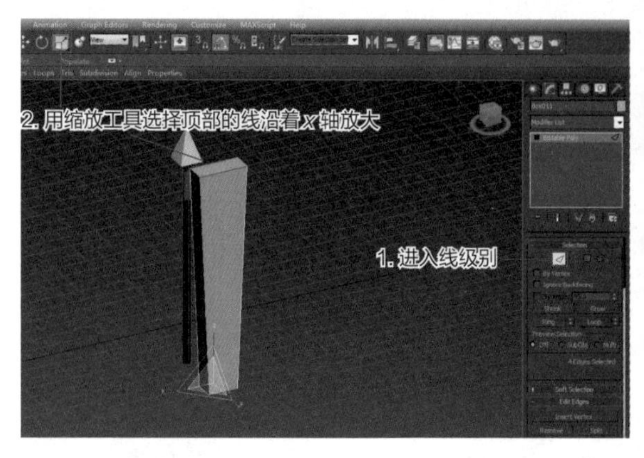

图3-67

⑥ 选择横向的边，单击鼠标右键，在弹出的面板中左键单击“Connect”连接命令，在中间加一条线，如图3-68所示。

图3-68

⑦ 进入点级别，选择上面中间的点，用移动工具将点沿着z轴提高。如图3-69所示。

图3-69

2.创建弩弓

① 在顶视图创建Box，单击鼠标右键，在弹出的菜单中执行“Convert To>Convert to Editable

Poly”命令，将其转化成可编辑多边形，如图3-70所示。

图3-70

② 进入线级别，选择横向的线，单击鼠标右键，在弹出的面板中左键单击“Connect”连接命令，如图3-71所示。

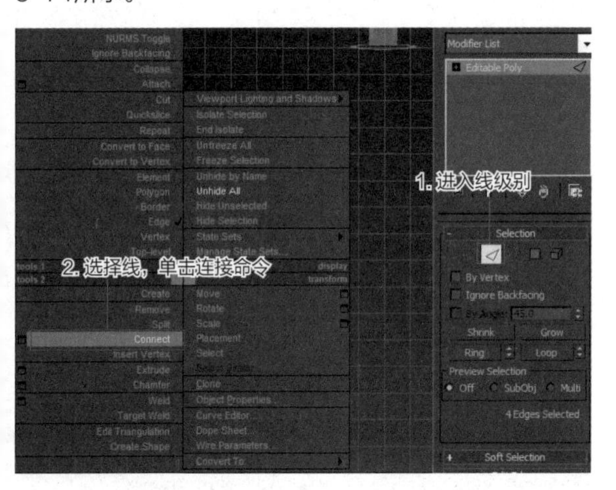

图3-71

③ 进入点级别，选择右侧所有的点，单击鼠标右键，在弹出的面板中左键单击“Collapse”塌陷命令，此时模型会形成一个锥状，如图3-72所示。

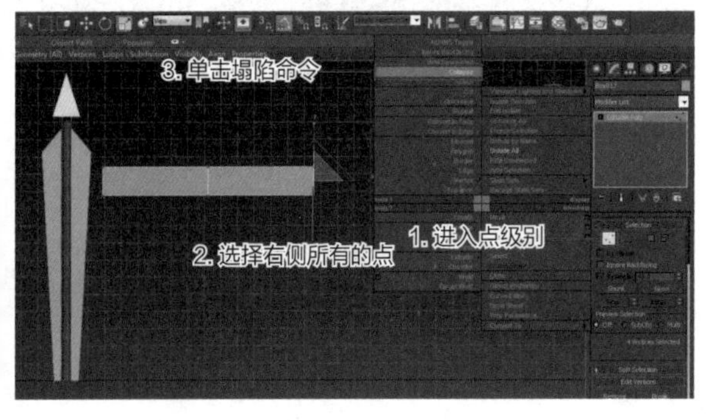

图3-72

④ 选择点，用移动工具调整外形，如图3-73所示。

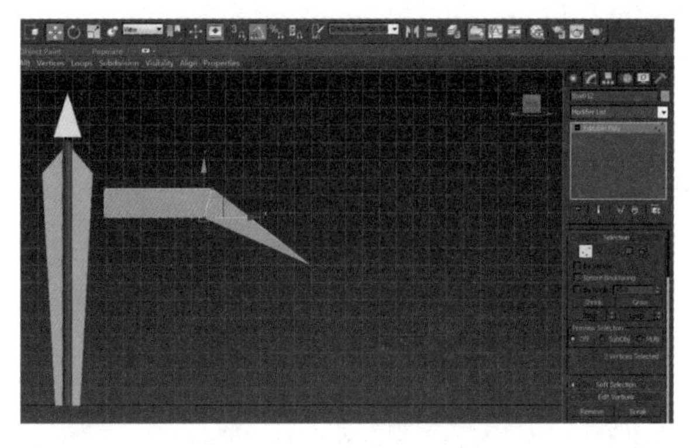

图3-73

⑤ 用连接命令分别在两段上再加一条中线，进入点级别，调整外轮廓，如果结构不圆滑再继续添加线，如图3-74所示。

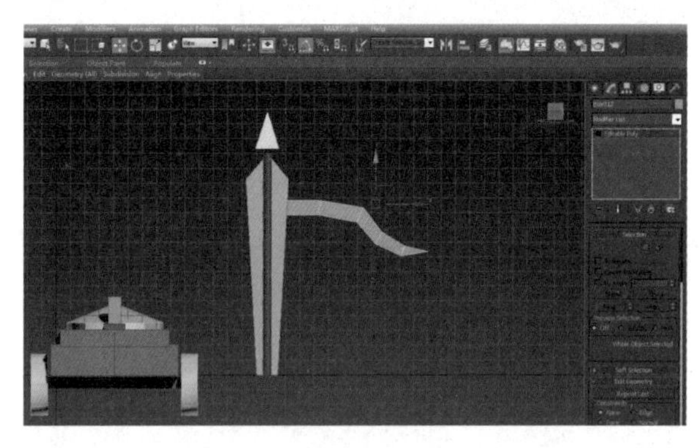

图3-74

⑥ 在顶视图上创建一个面片，在修改面板中将高度段数、宽度段数改为1，如图3-75所示。

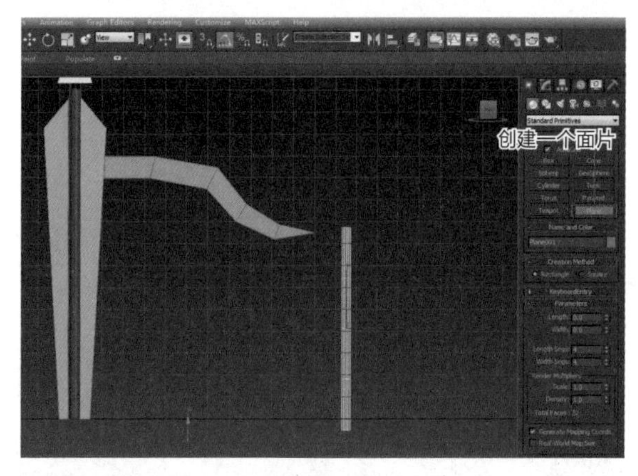

图3-75

⑦ 选择面片，单击鼠标右键，在弹出的菜单中执行“Convert To> Convert to Editable Poly”命令，将其转化成可编辑多边形，如图3-76所示。

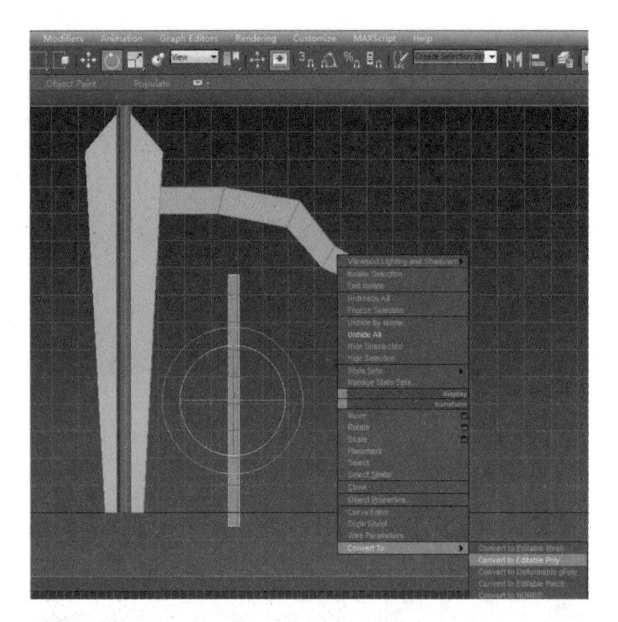

图3-76

⑧ 选择点并调整位置，再按一次点级别退出层级，如图3-77所示。

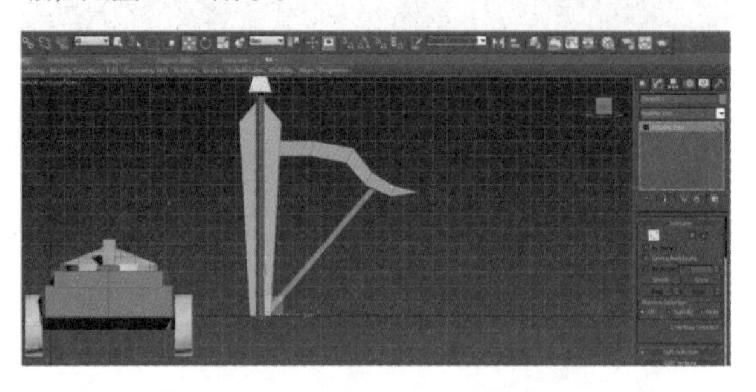

图3-77

⑨ 选择右边两部分结构，单击工具栏上的镜像工具复制出左侧物体，如图3-78所示。

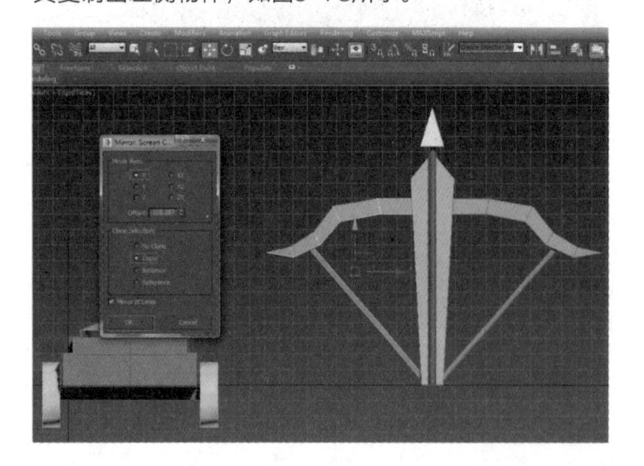

图3-78

⑩ 选择弩身、箭模型，单击工具栏上的“”旋转工具，沿着轴向旋转弩，如图3-79所示。

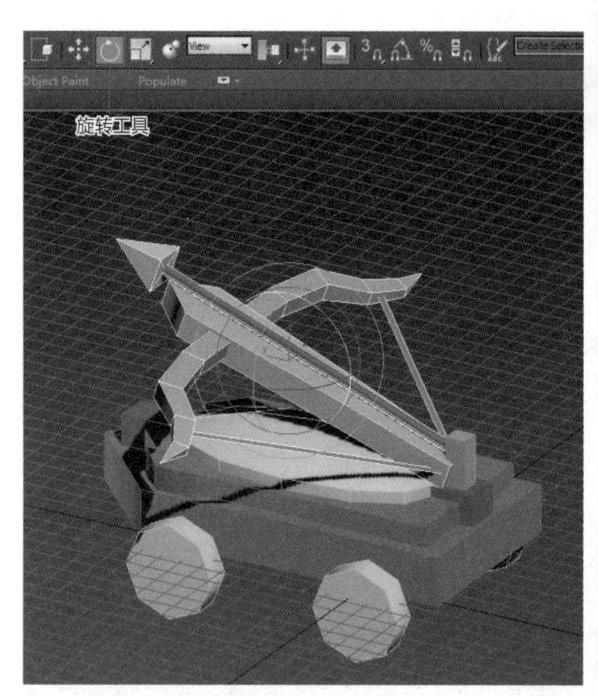

图3-79

3.创建支架

① 在左视图创建一个Box，单击鼠标右键，在弹出的菜单中执行“Convert To> Convert to Editable Poly”命令，将其转化成可编辑多边形，如图3-80所示。

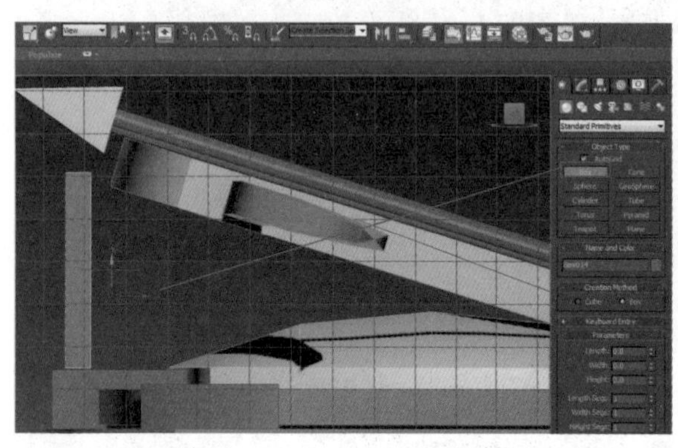

图3-80

② 进入线级别，选择纵向的所有线，鼠标右键单击连接工具的窗口按钮，设置加线的条数为2，如图3-81、图3-82所示。

③ 进入点级别，选择点并用移动工具调整点的位置，如图3-83所示。

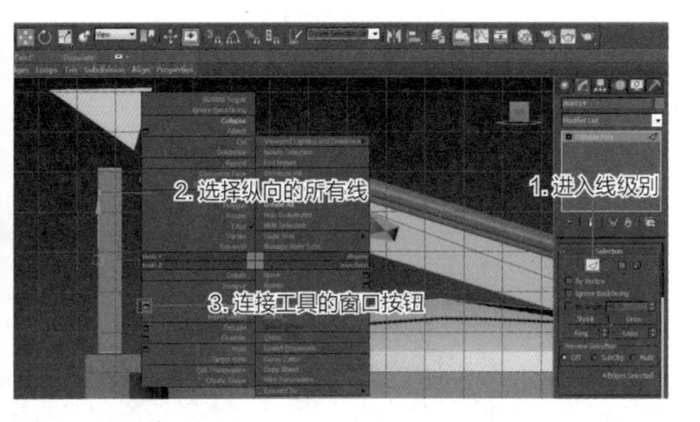

图3-81

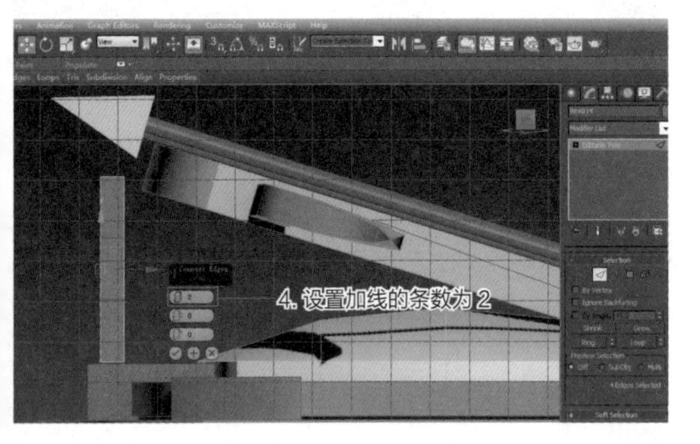

图3-82

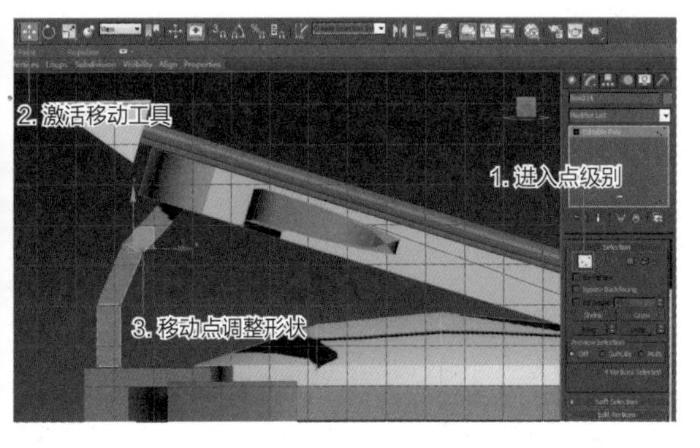

图3-83

④ 退出点级别，选择做好的支架按“Shift+移动”键，拖曳复制出一个同样的物体，如图3-84所示。

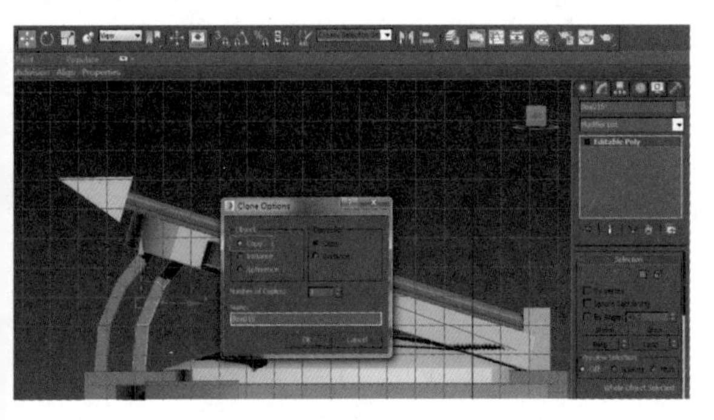

图3-84

⑤ 创建一个面片，单击鼠标右键，在弹出的菜单中执行“Convert To> Convert to Editable Poly”命令，将其转化成可编辑多边形，如图3-85所示。

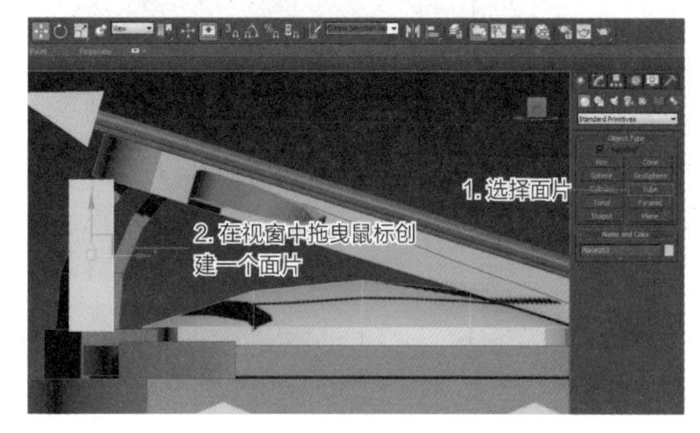

图3-85

⑥ 选择纵向的线，单击鼠标右键，在弹出的面板中左键单击“Connect”连接命令的窗口按钮，设置加线的条数为2，单击对号按钮，如图3-86、图3-87所示。

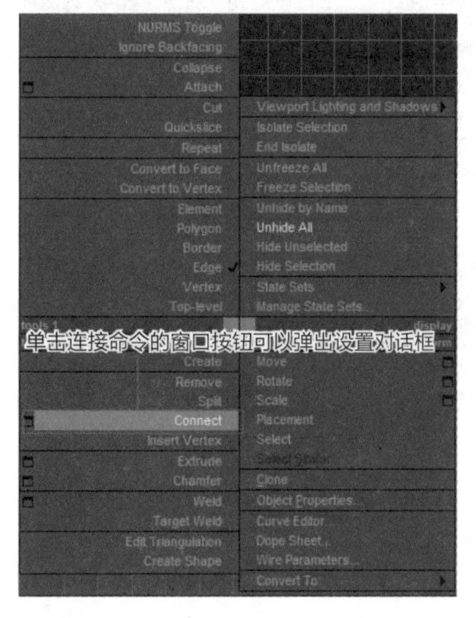

图3-86

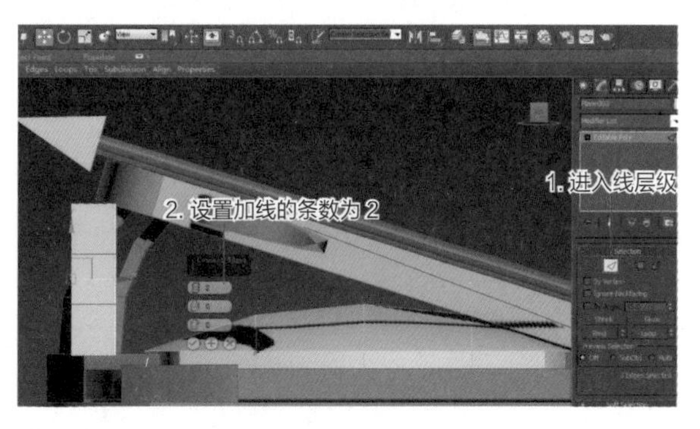

图3-87

⑦ 进入点级别，选择点并用移动工具调整出造型，如图3-88所示。

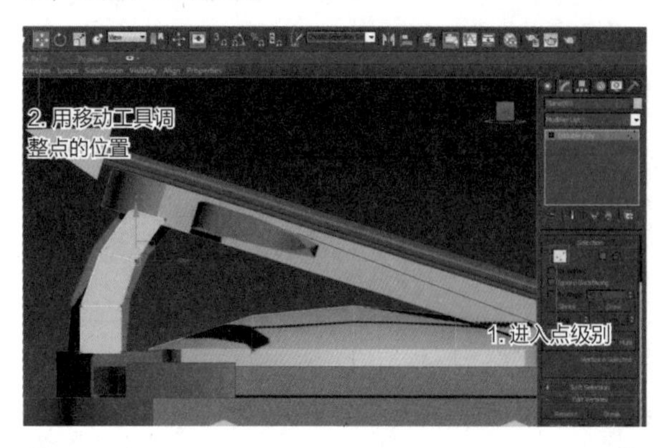

图3-88

⑧ 最后退出点级别，选择面片，单击移动工具将面片移动到两个支架中间位置。这样整个弩车就制作完了，如图3-89所示。

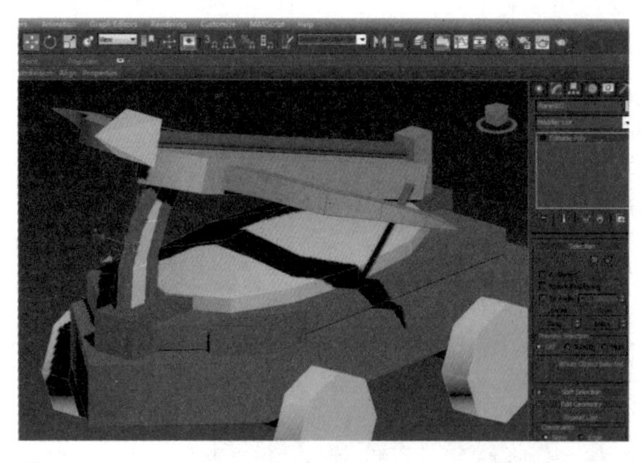

图3-89

3.4 本章作业

临摹一个矿车模型，如图3-90所示。

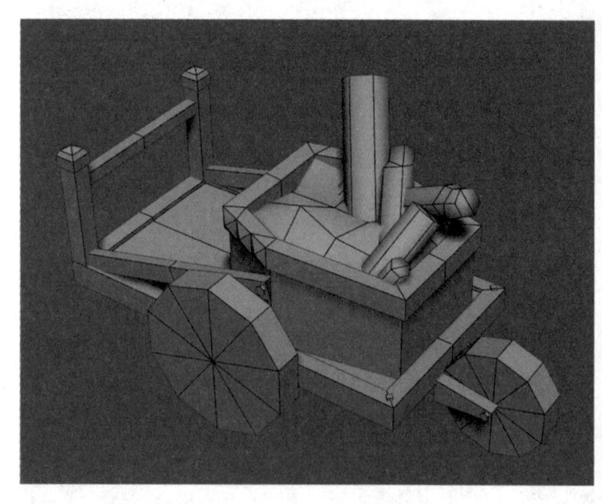

图3-90

作业模型在资源\作业\第3章\原矿车。

学习笔记

第4章 网络游戏道具制作

本章知识点

◆ 制作模型的知识点："Exturde"挤出命令、"Cap"封口命令、"Inset"插入命令、"Remove"移除命令、"Target Weld"目标焊接命令、物体的关联复制
◆ UV展开的知识点：区分快速平面与剥皮方式展开UV的方法、UV的整理与合并
◆ 绘制贴图的知识点：参考图的导入、贴图的创建与保存、金属材质的绘制技巧

4.1 道具宝箱的制作

4.1.1 原画分析

当拿到一张原画后，不要急于制作，先要对原画进行分析归纳，首先要判断这张原画是什么风格游戏里面的物件，然后从造型上判断哪些需要制作出结构，从材质上看这是什么材质构成的。最后分析一下其色彩，看看固有色是什么色，怎么搭配更合理。本例中的宝箱如图4-1所示。

图4-1

这张原画结构比较饱满，色彩比较显眼是一个Q版的宝箱，在制作过程中并不是把所有的结构都做出来，而是注重箱子的外轮廓。顶部为了表现金属棱的结构要制作出来，箱子中间开口部位的黄色金属包边也要制作出来，箱子侧面有些黄色的点把它定义为凸起的金属豆，因为结构小而且繁多所以不用模型表现而是要画出来。锁扣的位置结构表述不是很清晰，要结合实际把它制作完整。

4.1.2 模型的制作

本案例原文件在资源\模型\第4章\箱子模型。
模型制作视频文件在资源\视频\第4章\箱子\模型制作。
本案例模型的最终效果如图4-2所示。

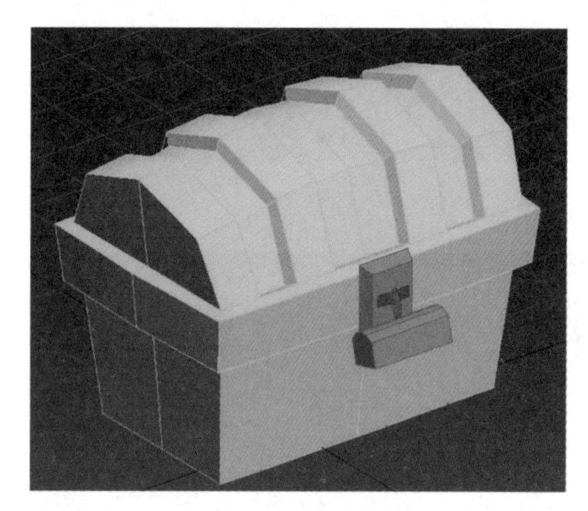

图4-2

下面将通过制作一个箱子的模型来学习制作方法。

① 制作模型时用到的一个新的命令是"Exturde"挤出命令。

② 巩固前一章学到的"Connect"连接命令。

1.箱体

① 在透视窗里面创建一个Box，如图4-3所示。

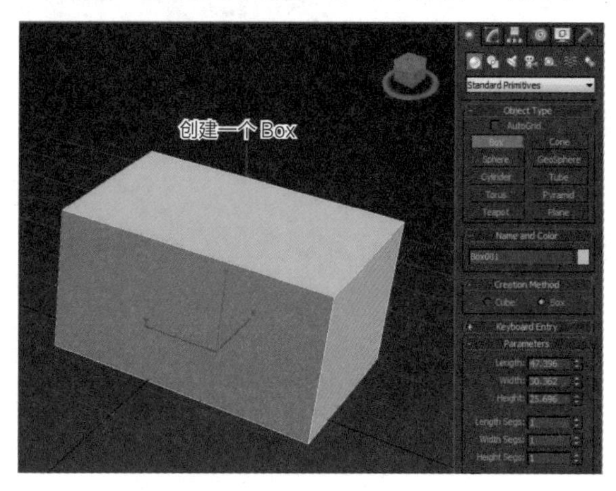

图4-3

② 选择这个物体，单击鼠标右键，在弹出的菜单中，执行“Connect To>Connect to Editable Poly”命令，将其转化成可编辑多边形。

③ 选择顶上的面，单击鼠标右键，在弹出的菜单中，左键单击“Extrude”挤出命令设置窗口，如图4-4、图4-5所示。

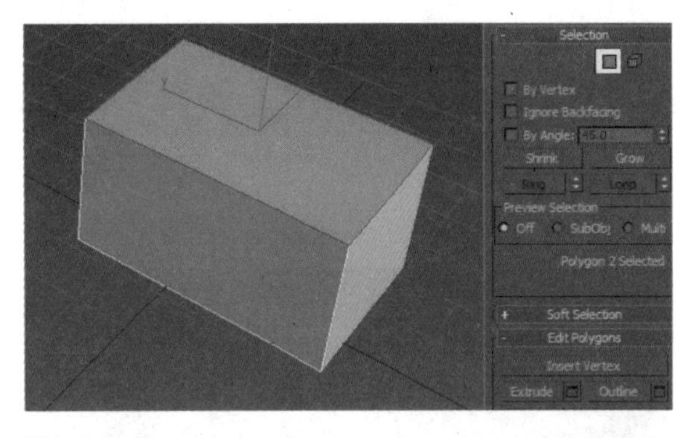

图4-4

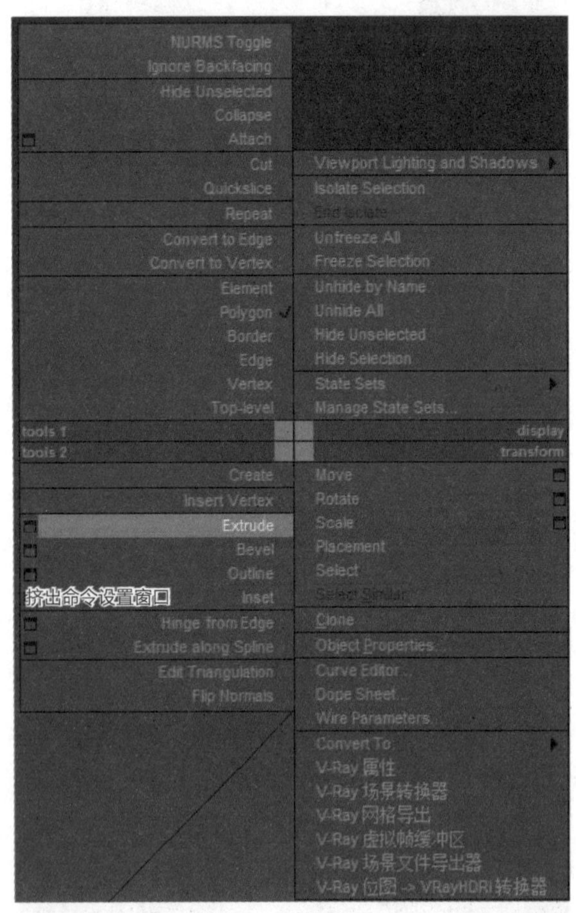

图4-5

④ 在弹出的设置面板上，调整挤出的高度，如图4-6所示。

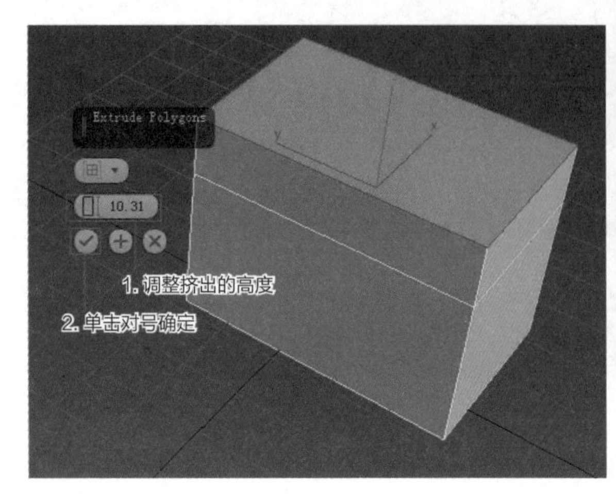

图4-6

⑤ 选择侧面所有的线，单击鼠标右键，在弹出的菜单中，左键单击“Connect”连接命令，从而加上一条中线，如图4-7、图4-8所示。

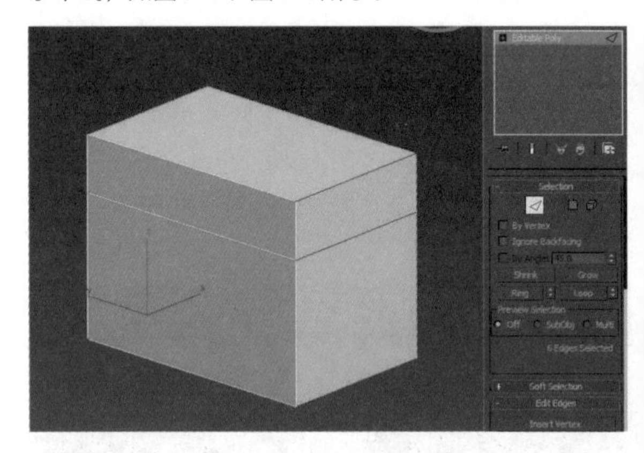

图4-7

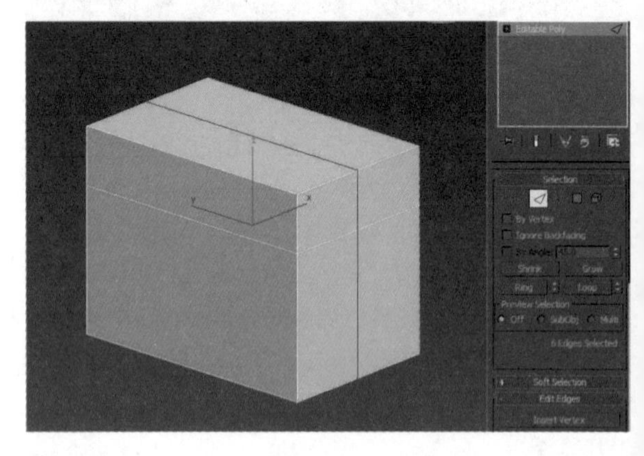

图4-8

⑥ 进入点级别，选择顶上的两个点，用移动工具沿着z轴提高，如图4-9所示。

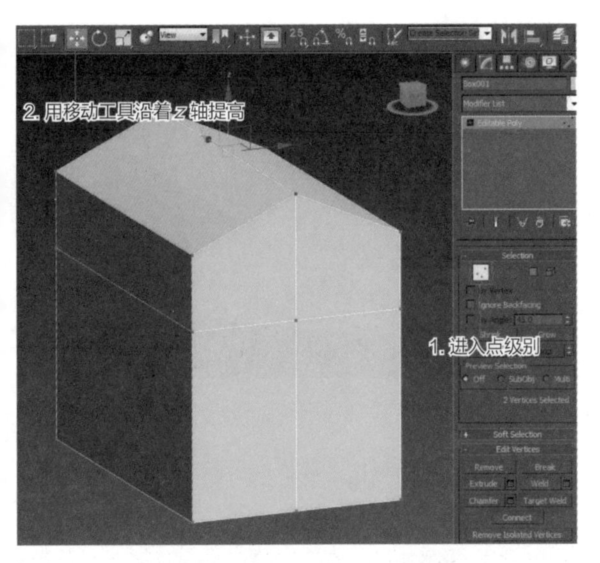

图4-9

⑦ 选择侧面的四个点用缩放工具使其收缩，把顶部调整成一个半弧形，如图4-10所示。

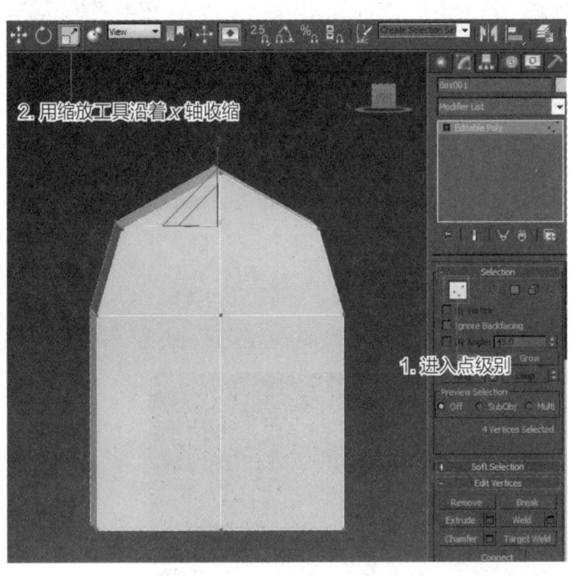

图4-10

⑧ 进入线级别，选择箱子正面所有的线，单击鼠标右键，在弹出的菜单中，左键单击“Connect”连接命令，使其加一条中线，如图4-11、图4-12所示。

⑨ 从正面调整箱子顶部的造型，选择顶上的三个点用移动工具沿着z轴将点提高，如图4-13所示。

⑩ 为了表现Q版的效果，物体会有上大下小的造型，进入点级别，选择一侧的点用旋转工具调整，如图4-14所示。

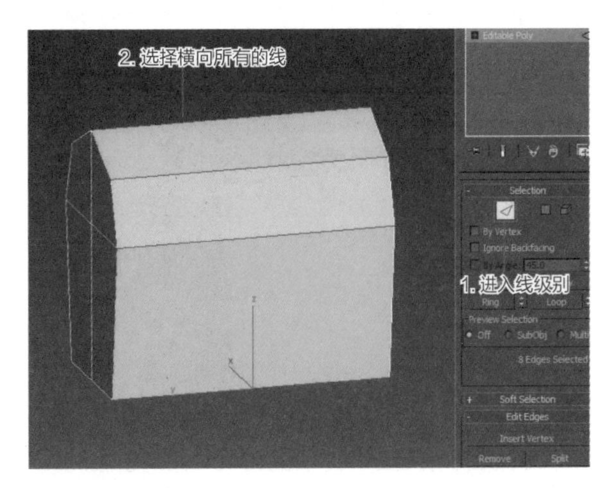

图4-11

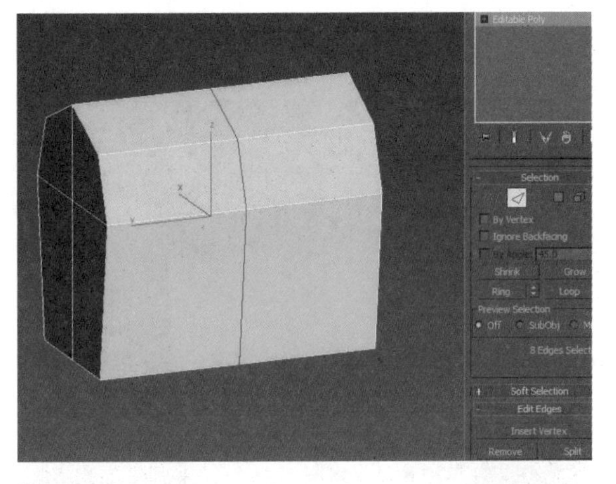

图4-12

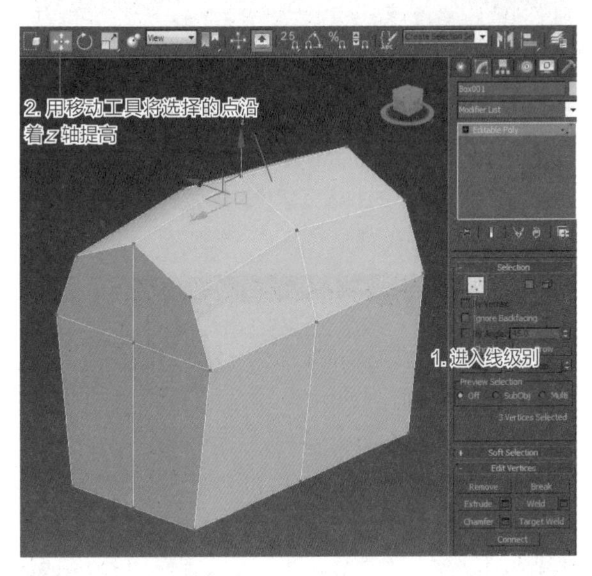

图4-13

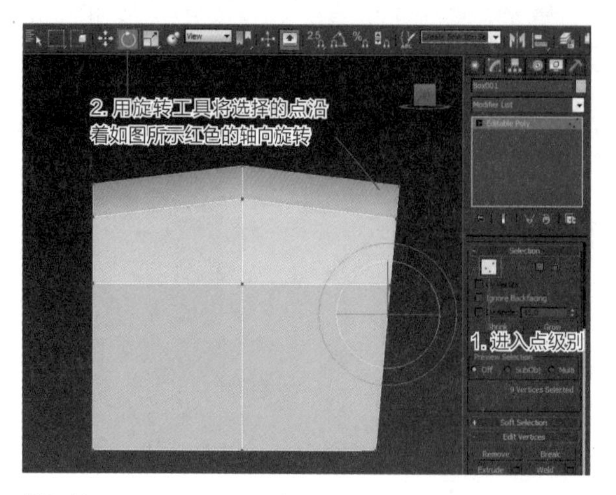

图4-14

⑪ 调整完后用同样的方法，选择另一侧的点用旋转工具调整，如图4-15所示。

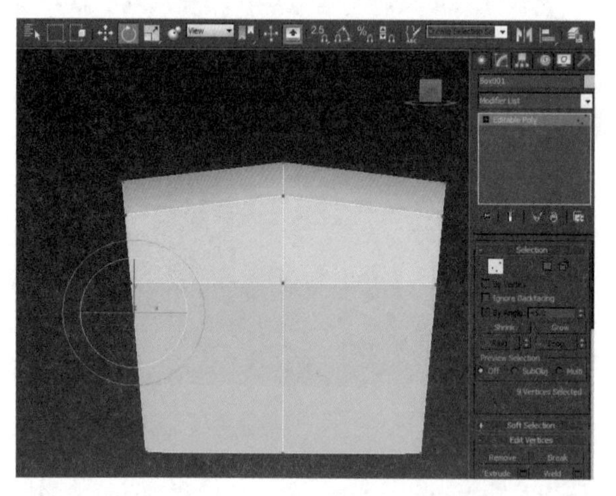

图4-15

⑫ 进入线级别，选择箱体上的竖线，单击鼠标右键，在弹出的菜单中，左键单击“Connect”命令左侧的窗口”，在弹出的对话框里设置加线的偏移位置，如图4-16、图4-17所示。

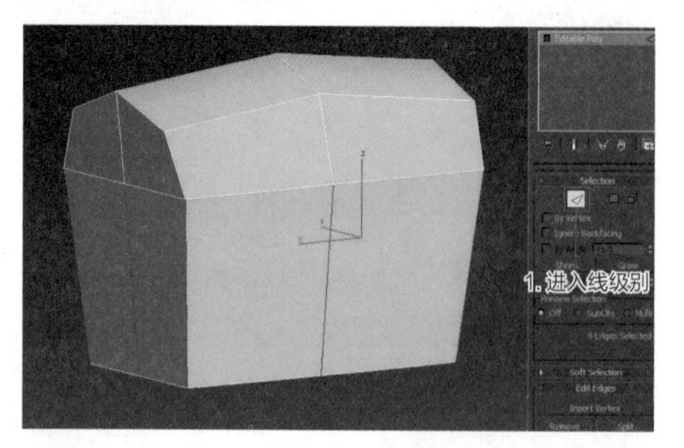

图4-16

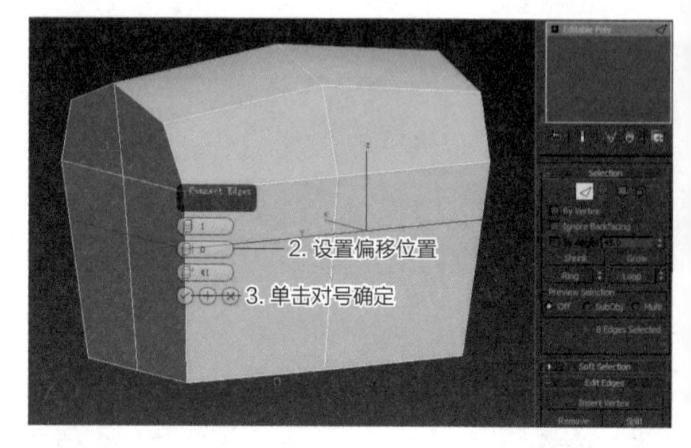

图4-17

⑬ 进入面级别，选择横向一圈的面，如图4-18所示。

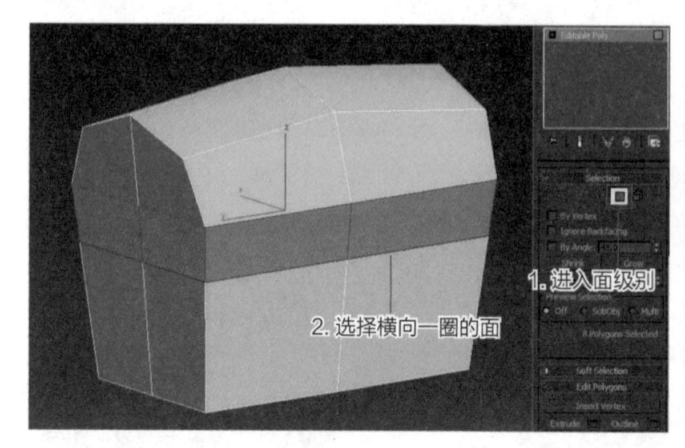

图4-18

⑭ 单击鼠标右键，在弹出的菜单中，左键单击“Extrude”挤出命令左边的设置窗口，如图4-19所示。

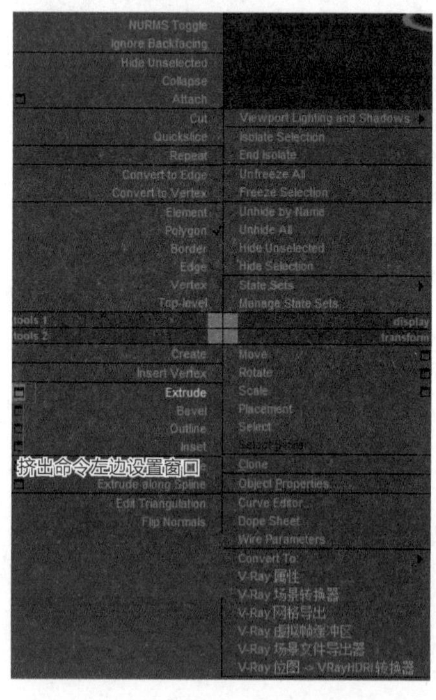

图4-19

⑮ 在弹出的对话框里设置挤出的类型为“Local Normal”，设置挤出的长度，如图4-20所示。

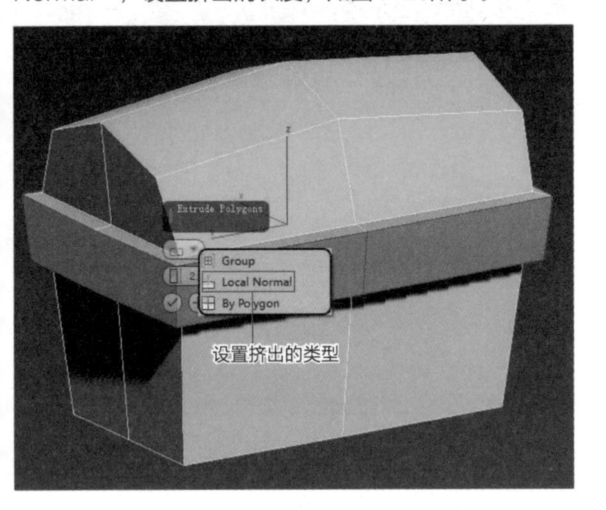

图4-20

⑯ 制作箱子顶上的金属结构，进入线级别，选择顶上横向的线，单击鼠标右键，在弹出的菜单中，左键单击“Connect”连接命令左边的设置窗口，在弹出的对话框中设置加线的条数为3，单击对号，如图4-21、图4-22所示。

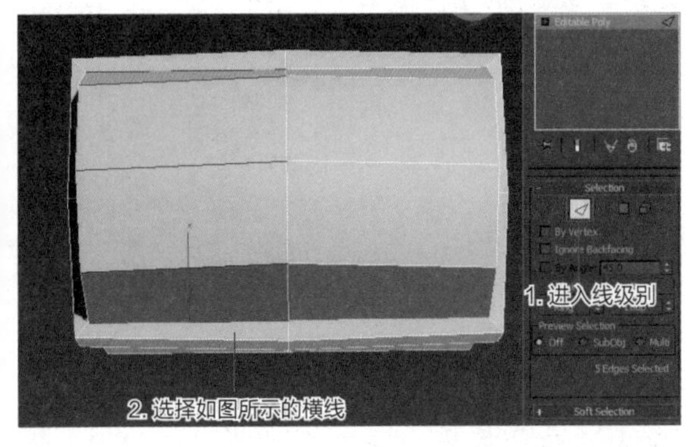

图4-21

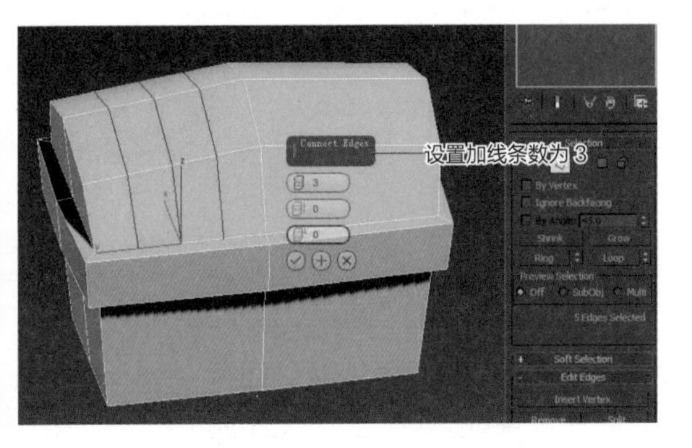

图4-22

⑰ 同样选择右边的横线，单击鼠标右键，在弹出的菜单中，左键单击“Connect”连接命令左边的设置窗口，在弹出的对话框中设置加线的条数为3，单击对号，如图4-23、图4-24所示。

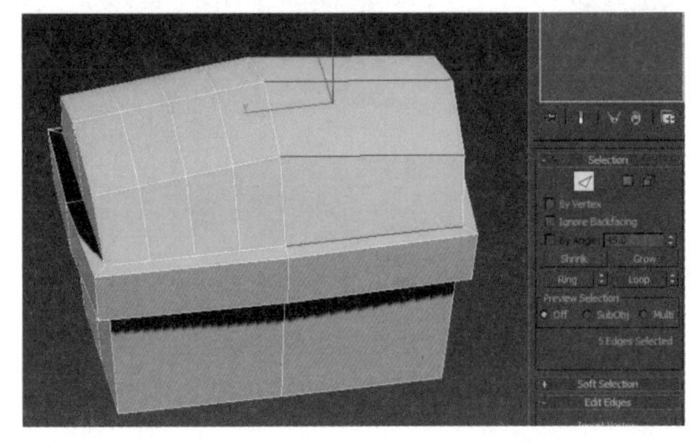

图4-23

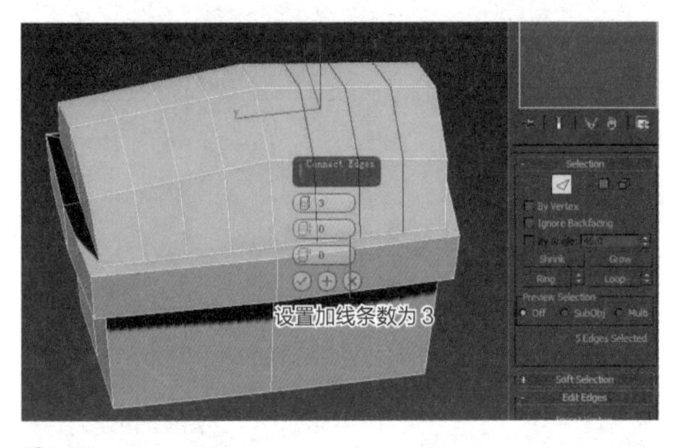

图4-24

⑱ 进入面级别，选择顶部的面，如图4-25所示。

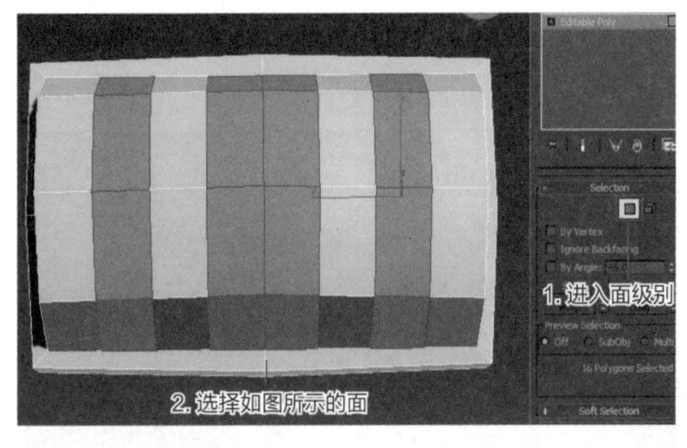

图4-25

⑲ 单击鼠标右键，在弹出的菜单中，左键单击“Extrude”挤出命令，设置挤出的高度为负数，此时面会向内收缩，如图4-26所示。

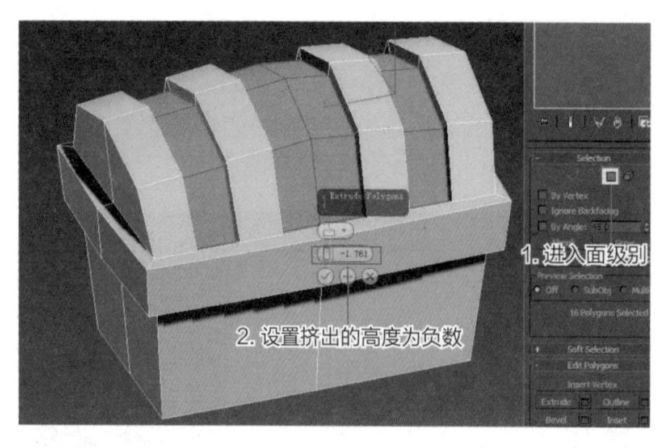

图4-26

⑳ 为了能更清楚地看到黄色金属边的侧面，下面做一下调整。选择中间的面用缩放工具沿着y轴收缩，如图4-27所示。

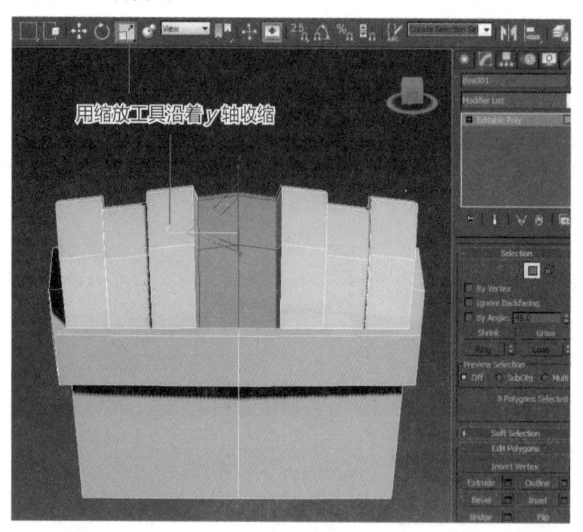

图4-27

㉑ 选择其他夹缝里的面用缩放工具分别沿着y轴缩放，如图4-28和图4-29所示。

图4-28

图4-29

㉒ 这样整个箱子的主体部分就制作完成了。

2.锁及附件

① 在透视图里创建一个Box，比例设置，如图4-30所示。

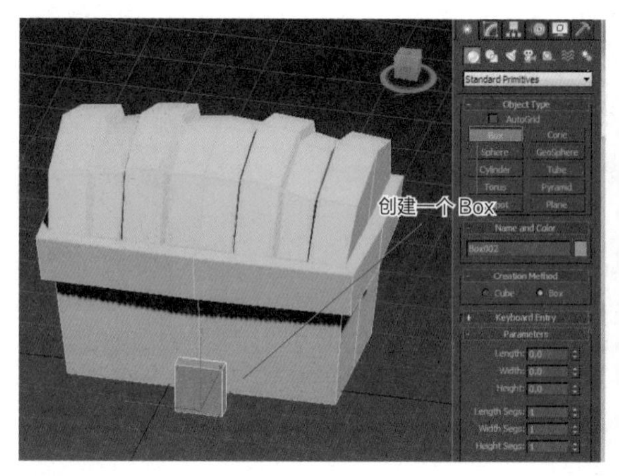

图4-30

② 用移动工具将盒子移动到箱子开口处，如图4-31所示。

③ 进入面级别，选择前面的面，用缩放工具缩小使其看到盒子的侧面，如图4-32所示。

④ 下面制作锁。在透视图里创建一个Box，比例设置如图4-33所示。

⑤ 选择盒子，单击鼠标右键，在弹出的菜单中，左键单击“Convert To>Convert to Editable Poly”命令，将盒子模型转换为可编辑的多边形。进入线级别，选择顶上的线，如图4-34所示。

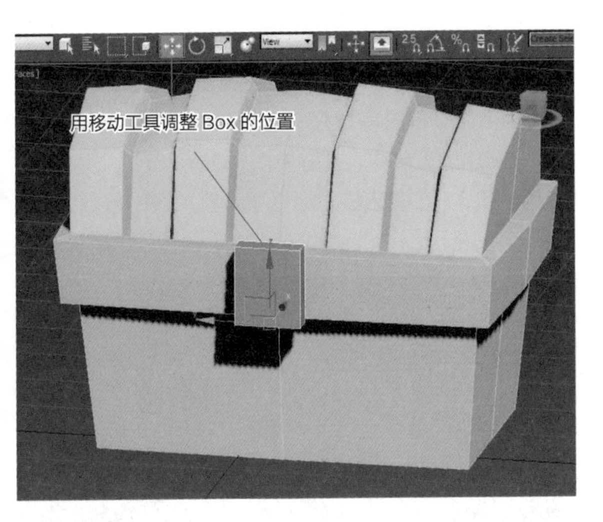

图4-31

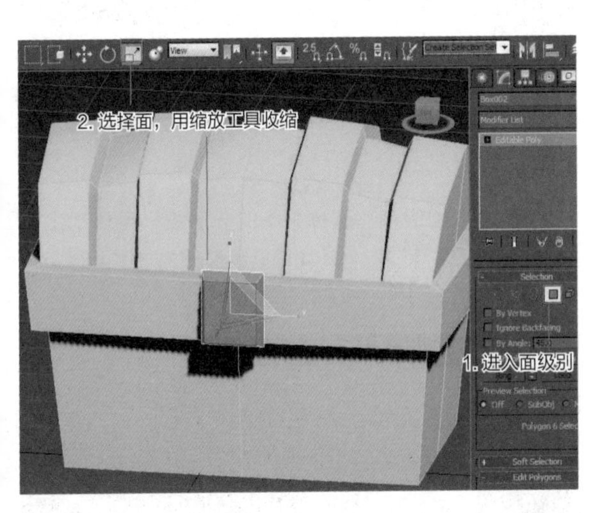

图4-32

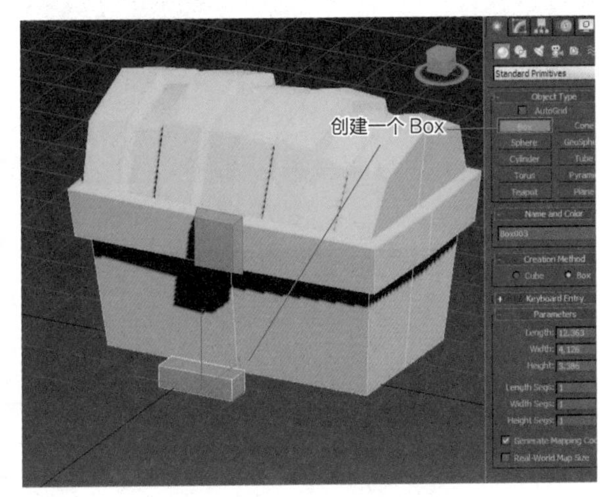

图4-33

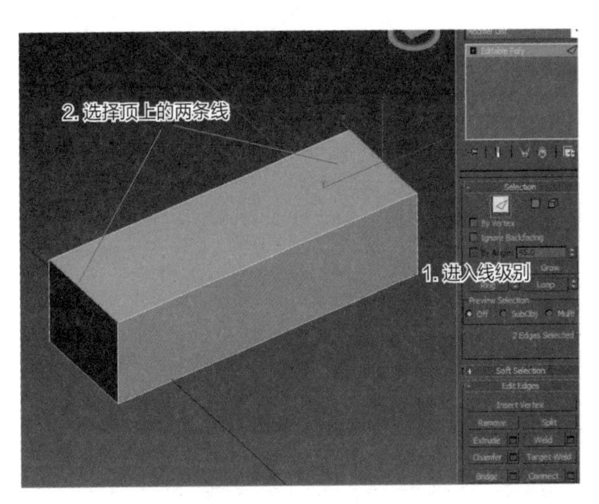

图4-34

⑯ 单击鼠标右键，在弹出的菜单中，左键单击“Connect”连接命令左边的设置窗口，在弹出的对话框里设置加线的条数为3，如图4-35所示。

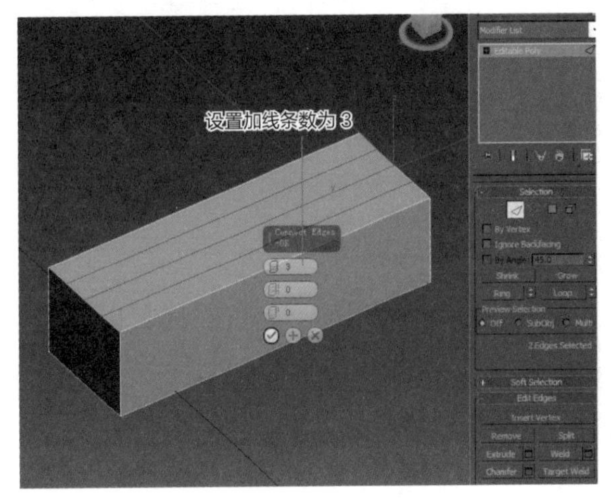

图4-35

⑰ 选择刚添加的三条线，用移动工具沿着z轴提高，如图4-36所示。

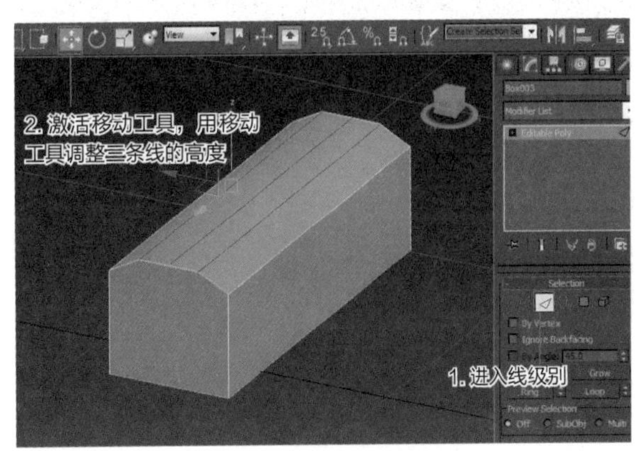

图4-36

⑧ 再单独选择中间一条线，用移动工具再次提高，如图4-37所示。

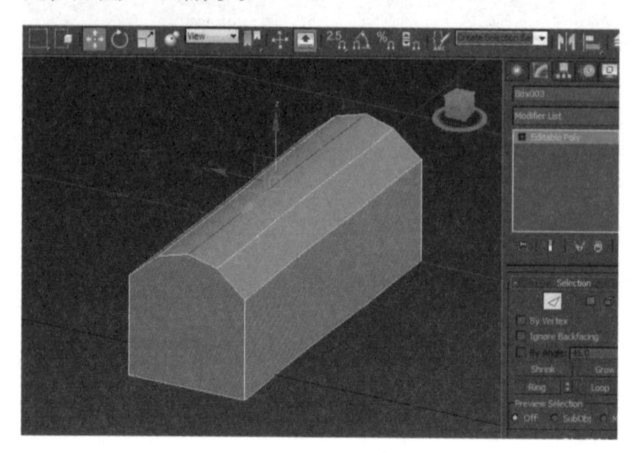

图4-37

⑨ 这样锁的造型就完成了，退出层级，选择整个锁的物体，用移动工具与旋转工具调整锁的位置与方向，如图4-38所示。

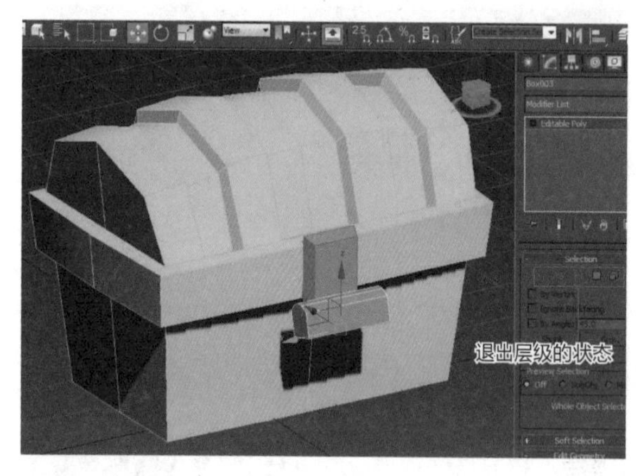

图4-38

⑩ 制作锁扣。把自动栅格打开，在锁板上创建一个面片，如图4-39所示。

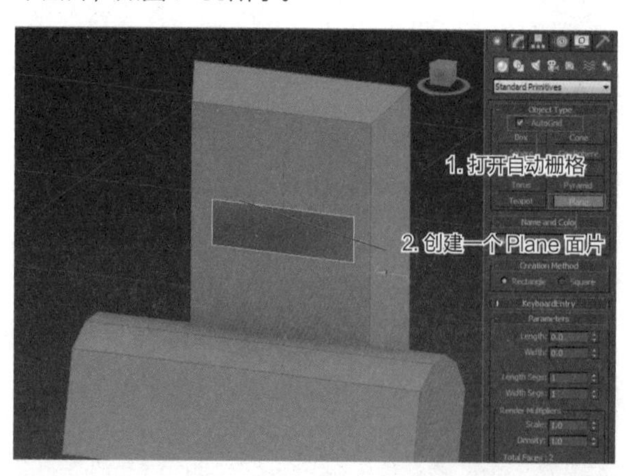

图4-39

⑪ 选择面片，单击鼠标右键，在弹出的菜单中单击"Convert To>Convert to Editable Poly"命令，将其转化成可编辑多边形。选择横向的线单击鼠标右键，在弹出的菜单中，左键单击"Connect"连接命令左边的窗口，在弹出的对话框里设置加线的条数为3，如图4-40所示。

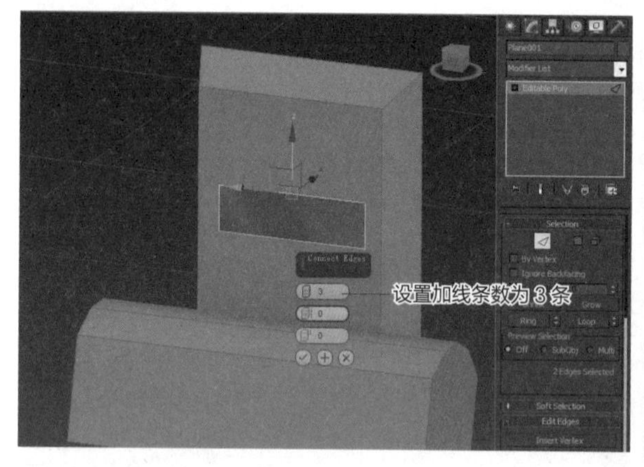

图4-40

⑫ 进入线级别，选择中间的一条线，用移动工具沿着x轴移动，使面片的中间位置鼓出来，如图4-41所示。

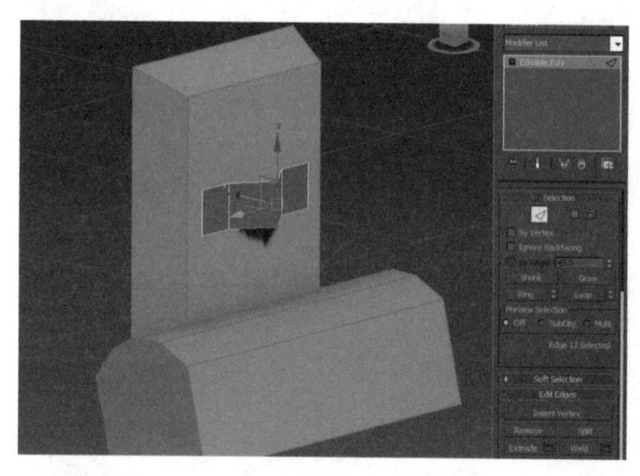

图4-41

⑬ 制作锁环。在透视图中创建一个圆柱体，将边数设置为4，如图4-42所示。

图4-42

⑭ 选择这个物体，单击鼠标右键，在弹出的菜单中单击“Convert To>Convert to Editable Poly”命令，将其转化成可编辑多边形。选择顶、底两个面，按“Delete”键，将两个面删除,如图4-43和图4-44所示。

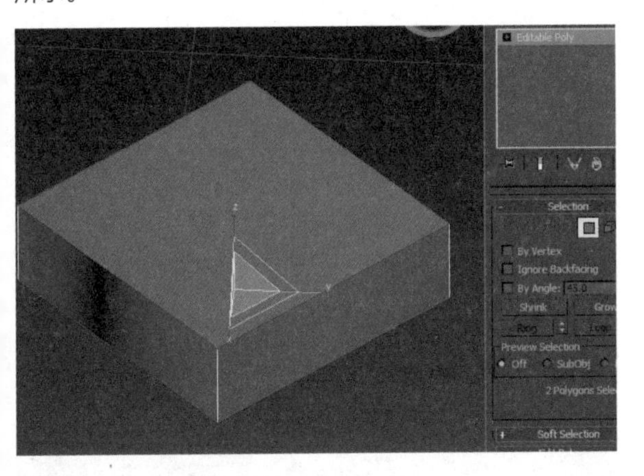

图4-43

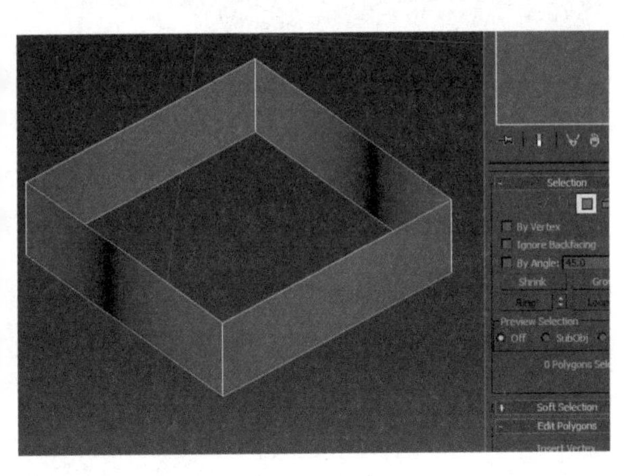

图4-44

⑮ 用缩放工具将其压扁，如图4-45所示。

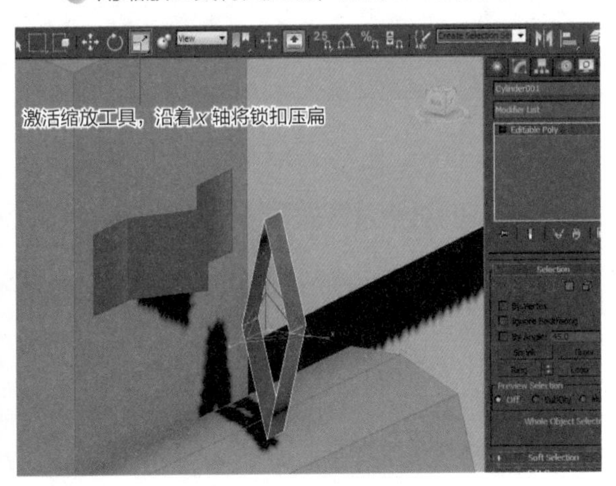

图4-45

⑯ 用旋转工具将其与锁扣扣在一起，如图4-46所示。

图4-46

⑰ 这样整个箱子的模型就制作完成了，如图4-47所示。

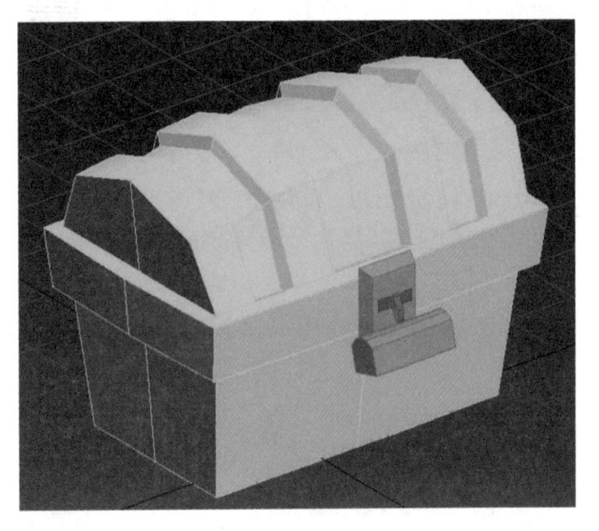

图4-47

4.1.3 宝箱UV的展开

UV的概念

① 当制作完成一个模型后，下一步就要绘制贴图，但是在中间必须要经历一个过程就是展开UV，在3ds Max中也称之为UVW，U代表平面的横向坐标，V代表平面的纵向坐标，W代表垂直于平面的坐标，通俗地讲，UV就是将模型表面的布线信息反映在一张平面上。

② 可以把UV理解成将模型进行裁剪平铺在一个平面上，下面以规则的几何体为例，如图4-48、图4-49所示。

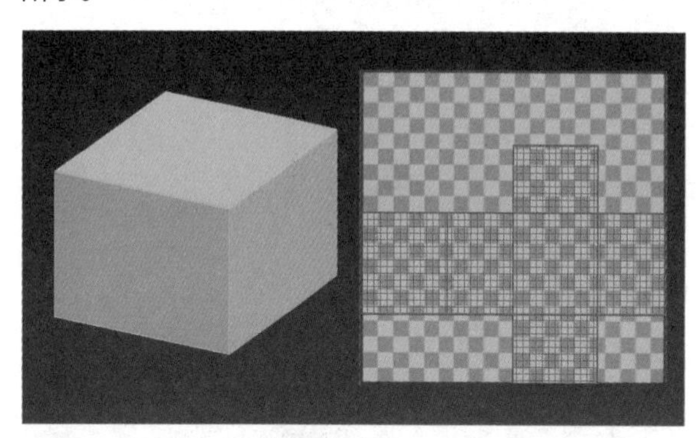

图4-48

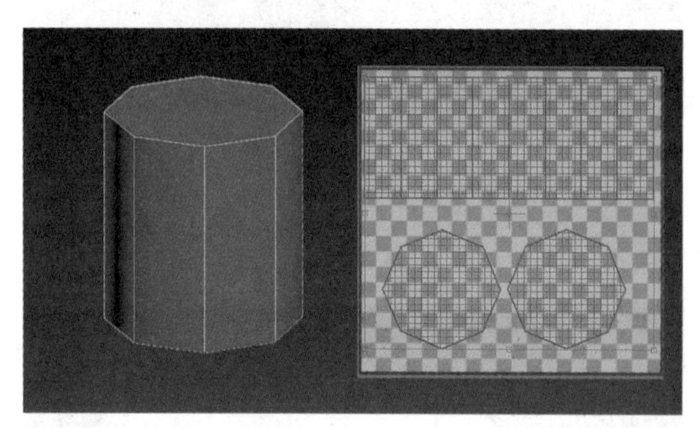

图4-49

③ 将盒子拆分UV，得到的是类似包装盒一样打开的效果，每个面都是平整的，每个面也是可以断开的。

④ 将圆柱体拆分UV，得到的是一个顶面、一个底面，还有一个展平的侧面。

UV的展开

一个模型UV的展开思路如下。

① 添加UV展开修改器。

② 用相应的映射方式展开UV。

③ 添加棋盘格调整UV比例。

④ 合理排放UV。

1 .添加“UV展开”修改器

① 选择箱子模型，在修改面板中添加“Unwrap UVW” UV展开的修改器，如图4-50所示。

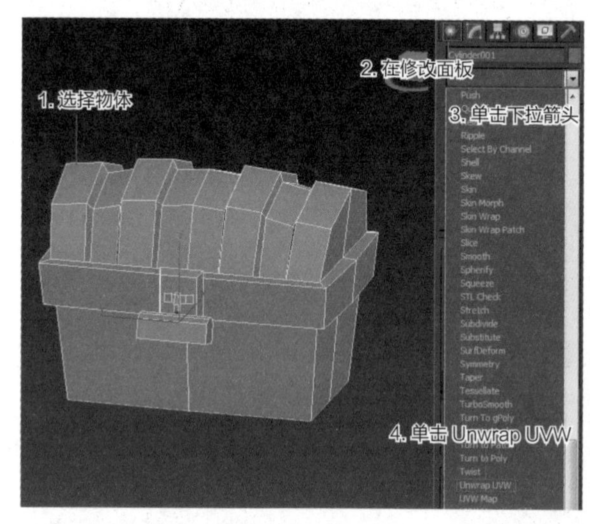

图4-50

② 添加完修改器之后修改面板发生的变化，如图4-51所示。

图4-51

2. 用相应的映射方式展开UV

本节用的映射方式是快速剥皮映射方式。

操作步骤如下。

① 打开UV编辑器。

② 在视图中选择需要展开的面。

③ 在UV编辑器上单击“Quick Peel”快速剥皮按钮。

① 打开UV编辑器：在修改面板中Edit UVS栏下单击“Open UV Editor”打开UV编辑器，如图4-52所示。

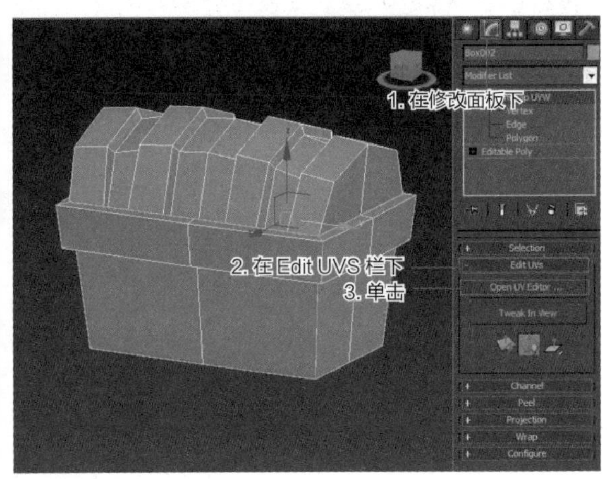

图4-52

② UV编辑器打开后的效果如图4-53所示。

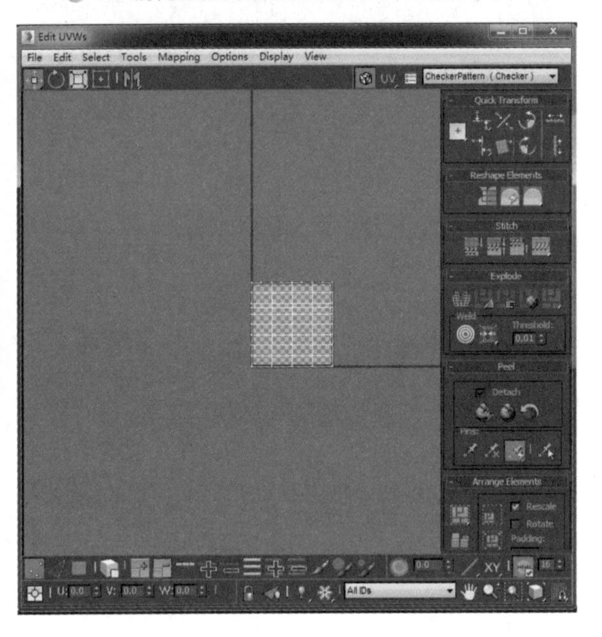

图4-53

③ 在修改面板中，进入UV的面级别，在模型上选择箱子顶部的面，单击“Quick Peel”快速剥皮按钮，如图4-54所示。

④ 在UV编辑器中，箱子顶部的面将会展平，用UV编辑器里的移动工具将展开的UV移动到空白处，如图4-55所示。

⑤ 在UV编辑器中，选择箱子顶部前面的面，单击右键，在弹出的面板中单击“Break”断开命令，然后单击水平镜像工具，实现UV的翻转，如图4-56、图4-57所示。

图4-54

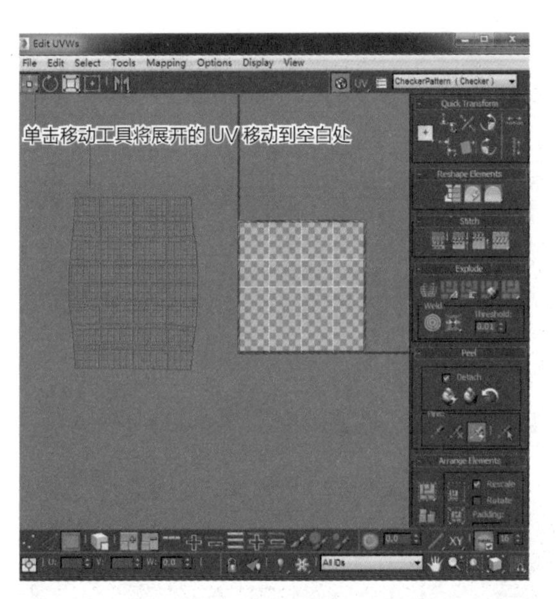

图4-55

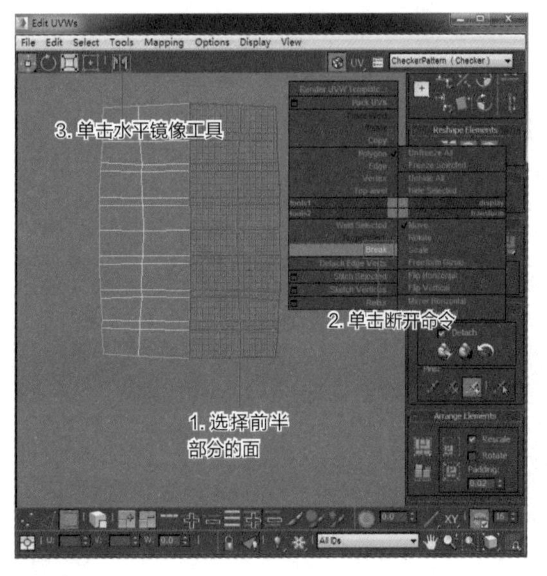

图4-56

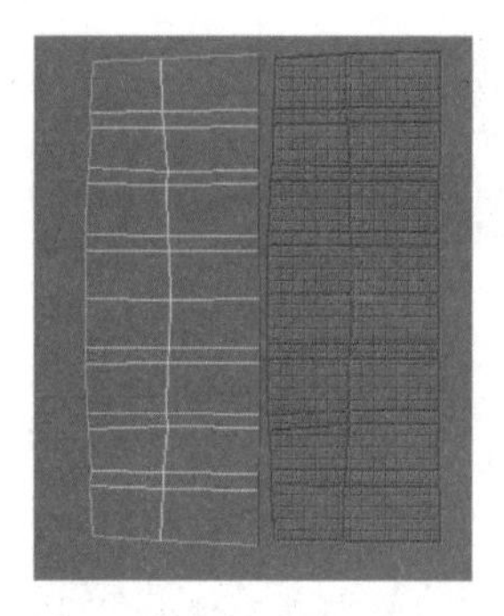

图4-57

⑥ 用移动工具将两部分重叠，以便达到贴图的重复利用，可以通过快速水平对齐工具实现点的重合，如图4-58所示。

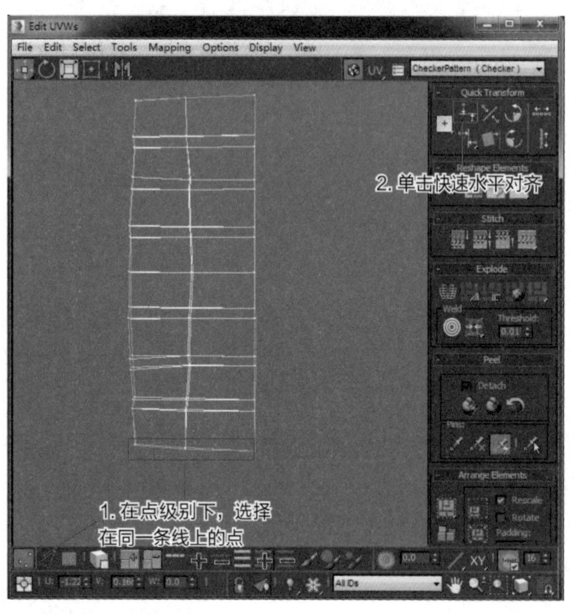

图4-58

⑦ 箱子顶部展开后的UV效果如图4-59所示。

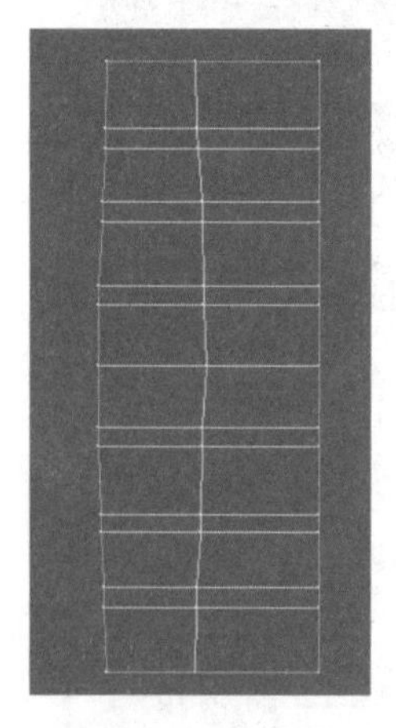

图4-59

⑧ 选择箱子两侧的面，单击快速剥皮按钮，将其展开，如图4-60所示。

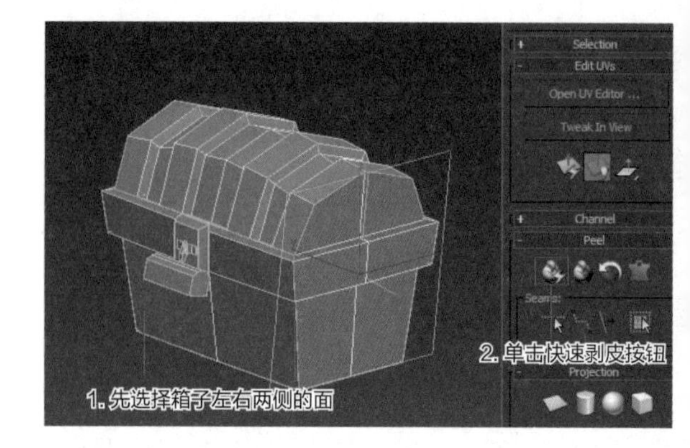

图4-60

⑨ 两侧的UV将会快速展开并且重叠在一起，将展开的UV移动到空白处，如图4-61所示。

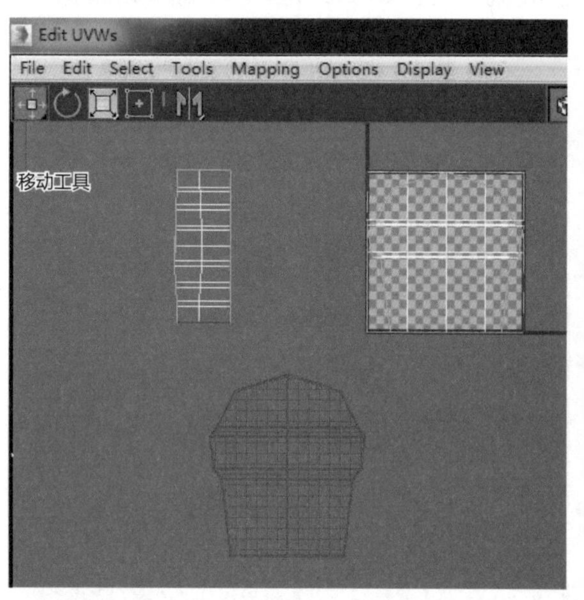

图4-61

⑩ 选择箱子前后的面，单击快速剥皮按钮，如图4-62所示。

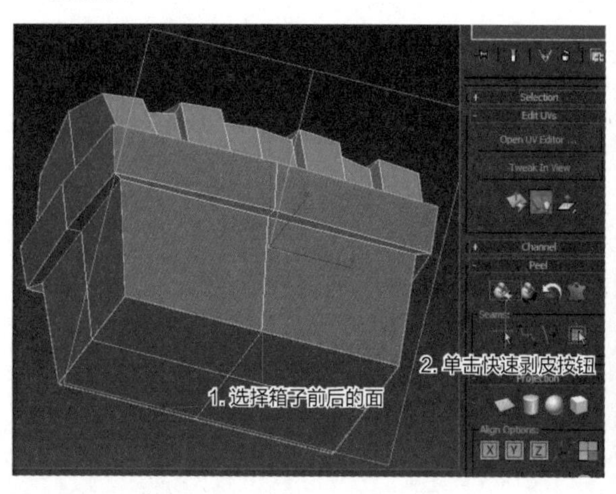

图4-62

⑪ 前后的面将会展开，并且完全重叠在一起，如图4-63所示。

图4-63

⑫ 选择箱子顶部边上的面，单击快速平面按钮来展开UV，如图4-64所示。

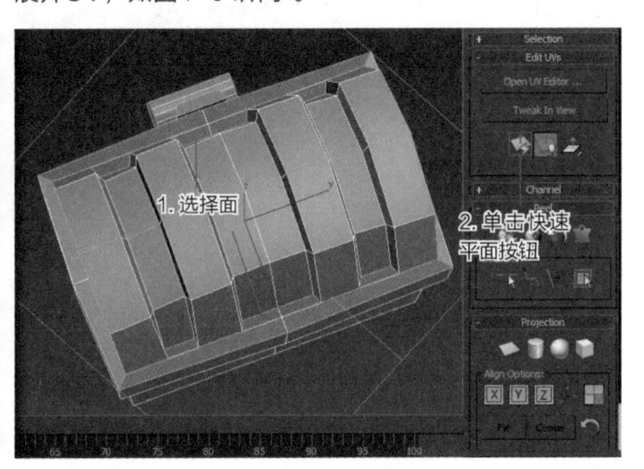

图4-64

⑬ UV展开后的效果如图4-65所示。

⑭ 为了重复利用贴图，选择一半的面，单击水平镜像工具，实现UV的翻转，如图4-66所示。

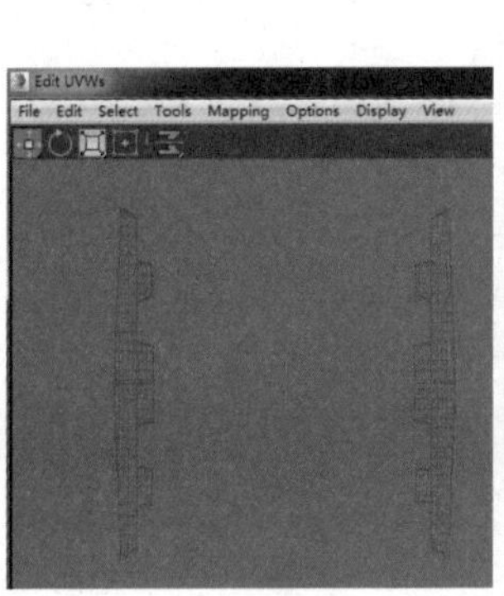

图4-65

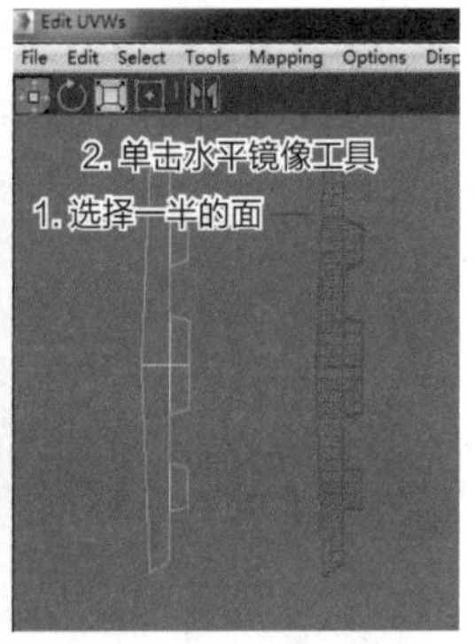

图4-66

⑮ UV翻转后用移动工具将UV重叠，如图4-67所示。

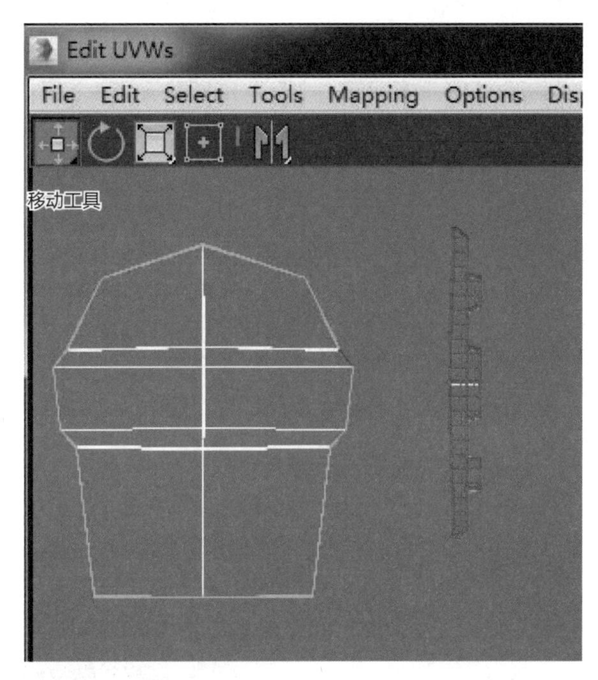

图4-67

⑯ 选择箱子底部的面，单击快速剥皮按钮将UV展开，如图4-68所示。

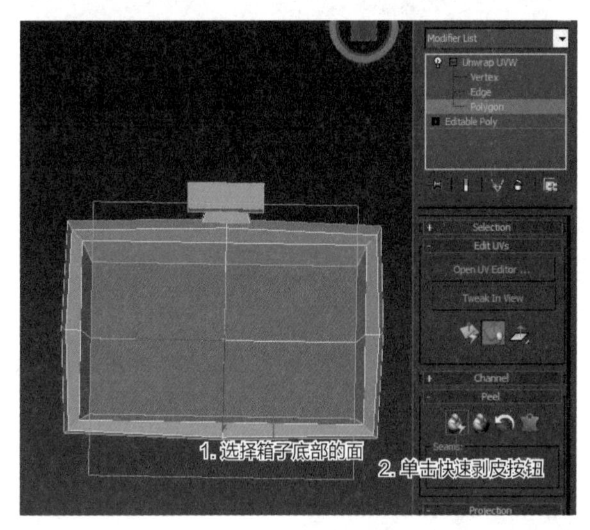

图4-68

⑰ 箱子底部是不容易被人看到的地方，为了节省资源将底部的UV对折两次，实现UV的重叠。具体操作：选择一半的面，单击鼠标右键，在弹出的面板里单击“Break”断开命令，然后单击水平镜像工具，实现UV翻转，如图4-69所示。

⑱ 用移动工具将两部分UV重叠，如图4-70所示。

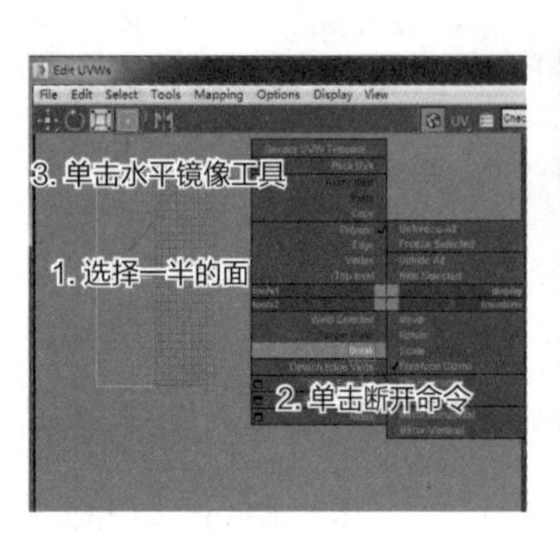

图4-69

图4-70

⑲ 再选择上下一半的面，单击鼠标右键，在弹出的面板里单击“Break”断开命令，然后长按水平镜像工具，在弹出的下拉菜单中单击垂直镜像工具，实现UV的上下翻转，如图4-71、图4-72所示。

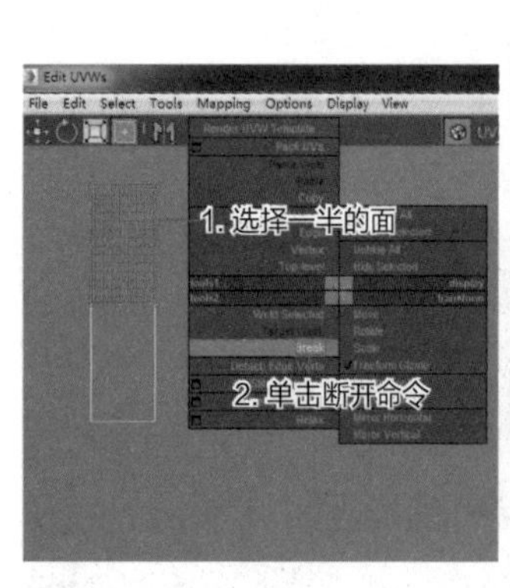

图4-71

图4-72

⑳ 用移动工具将两部分UV重叠，如图4-73所示。

图4-73

㉑ 选择固定锁的模型的面，单击快速剥皮按钮，将UV展开，如图4-74、图4-75所示。

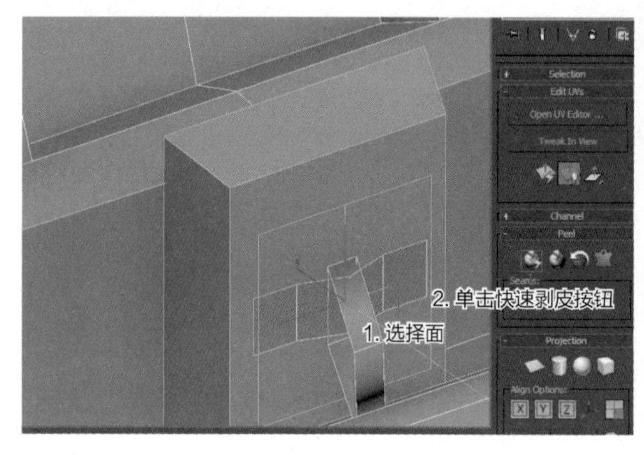

图4-74

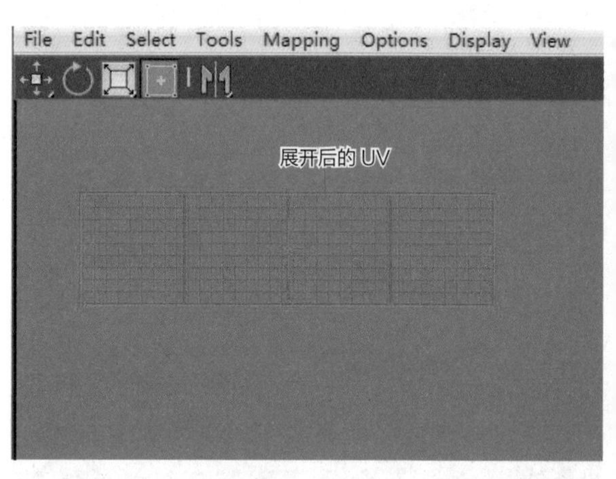

图4-75

㉒ 选择锁板的面，单击快速剥皮按钮，将其UV展开，如图4-76和图4-77所示。

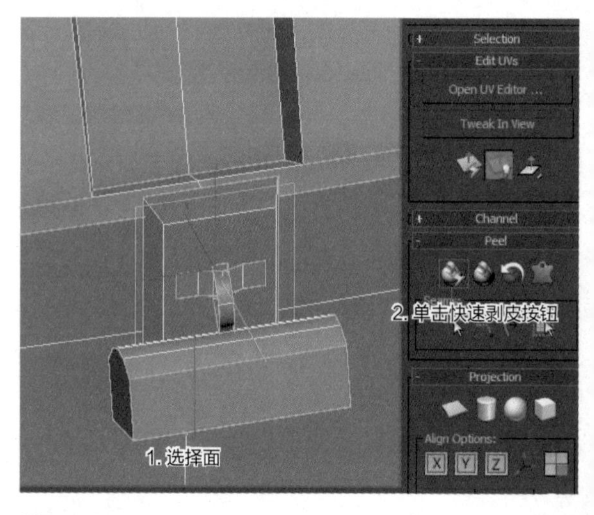

图4-76

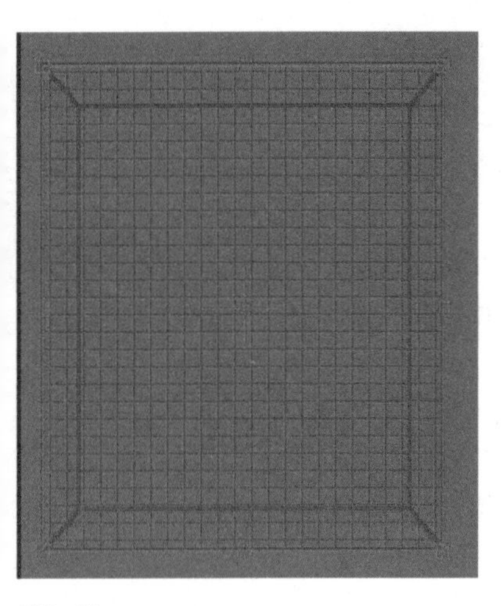

图4-77

㉓ 选择锁顶上的面，单击快速剥皮按钮，将其UV展开，如图4-78、图4-79所示。

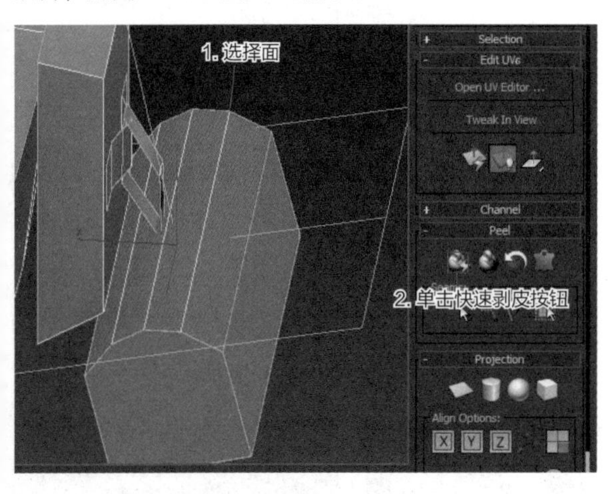

图4-78

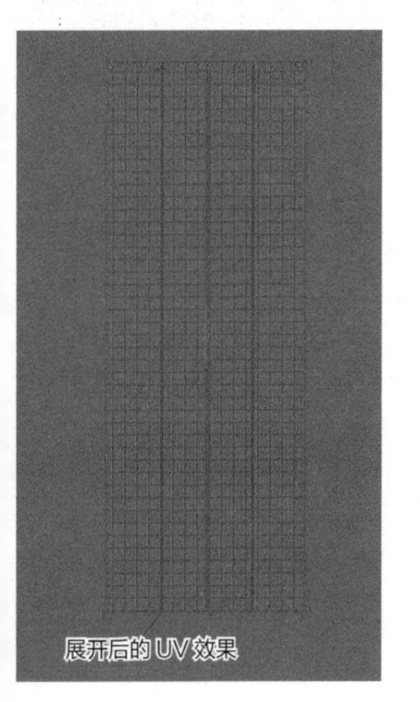

图4-79

㉔ 选择锁前后的面，单击快速剥皮按钮，将其UV展开，并且能快速重叠在一起，如图4-80、图4-81所示。

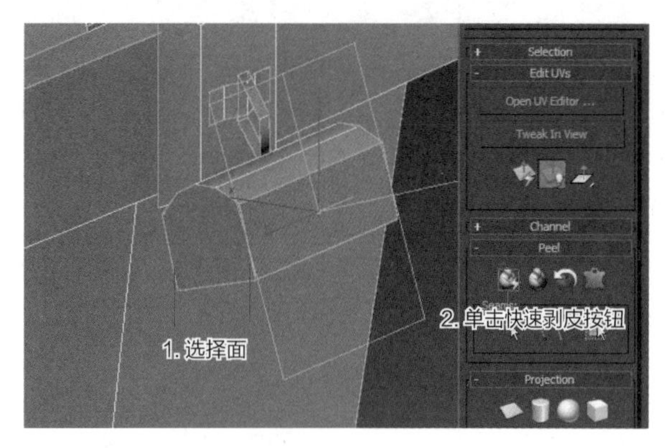

图4-80

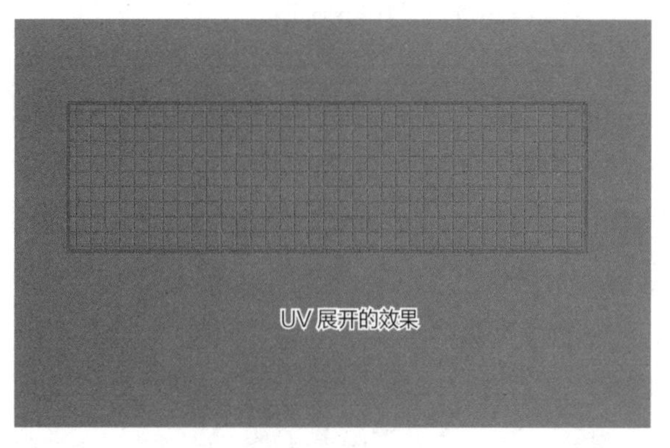

图4-81

㉕ 选择锁两侧的面，单击快速剥皮按钮，将其UV展开，如图4-82所示。

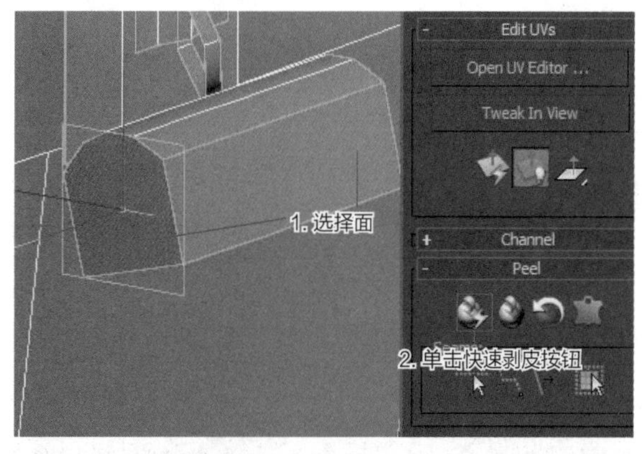

图4-82

㉖ 将锁左右面的UV展开并且重叠，但是锁的左右贴图是不一样的，还要将左右的面用移动工具分开放置，如图4-83所示。

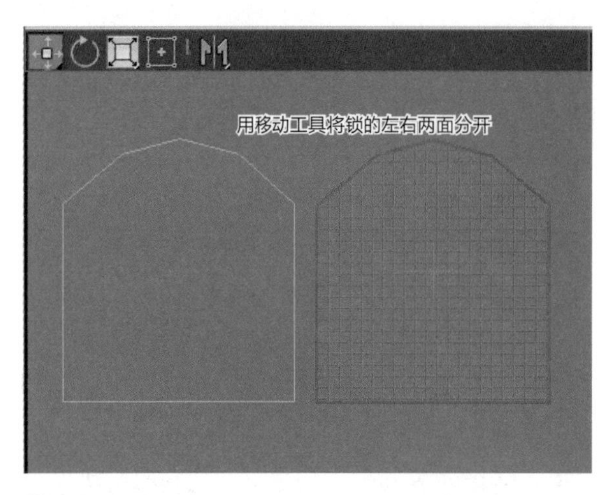

图4-83

㉗ 选择锁底部的面，单击快速剥皮按钮，将其UV展开，如图4-84、图4-85所示。

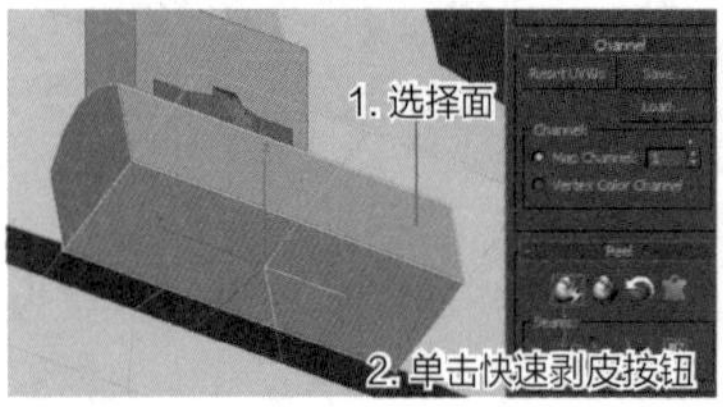

图4-84

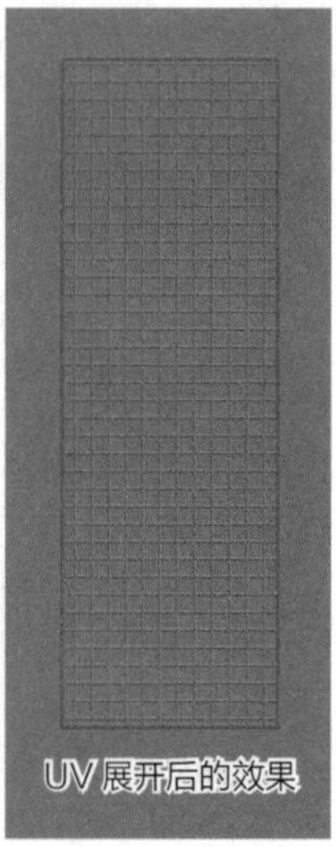

图4-85

㉘ 选择锁扣上的面，单击快速剥皮按钮，将其UV展开，如图4-86、图4-87所示。

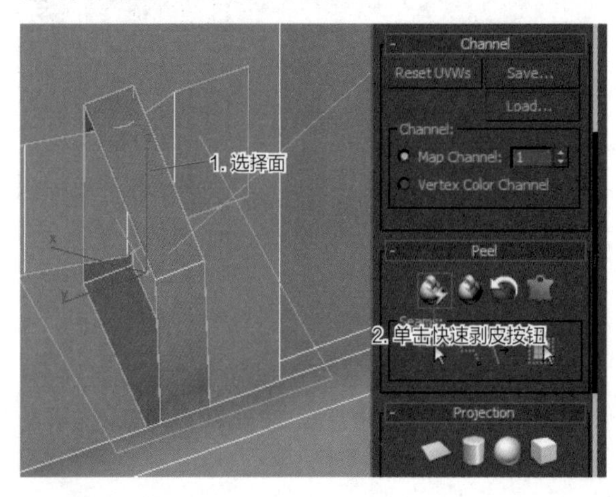

图4-86

图4-87

3.UV的比例调整

各部分的UV展开之后，要按照模型上的比例调整UV的比例，才能保证每部分的清晰度是一致的。

一般情况下会给模型赋予棋盘格贴图，添加棋盘格贴图就是为了检查比例是否一致，棋盘格子大小统一说明比例正确，当然也可以适当调整，用户最能直视的地方可以让UV占用面积适当大一点，不易察觉的地方可以让UV占用面积适当小一点。

❶ 在英文输入法状态下按M键打开材质编辑器，选择一个材质球，单击固有色后面的方块按钮，在弹出的面板上选择“Checker”棋盘格，单击“OK”按钮，如图4-88、图4-89所示。

图4-88

图4-89

❷ 进入棋盘格的内部面板后，调整重复值为10，上下数值要保证一致，最后选择物体，单击赋予按钮，再单击显示按钮，在视图中箱子模型上就显示成棋盘格子图像，如图4-90、图4-91所示。

❸ 选择局部的面用缩放工具，调整局部UV的大小，从而使在物体上显示的棋盘格大小统一，如图4-92所示。

❹ 调整后的UV效果如图4-93所示。

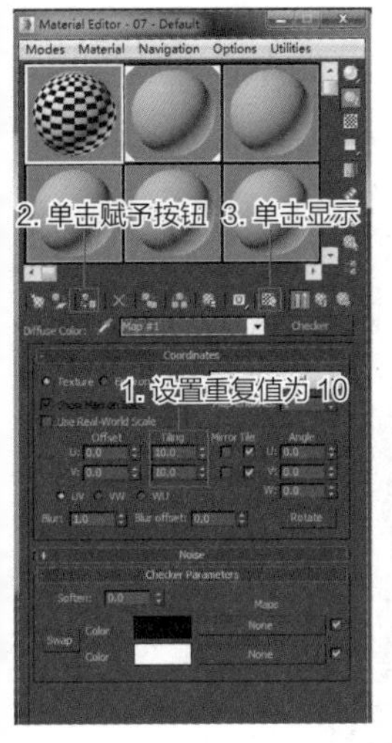

图4-90

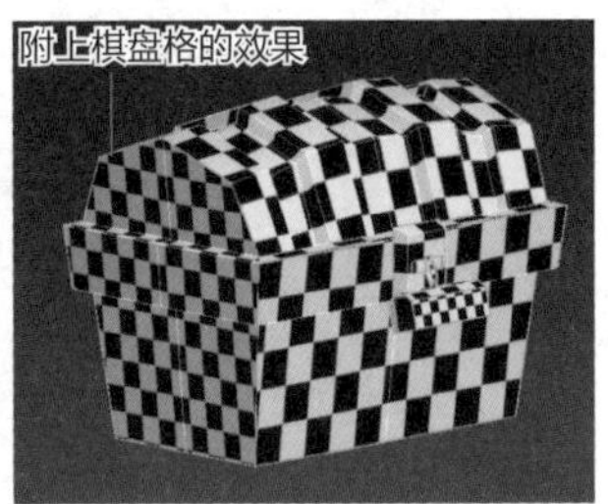

图4-91

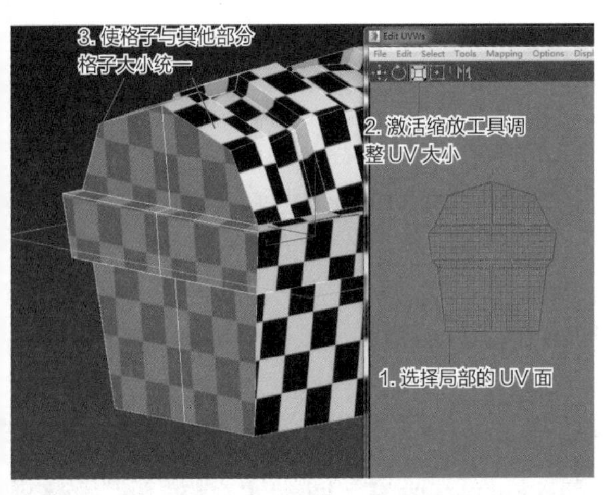

图4-92

图4-93

4.UV 的摆放

因为要控制游戏资源量，网游在贴图精度上会适当地控制在同样的贴图大小情况下，UV占用的面积越大，贴图精度越高、越清晰；UV占用的面积越小，贴图的精度越低、越不清晰。因此在制作贴图时，尽量将展好的UV摆满画面。

❶ 为了更好地利用空间可以通过旋转工具调整UV方向，如图4-94所示。

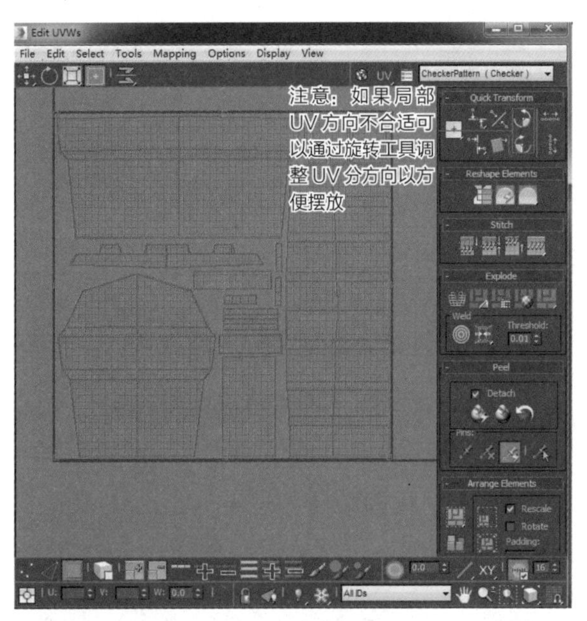

图4-94

❷ 摆放好后就可以关掉UV编辑器，选择模型，将模型输出。

5.模型的输出

❶ 选择模型，单击软件左上角的图标下的“Export>Export Selected”命令输出所选择的模型，如图4-95所示。

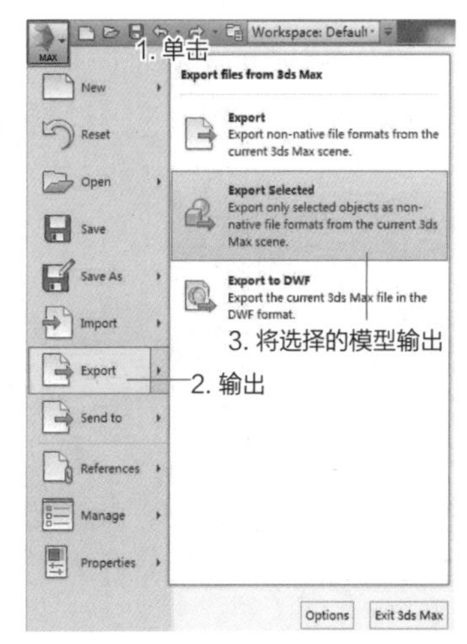

图4-95

② 在弹出的对话框里面，设置保存的路径、存储的名字，保存的类型为.obj格式，如图4-96所示。

③ 在弹出的对话框中单击输出，如图4-97所示。

图4-96

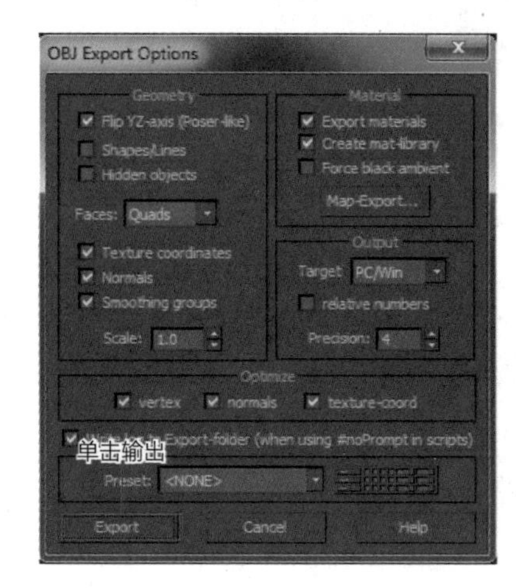

图4-97

最后在保存的路径下将形成两个文件 箱子.mtl 、 箱子.obj 。

4.1.4 宝箱贴图的绘制

在本例中将使用Body Paint 3D软件为模型绘制贴图，这个可以用在3D物体的表面直接绘画，主要用于绘制角色以及场景的材质贴图，以及处理接缝和一些细节的纹路。

4.1.5 BodyPaint 3D软件绘制贴图前的准备

BodyPaint 3D软件的界面如图4-98所示。

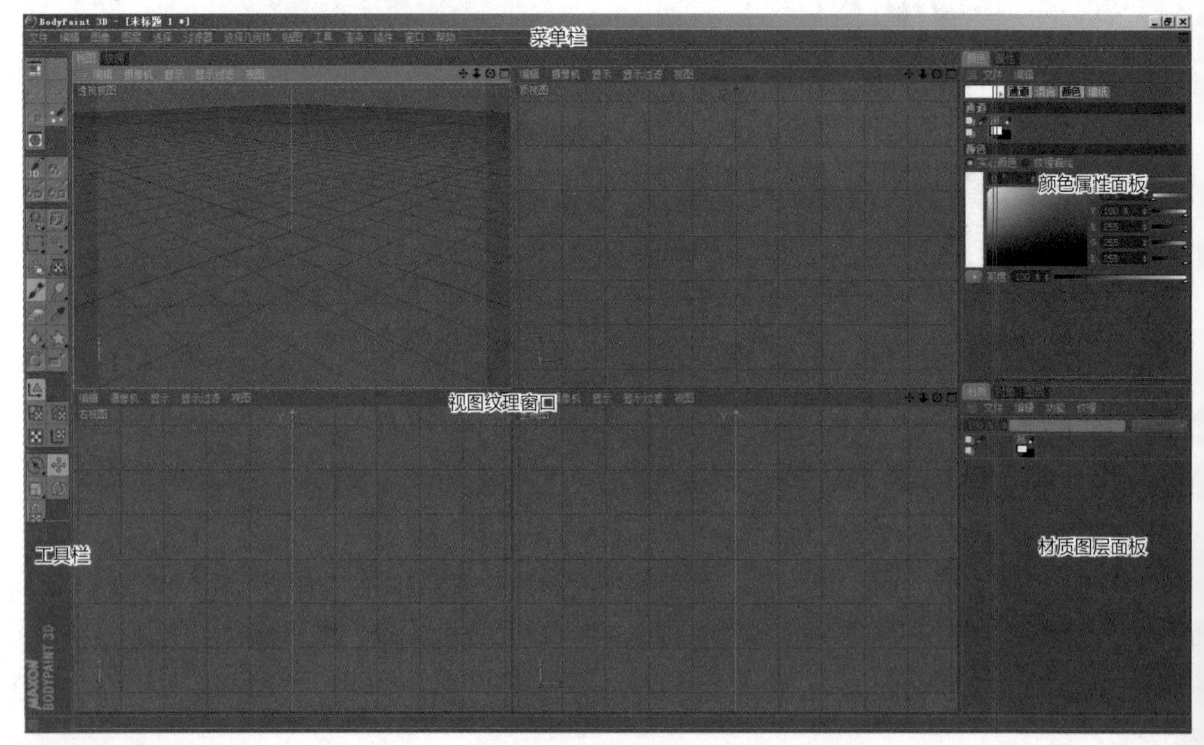

图4-98

1.绘制前的准备——导入模型

① 在菜单栏上，单击“文件”，在弹出的下拉菜单中单击打开按钮，如图4-99所示。

② 在弹出的打开文件对话框里面，“查找范围”选项里找到要导入的.obj格式的文件，然后单击打开按钮，如图4-100所示。

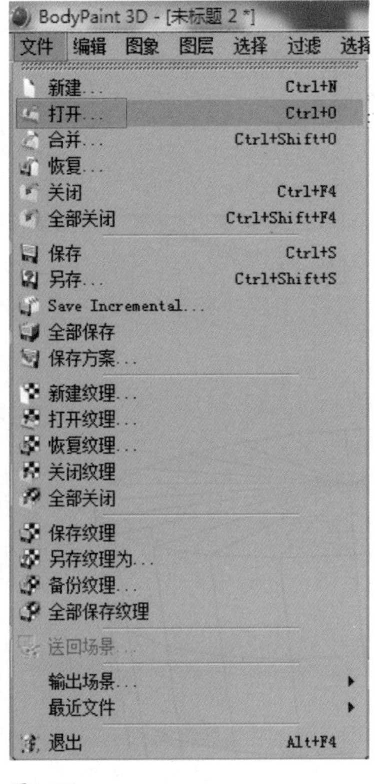

图4-99

图4-100

③ 执行上述操作后文件即导入进来，导入进来后材质面板是空的，如图4-101所示。

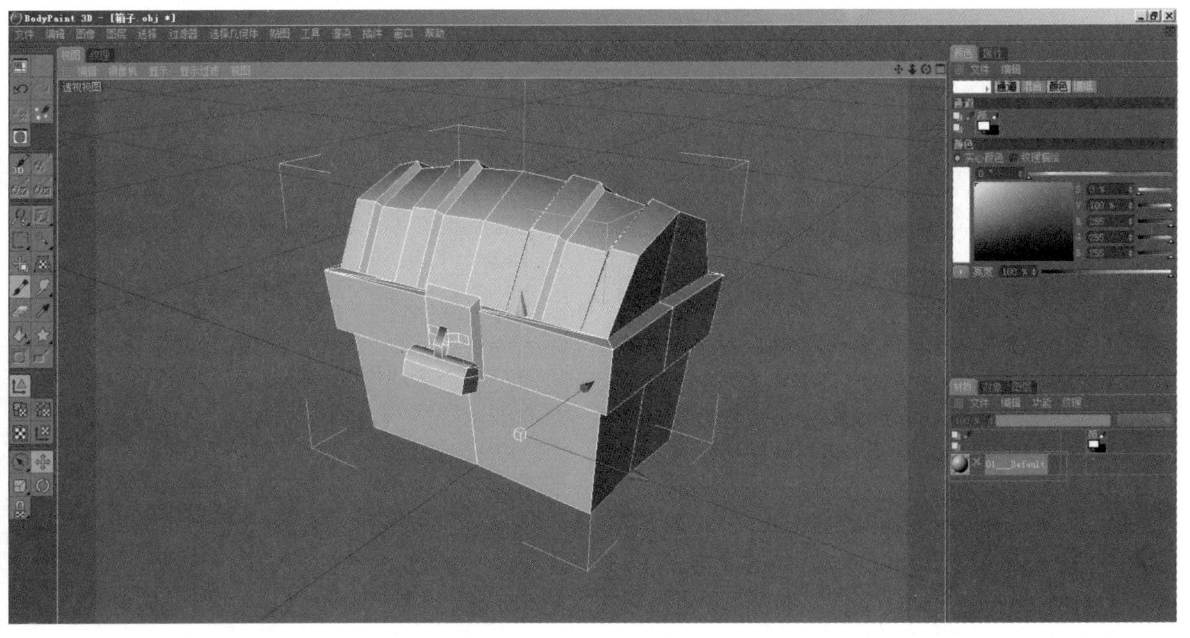

图4-101

2.创建画布

⑪ 刚导入的文件是没有画布的，在界面右侧材质面板中，右键单击材质球，在弹出的面板中左键单击“纹理通道>颜色”，如图4-102所示。

⑫ 在弹出的面板中设置贴图的大小为512像素，然后单击确定按钮，如图4-103所示。

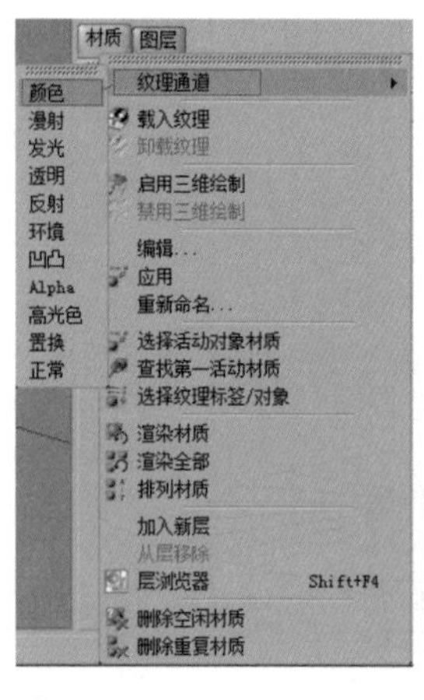

图4-102

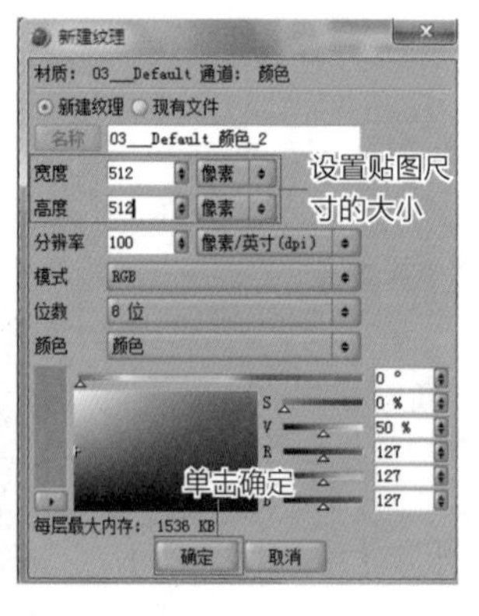

图4-103

⑬ 这样画布就创建完了，创建画布后材质球的位置如图4-104所示。

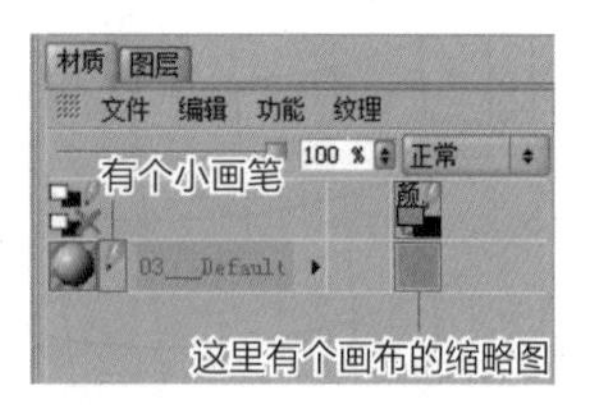

图4-104

⑭ 创建完之后，单击“纹理窗口>网孔>显示UV网孔”，如图4-105所示。

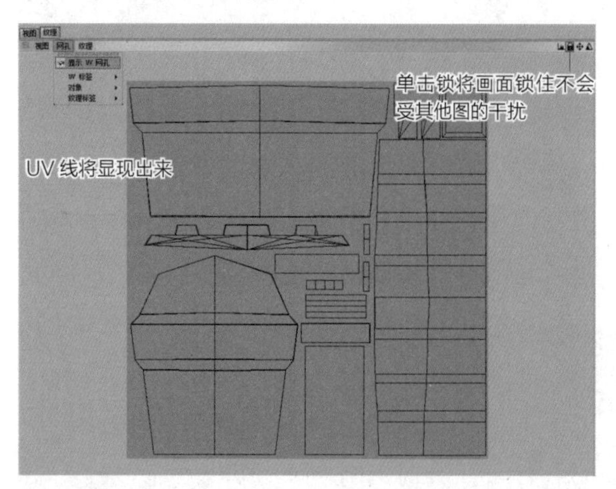

图4-105

3.设置笔刷属性

在工具栏中单击“画笔工具”，在属性面板中调整笔头为第二种笔刷，压力大小设置为30左右，硬度设置为70左右，如图4-106、图4-107所示。

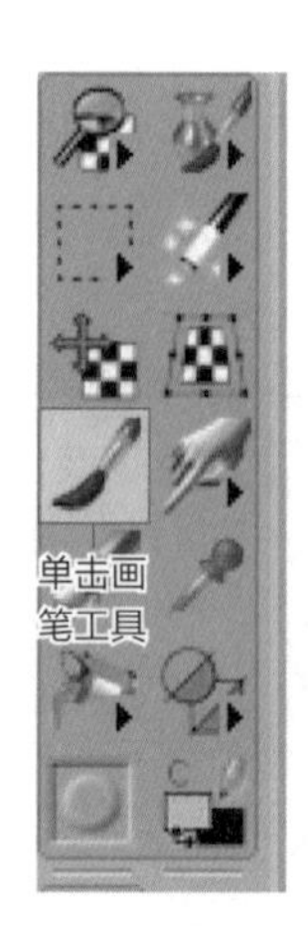

图4-106

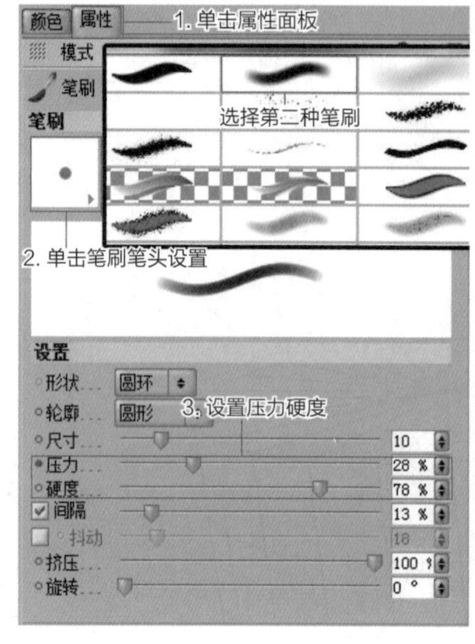

图4-107

4.导入参考图

⑪ 为了方便观察原画，并且能在原画上吸色，可以在BodyPaint软件里面导入一张图片。在菜单栏中，单击窗口按钮，在弹出的下拉菜单里单击“新建纹理视图”，如图4-108所示。

⑫ 然后将原画拖曳到刚创建的三维视图中即可，如图4-109所示。

图4-108

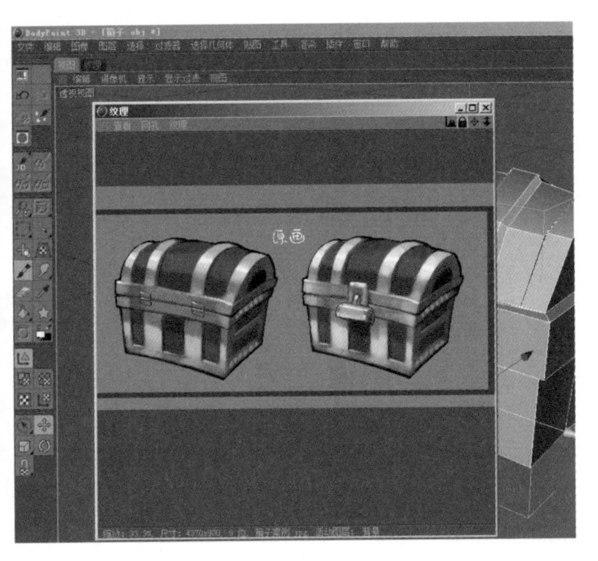

图4-109

4.1.6 贴图的绘制

1.固有色的绘制

正式绘制前需要用到的操作如下。

视图的平移：按住键盘上的1+手写笔左右绘制。

视图的缩放：按住键盘上的2+手写笔左右绘制。

视图的旋转：按住键盘上的3+手写笔左右绘制。

笔刷的放小：左侧大括号。

笔刷的缩大：右侧大括号。

吸色：在笔刷状态下按住Ctrl键。

固有色是处在暗部到亮部过渡的位置，明度和饱和度适中。选择固有色的时候注意不要选择原画上亮部或者暗部的颜色作为固有色，如图4-110所示。

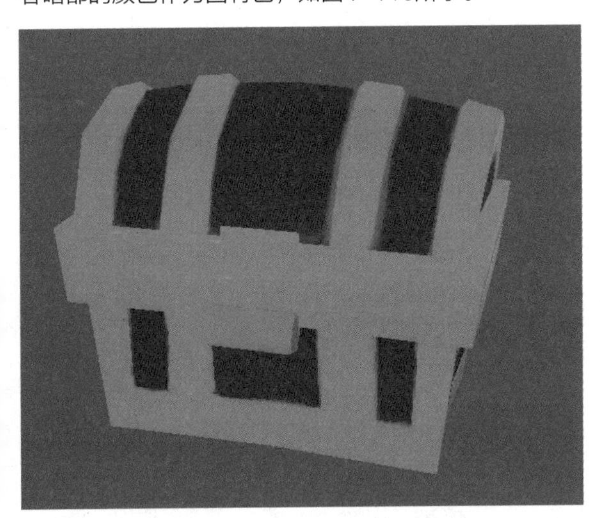

图4-110

2.体积关系的绘制

① 为了让箱子有立体感，要给箱子设置假定光源。游戏里面的光源一般假定是前后两盏光源，如图4-111所示。

② 在固有色的基础上绘制明暗关系来表现体积感，注重把所有的结构正面与侧面交代清楚。不要因为结构太薄就不绘制厚度和投影了，那样会影响立体感的表现，如图4-112、图4-113所示。

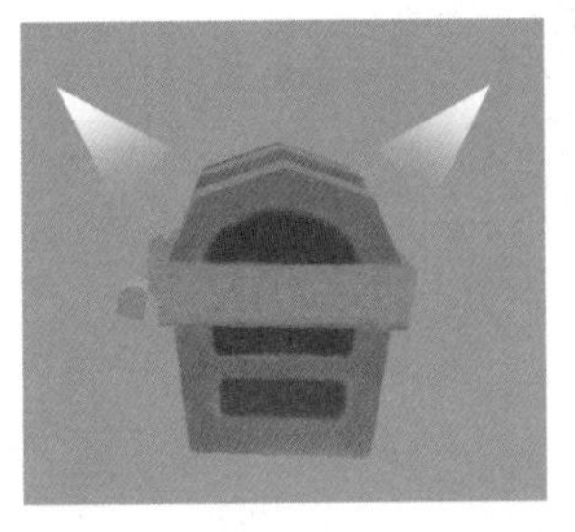

图4-111

没有画厚度的效果

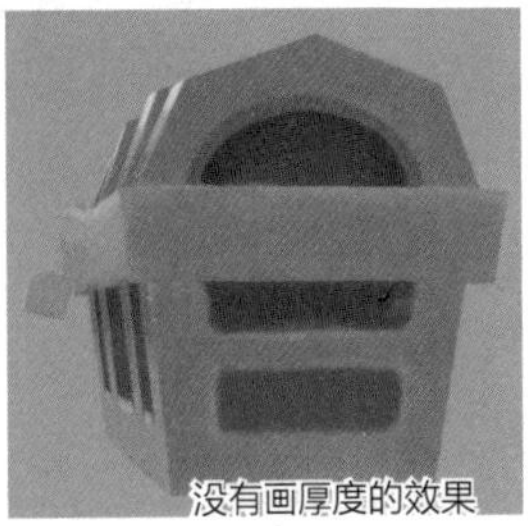

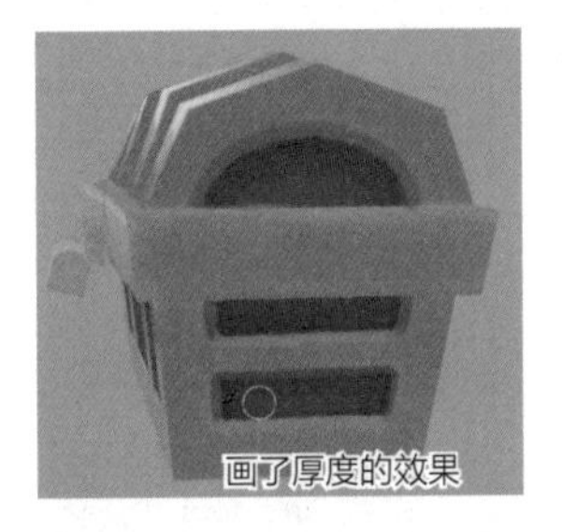

图4-112

画了厚度的效果

图4-113

③ 光源从斜上方打过来绘制体积关系时要注重整体、顶底关系（上面结构距离光源越近越亮，相反下面的结构距离光源越远越暗，为了表现物体的立体感在同一个高度上的结构越靠前面的越亮，后面的要适当暗一些），如图4-114、图4-115所示。

受光
受光程度逐渐递减

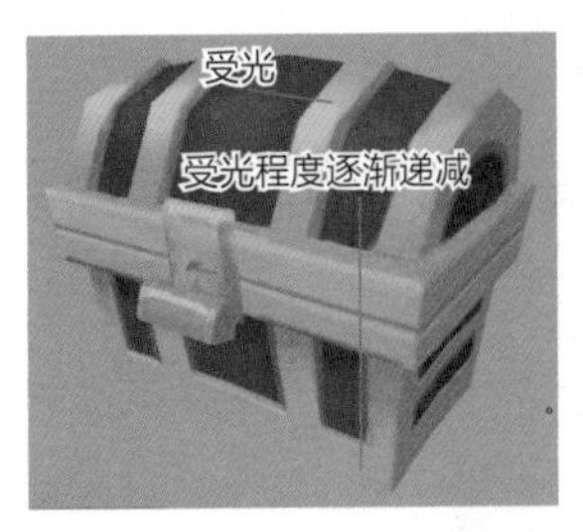

图4-114

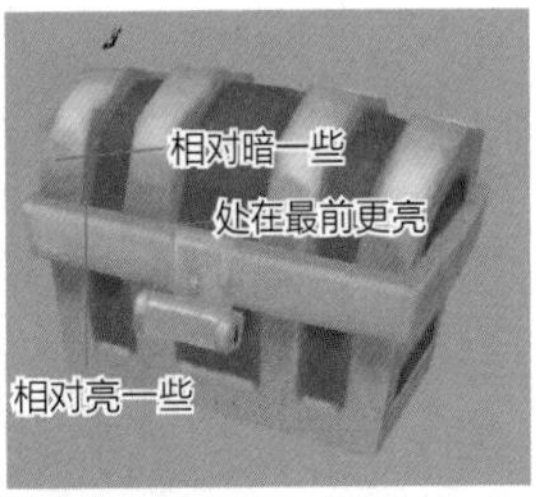

相对暗一些
处在最前更亮
相对亮一些

图4-115

④ 为了加强立体感可以将对比加强，加强对比的方法不仅要考虑明度对比，还要考虑将颜色的色相拉开。要注意不要因为加强对比使整个画面出现纯白或者纯黑色，如图4-116所示。

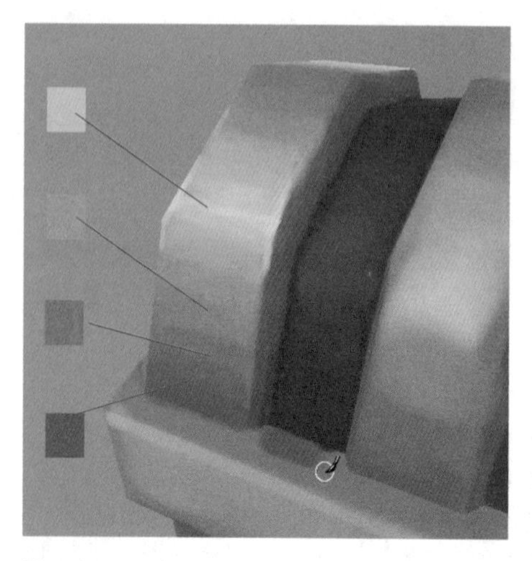

图4-116

3.细节深入调整

① 正面的一些明暗处理之后，侧面的一些细节也要深入绘制，如一个平面自身也会有前后的明暗关系，要把前后的明暗关系处理出来，如图4-117、图4-118所示。

图4-117

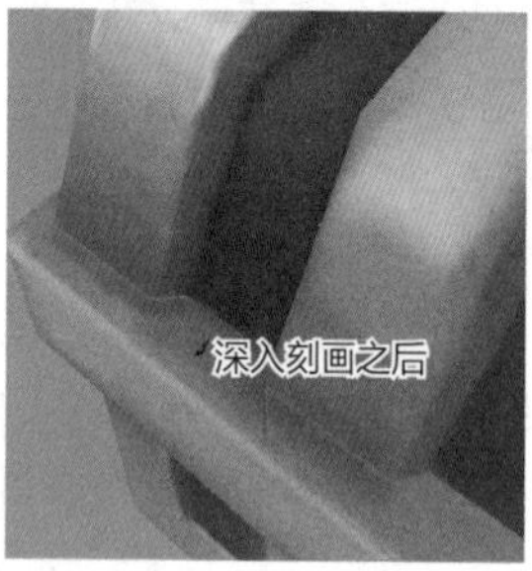

图4-118

② 整个箱子明暗关系的效果如图4-119所示。

图4-119

③ 为了让箱子看起来更生动，还可以在箱子表面做一些细节变化。如让金属的表面做一些粗糙变化，小的划痕等，在绘制划痕时要注意划痕的合理性（划痕的方向不要太一致，要有大小深浅的变化，而且不要太过杂乱而影响了整个效果），如图4-120所示。

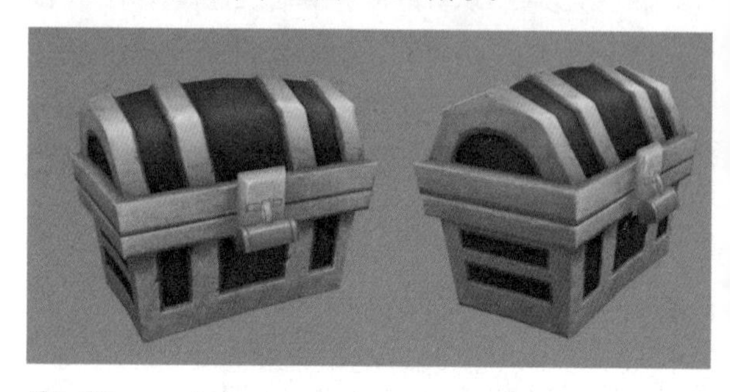

图4-120

4.1.7 贴图的输出与保存

① 单击“文件>另存纹理为”，在弹出的面板中设置贴图的类型为.psd格式，单击确定按钮，如图4-121、图4-122所示。

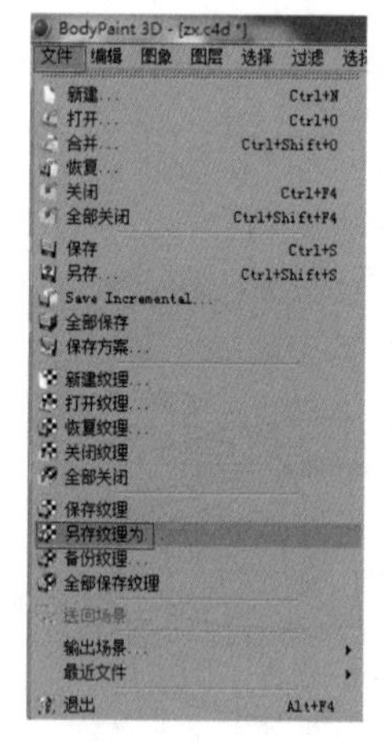

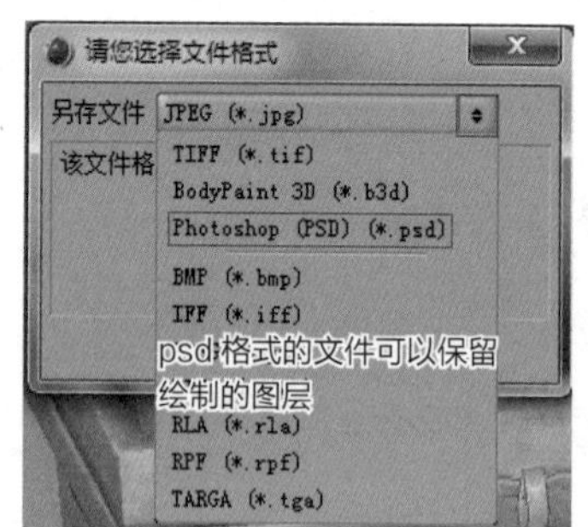

图4-121

图4-122

② 在弹出的面板中设置保存路径、保存文件名，单击保存按钮，如图4-123所示。

图4-123

③ 最后将保存好的贴图文件拖曳到3ds Max软件的材质球上，然后将材质球拖到模型上，如图4-124所示。

图4-124

4.2 武器斧子的制作

4.2.1 原画分析

这张原画是色彩比较沉稳的长柄斧子，从模型角度来看，遇到这种左右对称的武器，为了节省资源会选择做一半，然后镜像复制另一半。手柄上一些细小的结构可以在模型上忽略掉，通过贴图把细小的结构表现出来。从贴图角度来看，整个斧子具有金属质感，有些细碎的结构要用手绘表现清楚，如图4-125所示。

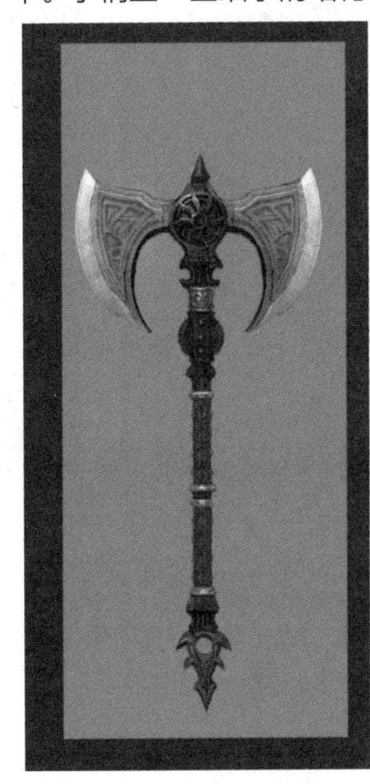

图4-125

4.2.2 参考图的导入

① 选择任意一个窗口按“F”键就可以进入前视图，激活创建面板>几何体>Plane，在前视窗中拖曳鼠标指针创建一个Plane面片，如图4-126所示。

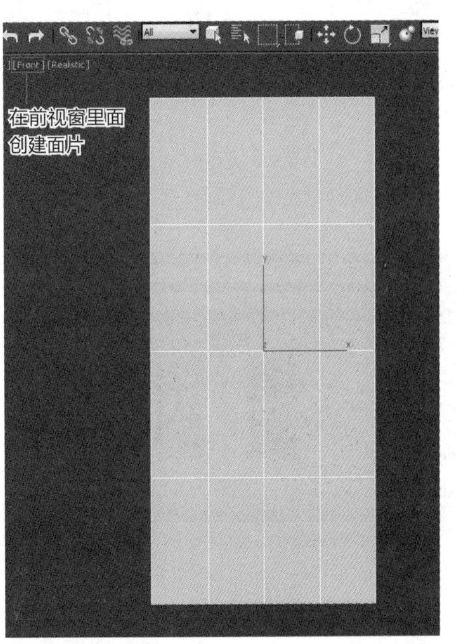

图4-126

② 按“M”键打开材质编辑器，单击选择一个空

白材质球，单击固有色右边的方框按钮，在弹出的面板中双击“Bitmap”位图，如图4-127所示。

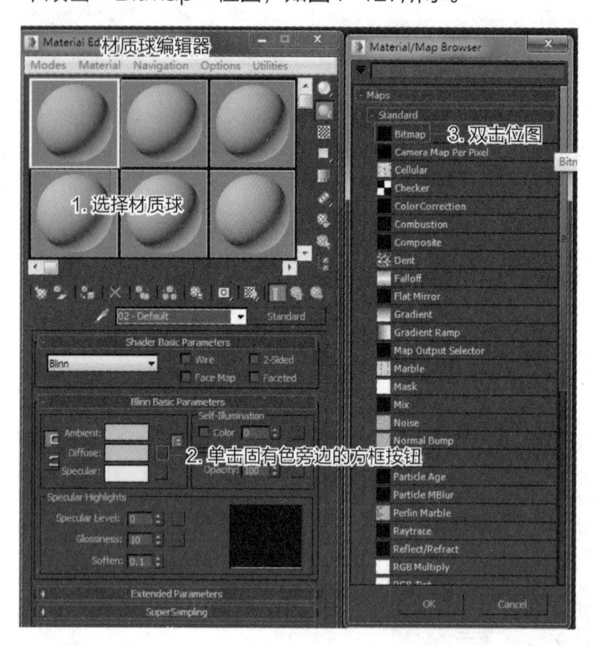

图4-127

③ 在弹出的对话框中选择图片位置，选择导入的图片，单击“Open”打开，如图4-128所示。

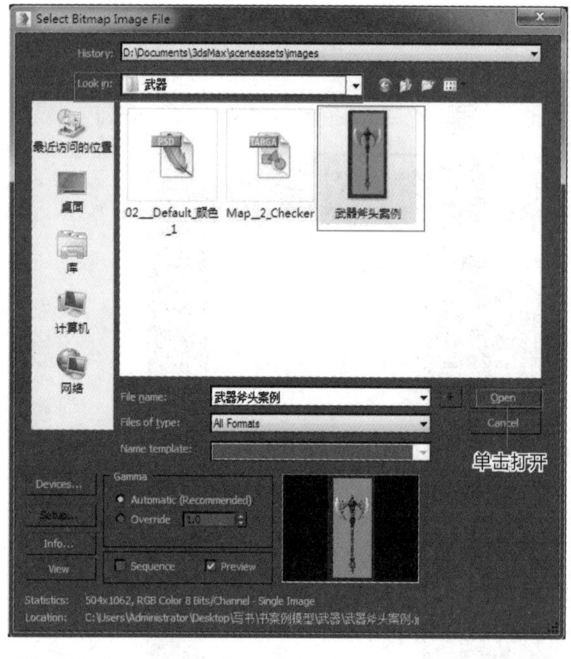

图4-128

④ 单击“Open”打开后，材质球上就会显示这张图片，选择面片，然后选择这个材质球，单击赋予按钮，再单击显示按钮，如图4-129所示。

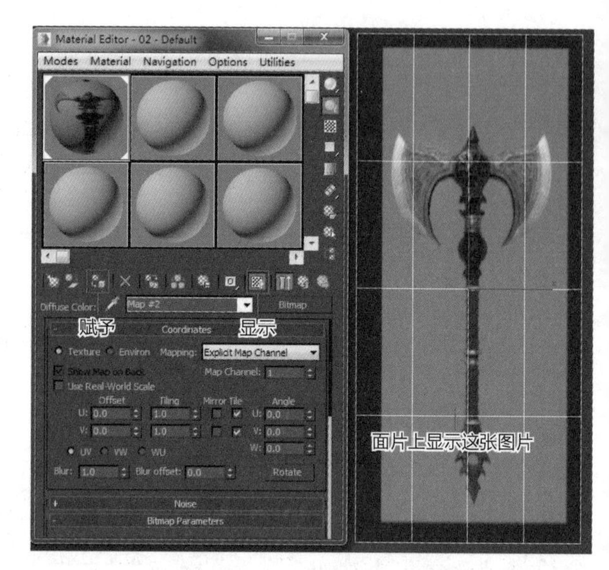

图4-129

⑤ 面片上显示这张图片后，比例会不准确，下面填加UV贴图的修改器把图片的比例调正确。选择面片，在修改面板里面添加UVW Map修改器，如图4-130所示。

⑥ 添加UV贴图修改器之后，在右边命令面板中单击“Bitmap Fit”适配位图，如图4-131所示。

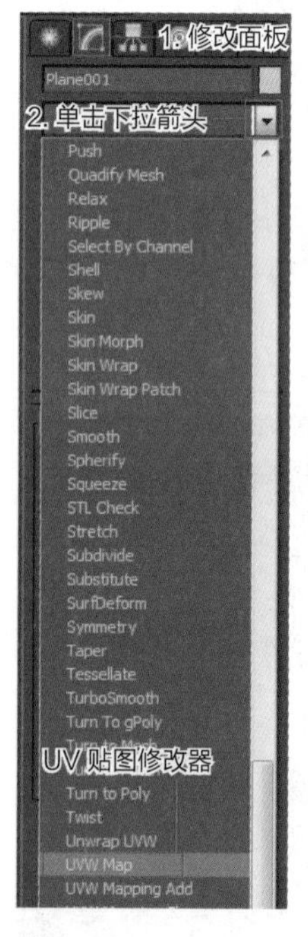

图4-130　图4-131

⑦ 在弹出的对话框中，再次找到图片保存的位置，单击“Open”打开，这样参考图的比例就调整好了，如图4-132所示。

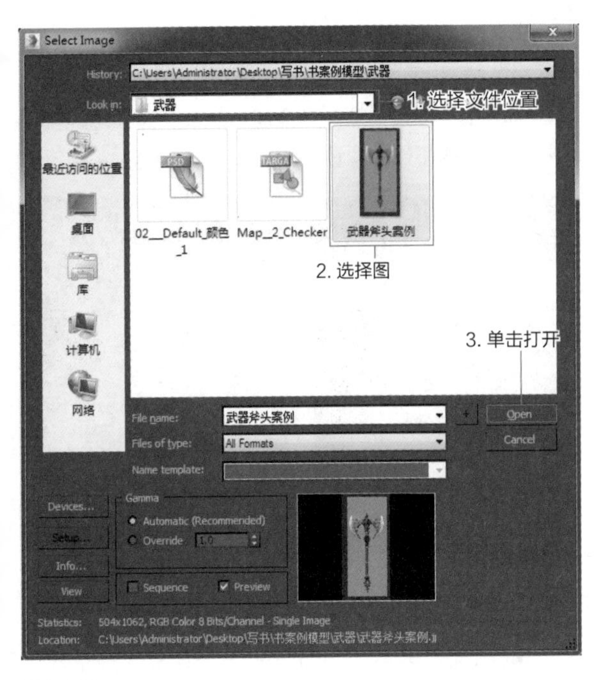

图4-132

⑧ 为了在制作模型时避免影响参考图，对参考图做冻结设置。选择面片，单击鼠标右键在弹出的面板中选择“Object Properties”物体属性，如图4-133所示。

⑨ 在弹出的对话框中，为了将面片冻结勾选“Freeze ”，然后将“Show Freeze in Gray”前面的勾选去掉，这是为了将面片冻结后依然能显示该画面。参考图设置完成后的效果如图4-134所示。

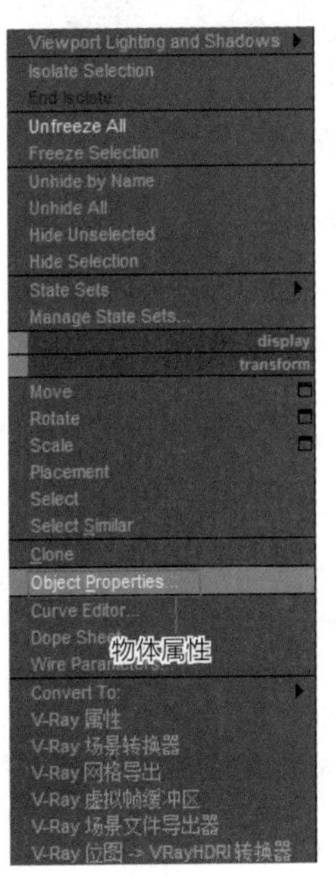

图4-133

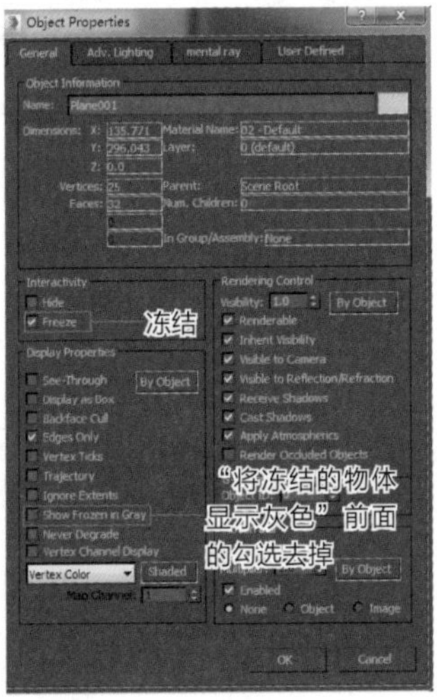

图4-134

4.2.3 斧头的制作

本案例原文件在资源\模型\第4章\武器模型。

① 模型的最终效果图如图4-135所示。

图4-135

② 激活创建面板>几何体>Box，在前视窗中拖曳鼠标指针创建一个盒体，如图4-136所示。

③ 选择这个物体，单击鼠标右键，在弹出的菜单中，执行“Connect To> Connect to Editable Poly”命令转化成可编辑多边形。然后在修改面板中激活点级别，参照背景图片用移动工具调整点的位置，如图4-137所示。

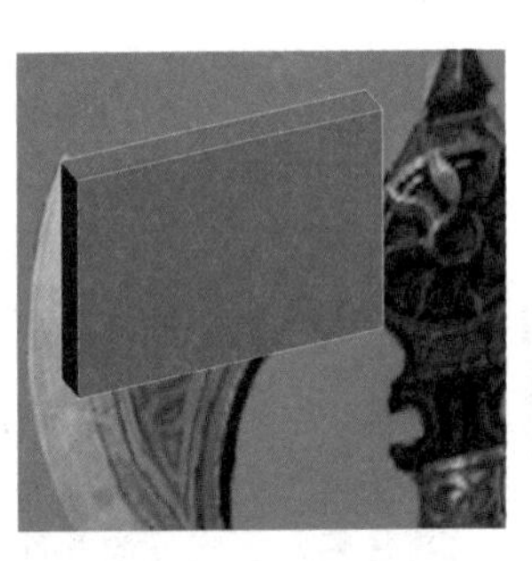

图4-136

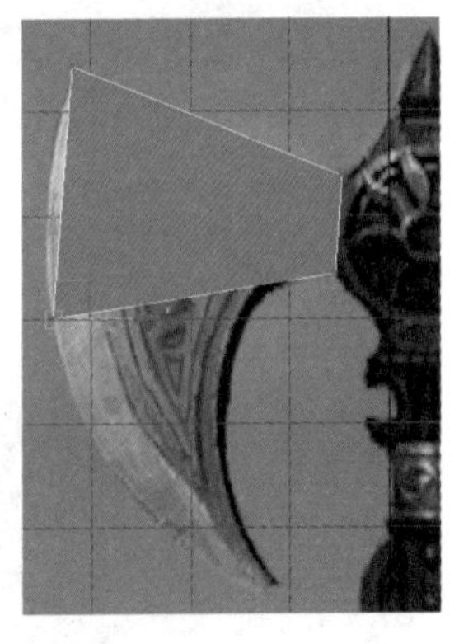

图4-137

④ 框选横向所有的线，单击鼠标右键，在弹出的面板中单击“Connect”连接工具，加一条竖线，如图4-138所示。

⑤ 选择图4-139所示的面，单击鼠标右键，在弹出的面板中执行“Extrude”挤出命令。

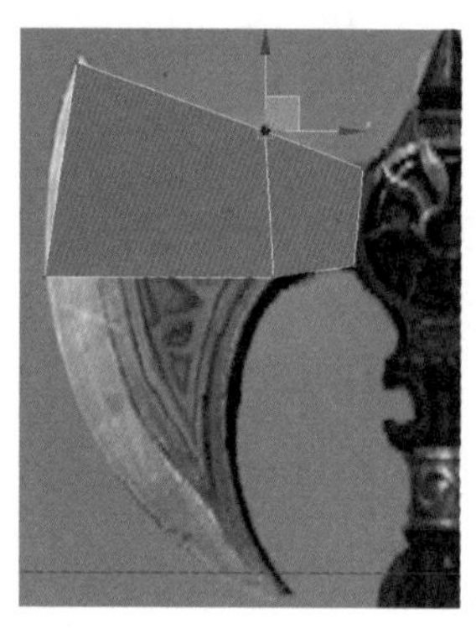

图4-138

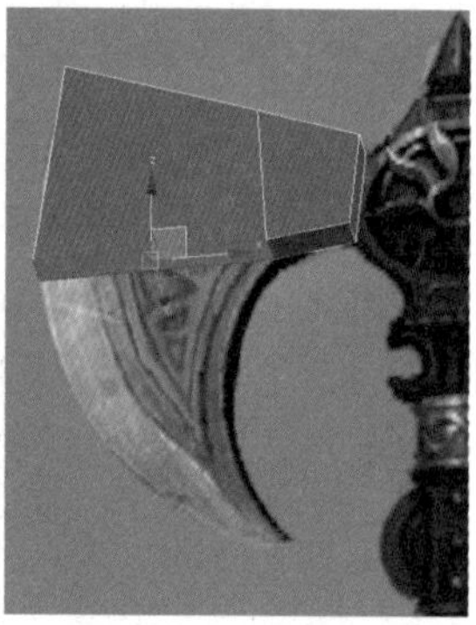

图4-139

⑥ 激活点级别，用移动工具调整点的位置，如图4-140所示。

⑦ 继续选择底部的面，如图4-141所示。

⑧ 单击鼠标右键，在弹出的面板中执行“Extrude”挤出命令，长度到斧子尖位置。然后进入线级别，选择底部横向的两条线，如图4-142所示。

⑨ 单击鼠标右键，在弹出的面板中单击“Collapse”塌陷命令，得到的效果如图4-143所示。

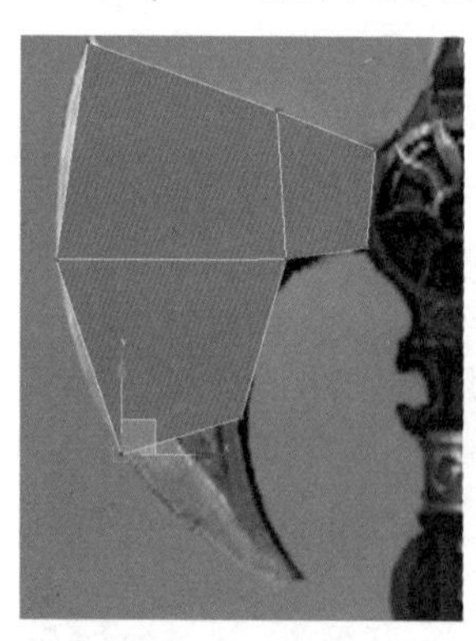

图4-140

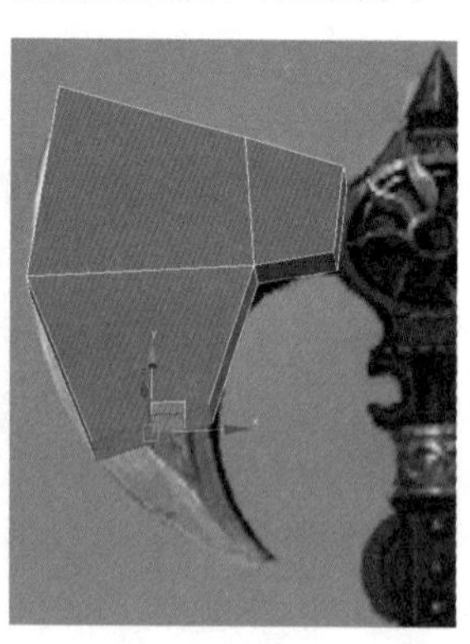

图4-141

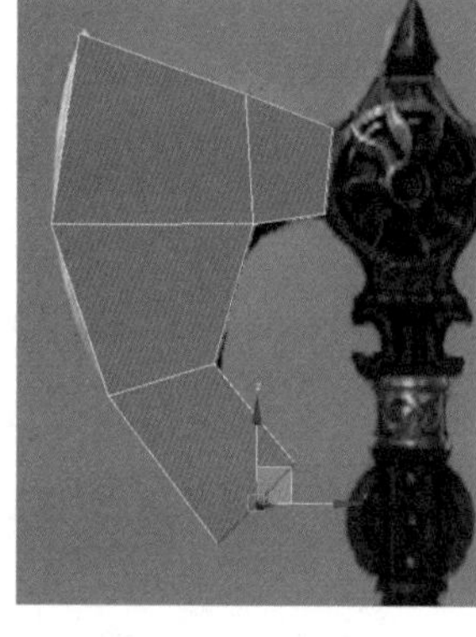

图4-142

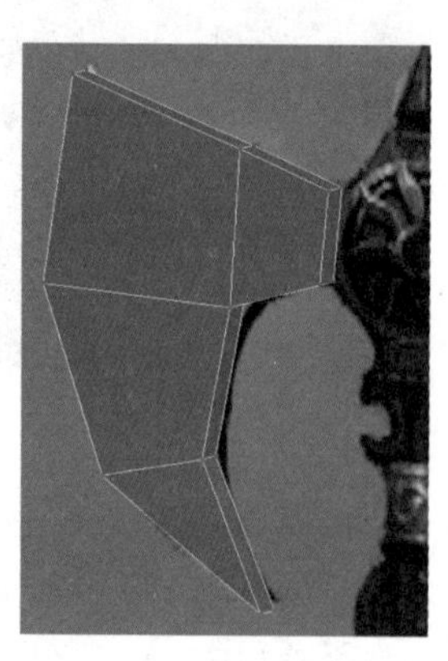

图4-143

⑩ 现在斧头的大形已经出来了，只是过渡不是很柔和，需要再多添加几条线作为过渡结构。选择图4-144所示的线。

⑪ 单击鼠标右键，在弹出的面板中单击“Connect”连接命令，再添加一条线，进入点级别，用移动工具调整点的位置，如图4-145所示。

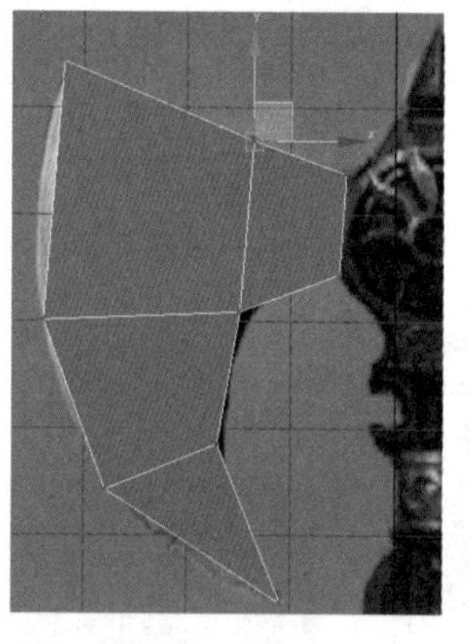

图4-144

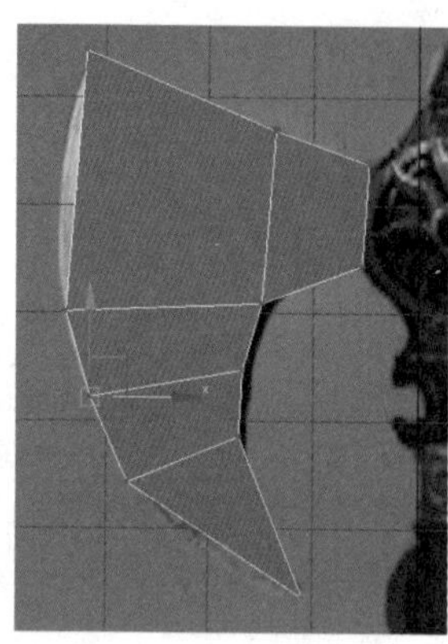

图4-145

⑫ 同样，再用“Connect”连接命令在下面添加两条线，进入点级别，调整点的位置，如图4-146所示。

⑬ 选择刀刃侧面的线，如图4-147所示。

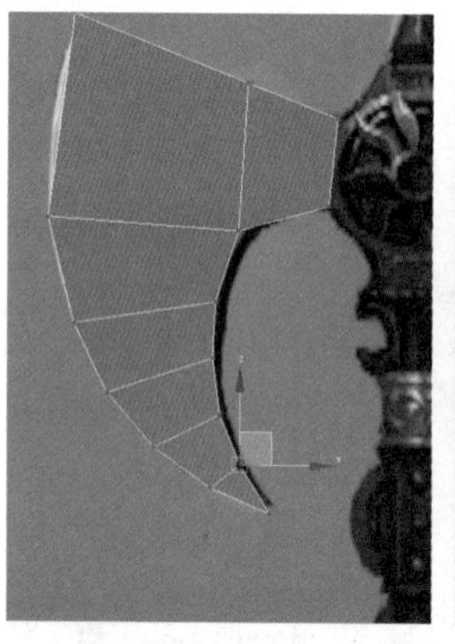

图4-146

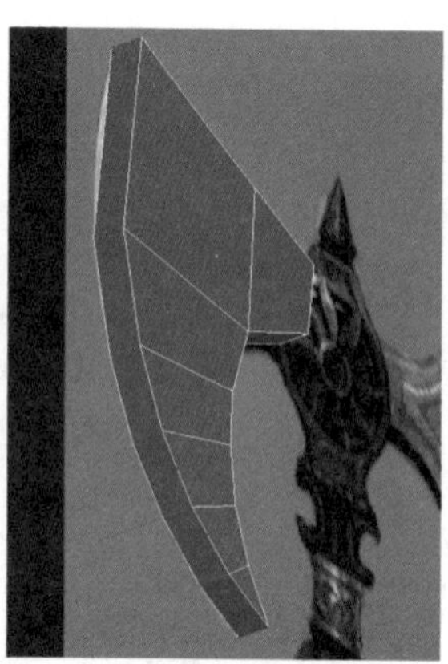

图4-147

⑭ 单击鼠标右键，在弹出的面板中单击“Connect”连接命令，添加一条中线，如图4-148所示。

⑮ 选择斧刃顶上的点，如图4-149所示。

⑯ 单击鼠标右键，在弹出的面板中单击“Collapse”塌陷命令，合并为一点，如图4-150所示。

⑰ 选择斧刃底下的三个点，如图4-151所示。

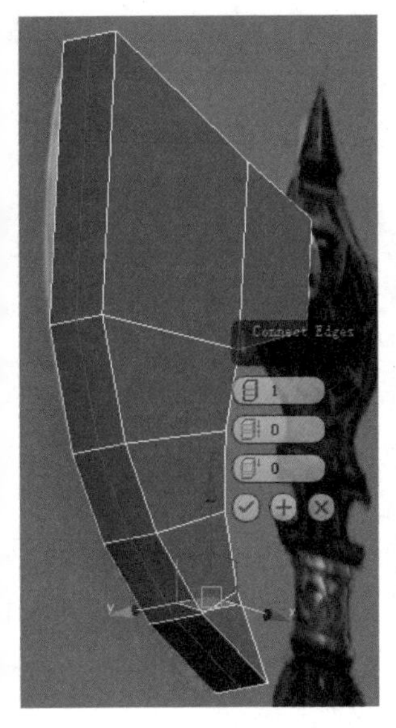

图4-148

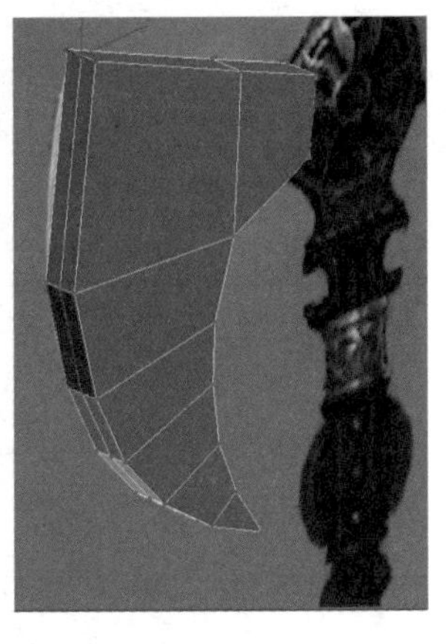

图4-149

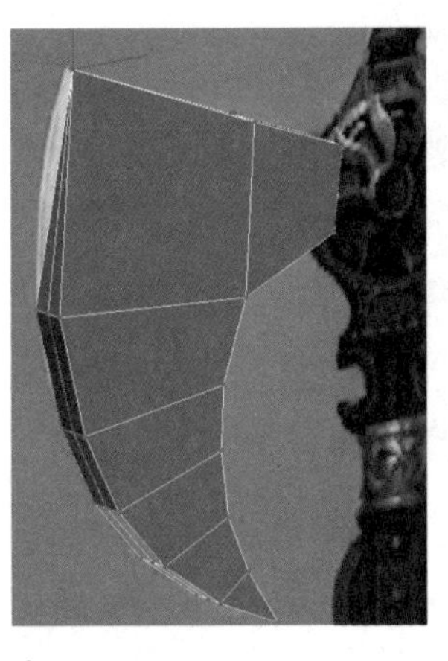

图4-150

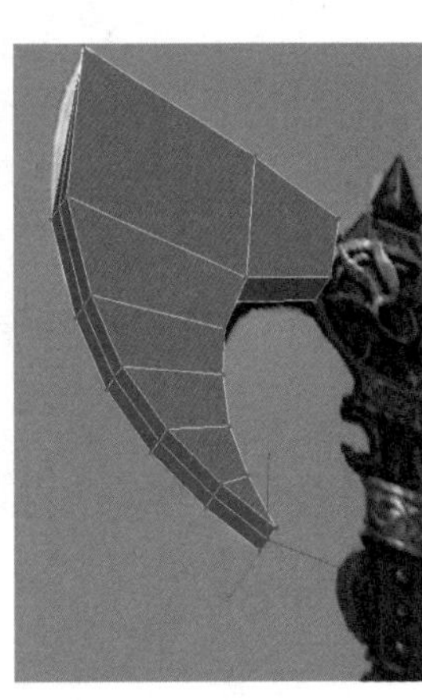

图4-151

⑱ 单击鼠标右键，在弹出的面板中单击“Collapse”塌陷命令，合并为一点，如图4-152所示。

⑲ 为了做出刀刃锐利的效果，选择斧刃两侧的点，如图4-153所示。

⑳ 用移动工具调整点的位置，如图4-154所示。

㉑ 同样选择斧刃两侧其他的点，用移动工具调整点的位置，如图4-155所示。

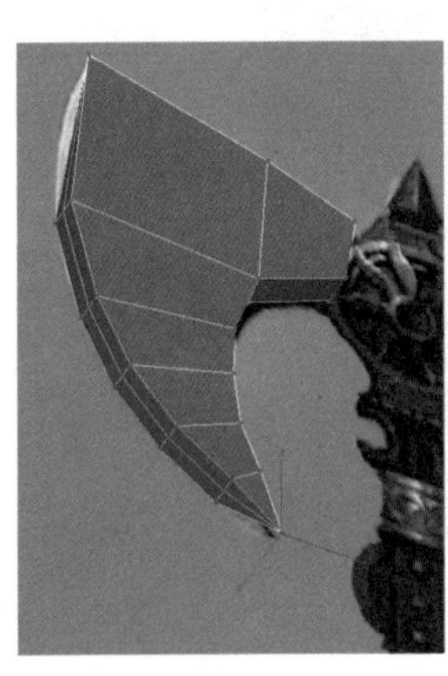

图4-152

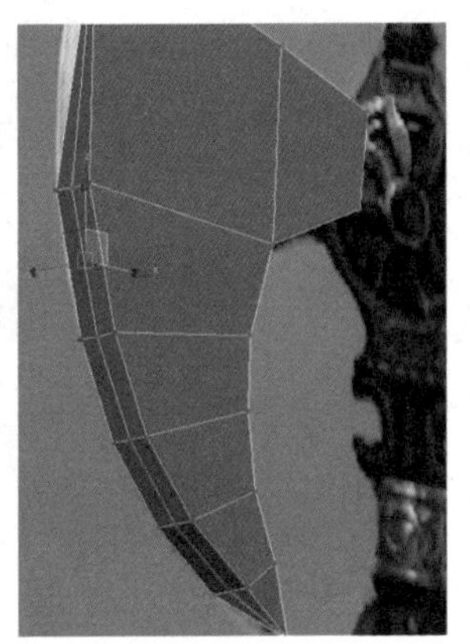

图4-153

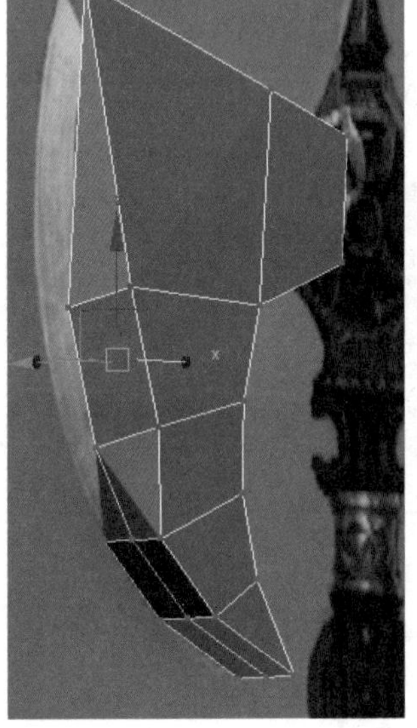

图4-154

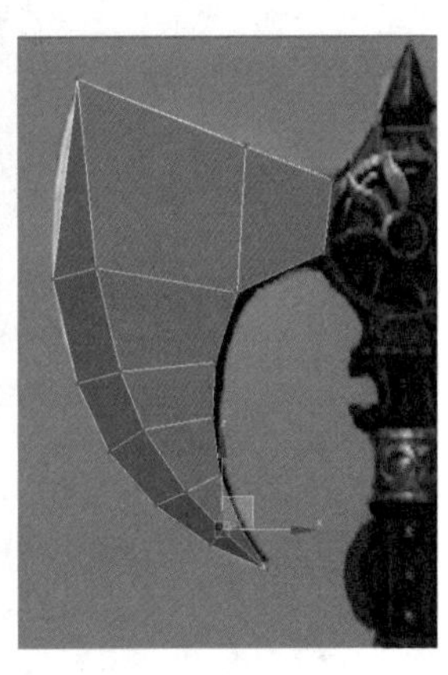

图4-155

㉒ 斧头上面过渡不够柔和，还需要添加线来调整过渡，选择顶上的两条线，如图4-156所示。

㉓ 单击鼠标右键，在弹出的面板中单击“Connect”命令左侧的设置窗口，如图4-157所示。

㉔ 在弹出的连接面板中设置加线条数为“2”，进入点级别，选择点，用移动工具按照参考图调整位置，如图4-158所示。

㉕ 游戏模型中每个面最多只有四个边，可以存在三角面或者四角面，为了去掉这个多边面，要连接几条线，选择图4-159所示的点单击鼠标右键，在弹出的面板中单击“Connect”连接命令。

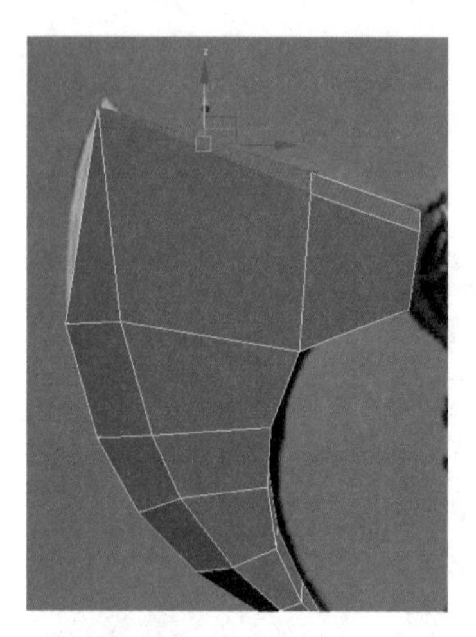

图4-156

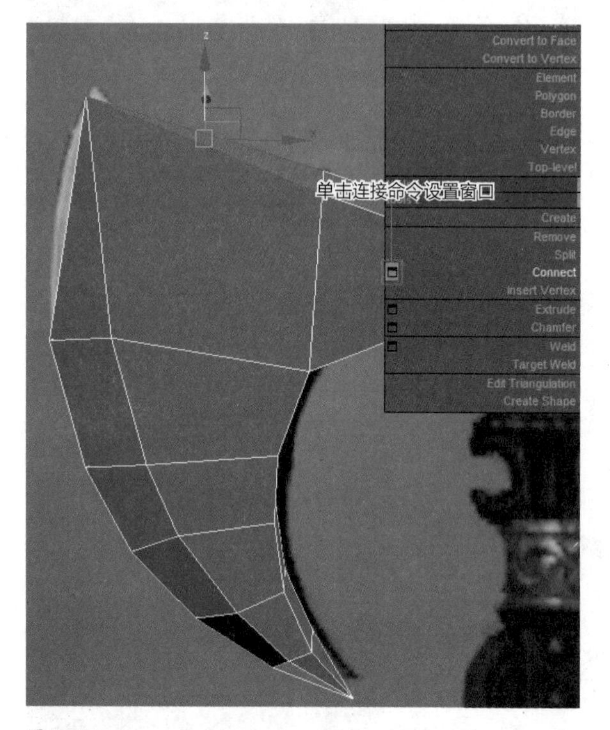

图4-157

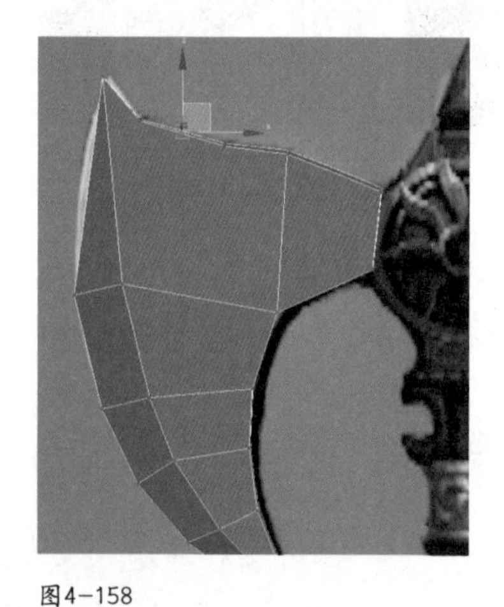

图4-158

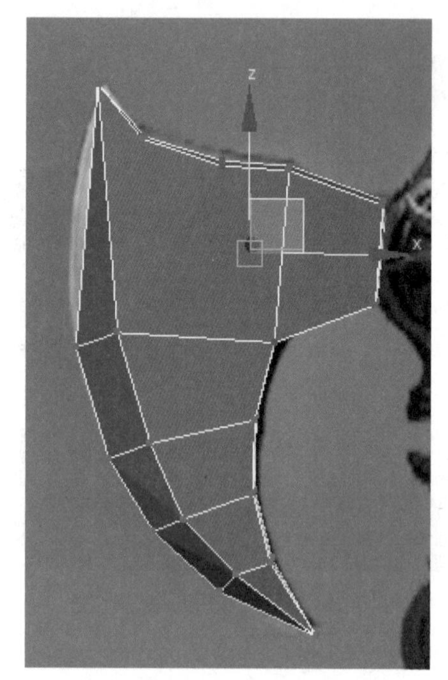

图4-159

㉖ 再选择图4-160所示的点，用同样的方法连接一条线。

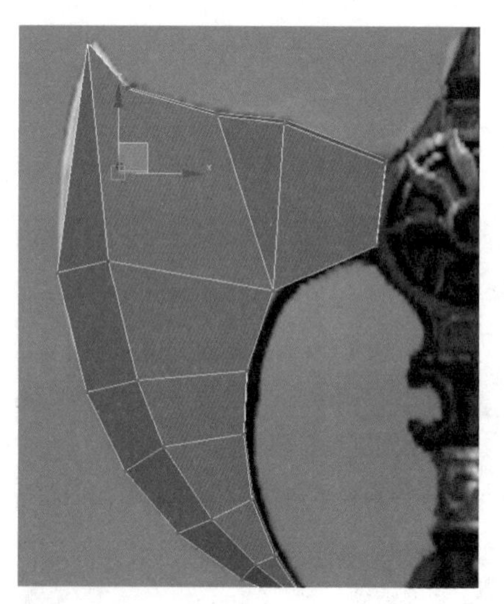

图4-160

㉗ 选择斧刃面上的一条对角线，单击鼠标右键，在弹出的面板中单击“Remove”按钮将线删除，如图4-161、图4-162所示。

㉘ 选择竖向的线，如图4-163所示。

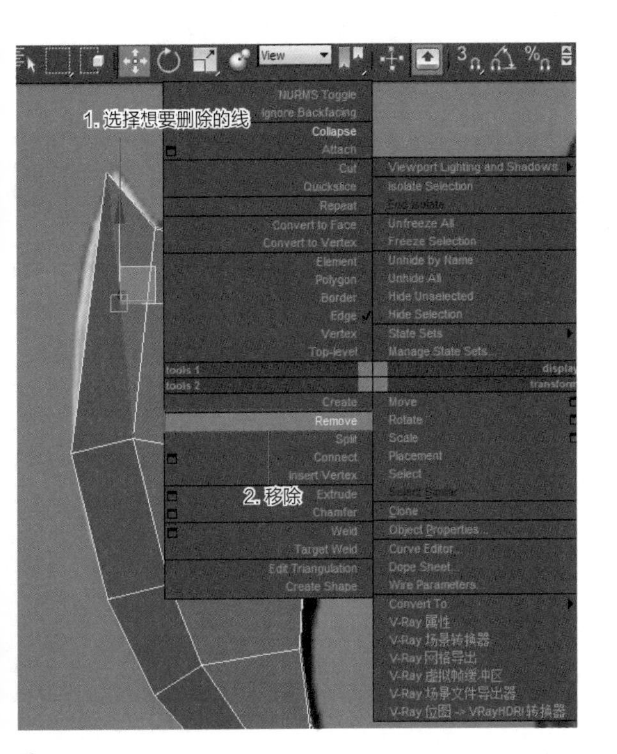

图4-161

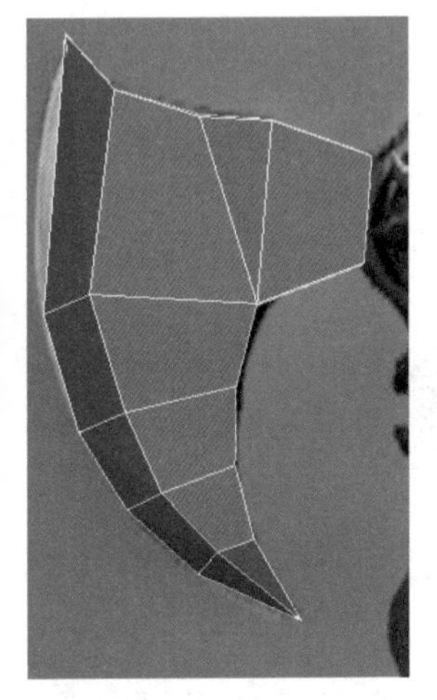

图4-162

图4-163

29 单击鼠标右键，在弹出的面板中单击“Connect”连接命令，加一条线，如图4-164所示。

30 进入点级别，选择图4-165所示的点。

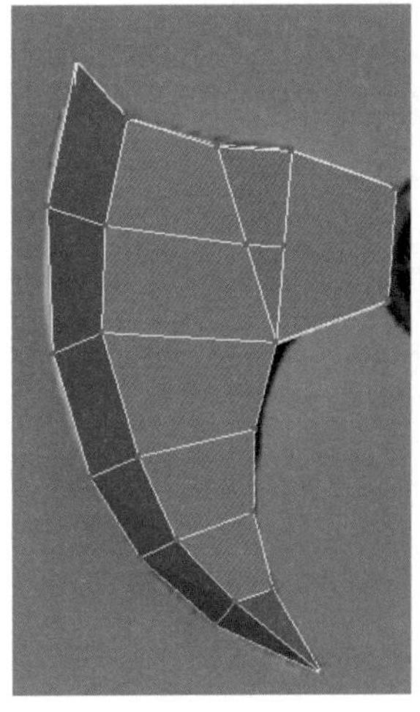

图4-164

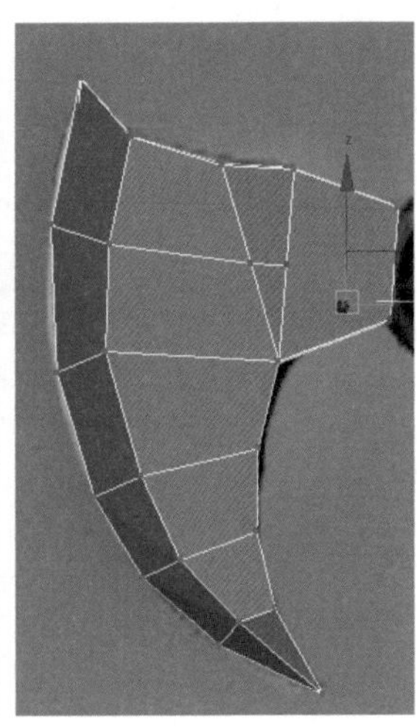

图4-165

31 单击鼠标右键，在弹出的对话框中单击“Connect”连接命令，添加一条线将一个五边面切分成一个四边面与一个三角面，如图4-166所示。

32 选择图4-167所示的横线，单击鼠标右键，在弹出的对话框中单击“Connect”连接命令，添加一条线。

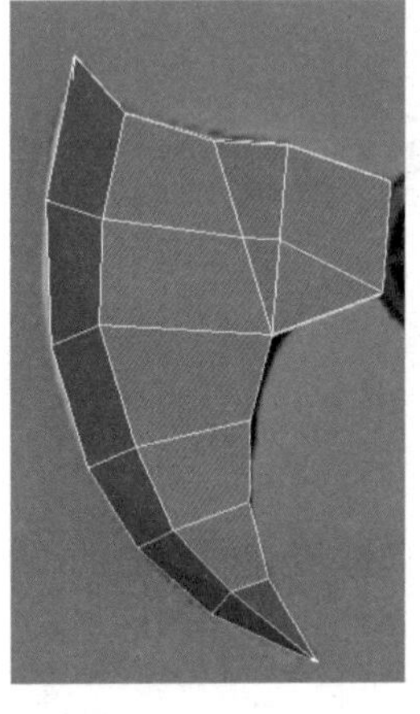

图4-166

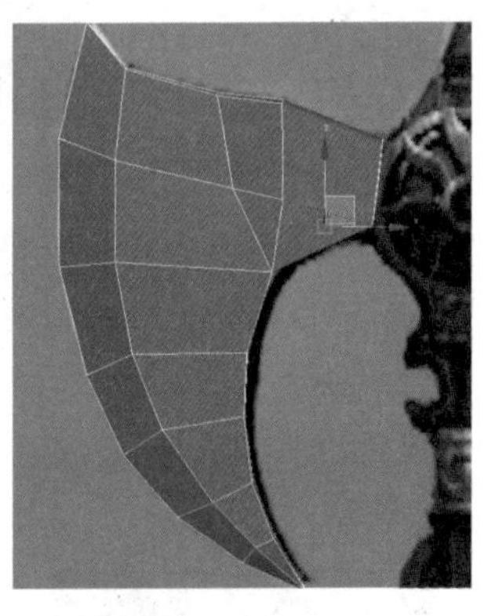

图4-167

33 进入点级别，按照参考图调整点的位置，如图4-168所示。

34 单击鼠标右键，在弹出的面板中单击“Target Weld”命令，选择图4-169所示的点，待拖出虚线，再单击目标点。

35 整理布线后的效果如图4-170所示。

36 为了让斧面逐渐变窄，选择图4-171所示的点，用缩放工具沿着y轴收缩。

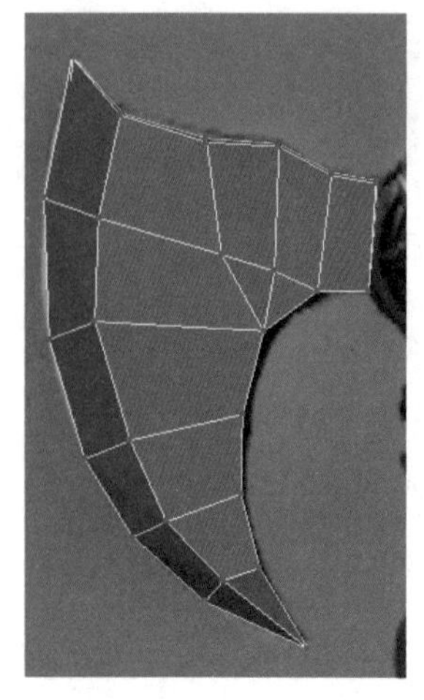

图4-168

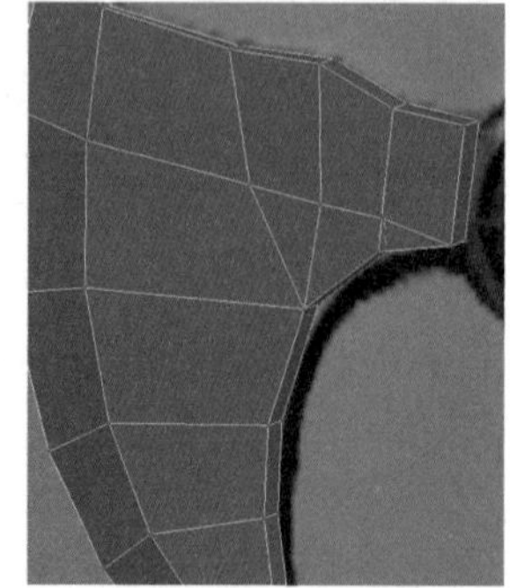

图4-169

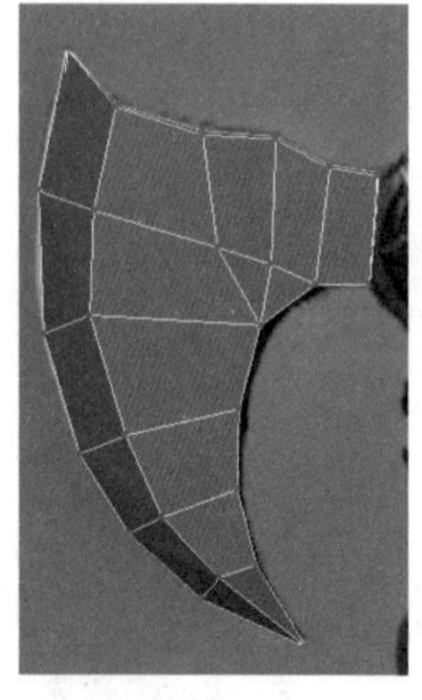

图4-170

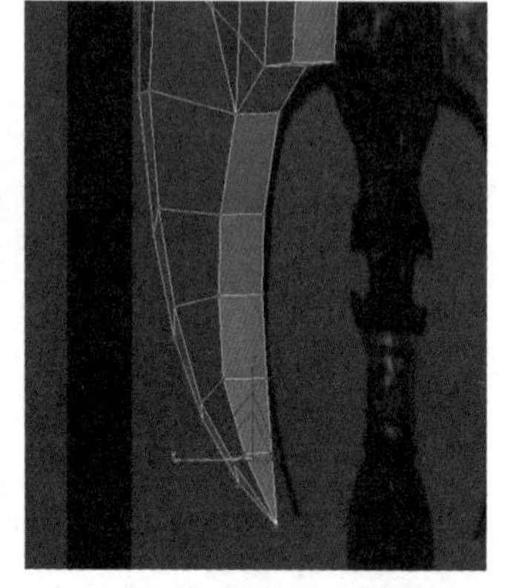

图4-171

㊲ 依次选择上面的点，沿着y轴收缩，如图4-172所示。

㊳ 游戏当中为了节省资源，看不到的面要删除。选择图4-173所示的面，按键盘上的“Delete”键，将面删除。

图4-172

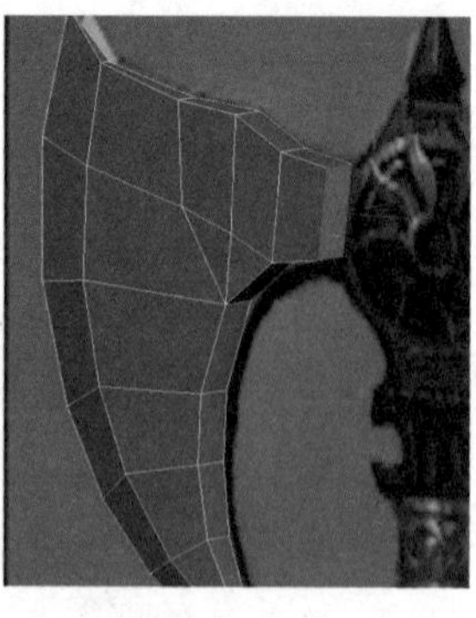

图4-173

㊴ 执行上述操作后一个斧头就做好了，在修改面板中退出层级，选择整个斧头，单击工具栏上的镜像工具，在弹出的面板中设置轴向、Offset偏移值，选择克隆方式为“Instance”关联。单击“OK”按钮，如图4-174所示。

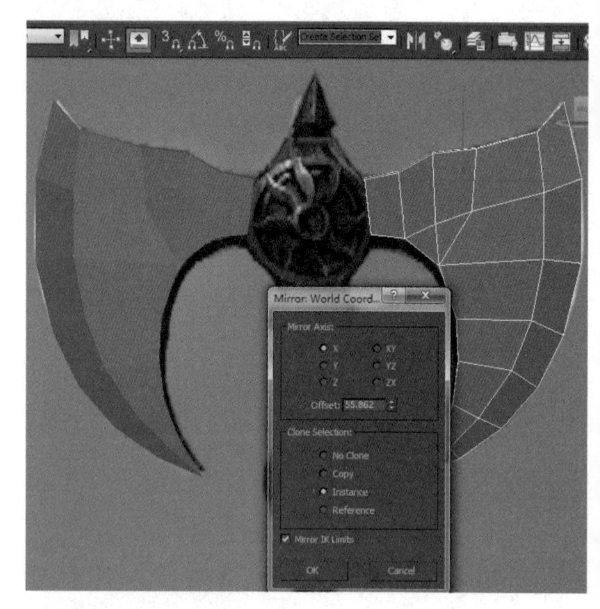

图4-174

4.2.4 斧柄的制作

① 执行“创建面板>几何体>激活Cylinder圆柱体”命令，在透视窗里创建一个圆柱体，在修改面板里将圆柱体的Sides边数设置为6，Height Segments高度段数设置为1，如图4-175所示。

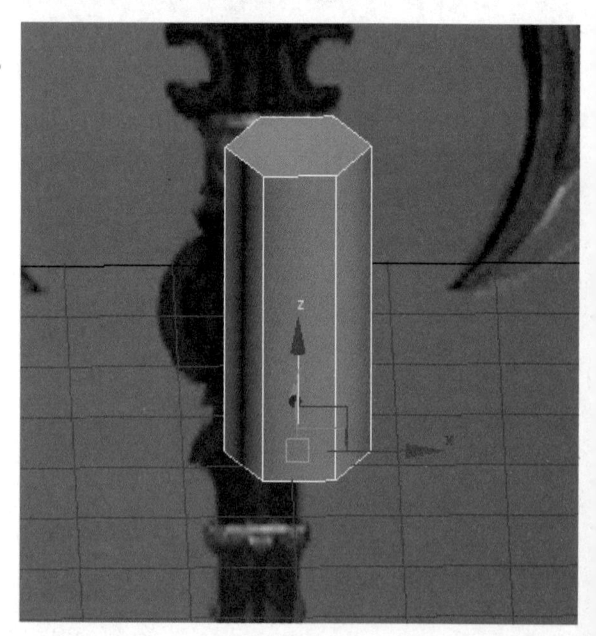

图4-175

② 进入前视窗，用缩放工具等比缩放调整圆柱体

的粗细（注意：不要用单轴缩放，以免正面粗细比例正确，侧面宽度不变）。如果高度比例不准，可以用缩放工具沿着z轴缩放，如图4-176所示。

③ 调整完长度后选择这个物体，单击鼠标右键，在弹出的菜单中，执行“Connect To>Connect to Editable Poly”命令，将其转化成可编辑多边形。按快捷键4进入面级别，选择圆柱体顶上的面，如图4-177所示。

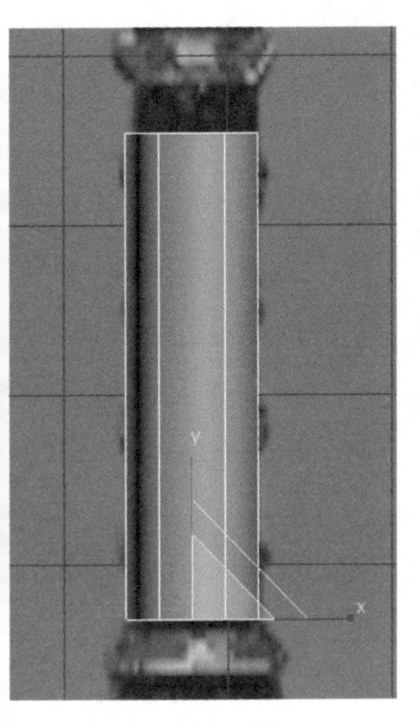

图4-176

图4-177

④ 单击鼠标右键，在弹出的面板中，左键单击“Extrude”挤出命令，然后单击“R”键切换为缩放工具，将面放大，如图4-178所示。

⑤ 选择顶上的面，单击鼠标右键，在弹出的菜单中，执行“Extrude”挤出命令，如图4-179所示。

图4-178

图4-179

⑥ 选择顶上的面，单击鼠标右键，在弹出的菜单中执行“Inset”插入命令，在面上拖曳鼠标将会插入一个面，如图4-180所示。

⑦ 选择顶上的面，单击鼠标右键，在弹出的菜单中执行“Extrude”挤出命令，如图4-181所示。

图4-180

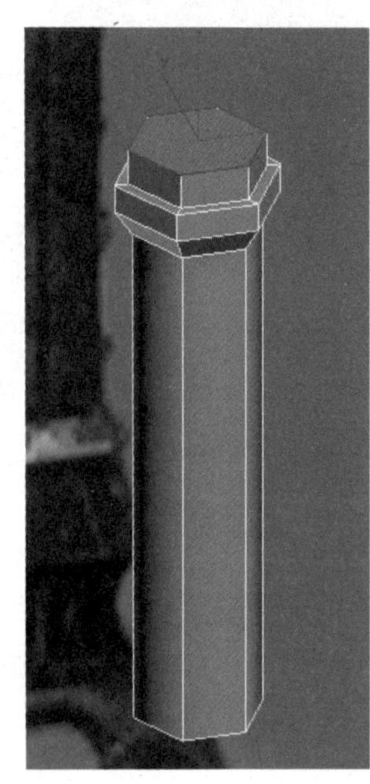

图4-181

⑧ 按键盘上的“：”冒号键可以重复上一步操作，上一次操作是挤出命令，按完“：”冒号键后会再次挤出一段结构，如图4-182所示。

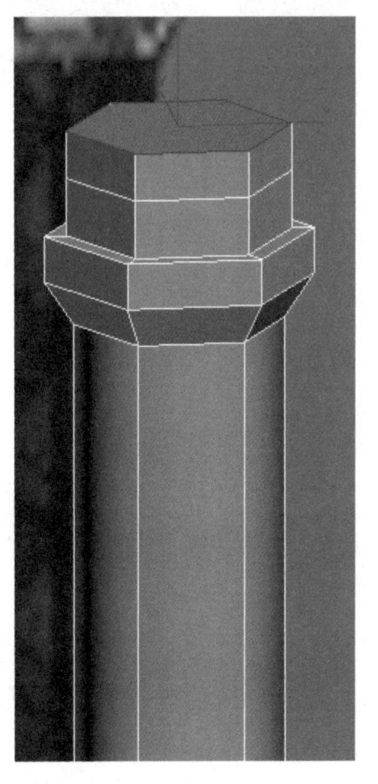

图4-182

⑨ 选择侧面所有的面，单击鼠标右键，在弹出的菜单中，单击“Extrude”挤出命令左侧窗口，如图4-183所示。

⑩ 在弹出的对话框中设置挤出类型为“Local Normal”，如图4-184所示。

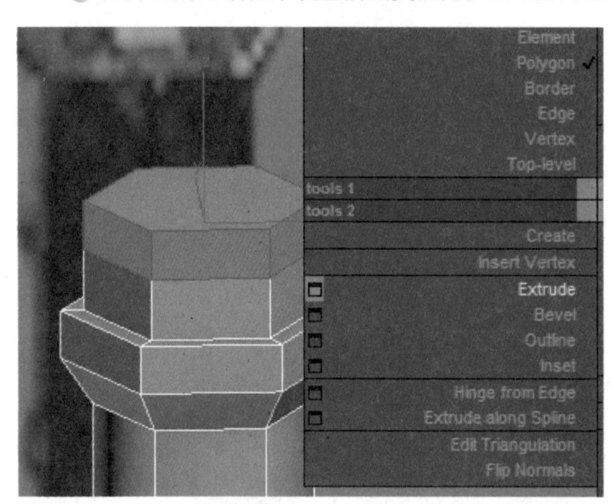

图4-183

图4-184

⑪ 选择顶上的面，单击鼠标右键，在弹出的菜单中，执行“Extrude”挤出命令，如图4-185所示。

⑫ 如果挤出的高度不够，可以用移动工具沿着*y*轴调整面的位置，如图4-186所示。

⑬ 选择顶面，单击鼠标右键，在弹出的面板中单击“Extrude”挤出命令，再挤出一段结构，如图4-187所示。

⑭ 选择顶面，用缩放工具将这个面放大，如图4-188所示。

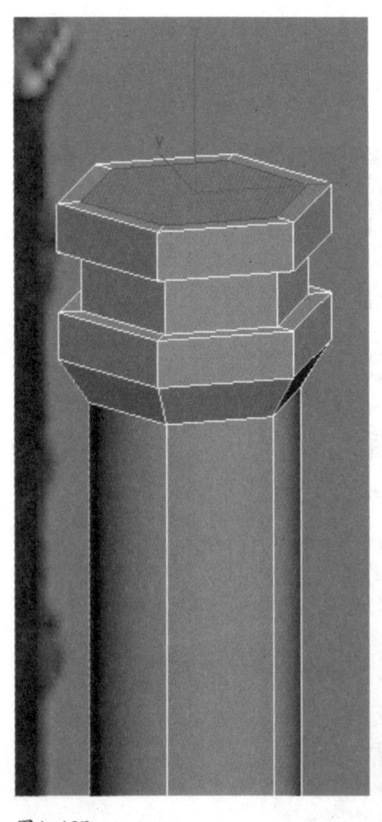

图4-185

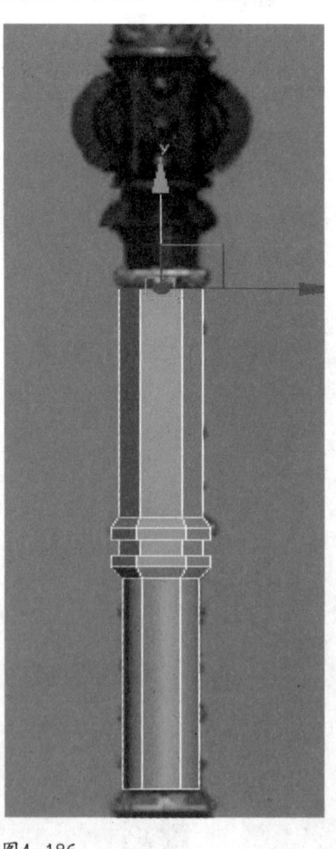

图4-186

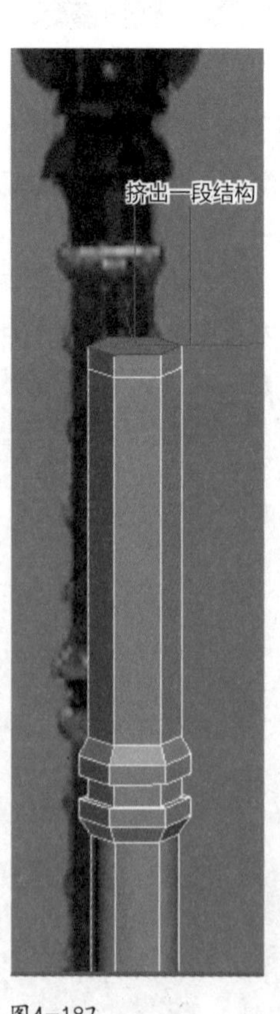

图4-187

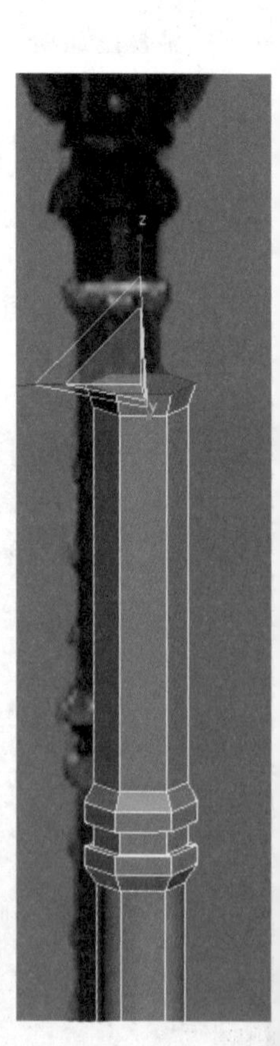

图4-188

⑮ 选择顶面，单击鼠标右键，在弹出的面板中单击“Extrude”挤出命令，挤出一段高度，如图4-189所示。

⑯ 用缩放工具将顶面收缩，如图4-190所示。

⑰ 选择顶面，单击鼠标右键，在弹出的面板中单击“Extrude”挤出命令，如图4-191所示。

⑱ 选择刚挤出这段结构的竖向的线，单击鼠标右键，在弹出的面板中单击“Connect”连接命令左侧设置窗口，在弹出的设置对话框中设置添加线的条数为“3”，加线之间的间距为“-42”，加线的偏移值为83，如图4-192所示。

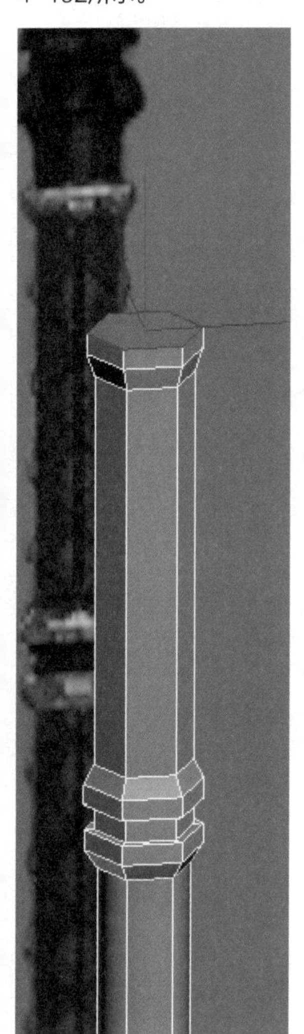
图4-189

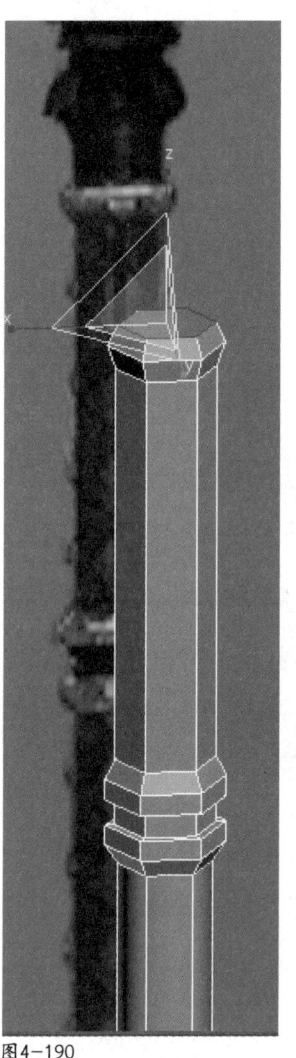
图4-190

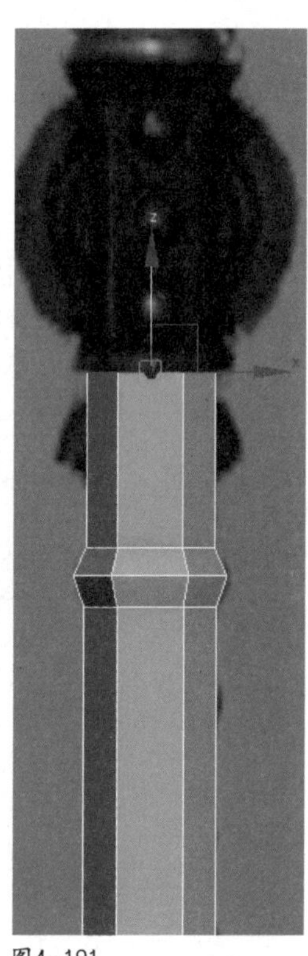
图4-191

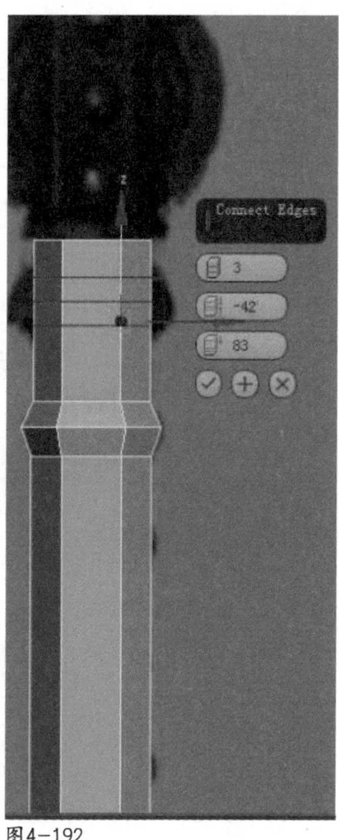

图4-192

⑲ 进入点级别，选择刚添加三条线中间这条线上的所有点，用缩放工具整体放大，然后用移动工具向下移动调整位置，如图4-193所示。

⑳ 为了让现在的造型更贴近原画，还需要在中间添加一条线，选择竖向的线单击鼠标右键，在弹出的面板中单击“Connect”连接命令，添加一条线，进入点级别，选择这条线上的点，用缩放工具放大，对齐到图的造型，如图4-194所示。

㉑ 选择顶上的面，单击鼠标右键，在弹出的面板中单击“Extrude”挤出命令挤出一段结构，如图4-195所示。

㉒ 按“：”冒号键，重复上一步挤出的操作，再次挤出一段结构，用缩放工具将其放大，如图4-196所示。

图4-193

图4-194

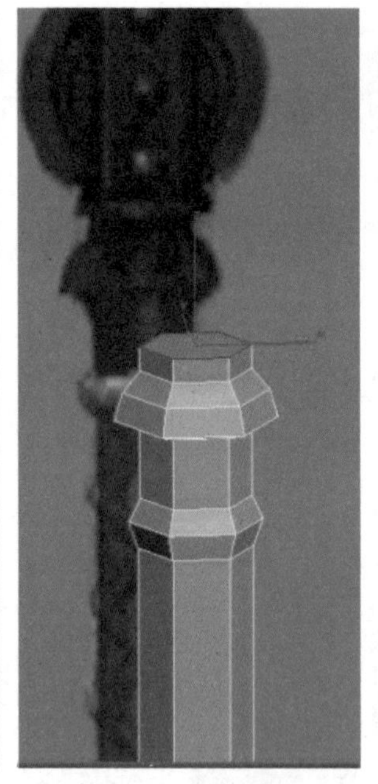

图4-195

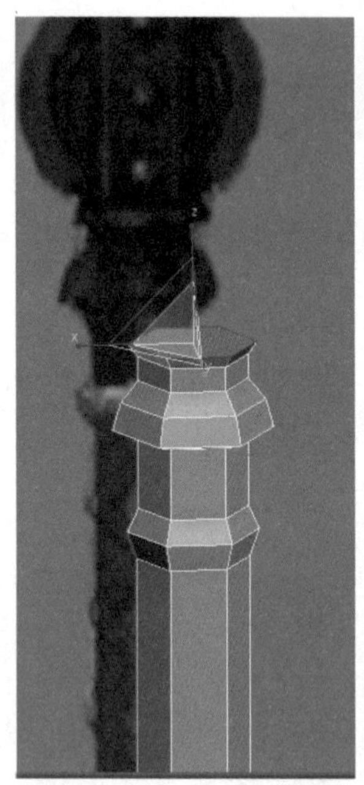

图4-196

㉓ 按“:”冒号键，重复上一步挤出的操作，再次挤出一段结构，用缩放工具将其缩小，如图4-197所示。

㉔ 把自动栅格打开，激活创建面板>几何体>Box，在手柄的顶部拖曳鼠标指针创建一个盒体，如图4-198所示。

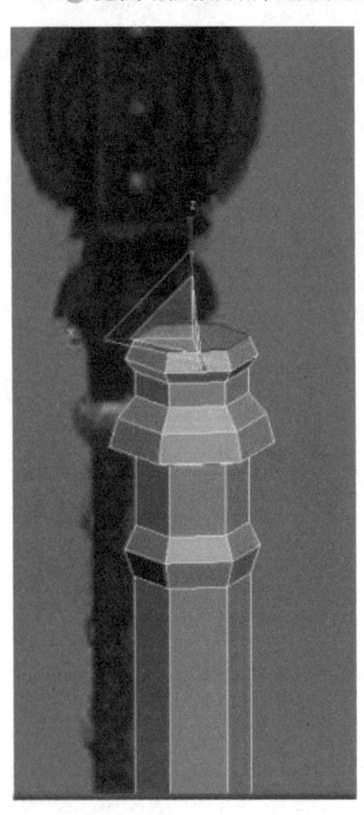

图4-197

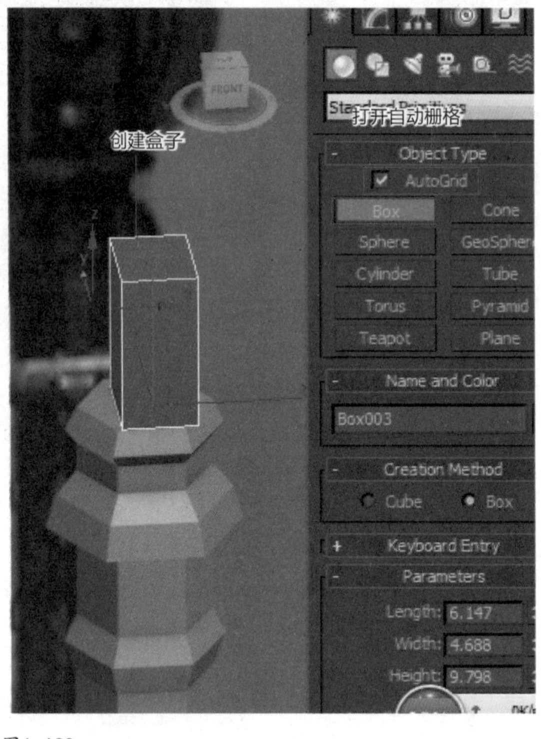

图4-198

㉕ 选择这个物体，单击鼠标右键，在弹出的菜单中，执行“Connect To>Connect to Editable Poly”命令将其转化成可编辑多边形。进入点级别，根据原画用移动工具调整顶部点的位置，如图4-199所示。

㉖ 进入线级别，选择正面横向的线，如图4-200所示。

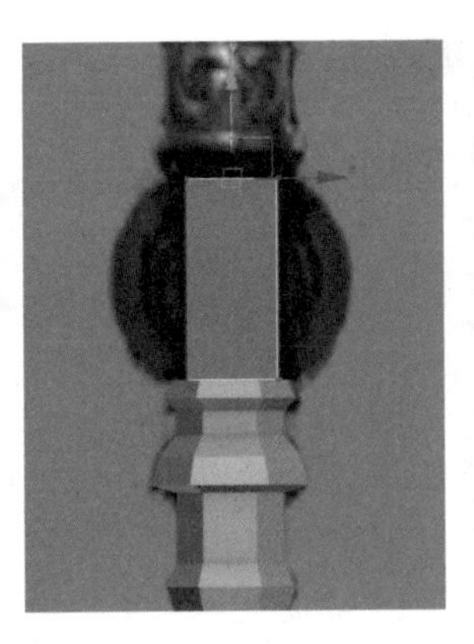

图4-199

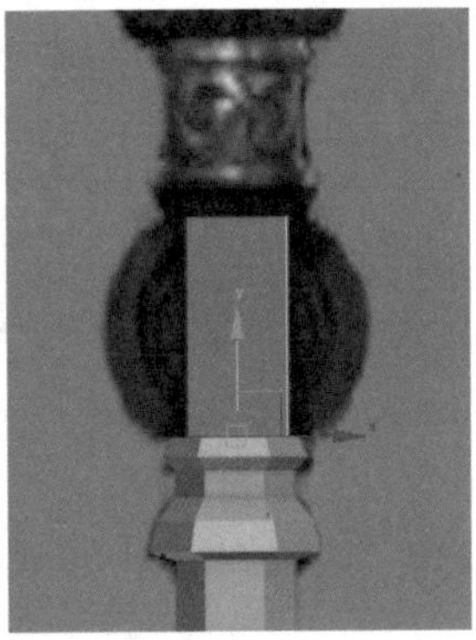

图4-200

27 单击鼠标右键，在弹出的面板中，左键单击“Connect”连接命令左侧的设置窗口，在弹出的对话框中设置添加线的条数为2条，添加线的间距为“41”，然后单击对号按钮。如图4-201所示。

28 选择盒子两侧的面，用缩放工具沿着*y*轴收缩，使两侧的面变窄，如图4-202所示。

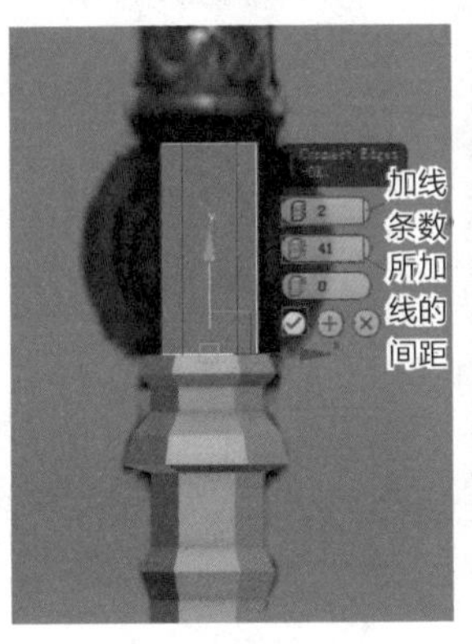

图4-201

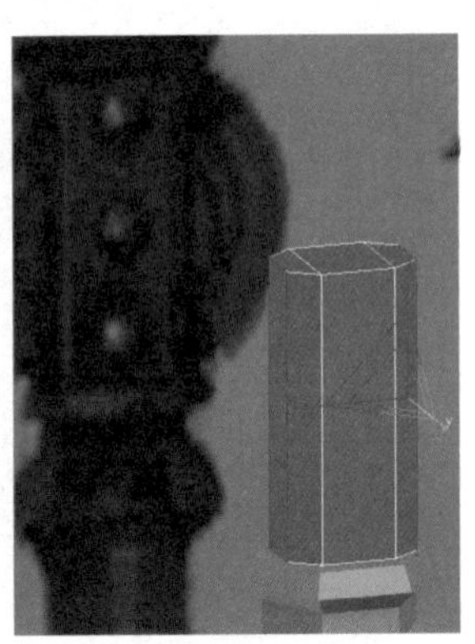

图4-202

29 游戏中为了节省资源删除看不到的面，进入面级别，选择顶底两个面，按键盘上的“Delete”键删除，如图4-203所示。

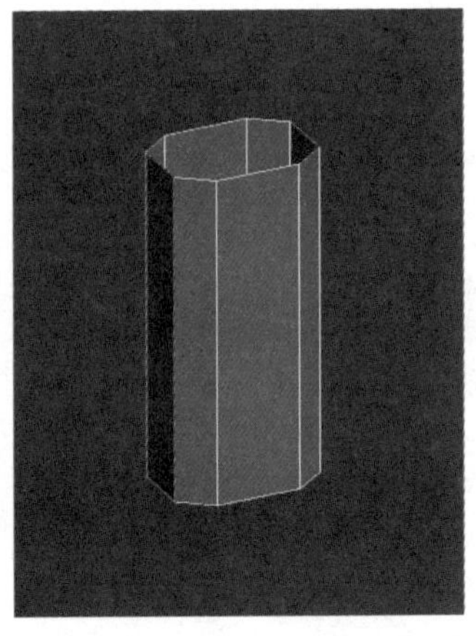

图4-203

30 按“F”键进入前视图，执行创建面板>几何体>激活Cylinder圆柱体操作，在前视图里面创建一个圆柱体，边数设置为“8”，高度段数设置为“1”，如图4-204所示。

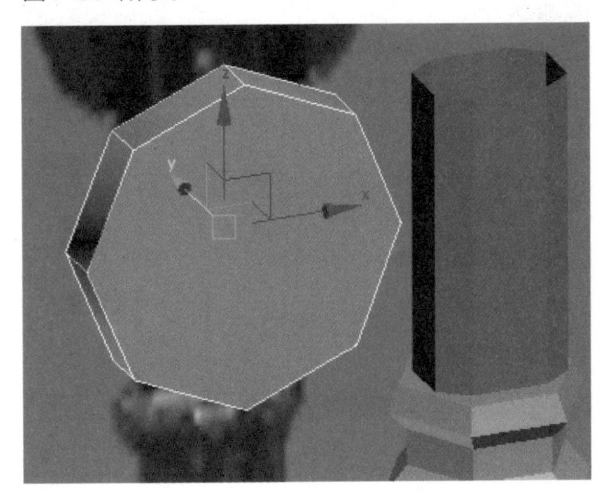

图4-204

31 选择这个物体，单击鼠标右键，在弹出的菜单中，执行“Connect To>Connect to Editable Poly”命令将其转化成可编辑多边形。进入点级别，选择顶底的点，如图4-205所示。

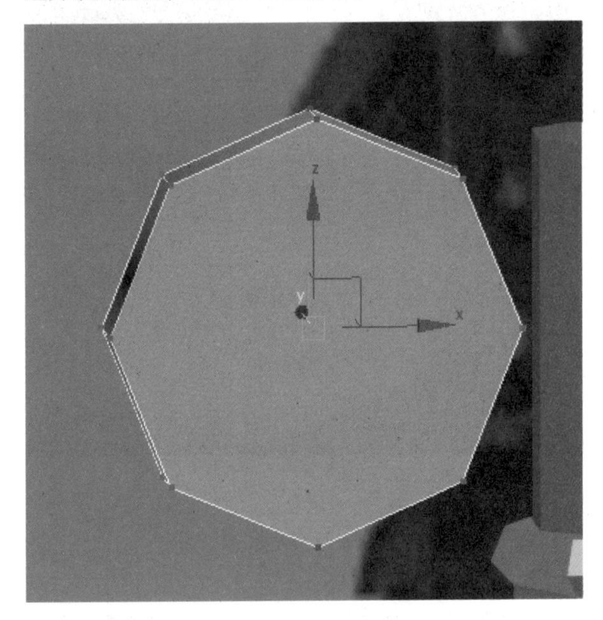

图4-205

32 单击鼠标右键，在弹出的面板中单击“Connect”连接命令，将中间添加一条线，如图4-206所示。

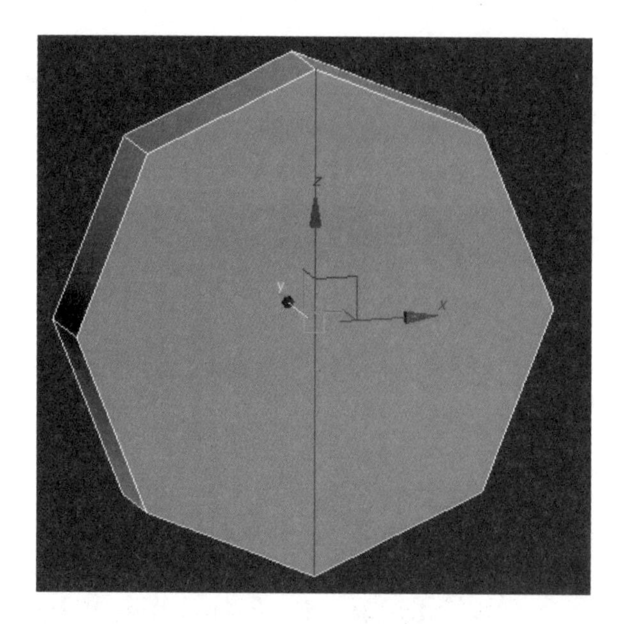

图4-206

33 进入面级别，选择右侧所有的面，按键盘上的“Delete”键删除，如图4-207所示。

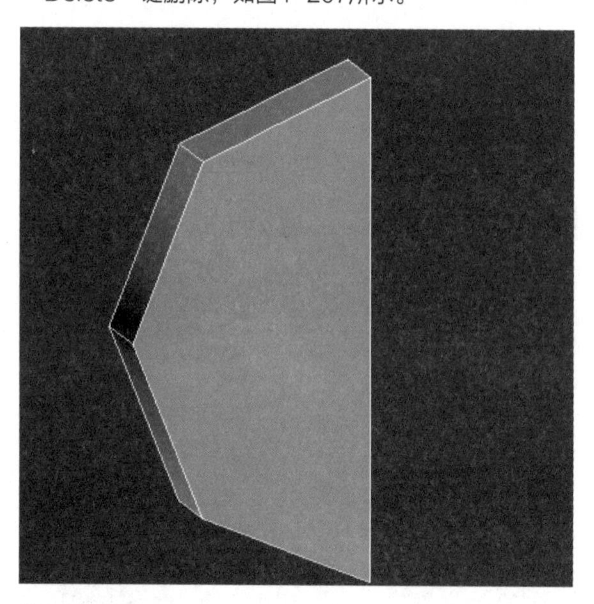

图4-207

34 用缩放工具按照参考图调整大小，用移动工具调整位置，如图4-208所示。

35 选择这个物体，单击主工具栏上的镜像工具，在弹出的面板上设置镜像的轴向为x轴，偏移值为“2.93”，选择“Instance”关联，单击“OK”按钮。如图4-209所示。

36 选择手柄物体，进入面级别，框选一段竖直的面，按住“Shift”键的同时用移动工具沿着z轴向上拖动，这样可以复制出这部分结构，如图4-210所示。

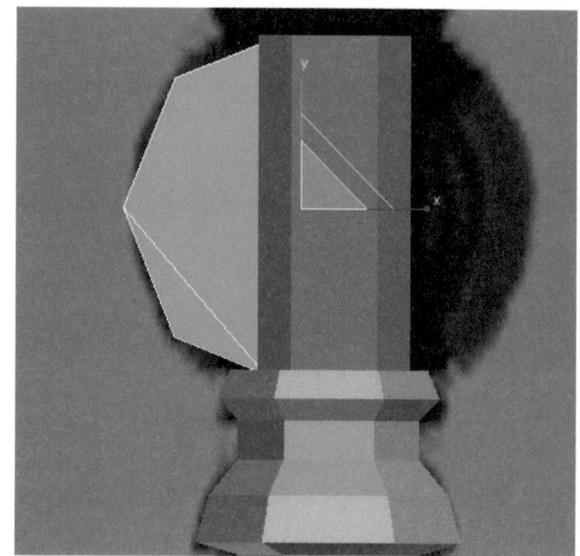

图4-208

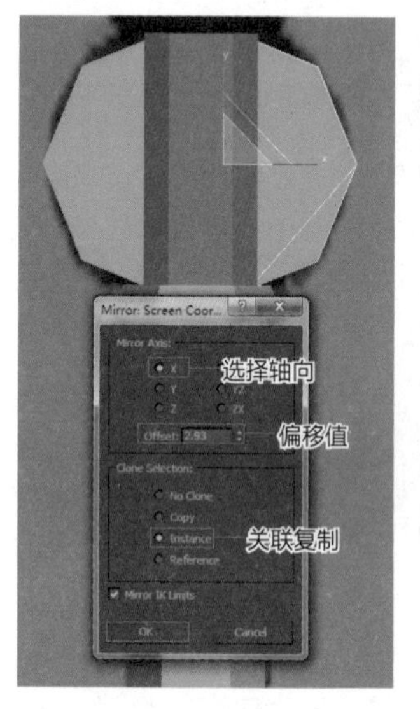

图4-209

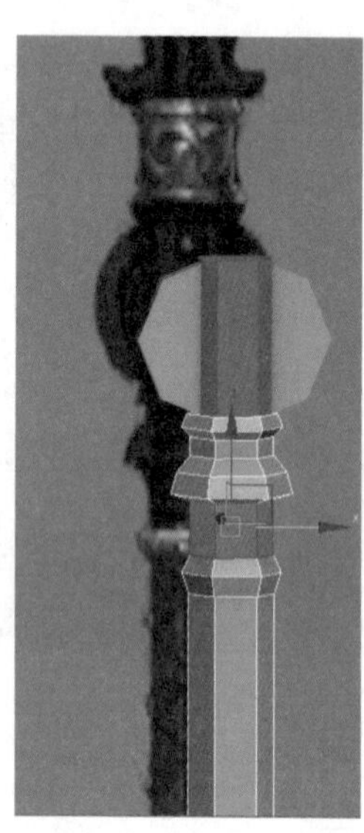

图4-210

37 在弹出的面板中选择“Clone to Element”克隆成元素，单击“OK”按钮，如图4-211所示。

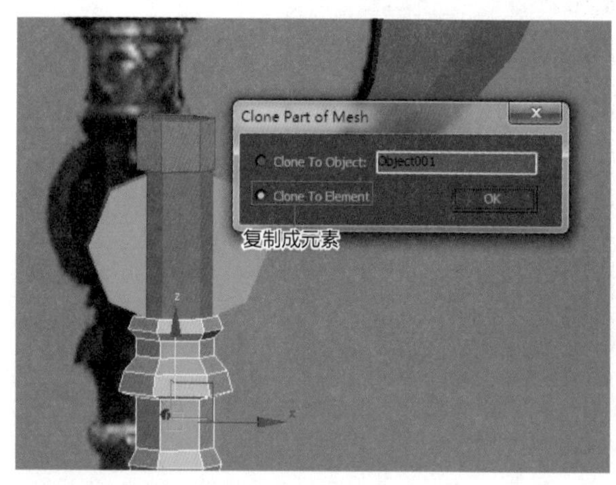

图4-211

38 进入边界级别，选择底部的边界，单击鼠标右键，在弹出的菜单中，执行“Cap”封口命令，将漏洞补上，如图4-212所示。

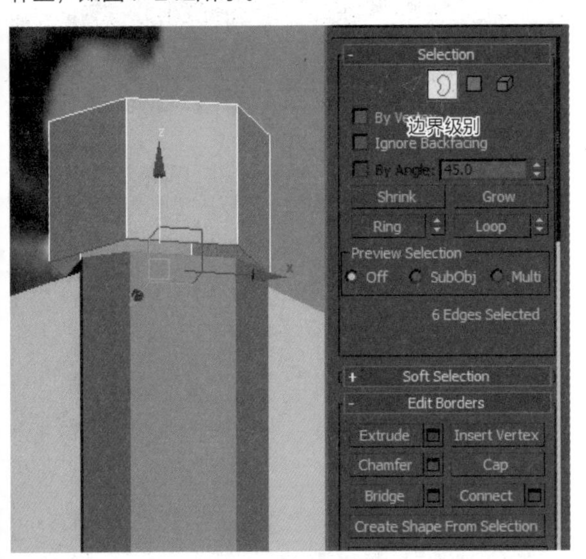

图4-212

39 进入点级别，选择顶部的点，用移动工具沿着*z*轴调整高度，如图4-213所示。

图4-213

40 切换成缩放工具，整体放大，按照参考图调整大小，如图4-214所示。

41 顶部没有封口，进入线级别选择顶部所有的线，按住“Shift”键的同时用移动键沿着*z*轴拖曳，这样可以复制出面，如图4-215所示。（注意：只有不封口的面才能选择线复制拖曳面，闭合结构上的线是不能拖曳复制出来的。）

42 选择顶部的线用缩放工具整体收缩，如图4-216所示。

图4-214

图4-215

图4-216

43 选择顶部所有的线，按住“Shift”键的同时用移动键沿着z轴继续拖曳复制出一段结构，如图4-217所示。

图4-217

44 选择顶部所有的线，按住“Shift”键的同时用移动键沿着z轴拖曳复制一段结构，然后切换成缩放工具，整体放大，如图4-218所示。

图4-218

45 选择顶部所有的线，按住“Shift”键的同时用移动键沿着z轴拖曳复制一段结构，然后切换成缩放工具，整体缩小，如图4-219所示。

46 进入边界级别，选择顶部的边界，单击鼠标右键，在弹出的菜单中，左键单击“Cap”封口命令，将顶面封住，如图4-220所示。

图4-219

图4-220

47 封口后的效果如图4-221所示。

48 激活创建面板>几何体>Box，在手柄的顶部拖曳鼠标指针创建一个盒体，如图4-222所示。

49 选择这个物体，单击鼠标右键，在弹出的菜单中，执行“Connect To>Connect to Editable Poly”转化成可编辑多边形。选择横向的所有的线，单击鼠标右键，在弹出的菜单中，左键单击“Connect”连接命令，如图4-223所示。

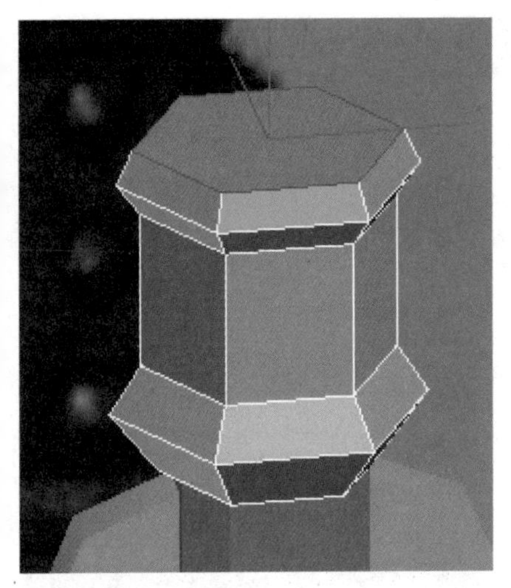

图4-221

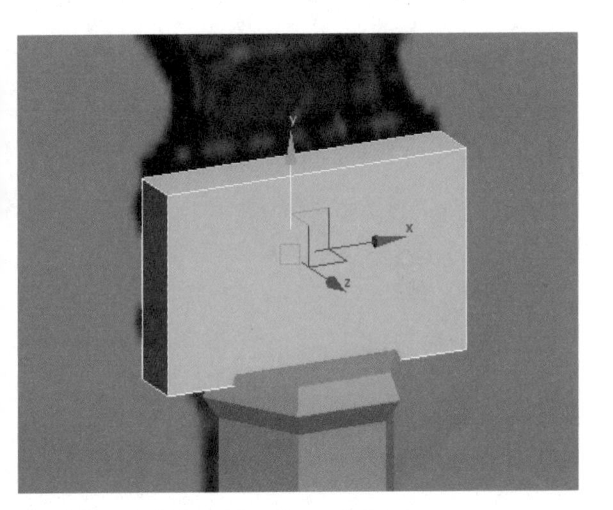

图4-222

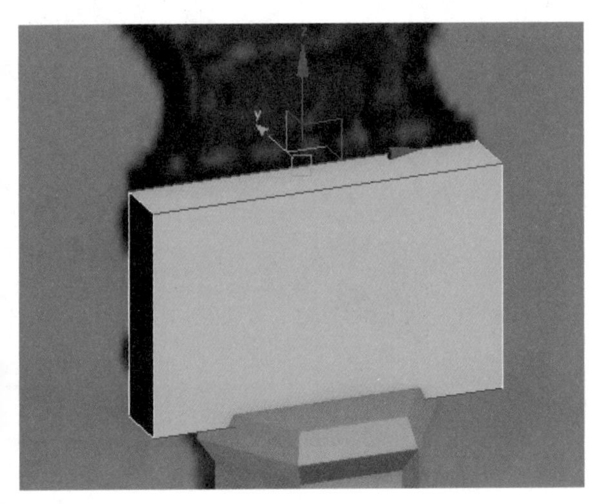

图4-223

50 进入线级别，选择竖向的所有的线，如图4-224所示。

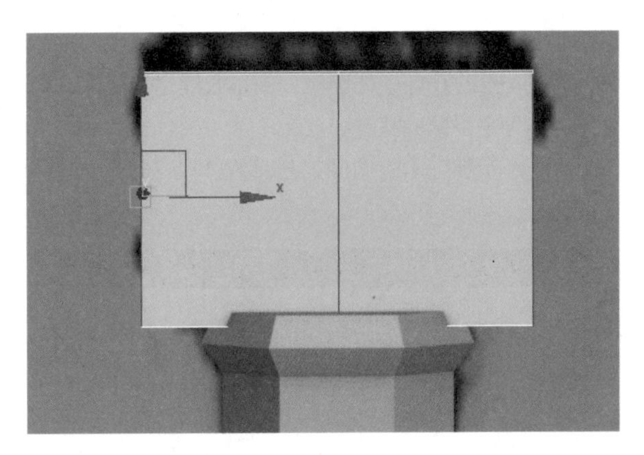

图4-224

51 单击鼠标右键，在弹出的菜单中，左键单击“Connect”连接命令左侧的设置窗口，设置添加的线条数为3，单击“对号”，如图4-225所示。

52 选中刚添加的三条线，用缩放工具沿着*x*轴单轴收缩，如图4-226所示。

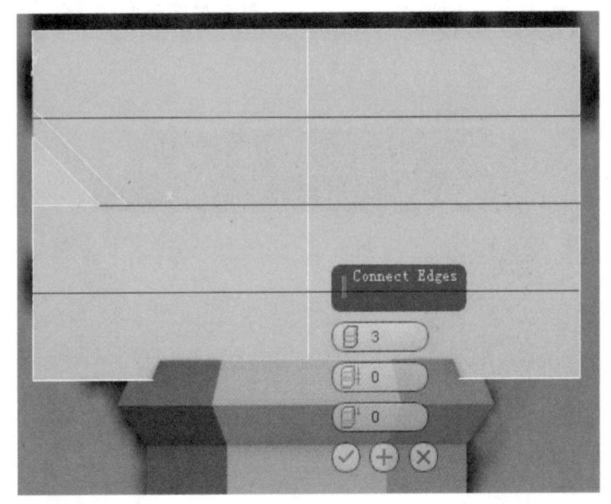

图4-225

图4-226

53 选中中间的点，用缩放工具沿着x轴再次单轴收缩，如图4-227所示。（注意：单轴收缩是为了保证整个结构侧面是平整的状态。）

54 旋转到物体的侧面，选择图4-228所示的两个面。

图4-227

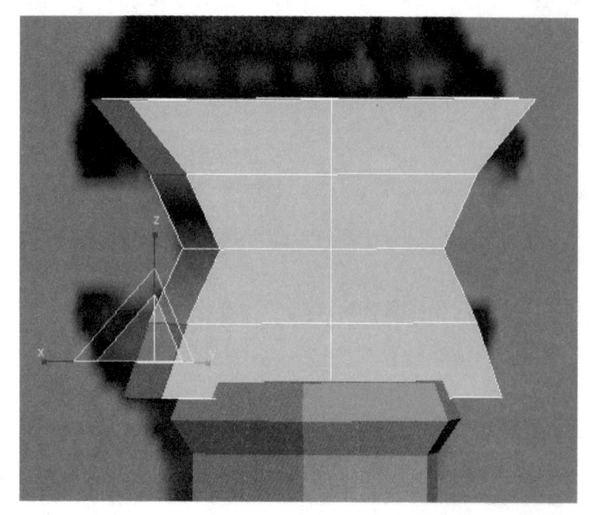

图4-228

55 单击鼠标右键，在弹出的菜单中，左键单击“Extrude”挤出命令左侧的设置窗口，在弹出的面板中设置挤出的长度，如图4-229所示。

56 选择图4-230所示的四条线，单击鼠标右键，在弹出的菜单中，左键单击“Collapse”塌陷命令。

57 塌陷后的效果如图4-231所示。

58 按“F”键进入前视图，进入点级别，选择尖角的点用移动工具调整点的位置，如图4-232所示。

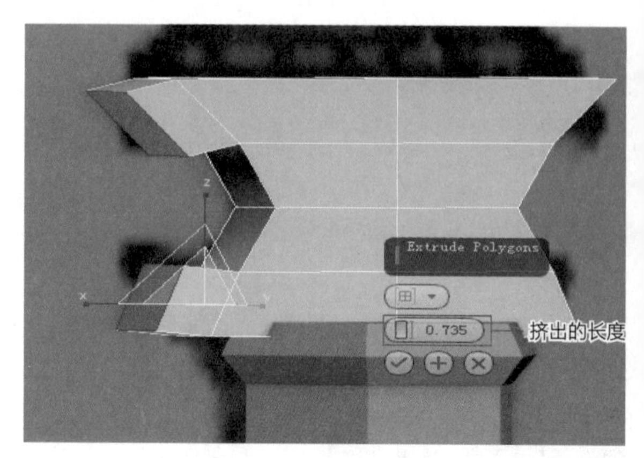

图4-229

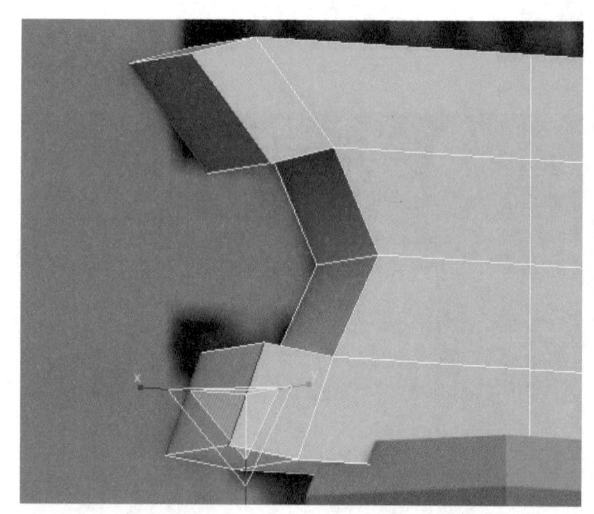

图4-230

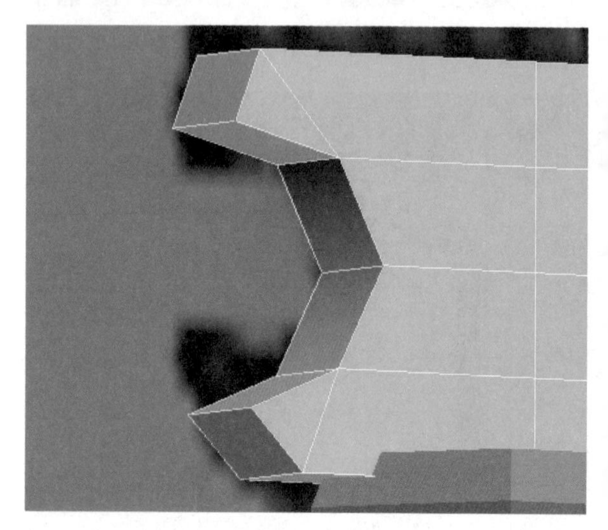

图4-231

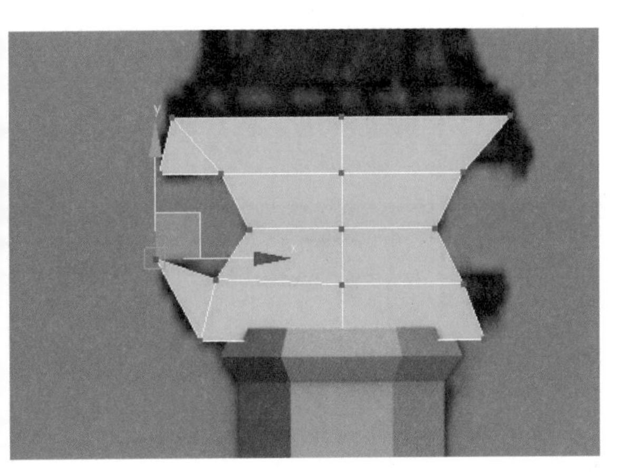

图4-232

59 进入面级别，选择右边所有的面，按键盘上的“Delete”键，将选中的面删除，如图4-233所示。

60 选择物体侧面所有的横线，单击鼠标右键，在弹出的菜单中，左键单击“Connect”连接命令，添加一条中线，如图4-234所示。

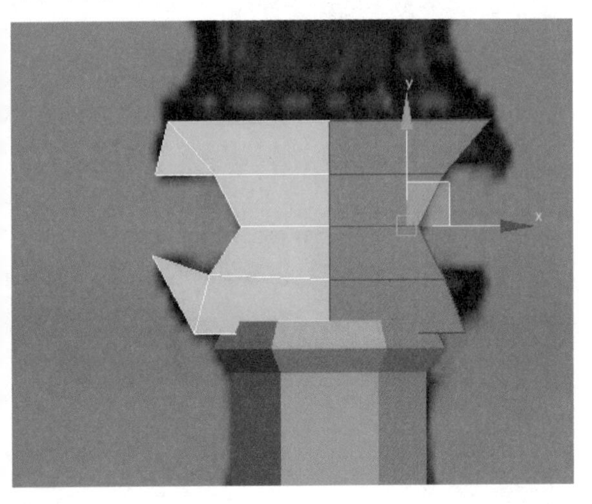

图4-233

图4-234

61 侧面有了中线后，两边的点就可以用移动工具向内部调整，如图4-235所示。

62 调整完的状态如图4-236所示。

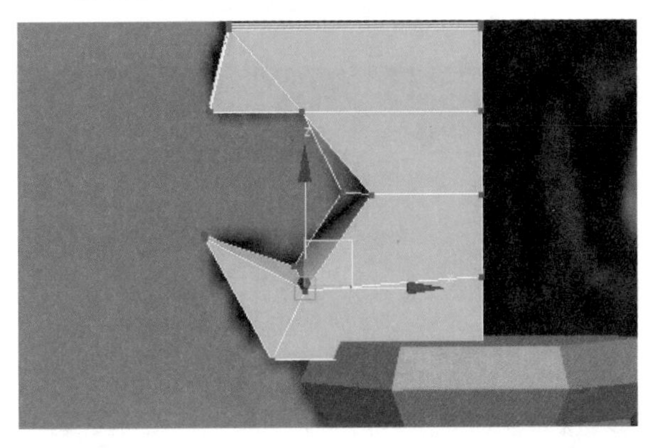

图4-235

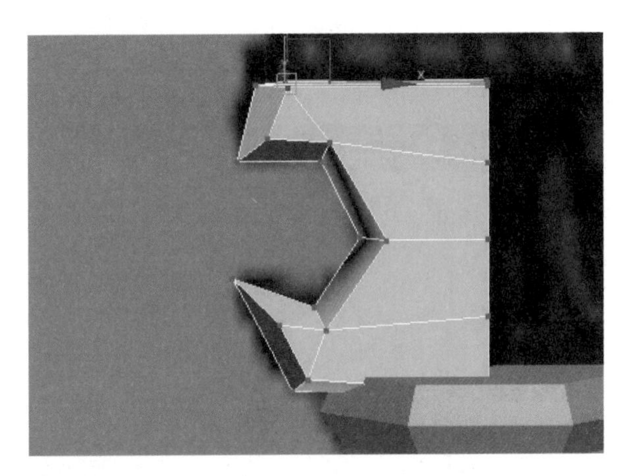

图4-236

63 退出点级别，选择物体，单击主工具栏上的镜像工具，在弹出的面板中设置镜像轴向为x轴，选择“Instance”关联复制，单击“OK”按钮，如图4-237所示。

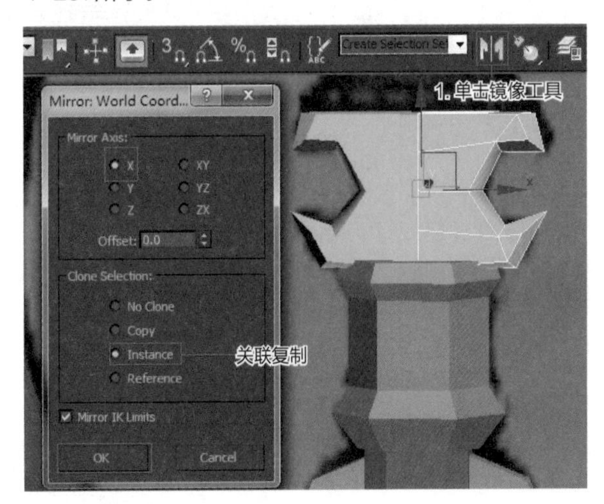

图4-237

64 选中两个物体，激活旋转工具，单击激活角度捕捉，在角度捕捉上单击右键，在弹出的对话框中设置角度捕捉的度数为90，然后按住“Shift”键同时沿着x轴旋转，如图4-238所示。

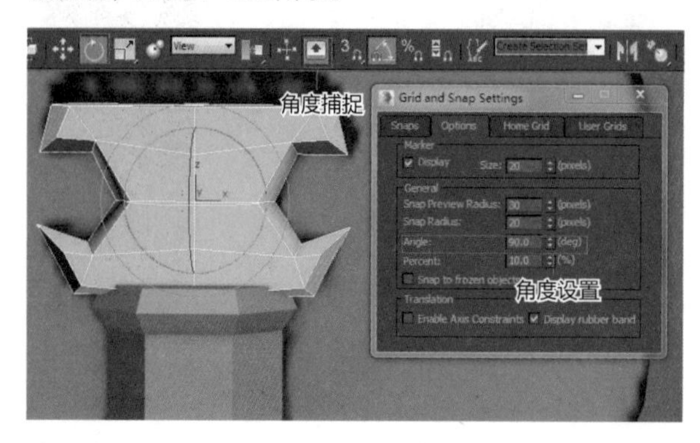

图4-238

65 在弹出的对话框中选择“Instance”关联复制，然后单击“OK”按钮，如图4-239所示。

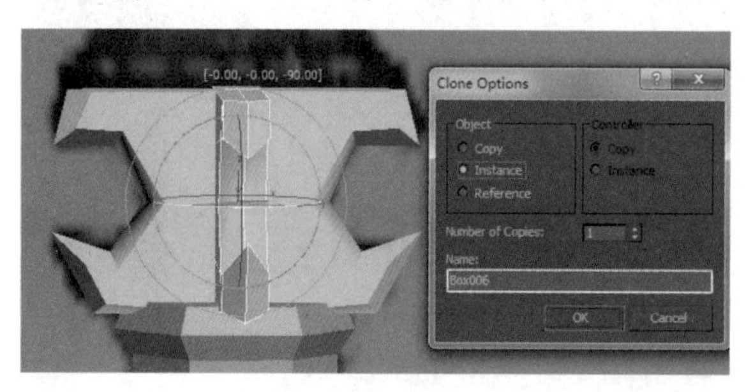

图4-239

66 进入前视图，激活创建面板>几何体>Box，在手柄的顶部拖曳鼠标指针创建一个圆柱体，边数设置为12，高度段数设置为1，如图4-240所示。

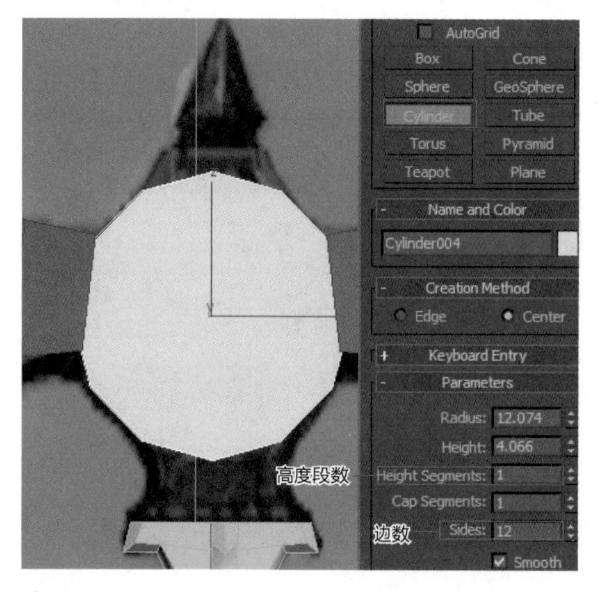

图4-240

67 选择这个物体，单击鼠标右键，在弹出的菜单中，执行“Connect To”>“Connect to Editable Poly”转化成可编辑多边形。进入线级别，选中侧面所有的线，如图4-241所示。

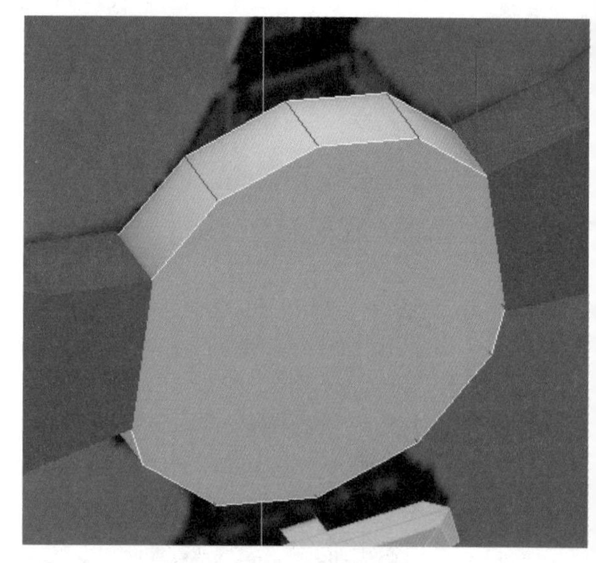

图4-241

68 单击鼠标右键，在弹出的菜单中，左键单击“Connect”连接命令，为其添加一条中线，如图4-242所示。

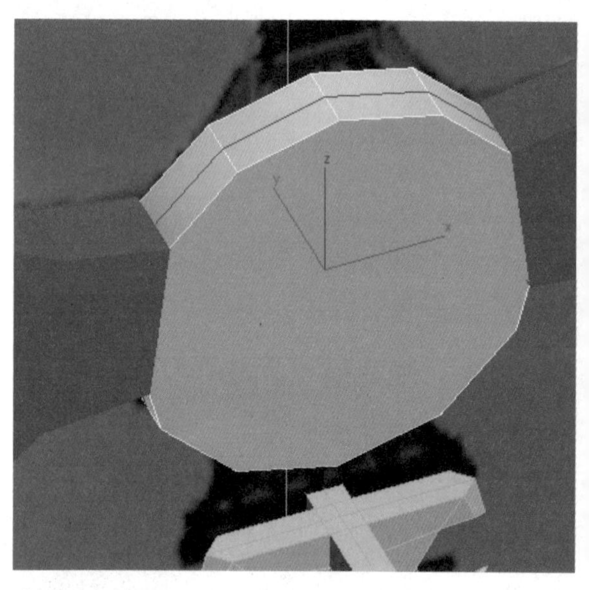

图4-242

69 进入面级别，选择前后的面，用缩放工具整体收缩，如图4-243所示。

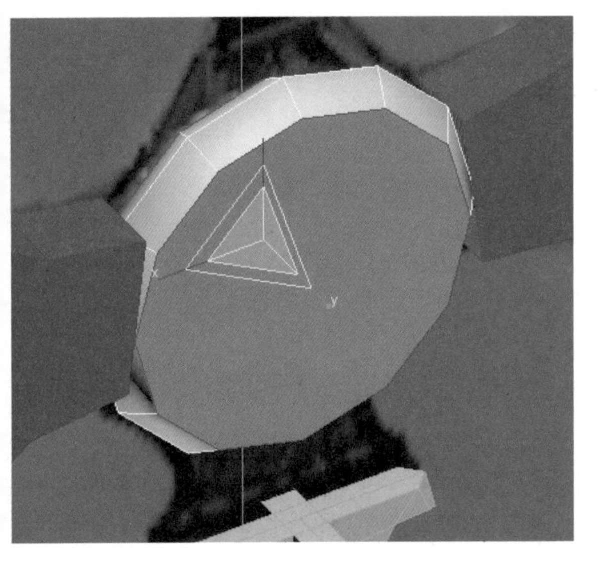

图4-243

70 选择两侧的面，单击鼠标右键，在弹出的菜单中，左键单击 “Extrude”挤出命令左侧的设置窗口，在弹出的对话框中设置挤出的高度，然后单击“对号”，如图4-244所示。

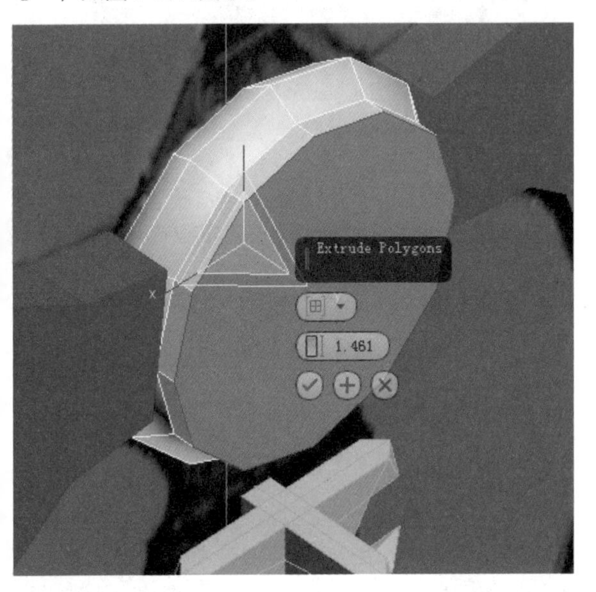

图4-244

71 选择两侧的面，单击鼠标右键，在弹出的菜单中，左键单击“Collapse”塌陷命令，如图4-245所示。

72 进入面级别，选择底部的四个面，如图4-246所示。

73 单击鼠标右键，在弹出的菜单中，左键单击“Extrude”挤出命令左侧的设置窗口，在弹出的对话框中设置挤出的高度，单击对号按钮，如图4-247所示。

74 选中底部的面用缩放工具，沿着z轴往回缩可将底面压平，如图4-248所示。

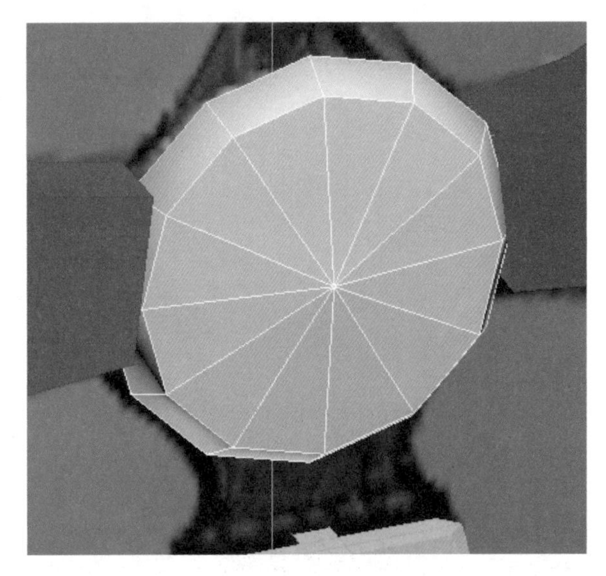

图4-245

图4-246

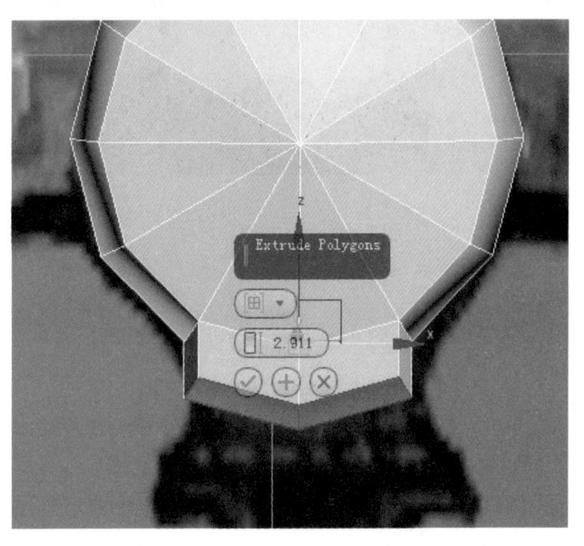

图4-247

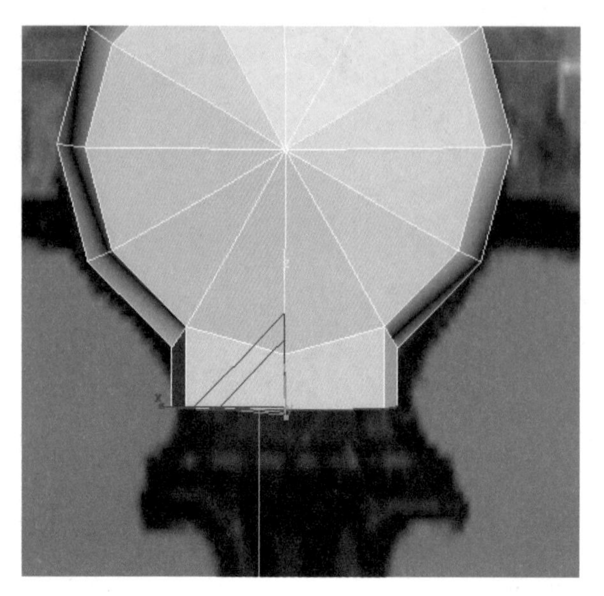

图4-248

75 选中底部的面，单击鼠标右键，在弹出的菜单中，左键单击“Extrude”挤出命令左侧的设置窗口，在弹出的对话框中设置挤出的高度，单击对号按钮，如图4-249所示。

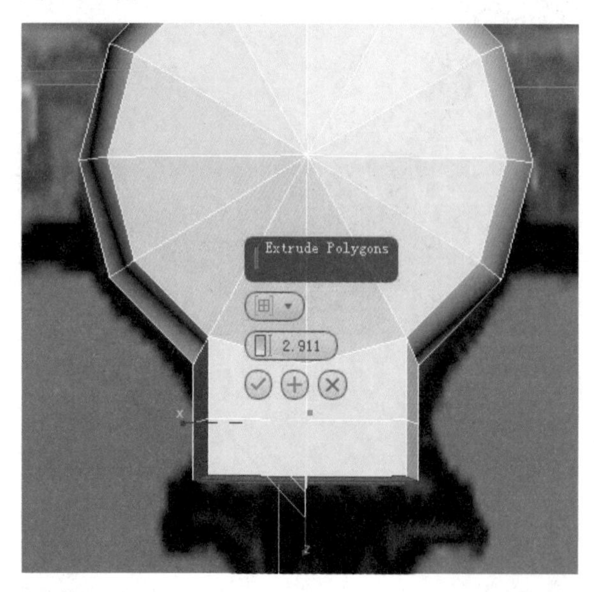

图4-249

76 选中底部的面，用缩放工具整体放大，如图4-250所示。

77 按键盘上的“：”冒号键，重复上一步挤出命令操作，再次挤出一段结构，如图4-251所示。

78 进入点级别，选择前后中间的点用缩放工具沿着y轴放大，将底部调整成圆形（注意：用缩放工具而不用移动工具调整点的目的是要保证前后对称），如图4-252所示。

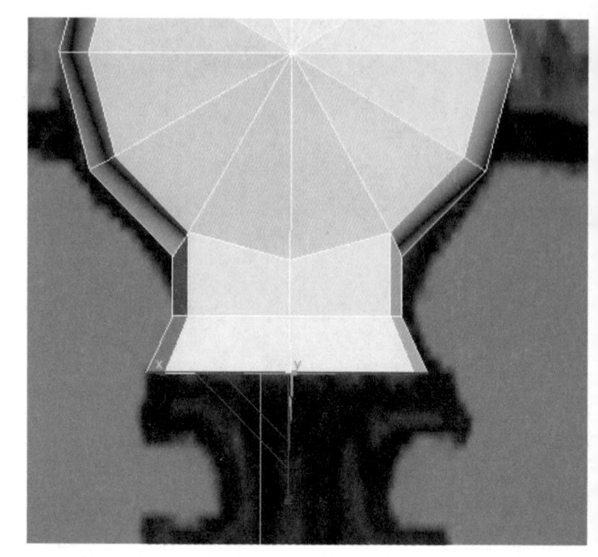

图4-250

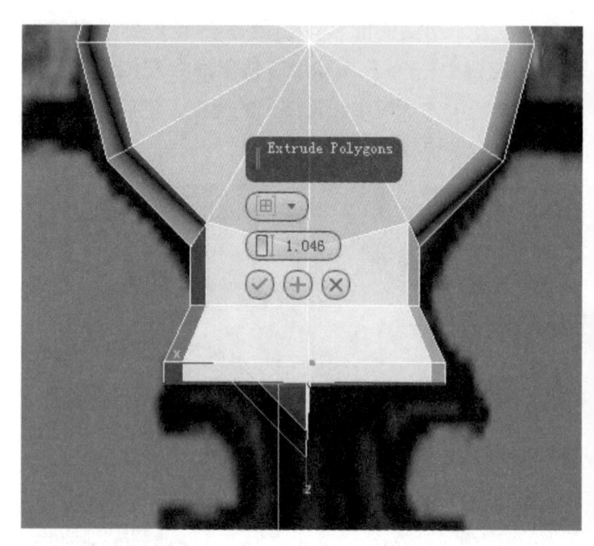

图4-251

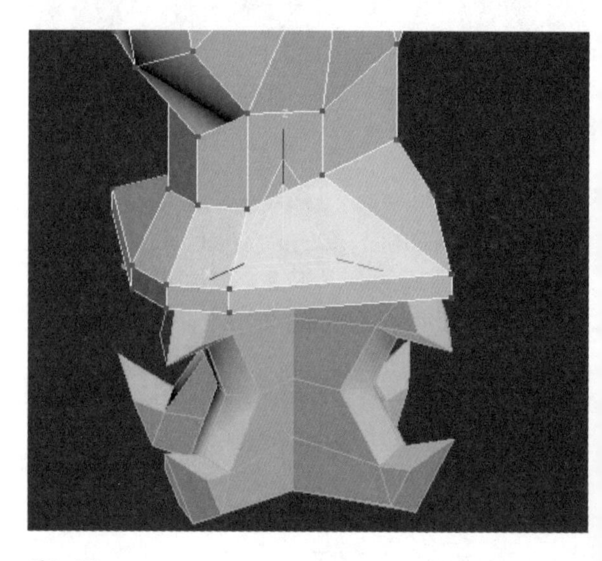

图4-252

⑦⑨ 底部最后调整的造型如图4-253所示。

⑧⓪ 选择图4-254所示的点，用缩放工具沿着*y*轴放大，从而使上面的结构也圆一点。

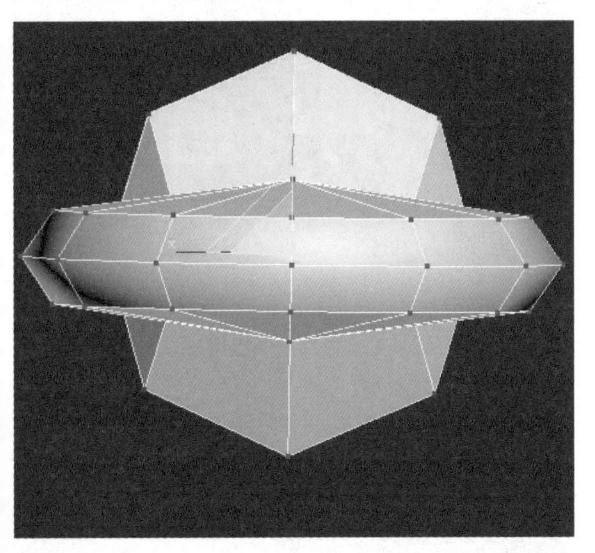

图4-253

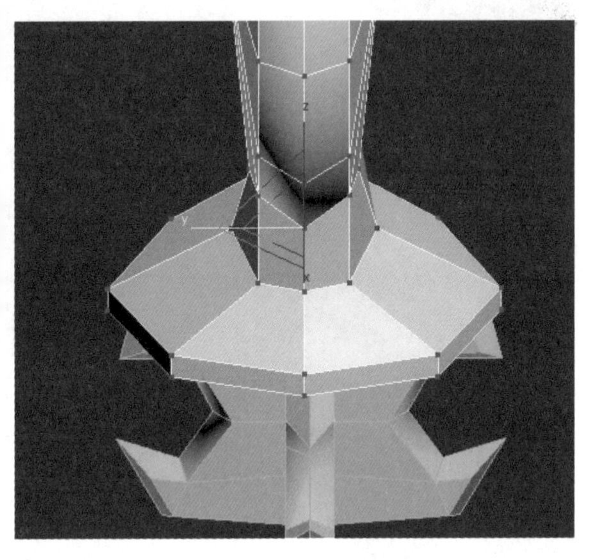

图4-254

⑧① 选择顶部的四个面，如图4-255所示。

⑧② 单击鼠标右键，在弹出的菜单中，左键单击“Extrude”挤出命令左侧的设置窗口，在弹出的对话框中设置挤出的高度，单击对号按钮，如图4-256所示。

⑧③ 选中顶部的面，用缩放工具沿着*z*轴压缩，能使顶面压平，如图4-257所示。

⑧④ 选中顶部的面用缩放工具再整体收缩，如图4-258所示。

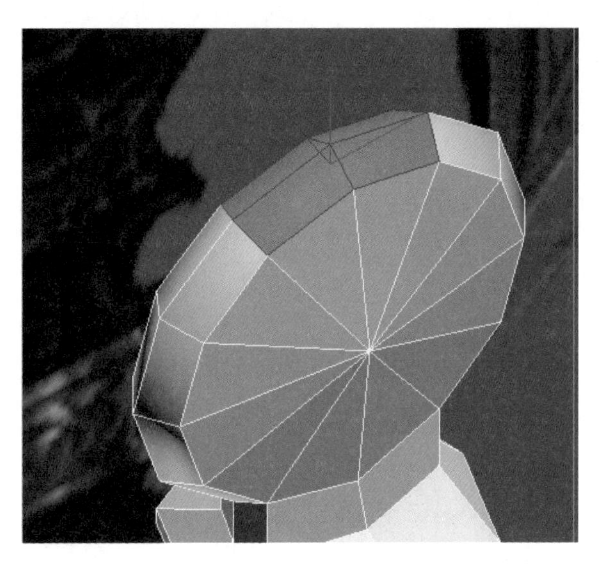

图4-255

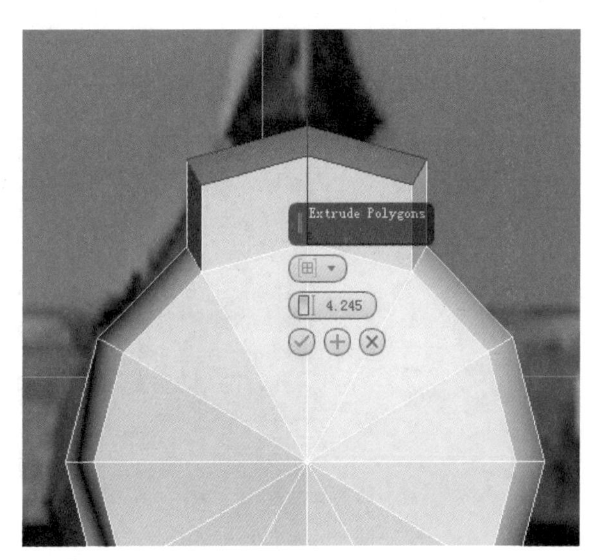

图4-256

图4-257

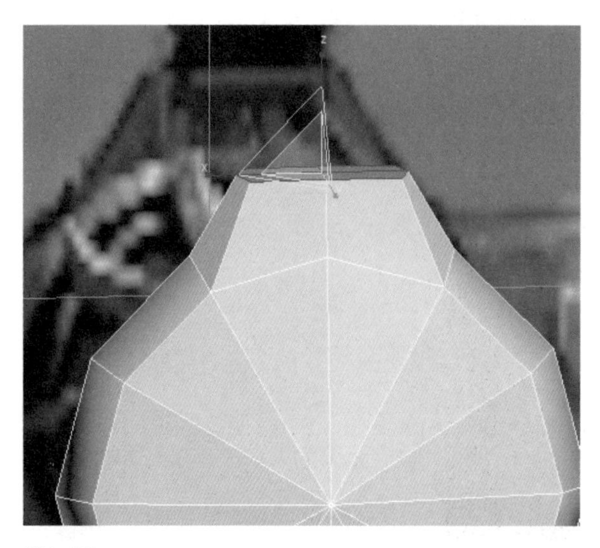

图4-258

85 选中顶部的面，单击鼠标右键，在弹出的菜单中，左键单击“Inset”插入命令左侧的设置窗口，如图4-259所示。

图4-259

86 在弹出的对话框中设置插入面的大小，单击对号按钮，如图4-260所示。

87 进入点级别，单击鼠标右键，在弹出的菜单中，左键单击“Target Weld”目标焊接命令，如图4-261所示。

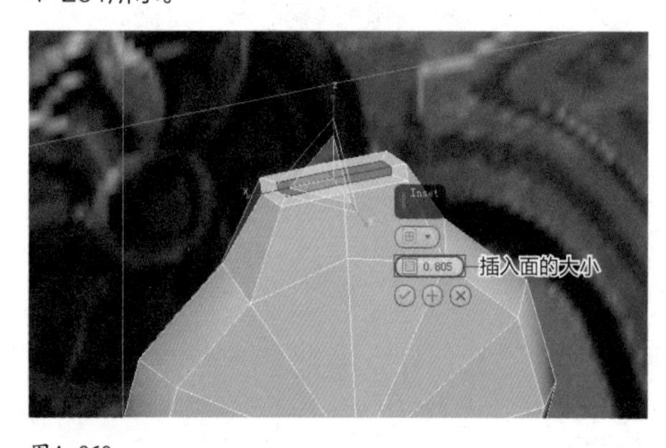

图4-260

图4-261

88 单击想要去掉的点，拖出虚线后单击到目标点上，如图4-262所示。

89 焊接之后的效果如图4-263所示。

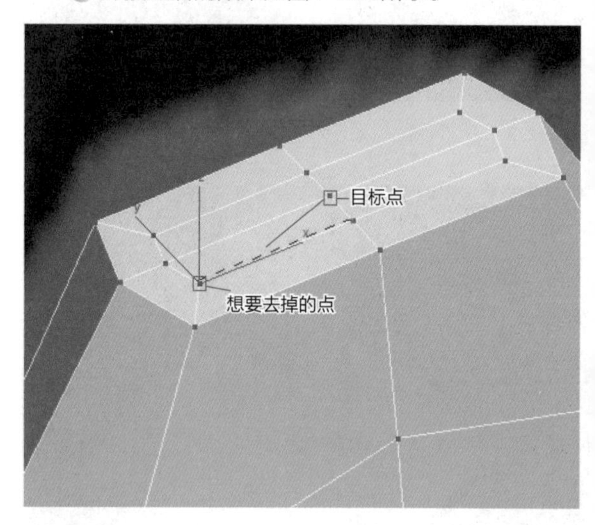

图4-262

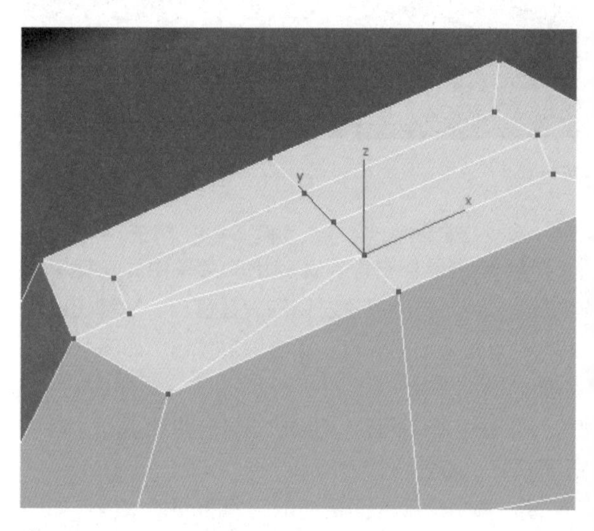

图4-263

90 单击想要去掉的点，拖出虚线后单击到目标点上，如图4-264所示。

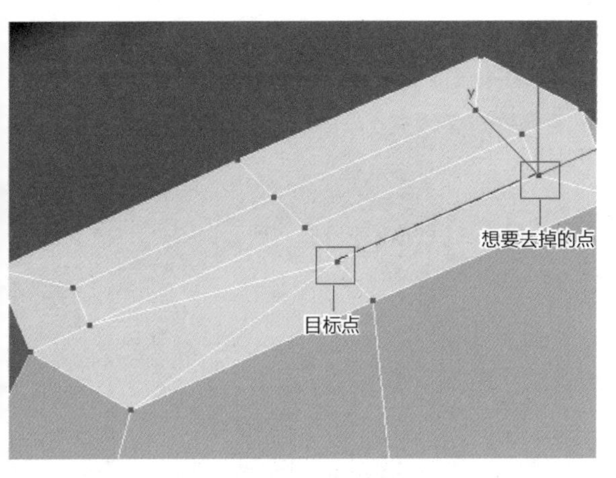

图4-264

91 单击想要去掉的点，拖出虚线后单击到目标点上，如图4-265所示。

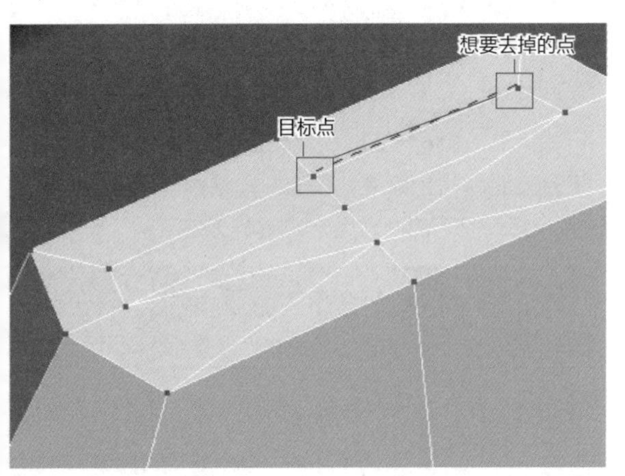

图4-265

92 单击想要去掉的点，拖出虚线后单击到目标点上，如图4-266所示。

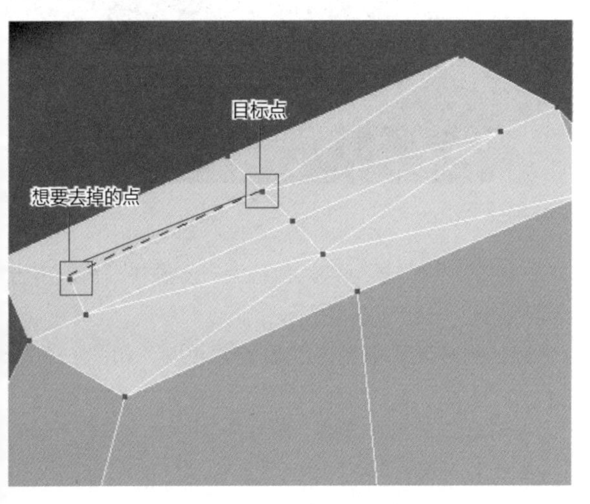

图4-266

93 顶部的结构前后有点窄，所以选中前后中间的点，用缩放工具沿着y轴放大，如图4-267所示。

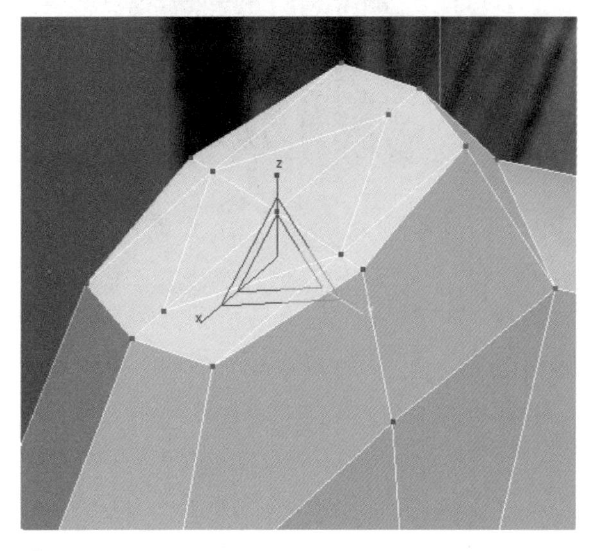

图4-267

94 进入面级别，选择顶部菱形的面，单击鼠标右键，在弹出的菜单中，左键单击“Extrude”挤出命令左侧的设置窗口，设置挤出高度，单击“对号”，如图4-268所示。

图4-268

95 选择顶部的面，用缩放工具整体放大，如图4-269所示。

96 按键盘上的“：”冒号键，重复上一步挤出命令操作，如图4-270所示。

97 选中顶部的面，单击鼠标右键，在弹出的菜单中，左键单击“Collapse”塌陷命令，将其塌陷为一点，如图4-271所示。

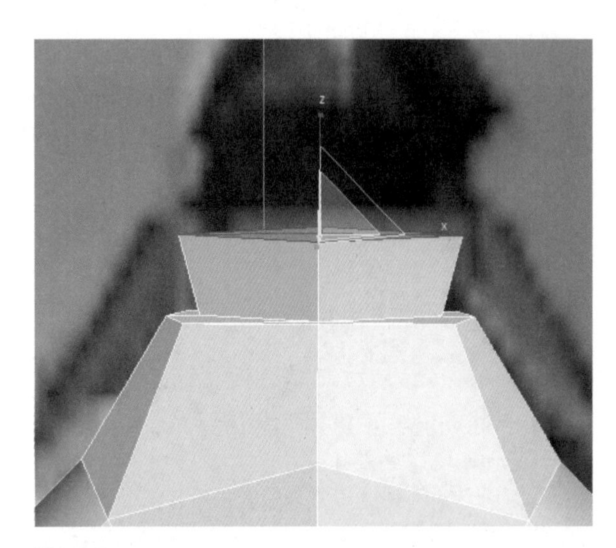

图4-269

图4-270

图4-271

98 接着制作手柄下面的结构，选择手柄最下面的面，如图4-272所示。

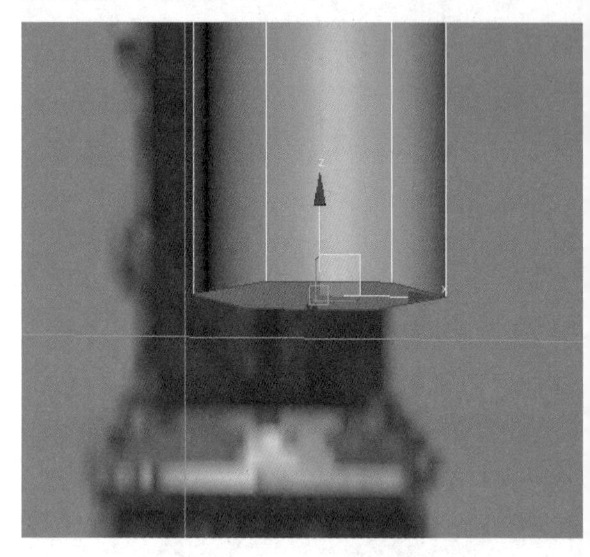

图4-272

99 单击鼠标右键，在弹出的面板中，左键单击“Extrude”挤出命令，挤出一段结构，然后切换缩放工具，将最底下的面放大，如图4-273所示。

图4-273

100 按“：”冒号键，执行上一步操作，再次挤出一段结构，如图4-274所示。

101 用缩放工具将最底下的面收缩，如图4-275所示。

102 按“：”冒号键，执行上一步操作，再次挤出一段结构，如图4-276所示。

103 用缩放工具按照参考图调整放大比例，如图4-277所示。

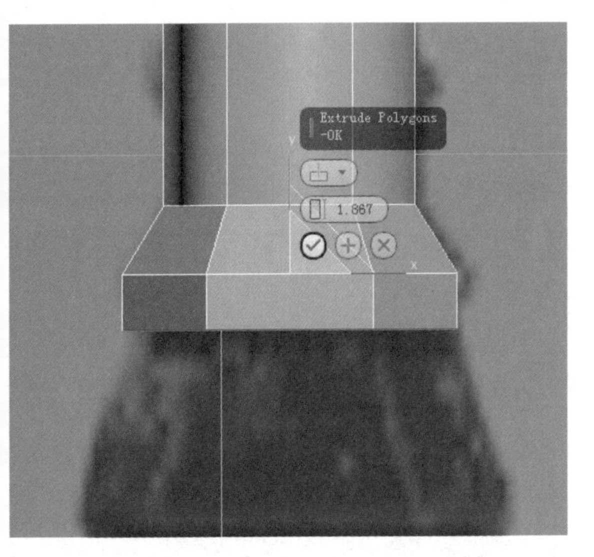

图4-274

图4-275

图4-276

图4-277

104 按“：”冒号键，执行上一步操作，再次挤出一段结构，用缩放工具调整大小，如图4-278所示。

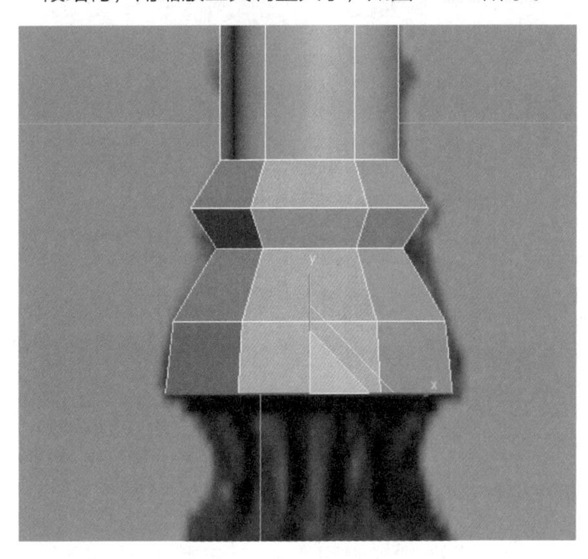

图4-278

105 按“：”冒号键，执行上一步操作，再次挤出一段结构，用缩放工具调整大小，如图4-279所示。

106 按两次“：”冒号键，执行上一步操作，再次挤出两段结构，用缩放工具调整大小，如图4-280所示。

107 按“：”冒号键，执行上一步操作，再次挤出一段结构，用缩放工具调整收缩，并且用移动工具沿着*z*轴调整上下位置（注意：不要动其他的轴向以避免做完的道具从侧面看不直），如图4-281所示。

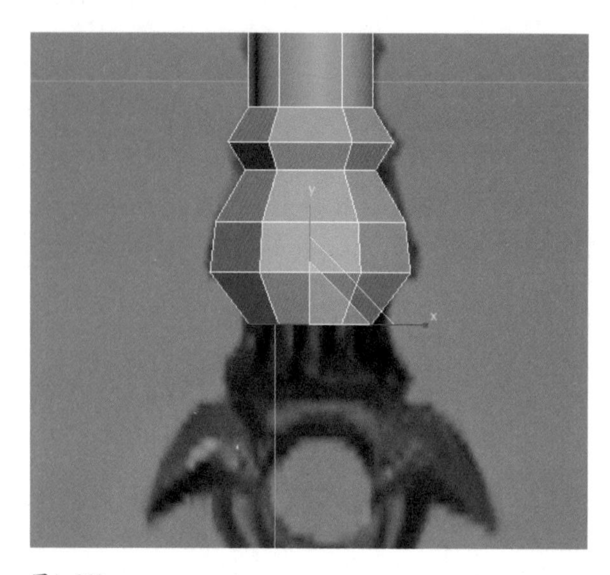

图4-279

图4-280

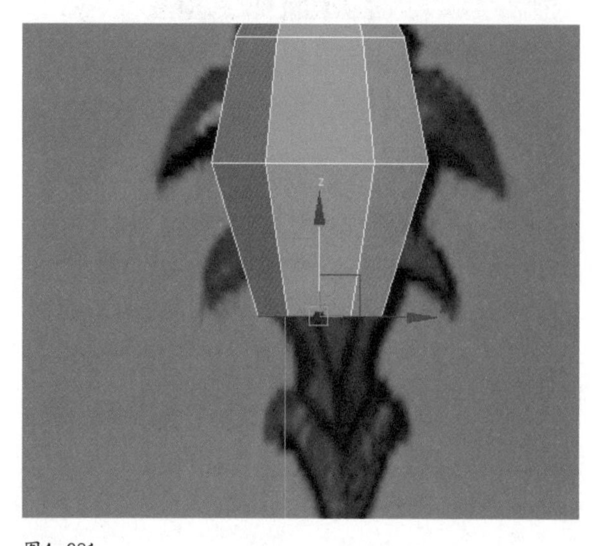

图4-281

108 按“：”冒号键，执行上一步操作，再次挤出一段结构，用缩放工具整体收缩，调整到图上最窄的位置，如图4-282所示。

109 按“：”冒号键，执行上一步操作，再次挤出一段结构，用缩放工具整体放大，如图4-283所示。

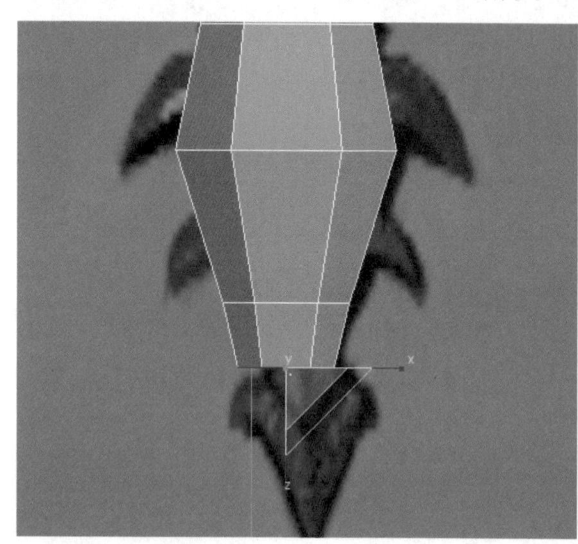

图4-282

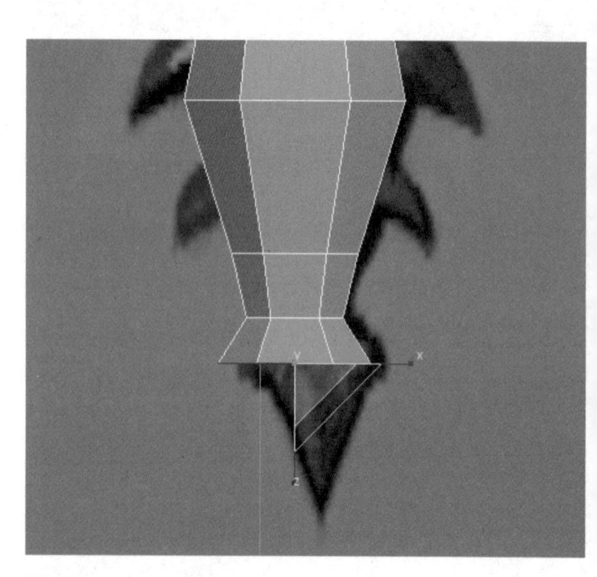

图4-283

110 按“：”冒号键，执行上一步操作，再次挤出一段结构，单击鼠标右键，在弹出的面板中，左键单击“Collapse”塌陷命令，如图4-284所示。

111 选择前后如图4-285所示的面。

112 单击鼠标右键，在弹出的面板中，左键单击“Inset”插入命令，如图4-286所示。

113 选择刚插入的面，按键盘上的“Delete”键删除这四个面，如图4-287所示。

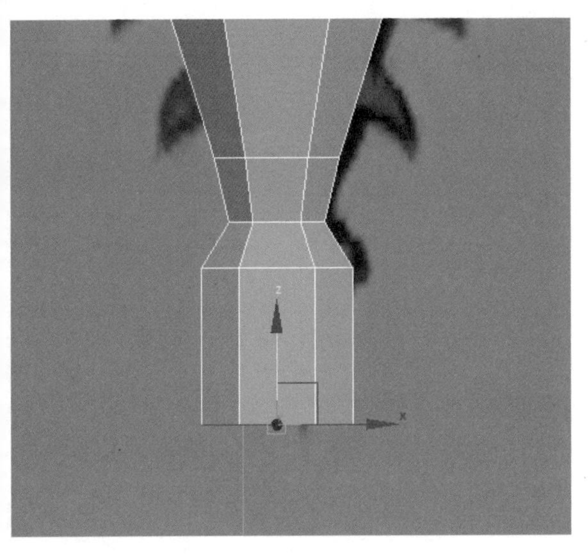

图4-284

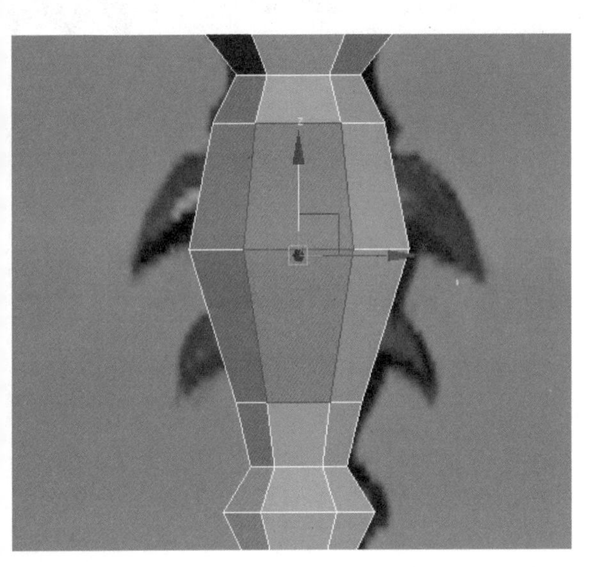

图4-285

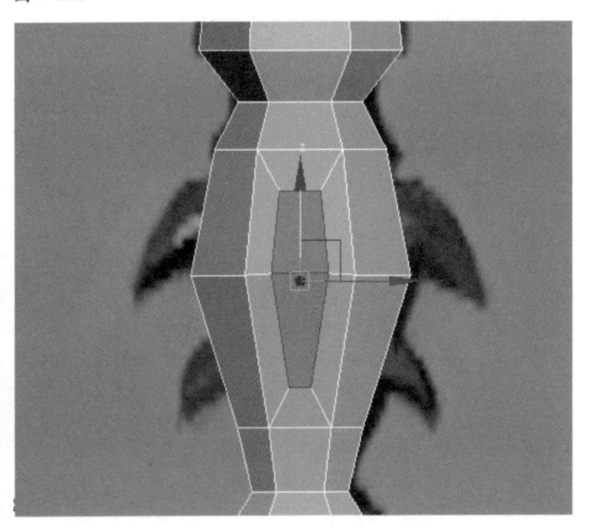

图4-286

图4-287

114 进入线级别，选择镂空部分前后的线，激活缩放工具，然后在主工具栏上把中心点设置为“共用一个中心”， 然后沿着*y*轴往回缩，将前后的线压平到一起，如图4-288、图4-289所示。

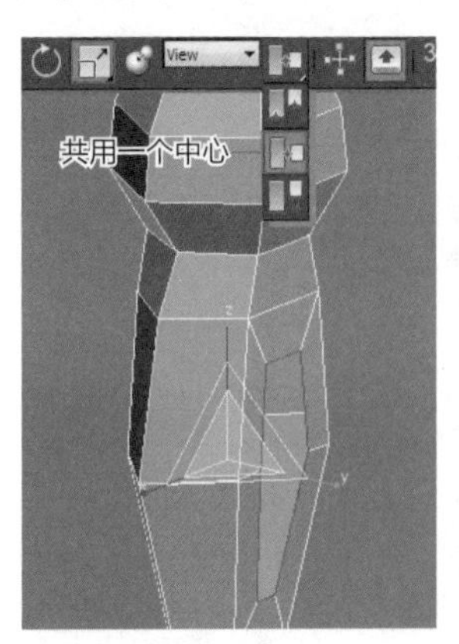

图4-288

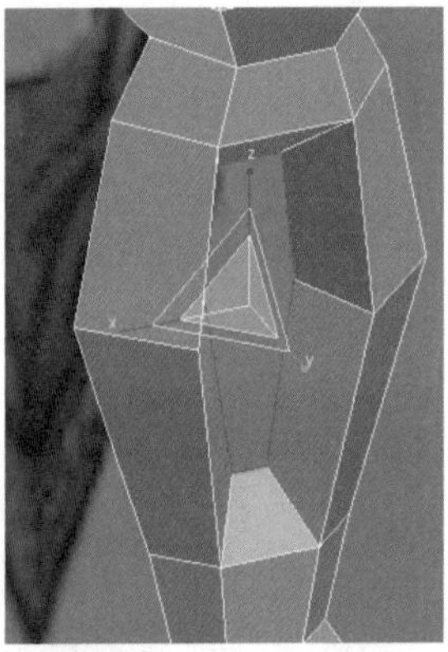

图4-289

115 进入点级别，选择前后的这12个点，单击鼠标右键，在弹出的面板中，左键单击“Weld”焊接命令左侧的设置窗口，如图4-290所示。

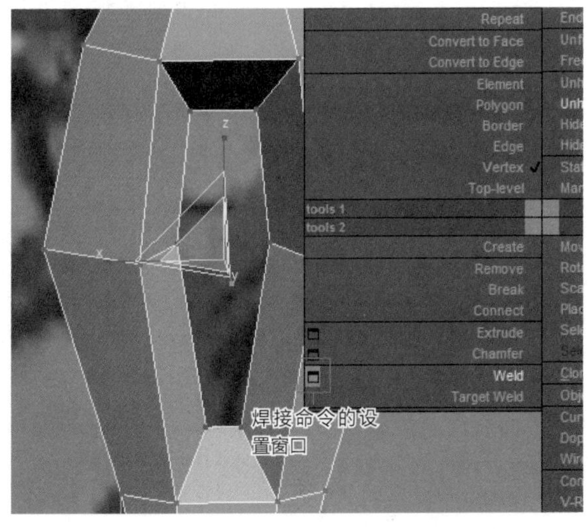

图4-290

116 在弹出的面板中设置焊接范围，当看到焊接后的数值少了6个点时就说明焊接上了，单击对号按钮，如图4-291所示。

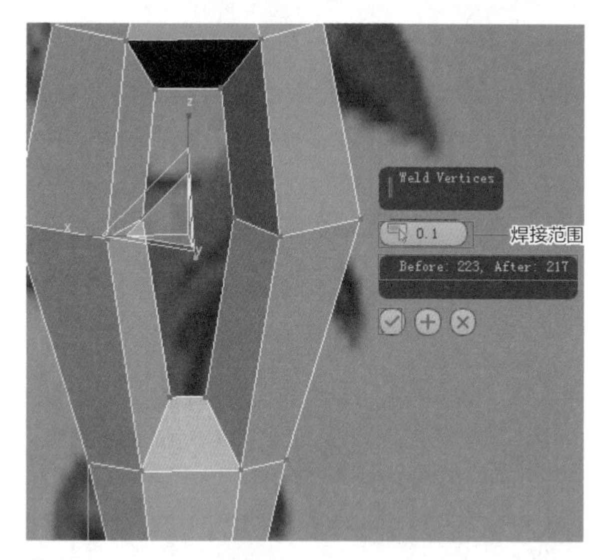

图4-291

117 进入线级别，选择前后的六条线，单击鼠标右键，在弹出的面板中，左键单击“Collapse”塌陷命令，如图4-292所示。

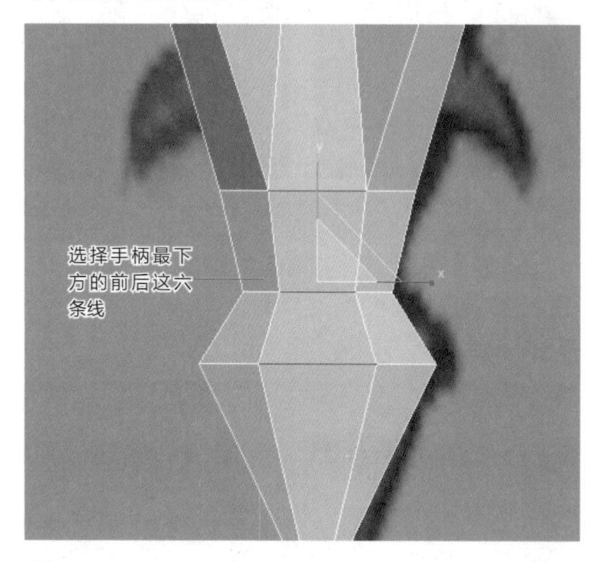

图4-292

118 进入点级别，选择相应的点，从侧面用缩放工具沿着y轴调整手柄下端的造型，如图4-293所示。

119 进入线级别，选择，图4-294所示的前后的线，单击鼠标右键，在弹出的面板中，左键单击“Connect”连接命令。

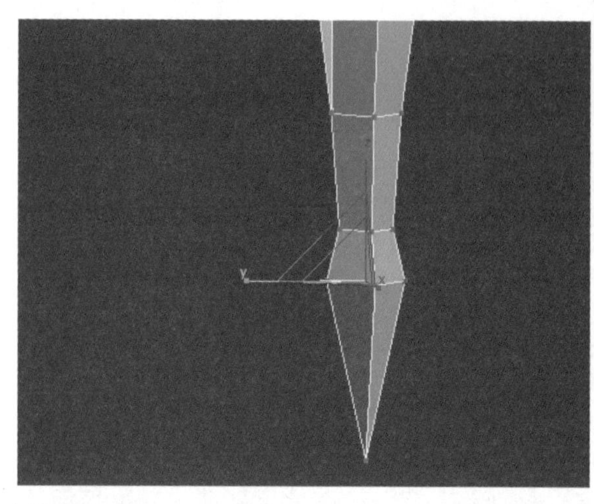

图4-293

图4-294

120 进入点级别，选择图4-295所示的前后的点，单击鼠标右键。在弹出的面板中，左键单击“Connect”连接命令。（注意：前后的点一定要同时选择，这样可以前后同时添加一条线。）

图4-295

121 将视图旋转到侧面，进入点级别，单击鼠标右键，在弹出的面板中，左键单击“Cut”切线命令，如图4-296所示。

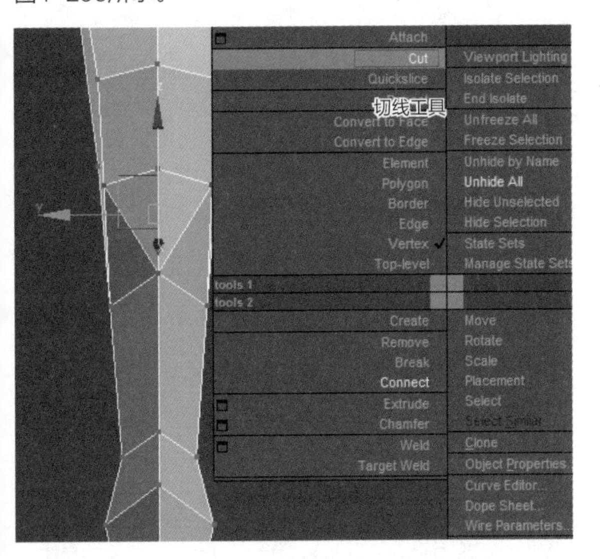

图4-296

122 在左边点上左键单击一下，在中间线上左键单击切一个点，最后在右边的点上左键单击一下，然后在空白处单击鼠标右键结束，如图4-297所示。

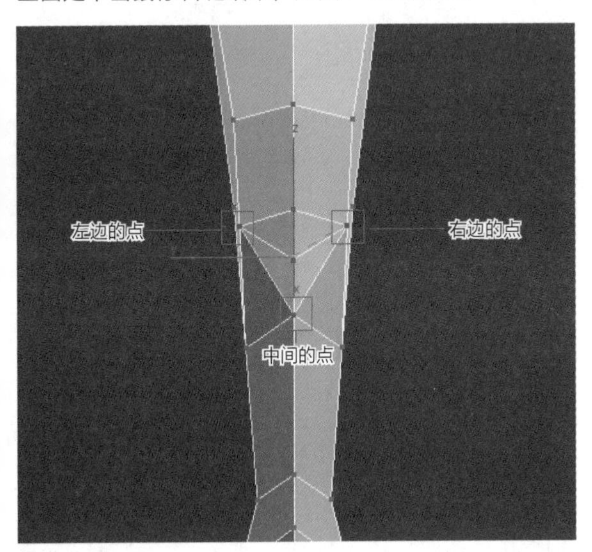

图4-297

123 选择刚切出来的中间点，用移动工具沿着x轴移动出来，形成一个尖刺的结构，然后进入线级别，选择前后的线，单击鼠标右键，在弹出的面板中，左键单击“Connect”连接命令，添加一条线，如图4-298所示。

124 进入点级别，选中相应的点用移动工具调整点的位置，如图4-299所示。

图4-298

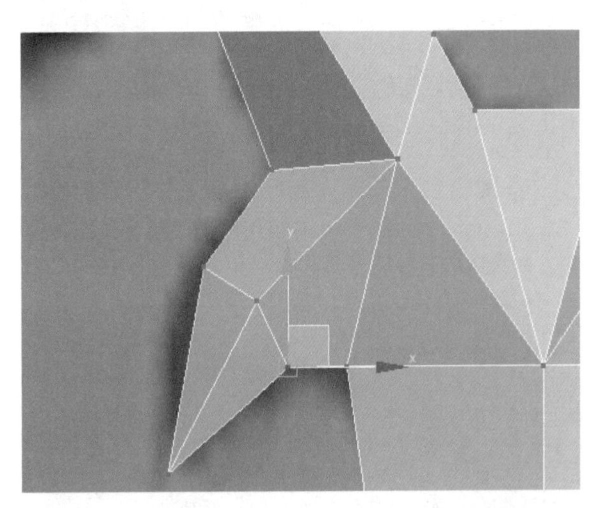

图4-299

125 选中内圈顶底的横线，单击鼠标右键，在弹出的面板中，左键单击“Collapse”塌陷命令，如图4-300所示。

图4-300

⑫⁶ 为了制作上面的尖刺，选择图4-301所示的前后的线。

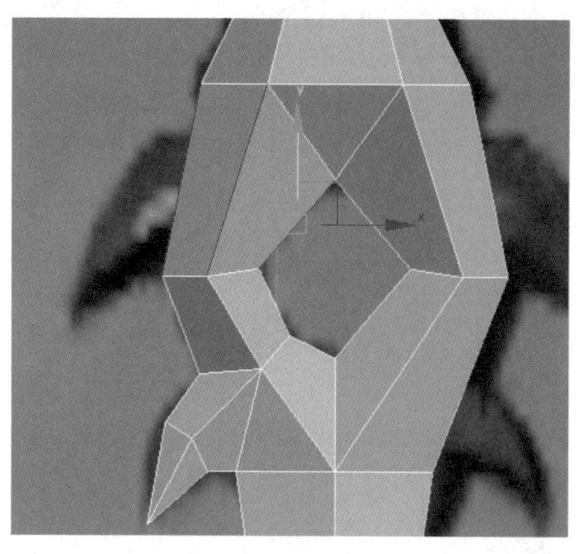
图4-301

⑫⁷ 单击鼠标右键，在弹出的面板中，左键单击"Connect"连接命令，并且用移动工具调整线的位置，使内环看上去更圆，如图4-302所示。

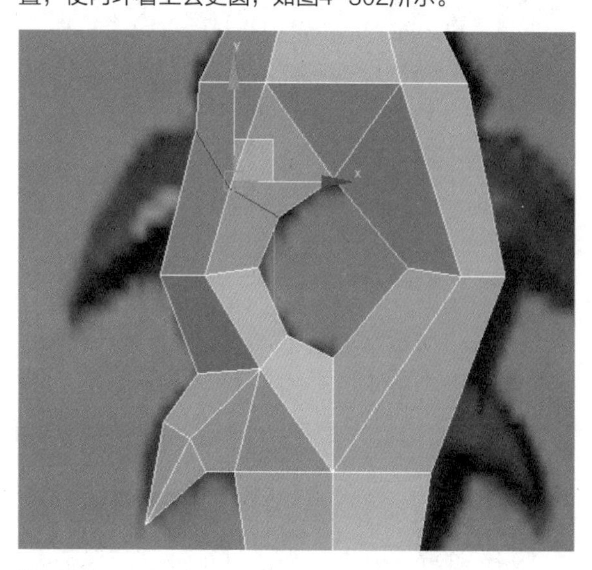
图4-302

⑫⁸ 进入点级别，单击鼠标右键，在弹出的面板中，左键单击"Cut"剪切命令，切一条线，如图4-303所示。（注意：背面加线要与前面保持一致。）

⑫⁹ 进入点级别，选择刚刚切线得到的这个点，用移动工具沿着x轴移动出来，如图4-304所示。

⑬⁰ 选择如图所示的点，单击鼠标右键，在弹出的面板中，左键单击"Connect"连接命令，如图4-305所示。

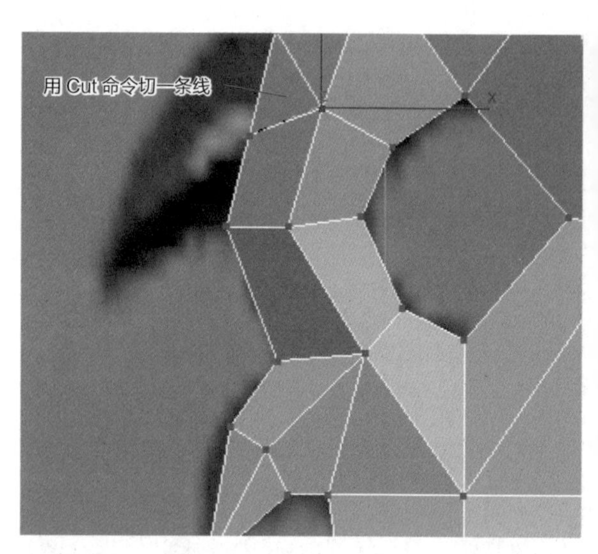

图4-303

图4-304

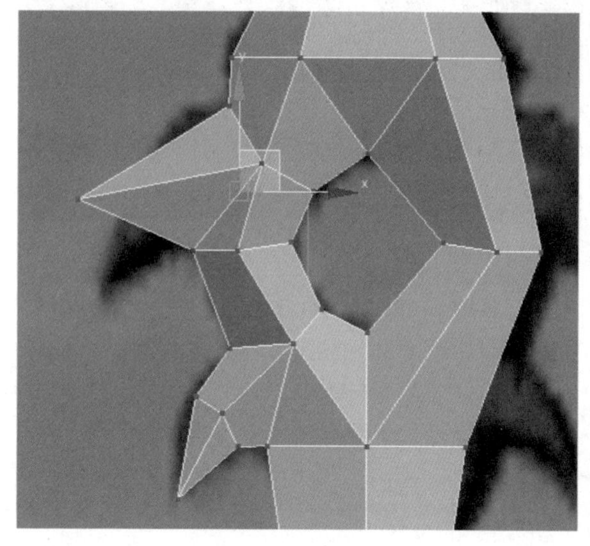
图4-305

131 为了让尖刺有弧度，中间还需要添加一条线，选择图4-306所示的线，单击鼠标右键，在弹出的面板中，左键单击“Connect”连接命令，添加一条线。

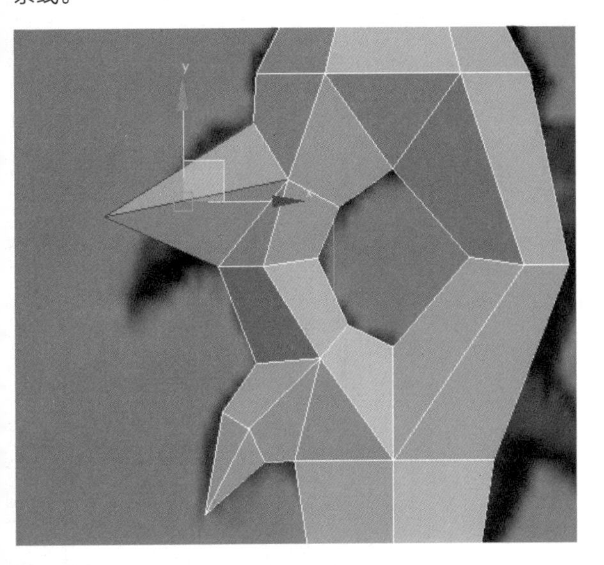

图4-306

132 进入点级别，用移动工具调整点的造型，选择内环线上面的横线，单击鼠标右键，在弹出的面板中，左键单击“Collapse”塌陷命令，将其合并成一个点，这样下半部分就会有一条中线，后面将会方便进行对称复制，如图4-307所示。

133 进入面级别，选择右侧一半没做好的面，按键盘上的“Delete”键删除，如图4-308所示。

134 选择左侧一半的所有面，按住键盘上的“Shift”键同时用移动工具沿着x轴拖曳复制，如图4-309所示。

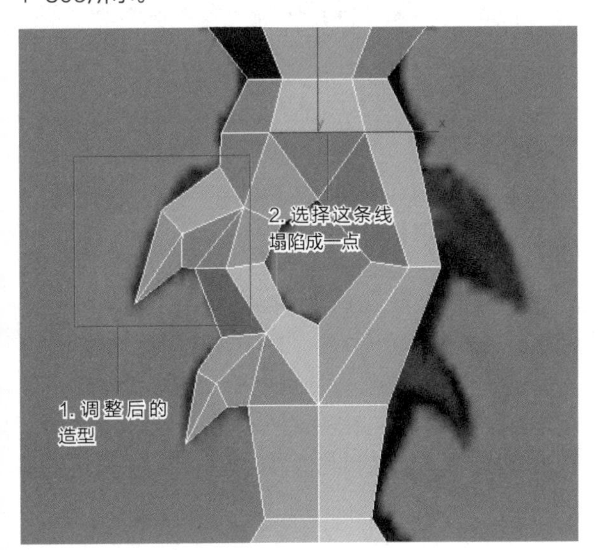

图4-307

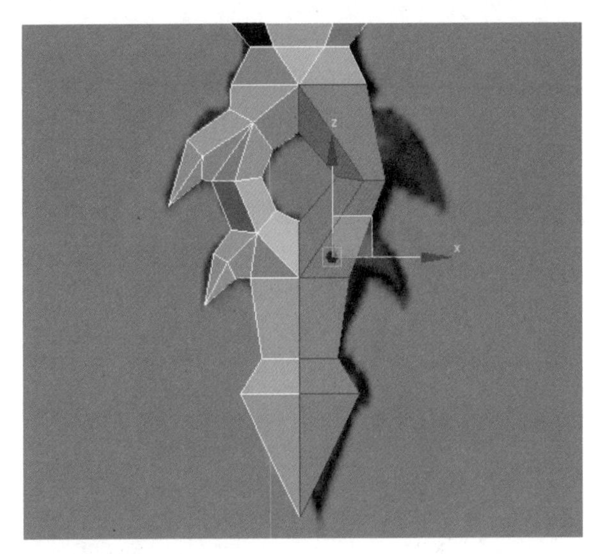

图4-308

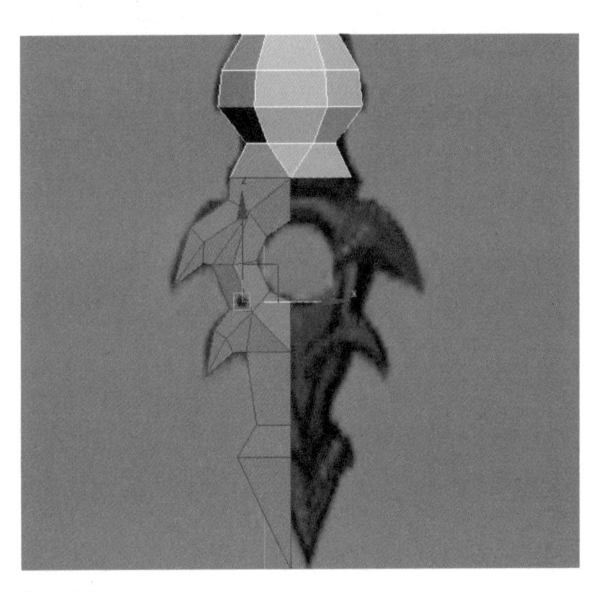

图4-309

135 在弹出的面板中选择“Clone to Object”克隆成物体，单击“OK”按钮。这样就能复制出单个物体，如图4-310所示。

注意： 如果选择“Clone to Element”克隆成元素，那复制出来的还是物体的一部分，就不能再用镜像工具局部翻转了。

136 选择复制出来的半截物体，左键单击主工具栏上的镜像工具，在弹出的面板中设置轴向为x。

137 设置偏移值，选择“No Clone”不克隆，单击“OK”按钮，如图4-311所示。

138 选择这个物体，在修改面板中“Edit Geometry”编辑几何体里面，左键单击“Attach”附加命令，然后单击左侧手柄，如图4-312所示。

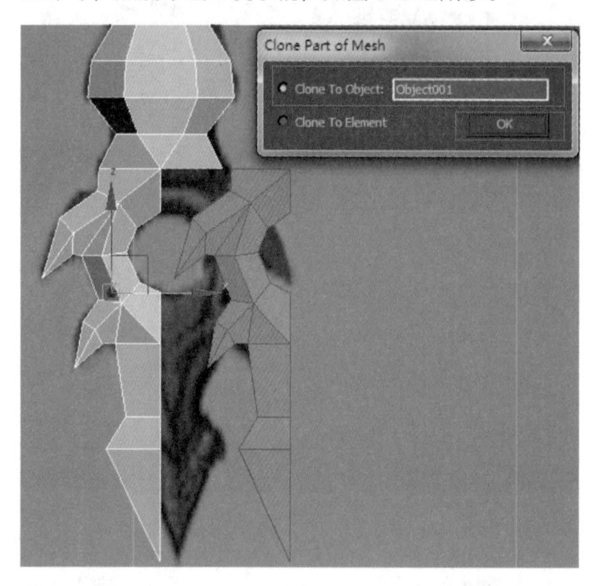

图4-310

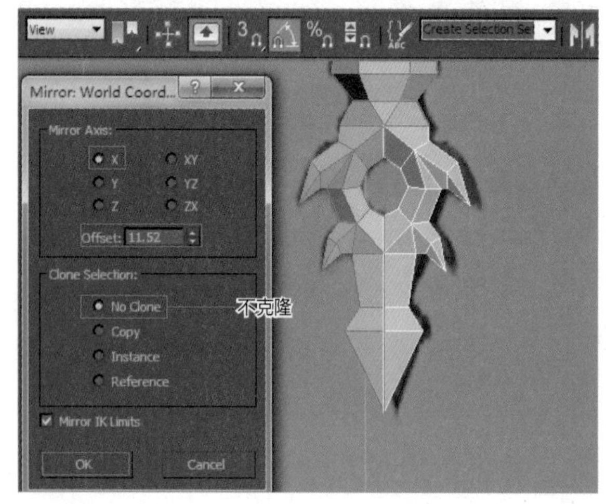

图4-311

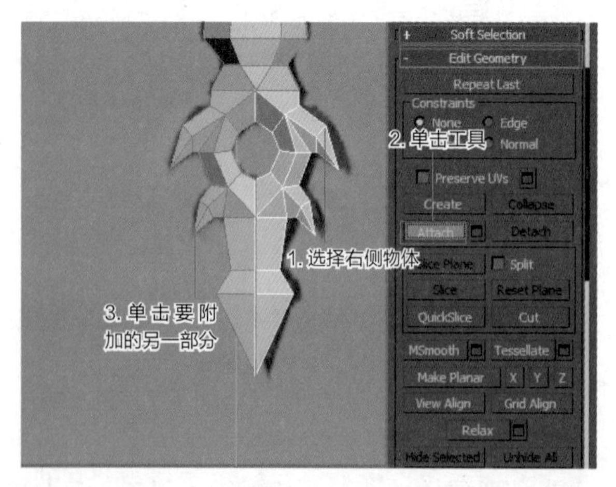

图4-312

139 这样两个物体就合并在一起了，如图4-313所示。

140 选择中间的点，单击鼠标右键，在弹出的面板中，左键单击“Weld”焊接命令左侧的设置窗口，如图4-314所示。

141 在弹出的对话框中设置焊接的范围值，然后单击对号按钮，如图4-315所示。

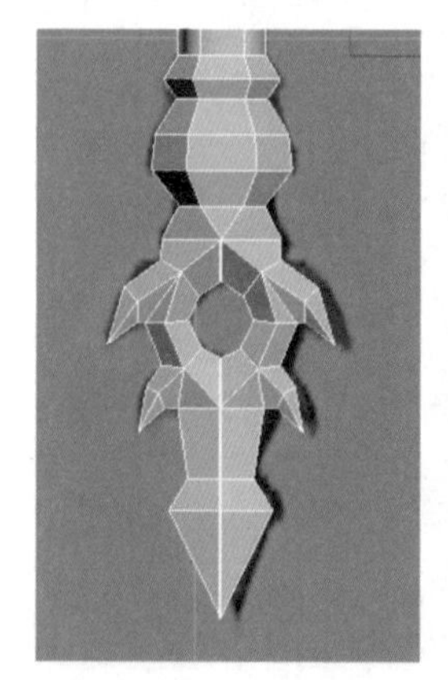

图4-313

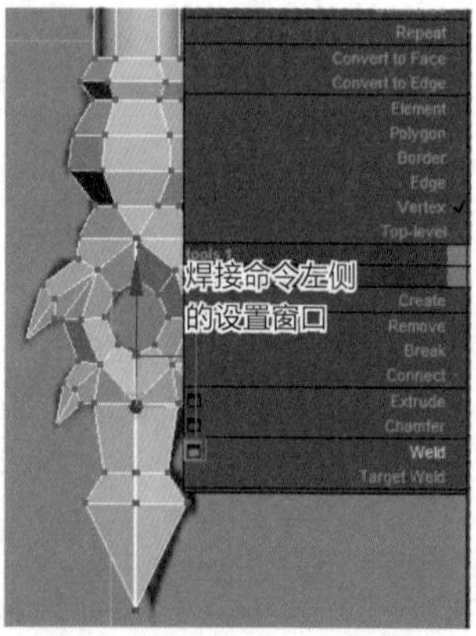

图4-314

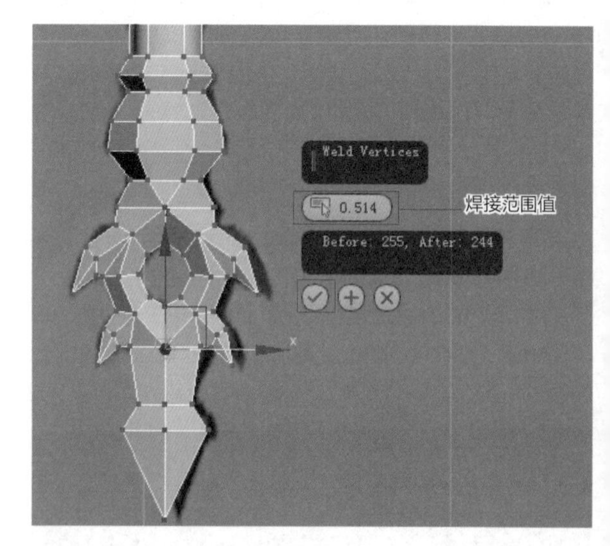

图4-315

4.2.5 斧子UV的展开

通过分析原画，斧头左右的图案是一样的，整个武器前后的图案也是一样的，这样在展开UV时将同样图案的地方重叠在一起。之前在制作模型的时候斧头的模型是关联复制的，关联复制的物体不仅模型是关联的，在展开UV或者添加其他的修改器的时候关联还是并存的。

4.2.6 快速平面映射方式与剥皮方式展开UV

❶ 选择一个斧头模型，在修改面板里单击倒三角，在弹出的下拉列表中单击选择Unwrap UVW修改器，如图4-316所示。

❷ 添加完修改器之后单击“Open UV Eidior……”打开UV编辑器，如图4-317所示。

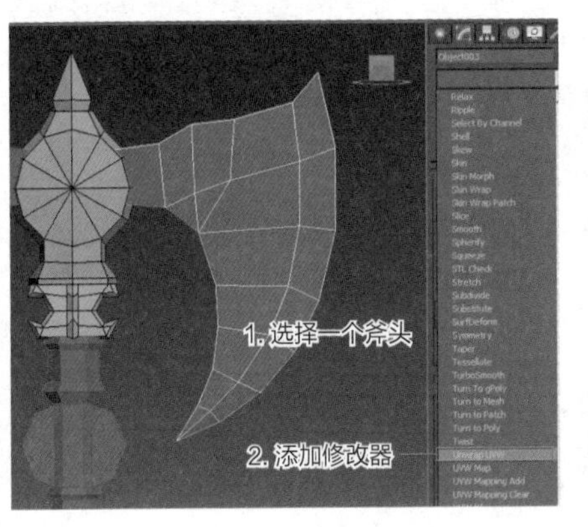

图4-316

图4-317

❸ 在修改面板进入面级别，在模型上选择斧头前后面单击快速平面的坐标轴向为y轴，使黄色的框与选择的面平行，如图4-318所示。

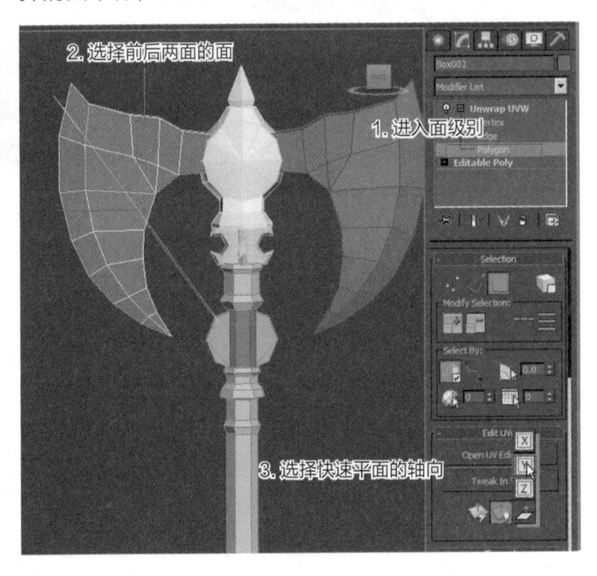

图4-318

❹ 确定好快速平面轴向为y轴向之后，单击快速平面按钮，如图4-319所示。

❺ UV编辑器里面将呈现UV展开的状态，将展开的UV移动到空白处，这样斧面的UV即展开完成，如图4-320所示。

❻ 进入面级别，选择斧头顶部所有的面，如图4-321所示。

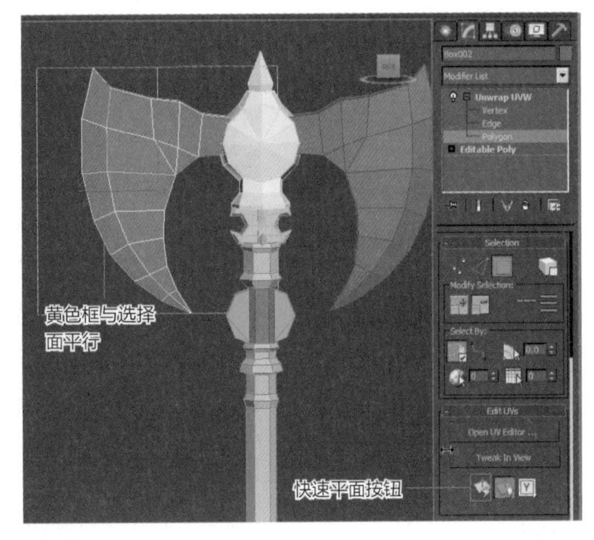

图4-319

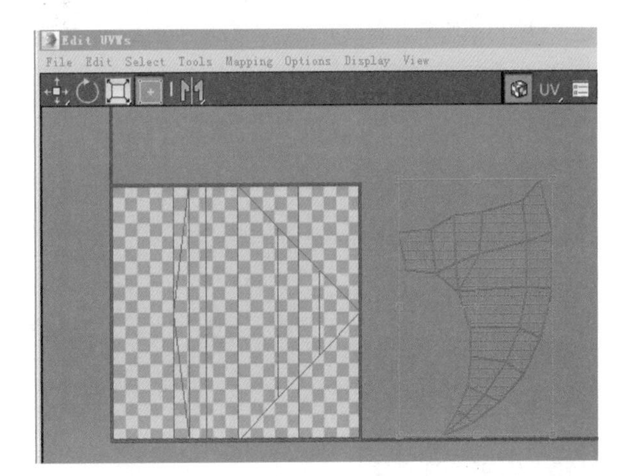

图4-320

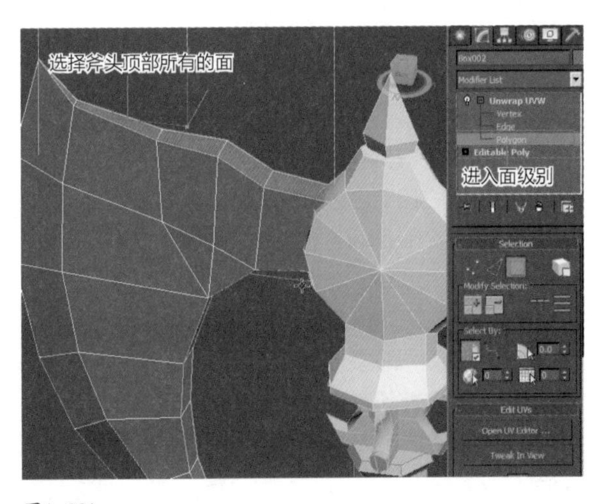

图4-321

⑦ 单击剥皮按钮，顶面的UV就自动展开了，将展开的UV移动到空白处，如图4-322所示。

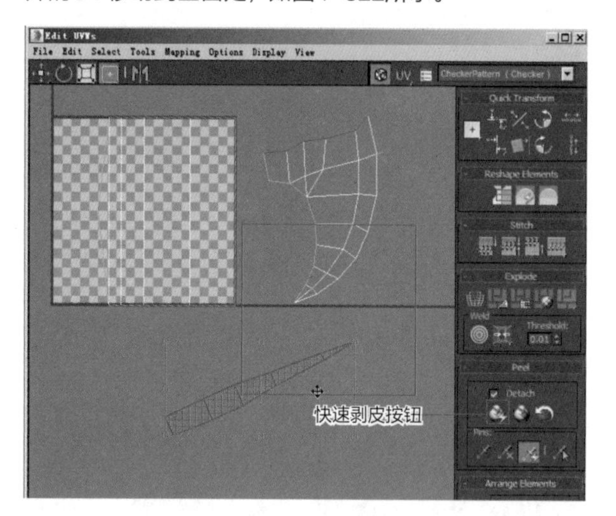

图4-322

⑧ 选择斧头底部的面，用同样的方式单击剥皮按钮，UV自动展开，将展开的UV移动到空白处，如图4-323、图4-324所示。

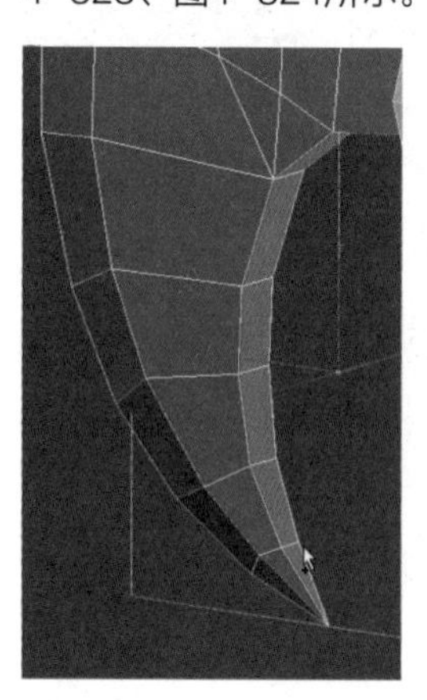

图4-323

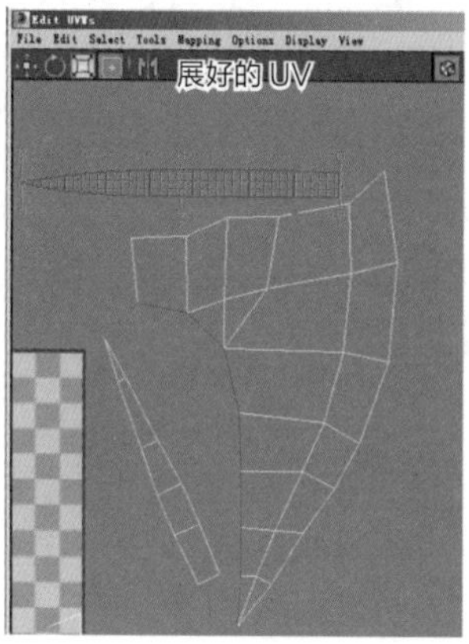

图4-324

⑨ 斧头的UV展开完成之后，为了检查UV展开是否合理为其添加棋盘格，操作如下。

⑩ 按M键打开材质编辑器，左键单击选择一个材质球，左键单击固有色后面的灰色方框按钮，在弹出的菜单中选择“Checker”棋盘格，单击“OK”按钮。为了让格子多一些便于观察，将重复值设置得大一些，但数值必须保证上下一致，这样棋盘格贴图设置完成。左右两个斧头是关联复制的所以UV同时展开了，选择两个斧头的模型将设置好的贴图单击赋予按钮，单击显示按钮，将贴图赋予物体并且显示出来，如图4-325~图4-327所示。

⑪ 赋予上棋盘格之后三部分棋盘格大小不一致，效果如图4-328所示。

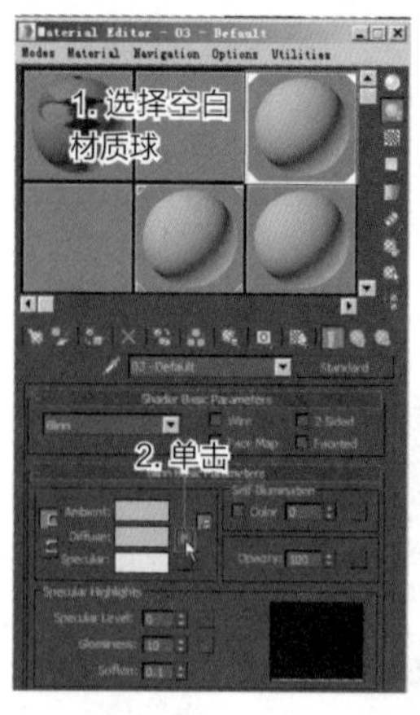

图4-325

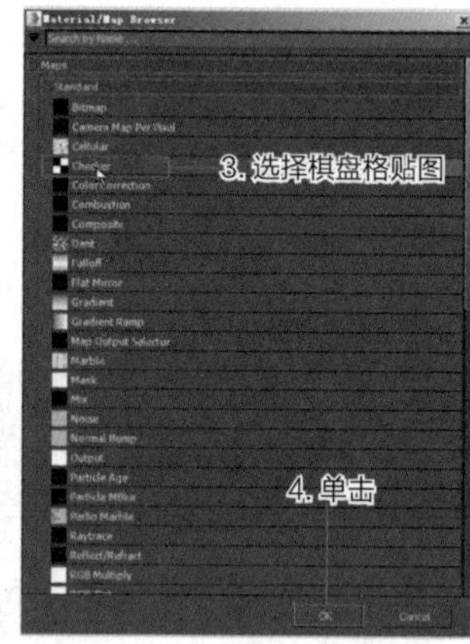

图4-326

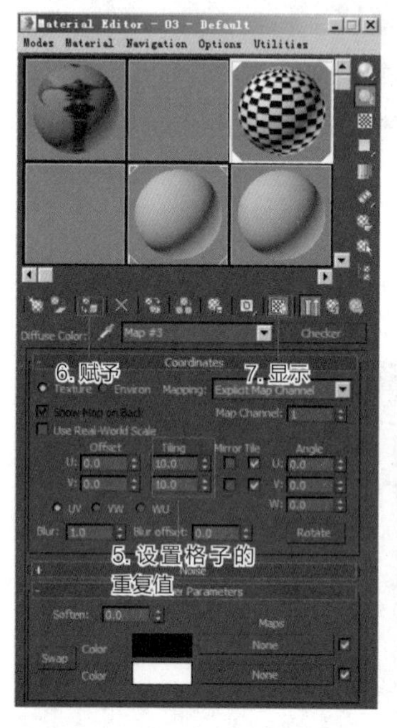

图4-327

图4-328

⑫ 为了保证贴图的精度一致，要调整棋盘格使格子大小一致。在UV编辑器里面选择斧头两侧的面，单击激活变形工具，按住“Ctrl”的同时将鼠标指针移动至外边框的顶点位置待出现缩放图标时推动鼠标左键进行缩放，可以实现UV的等比例缩放，如图4-329所示。

⑬ 变形工具集合了前面移动旋转缩放的功能，单击鼠标左键激活变形工具，选择UV面后将鼠标放在方框内部会出现移动图标，按住鼠标左键推动鼠标可以实现UV的移动，如图4-330所示。

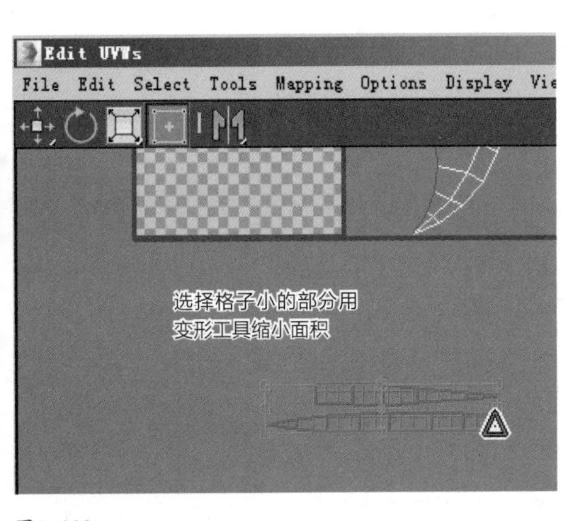

图4-329

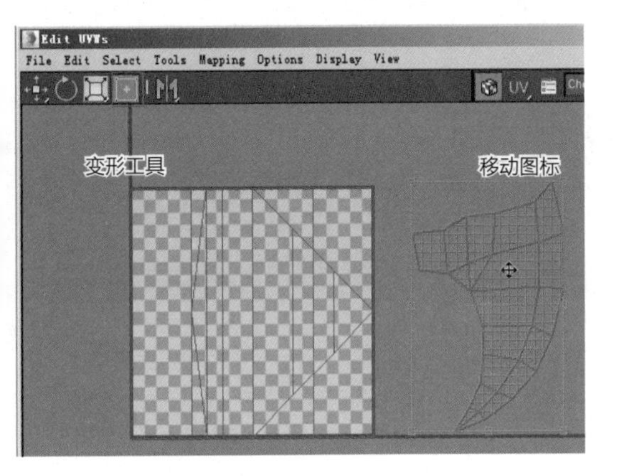

图4-330

⑭ 选择UV面，鼠标指针移至四个顶点位置将出现缩放图标，按住鼠标左键拖曳鼠标可以实现UV的自由变形，在出现缩放图标时按住“Ctrl”键同时拖曳鼠标左键，可以实现UV的等比例缩放，如图4-331所示。

⑮ 选择UV面，鼠标指针移至四边的中点位置将出现旋转图标，按住鼠标左键拖曳鼠标可以实现UV的旋转，如图4-332所示。

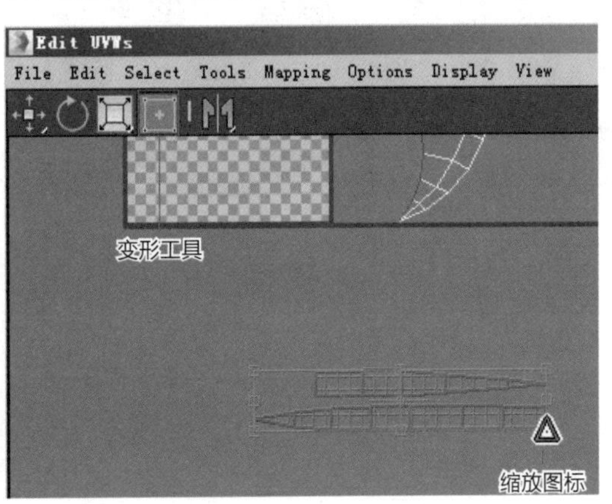

图4-331

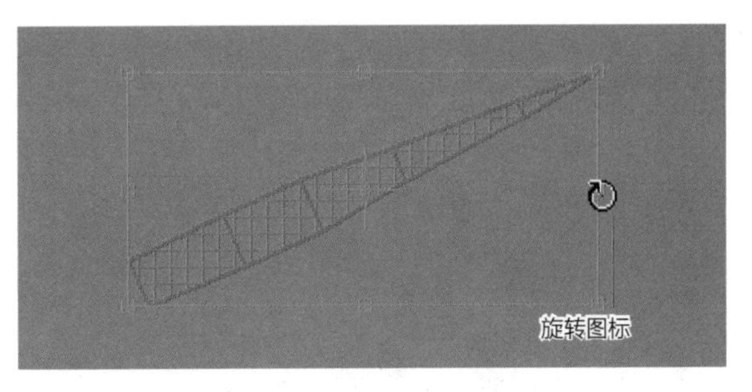

图4-332

⑯ 选择连接两个斧头的中间物体，在修改面板里单击倒三角，在弹出的下拉列表中单击选择Unwrap UVW修改器，如图4-333所示。

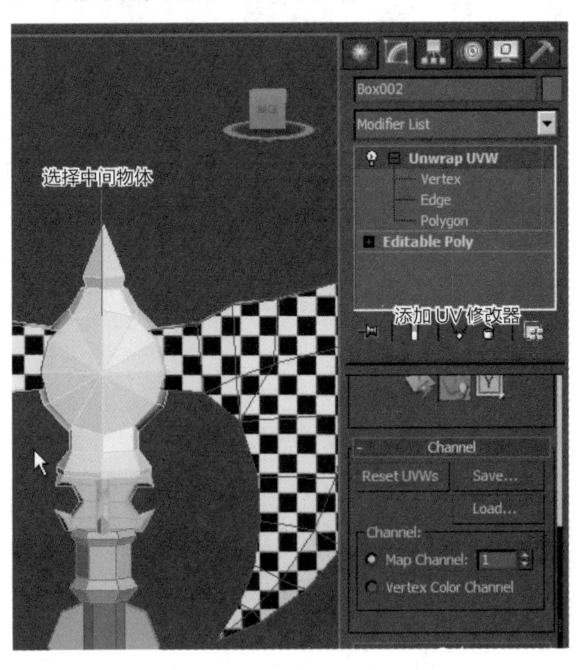

图4-333

⑰ 进入UV面级别，在模型上选择物体前后所有的面，选择快速平面轴向为*y*轴，单击快速平面按钮，如图4-334所示。

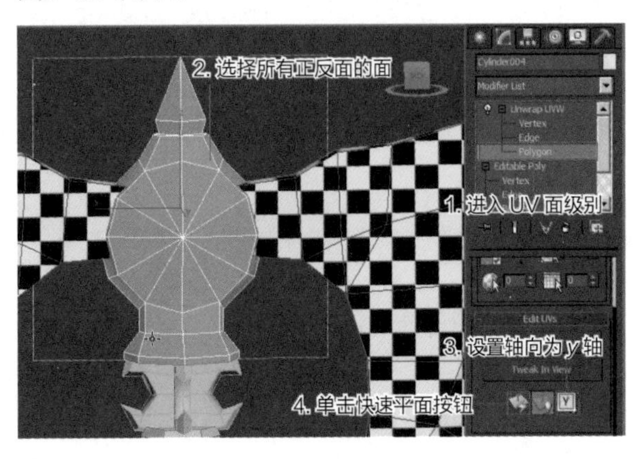

图4-334

⑱ 打开材质编辑器，选择棋盘格材质球，单击赋予按钮，再单击显示按钮，物体的侧面棋盘格有拉伸，如图4-335所示。

⑲ 为了调整这种拉伸，可以选择最外侧的点往外移动扩展，如图4-336所示。

图4-335

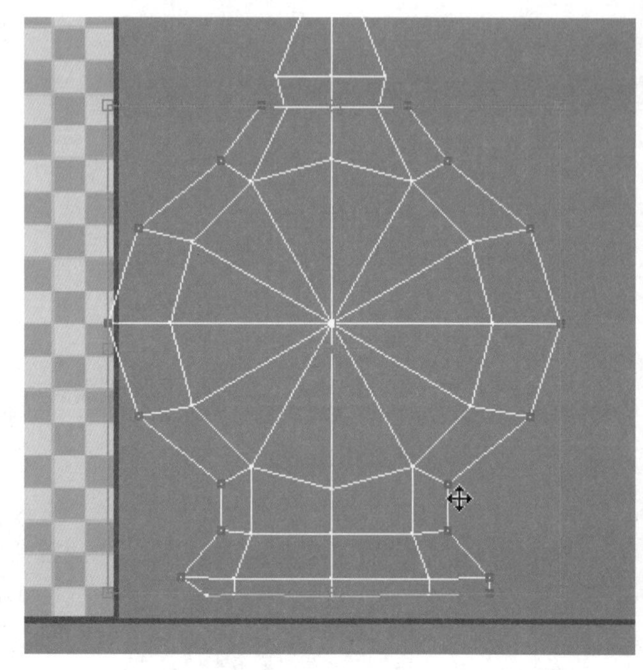

图4-336

⑳ 物体上有局部的面在展开UV时与快速平面轴向垂直而不是平行，所以目前还没有展开，在UV上表现为一条线的状态，如图4-337所示。

图4-337

㉑ 选择未展开面的上部所有的面，用移动工具向上移动，能把未展开的面拖曳出来，如图4-338、图4-339所示。

㉒ 选择底部的面，选择快速平面轴向为z轴，单击快速平面按钮，如图4-340所示。

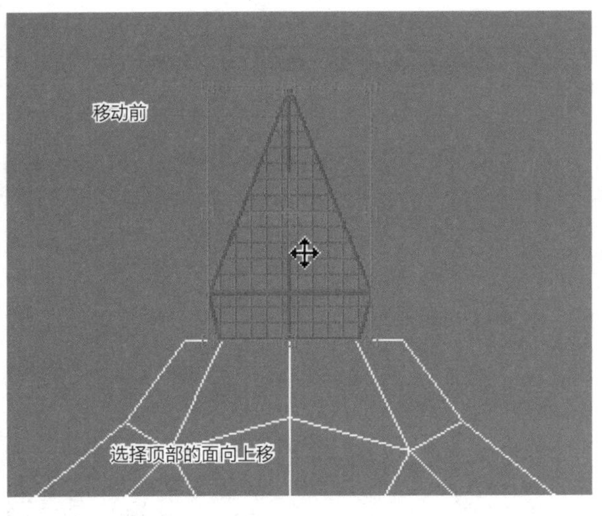

图4-338

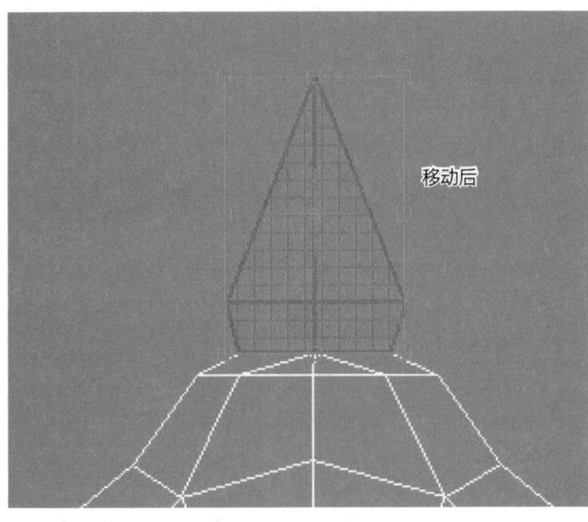

图4-339

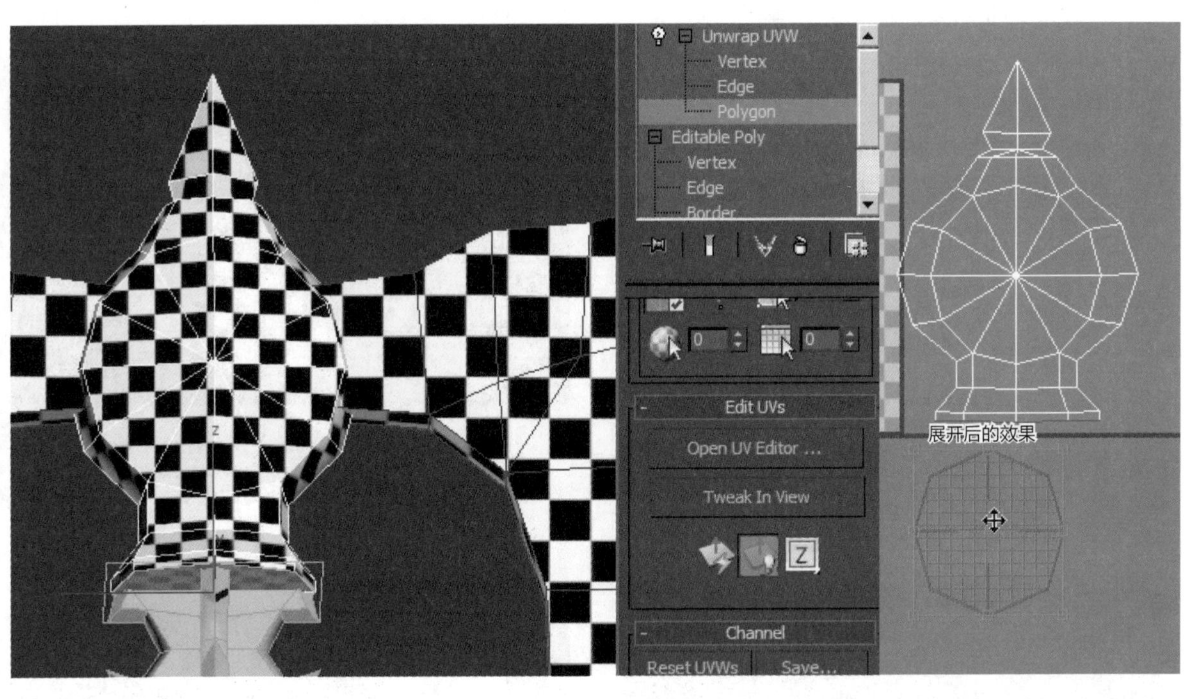

图4-340

㉓ 底部是不容易被看到的地方，这部分的UV可以重叠，在UV编辑面板中选择底部一半的面，单击鼠标右键，在弹出的面板中左键单击“Break”断开命令，左右的UV面就分开了，如图4-341所示。

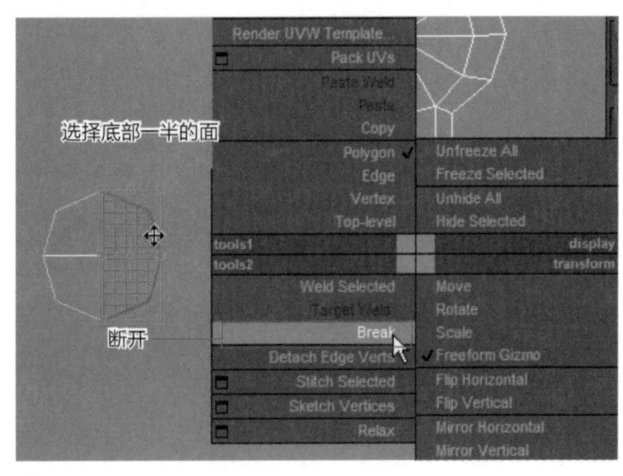

图4-341

㉔ 选择一半的UV面左键单击左右镜像按钮，使UV朝向一致，如图4-342所示。

㉕ 用移动工具将两部分重叠，再选择上半部分的面用同样的方式将UV断开，按住镜像工具待弹出选项时选择上下镜像翻转，并且用移动工具将两部分重叠，如图4-343所示。

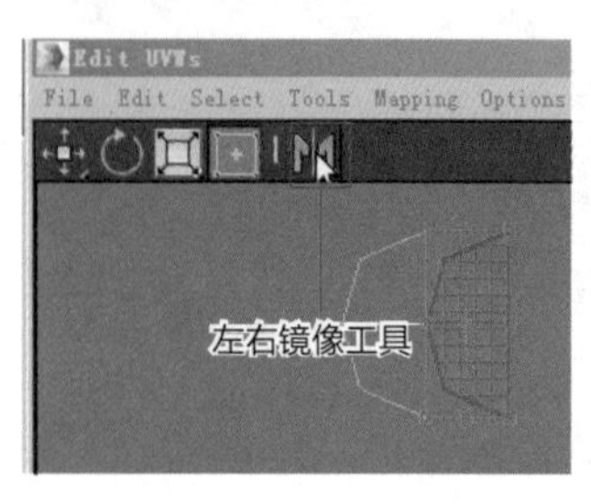

图4-342

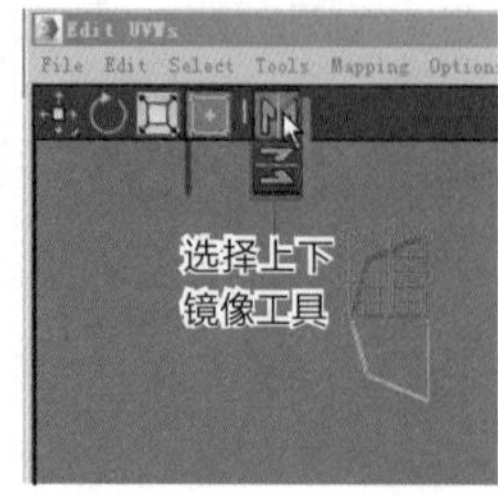

图4-343

㉖ 重叠之后点的对齐不够严谨，在UV编辑框里面，进入点级别，选择顶部所有的点，单击上下对齐按钮，如图4-344所示。

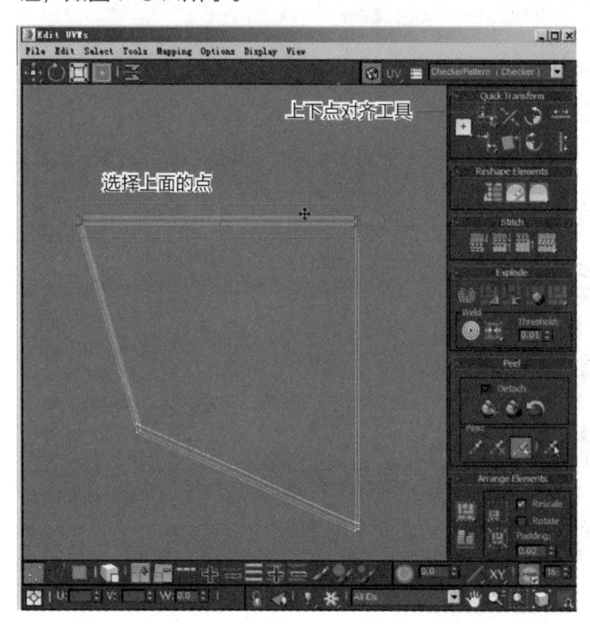

图4-344

㉗ 选择右侧所有的点，左键单击左右点对齐按钮，如图4-345所示。

㉘ 调整完后，进入UV面级别，选择所有的面，等比缩放调整棋盘格的大小，使棋盘格与斧头棋盘格大小保持一致。

㉙ 选择图4-346所示的物体，在修改面板里单击倒三角，在弹出的下拉列表中单击选择Unwrap UVW修改器。

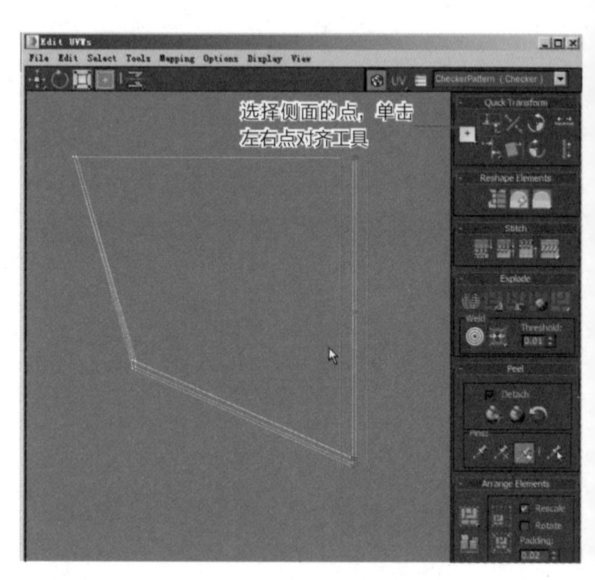

图4-345

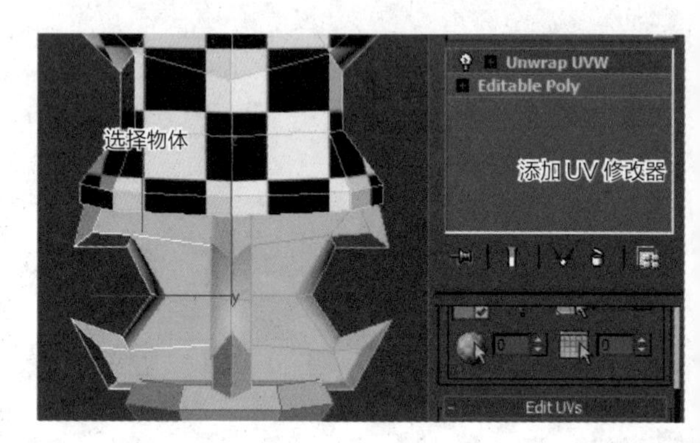

图4-346

㉚ 进入UV面级别，选择物体前后所有的面，在修改面板里选择平面映射轴向为y轴，左键单击快速平面按钮，如图4-347所示。

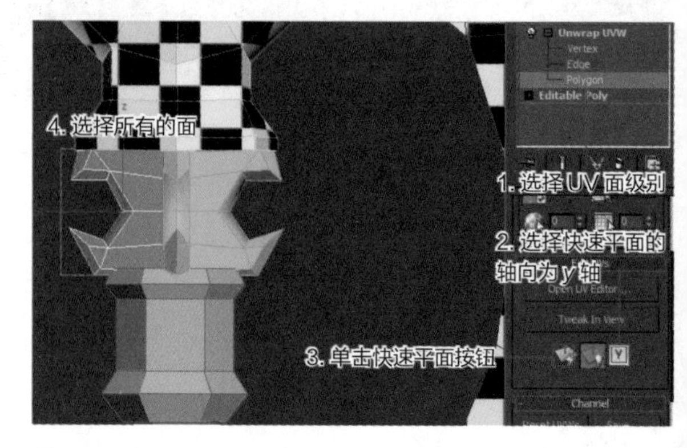

图4-347

㉛ 选择物体，打开材质编辑器，选择棋盘格材质球，单击赋予按钮，再单击显示按钮，检查棋盘格的大小，用缩放工具调整UV大小使棋盘格的大小与之前做

好的物体棋盘格保持一致。

32 选择手柄物体，在修改面板添加Unwrap UVW修改器，进入UV面级别，选择手柄前后所有的面，在修改面板里选择平面映射轴向为y轴，左键单击快速平面按钮，如图4-348所示。

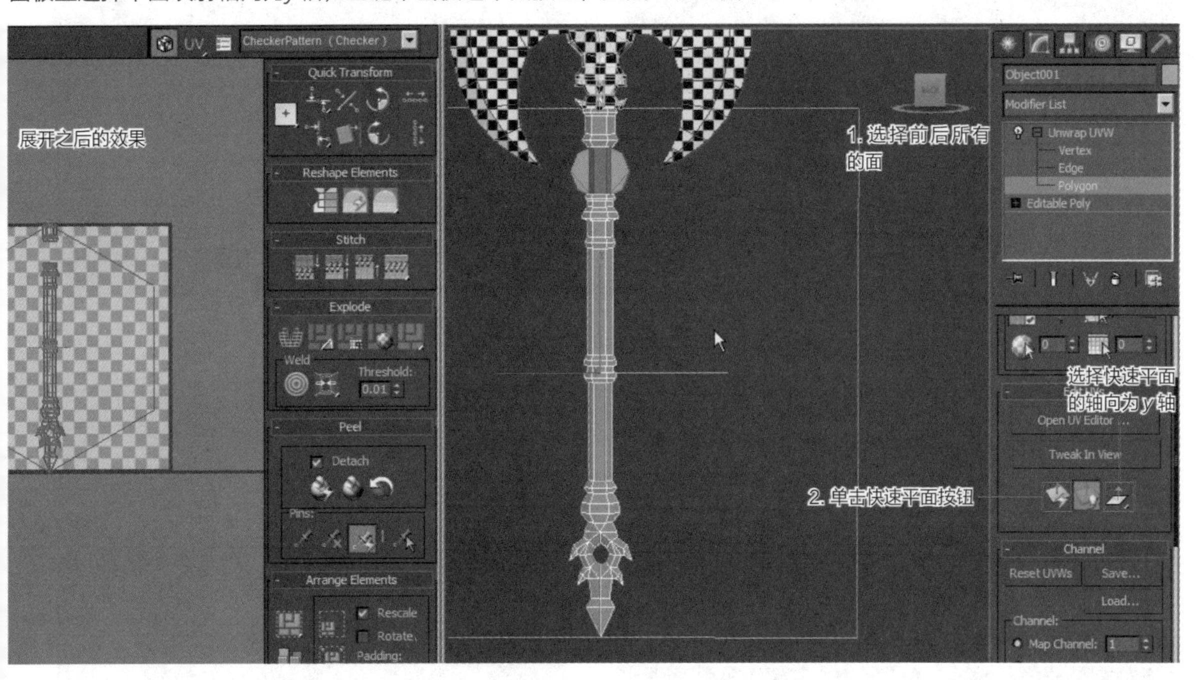

图4-348

33 展开后因为手柄部分两侧的面与快速平面映射面不完全平行，所以手柄两侧面的UV有拉伸，进入UV点级别，选择两侧的点分别往外移动，调整UV拉伸状态，如图4-349所示。

34 整个手柄太长不容易完全摆入方框内，可以选择局部的面，单击鼠标右键，在弹出的面板中左键单击“Break”断开命令，将手柄分成三部分，以便于摆放，如图4-350所示。

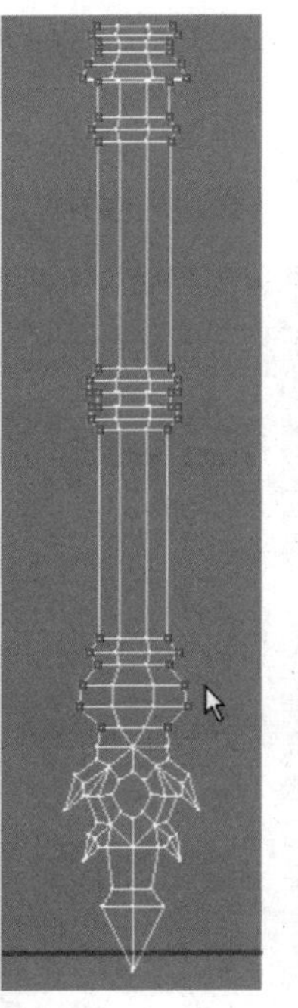

图4-349

图4-350

35 将图4-351、图4-352所示的三个面用快速平面映射的方式展开。

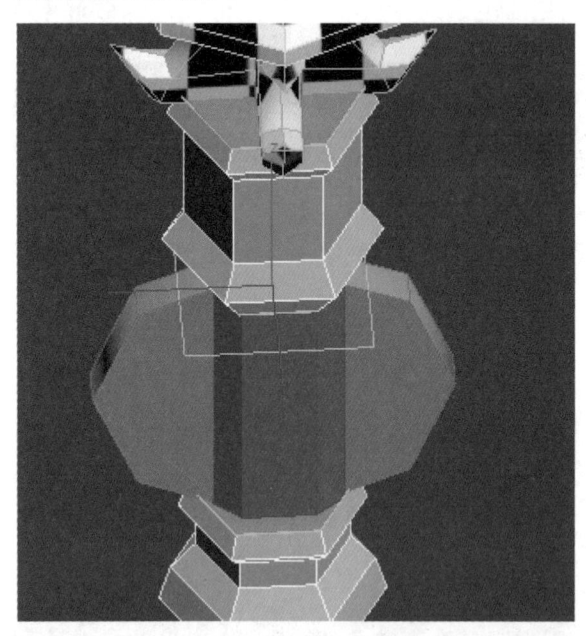

图4-351

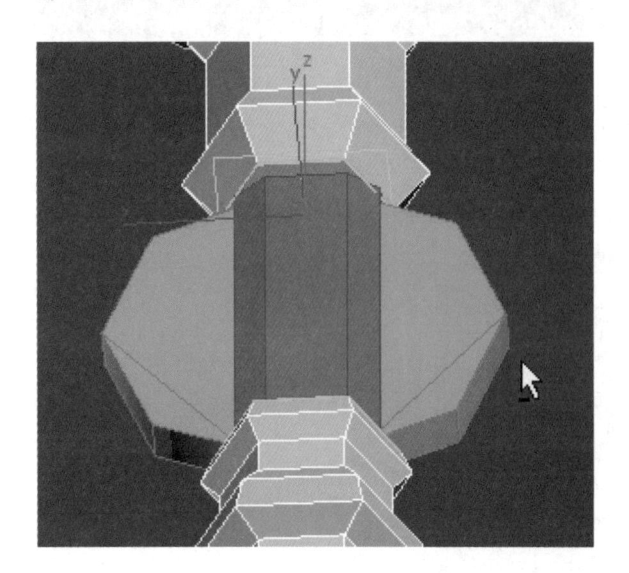

图4-352

36 打开材质编辑器，选择棋盘格材质球赋予该物体，并且单击显示按钮，检查棋盘格的大小，如果不一致，调整UV面积使棋盘格与其他调整好的物体的棋盘格大小保持一致。

37 选择图4-353所示的物体，添加Unwrap UVW修改器，选择前后的六个面用快速平面展开，再选择两侧的面同样用快速平面展开。打开材质编辑器，选择棋盘格材质球赋予该物体，并且单击显示按钮，检查棋盘格的大小，如图4-354所示。

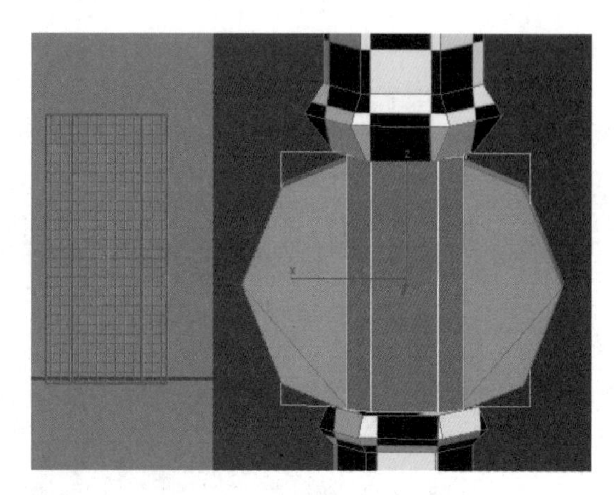

图4-353

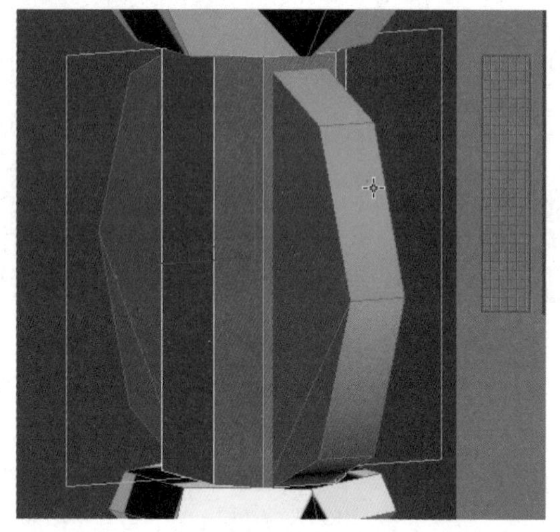

图4-354

38 选择图4-355所示的物体，添加Unwrap UVW修改器，进入UV面级别，选择侧面的面，左键单击修改面板的剥皮按钮，将其展开。

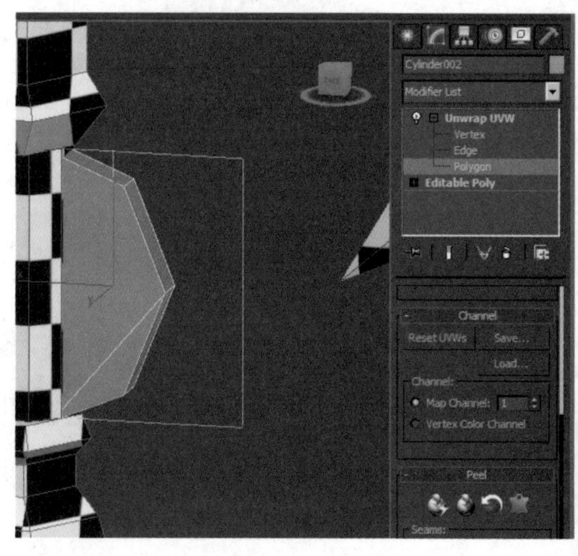

图4-355

㊴ 选择前后面，用快速平面方式将其展开。打开材质编辑器，选择棋盘格材质球赋予该物体，并且单击显示按钮，检查棋盘格的大小，如果不一致调整UV面积使棋盘格与其他调整好的物体的棋盘格大小保持一致，如图4-356所示。

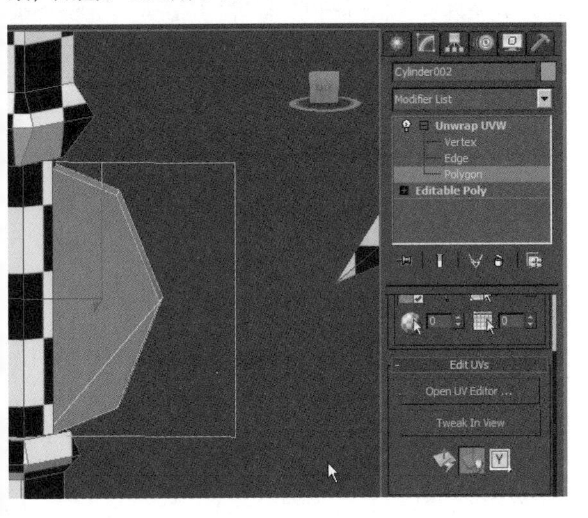

图4-356

㊵ 展开的UV效果如图4-357所示。

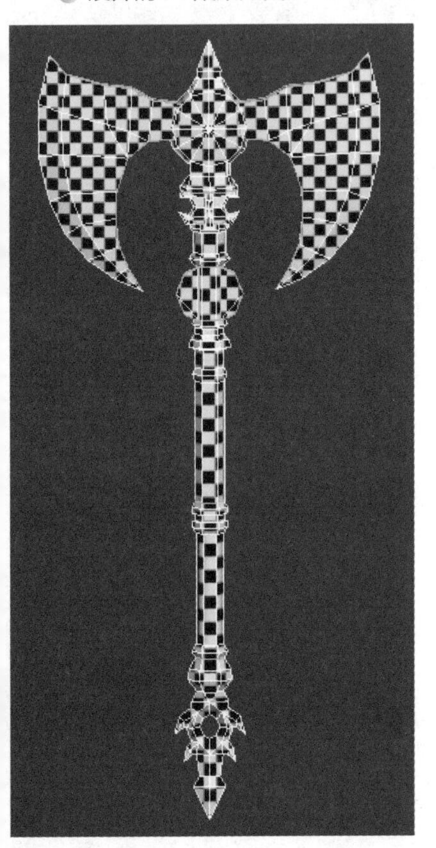

图4-357

4.2.7 UV的整理以及合并

① 本案例采用的是单个物体分别添加修改器，UV展开之后再将每部分物体合并从而达到UV合并的效果。具体操作如下：每部分的UV展开之后，选择一个物体，单击鼠标右键，在弹出的面板中执行“Connect To>Connect to Editable Poly”将其转化成可编辑多边形。在修改面板中单击激活“Attach”附加命令，然后单击其他想要附加的所有物体，将整个斧子合并在一起，如图4-358所示。

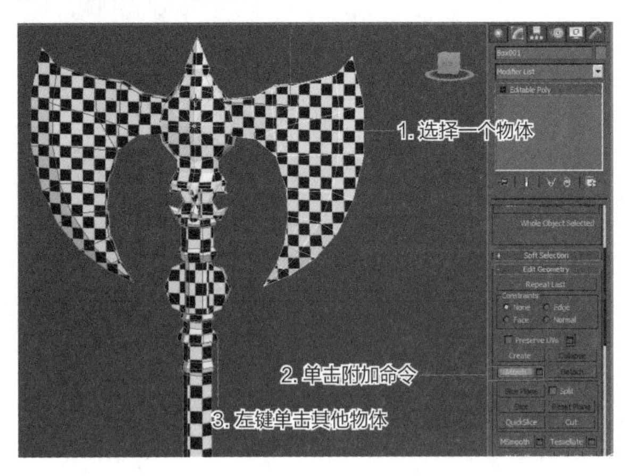

图4-358

② 合并后物体的线框颜色将统一成一种颜色，选择斧子，在修改面板里单击倒三角，在弹出的下拉列表中单击选择Unwrap UVW修改器。打开UV编辑器，UV合并在一起，但是有可能会重叠效果，如图4-359所示。

图4-359

③ 为了能够快速将重叠的UV分开，需要勾选元素级别，之后再框选局部UV就能快速选择整个UV元素。用移动工具将其挪开，如图4-360所示。

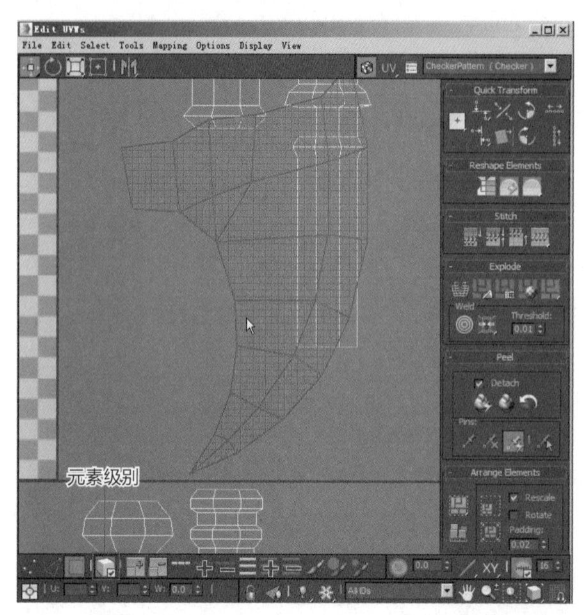

图4-360

④ 摆UV时，先将大块的UV摆放在方框内，然后再将小块的UV往空白处添加，如图4-361所示。

图4-361

⑤ 为了让UV充分占满方框，可以适当调整UV点的位置，如图4-362所示。

⑥ 为了合理利用UV空间，UV摆放时可以旋转，选择UV面单击旋转工具，如图4-363、图4-364所示。

图4-362

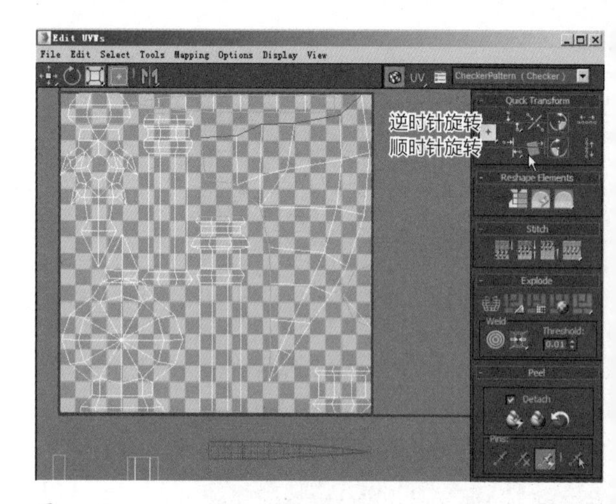

图4-363

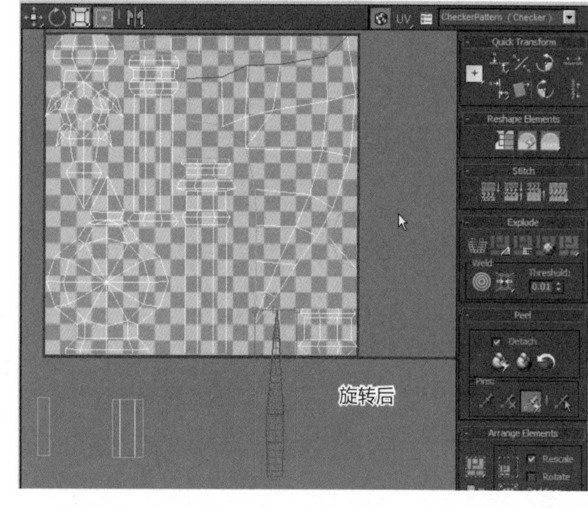

图4-364

⑦ 为了利用UV空间，UV摆放时还可以翻转，选择UV面单击镜像工具，如图4-365、图4-366所示。

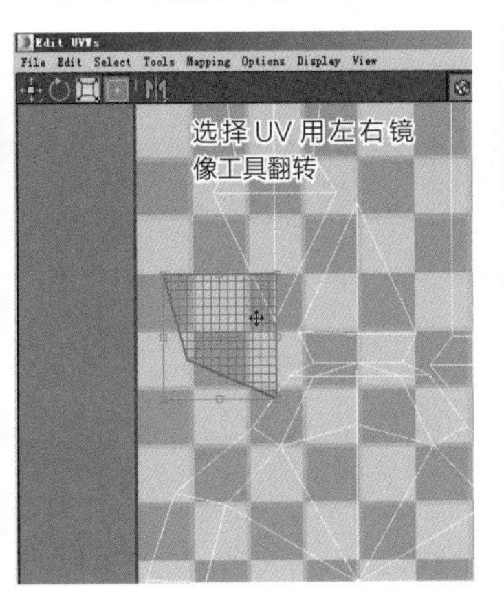

图4-365

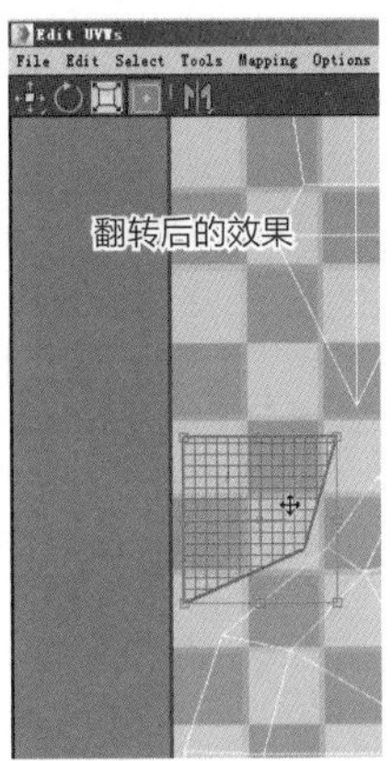

图4-366

⑧ UV摆放完成后的效果如图4-367所示。

图4-367

4.2.8 物体坐标的设置与模型输出

① 选择物体，左键单击进入层级面板，左键单击“仅影响轴”，如图4-368所示。

② 物体上的坐标就会变成图4-369所示的状态，此时用移动工具操作将是对坐标的操作，单击“对准到物体的中心。

③ 用移动工具将坐标移动到手柄底端位置，然后再次单击“仅影响轴”退出坐标编辑模式，如图4-370所示。

图4-368

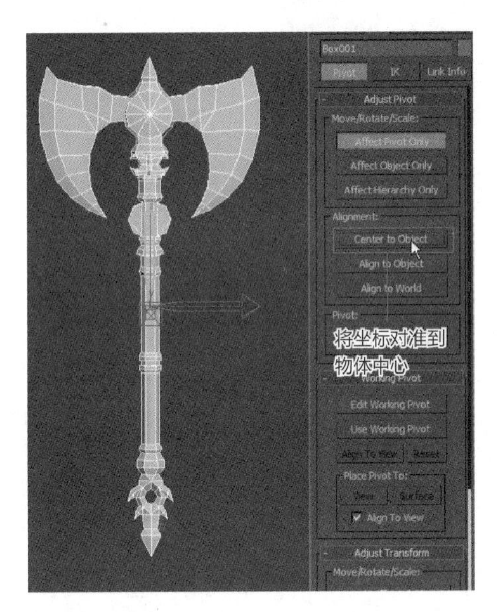

图4-369

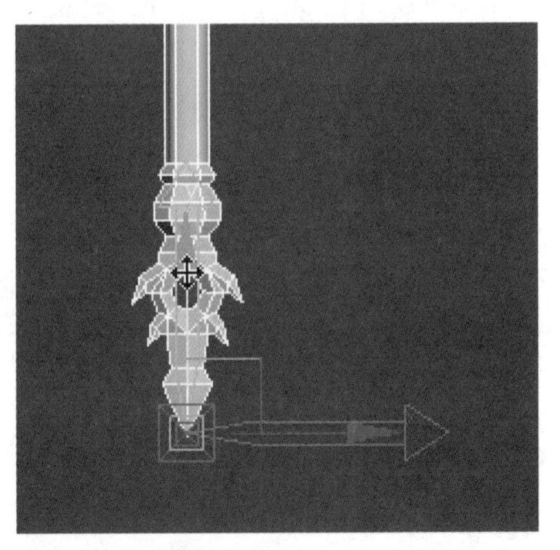
图4-370

④ 单击主工具栏上的移动坐标，在视口下端将x、y、z设置为0，物体将移动到原点，如图4-371所示。

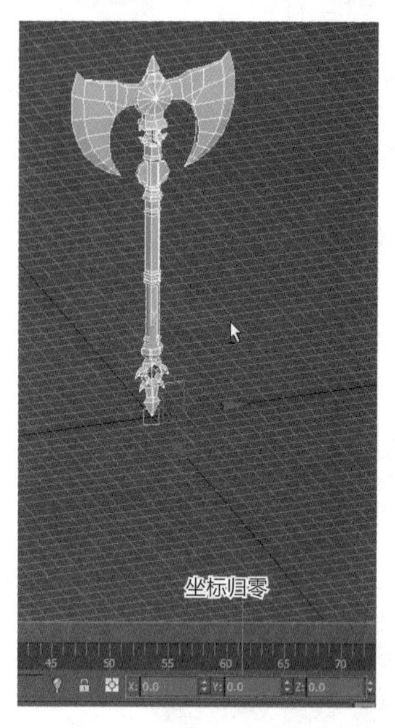

图4-371

⑤ 选择斧子模型，单击界面左上角的图标，在弹出的面板中左键单击“Export>Export Selected”输出所选择的。在弹出的面板中设置“Save in”保存位置，设置“File Name” 保存文件名，设置保存的类型为.obj文件，之后单击“Save”保存按钮。在弹出的面板上单击“Export”输出按钮。然后关闭窗口。

4.2.9 贴图的绘制

斧子模型制作完成后，开始绘制斧子贴图，绘制工具为BodyPaint软件。

4.2.10 绘制前的准备

① 文件导入还有另一种方式：用鼠标左键按住斧子的.obj文件，将其拖曳到BodyPaint软件窗口中也可以实现导入文件的目的，如图4-372所示。

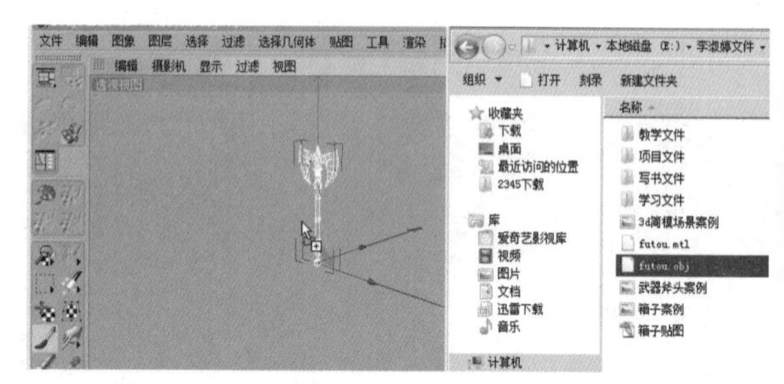

图4-372

② 界面布局设置：在工具栏上左键单击布局按钮，在弹出的选项中选择BP 3D Paint模式，界面布局将会改变，如图4-373~图4-375所示。

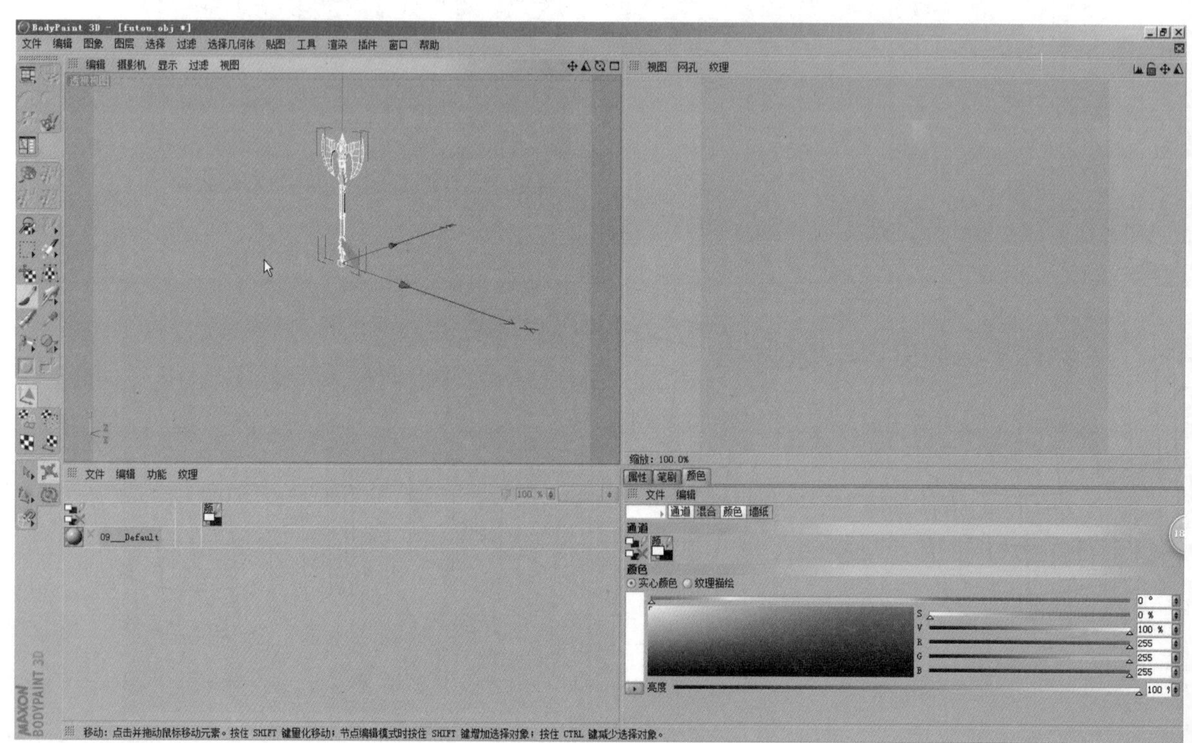

图4-373

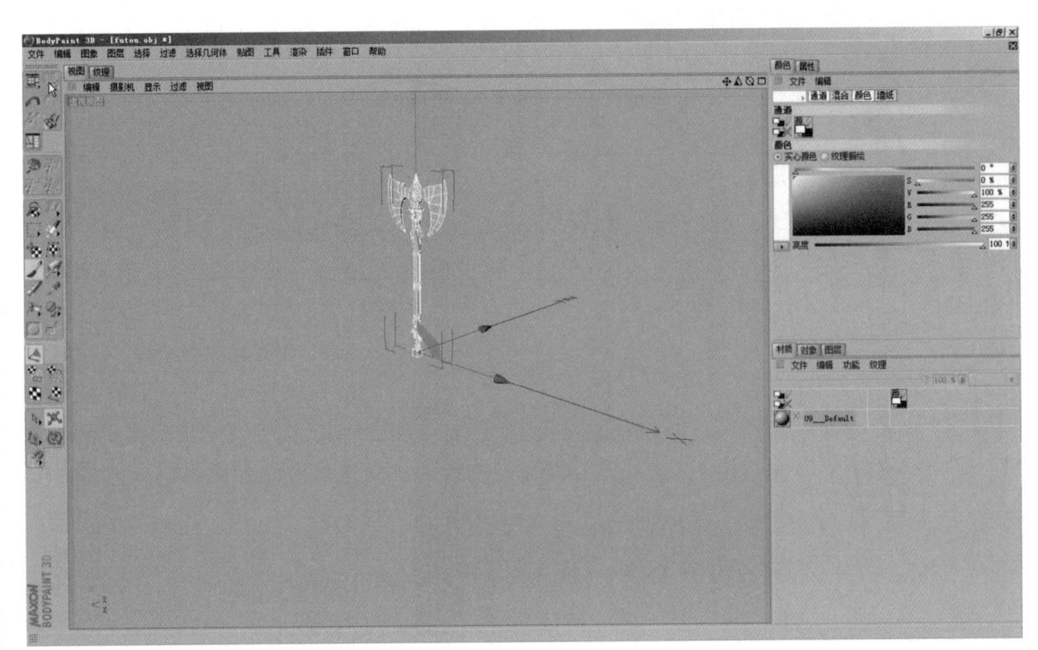

图4-374　　图4-375

③ 在界面右侧材质面板里面，右键单击材质球，在弹出的面板中左键单击“纹理通道”>“颜色”，如图4-376所示。

④ 在弹出的面板里面设置贴图的大小为512像素，然后单击确定按钮，如图4-377所示。

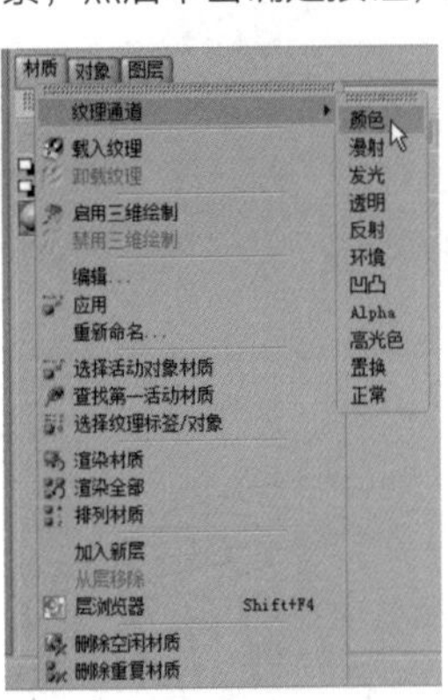

图4-376

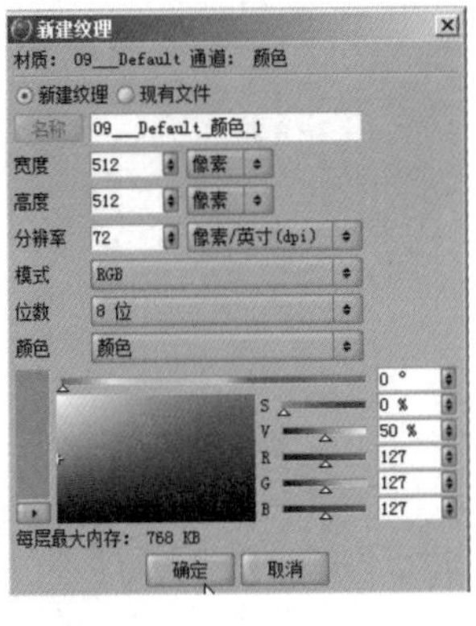

图4-377

4.2.11 固有色的绘制

① 激活画笔工具，就可以在三维模型上绘制贴图了。在三维视图窗口里面显示的物体是带有光影的，这样会扰乱用户对明暗关系的判断，可以改变显示方式为无光模式。具体操作如下：在视图窗口中单击显示，在弹出的下拉菜单中选择常量着色，如图4-378~图4-380所示。

② 在三维模式下绘制固有色方便直观，但是边角的位置不容易绘制，可以在三维视图里面绘制大致的颜色，之后在纹理视图里面修改补充。在纹理视图里面显示贴图以及UV线的具体步骤如下：单击纹理窗口下的纹理，在弹出的下拉列表中选择想要显示的文件名，如图4-381所示。

③ 纹理窗口的显示效果如图4-382所示。

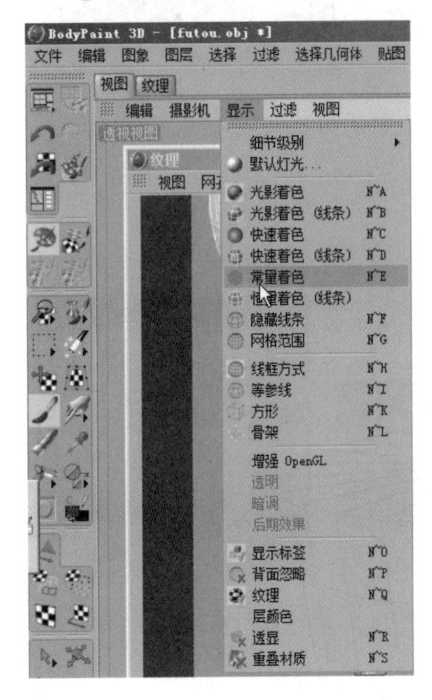

图4-378

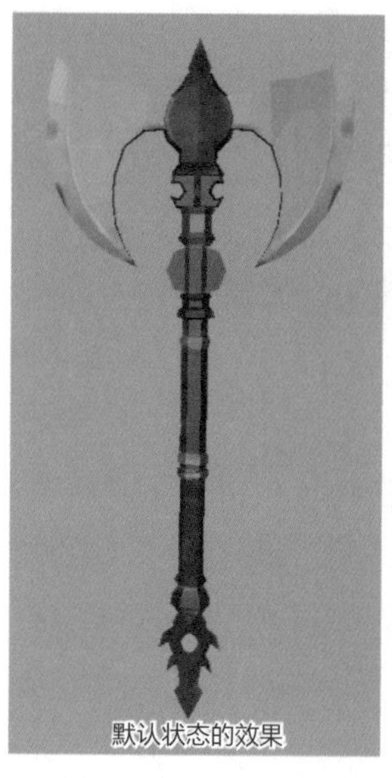

图4-379

图4-380

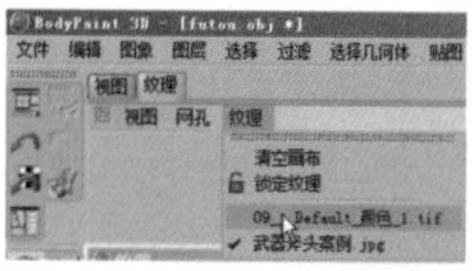

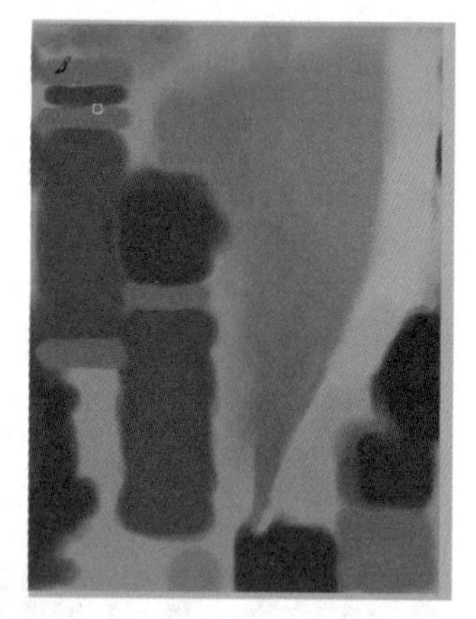

图4-381

图4-382

④ 这样的显示效果没有UV线，不能明确每一部分的界限，单击纹理视图>网孔>显示UV网孔，如图4-383所示。

⑤ 纹理视图里面的显示效果如图4-384所示。

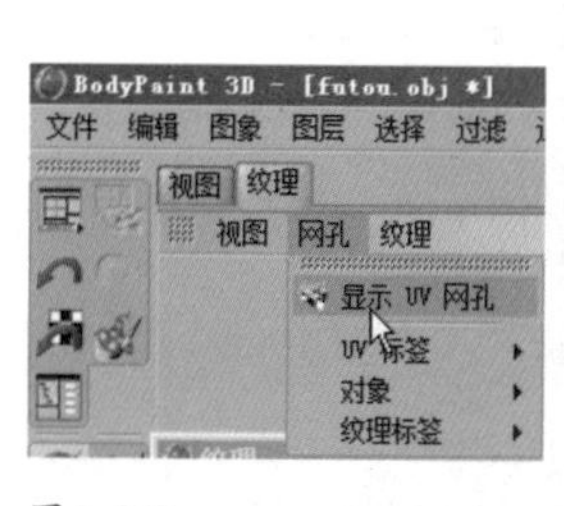

图4-383

图4-384

注意：在绘制固有色时选取的颜色不宜过亮，要给后面的绘制留一定的绘画空间。

4.2.12 体积关系的绘制

在绘制物体时要先假定光源，模拟游戏中顶部打光，遵循距离光源越近越亮、越远越暗的顶底关系，越靠前的结构越亮、越靠后的结构越暗，这样能把物体层次关系绘制出来。

① 斧头的体积关系：因为斧头左右对称，除了上下顶底关系，还有个由中间到两边的延伸关系，越靠近中间越暗，越靠近边缘越亮，如图4-385所示。

② 绘制完大的关系后再绘制内部的纹理结构，镂空的位置处于斧子表面的内部所以要压暗，来表现斧子面的前后层次，如图4-386~图4-388所示。

③ 在绘制体积关系时可以遵循先画正面再绘制厚度、先整体后局部结构细节的顺序绘制，如图4-389~图4-392所示。

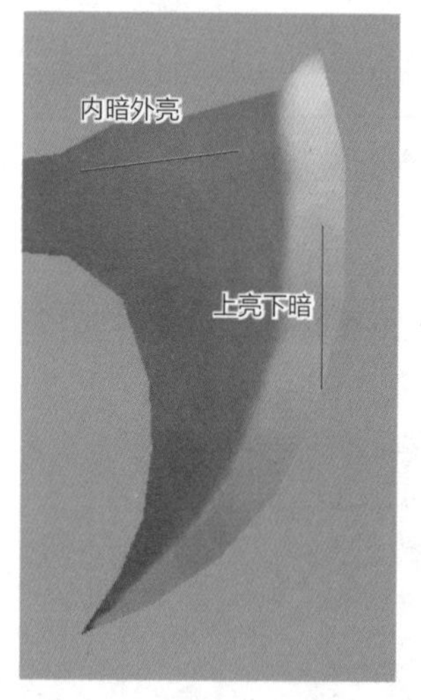

图4-385

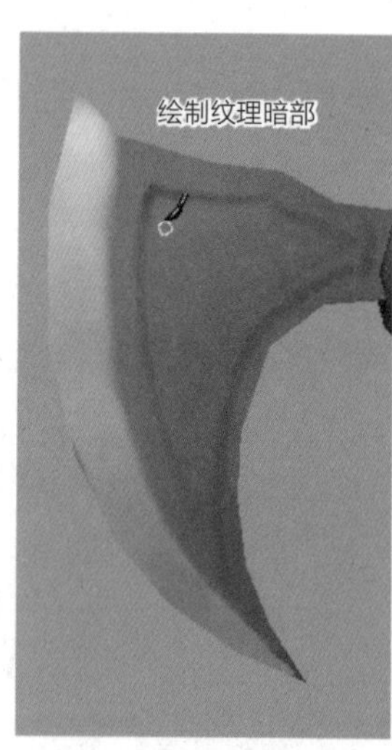

图4-386

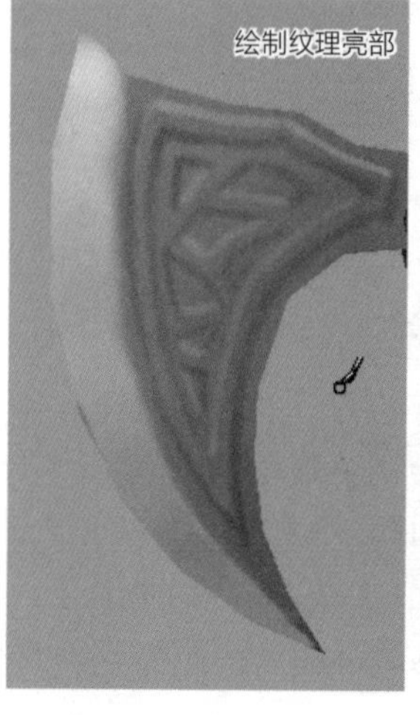

图4-387

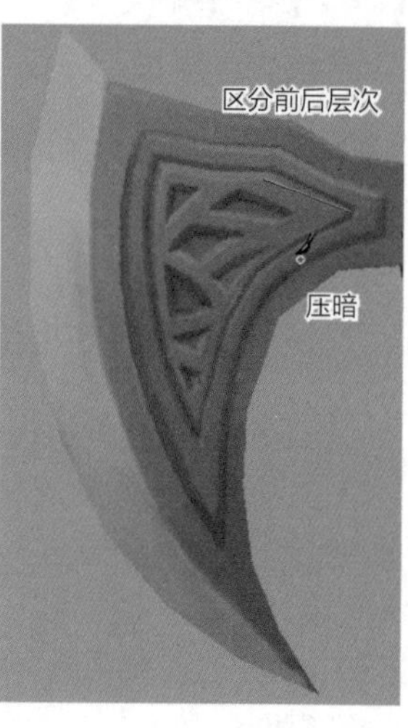

图4-388

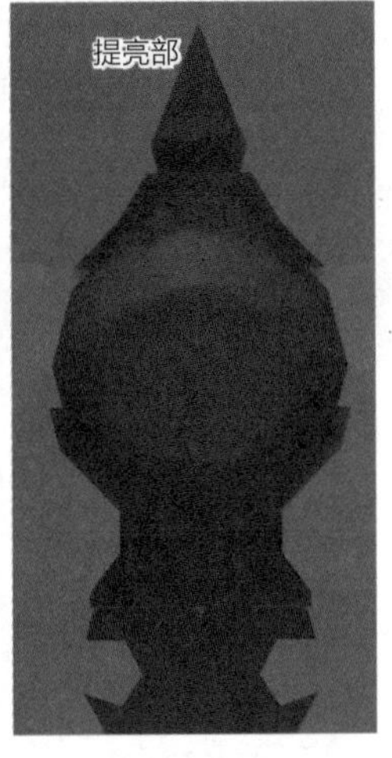

图4-389

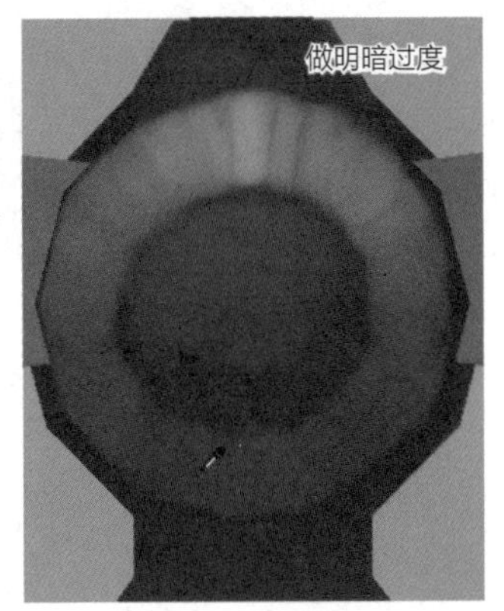

图4-390

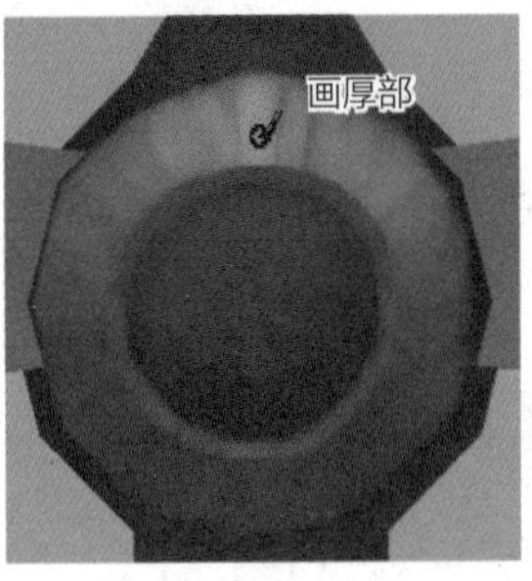

图4-391

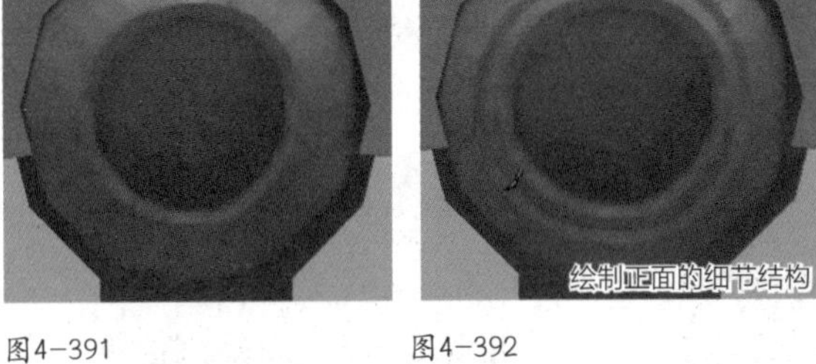

图4-392

④ 中间位置的明暗关系如图4-393所示。

⑤ 末端的体积关系先把物体的暗部绘制出来，然后再绘制亮部，如图4-394、图4-395所示。

⑥ 整体的体积关系如图4-396所示。

图4-393

图4-394

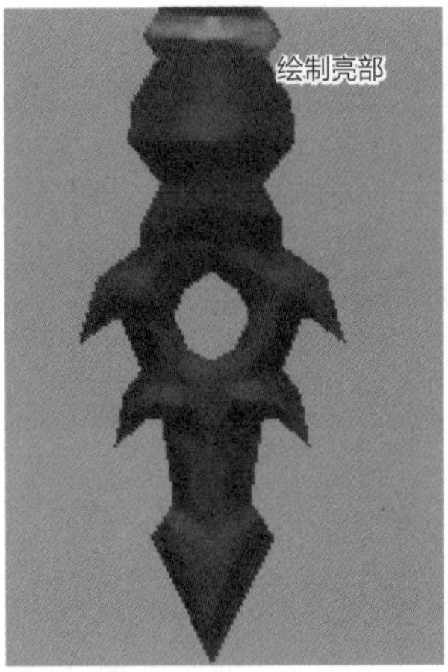

绘制亮部

图4-395

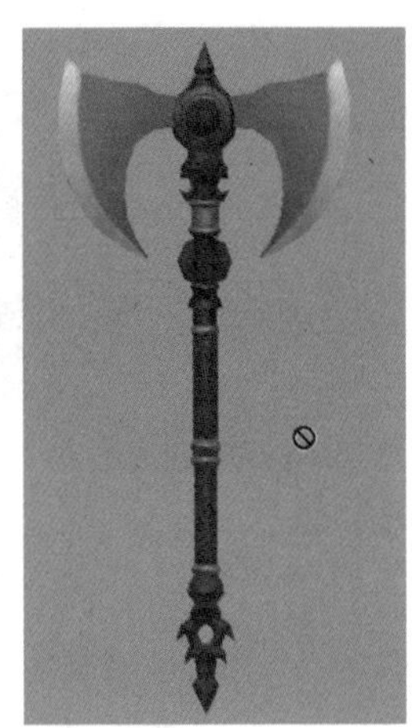

图4-396

4.2.13 细节深入调整

细节深入调整主要是解决材质质感的问题，本节主要学习金属材质的绘制表现。

① 金属的特点就是明暗对比比较强烈，冷暖对比相对比较明显，高光比较强，但是高光的面积比较小。在绘制时亮部的颜色不宜过亮，要给高光的颜色留有一定的提升空间，注意取色也不要太过单一，色彩如图4-397所示。

② 绘制步骤如图4-398~图4-411所示。

图4-397

图4-398

图4-399

图4-400

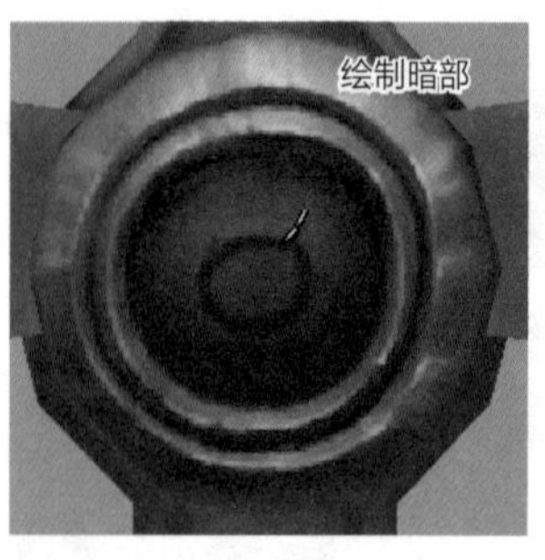

图4-401

图4-402

图4-403

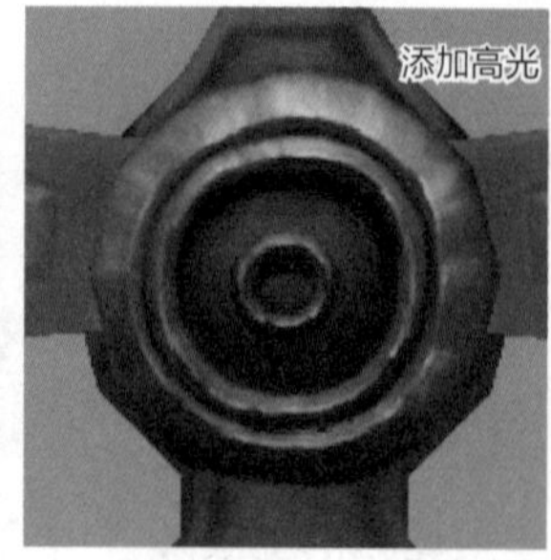

图4-404

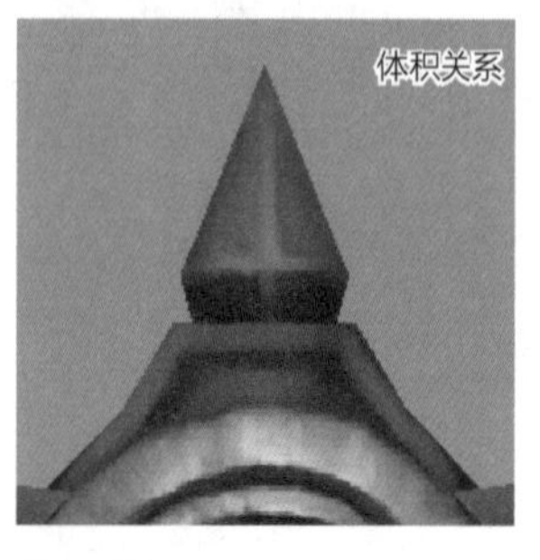

图4-405

图4-406

图4-407

图4-408

图4-409

图4-410

图4-411

③ 金属钉的绘制步骤如图4-412~图4-418所示。

④ 在绘制金属高光时要有变化，越靠上的高光越亮，越靠前的高光越亮，如图4-419所示。

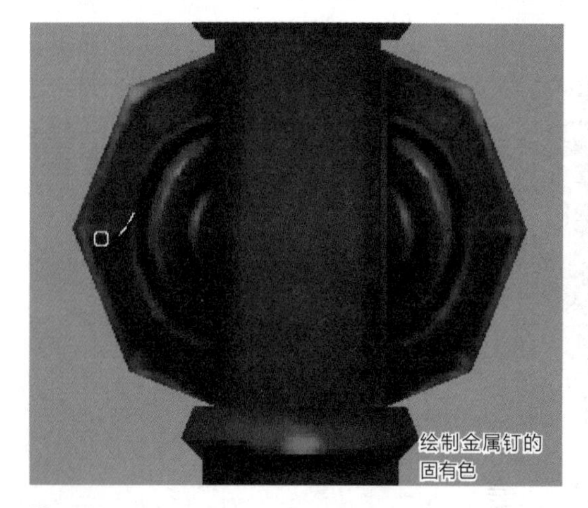

图4-412

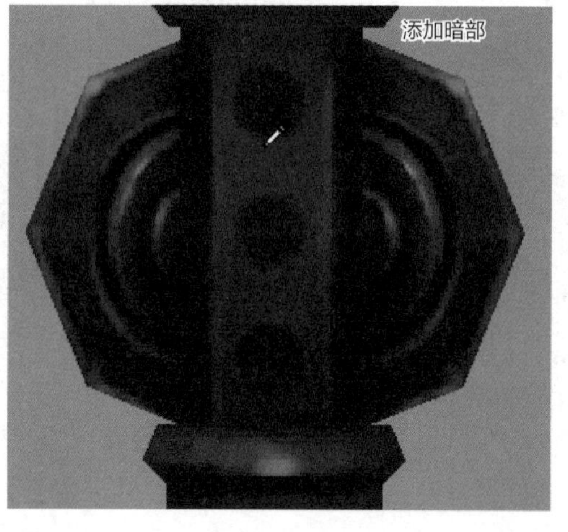

图4-413

图4-414

图4-415

图4-416

图4-417

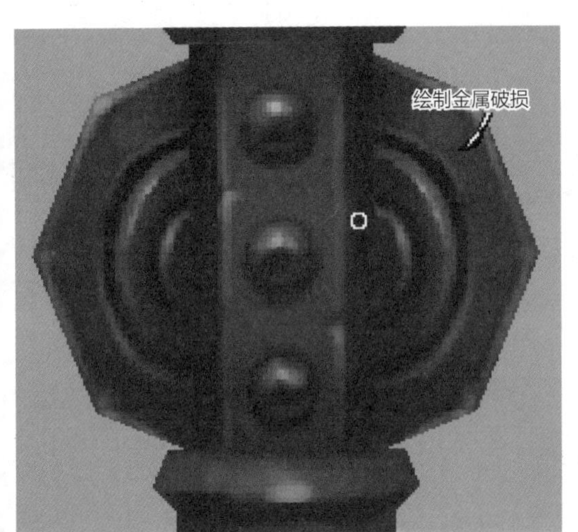

图4-418

图4-419

⑤ 手柄的绘制步骤如图4-420~图4-424所示。

⑥ 整个斧柄的效果如图4-425所示。

图4-420

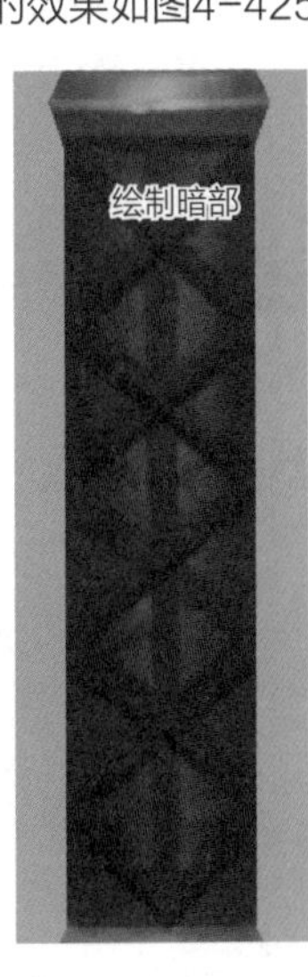

图4-421

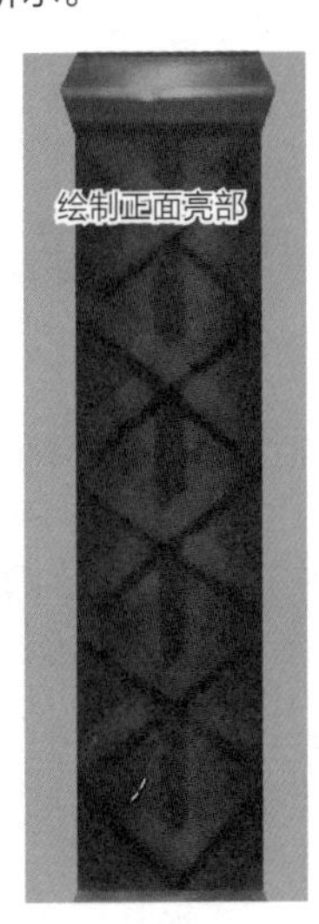

图4-422

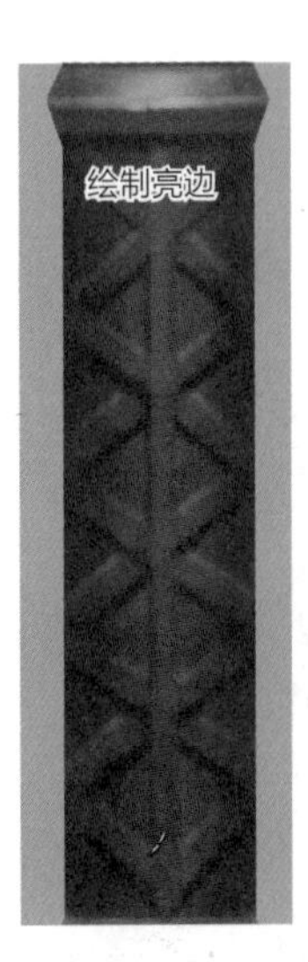

图4-423

图4-424

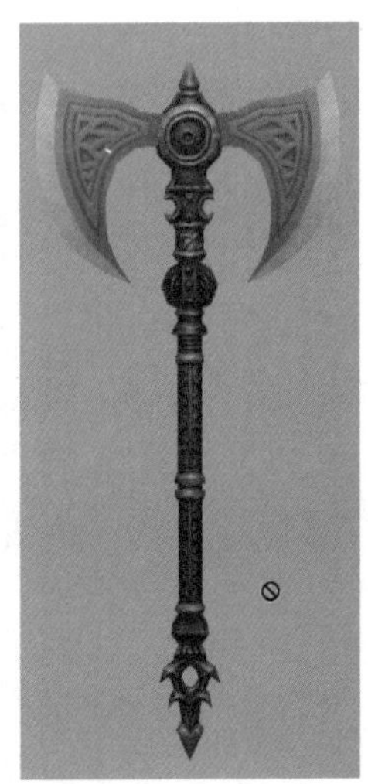

图4-425

⑦ 斧头细节的绘制如图4-426~图4-428所示。

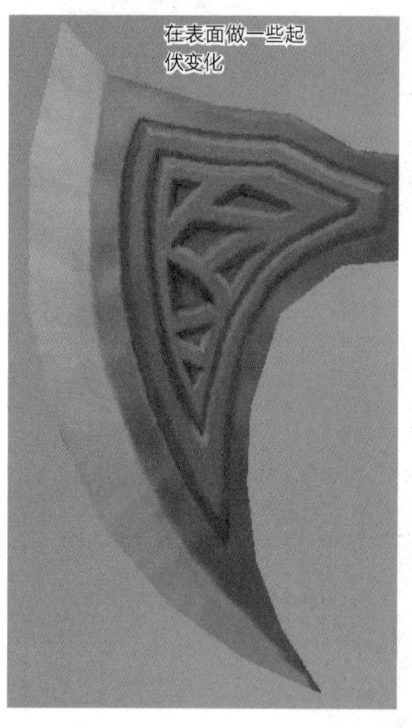

图4-426

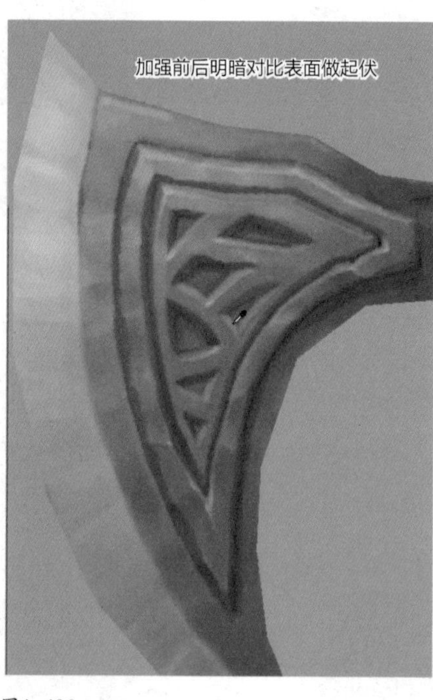

图4-427

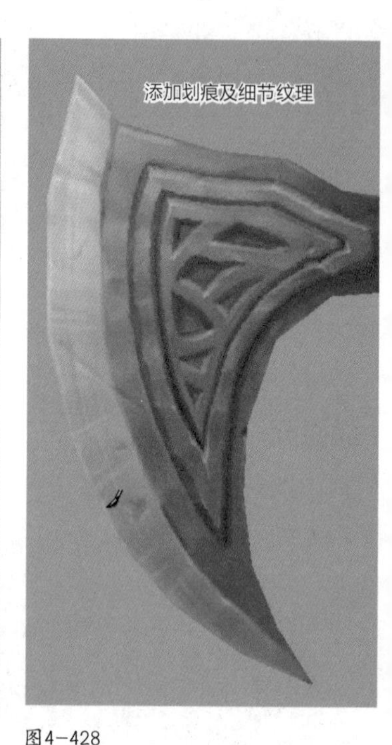

图4-428

⑧ 为了给金属表面添加更多的细节，下面进入Photoshop软件中进行进一步处理。具体操作如下。

⑨ 在BodyPaint软件材质面板中双击材质球，如图4-429所示。

双击材质球

图4-429

⑩ 在弹出的对话框中单击纹理的保存路径，如图4-430所示。

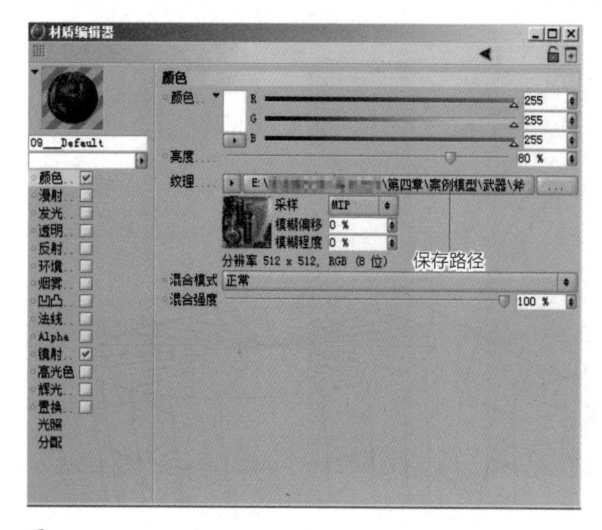

图4-430

⑪ 在弹出的面板中单击编辑图像按钮，如图4-431所示。

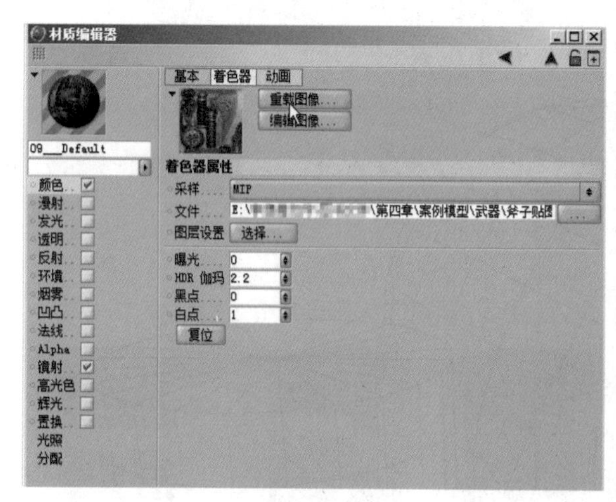

图4-431

⑫ 之后Photoshop软件会自动打开（如果打不开可能的原因是图像的默认打开方式不是Photoshop软件），单击更新按钮，如图4-432所示。

图4-432

⑬ 在工具面板上激活移动工具，按住鼠标左键拖动纹理层到贴图窗口中，如图4-433所示。

图4-433

⑭ 这样纹理层就被拖曳到斧子贴图窗口中了，而且形成一个单独的图层，如图4-434所示。

⑮ 纹理图层太小，按“Ctrl+T”组合键进入变形模式，调整纹理层的大小，然后按回车键结束变形，如图4-435所示。

图4-434

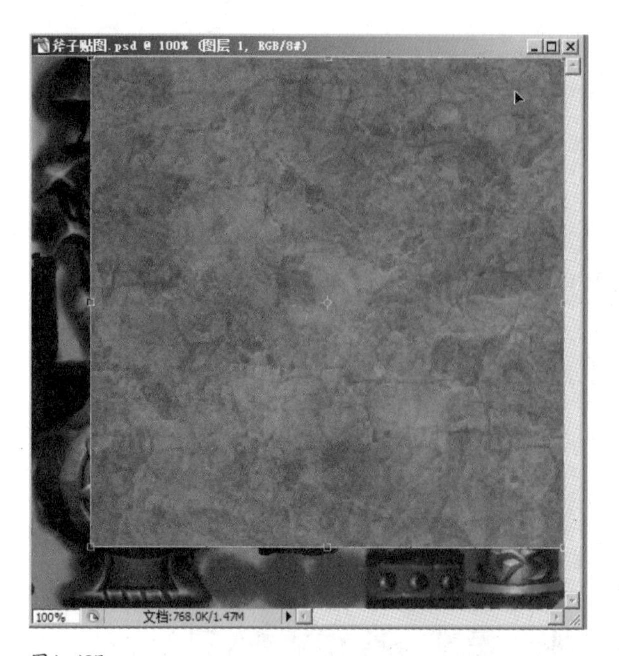

图4-435

⑯ 将图层的叠加模式改为柔光或者叠加，如图4-436所示。

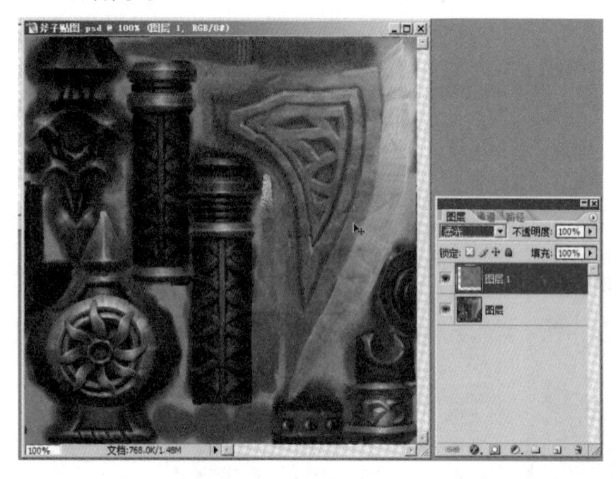

图4-436

⑰ 叠加上纹理之后之前的纹理颜色会对图层产生影响，所以选择纹理图层，执行菜单栏>调整>去色命令，如图4-437所示。

⑱ 去色后按照自己的需求调整纹理层的不透明度，如图4-438所示。

⑲ 在BodyPaint软件中，双击材质球，在打开的材质编辑器中单击重载图像，如图4-439所示。

⑳ 在弹出的对话框中单击是按钮，如图4-440所示。

㉑ 最后的贴图效果如图4-441所示。

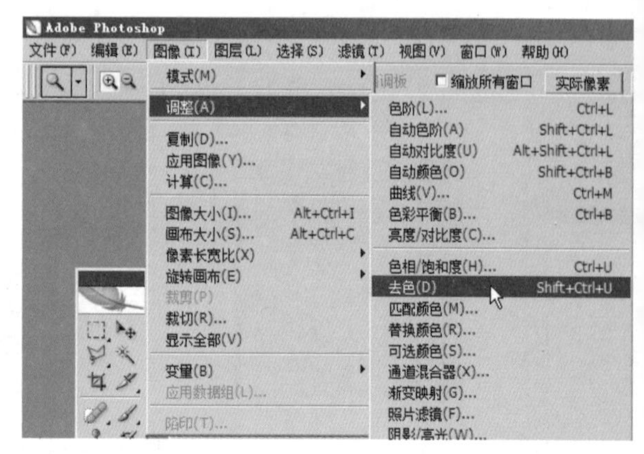

图4-437

图4-438

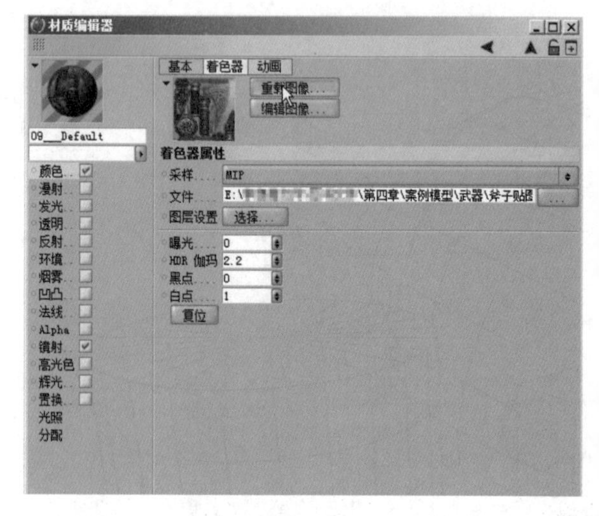

图4-439

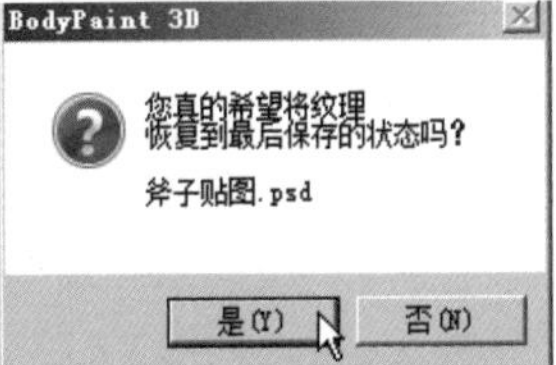

图4-440

图4-441

图4-442

4.3 本章作业

参照原画制作一个道具，如图4-442所示。

作业参考图在资源\作业\第4章\宝剑。

学习笔记

第5章 网络游戏手绘场景

本章知识点

- 3ds Max单位设置
- 三角面数的显示设置
- 物体的合并与分离、物体的隐藏与显示
- Chamfer切角命令制作模型
- 分清楚物体的复制、物体的关联复制、物体的镜像关联复制的具体操作
- UV的断开与焊接
- 不同质感的表现方法

本章将学习场景简模的制作，对于这类模型行业上有一系列的规范，在下面的学习中将逐步讲解。

5.1 3D场景简模制作规范

3D简模类场景最后要导入游戏引擎，所以对模型有一定的要求。第一，在模型面数上要尽量节省，符合项目的需求，不同的游戏所用引擎不一样，一个场景用多少面数不是固定不变的；第二，游戏场景以及角色道具等要统一单位。

根据制作规范要学会显示模型面数，一般项目里提到的模型面数指的是三角面数。三角面数的设置步骤如下。

① 按键盘上的数字“7”键打开统计数据，在视口的左上角就会出现统计的数据，如图5-1所示。

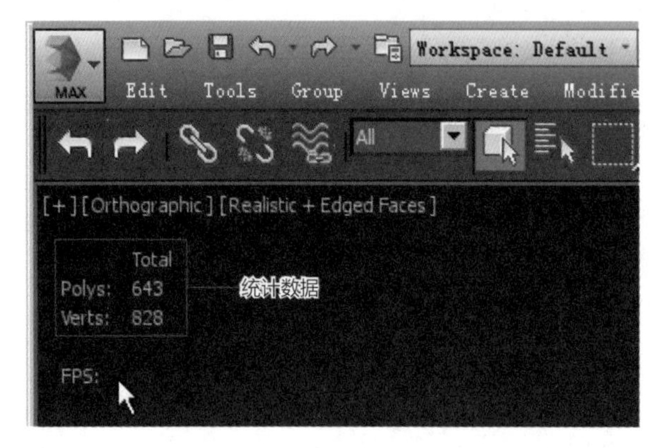

图5-1

② 统计数据显示出来后并没有三角面数的统计，单击菜单栏的Views视图菜单，在弹出的面板中单击Viewport Configuration视口配置，如图5-2所示。

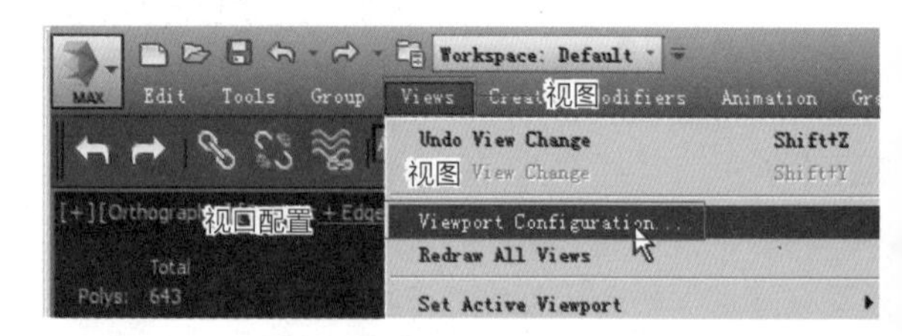

图5-2

③ 在打开的视口配置中单击Statistics统计选项卡，勾选Triangle Count三角面数。单击“OK”按钮，如图5-3所示。

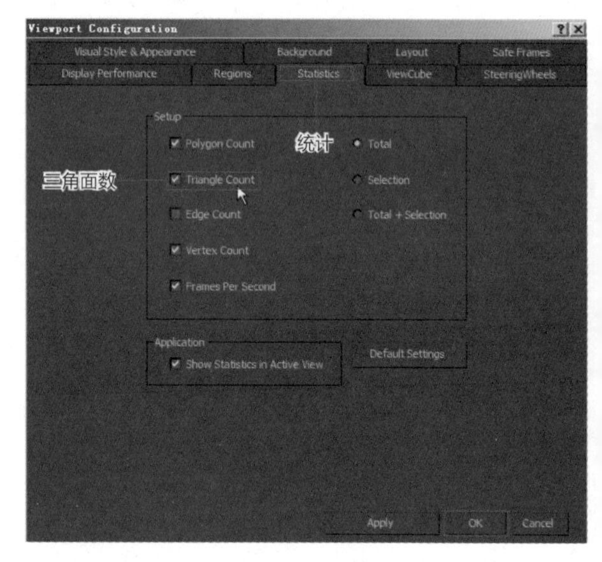

图5-3

④ 再次观察视口左上角的统计数据，就已经显示出三角面数的统计结果了，如图5-4所示。

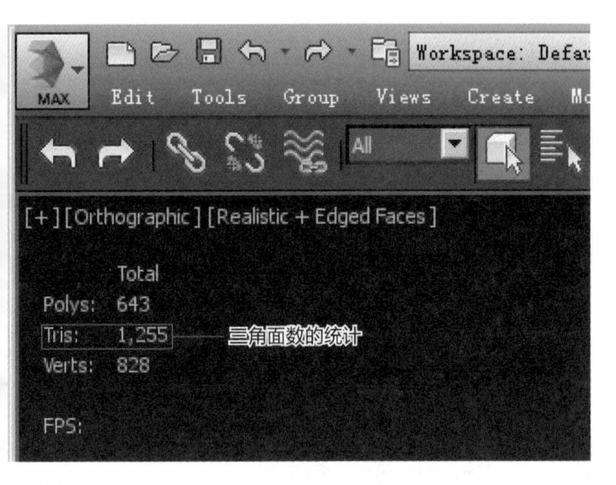

图5-4

不同的引擎系统单位的设置是不一样的，目前国内常用的单位有米、厘米。下面以将单位设置为“米”为例，介绍具体的步骤。

⑤ 左键单击菜单栏上的Customize自定义菜单，在弹出的面板中左键单击Units Setup单位设置，如图5-5所示。

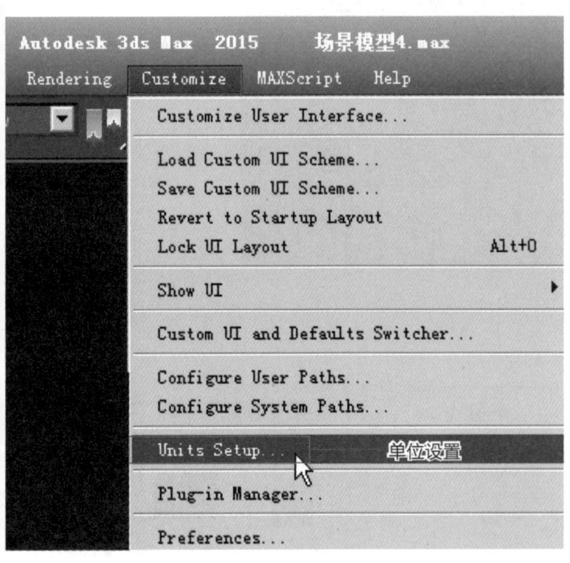

图5-5

⑥ 在弹出的单位设置对话框中单击，打开系统单位设置，如图5-6所示。

⑦ 将系统单位改为“Meters”，如图5-7所示。

⑧ 勾选Metric公制前面的圆圈，将单位改为“Meters”，单击“OK”按钮，如图5-8所示。

⑨ 改完单位之后再次创建物体，右侧修改面板里将会显示创建物体的单位，如图5-9所示。

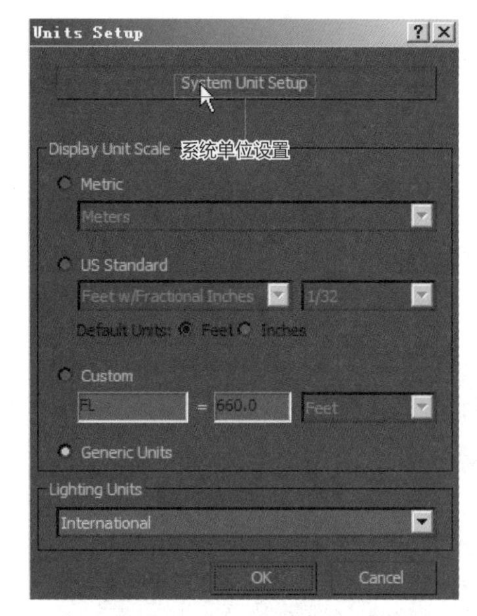

图5-6

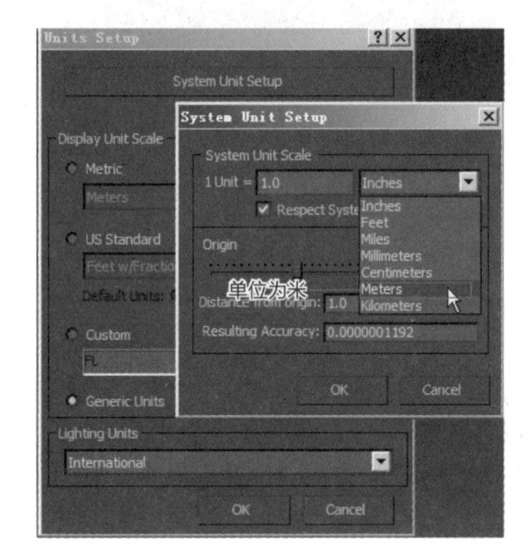

图5-7

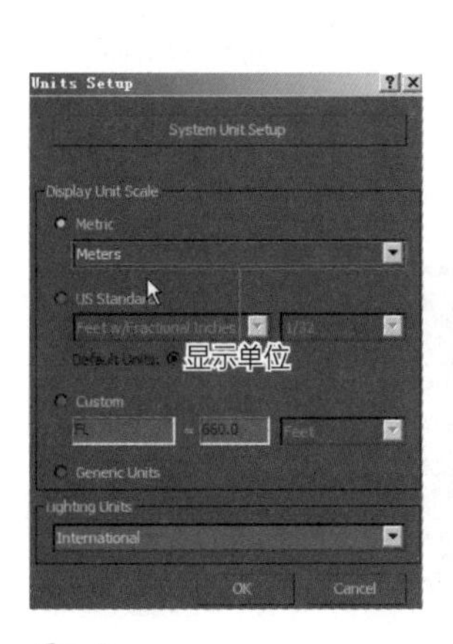

图5-8

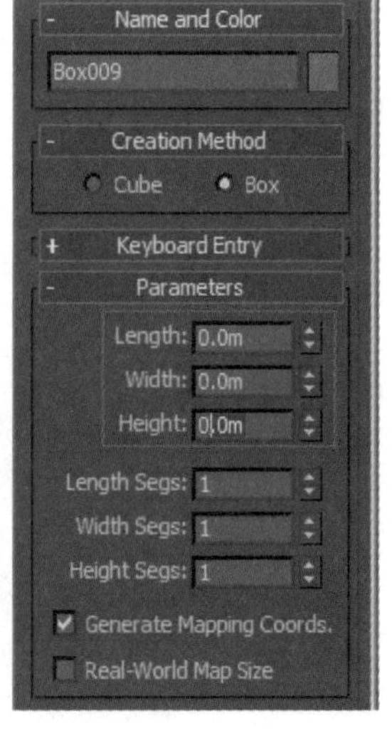

图5-9

5.2 创建场景模型

5.2.1 原画分析

本章要制作的模型原画如图5-10所示。

图5-10

本案例原画图片文件在资源\模型\第5章\场景原画。

这是一个Q版3D简模场景，造型夸张而饱满。在模型制作过程中要先制作大结构，同时要尽量节省面数，在面数允许范围内再制作一些细小的结构，瓦片一般都是绘制的贴图，而不是制作模型。虽然在制作简模时要适当节省面数，但是也不能为了节省面数而忽略了物体的造型。

从材质上看这个场景主要练习瓦片、木头、墙面材质的绘制。未添加材质的场景模型如图5-11所示。

图5-11

本案例的模型文件在资源\模型\第5章\模型文件。

5.2.2 制作房屋主体模型

1.导入图片

在命令面板的工具面板里面，左键单击资源浏览器，在弹出的面板里面选择文件路径，左键双击要打开的图片。图片打开后关闭资源浏览器窗口，如图5-12、图5-13所示。

图5-12

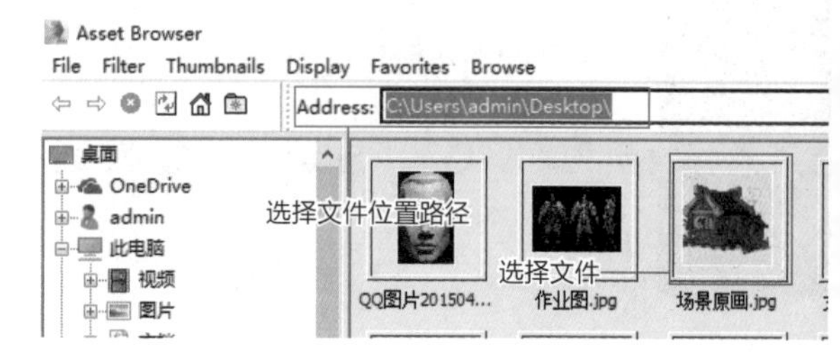

图5-13

2.创建房屋的主体

完成后的房子主体造型效果如图5-14所示。

① 下面开始创建模型，在创建面板几何形体下创建一个Box，调整长宽比例为4：3，将这个形体作为墙体，如图5-15所示。

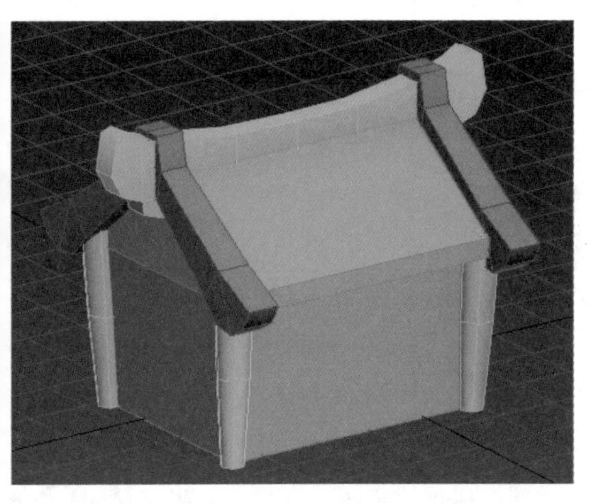

图5-14

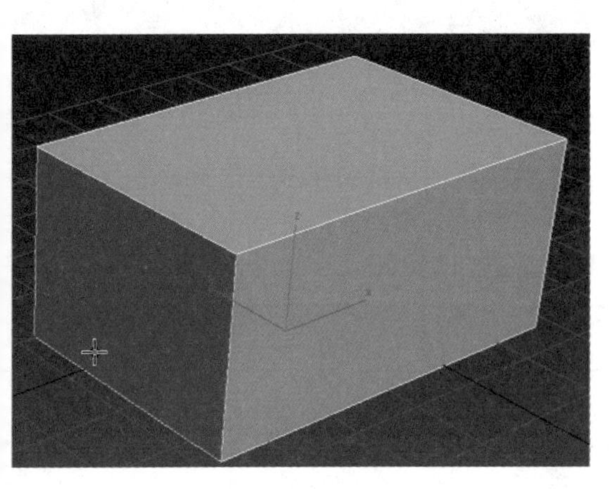

图5-15

② 选择物体，单击鼠标右键，在弹出的菜单中，执行“Convert To> Convert to Editable Poly”命令，将物体转化成可编辑多边形。进入面级别，选择顶部的面，单击鼠标右键，在弹出的菜单中，左键单击“Extrude”挤出命令左侧设置窗口，在弹出的设置面板上，调整挤出的高度，如图5-16所示。

图5-16

图5-17

③ 进入线级别，选择顶部两侧的线，单击鼠标右键，在弹出的面板中鼠标左键单击“Collapse”塌陷命令，如图5-17、图5-18所示。

图5-18

④ 为了让房顶与墙面分开，选择顶部的面，在右侧修改面板里，单击Edit Geometry编辑几何体栏中的“Detach”分离命令，如图5-19所示。

⑤ 在弹出的面板中，左键单击“OK”按钮。这样选中的面就被分离出去了，要想选择房顶物体，必须要退出面层级，才能选择房顶物体。

⑥ 一般中式的房屋房檐要比墙面更靠前一些，用移动工具分别移动两侧的房檐的线会导致左右造型不一致。为了让房檐往外扩展并且左右保持一致，进行以下操作：选择房顶物体，进入线级别，选择房檐的两

条线，左键激活缩放工具，这时缩放工具的位置如图5-20所示。

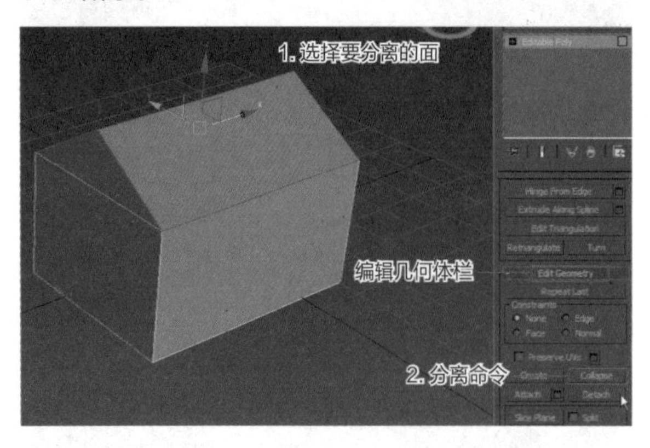

图5-19

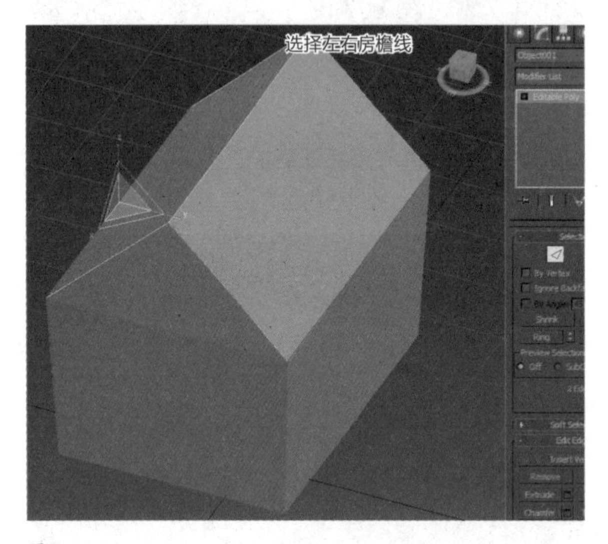

图5-20

⑦ 这种状态下不能将两条线往外同时缩放，因为没有共用的中心。左键按住主工具栏上的中心按钮在弹出的下拉列表中选择共用一个中心按钮，然后再进行缩放，如图5-21所示。

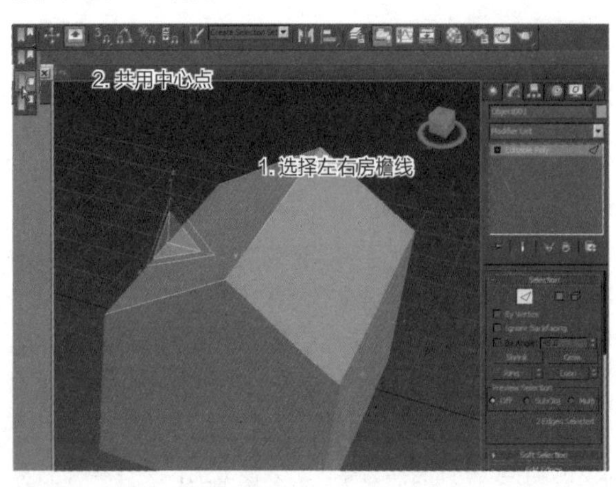

图5-21

⑧ 扩展后的房顶如图5-22所示。

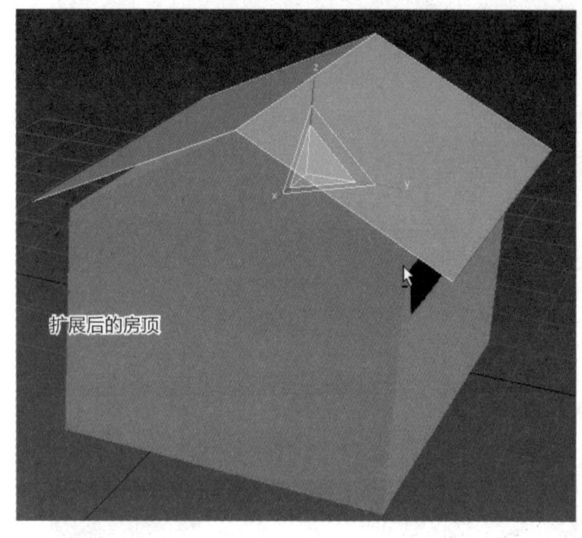

图5-22

⑨ 选择两侧房檐的线，激活移动工具，按住“Shift”键同时沿着*z*轴向下移动，这样能拖曳两个新的面，如图5-23所示。

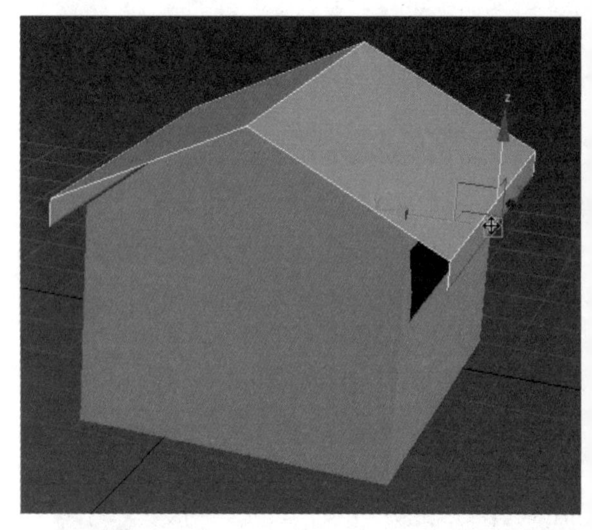

图5-23

⑩ 激活缩放工具，按住“Shift”键同时沿着*y*轴收缩，这样也能拖曳两个新的面，如图5-24所示。

⑪ 3ds Max 2015版本有自动阴影模式，去掉视口中显示的阴影具体操作如下：在视口左上角的“Realistic”按钮上单击鼠标右键，左键单击“Lighting and Shadows”灯光阴影下的“Shadows”阴影，如图5-25所示。

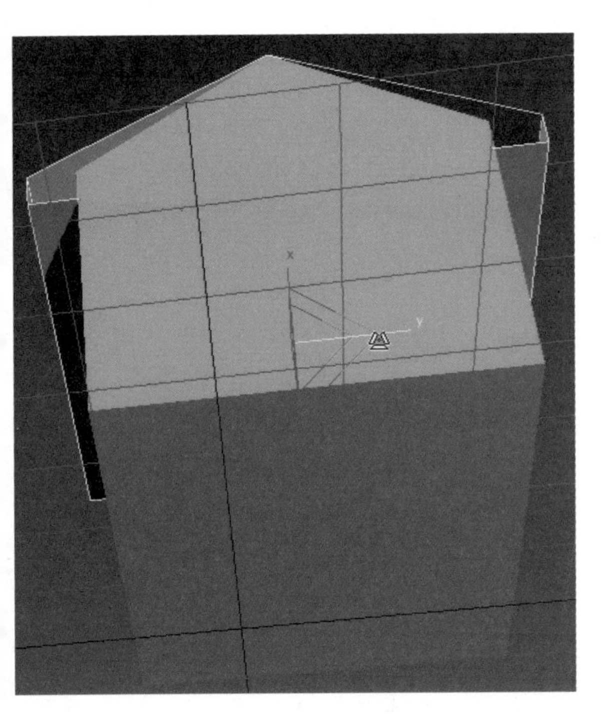

图5-24

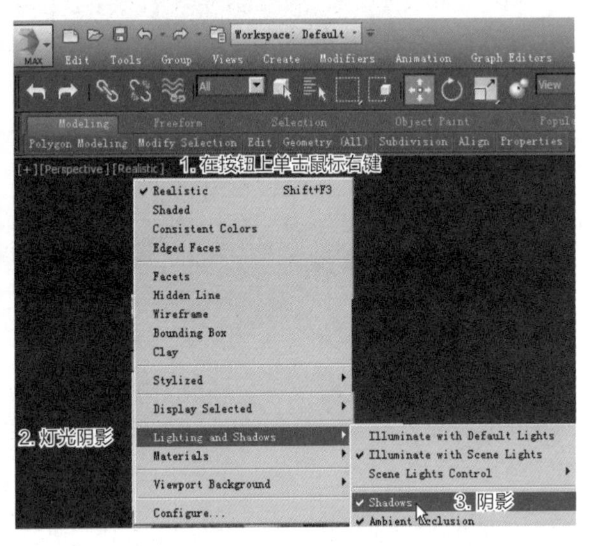

图5-25

⑫ 为了让房子的造型更加符合Q版的风格，将底部的造型收缩一下，如图5-26所示。

⑬ 按“L”键进入左侧视图，创建一个Box，如图5-27所示。

⑭ 选择物体，单击鼠标右键，在弹出的菜单中，执行“Convert To> Convert to Editable Poly”命令，将物体转化成可编辑多边形。进入点级别，用移动工具调整盒子的造型，如图5-28所示。

⑮ 进入面级别，选择下面的面往前再挤出一段结构，如图5-29所示。

图5-26

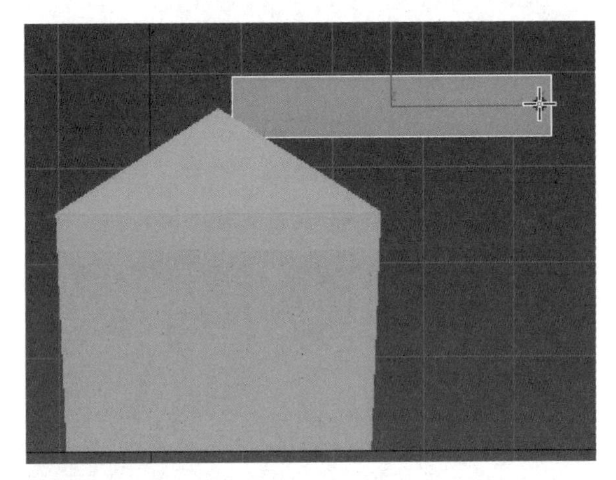

图5-27

图5-28

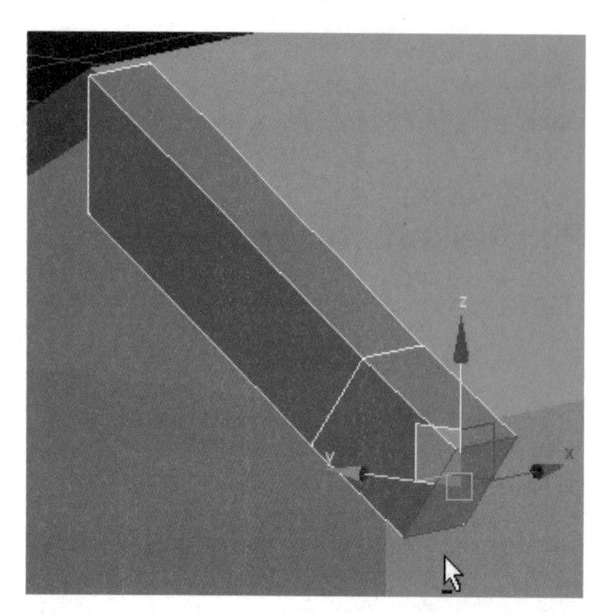

图5-29

⑯ 为了达到原画底部圆滑的效果，再添加两条线，并且用移动工具调整位置，如图5-30所示。

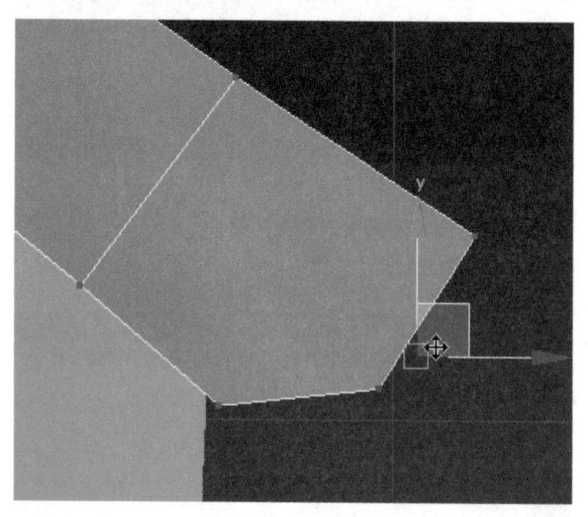

图5-30

⑰ 选择顶部的面向前挤出一段结构，如图5-31所示。

⑱ 选择顶部的面，再次挤出一段结构，然后选择侧面的面按“Delete”键将其删除，如图5-32所示。

⑲ 退出面级别，选择整个木头块，单击主工具栏上的镜像按钮，在弹出的对话框里设置轴向为y轴，复制的形式为关联复制，设置偏移值，如图5-33所示。

⑳ 同时选择两个木头结构，用同样的方式镜像关联到另一边，如图5-34所示。

㉑ 创建一个Box，移动到房顶上，选择物体，单击鼠标右键，在弹出的菜单中执行“Convert To>Convert to Editable Poly”命令，将物体转化成可编辑多边形。进入面级别，选择两头看不到的面按“Delete”键将其删除，如图5-35所示。

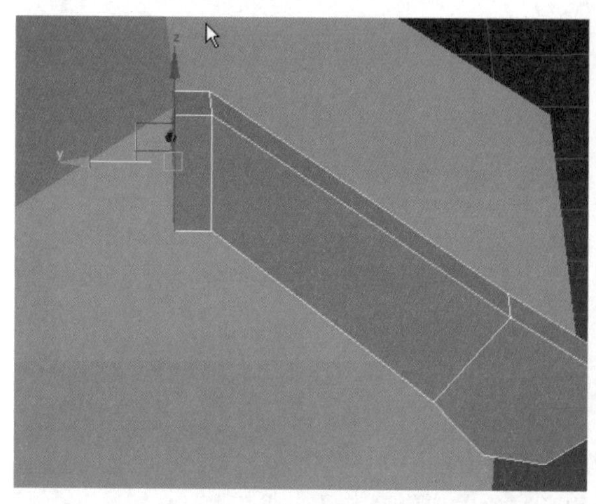

图5-31

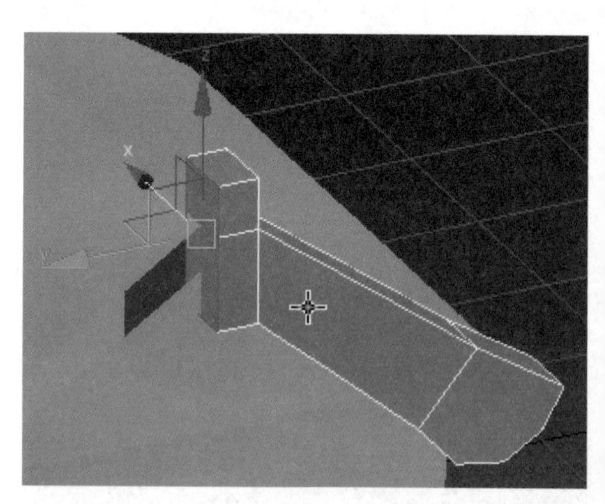

图5-32

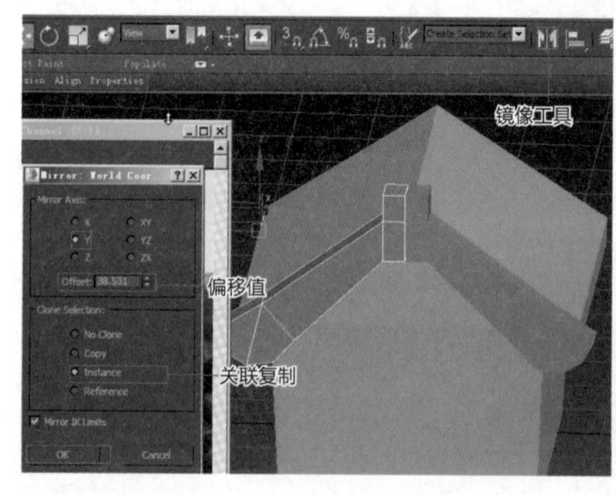

图5-33

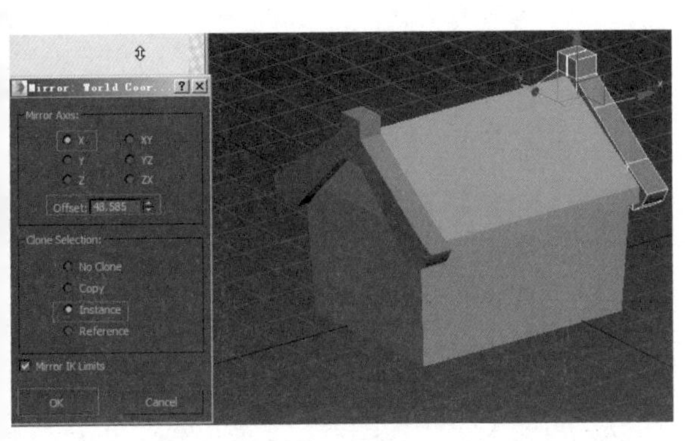

图5-34

图5-35

㉒ 创建一个Box，将物体转化成可编辑多边形，如图5-36所示。

图5-36

㉓ 进入线级别，选择所有的竖线，用“Connect”连接命令添加一条线，如图5-37所示。

㉔ 进入面级别，选择左侧上部的面，用“Extrude”挤出命令向前挤出一段结构，如图5-38所示。

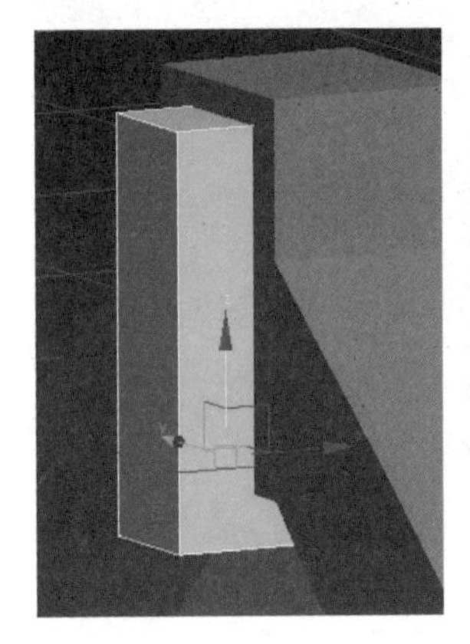

图5-37

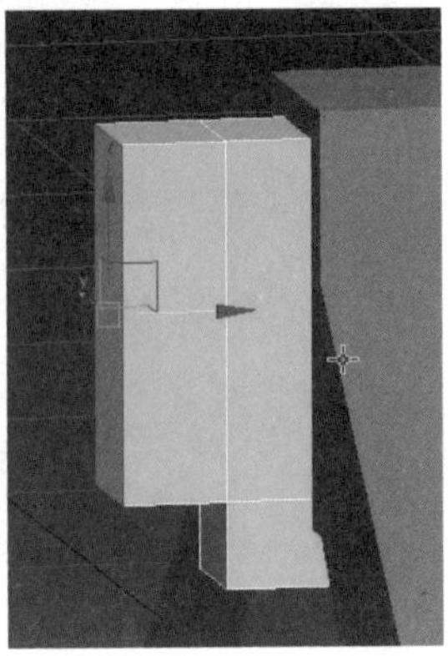

图5-38

㉕ 为了让这个结构像原画一样圆滑，再次用“Connect”连接命令添加两条线，并且用移动工具调整线的位置，如图5-39所示。

图5-39

㉖ 选择这个物体，单击工具栏上的镜像工具，在弹出的面板中设置镜像的轴向、偏移值、复制方式。然后单击“OK”按钮，如图5-40所示。

㉗ 在创建面板里面，单击几何体下的“Cylinder”命令，透视窗口中创建一个Cylinder圆柱体，如图5-41所示。

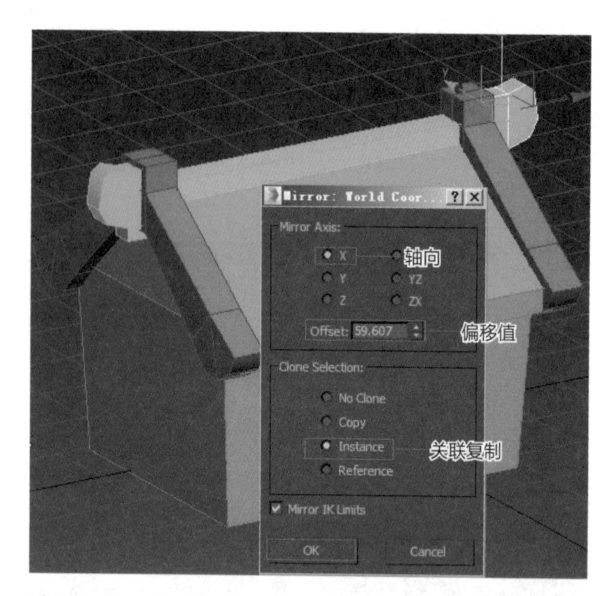

图5-40

图5-41

㉘ 在修改面板里，设置圆柱体的高度段数为1，边数为12，如图5-42所示。

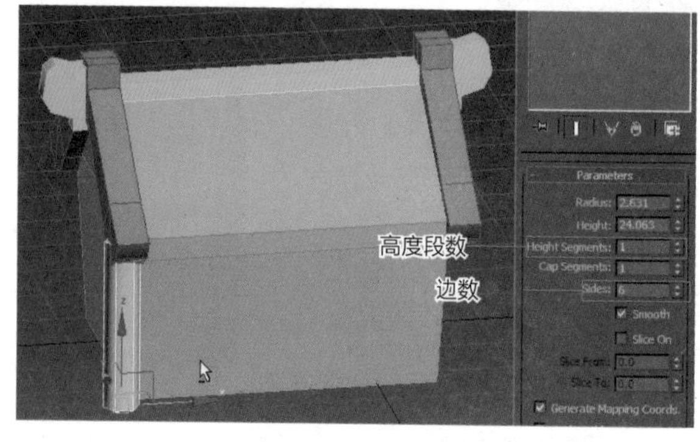

图5-42

㉙ 选择物体，单击鼠标右键，在弹出的菜单中，执行“Convert To> Convert to Editable Poly”命令，将物体转化成可编辑多边形。进入面级别，选择顶部和底部的面，按“Delete”键将其删除。选择顶部的点，用缩放工具将顶部放大，让柱子的造型上大下小，如图5-43所示。

图5-43

㉚ 退出点级别，单击主工具栏上的镜像工具，沿着y轴关联复制一个柱子，进入点级别选择底下的点用移动工具调整位置，使柱子倾斜，如图5-44所示。

图5-44

㉛ 退出点级别，选择左侧两个柱子再次镜像关联复制两个柱子。进一步调整柱子的造型，让柱子多一些变化，选择柱子所有的竖线，如图5-45所示。

㉜ 单击鼠标右键，用“Connect”连接命令添加

一条线，并且用缩放工具使中间的线放大，如图5-46所示。

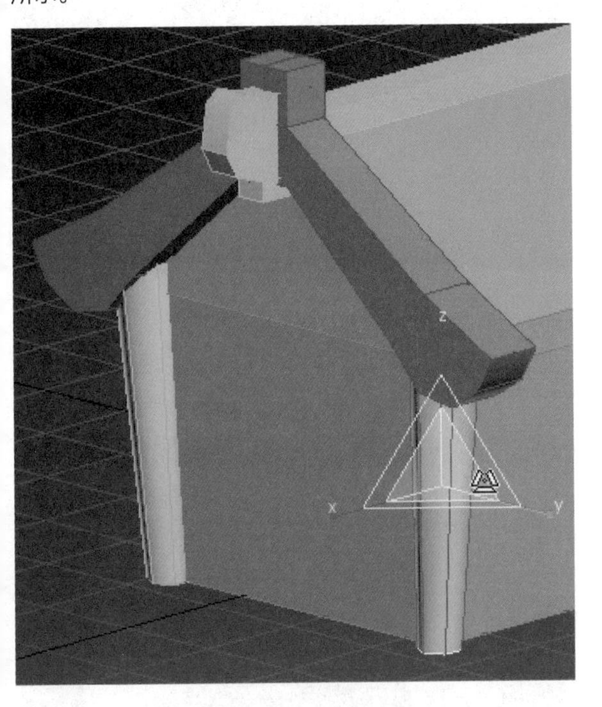

图5-45

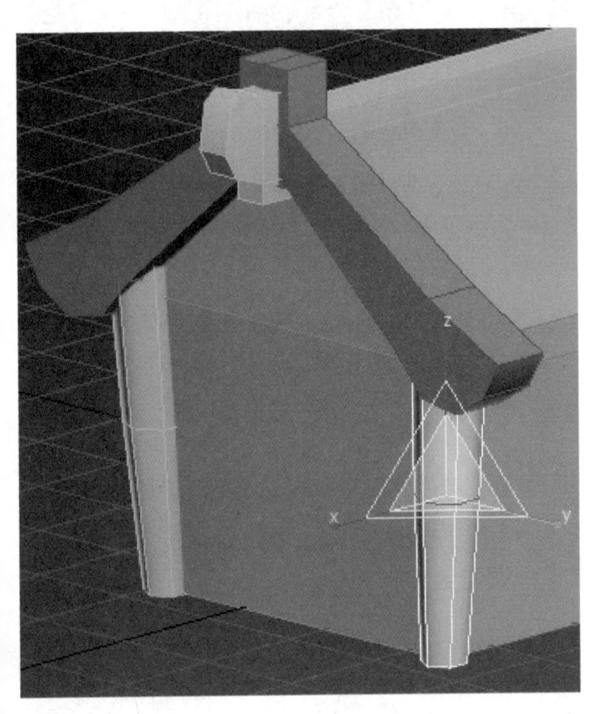

图5-46

33 房顶木头的造型也需要进一步细化，用“Connect”连接命令添加三条线，并且进入点级别，调整顶部点的位置，造型如图5-47所示。

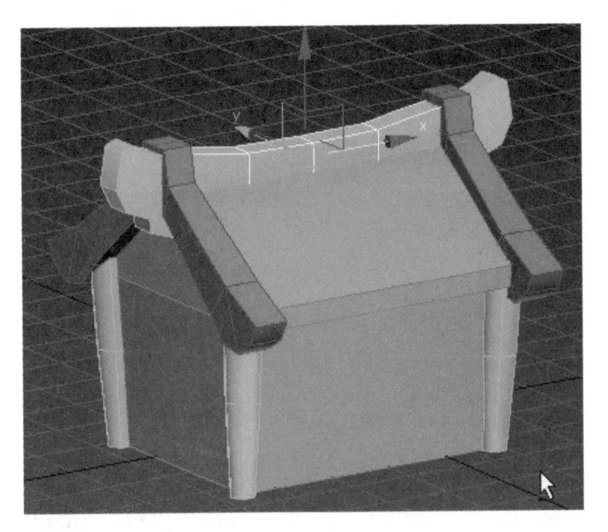

图5-47

5.2.3 房子底座模型的制作

01 创建一个Box，并且用移动工具调整Box的位置，作为房子的底座，如图5-48所示。

02 创建一个Box，作为底座前面的台阶两侧结构，如图5-49所示。

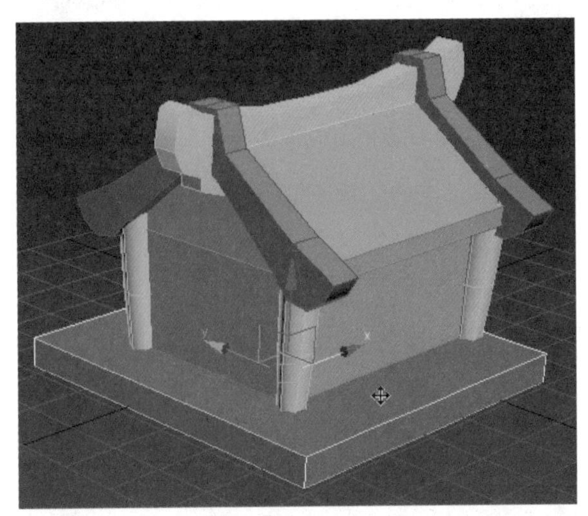

图5-48

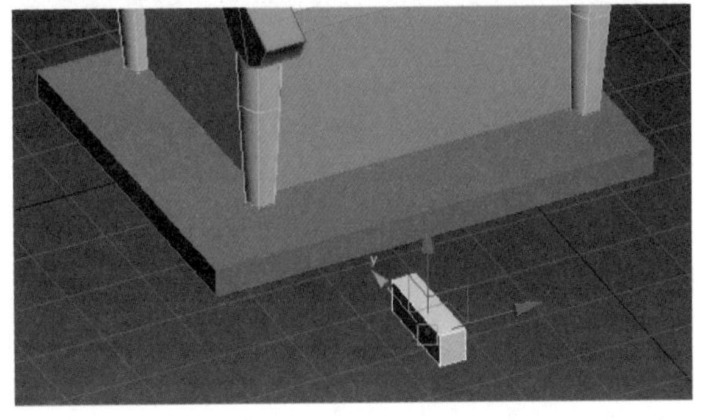

图5-49

③ 选择物体，单击鼠标右键，在弹出的菜单中，执行“Convert To> Convert to Editable Poly”命令，将物体转化成可编辑多边形。进入点级别，用移动工具调整点的位置，如图5-50所示。

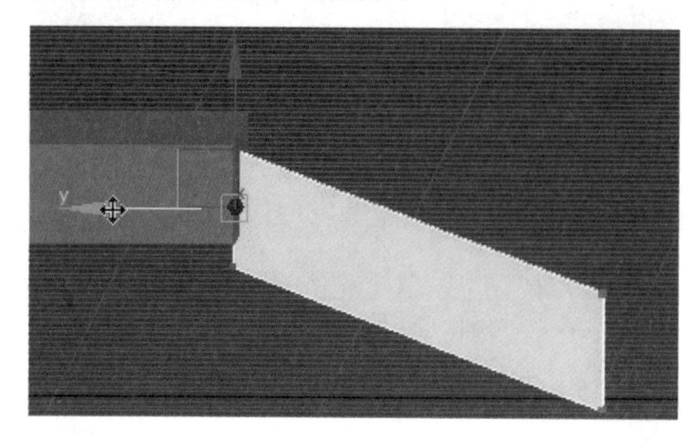

图5-50

④ 进入线级别，选择顶部的两条线，单击鼠标右键，用“Connect”连接命令添加一条线，如图5-51所示。

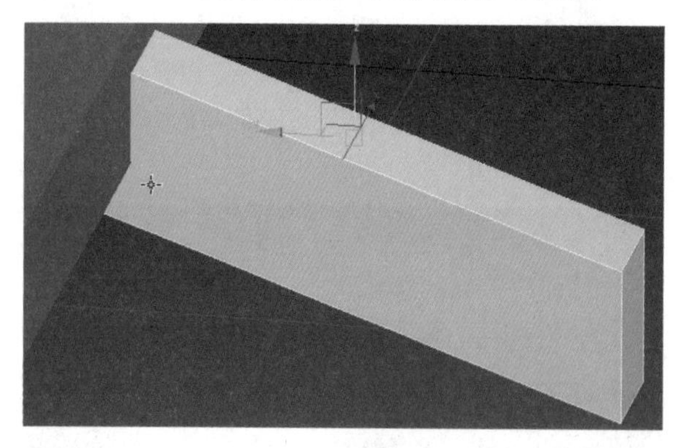

图5-51

⑤ 用移动工具调整点的位置，按“F3”键可以线框显示，能明确看出房屋底座与台阶的关系，如图5-52所示。

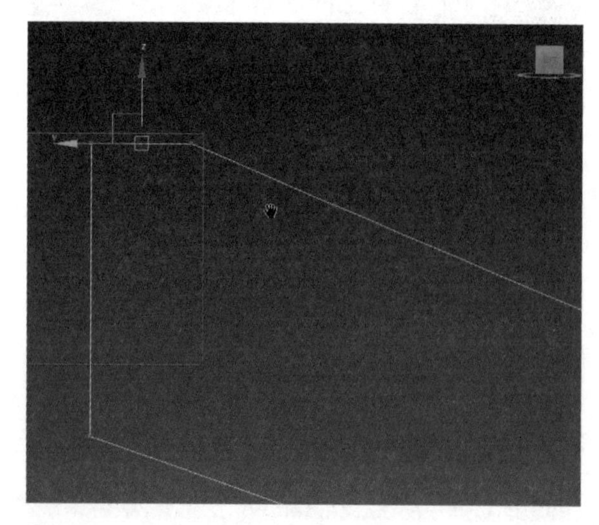

图5-52

⑥ 台阶调整完成后的造型如图5-53所示。

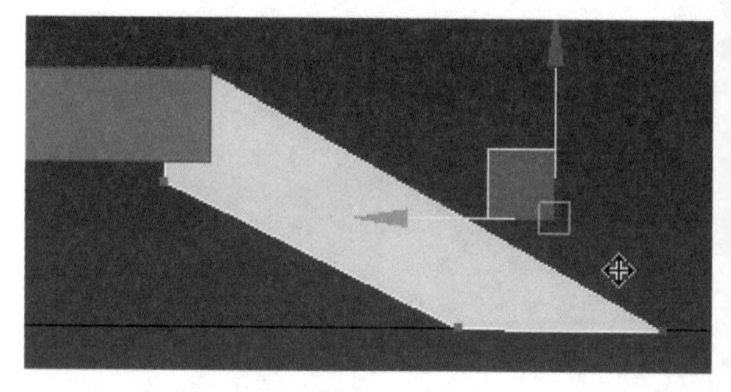

图5-53

⑦ 退出点层级，选择整个物体，然后镜像关联复制出另一个，如图5-54所示。

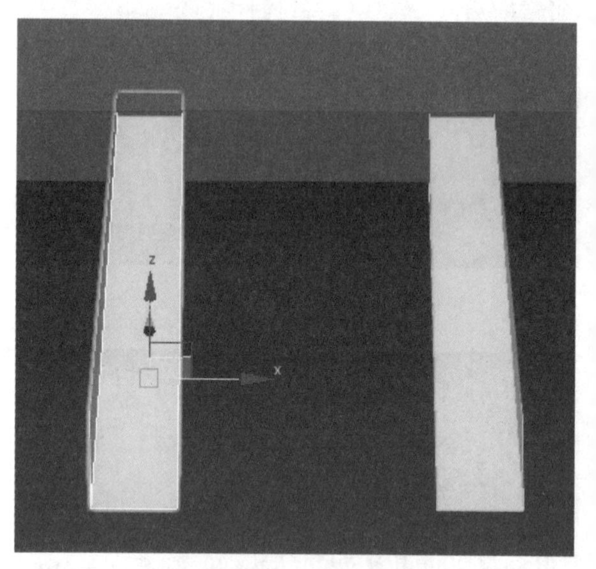

图5-54

⑧ 台阶阶梯的制作：在创建面板里面，单击几何体下的“Plane”，在透视图中创建一个面片。在修改面板里设置长度段数与宽度段数都为1，如图5-55所示。

图5-55

⑨ 选择物体，单击鼠标右键，在弹出的菜单中，执行“Convert To> Convert to Editable Poly”命令，将

物体转化成可编辑多边形。进入线级别，选择内部的线用移动工具调整位置，使面片竖直，如图5-56所示。

⑩ 选择顶部的线按住“Shift”键的同时拉动y轴，能够拖曳出一个面，如图5-57所示。

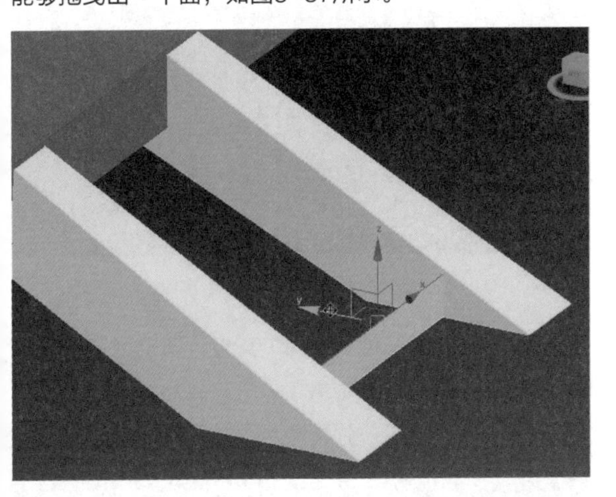

图5-56

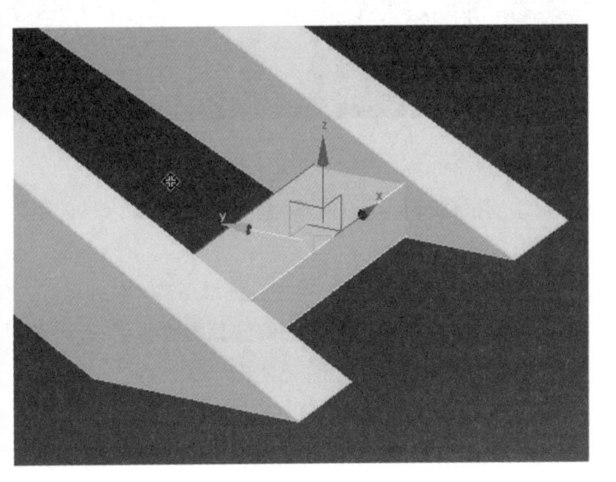

图5-57

⑪ 按住“Shift”键的同时拉动z轴，拖曳出一个竖面，如图5-58所示。

图5-58

⑫ 用同样的方式将其他的面拖曳出来，如图5-59所示。

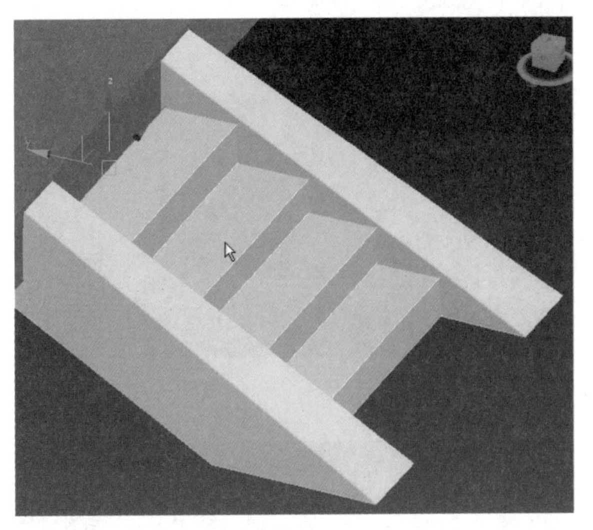

图5-59

⑬ 创建一个Box，作为底座的支架结构。选择物体，单击鼠标右键，在弹出的菜单中，执行“Convert To> Convert to Editable Poly”命令，将物体转化成可编辑多边形，如图5-60所示。

图5-60

⑭ 进入点级别，选择底部的所有的点，用缩放工具收缩，如图5-61所示。

⑮ 退出点级别，按住“Alt+Q”键能够单独显示这个物体。进入面级别，选择顶部的面按“Delete”键将顶面删除。单击鼠标右键，在弹出的面板中单击“Unhide All”将所有物体显示出来，如图5-62所示。

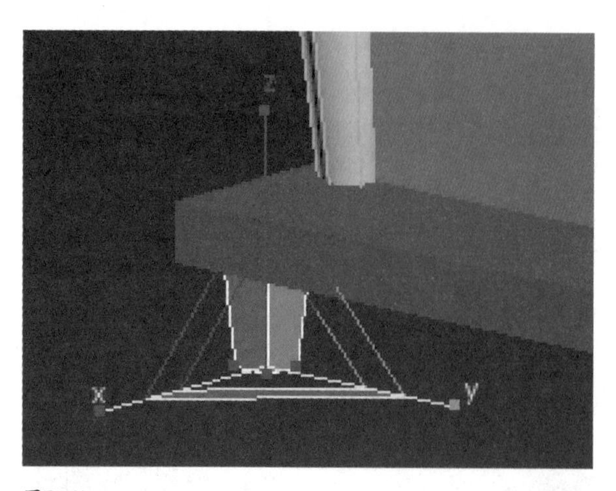

图5-61

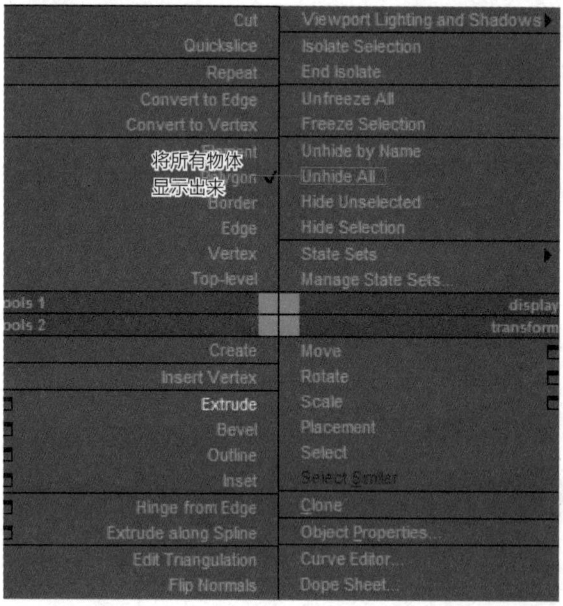

图5-62

⑯ 选择物体按住“Shift”键的同时拉动*y*轴，在弹出的面板中设置复制的类型为Copy，复制的数量为4，单击“OK”按钮，如图5-63所示。

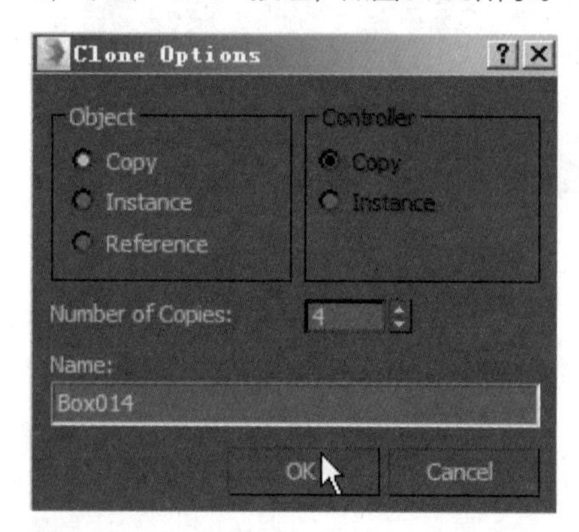

图5-63

⑰ 分别进入点级别调整造型，让底座的支架做一些变化，如图5-64所示。

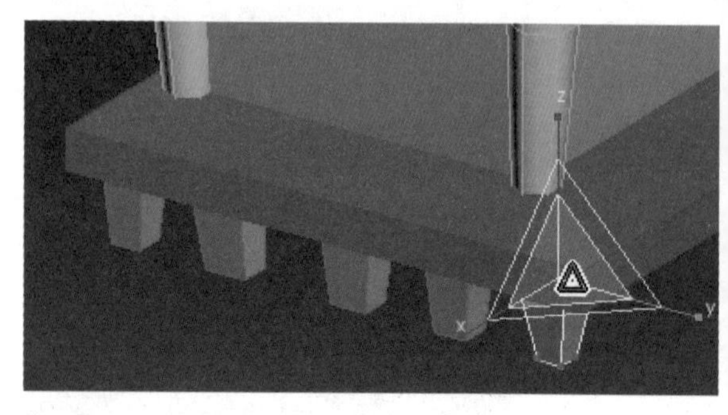

图5-64

⑱ 房子的正面也复制几个支架，调整宽窄以及间距的变化，如图5-65所示。

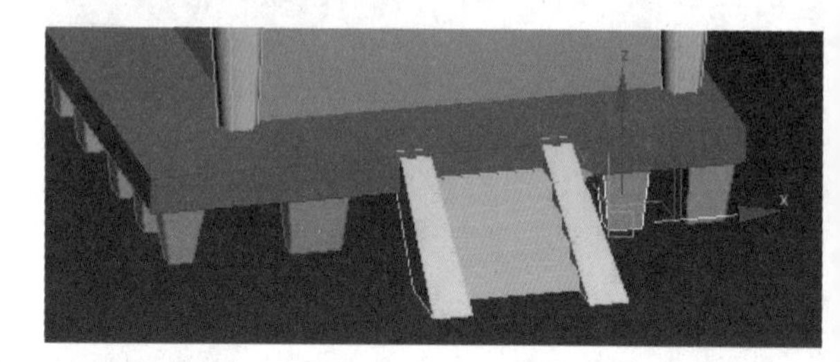

图5-65

⑲ 后面的支架可以先不做，后面拆分好了UV后可以带着UV一起复制。

⑳ 在创建面板里面，单击几何体下的“Plane”，在透视图中创建一个面片。在修改面板里设置长度段数与宽度段数都为1，如图5-66所示。

㉑ 选择物体，按住“Shift”键的同时拉动*x*轴，在弹出的面板中设置复制的类型为Copy，复制的数量为3，单击“OK”按钮。将其分别放在其他支架之间，如图5-67所示。

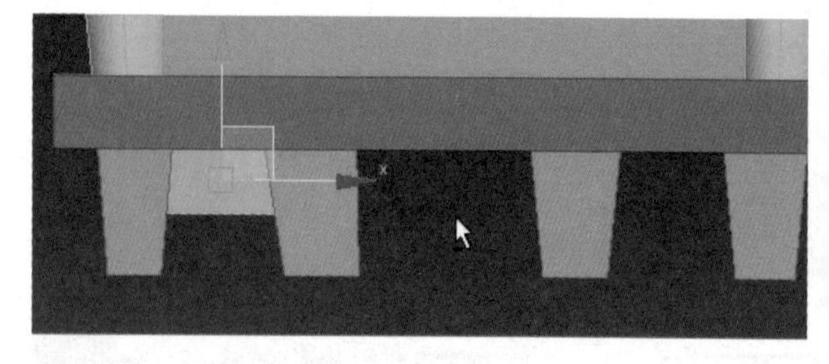

图5-66

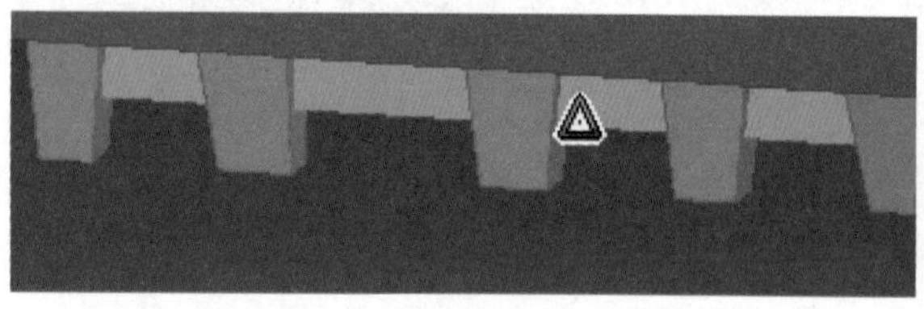

图5-67

5.2.4 周围物件模型的制作

1.罐子的制作

① 在创建面板中单击几何体下的“Cylinder”，透视窗口中创建一个圆柱体。进入修改面板，设置“Height Segments”高度段数为1，“Sides”边数为6，如图5-68所示。

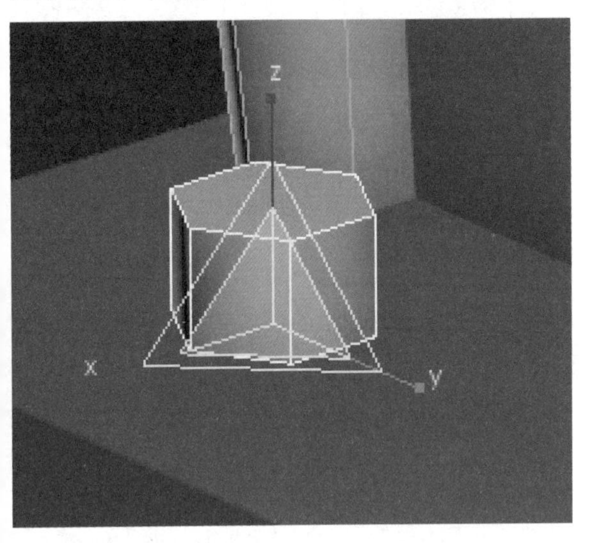

图5-68

② 选择物体，单击鼠标右键，在弹出的菜单中，执行“Convert To> Convert to Editable Poly”命令，将物体转化成可编辑多边形。进入面级别，选择顶部的面用缩放工具放大。选择顶上的面，单击鼠标右键，在弹出的菜单中，左键单击“Extrude”挤出命令左侧设置窗口，设置挤出的高度。用缩放工具将顶部的面收缩，如图5-69所示。

③ 选择顶部的面，再次用“Extrude”挤出命令挤出一段高度，用缩放工具放大，如图5-70所示。

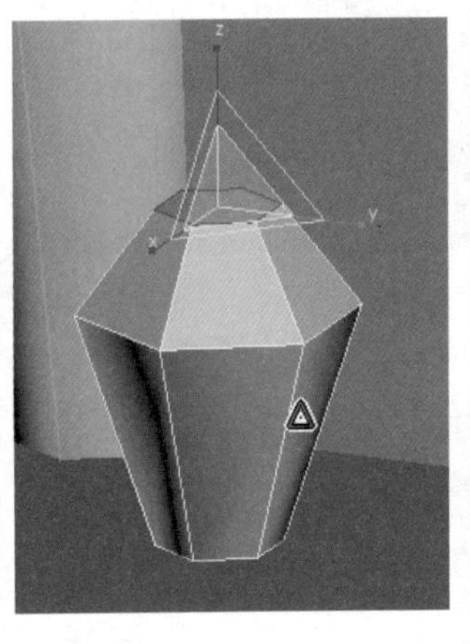

图5-69

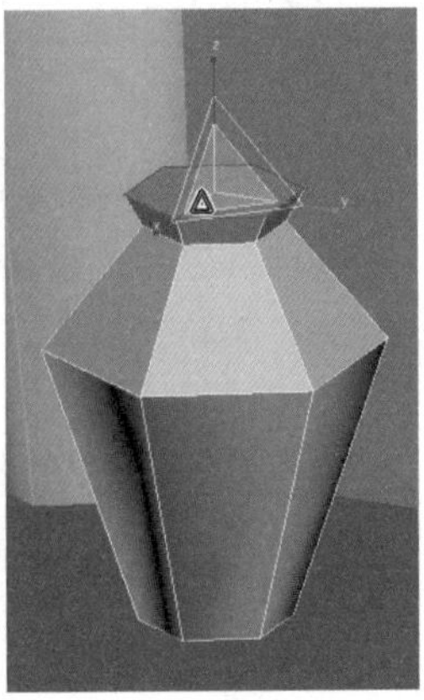

图5-70

④ 选择顶部的面，再次用“Extrude”挤出命令挤出一段高度，用缩放工具收缩，如图5-71所示。

⑤ 选择顶部的面再次用“Extrude”挤出命令挤出一段高度，单击鼠标右键，在弹出的菜单中，左键单击“Collapse”塌陷命令将顶部的面塌陷为一个点，用移动工具将这个点沿着z轴下压，如图5-72所示。

图5-71

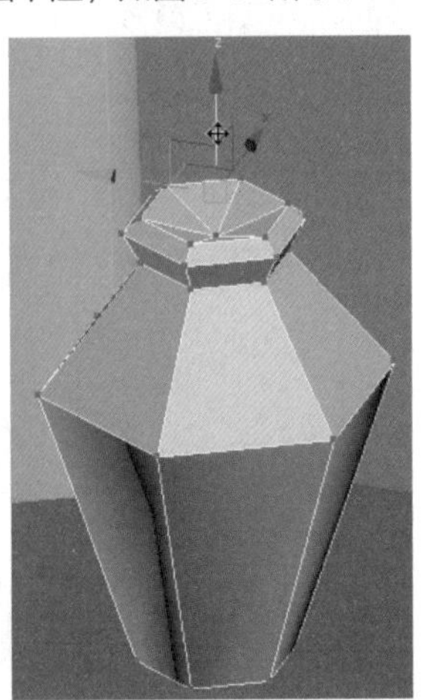

图5-72

⑥ 这样一个罐子的基本形状做出来了，为了让罐子造型更圆润一些，进入线级别，选中罐身的横线，单击鼠标右键，在弹出的面板中单击“Chamfer”左侧的设置窗口，在弹出的面板中设置切角的间距，如图5-73所示。

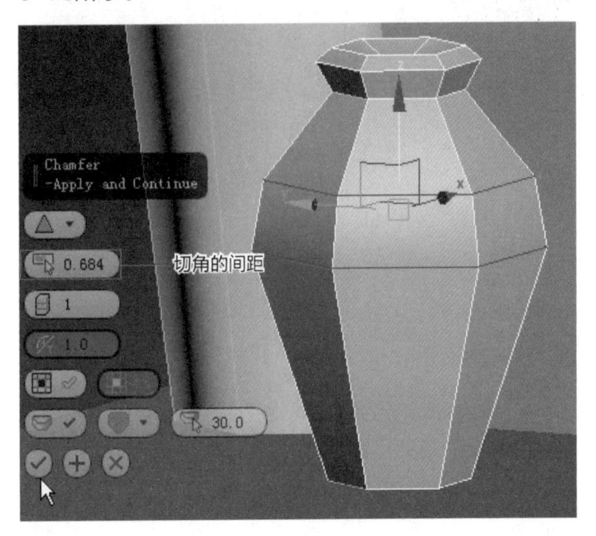

图5-73

⑦ 原画中的造型有些歪扭，进入点级别，选择罐口的部分，点用移动工具调整点的位置，如图5-74所示。

⑧ 原画中还有一个低矮的罐子，结构都是相似

的，只需要调整一下造型即可。选中整个罐子物体，按住“Shift”键并且用移动工具拖曳复制一个罐子，进入线级别，选择罐身的线并调整其位置，从而调整物体的造型，如图5-75所示。

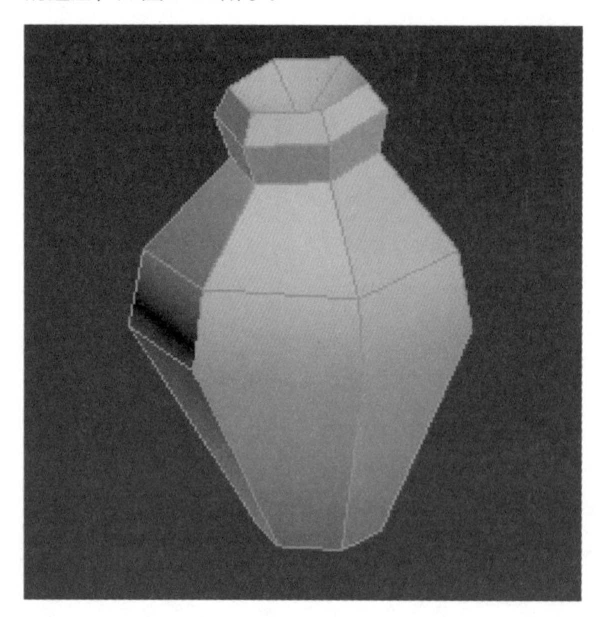

图5-74

图5-75

⑨ 低矮的罐子有瓶颈的结构，所以在颈部还需要用“Connect”连接工具添加一条线，如图5-76所示。

⑩ 选中新添加的一圈线用缩放工具收缩，达到瓶颈的效果，如图5-77所示。

⑪ 要想达到瓶口歪扭的效果，选择局部的点用移动工具调整点的位置，如图5-78所示。

图5-76

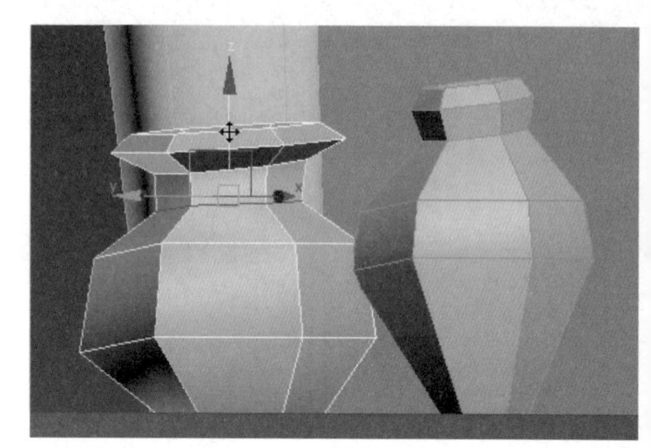

图5-77

图5-78

2.护栏和屋顶的制作

① 在底座上创建一个Box，单击鼠标右键，在弹出的菜单中，执行“Convert To> Convert to Editable Poly”命令，将物体转化成可编辑多边形。

进入点级别，选择底部的所有的点用缩放工具收缩，使栏杆上大下小，如图5-79所示。

图5-79

② 复制一个栏杆放在左边，创建一个Box作为横栏，为了不让横栏显得呆板，在中间用“Connect”连接命令添加一条线，如图5-80所示。

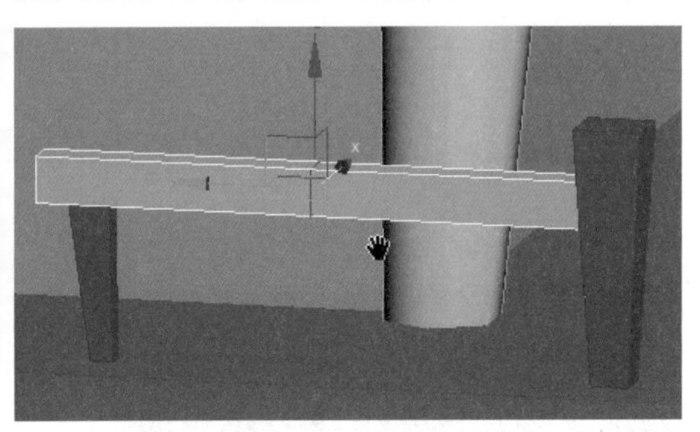

图5-80

③ 进入点级别，调整点的位置，如图5-81所示。

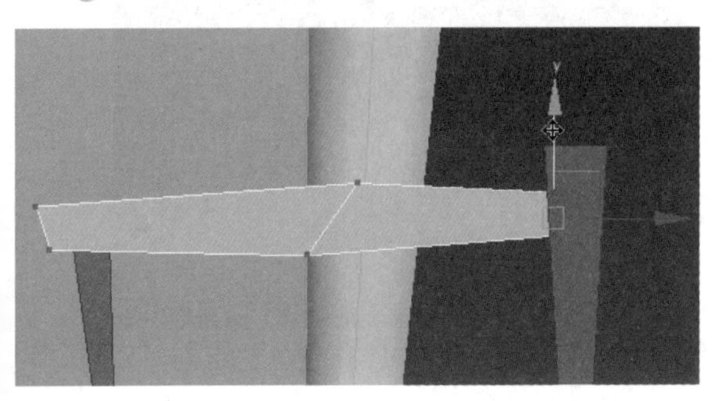

图5-81

④ 其他的横栏的制作思路是一样的，都是先创建基本形体，然后转化成可编辑多边形之后按照原画的造型变化添加相应的中间线，然后进入点级别调整点的相应位置。右边护栏的造型如图5-82所示。

⑤ 台阶护栏的造型如图5-83所示。

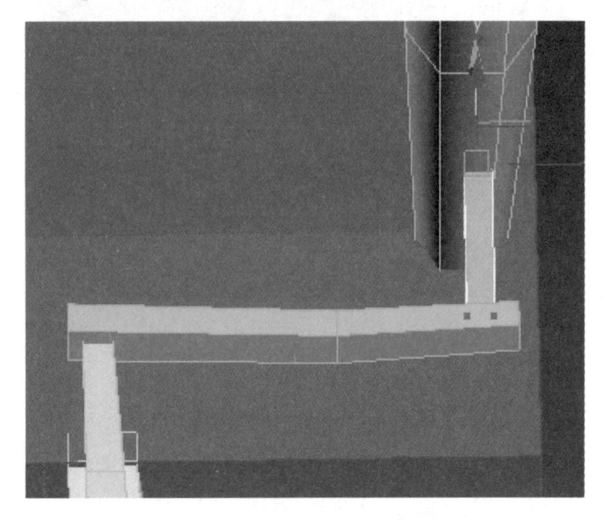

图5-82

图5-83

⑥ 选择房顶的结构，按“Alt+Q”组合键，房顶的物体就会被单独显示出来，如图5-84所示。

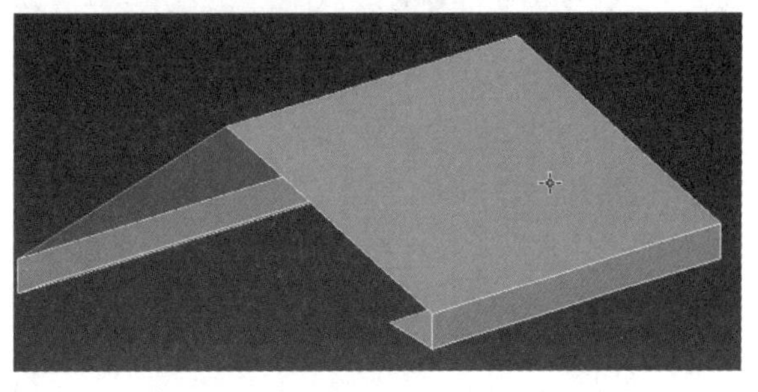

图5-84

⑦ 现实的房顶会因为重力作用有些凹陷，所以在房顶两侧分别用“Connect”连接工具添加一条线，并且用移动工具沿着*z*轴往下移动，如图5-85所示。

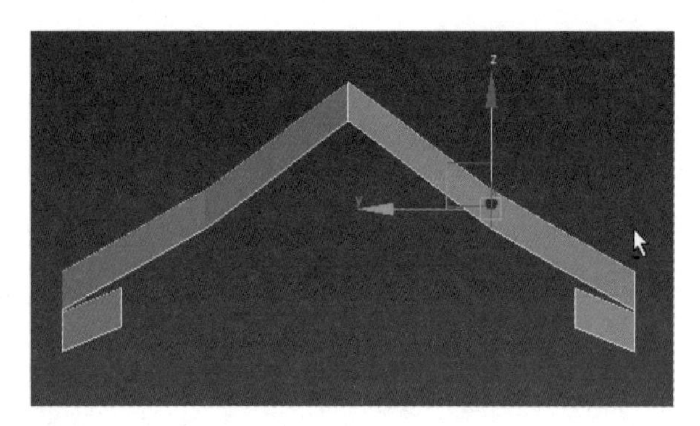

图5-85

⑧ 单击鼠标右键，在弹出的面板中单击“Unhide all”将所有的物体全部显示出来。然后选择墙体的部分再次按“Alt+Q”键将墙体单独显示出来，进入线级别，用“Connect”连接命令在墙体上添加两条横线，如图5-86所示。

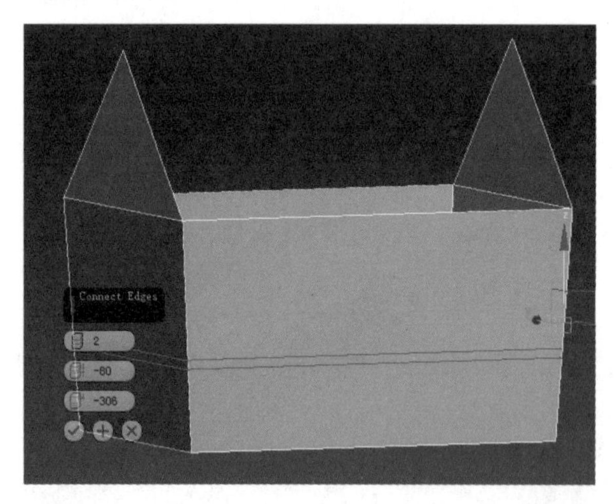

图5-86

⑨ 用缩放工具将下面一条线放大，这样就把围墙的结构做好了，如图5-87所示。

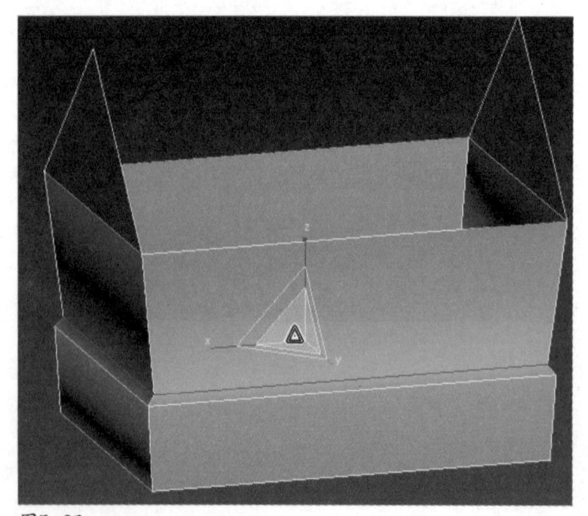

图5-87

⑩ 再次单击鼠标右键，在弹出的面板中单击“Unhide All”将所有的物体全部显示出来。在墙体的侧面创建一个边数为6、高度段数为2的Cylinder圆柱体，如图5-88所示。

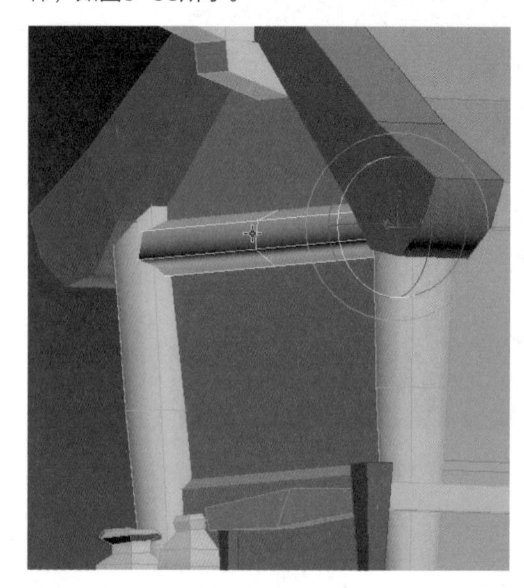

图5-88

⑪ 单击鼠标右键，在弹出的菜单中，执行“Convert To> Convert to Editable Poly”命令，将物体转化成可编辑多边形。按“Alt+Q”组合键将圆柱体单独显示出来，进入面级别，选择左右以及后面看不到的面按“Delete”键将其删除，如图5-89所示。

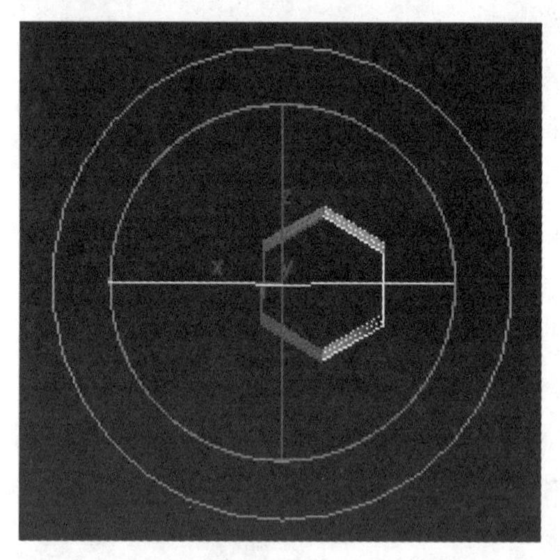

图5-89

⑫ 按住“Shift”键，同时用移动工具沿着z轴下移再复制一个木长条，如图5-90所示。

⑬ 调整中间点的位置，让下面的木条造型与上面的有一定的区分，如图5-91所示。

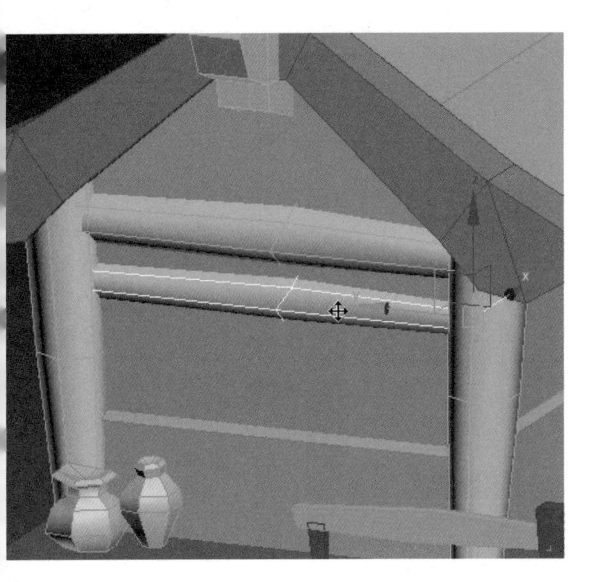

图5-90

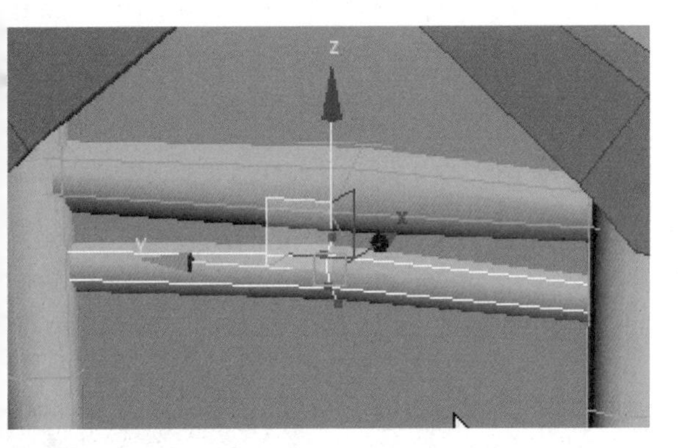

图5-91

⑭ 在侧面墙上创建一个Box作为窗户，单击鼠标右键，在弹出的菜单中，执行“Convert To> Convert to Editable Poly”命令，将物体转化成可编辑多边形，如图5-92所示。

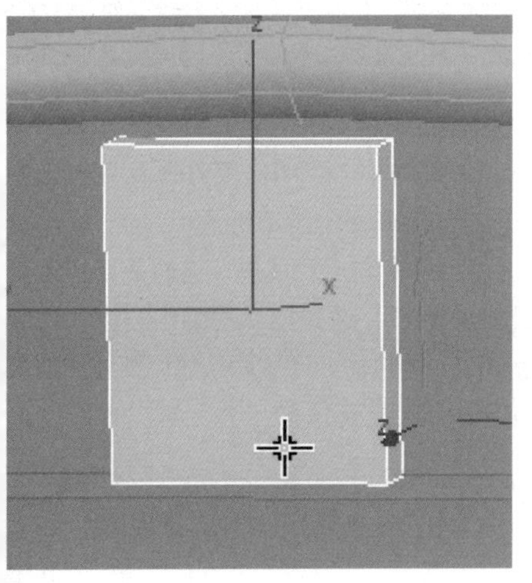

图5-92

⑮ 按照原画的造型做一些造型的变化。用“Connect”连接命令添加两条横线，进入点级别用移动工具调整点的位置，如图5-93所示。

⑯ 在创建面板几何形体下打开自动栅格，在房脊上创建一个Box，如图5-94所示。

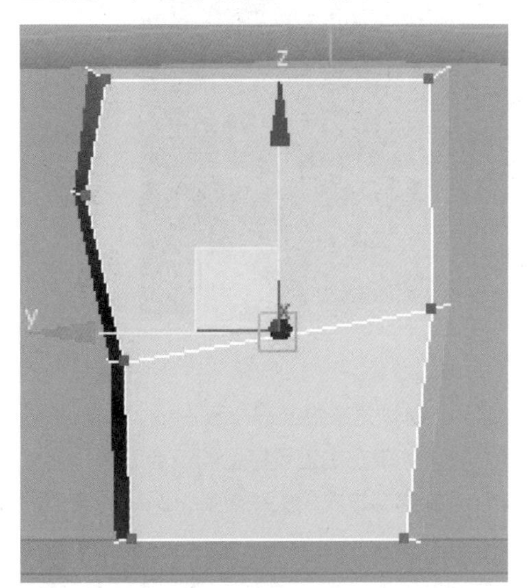

图5-93

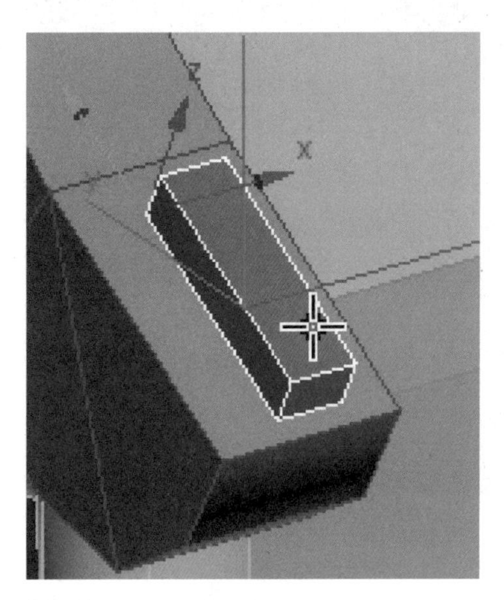

图5-94

⑰ 选择物体，单击鼠标右键，在弹出的菜单中，执行“Convert To> Convert to Editable Poly”命令，将物体转化成可编辑多边形。进入线级别，用“Connect”连接命令添加三条线，用移动工具调整新填加线的位置，如图5-95所示。

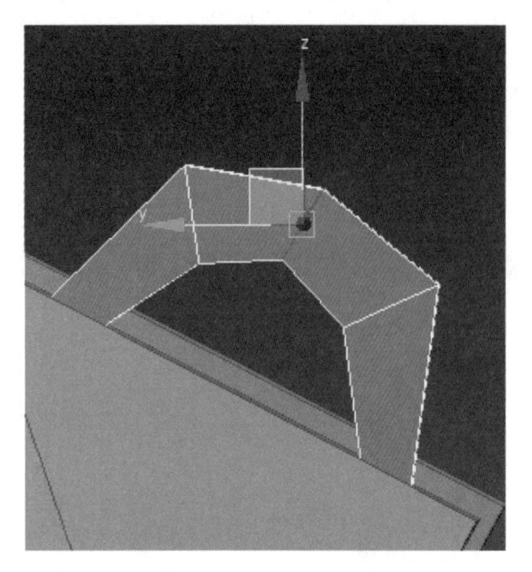

图5-95

⑱ 选择这个物体关联复制一个到右侧，同时选择做好的这两个物体，单击主工具栏上的镜像工具，设置相应的轴向，选择复制方式为关联复制。最终效果如图5-96所示。

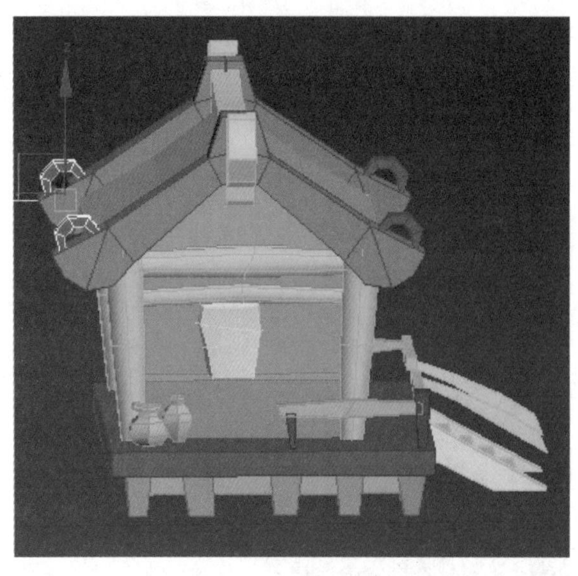

图5-96

3.门的制作

① 创建一个Box作为门，然后将其转化成可编辑多边形，如图5-97所示。

② 进入面级别，选择前面的面，如图5-98所示。

图5-97

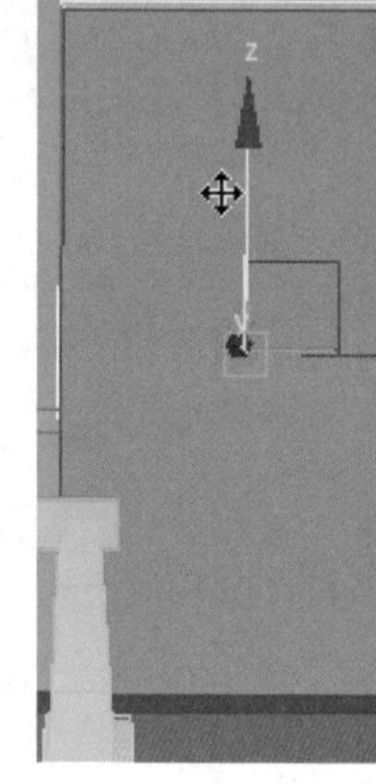

图5-98

③ 单击鼠标右键，在弹出的面板中左键单击“Inset”插入命令左侧的设置窗口，在弹出的的面板上设置插入的面的大小，如图5-99所示。

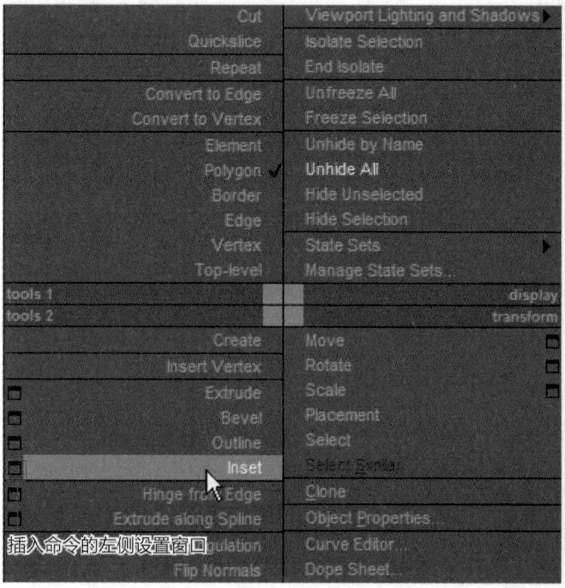

图5-99

④ 选择插入的面的内部，用“Extrude”挤出命令向内挤出一段结构，如图5-100所示。

⑤ 门做好后与墙之间出现漏洞，这时需要把墙面与门重合的部分删除掉。选择墙体的结构，进入线级别，用“Connect”连接命令添加两条线调整线的位置与门同宽，如图5-101所示。

⑯ 选择图5-102所示的面按，按“Delete”键将其删除。

⑰ 在房檐下创建一个长条的Box，如图5-103所示。

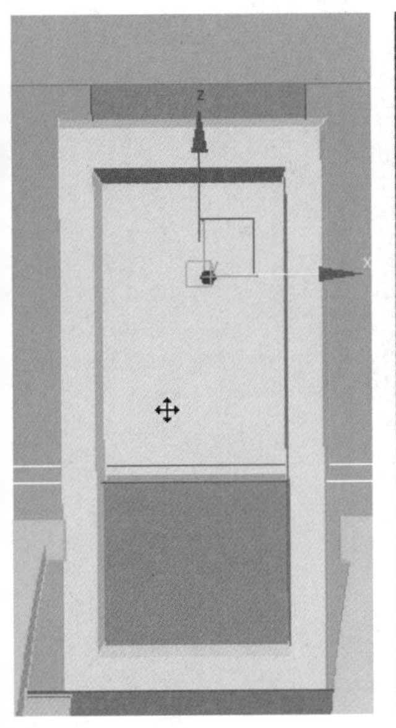

图5-100

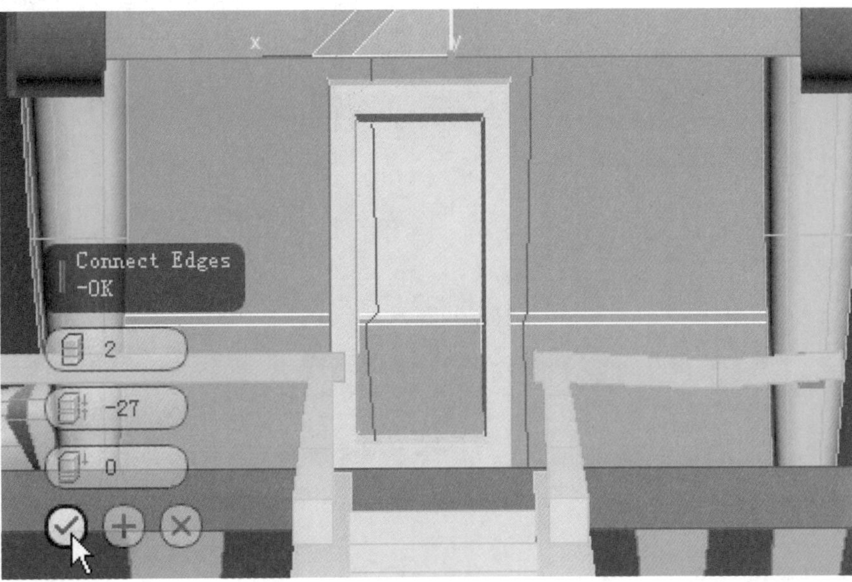

图5-101

图5-102

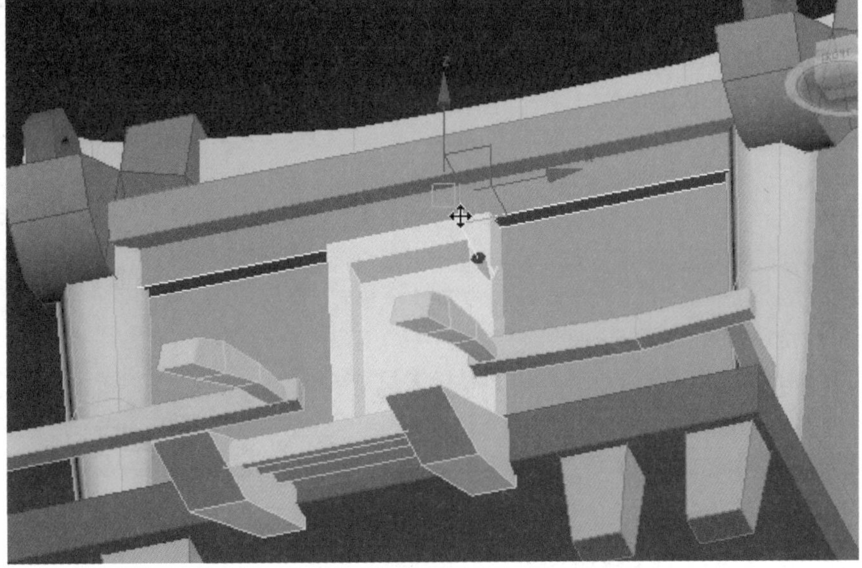

图5-103

⑱ 在正面墙的右侧还有一扇打开的窗户，创建一个Box作为窗板，并且用旋转工具对窗板进行旋转，用移动工具调整其位置。然后再创建一个Box作为支架，为了节省资源，将其转化成可编辑多边形后删除看不到的面，如图5-104所示。

图5-104

4.灯笼的制作

在创建面板里面，单击几何体下的Cylinder，在透视窗口中创建一个Cylinder圆柱体。在修改面板里设置高度段数为2，将圆柱体转化成可编辑多边形后选择中间的线，用缩放工具放大并且用移动工具调整最宽的位置。

① 一条线表现不出圆滑程度时可以用“Connect”连接命令，再添加一条线并且调整这条线的位置，使灯笼的底部更圆润，造型更饱满，灯笼的顶部也可以用“Connect”连接命令添加一条线。进入点级别，选择顶部的点缩放，灯笼的底部还有垂坠的穗，可以用“Extrude”挤出命令再次挤出一段结构，并且将底部的面删除，如图5-105所示。

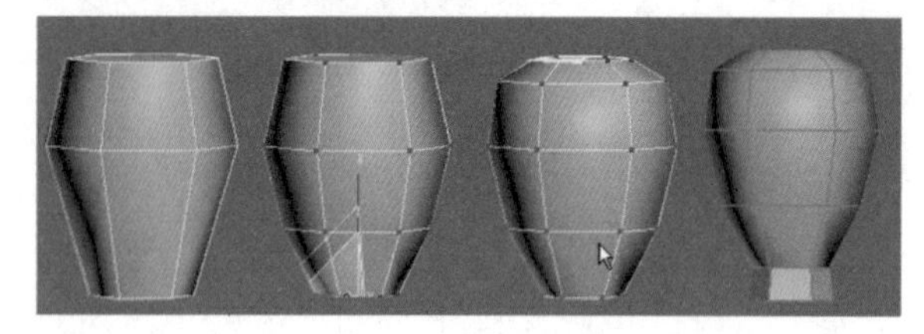

图5-105

② 灯笼的绳子可以用两个关联复制的十字交叉面片来制作，如图5-106所示。

③ 最后将做好的灯笼关联复制一个到右侧，如图5-107所示。

④ 剩余一些小栏杆，在制作完贴图之后再复制也是可以的，那样会提高工作效率。

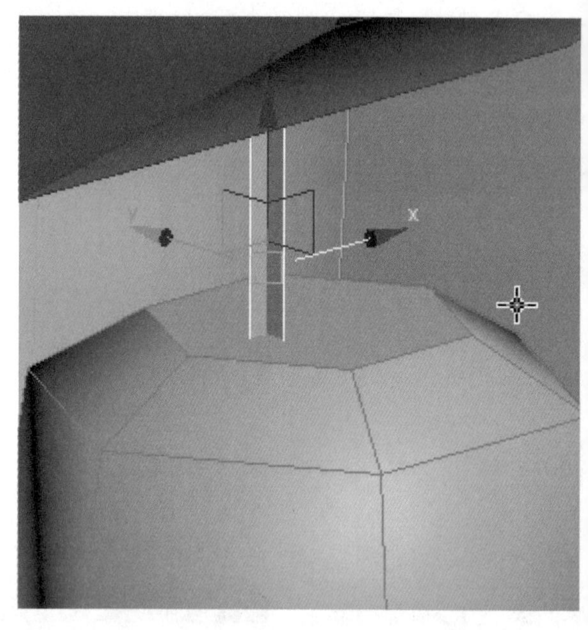

图5-106

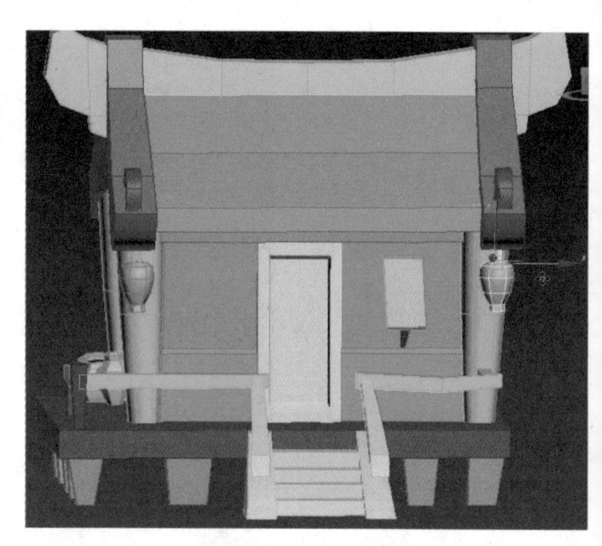

图5-107

5.3 场景UV的展开

本案例的模型存在比较多的关联复制模型，这样就提高了展开UV的效率，只要是关联复制的模型只需要展开其中的一个物体的UV，其他关联的模型会同步操作展开。

5.3.1 主体房子部分UV的展开

1.展开房脊的UV

❶ 选择模型，在修改面板里单击倒三角，在弹出的下拉列表中单击选择Unwrap UVW修改器，如图5-108所示。

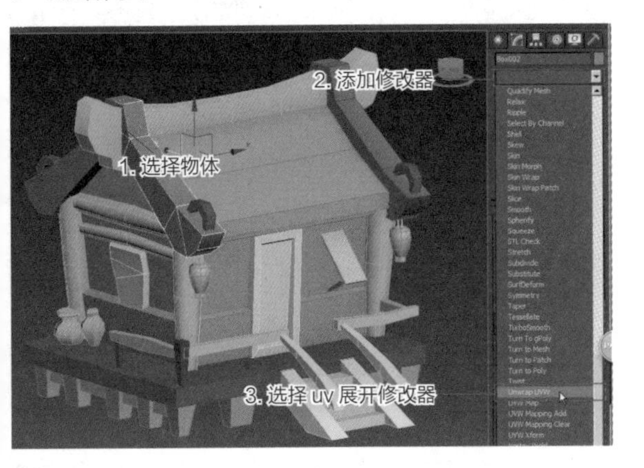

图5-108

❷ 进入UV面级别，在模型上选择物体前后的面，设置快速平面的轴向为x轴，使黄色的框与要展开的面保持平行的状态，然后单击快速平面按钮，如图5-109所示。

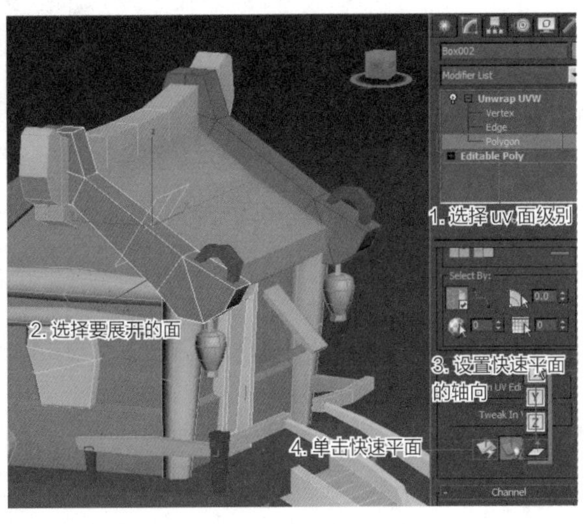

图5-109

❸ UV展开后的效果如图5-110所示。

侧面展开后整个顶部与底部可以用剥皮方式展开UV，但是如果展开了UV 的长度太长会影响UV的摆放，所以可以将上面剥皮一次，底面剥皮一次，这样两部分UV交界的地方会出现接缝线，接缝线一般出现在结构转折的地方。

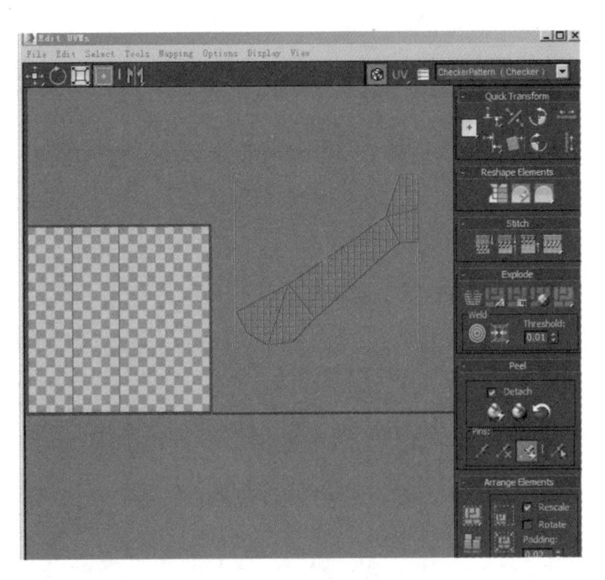

图5-110

❹ 选择顶部的面，单击快速剥皮按钮，UV编辑器里面的UV即可展开，如图5-111所示。

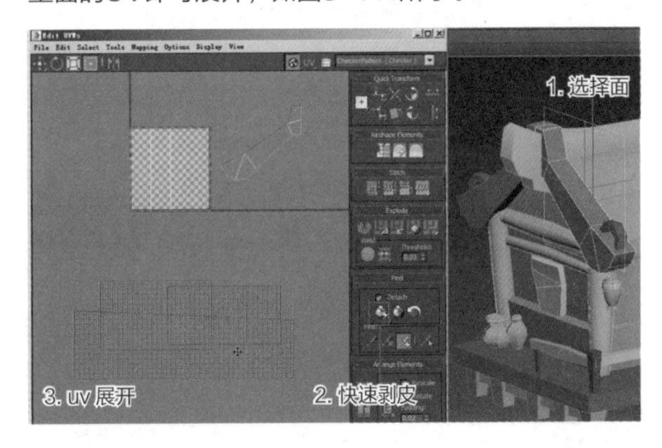

图5-111

❺ 这个UV比较特殊，应该展开的UV却断开成为三部分，可以将三部分手动缝合在一起。下面选择局部的面用移动工具将其移开排序，如图5-112所示。

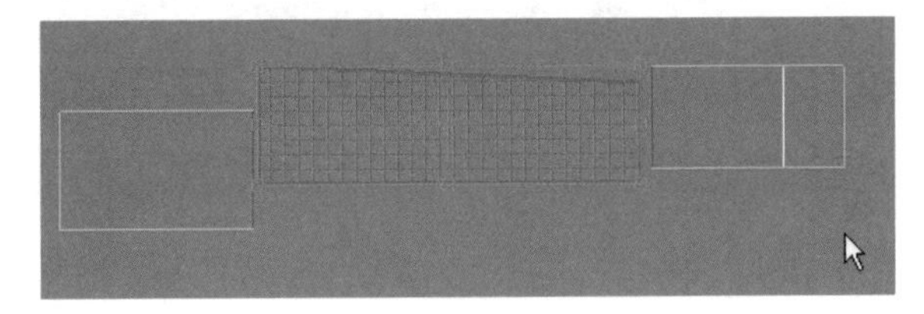

图5-112

❻ 为了分辨三段UV的排列顺序是否正确，选择一条UV线，如果另外的一条UV线变成了蓝色，说明两条线应该是焊接在一起的，如图5-113所示。

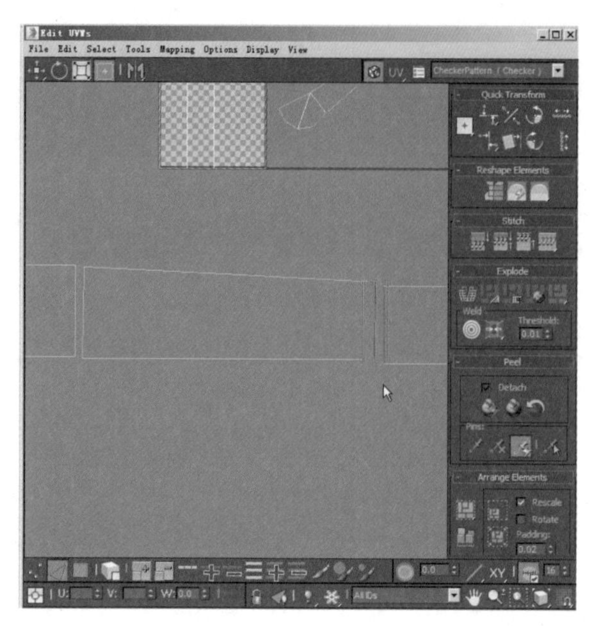

图5-113

⑦ 进入UV点级别，选择一个UV点，如果另外的一条UV线变成了蓝色，说明两条线应该是焊接在一起的，如图5-114所示。

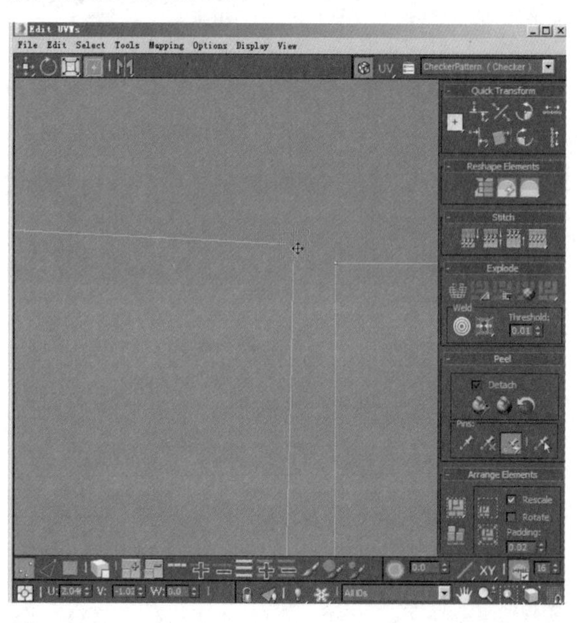

图5-114

⑧ 选择一个UV点，单击鼠标右键，在弹出的面板中选择Target Weld目标焊接，然后移动这个UV点，将其拖曳到变成蓝色的那个点上，待出现白色的图标时松开鼠标左键，如图5-115和图5-116所示。

⑨ 用同样的方式将其他的点也焊接上，两点焊接上之后本来是两条绿的边界线最后变成一条白色的内部线，如图5-117所示。

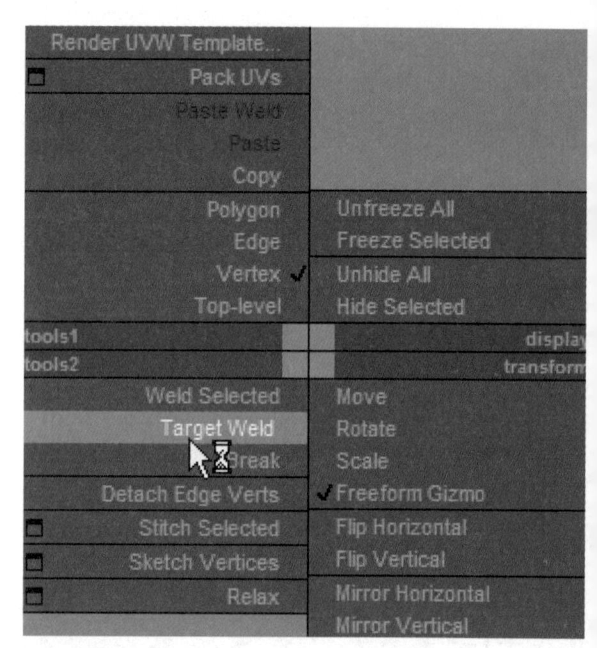

图5-115

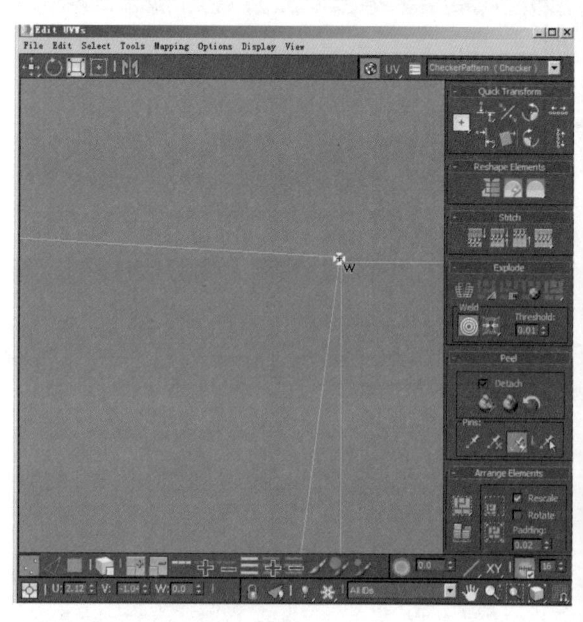

图5-116

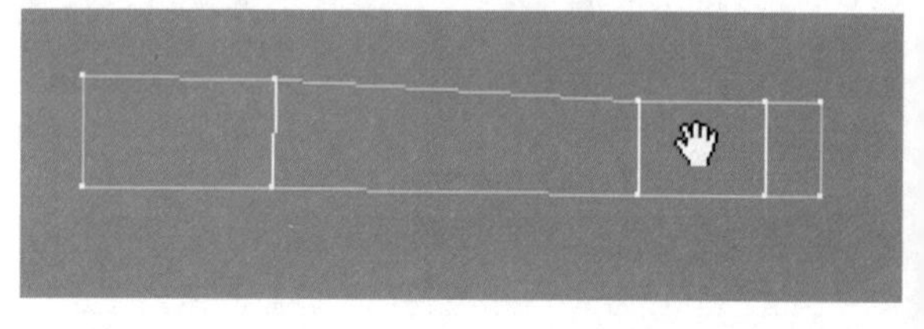

图5-117

⑩ 接好后如果觉得UV的比例有问题可以松弛一下UV。具体做法是选中UV面，单击UV编辑器里的Tools菜单下的Relax松弛，如图5-118所示。

⑪ 在弹出的菜单中单击倒三角，选择Relax By Polygon Angles，单击Start Relax开始松弛，如图5-119所示。

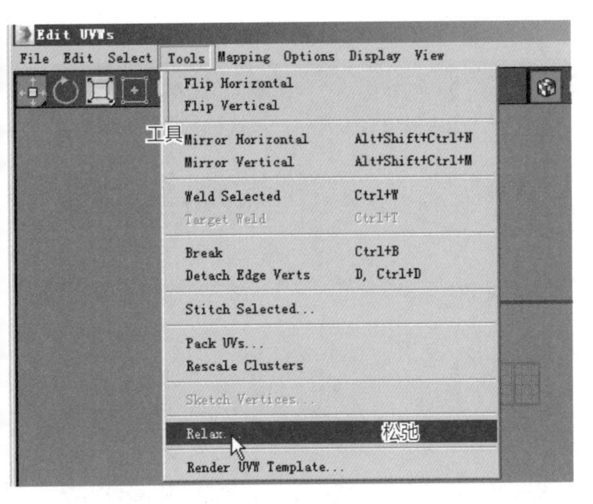

图5-118

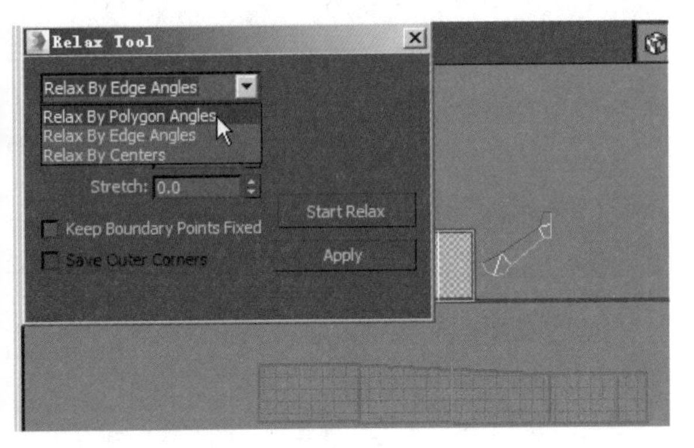

图5-119

⑫ 用同样的方式将底部的面展开。展开的UV如图5-120所示。

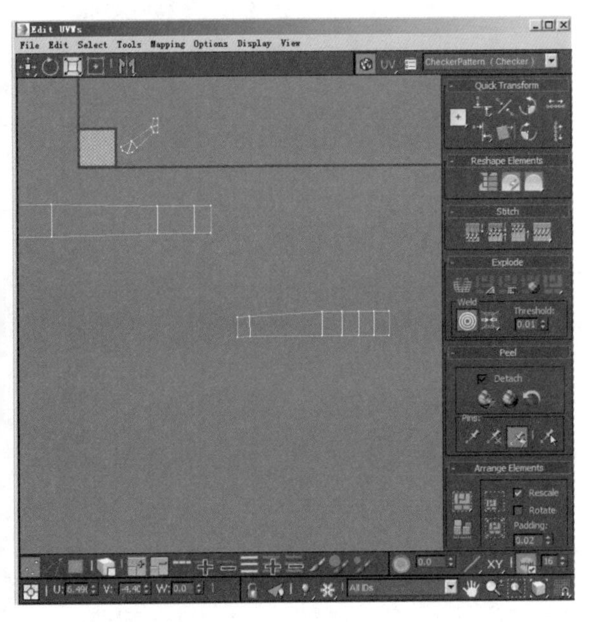

图5-120

⑬ 为了观察UV的展开是否合理，要添加一个棋盘格的贴图。添加棋盘格的方法在前面的章节中已经详细讲述，这里就不赘述了。

⑭ 将棋盘格赋予到物体上之后显示效果，如图5-121所示。

⑮ 用UV缩放工具调整UV的比例大小，使棋盘格大小保持一致，如图5-122所示。

⑯ 其他三部分结构是关联复制的模型，UV已经同时进行完毕，直接将棋盘格贴图赋予其即可，如图5-123所示。

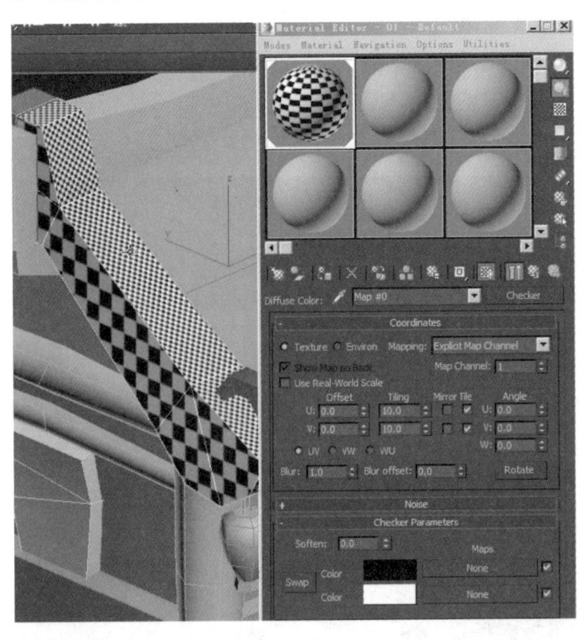

图5-121

图5-122

图5-123

⑰ 房顶绿色屋檐的展开方法都是一样的，思路都是对于平面物体就用快速平面展开UV，不在一个平面上的面就用快速剥皮按钮展开UV，用快速剥皮的时候有面断开的情况就用目标焊接将UV点焊接起来。关联的物体展开其中一个物体即可，如图5-124所示。

图5-124

2.瓦片UV的展开

① 瓦片贴图内容都是重复的，但是模型占用的空间比较大，为了不浪费资源用“Connect”连接工具，给瓦片添加一条中线，如图5-125所示。

图5-125

② 选择瓦片模型，在修改面板里单击倒三角，在弹出的下拉列表中单击选择Unwrap UVW修改器。打开UV编辑器，进入UV面级别，选择瓦片的所有面，单击快速剥皮按钮全部展开，如图5-126所示。

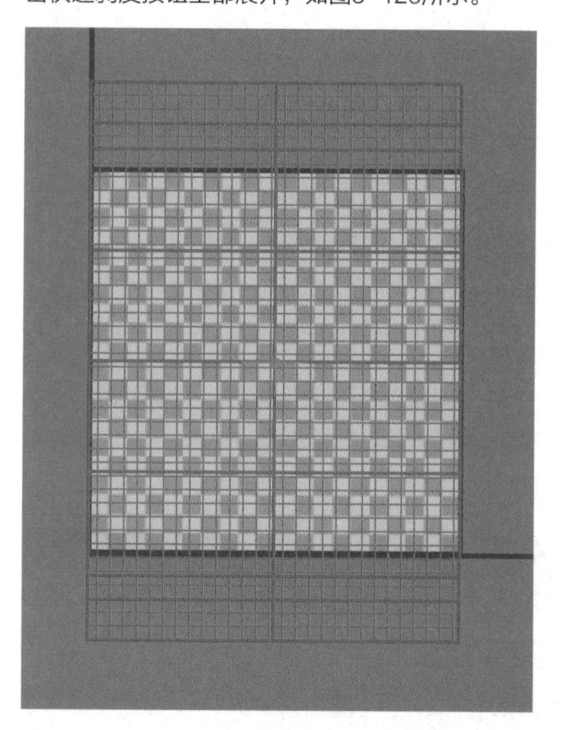

图5-126

③ 选择房子前面的所有的面，单击鼠标右键，在弹出的菜单中单击“Break”断开命令，然后在UV编辑器的工具栏上单击上下镜像工具，然后将两部分重叠在一起，如图5-127所示。

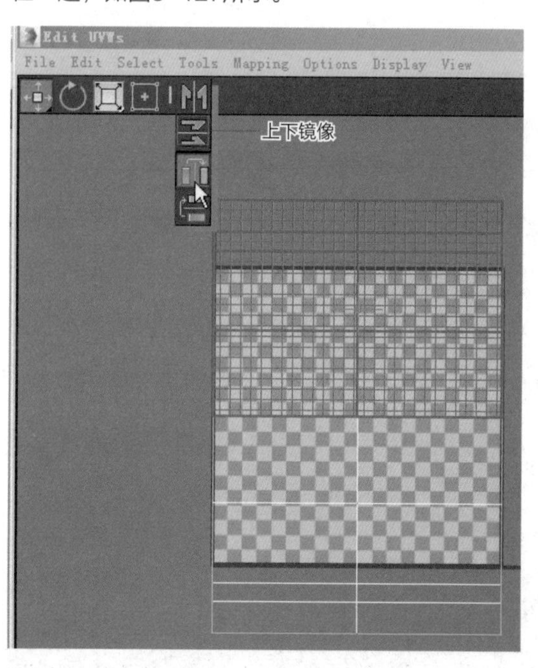

图5-127

④ 选择房子右侧的所有的面，单击鼠标右键，在弹出的面板中单击Break断开命令，然后在UV编辑器的工具栏上单击左右镜像工具，将两部分重叠在一起，如图5-128所示。

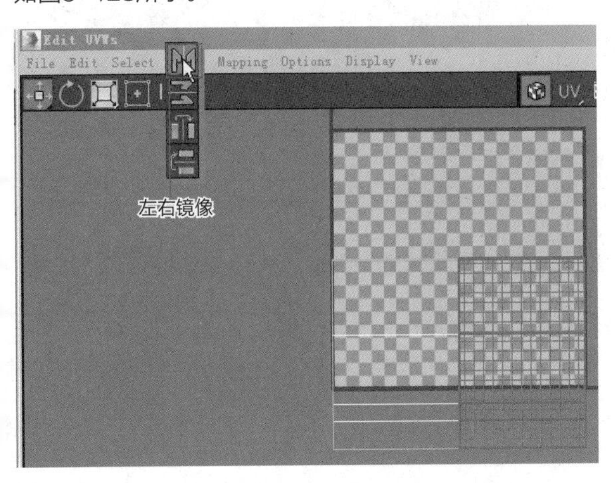

图5-128

⑤ 最后的效果如图5-129所示。

图5-129

3.木头和柱子UV的展开

① 因为木头模型插入墙的面已经被删除，所以可以直接用快速剥皮展开。选择木头模型，在修改面板里单击倒三角，在弹出的下拉列表中单击选择Unwrap UVW修改器。打开UV编辑器，进入UV面级别，选择木头的所有的面单击快速剥皮按钮，如图5-130所示。

图5-130

下面的木头与上面的展开方法一致。

② 选择一个柱子模型，在修改面板里单击倒三角，在弹出的下拉列表中单击选择Unwrap UVW修改器。打开UV编辑器，进入UV面级别，这种简单的圆柱系统会自动展开，如图5-131所示。

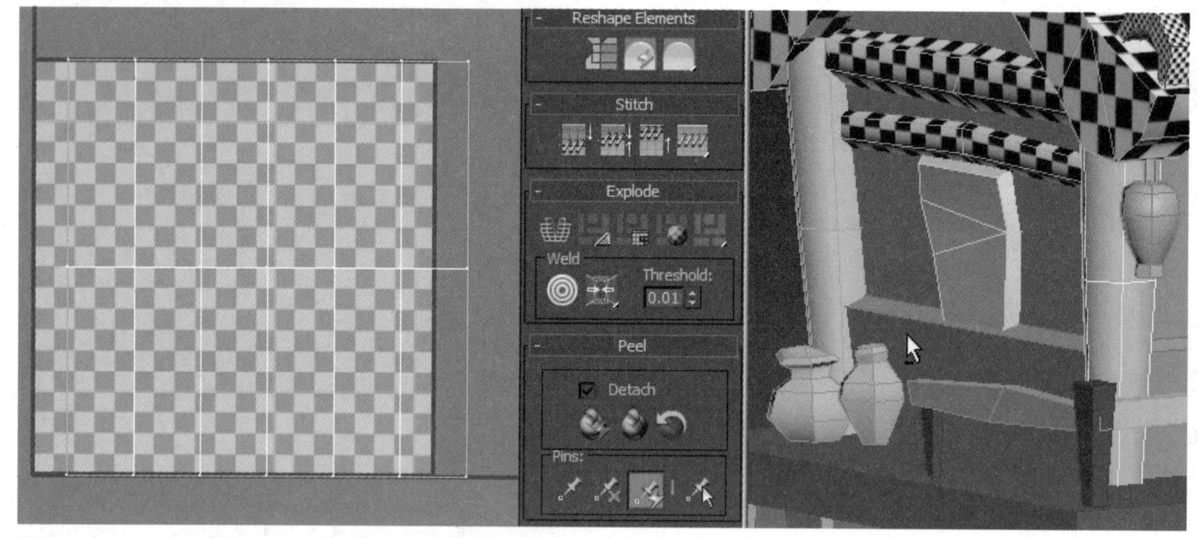

图5-131

③ 模型上红色线的位置表示接缝线，接缝线处于容易被看到的地方，并不是合理的位置，如图5-132所示。

④ 在UV上选择右侧UV面，单击鼠标右键，在弹出的面板中单击"Break"断开命令，然后将断开的部分移动到左侧，如图5-133所示。

⑤ 进入UV点级别，选择点，用"Target Weld"命令将点焊接上。然后调整棋盘格的比例。

图5-132

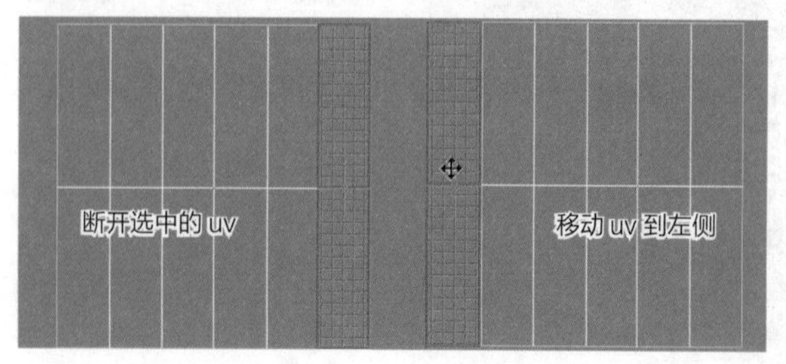

图5-133

4.侧面窗子的UV展开

① 选择窗子模型，在修改面板里单击倒三角，在弹出的下拉列表中单击选择Unwrap UVW修改器。打开UV编辑器，进入UV面级别，选择窗子的所有的面，选择快速平面轴向，使黄色的框与要占的大部分面平行，单击快速平面，如图5-134所示。

② 在展开UV时因为窗子的侧面与黄色的映射框不

平行，所以窗子的侧面UV比例是不准确的，可以通过调整UV点来解决，如图5-135所示。

③ 为了让UV比例更加准确，选择顶面与侧面转角的UV线，单击UV编辑器右侧的断开按钮，如图5-136所示。

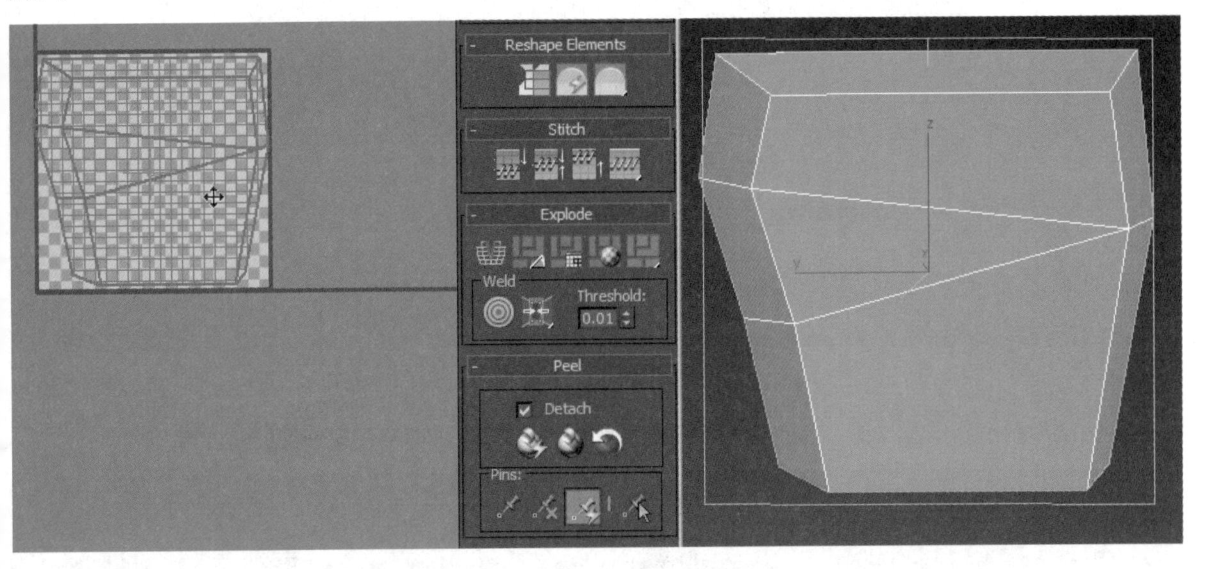

图5-134

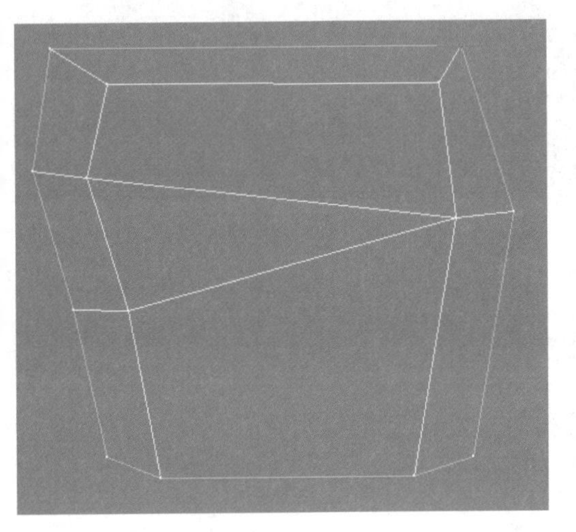

图5-135

图5-136

5.墙面的UV展开

① 选择墙面模型，按“Alt+Q”组合键将墙面模型单独显示出来，为了节省贴图面积，在后面的墙上用“Connect”连接工具添加一条线，方便后墙的左侧与右侧UV重叠，如图5-137所示。

② 选择一个墙体模型，在修改面板里单击倒三角，在弹出的下拉列表中单击选择Unwrap UVW修改器。打开UV编辑器，进入UV面级别，选择两侧面，设置快速平面的轴向为*x*轴，单击快速平面按钮，UV即可展开，如图5-138所示。

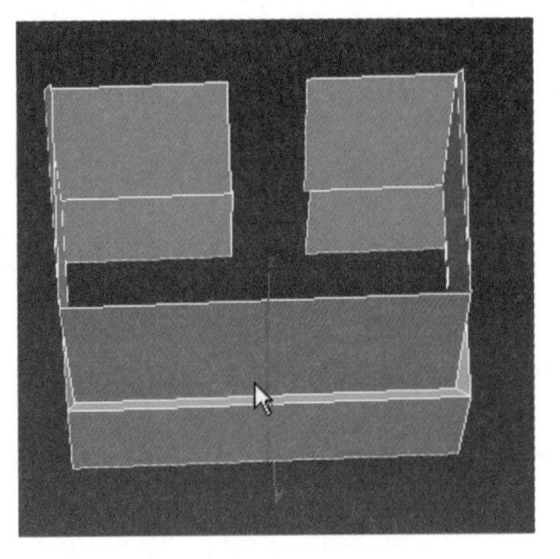

图5-137

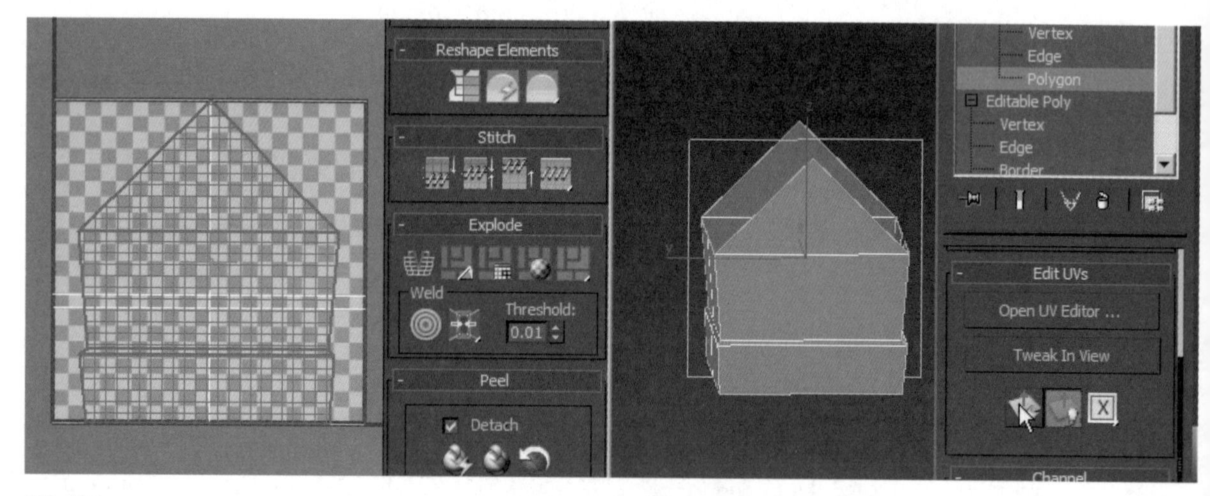

图5-138

③ 选择后墙的面，设置快速平面的轴向为*y*，单击快速平面按钮，UV即可展开，如图5-139所示。

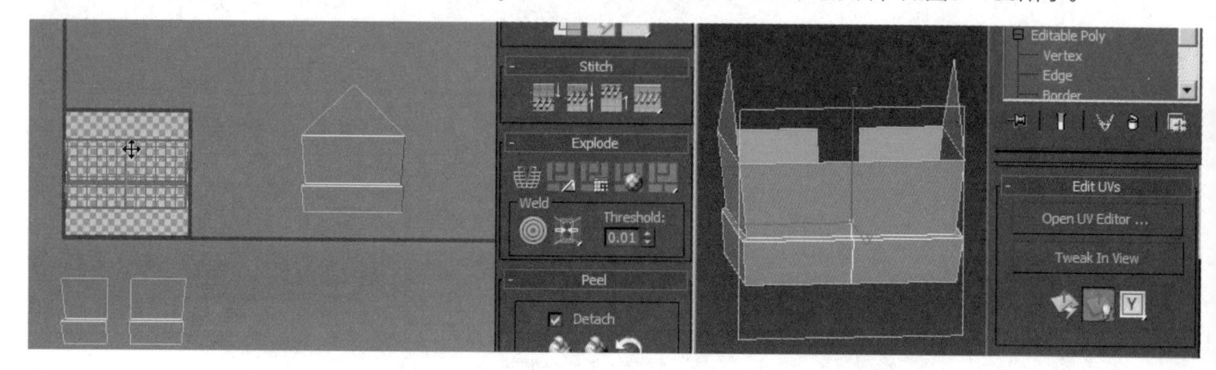

图5-139

④ 选择一半的UV面，单击鼠标右键，在弹出的面板中单击“Break”断开命令，然后在UV编辑器的工具栏上单击左右镜像工具，然后用移动工具将两部分重叠在一起，如图5-140所示。

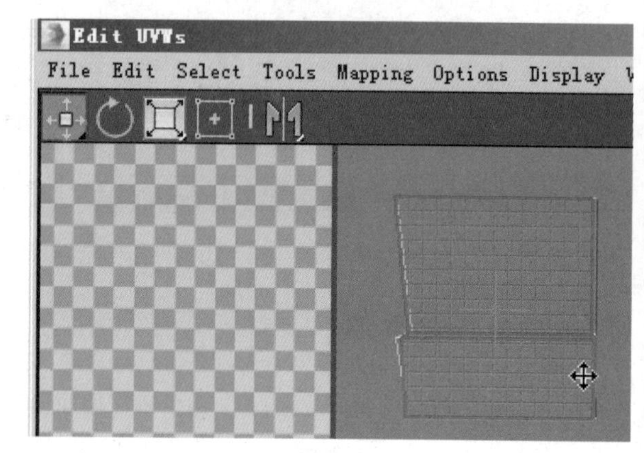

图5-140

⑤ 房子前墙的面用快速平面展开，因为左右贴图不一样所以不用重叠。

⑥ 房子主体物体展开后选择一个物体单击鼠标右键，将其转化成可编辑多边形，这样物体的关联就被打断了，然后用“Attach”命令依次单击已经展开的物体，将其合并在一起。再次添加Unwrap UVW修改器。打开UV编辑器，调整UV比例使棋盘格大小统一，如图5-141所示。

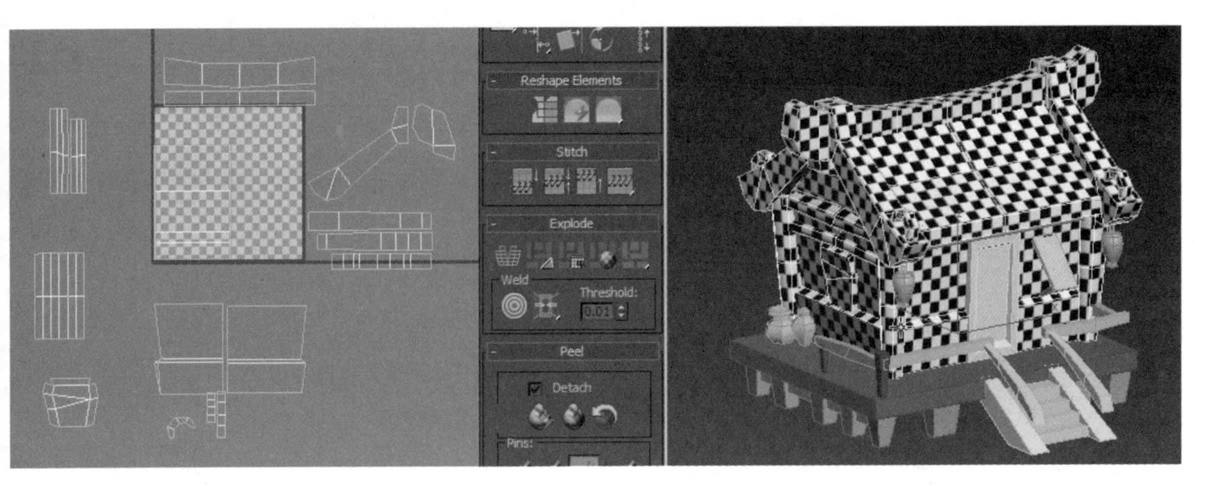

图5-141

5.3.2 房屋底座以及其他部件UV的展开

1.展开门口的UV

① 门口的材质都是木头的材质，光源是前面打光，所以两侧的面的贴图可以共用，UV可以重叠。

② 选择门的模型，在修改面板中添加“Unwrap UVW”UV展开的修改器，在修改面板进入UV面级别，选择正面所有的面，单击快速剥皮按钮展开UV，展开后的效果如图5-142所示。

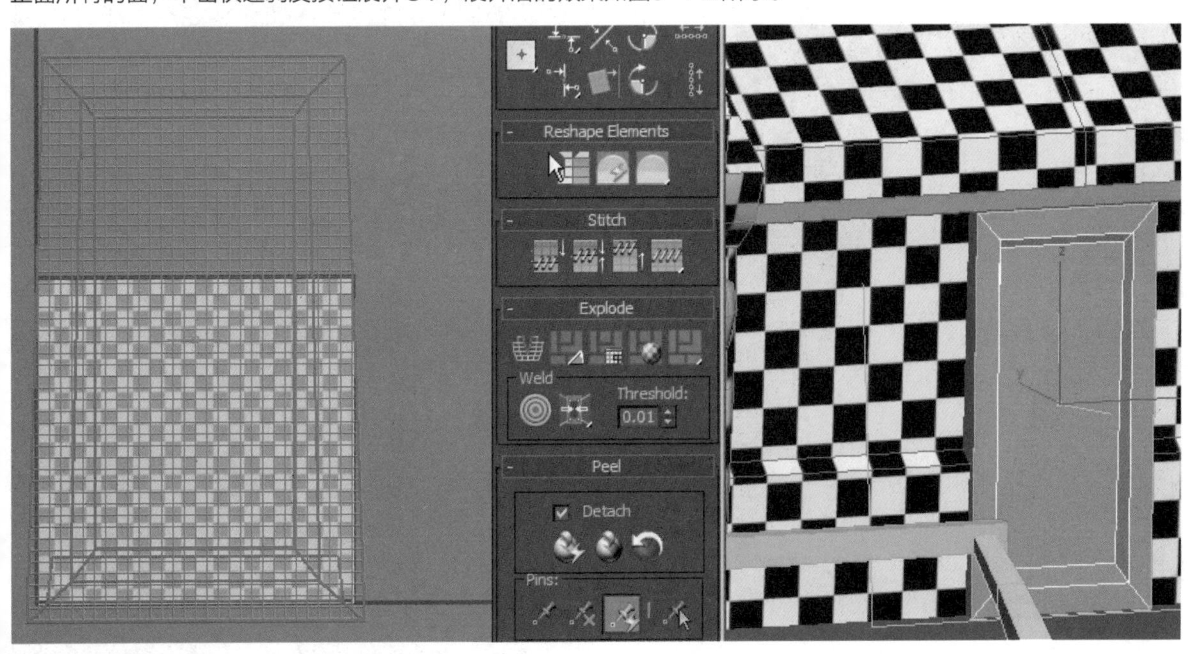

图5-142

③ 选择门两侧的面，设置快速平面的轴向为x轴，单击快速平面按钮。展开后的效果如图5-143所示。

④ 选择棋盘格材质球，按住鼠标左键将其拖曳到门上，如果与周围棋盘格大小不匹配，可以调整UV的大小，展开后的效果如图5-144所示。

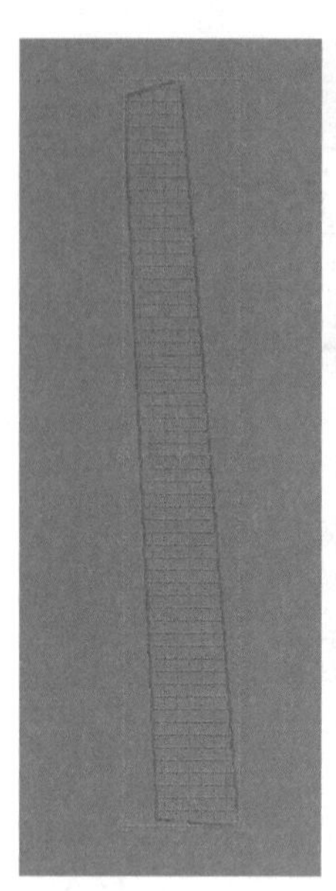

图5-143

图5-144

2.窗子的UV展开

① 选择窗户的模型，在修改面板中添加“Unwrap UVW”UV展开的修改器，如图5-145所示。

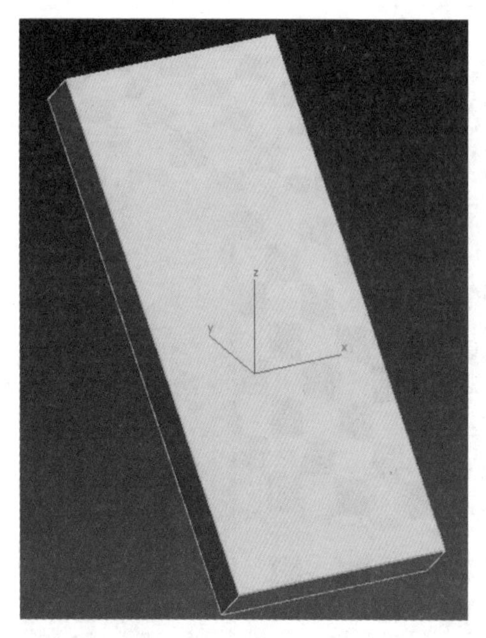

图5-145

② 打开UV编辑器，像这种简单的基本形体添加UV修改器之后系统会自动将UV展开，用户只需要选择相应的面，调整UV大小比例即可。选择顶部和底部的UV面，用移动工具将其挪到空白处，将棋盘格材质球拖曳到窗户上，如图5-146所示。

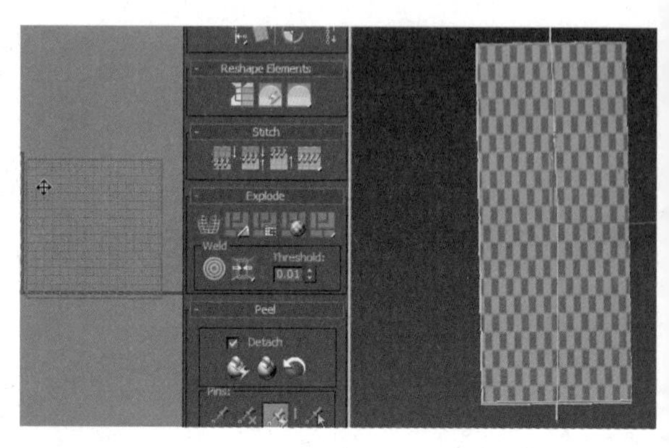

图5-146

③ 这样只是UV比例有问题，用变形工具调整UV的比例即可，如图5-147所示。

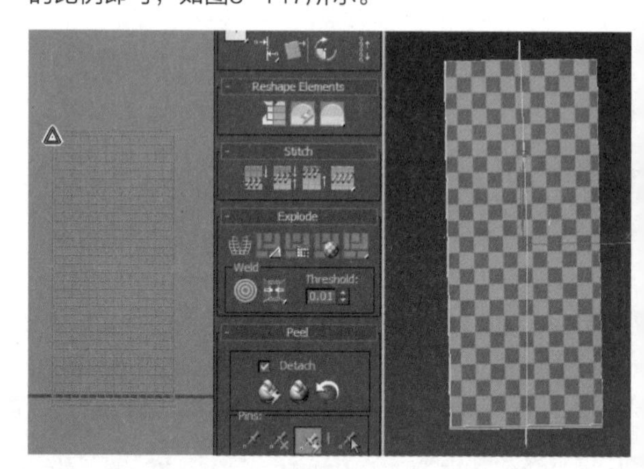

图5-147

④ 选择两侧的面用变形工具调整UV比例，如图5-148所示。

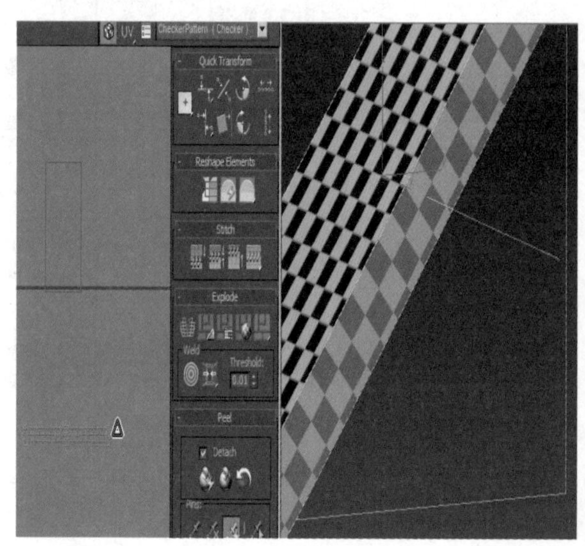

图5-148

⑤ 选择顶部和底部的面，用变形工具调整UV比例，调整完成的UV如图5-149所示。

图5-149

3.展开地板的UV

❶ 地板的UV的展开方法与窗户的一样，但是地面面积太大，如果全展开画太浪费贴图的空间，所以在地面上用“Connect”连接工具添加三条线，以方便后期沿着新加的线断开将几部分重叠。选择地板的模型，在修改面板中添加“Unwrap UVW”UV展开的修改器，如图5-150所示。

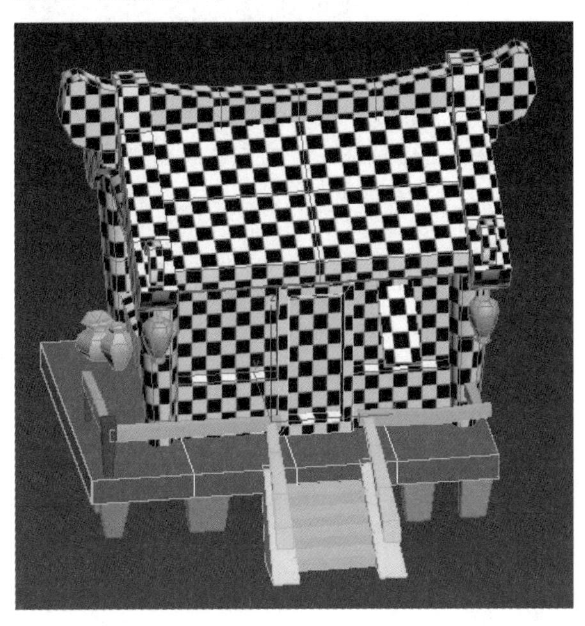

图5-150

❷ 进入UV面级别，选择顶底的UV面，用变形工具调整UV比例，如图5-151所示。

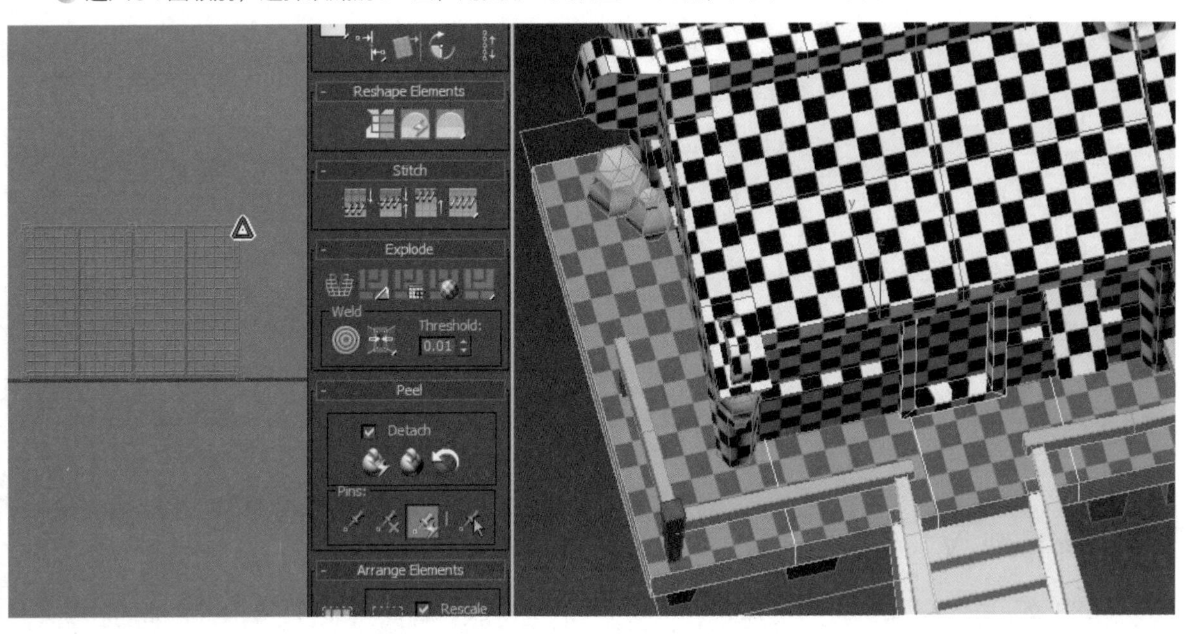

图5-151

❸ 前后的面与左右的面分别用变形工具调整UV比例，如图5-152所示。

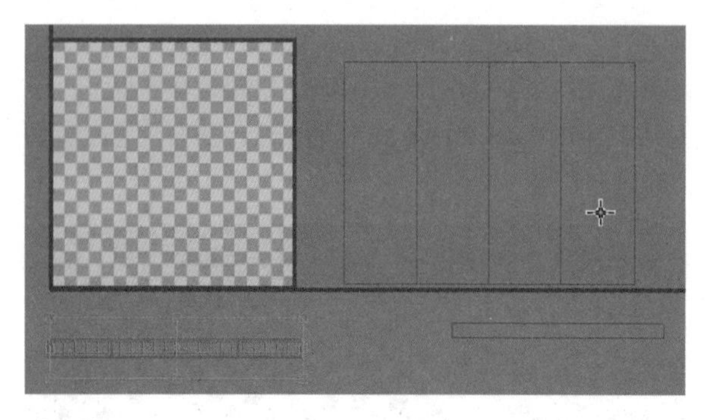

图5-152

④ 为了让UV重叠，选择框的一部分面，单击鼠标右键，在弹出的面板中单击“Break”断开命令，如图5-153所示。

⑤ 将其他的几个部分也断开，然后用移动工具将其重叠在一起，如图5-154所示。

⑥ 重叠后为了让点对得更整齐一些，进入UV点级别，选择顶部所有的点，单击上下点对齐工具。选择底部的点，同样单击上下点对齐工具，如图5-155所示。

⑦ 选择一侧的点，单击左右点对齐工具，如图5-156所示。

图5-153

图5-154

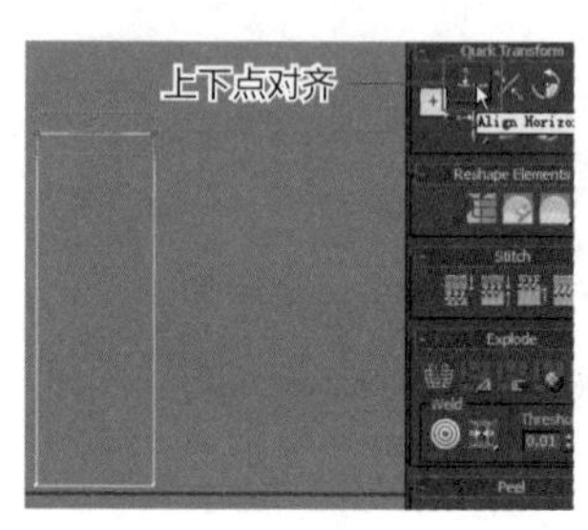

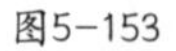

图5-155

图5-156

⑧ 选择地板前后UV面的一半，然后单击鼠标右键，在弹出的面板中单击“Break”断开命令，将其断开，然后单击UV镜像工具左右翻转，然后将两部分重叠在一起，如图5-157所示。

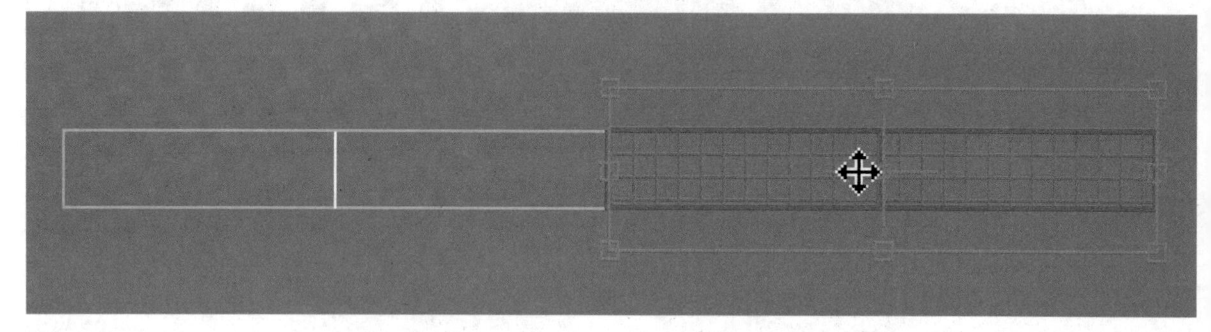

图5-157

4.展开支架的UV

① 这个支架顶部穿插到地板内部，底部接触到地面，所以顶面、底面都被删除了。选择支架模型，在修改面板里面添加“Unwrap UVW”UV展开的修改器，选择前后的面用快速平面展开，然后选择左右的面用快速平面展开，如图5-158所示。

② 在模型里面还有很多结构的展开方法与这个支架展法相同，分别依次展开就可以。

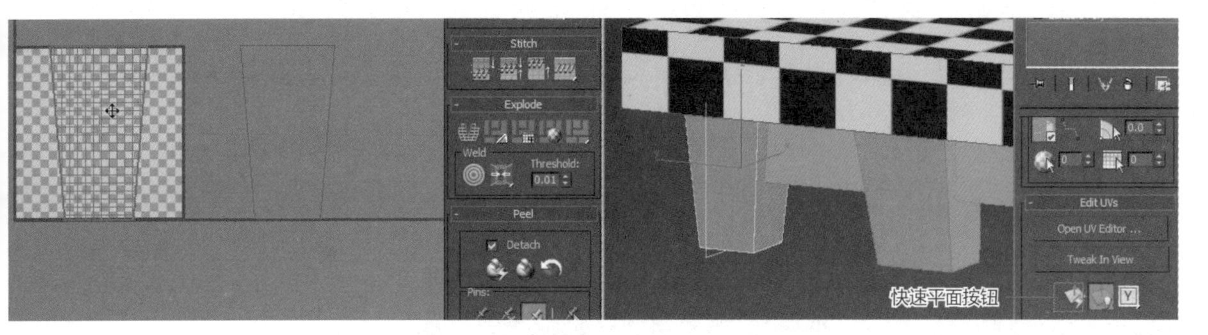

图5-158

③ 蓝色物体的展开方法与上面支架的展开方法一样。如图5-159所示。

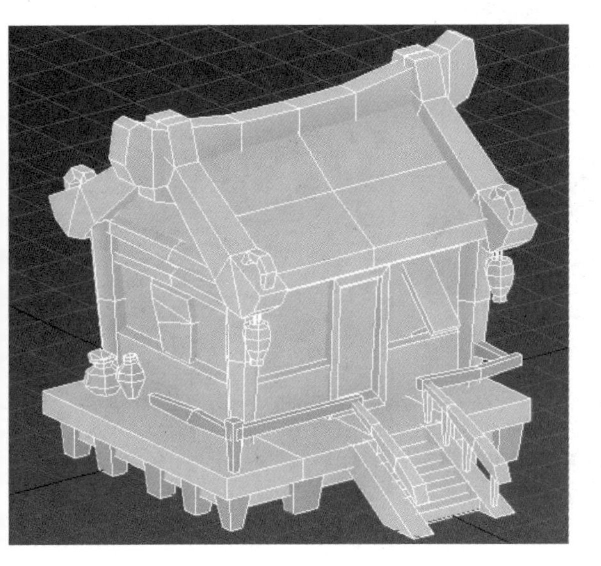

图5-159

"Unwrap UVW" UV展开的修改器，在修改面板选择UV面级别，选择所有的台阶面，单击快速剥皮按钮，能将其展开，如图5-160所示。

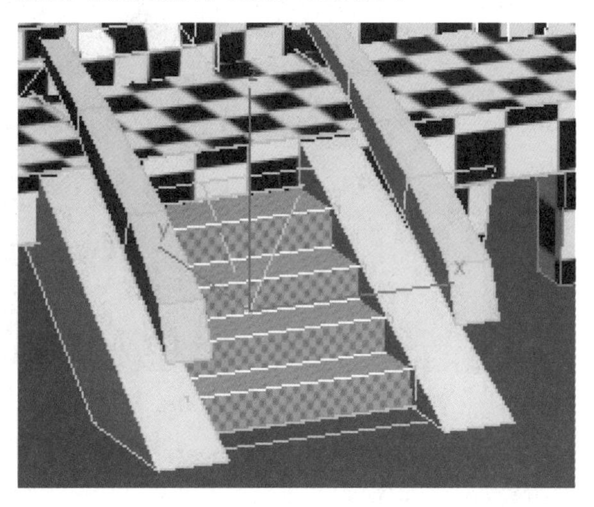

图5-160

5.展开台阶的UV

① 选择台阶侧面物体的模型，在修改面板中添加"Unwrap UVW" UV展开的修改器，在修改面板选择UV面级别，两侧的面用快速平面展开，如图5-161所示。

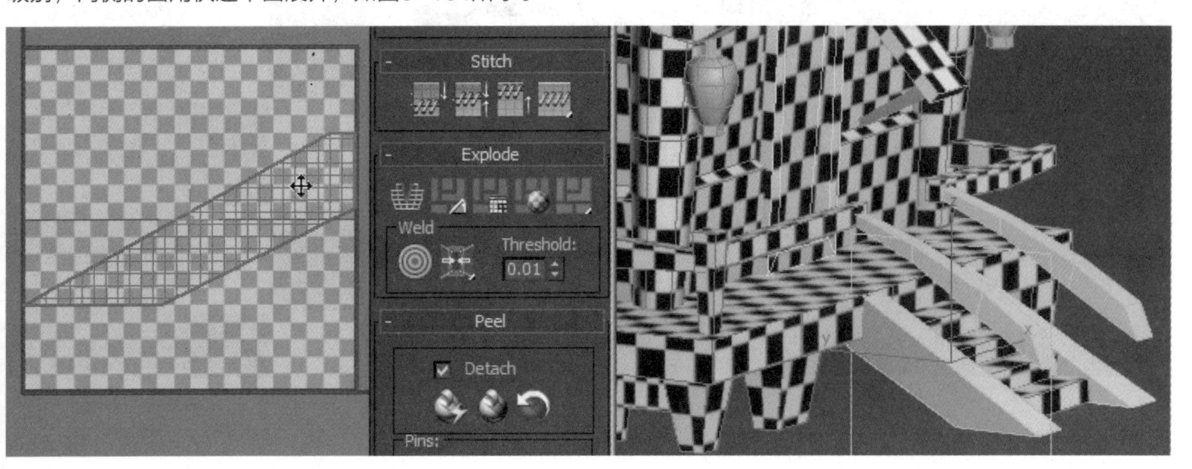

图5-161

② 顶底的面不是水平或者垂直状态就不能用快速平面解决，但是对于这样的面，用快速剥皮也可以同时展开。选择顶部和底部的面，单击快速剥皮按钮，这时在UV编辑器里面会出现重叠，只需要选择一部分的面用移动工具将其移开就可以了，如图5-162所示。

③ 赋予棋盘格后，调整UV的比例大小与其他展开的部分统一棋盘格，如图5-163所示。

④ 台阶护栏在展开UV时左右两侧的面用快速平面展开，顶部的面用快速剥皮展开，底部的面也用快速剥皮展开，用快速剥皮的时候要注意接缝线的位置不宜太明显，最好是在人们不易看到的地方，如图5-164所示。

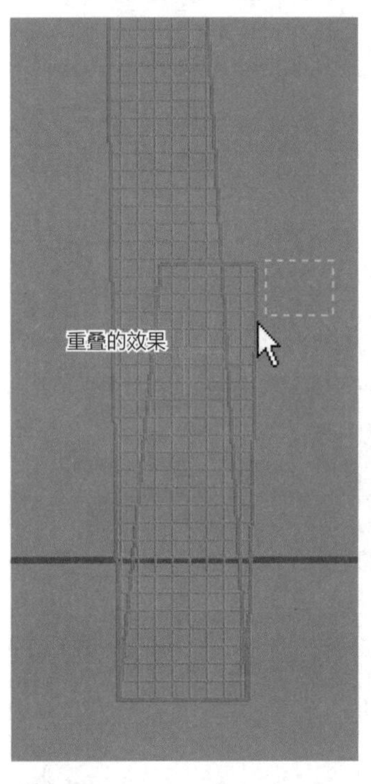

图5-162

图5-163

图5-164

6.展开灯笼的UV

① 选择灯笼的模型，添加UV展开修改器，进入UV面级别，选择灯笼所有的面，如图5-165所示。

② 圆柱的物体用快速平面展开后两侧的面实际上是没完全展开的，棋盘格不是正方的状态，可以通过调整UV点的位置达到展开的效果，如图5-166所示。

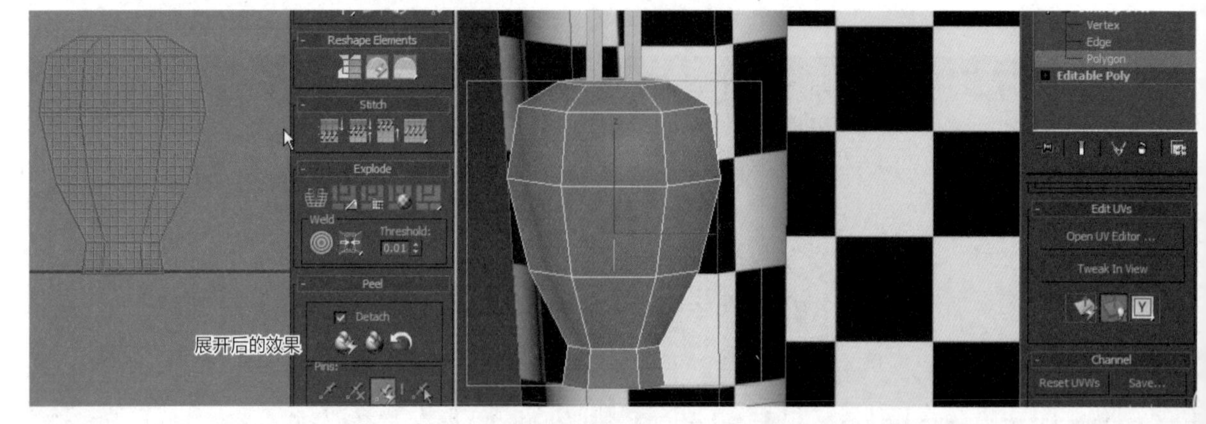

图5-165

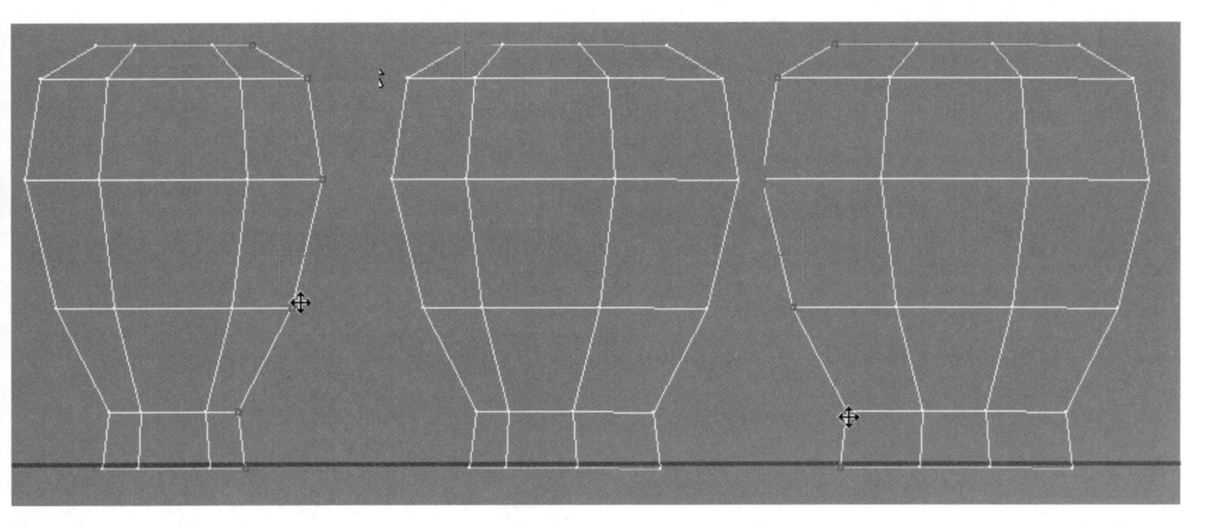

图5-166

灯笼顶部的面用快速平面即可展开。灯笼的绳子是一个面片，也可用快速平面展开。

7 展开罐子的UV

① 选择罐子的模型，添加UV展开修改器，进入UV面级别，选择罐身的面，用快速平面展开，如图5-167所示。

图5-167

② 进入UV线级别，选择靠墙的边线，单击断开按钮，如图5-168所示。

③ 进入UV面级别，选择所有的UV面，单击UV编辑器菜单栏上的Tools菜单，在弹出的下拉菜单中选择Relax松弛，如图5-169所示。

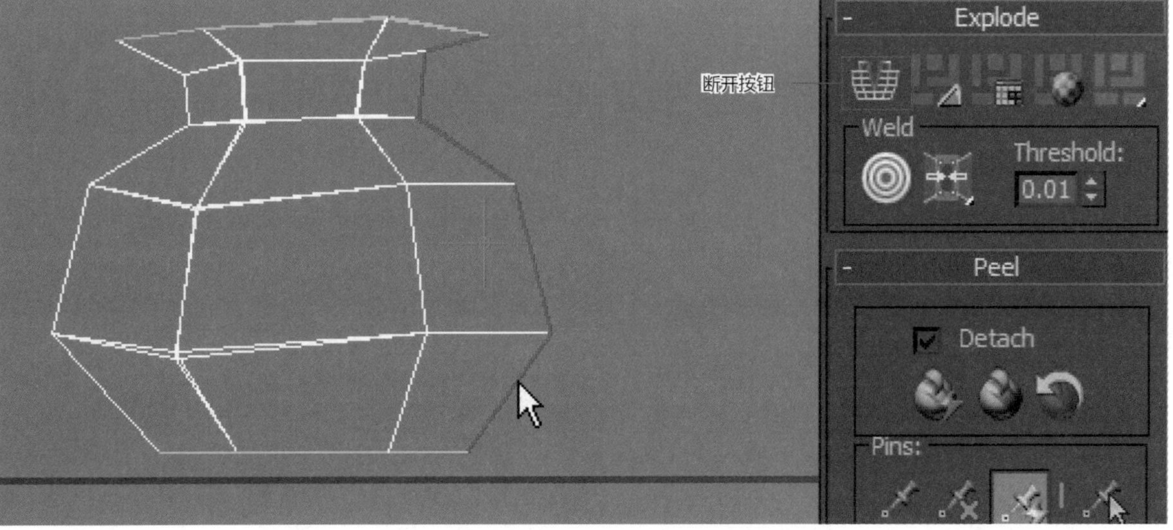

图5-168

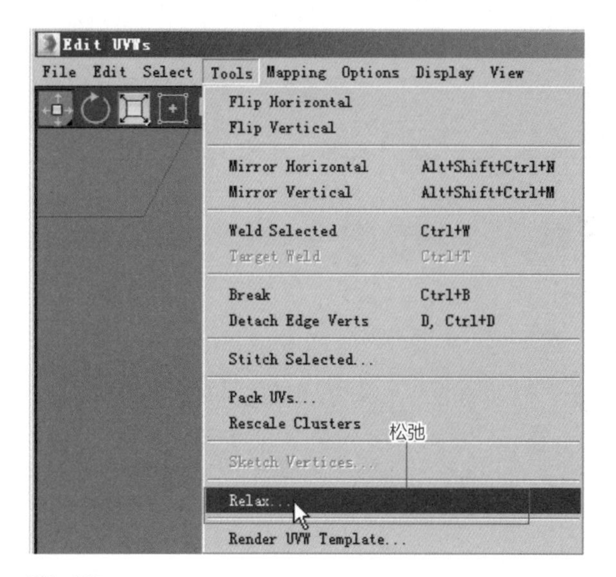

图5-169

④ 在弹出的菜单中单击倒三角，选择Relax By Polygon Angles，单击Start Relax开始松弛，如图5-170所示。

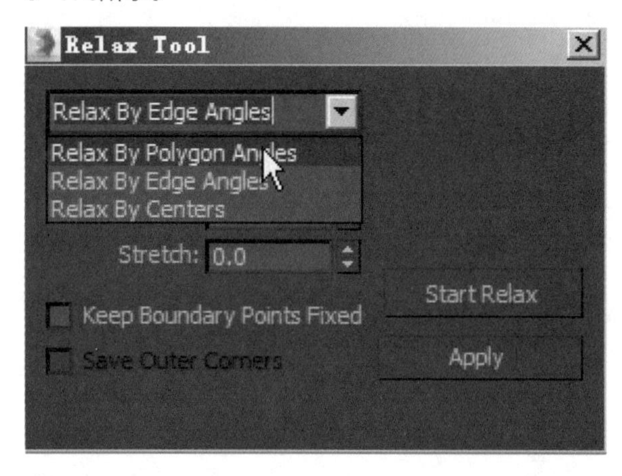

图5-170

⑤ 松弛后的效果如图5-171所示。

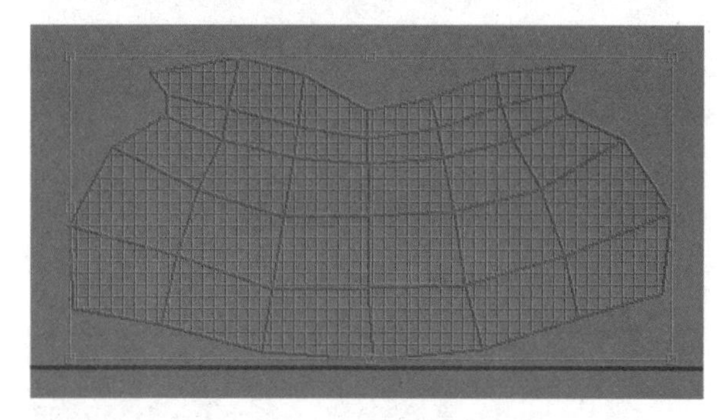

图5-171

⑥ 选择罐子顶部的面用快速剥皮展开。另一个罐子的UV展开方法与这个相同。这样每个部件就都展开了，而且在UV展开的过程中已经把UV的比例调整完毕。

⑦ 选择一个物体，单击鼠标右键，将其转化成可编辑多边形，在修改面板激活"Attach"命令，依次单击其他的物体，将它们都合并进来，变成一个物体，如图5-172所示。

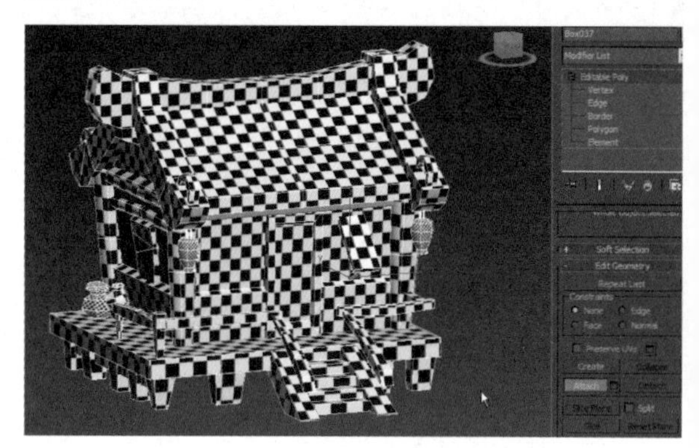

图5-172

5.3.3 UV的摆放

① 选择合并后的场景模型，此时UV是存在的，再次添加UV修改器，打开UV编辑器，效果如图5-173所示。

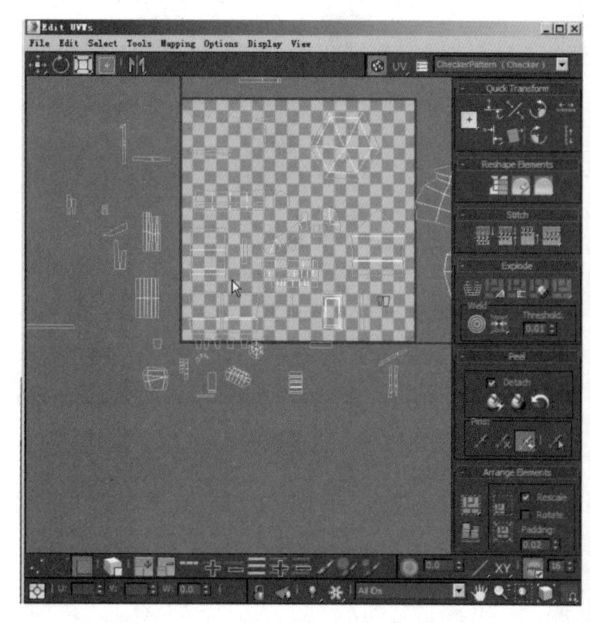

图5-173

② 为了便于选择，要按元素选择激活，如图5-174所示。

③ 在摆放UV的时候可以先将比较规整的UV沿着一个角落开始摆，比较顺直的放在一起，这样比较省空间。有些比较小的或者造型复杂的UV可以放在后面填补一些空缺，如图5-175所示。

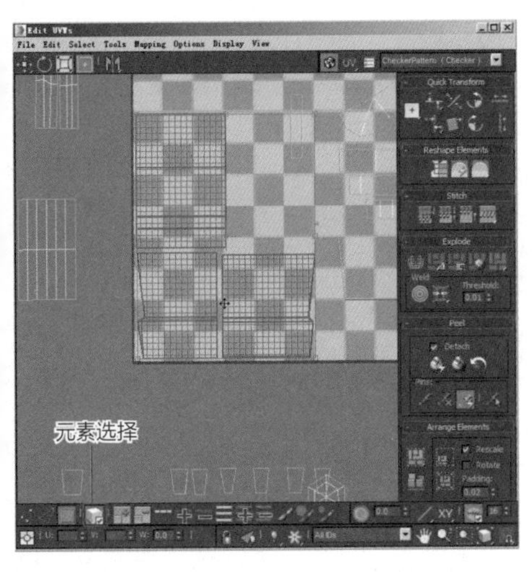

图5-174

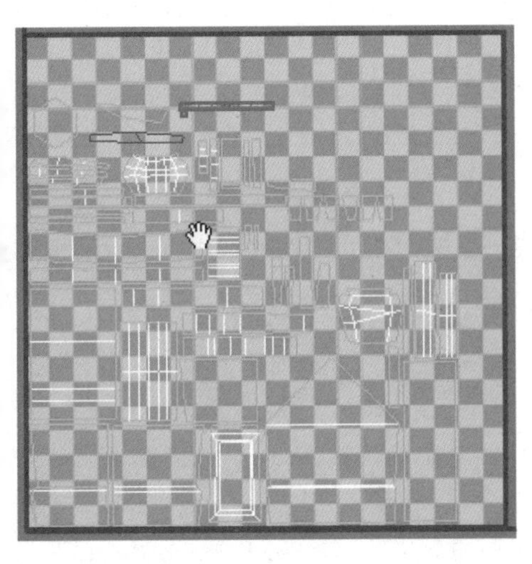

图5-175

④ 如果摆不满，一定要让上面的预留空间与右侧的预留空间相等才能接着将UV整体放大，如图5-176所示。

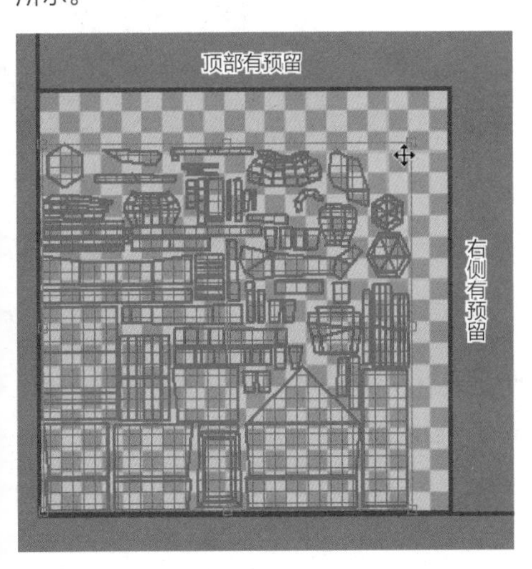

图5-176

⑤ UV摆放完成的效果如图5-177所示。

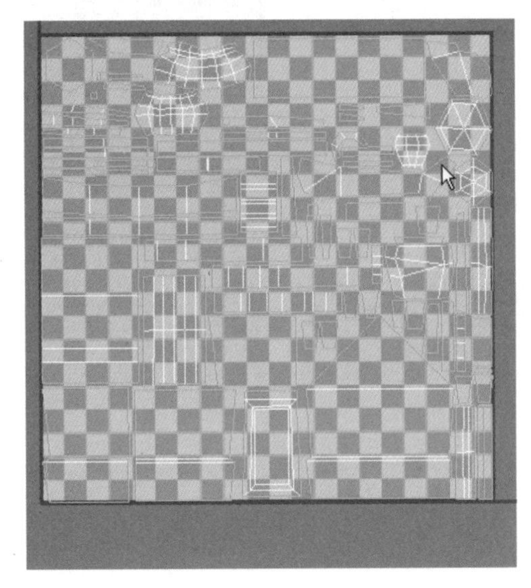

图5-177

5.3.4 模型的调整与输出

① 模型有一部分没有复制完整，UV展开之后可以继续补充完整。目前物体已经合并在一起，所以要进入元素级别，选择侧面墙上的元素，如图5-178所示。

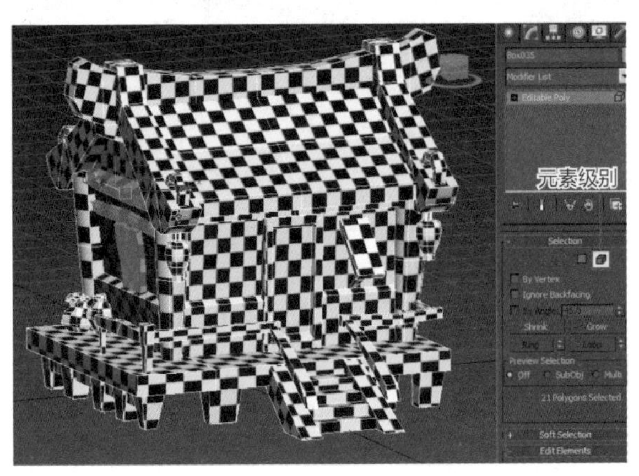

图5-178

② 用移动工具按住“Shift”键的同时沿着x轴拖曳复制出来，在弹出的面板中选择Clone To Objects克隆成物体，这样就会被复制成单个物体，如图5-179所示。

③ 只有变成单个物体才能用镜像工具翻转，退出元素级别，选择刚被复制出来的物体单击主工具栏上的镜像工具，在弹出的对话框中设置轴向为x轴，复制的方式为No Clone，单击“OK”按钮，这样物体就被翻转了，如图5-180所示。

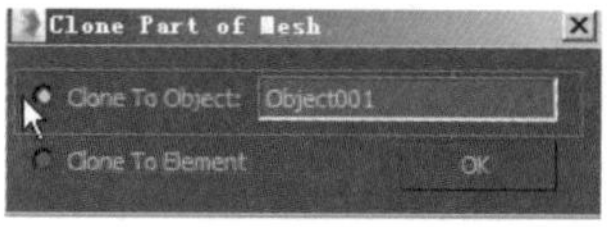

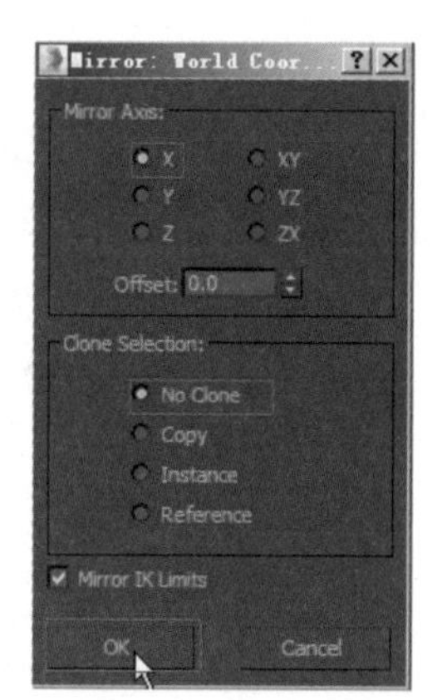

图5-179

图5-180

❹ 进入元素级别，选择栏杆元素用移动工具按住“Shift”键的同时沿着y轴拖曳复制出来，在弹出的对话框中选择Clone To Element克隆成元素，因为这个栏杆不需要翻转，直接复制成这个物体的元素避免后期还要做合并的操作，如图5-181所示。

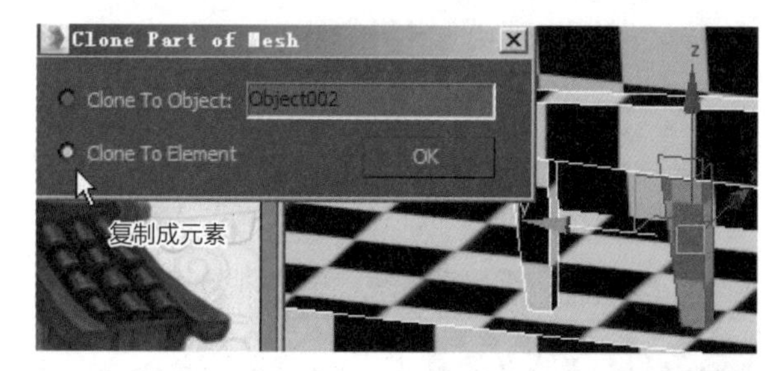

图5-181

❺ 其他的一些小物件也用这两种方法分别复制出来。最后用“Attach”命令将所有部件合并在一起。

❻ 模型的输出：选择模型，单击软件左上角的图标下的“Export>Export Selected”输出所选择的模型。在弹出的对话框里面，设置保存的路径、存储的名字，并将保存的类型设置为.obj格式。最后在弹出的对话框中单击“Export”输出。

5.4 场景贴图绘制

5.4.1 固有色的绘制

本案例还是用BodyPaint软件绘制贴图，将5.3节导出的obj类型的文件导入到BodyPaint软件中，导入方法在上一章已经讲到，这里不再赘述。本章案例中创建的画布大小是1024×1024。

❶ 游戏中场景的光源大多是前后光源，前后是亮面，两侧是暗面，如图5-182所示。

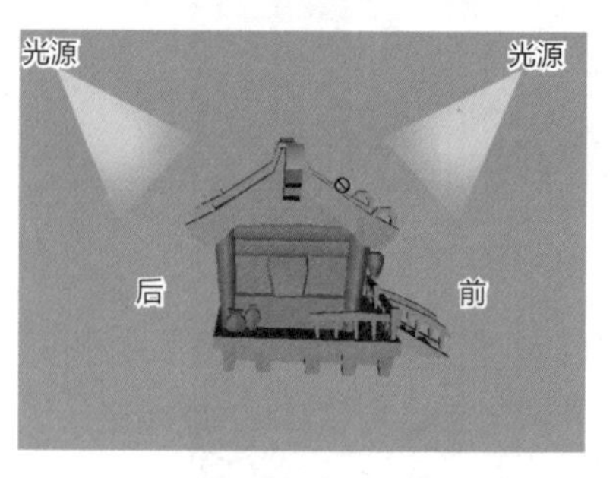

图5-182

❷ 原画只是模型的一个参考，原画的光源一般都是偏向左或者偏向右。只参照原画的结构关系，光影关系参照图5-182。吸取固有色的时候可以吸取原画上比较亮的颜色，然后画到模型的受光部位上面，如图5-183所示。

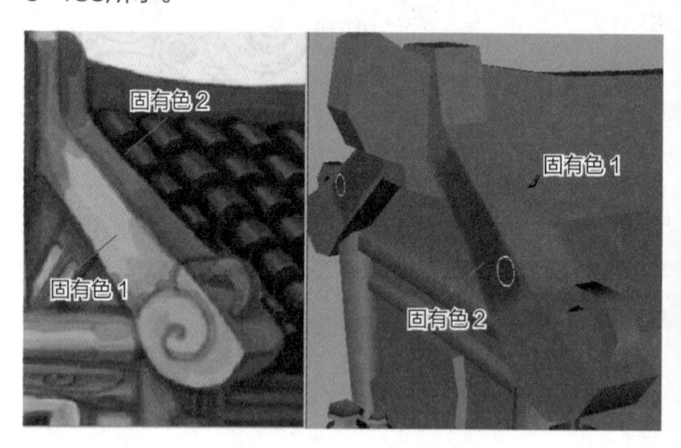

图5-183

❸ 在视图窗口中绘制固有色容易影响到其他的物体，并且还画不完整，如图5-184所示。

图5-184

❹ 所以需要进入纹理窗口中进行绘制，单击纹理进入纹理窗口，目前纹理窗口显示的是参考图，如图5-185所示。

图5-185

⑤ 纹理窗口里面可以显示多张图片，要想显示出贴图文件需要单击纹理窗口下的纹理按钮，在弹出的选项里面按名称找到绘制的贴图文件，如图5-186所示。

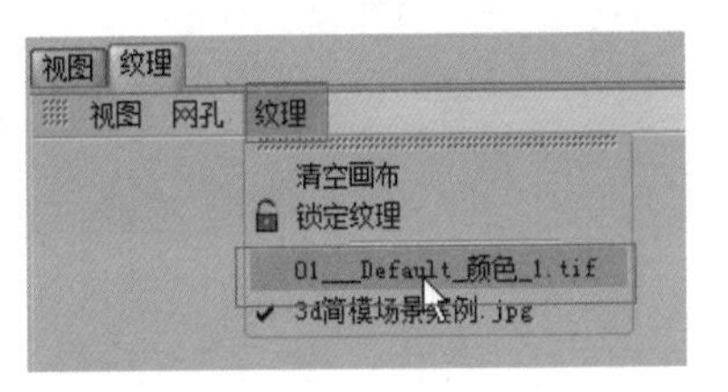

图5-186

⑥ 显示贴图之后单击纹理窗口右上角的锁，使其锁住，这样纹理视窗显示的内容就不会自动变化了。在目前情况下看到的是一堆颜色，不容易分清颜色块的界线，单击纹理视窗下的网孔，在弹出的面板上单击显示UV网孔，如图5-187所示。

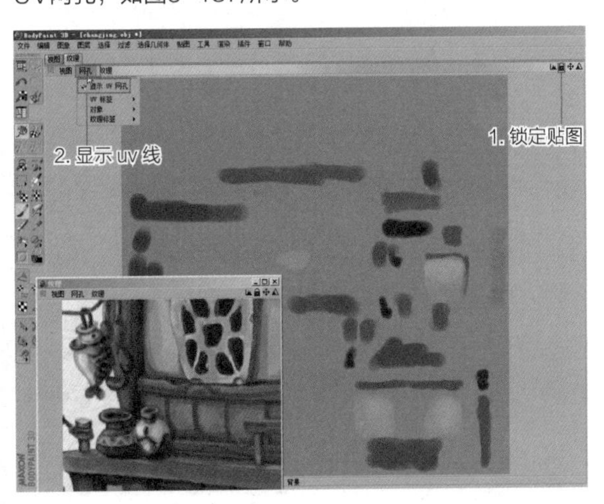

图5-187

⑦ 最后显示效果，如图5-188所示。

⑧ 在绘制固有色时可以先在视图窗口里面填色找位置，然后在纹理视图里面将色块铺满。固有色的最终效果如图5-189所示。

图5-188

图5-189

5.4.2 体积关系的绘制

绘制体积关系主要是绘制由光源引起的顶底关系，距离光源越近越亮，物体越靠前越亮。还要绘制物体之间的叠压关系，被压物体要留有一定的阴影，这样才能表现立体感。

① 房脊的体积关系的绘制：蓝色物体自身也有上

亮下暗的顶底关系，蓝色物体扣在黄色木头结构上，对黄色木头要有一定的投影关系，如图5-190~图5-192所示。

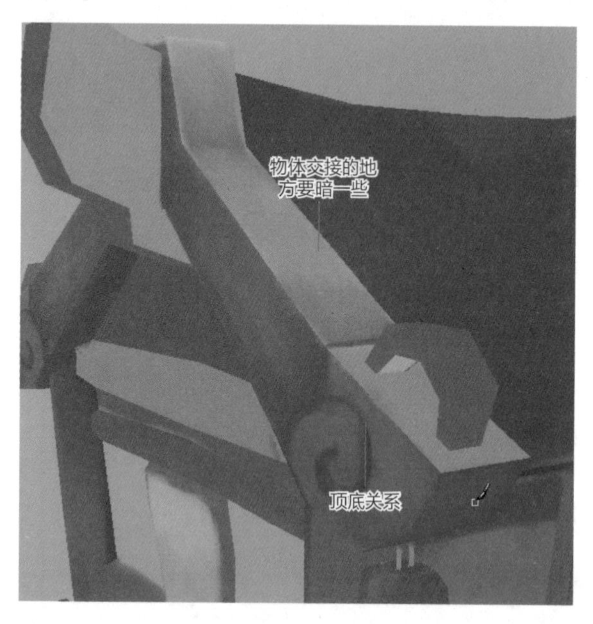

图5-190

图5-191

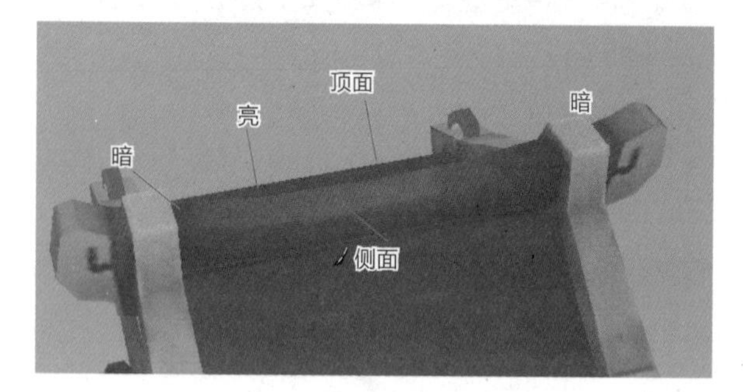

图5-192

❷ 侧面墙体木头的绘制：光源偏上，侧面墙上的木头的亮部也是中间偏上的位置，如图5-193所示。

❸ 侧面墙体窗户的绘制：窗子的正面要有上面亮下面暗的顶底关系，侧面也遵循这一原则，如图5-194所示。

图5-193

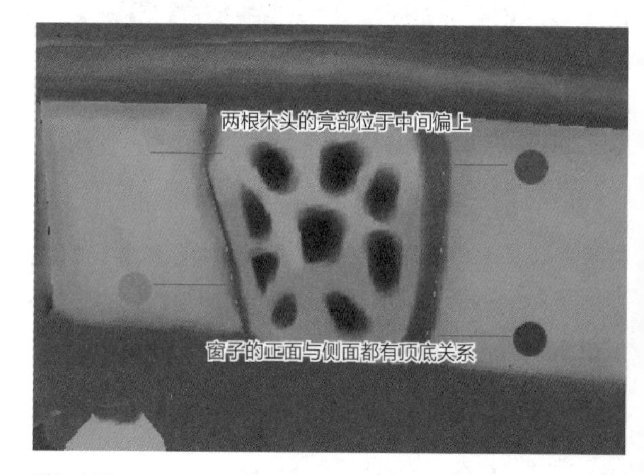

图5-194

❹ 正面墙体的绘制：正面墙体绘制也是先把顶底关系绘制出来，如图5-195所示。

❺ 然后再绘制前一层的窗框造型，如图5-196所示。

❻ 完成窗户造型，并且强调窗子的顶底关系，如图5-197所示。

图5-195

图5-196

图5-197

⑦ 绘制各个物体结构的同时也要时刻调整正面物体的前后明暗关系，一般门框是比较靠前的结构，所以明度要适当提亮一些，如图5-198所示。

图5-198

⑧ 同一个物体越靠前的部位明度越亮，如打开的窗子、台阶的护栏等，如图5-199所示。

⑨ 绘制护栏时要注意顶底关系，小护栏上面有横木，会对小护栏形成投影，如图5-200所示。

图5-199

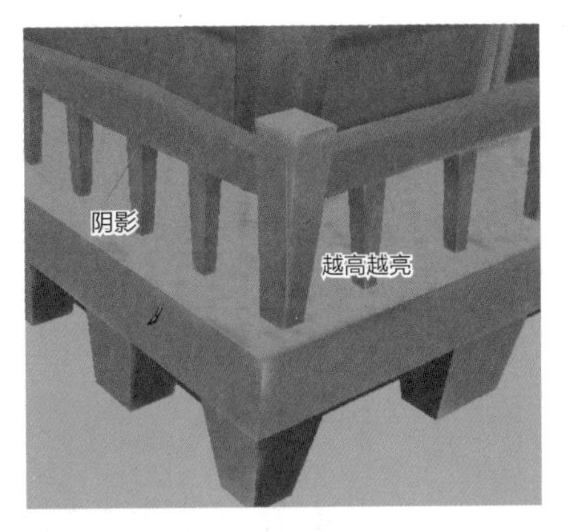

图5-200

5.4.3 瓦片的绘制

在绘制瓦片时采用在BodyPaint软件中定位，然后将贴图导入Photoshop软件绘制处理的方式，所以在本节中要学会将贴图在两个软件之间相互导入和导出，以及用Photoshop软件绘制贴图的一些方法和技巧。

① 绘制瓦片前要注意观察原画上瓦片的疏密程度，过于密集或者过于稀松都会改变原画本身的风格。在视图窗口里面先用画笔绘制出瓦片的大概位置，如图5-201所示。

图5-201

② 进入纹理视窗，细化单个瓦片，瓦片整体分为顶面与厚度面，顶面是一个圆柱面，两侧暗中间亮。厚度面属于背光。明暗对比越强，瓦片的立体感越突出。具体的操作步骤如图5-202所示。

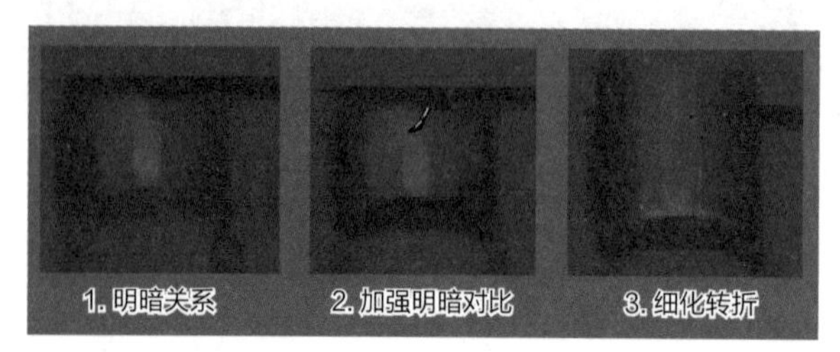

图5-202

③ 单个瓦片绘制完成后要将贴图保存，然后转入Photoshop软件中继续绘制。在右侧材质面板的贴图缩略图上单击鼠标右键，如图5-203所示。

④ 在弹出的的面板上左键单击“纹理>另存纹理为”命令，如图5-204所示。

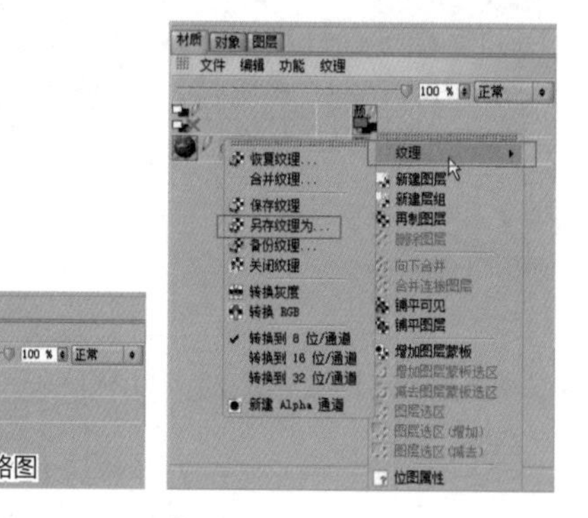

图5-203

图5-204

⑤ 在弹出的面板中设置另存文件的格式为psd格式，单击确定按钮。psd格式的文件可以保留绘制的图层。如图5-205所示。

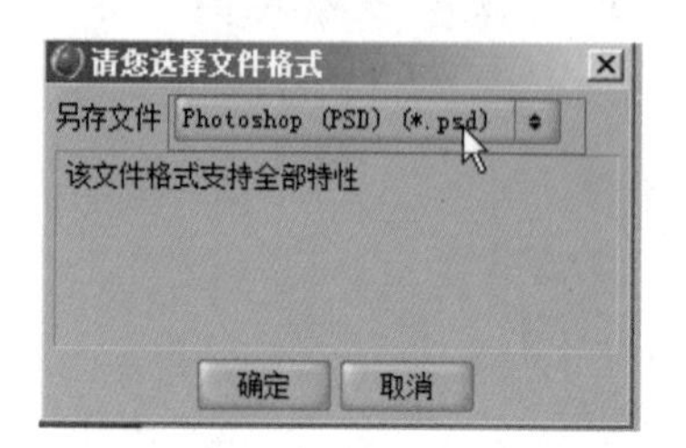

图5-205

⑥ 在打开的“另存为”面板中设置另存路径，设置另存的文件名，然后单击保存按钮，如图5-206所示。

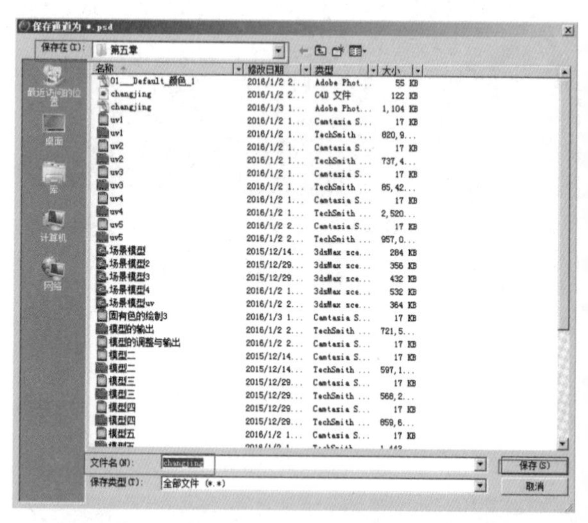

图5-206

⑦ 双击材质面板的材质球，在弹出的材质编辑器面板中左键单击贴图路径，如图5-207所示。

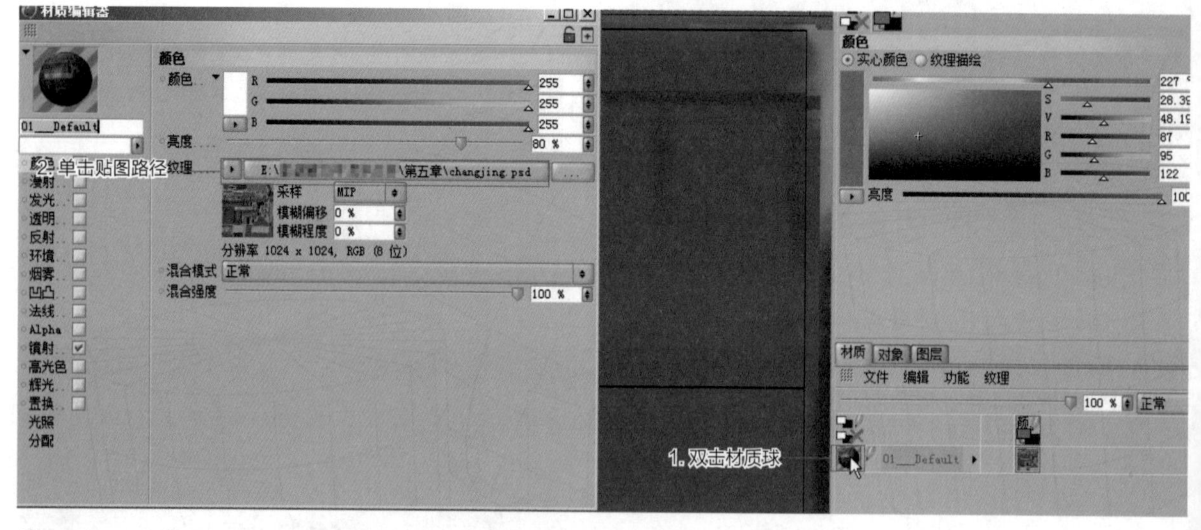

图5-207

⑧ 只要所有图片文件默认打开方式是Photoshop软件打开，那么此时单击编辑图像，BodyPaint软件里面的贴图文件就会在Photoshop软件里自动打开，如图5-208所示。

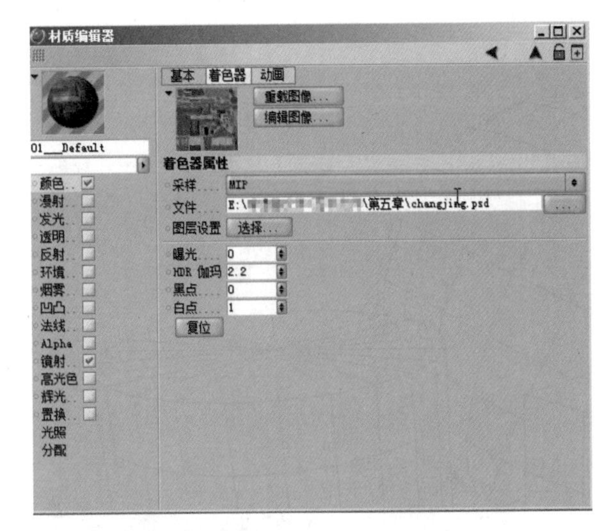

图5-208

⑨ Photoshop软件打开贴图后的效果如图5-209所示。

图5-209

⑩ 在工具栏里单击激活多边形套索工具，在编辑窗口框选出单个瓦片的造型，按“Ctrl+J”组合键，能将框选的图像复制并且独立成一个图层，如图5-210所示。

⑪ 提取图层后，图层面板的效果如图5-211所示。

⑫ 在图层面板选中刚提取的图层，左键单击激活工具栏里的移动工具，在编辑窗口中拖曳鼠标指针移动图层，就会呈现两个瓦片叠压的效果，如图5-212所示。

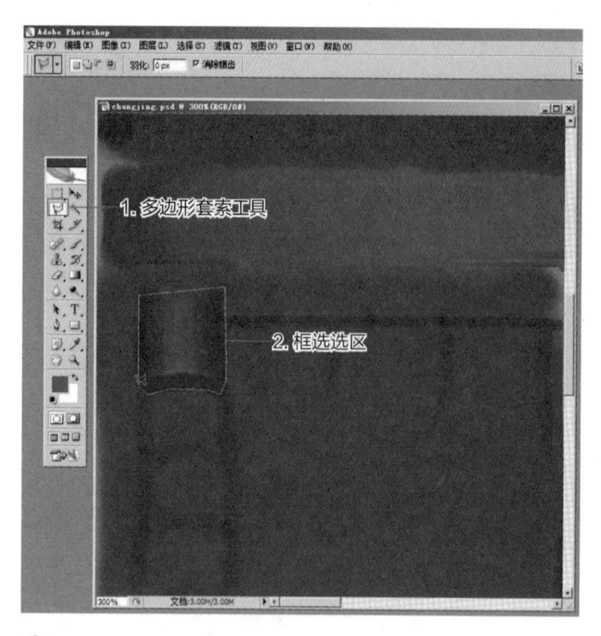

图5-210

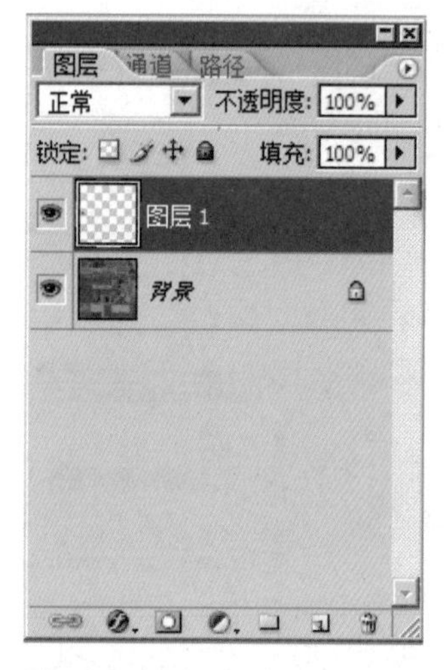

图5-211

图5-212

⑬ 用选取框选的形状不完整，叠压了上一片瓦片，下面用蒙版来修改图层的形状。

选中图层1，单击图层面板最下面的蒙版按钮，图层蒙版就添加上了，图层就变化了，把前景色改为黑色，单击激活工具栏上的画笔工具，然后在编辑窗口中将多余的部分用画笔在蒙版上涂上黑色，这样就把这个图层的图像擦掉。如果想再将图像显现出来，可以把前景色改为白色，再次在蒙版上绘制即可，如图5-213所示。

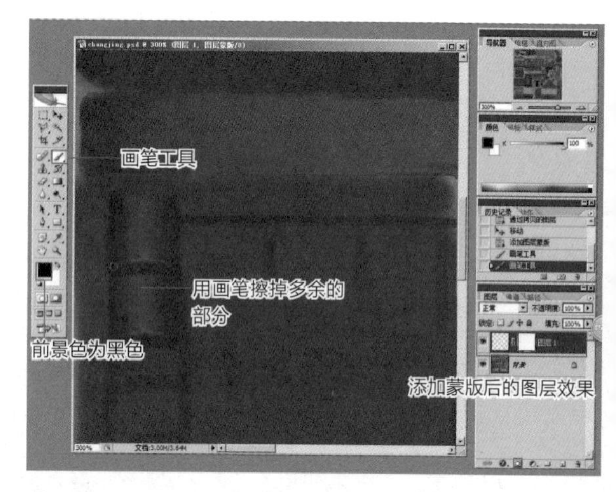

图5-213

⑭ 在图层1上单击鼠标右键，在弹出的面板上单击复制图层，然后用移动工具向下下移，选择图层1按住“Ctrl”键加选图层2再次复制图层，图像成一排瓦片，如图5-214所示。

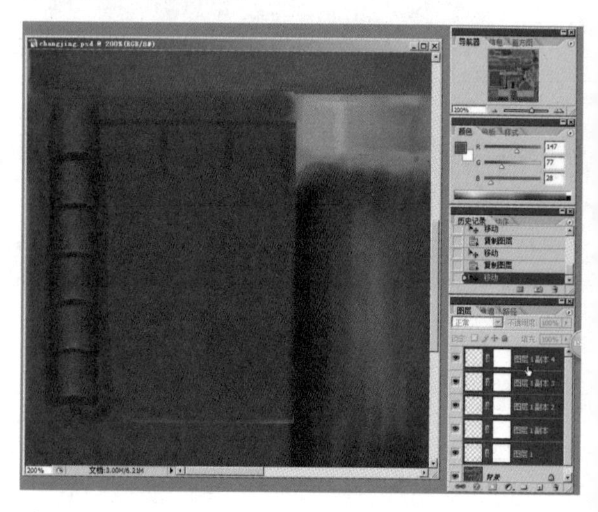

图5-214

⑮ 同时选择瓦片的多个图层，按住“Ctrl+E”组合键将图层合并。如果瓦片大小不合适可以按“Ctrl+T”组合键激活图层的自由变换功能，调整图像

的大小，如图5-215所示。

⑯ 调整完大小后按回车键结束变形。按“Ctrl+S”组合键可以保存贴图，然后进入BodyPaint软件，双击材质面板上的材质球，在弹出的材质编辑器里面单击重载图像，这样在Photoshop软件里面绘制的贴图就会更新到BodyPaint软件里面了，如图5-216所示。

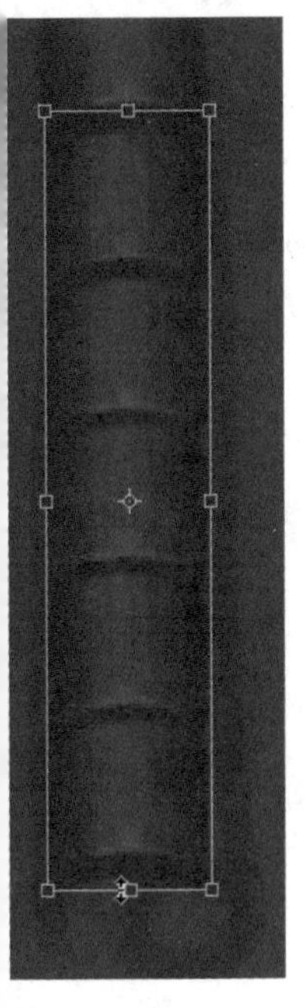

图5-215

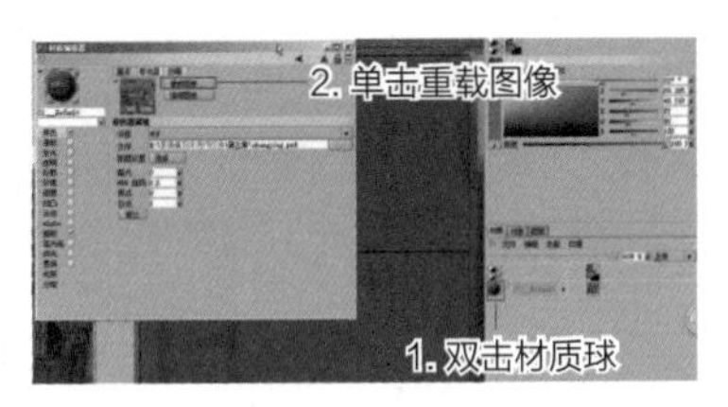

图5-216

⑰ 在BodyPaint软件里面接着绘制瓦当的结构，如图5-217所示。

图5-217

⑱ 在BodyPaint软件中保存一下贴图，双击材质球,在弹出的材质编辑器里单击编辑图像按钮，贴图再次被导入Photoshop软件中，此时在弹出的窗口中单击更新按钮,如图5-218所示。

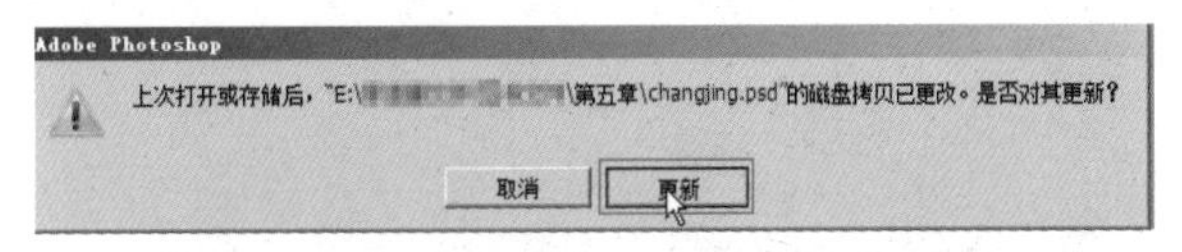

图5-218

⑲ 在Photoshop软件中选中所有的图层，按“Ctrl+E”组合键将图层合并，在工具面板中激活选区工具，框选整条瓦片，按“Ctrl+J”组合键提取图层，如图5-219所示。

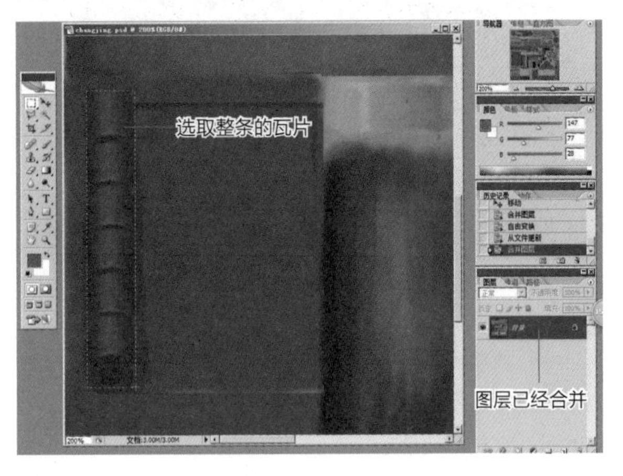

图5-219

⑳ 将提取的图层用移动工具横向摆开，并且再次复制两个图层，如图5-220所示。

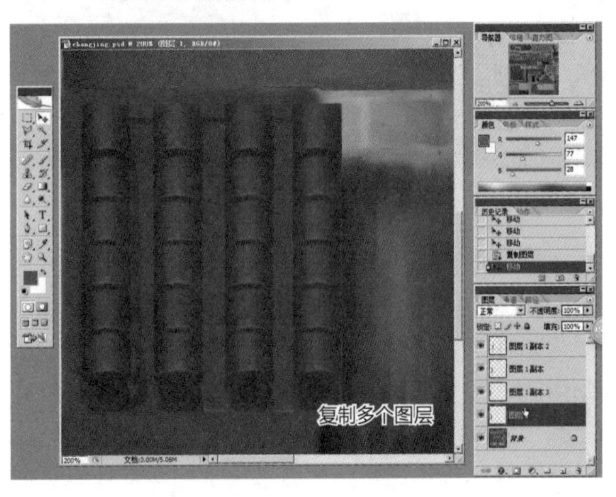

图5-220

㉑ 按住“Ctrl”键加选其他瓦片图层，按“Ctrl+E”组合键将瓦片图层合并，目前绘制的瓦片立体感不足，是因为明暗对比不够，下面调整色阶来加强明暗对比。选择瓦片的图层，按“Ctrl+L”组合键，打开色阶设置窗口调整设置，如图5-221所示。

图5-221

㉒ 调整完后单击确定按钮，按“Ctrl+S”组合键保存贴图，进入BodyPaint软件更新贴图后看到的效果如图5-222所示。

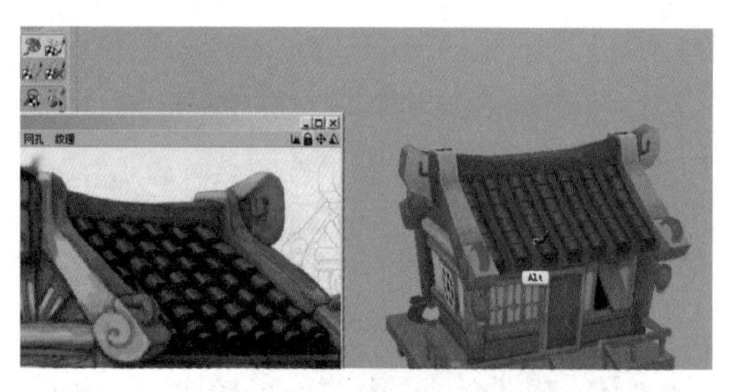

图5-222

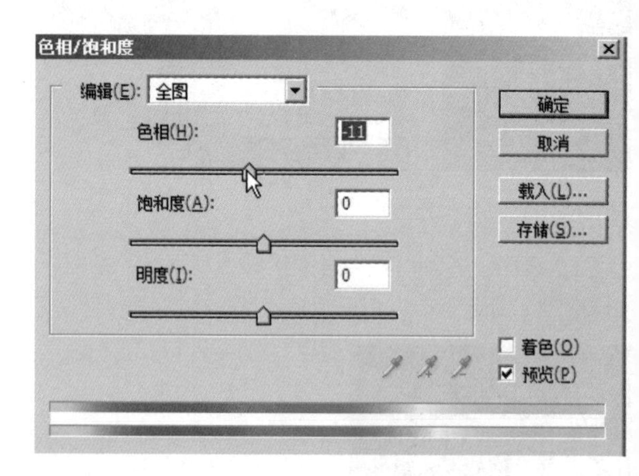

图5-223

㉓ 与原画相比颜色偏向紫色，为了调整色彩的偏差进入Photoshop软件，用色相饱和度来调整颜色。按“Ctrl+U”组合键，打开色相饱和度设置面板，滑动色相滑块来调整颜色，滑动饱和度来调整颜色的鲜艳程度，调到满意之后单击确定按钮，如图5-223所示。

㉔ 整体颜色调整完之后进一步加强瓦片的立体感，瓦片是一层压着一层，这样上面的瓦片必然对下面的瓦片有投影关系，单个瓦片的顶端距离光源近会更亮一些，如图5-224所示。

㉕ 两个瓦片之间还有一层凹的瓦片，为了表现立体感凹陷的瓦片明度要适当降低一些。绘制好后整体复制多排，如图5-225所示。

图5-224

图5-225

㉖ 绘制贴图要遵循整体——细节——再整体的思路。瓦片局部明暗关系绘制完成之后再次调整整体明暗关系，瓦片越靠前的部分可以越亮一些，越靠顶部越暗

一些，处理这种关系我们采用图层蒙版的方式处理更简单高效。

㉗ 首先框选瓦片的图像，按“Ctrl+J”组合键提取图层，将提取的这个图层按“Ctrl+M”组合键打开曲线设置面板，将图像调亮，如图5-226所示。

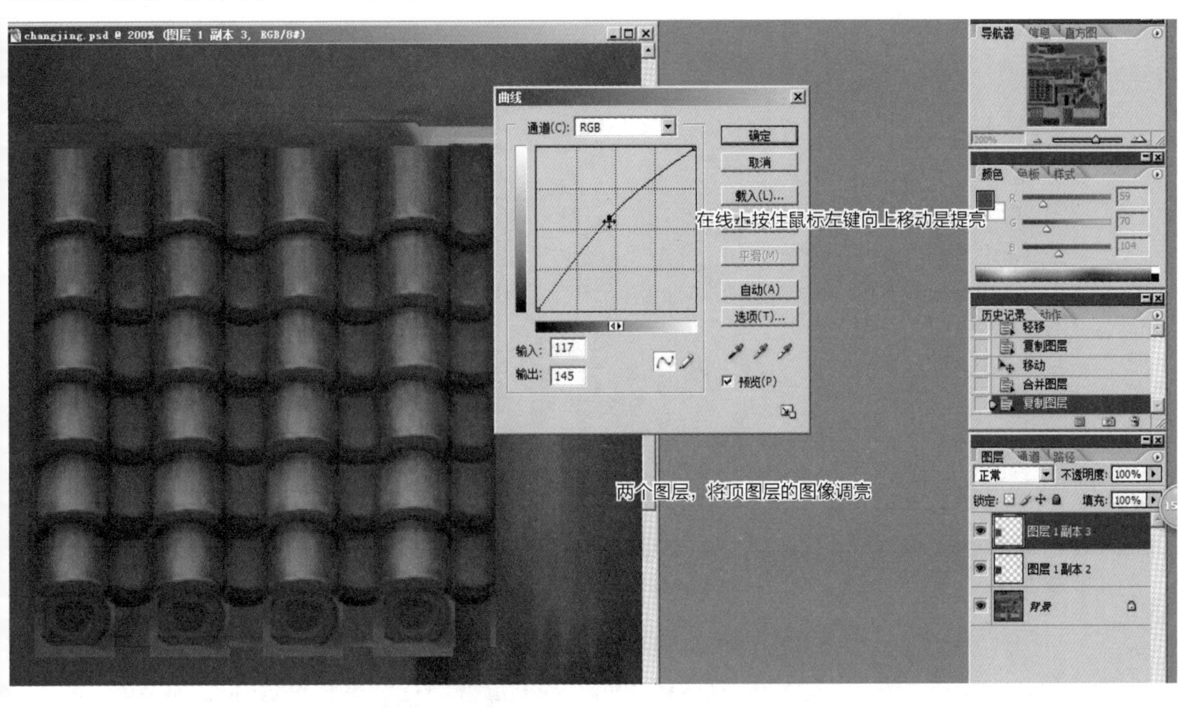

图5-226

㉘ 这样下面图层明度偏暗，上面一个图层明度偏亮，选择上面的图层，单击图层面板底部的蒙版按钮，给顶图层添加一个蒙版。在工具栏上激活笔刷工具，在属性栏上单击画笔笔头，选择一种虚化笔，虚化笔在画的时候过渡会比较自然，如图5-227所示。

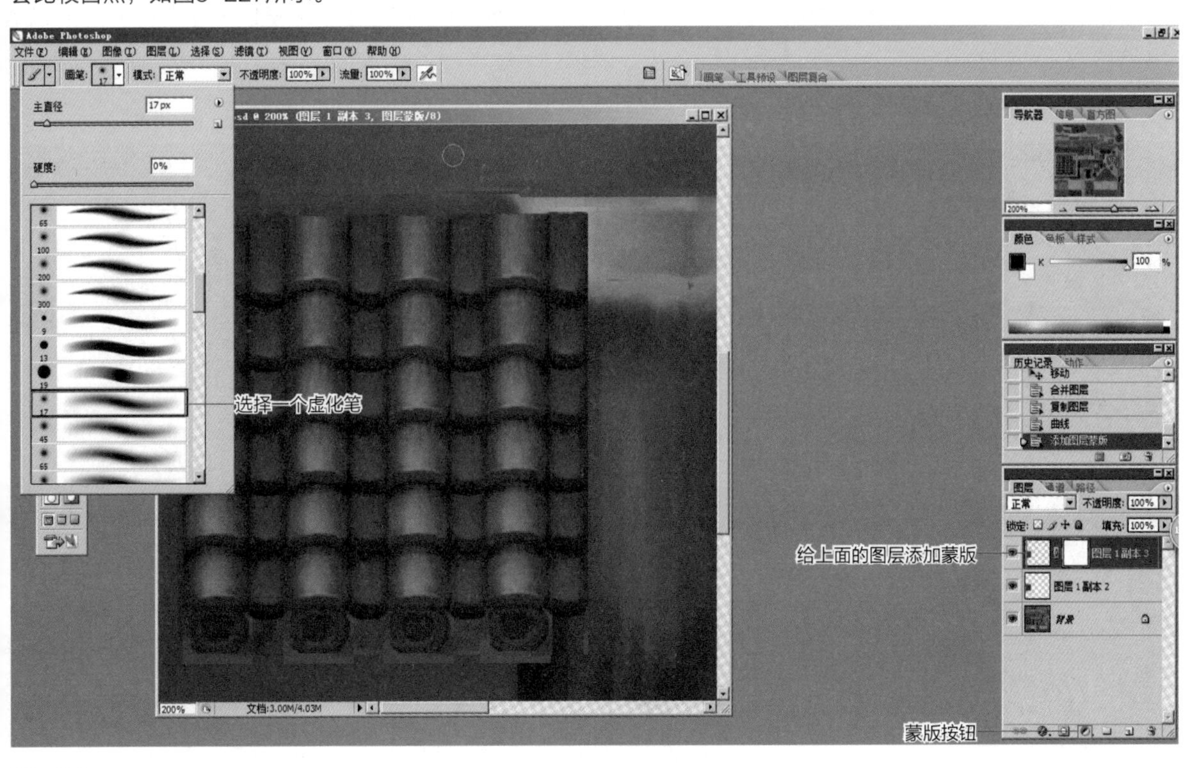

图5-227

㉙ 在工具栏上激活画笔工具，把前景色改为黑色，激活顶图层的蒙版（而不是图像），用画笔在编辑窗口从上到下一次由重变轻的绘制，顶上用力绘制将把底部的图像显现出来，这样就会形成由暗变亮的效果，如图5-228所示。

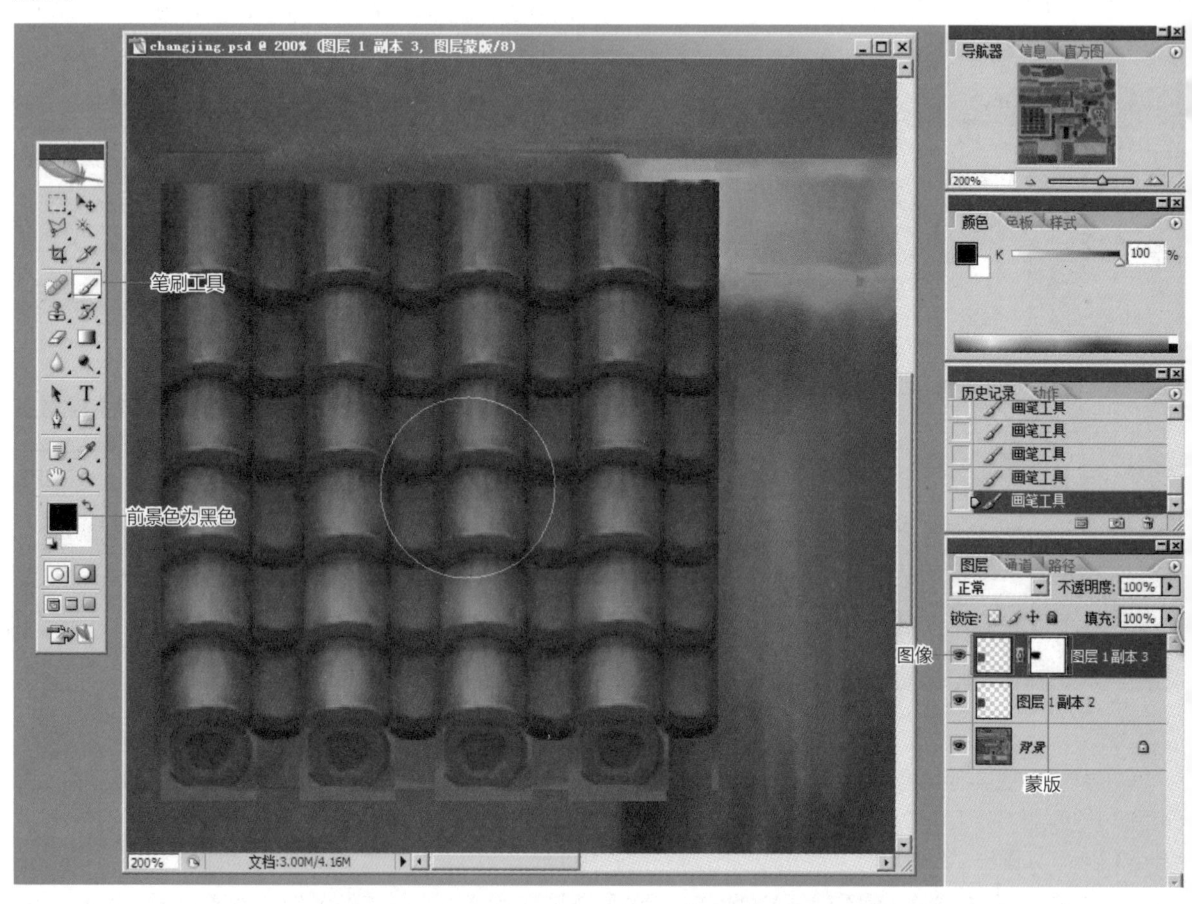

图5-228

㉚ 瓦片绘制好的效果如图5-229所示。

图5-229

5.4.4 墙面的绘制

图5-230所示是搜集的墙面素材，共同点就是有顶底关系，上部亮下部暗，如果墙的上部有遮挡就有投影关系，墙的底部更多地出现破损、裂痕、掉皮，墙的表面会有凹凸不平，墙的上部还有可能有流渍。

图5-230

① 在BodyPaint软件中将墙面的明暗关系绘制出来，如图5-231所示。

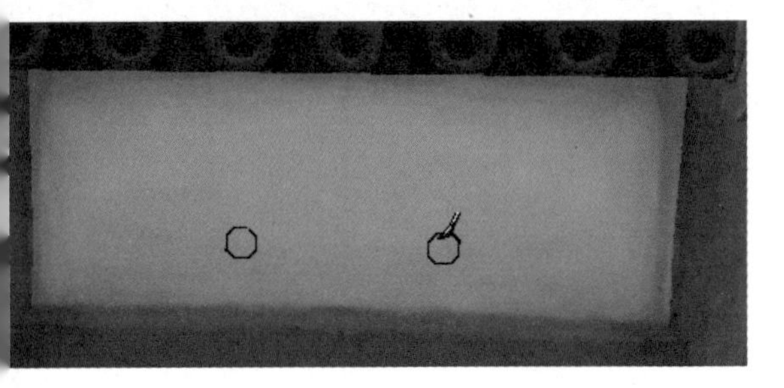

图5-231

② 保存贴图后进入Photoshop软件，进入工具栏选择套索工具，按住鼠标左键在墙面的上部分绘制随意的造型，造型要穿插绘制，不要绘制完整闭合的造型，如图5-232所示。

图5-232

③ 按住“Shift”键使套索工具在加选的状态下绘制一个选区，如图5-233所示。

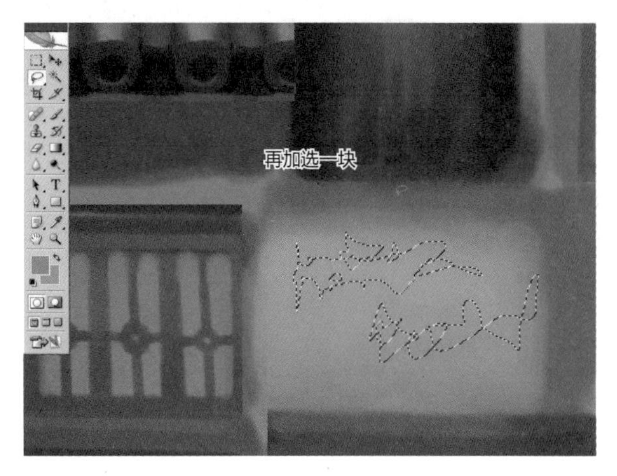

图5-233

④ 勾选完选区之后，执行菜单栏的图像>调整>曲线，提高明度，但是明度不宜过高，有微弱变化即可，如图5-234所示。

图5-234

⑤ 用套索工具在墙体的中下部分勾选选区，用曲线命令将明度调低，如图5-235所示。

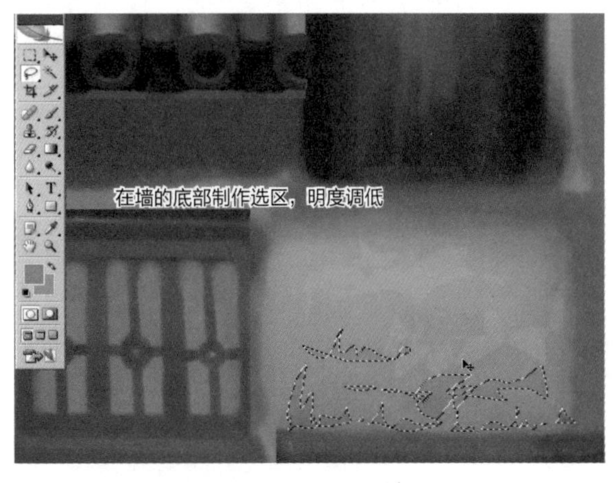

图5-235

⑥ 在中间再次勾选选区轻微降低，使墙面有亮、灰、暗三个层次，而且尽量有交叉，如图5-236所示。

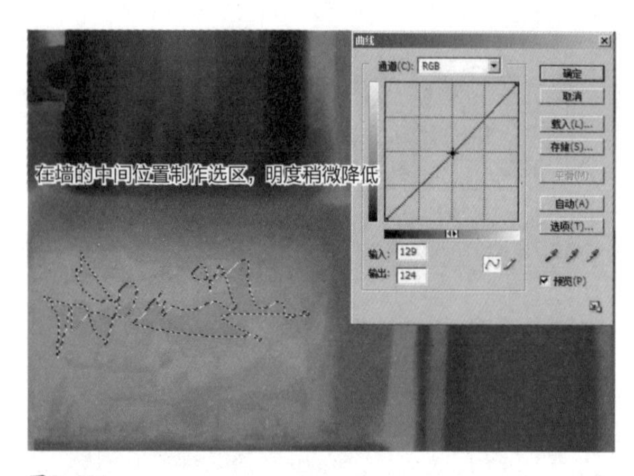

图5-236

⑦ 最后的效果如图5-237所示。

图5- 237

⑧ 框选墙面的贴图，按“Ctrl+J”组合键提取墙面的图层，选择墙面的图层，执行菜单栏的滤镜>画笔描边>喷溅命令，如图5-238所示。

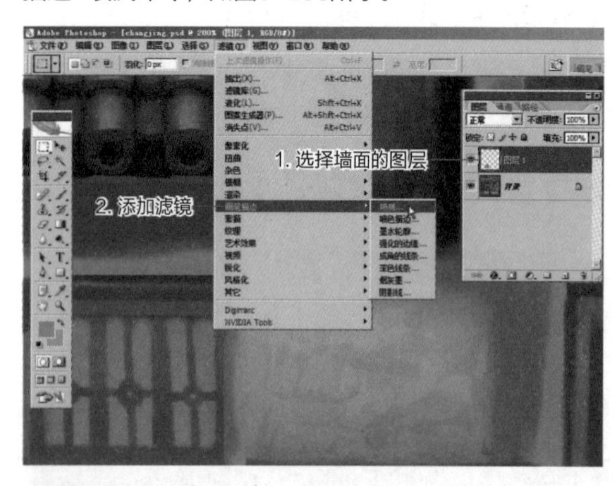

图5-238

⑨ 打开喷溅设置框后设置喷溅半径为13，平滑度为6，单击确定按钮，如图5-239所示。

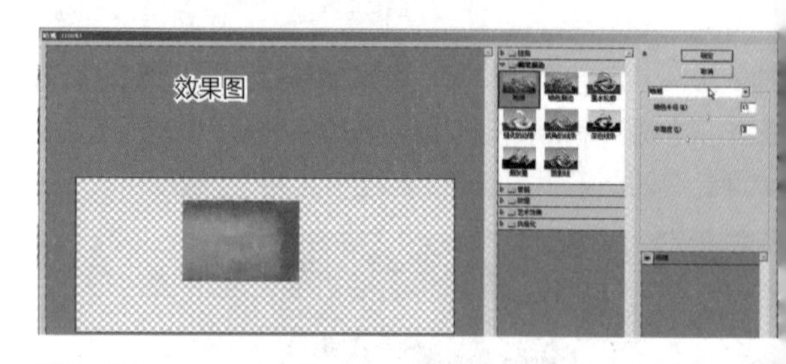

图5-239

⑩ 给墙面的图层添加蒙版，前景色为黑色，用画笔工具将喷溅的边缘擦除，如图5-240所示。

图5-240

⑪ 导入BodyPaint软件中看到的效果，如图5-241所示。

⑫ 用喷溅效果做完后不同的色块之间的造型太过清晰，会显得有些生硬、刻板，所以要用画笔工具绘制两种色块的交界位置。绘制好的墙面如图5-242所示。

⑬ 绘制好了墙面的层次之后再添加一些细节，如破裂效果、墙皮掉皮后形成的厚度等，如图5-243所示。

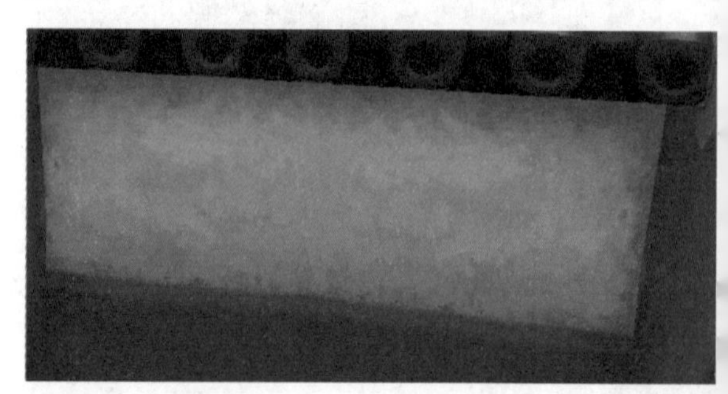

图5-241

图5-242

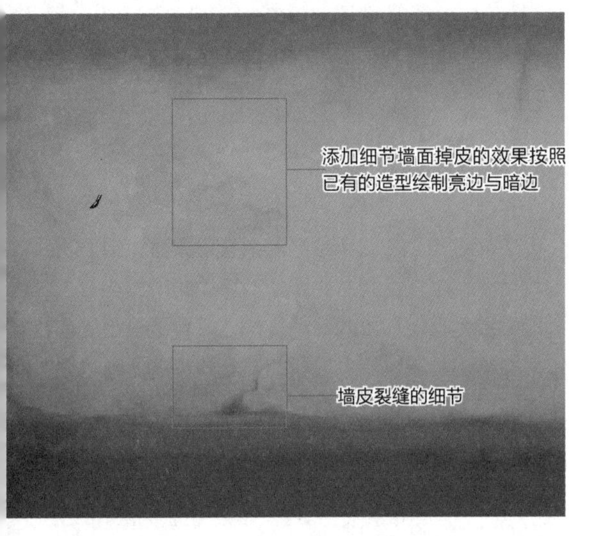

图5-243

⑭ 进入Photoshop软件，给墙面添加一些流水侵蚀的效果，用套索工具在墙面的上部绘制图5-244所示的选区。

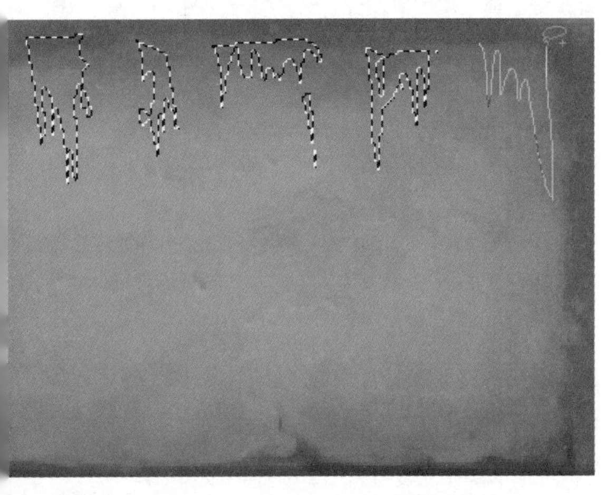

图5-244

⑮ 在菜单栏上执行图像>调整>曲线命令，将图像明度调暗，如图5-245所示。

图5-245

⑯ 绘制好的效果如图5-246所示。

图5-246

⑰ 在Photoshop软件中将绘制好的墙面图复制一层，并且将这层放在侧面墙上，如图5-247所示。

图5-247

⑱ 这种方法是细节绘制好后再处理与周围的明暗关系，在BodyPaint软件中，右键单击材质球右侧的贴图缩略图，在弹出的面板中单击新建图层。在新建的图层上，绘制其他物体对墙面的投影，如图5-248所示。

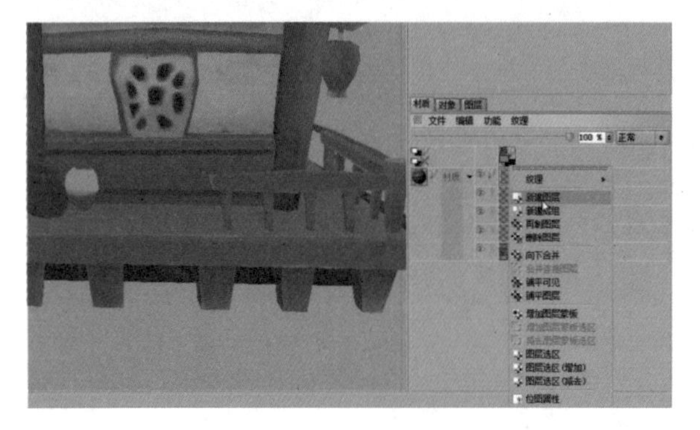

图5-248

⑲ 将贴图导入Photoshop软件，选择绘制好的投影图层，将叠加模式改为正片叠底，如果明度过暗，可以降低不透明度的数值，如图5-249所示。

⑳ 调整后的效果如图5-250所示。

图5-249

图5-250

㉑ 选择墙面的图层，按“Ctrl+M”组合键使曲线降低墙面的明度，按“Ctrl+B”色彩平衡，将侧面的墙面的颜色添加一些冷色，加强与正面的对比如图5-251所示。

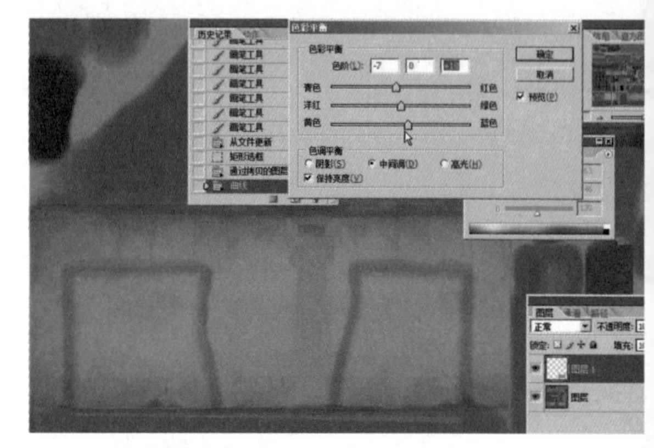

图5-251

5.4.5 木头的绘制

下面收集了一些手绘的木头材质参考，绘制木头的主要步骤就是先绘制木头所处的环境的明暗关系，然后添加木纹，在添加木纹时多找一些资料参考，最后绘制木头转折或者边缘的磨损，如果是刷漆的木头可以再添加掉漆的效果，如图5-252所示。

图5-252

1.围墙的绘制

① 在BodyPaint软件中绘制顶底的明暗关系，上面亮下面暗，上面的颜色偏暖，下面的颜色偏冷，如图5-253所示。

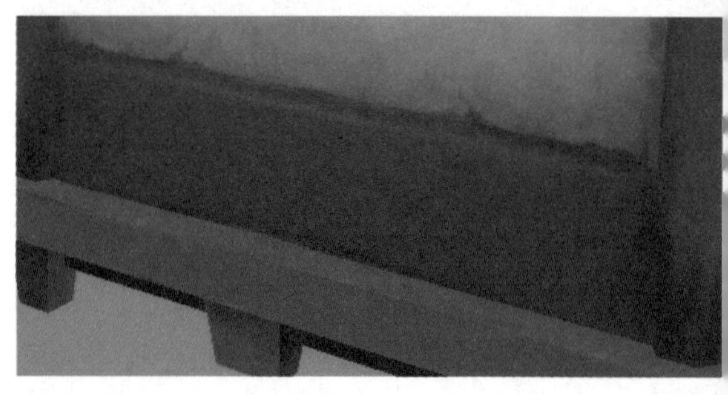

图5-253

② 然后绘制结构关系，将结构的受光部分与背光部分绘制出来，如图5-254所示。

③ 复杂的形体绘制时一定要先主体后细节，避免先绘制了一堆细节而分不清结构。围墙的整体关系绘制完成后再绘制里面的细节结构，如图5-255所示。

图5-254

图5-255

④ 然后再找一些参考图绘制一下木头的纹理，自己想不出怎么绘制时一定要多找参考多临摹，只有这样才能在脑子里积累更多的素材，要用的时候才能绘制出来，如图5-256所示。

图5-256

⑤ 将绘制完的围墙复制一个图层放在侧面墙上，如图5-257所示。

⑥ 长度不够再次复制一个围墙图层，按“Ctrl+T”组合键进入变形状态，单击鼠标右键，在弹出的的面板上单击水平翻转，将第一个图层翻转过来，如图5-258所示。

图5-257

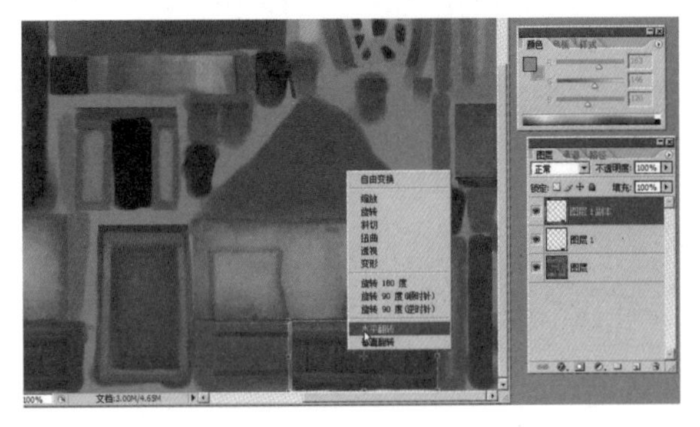

图5-258

⑦ 侧面围墙处于背光中，所以把颜色色相调冷。选中两个图层按“Ctrl+E”组合键将两个图层合并，按“Ctrl+U”组合键调整色相饱和度，色相偏紫红，饱和度降低，如图5-259所示。

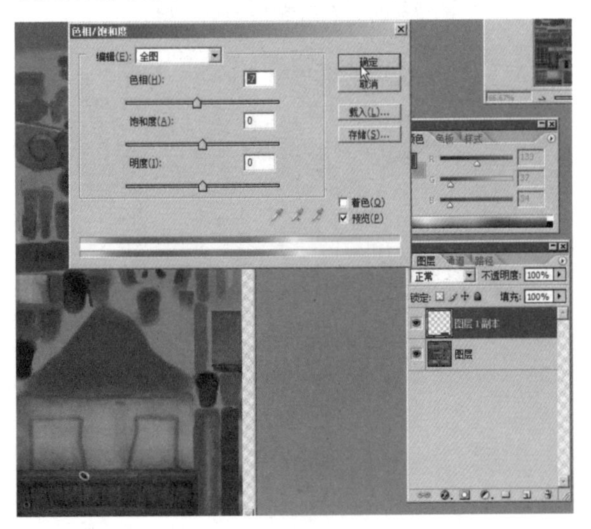

图5-259

⑧ 侧面围墙处于背光中，颜色色相调冷可以加强对比，还可以降低明度来加强对比，按“Ctrl+M”组合键曲线降低明度，如图5-260所示。

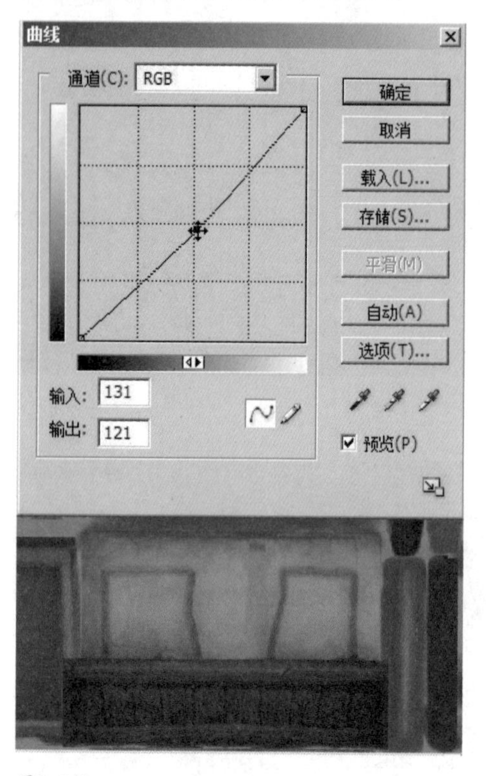

图5-260

⑨ 调整好的围墙效果如图5-261所示。

⑩ 再复制背面的围墙贴图放在前墙的位置上，如图5-262所示。

图5-261

图5-262

2.房顶木头的绘制

在BodyPaint软件视图窗口中，绘制贴图时容易画到相邻的物体上，为了避免这一状况可以把目前不想画的部分隐藏起来。

① 在工具栏激活UV多边形编辑模式，如图5-263所示。

② 进入纹理视图，单击网孔下的显示UV网孔，然后按“Alt+Shift”键，同时左键单击选取想要留下的部分，选择中的会变成红色，如图5-264所示。

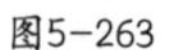

图5-263　　图5-264

③ 选择好后，执行菜单栏>选择几何体>隐藏未选择命令，如图5-265所示。

④ 隐藏后的效果如图所示。在绘制时在工具栏上激活画笔工具即可绘制贴图，如图5-266所示。

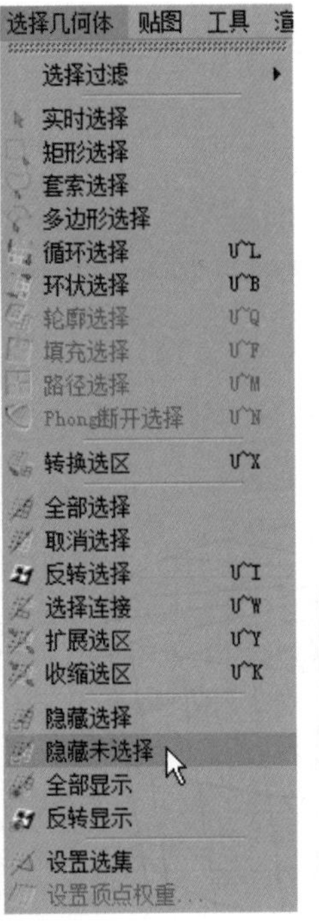

图5-265

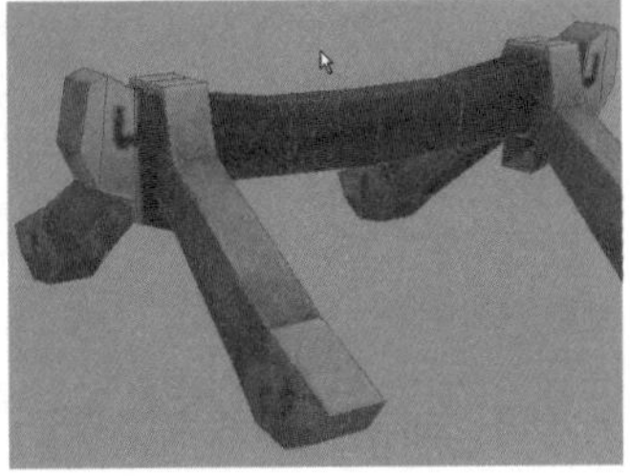

图5-266

⑤ 绘制完成后要想全部显示出来可以再次在工具栏上激活UV多边形编辑模式，进入纹理视图，执行菜单栏>选择几何体>全部显示，如图5-267所示。

⑥ 房顶木头的绘制步骤如图5-268~图5-271所示。

⑦ 绘制木纹的时候，一条木纹要有宽窄的变化，木头两头端的木纹可以适当加深，但是要注意木纹物体表面的纹理，不宜对比太强而影响了整体的明暗关系，如图5-272所示。

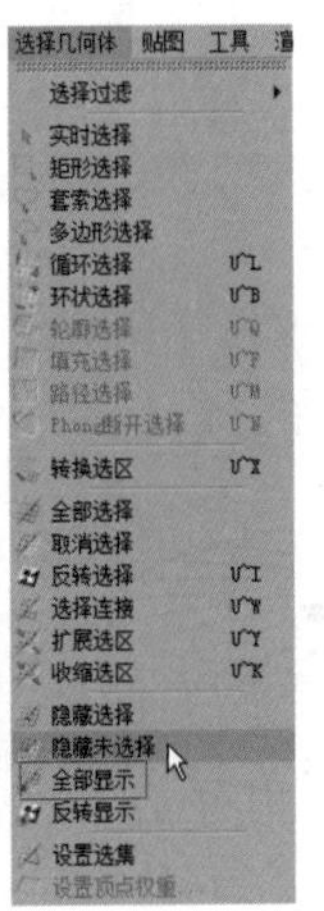

图5-267

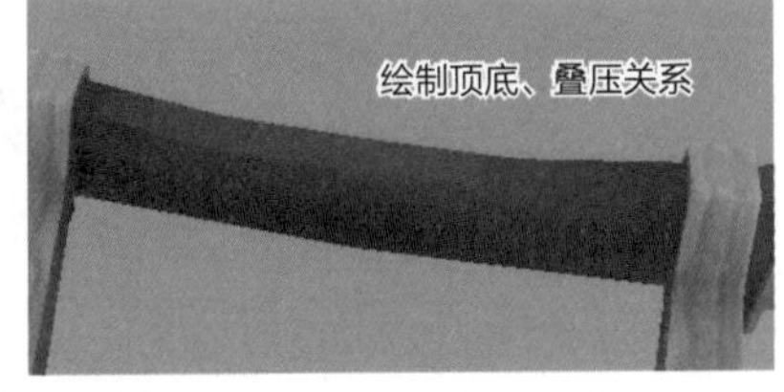

图5-268

图5-269

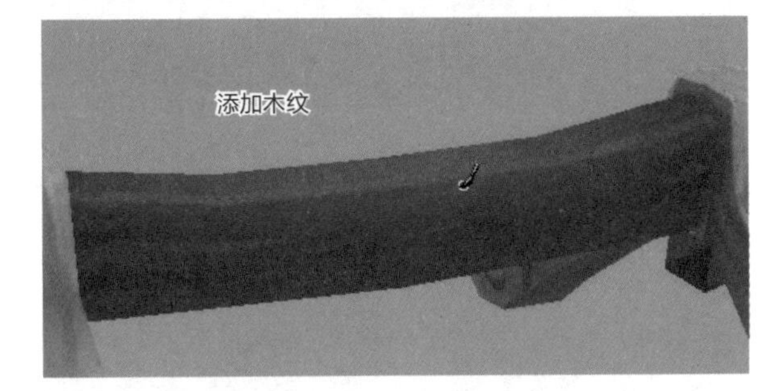

图5-270

图5-271

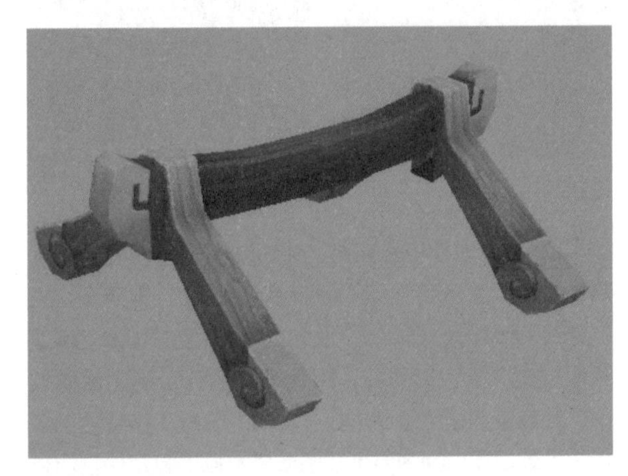

图5-272

3.地板的绘制

① 地板的贴图绘制步骤如图5-273~图5-275所示。

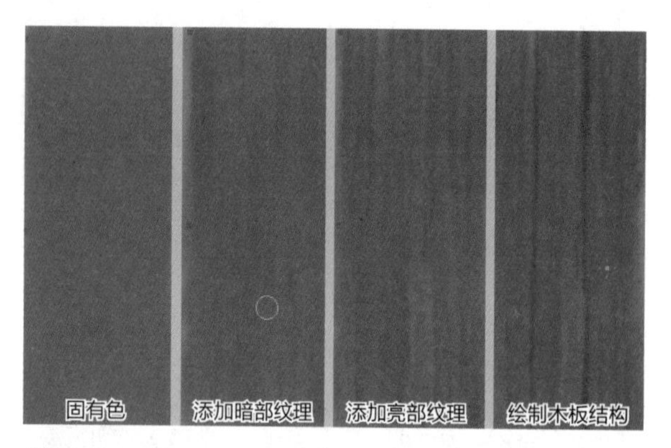

图5-273

图5-274

木板之间调整颜色变化

图5-275

② 绘制地板的步骤是，先绘制固有色，在固有色基础上将颜色明度适当调低色相可以偏暖，再用调好的颜色绘制暗部的纹理。然后再次在固有色的基础上将颜色明度提亮、色彩偏冷，用调好的颜色绘制亮部的纹理。用较重的颜色绘制出板子之间的缝隙，接着绘制木板边缘的磨损，因为整个地面都是木板，为了让它们有一些变化，不仅让木纹有变化还可以选择单个木板调整明度或者调整色相来做区分。

③ 绘制这种木板使用的是Photoshop软件，采用了笔刷设置，如图5-276和图5-277所示。

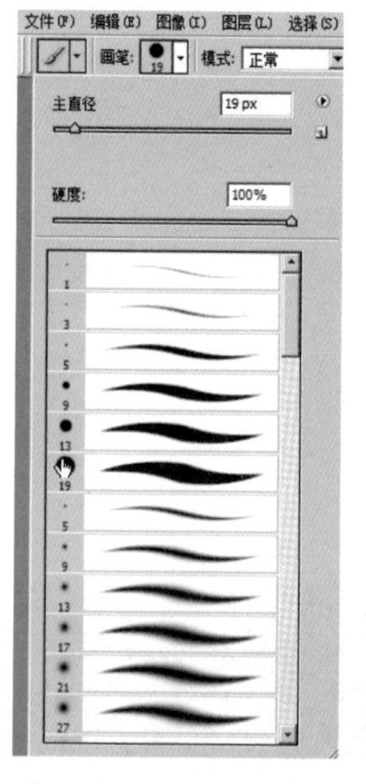

图5-276

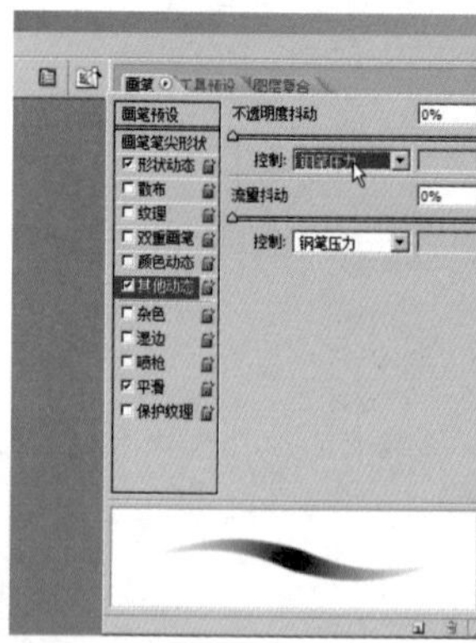

图5-277

④ 底座的最后效果如图5-278所示。

图5-278

⑤ 绘制护栏的时候主要注意顶底的明暗关系，物体与物体的遮挡形成的投影关系。护栏的效果如图5-279所示。

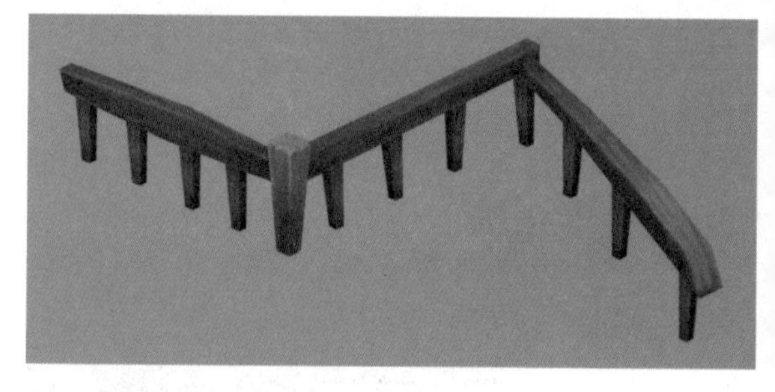
图5-279

⑥ 正面墙的效果如图5-280所示。

⑦ 侧面墙的效果如图5-281所示。

图5-280

图5-281

5.5 本章作业

根据原画图5-282制作模型，要求面数1500面左右。贴图大小1024像素×1024像素。

本案例的作业图片文件在资源\作业\第5章\房屋。

图5-282

学习笔记

第 6 章 3转2场景制作

本章知识点

- 用二维样条线来制作模型的两种方法以及对点的属性的修改
- FFD修改器、Bend弯曲、Turbo Smooth涡轮圆滑修改器的应用
- UV的知识点：用UVW Map修改器展开UV
- 贴图的知识点：凹凸贴图的制作、法线贴图的制作
- 了解材质透明度的调节、自发光的调节，金属材质的处理

3转2游戏从游戏制作技术上来说是3维模型转成2维图像的一种游戏。为了达到高质量的画面，模型会做得比较精致，但是占用资源比较大，为了节省资源就将模型渲染成图片，实际上玩家的所有活动状态都是在一张背景图片上进行的。例如，游戏《神雕侠侣》就是采用的这一制作技法，如图6-1所示。

图6-1

3转2游戏场景最终是将一张图片呈现给玩家，根据这一点们在制作完三维场景后要将模型渲染成一张图片，在渲染期间常用的渲染器是VRay渲染器，VRay渲染器不是3ds Max软件自带的，它是一个插件，所以还需要单独安装。

3转2游戏观察角度是固定的，这就决定着场景中要有一架摄像机。而且摄像机视图呈现出来的图像不能有透视，不然不同的建筑无法摆在同一张地图里面。3转2场景中物件的明暗不是绘制的，而是打的灯光。

这样在制作3转2游戏之前要创建一个模板，在模板中要添加摄像机、添加灯光、设置渲染器以及修改渲染设置。

6.1 创建模板

6.1.1 渲染设置的修改

01 VRay渲染器有多个版本，不同的版本要匹配不同版本的3ds Max软件。安装好VRay渲染器插件后桌面上会有VRay图标，如图6-2所示。

图6-2

02 在主工具栏上单击渲染设置按钮或者按F10键打开渲染设置对话框，如图6-3和图6-4所示。

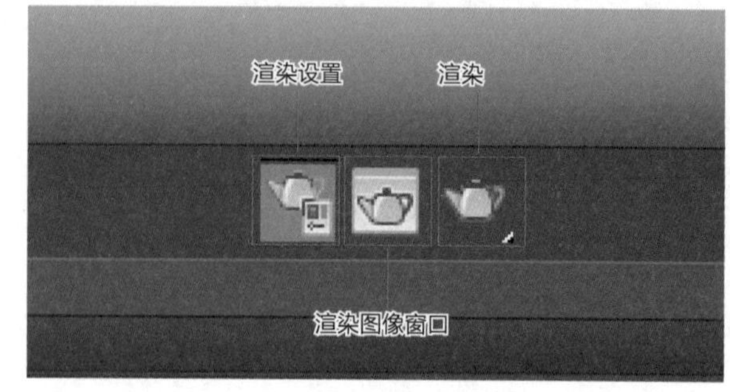

图6-3

03 在Common公用项选项卡里面打开Assign Renderer指定渲染器选项，如图6-5所示。

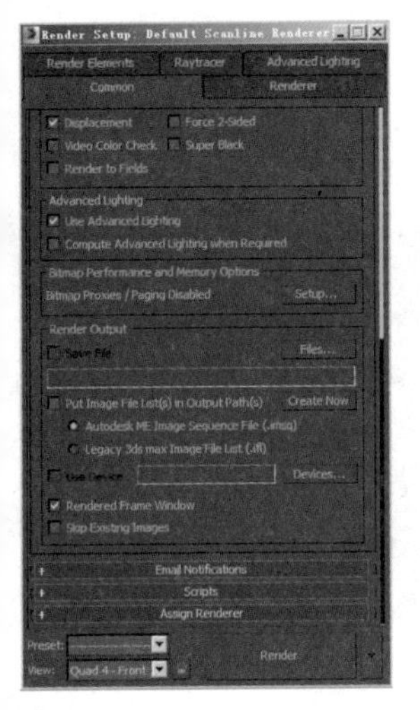
图6-4

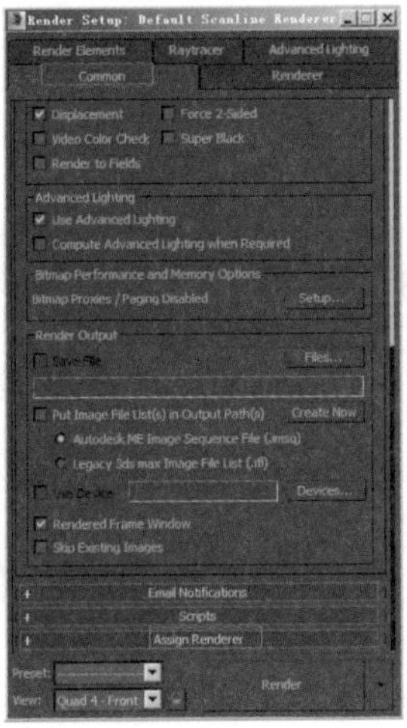

图6-5

④ 在Assign Renderer指定渲染器选项里面单击Production后面的渲染器选择按钮，如图6-6所示。

⑤ 在弹出的对话面板中选择V-Ray Adv 3.00.07渲染器，然后单击“OK”按钮，如图6-7所示。

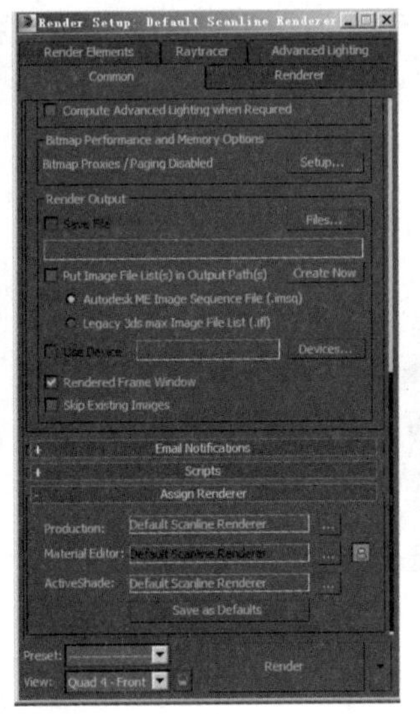
图6-6

图6-7

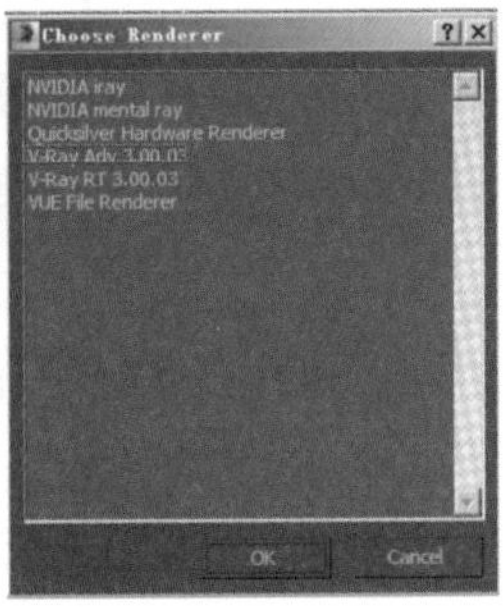

⑥ 设置好VRay渲染器之后，渲染设置面板也随之发生变化，如图6-8所示。

⑦ 为了让渲染效果更佳，需要做以下设置：在V-Ray选项卡>Image Sampler图像采样器（抗锯齿）中将过滤器选项设置为Catmull-Rom。如图6-9所示。

⑧ 正常渲染出图的暗部颜色比较黑，看不出细节，为了提亮暗部的颜色需要设置以下两项。

⑨ 在V-Ray选项卡>Environment环境中勾选GI Environment，并且将强度数值设置为0.65，如图6-10所示。

⑩ 在GI选项卡>勾选Enable GI启用全局照明，如图6-11所示。

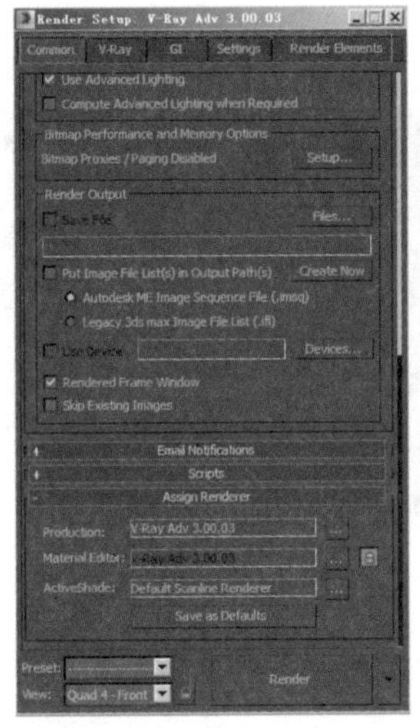
图6-8

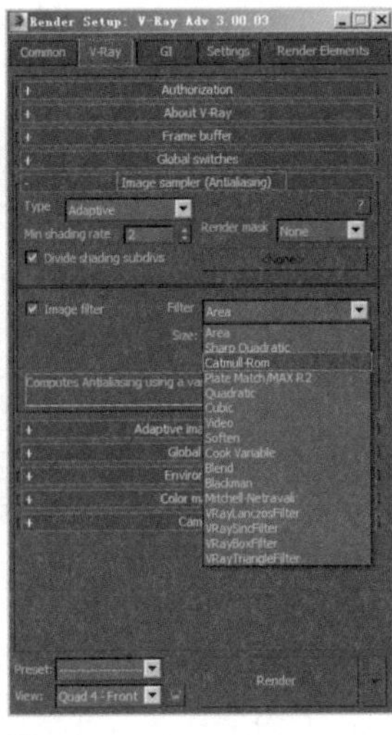
图6-9

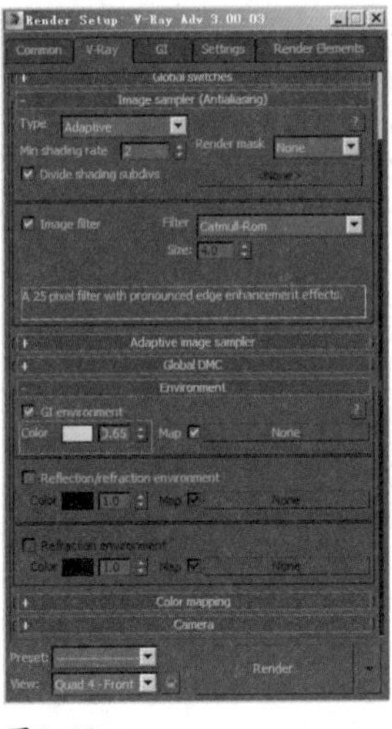
图6-10

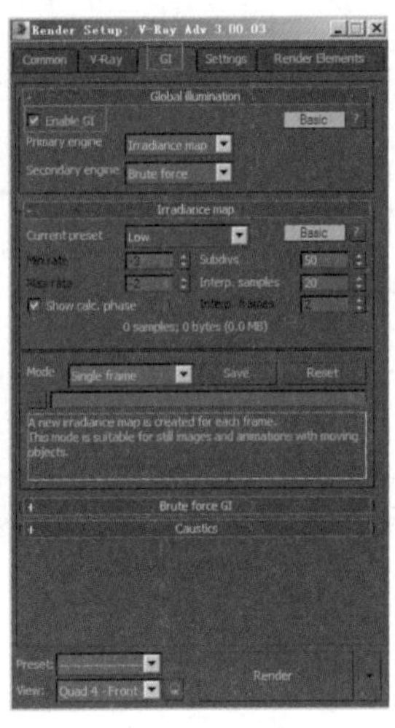
图6-11

⑪ 渲染设置参数设置之前与设置之后的效果对比如图6-12所示。

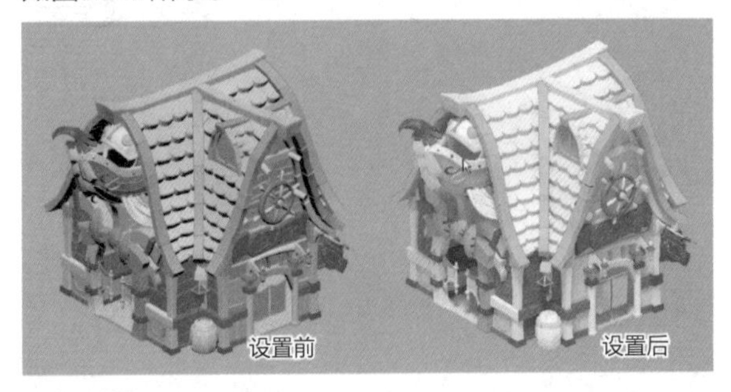

图6-12

6.1.2 创建摄像机

① 在创建面板>摄像机下，激活Target目标摄像机，在顶视图创建一个45° 的摄像机目标点放在坐标0 点上。进入前视图用移动工具沿着y轴提高，高度也是45° ，如图6-13所示。

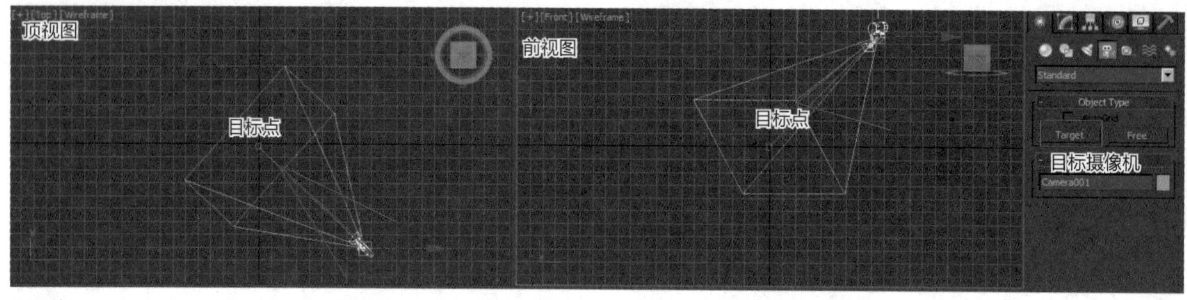

图6-13

② 摄像机创建完毕之后按“C”键进入摄像机视口，在摄像机视口中视图是无法旋转的，摄像机角度的渲染图如图6-14所示。

图6-14

③ 摄像机渲染出的图像有透视效果不符合要求。按“F”键进入前视图，选择摄像机，进入摄像机的修改面板，在Parameters参数选项卡里勾选Orthographic Projection正交投影，如图6-15所示。

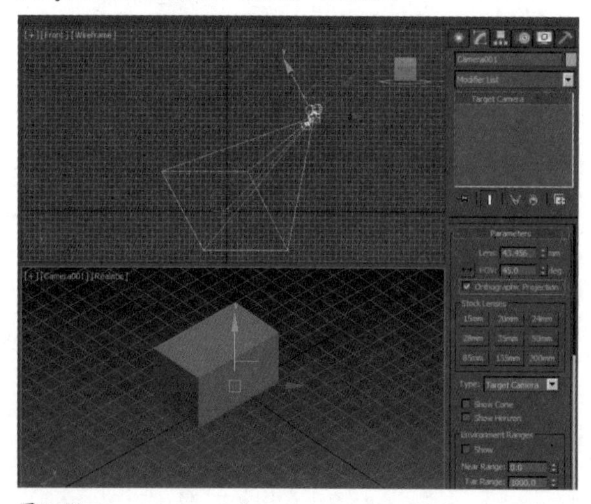

图6-15

6.1.3 灯光的创建

① 在创建面板>灯光>Standard标准灯光下，激活目标平行光，如图6-16所示。

图6-16

② 灯光不是固定不变的，要按照不同的项目要求调整灯光的方向，一般情况下模拟上午十一点太阳。在顶视图创建目标平行光，目标点也是坐标的0点。进入前视图调整灯光的高度，如图6-17所示。

图6-17

③ 选择灯光进入灯光的修改面板，在General Parameters一般参数下，勾选Shadows阴影下面On开关，并且将阴影的类型改为VRayShadow，如图6-18所示。

④ 进入VRayShadows params阴影参数选项卡下，勾选Area shadow区域阴影，勾选Box长方体，如图6-19所示，这样的设置会使距离物体越远的影子越虚。

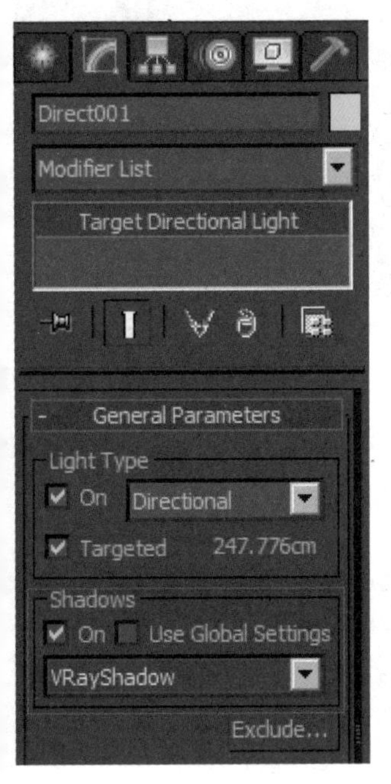

图6-18

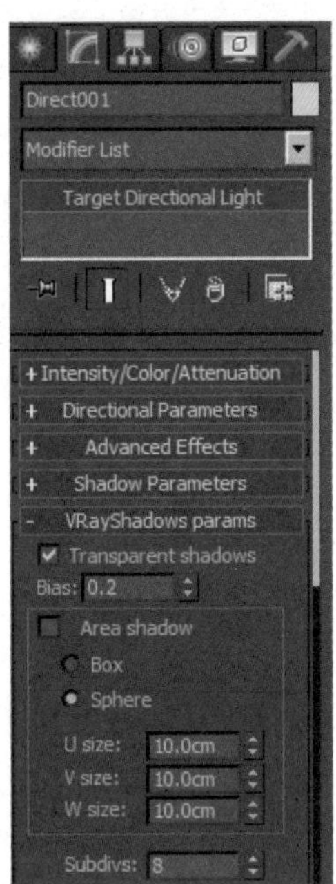

图6-19

6.2 创建模型

① 本案例绘制的模型效果图如图6-20所示。

图6-20

本案例的模型文件可以参考“资源\模型\第6章\模型文件”。

6.2.1 搭建场景大型

① 3转2场景的模型每块结构都要制作，木头墙体都要一块一块地制作，这个大型只是一个大概的框架，最后可以把它删除。场景的整体结构是由两部分穿插构成的。具体搭建步骤如图6-21所示。

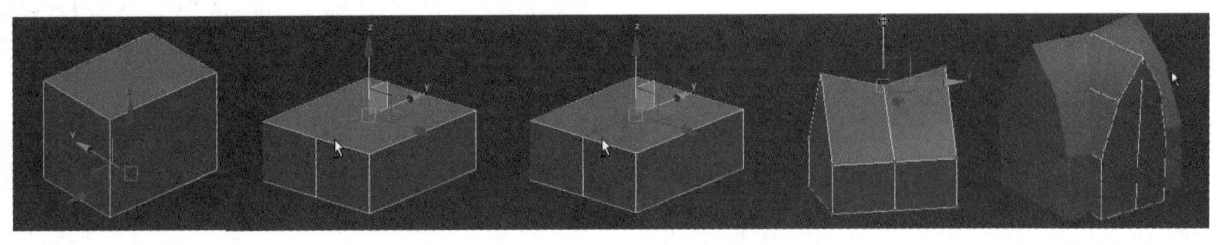
图6-21

② 搭好大的框架之后开始制作局部细节，所有的结构要进行切角处理，切角后的结构渲染出来看着更加真实、更有质感。

③ 以柱子为例介绍一下制作步骤：先创建一个Box基本形体，再将物体转化成可编辑多边形之后调整造型，接下来进入边级别选择边，单击鼠标右键，在弹出的面板中单击Chamfer左侧的设置窗口，设置切角的大小，然后单击“对号”，如图6-22所示。

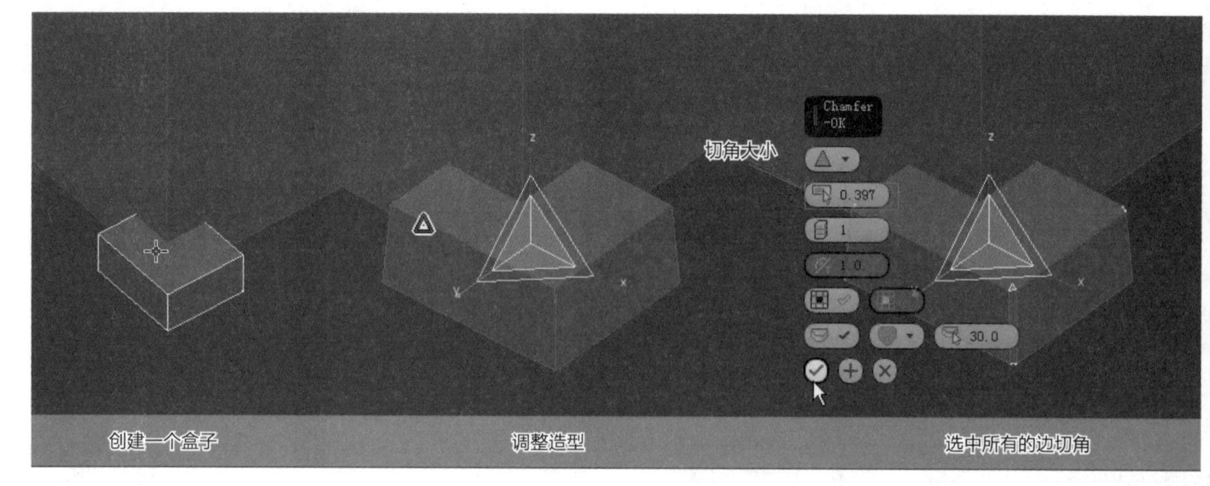

图6-22

④ 在原画上只要是不同颜色的物体就要分开来制作，方便以后贴不同的材质，如柱子的底座与柱身要分开来制作，柱身的制作方法是一样的，如图6-23所示。

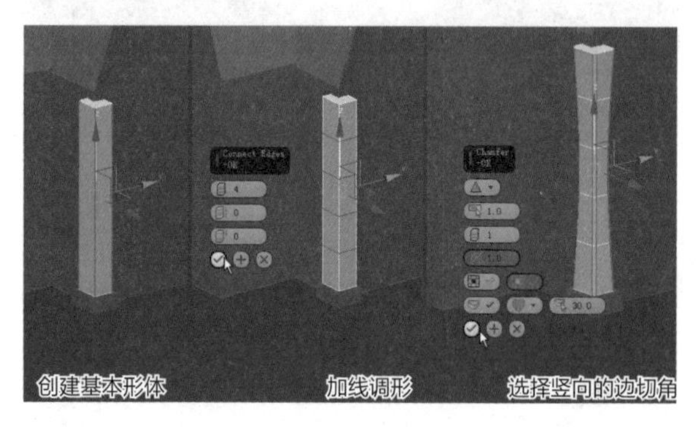

图6-23

⑤ 将制作完的柱子复制出来分别放在墙角处，如图6-24所示。

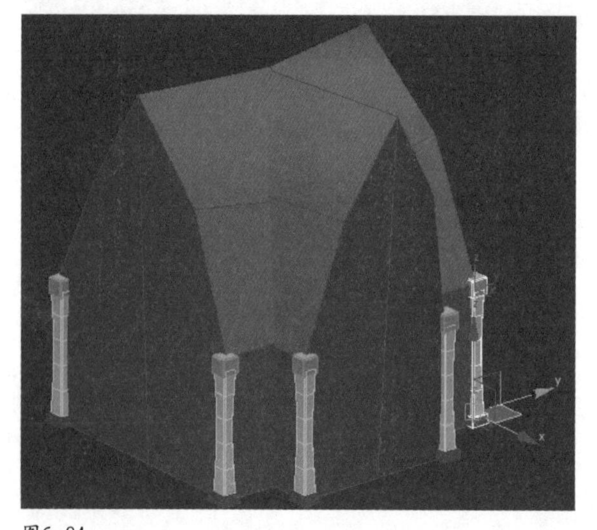

图6-24

6.2.2 用二维样条线来制作模型

创建模型有两种方法，一种是用几何体创建，另一种就是用线创建。在创建面板下面激活二维样条线，下面就是排列的二维样条线的不同造型。常用的是Line线和Text文字。在创建二维样条线的时候最好在正视图里面，不要在透视图里面创建，如图6-25所示。

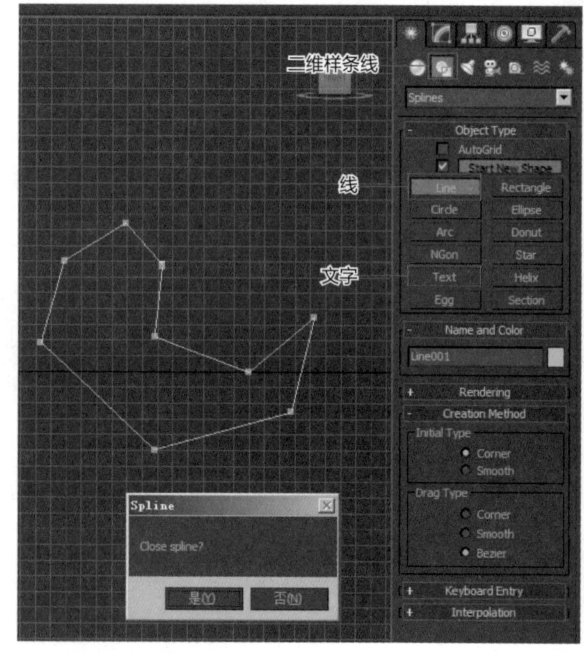

图6-25

1.用线创建实体

用线创建实体有两种方式。

① 第一种是画一条闭合的线，然后单击鼠标右键将其转化成可编辑多边形，这样就会得到一个面片，如图6-26~图6-28所示。

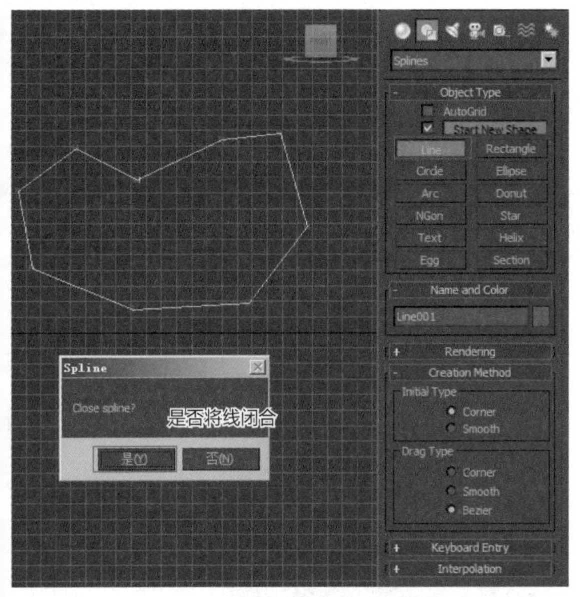

图6-26

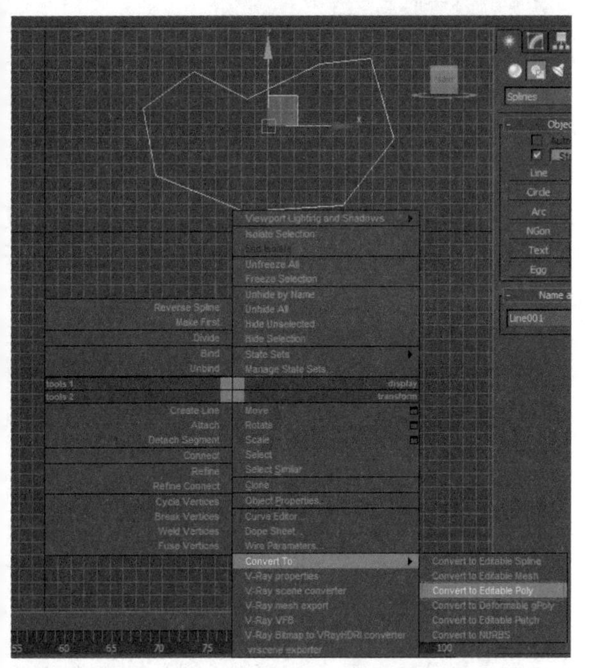

图6-27

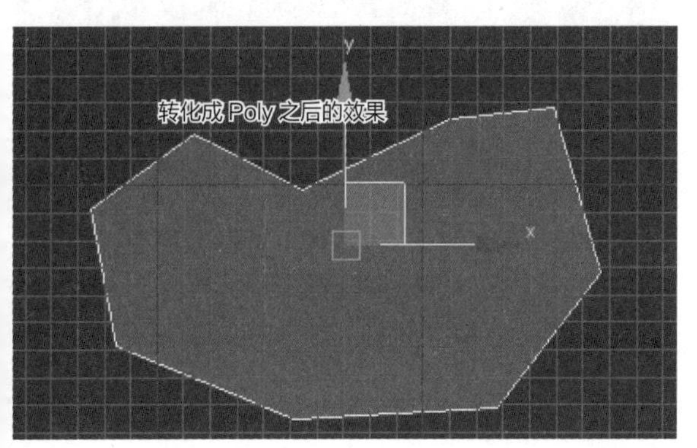

图6-28

② 之后进入面级别，选择面，用“Extrude”挤出命令挤出一段厚度。但是挤出的背面是没有封口的，如图6-29所示。

图6-29

③ 要想将口封上，进入边界级别，选择边界线，单击鼠标右键在弹出的面板中单击“Cap”封口命令，如图6-30所示。

④ 将样条线转化成可编辑多边形，这样就会得到面片效果。要想得到有厚度的效果，可以在修改器中添加“Shell”加壳修改器，从而得到有厚度的形体。具体操作如图6-31、图6-32所示。

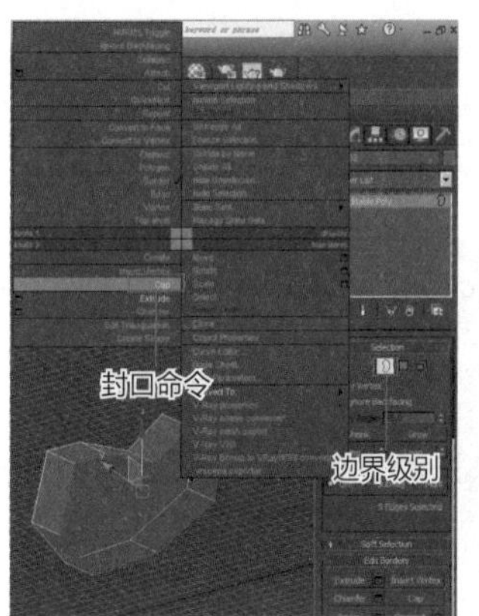

图6-30

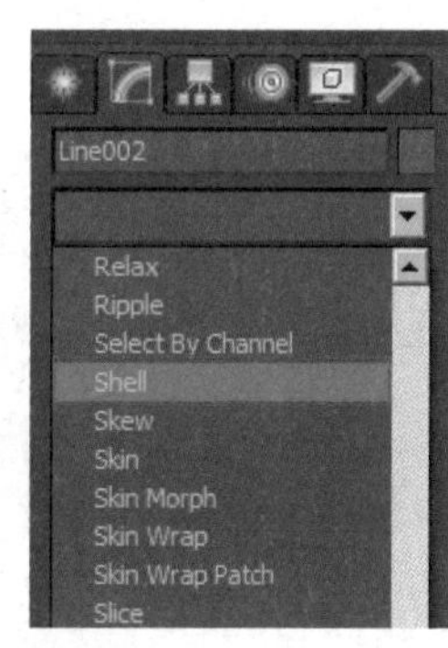

图6-31

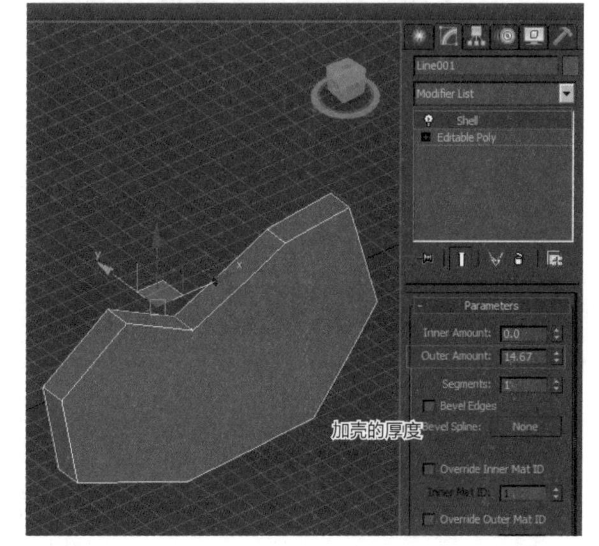

图6-32

⑤ 第二种是画一条线可以不闭合，进入修改面板，在Rendering>勾选Enable In Renderer在渲染中显示、勾选Enable In Viewport在视窗中显示。线就会变成实体状态，默认是Radiall圆截面的实体，可以调整圆截面的半径与边数，如图6-33所示。

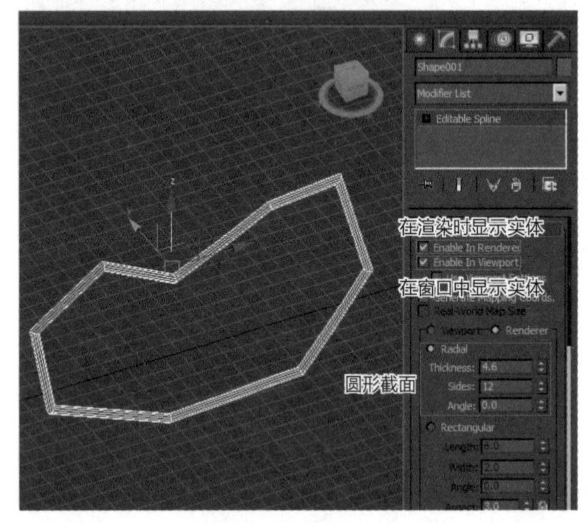

图6-33

⑥ 也可以激活Rectangular方形截面，调整方形截面的宽、高、的数值，如图6-34所示。

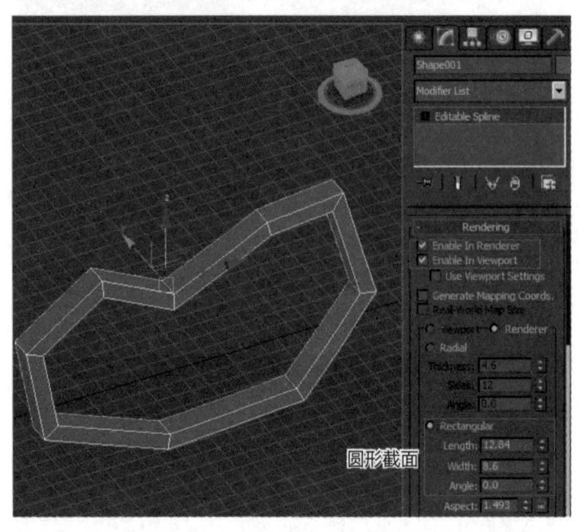

图6-34

2.点的属性

① 线绘制完成后要想达到比较圆滑的状态可以通过调整点的属性来实现。画一条线进入点级别，选择点，单击鼠标右键，在弹出的面板中可以看到点的属性有四种，分别为Corner拐角点、Smooth圆滑点、Bezier贝兹尔点、Bezier Corner贝兹尔角点，如图6-35所示。

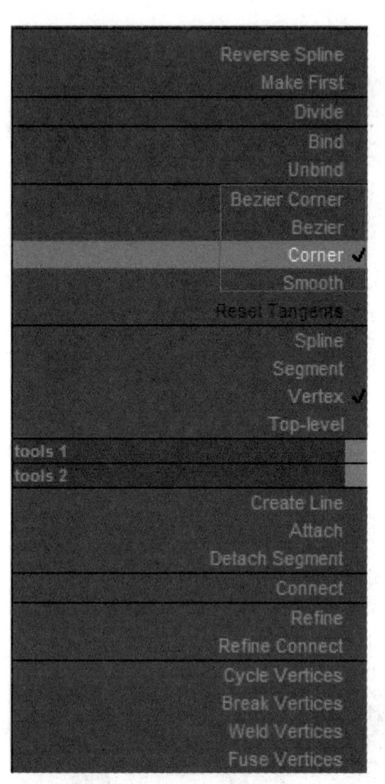

图6-35

② 画完线默认点模式是Corner拐角点，转角比较明显。画一条线进入点级别，选择点，单击鼠标右键，在弹出的面板中选择Smooth圆滑点，效果如图6-36所示。

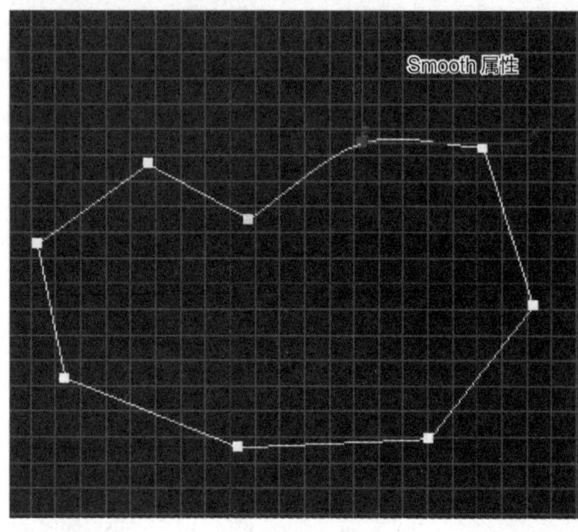

图6-36

③ 选择点，单击鼠标右键，在弹出的面板中选择Bezier贝兹尔点，效果与Smooth类似，但是有绿色的杠杆，可以调整绿色的杠杆来达到调整弧线的宽窄，如图6-37所示。

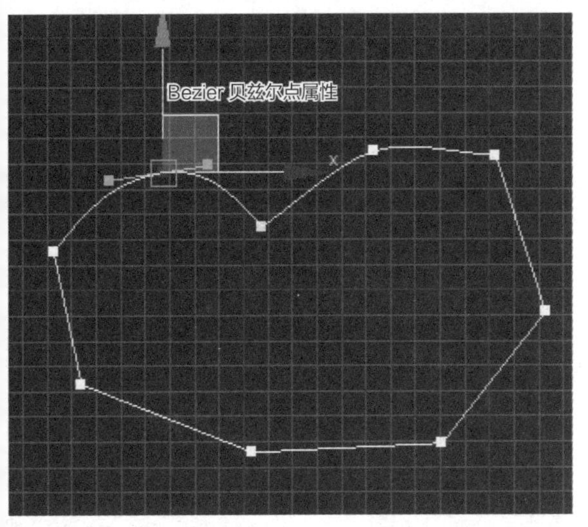

图6-37

④ 选择点，单击鼠标右键，在弹出的面板中选择Bezier Corner贝兹尔角点，贝兹尔角点的属性也有绿色的控制杆，但是两个控制杆可以分别调动达到尖角的效果，如图6-38所示。

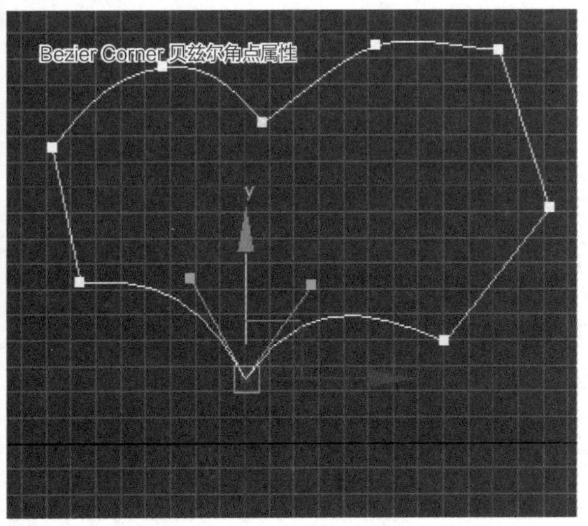

图6-38

3.门柱模型的制作

① 在创建面板中打开二维样条线>激活Line线命令，在前视窗里勾画出门柱的造型，如图6-39所示。

② 将最后的点放在起点位置，此时会弹出是否将线闭合的窗口，单击是按钮，如图6-40所示。

③ 造型做好之后进入修改面板下的点级别，选择中间过渡的四个点，单击鼠标右键在弹出的面板中更改点的属性为Smooth圆滑点，如图6-41所示。

④ 选择闭合的线点，单击鼠标右键，在弹出的面板中执行“Convert To> Convert to Editable Poly”命令，将样条线转化成可编辑多边形。得到一个面片，如图6-42所示。

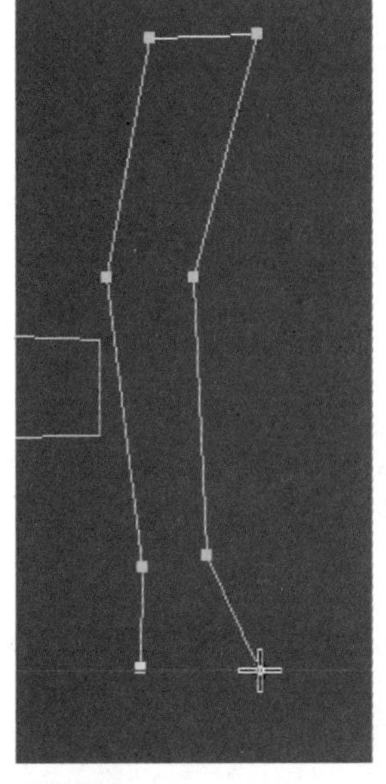

图6-39

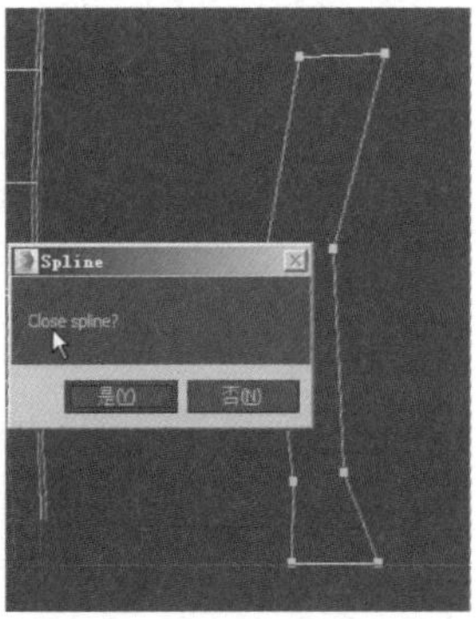

图6-40

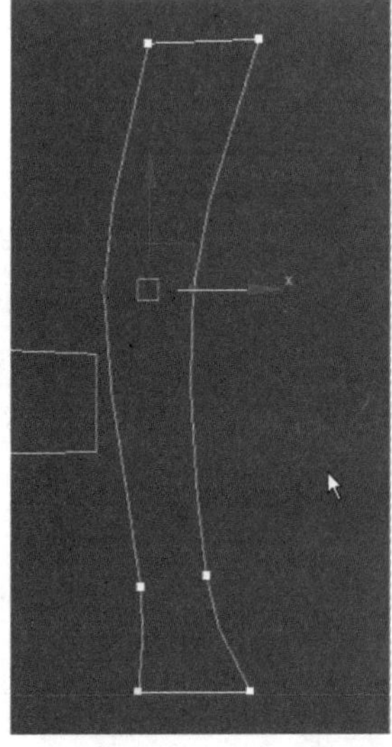

图6-41

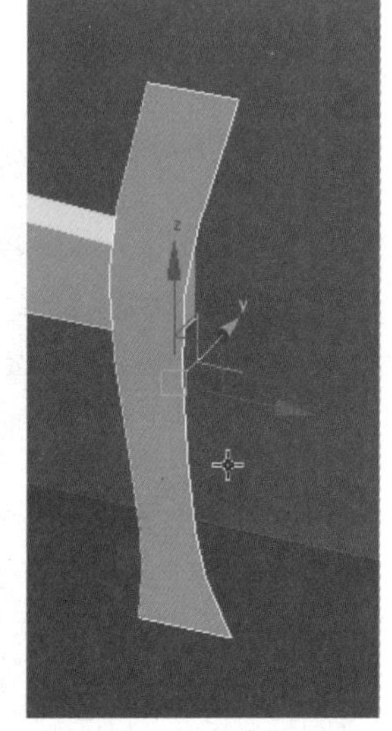

图6-42

⑤ 为了让面片变得有厚度，选择面，单击鼠标右键，在弹出的面板中用“Extrude”挤出命令挤出一段高度，如图6-43所示。

⑥ 进入线级别，选择转折面上的线，单击鼠标右键在弹出的面板中用“Chamfer”切角命令将边缘切角，一个门柱制作完成，如图6-44所示。

⑦ 用二维样条线制作的模型有以下几个，如图6-45所示。

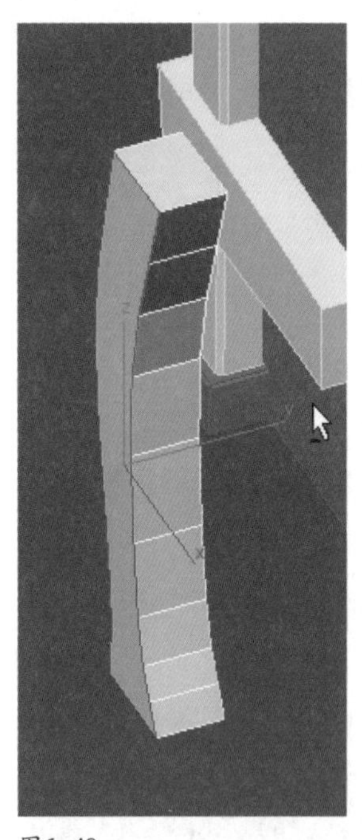

图6-43

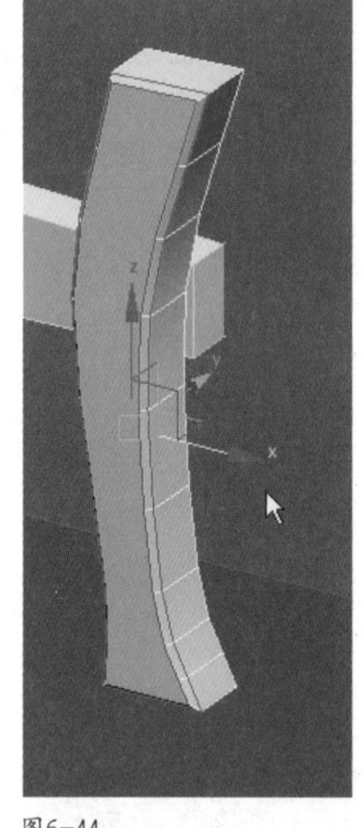

图6-44

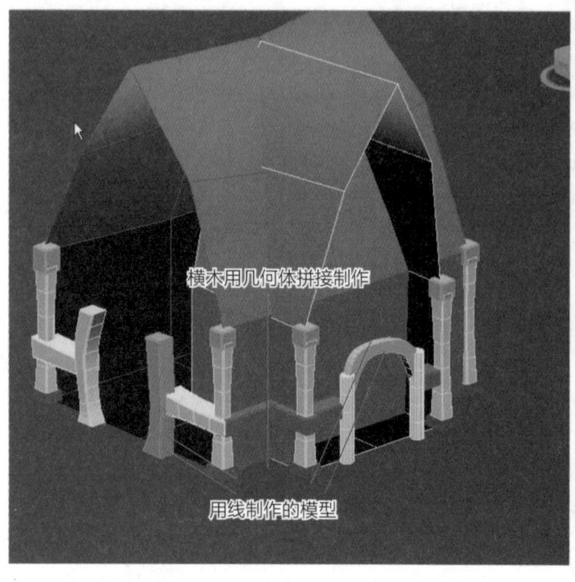

图6-45

4.右墙模型的制作

⓵ 创建一个Box，按“Shift”键沿着z轴向下拖曳，在弹出的对话框中设置复制的数量为8，单击“OK”按钮，如图6-46所示。

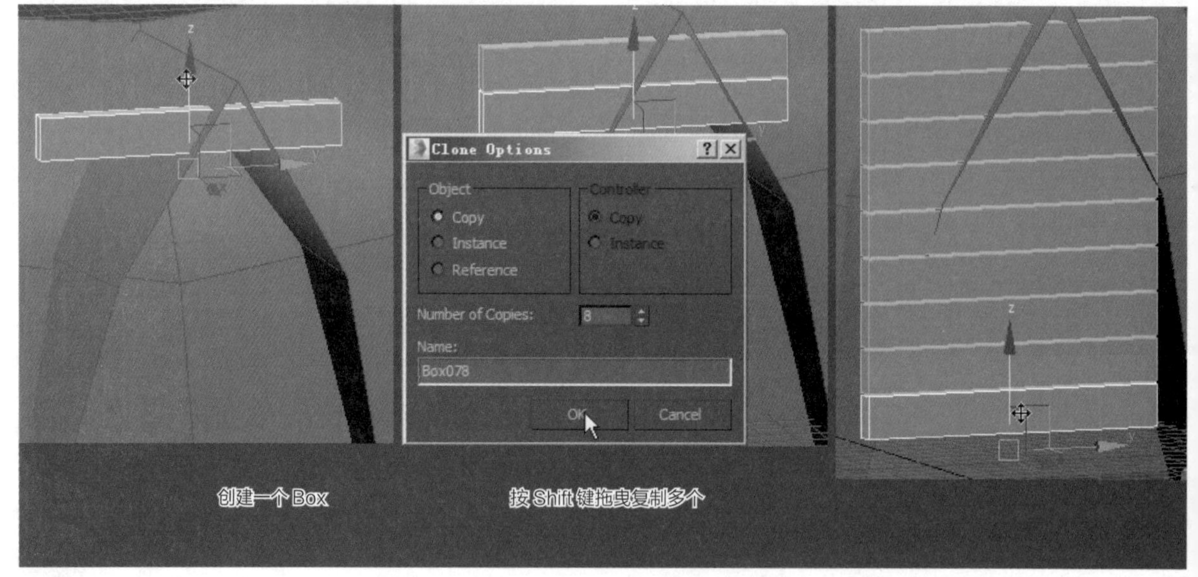

图6-46

⓶ 逐个调整造型，每块板子之间可以做造型变化，如图6-47所示。

⓷ 正面造型做好后选择所有的板子，进入修改面板，单击倒三角在弹出的列表里添加FFD2×2×2修改器，如图6-48所示。

⓸ 进入Control Points控制点级别，选择底部的控制点，用移动工具沿着x轴往内推，可以起到调整造型的作用，如图6-49所示。

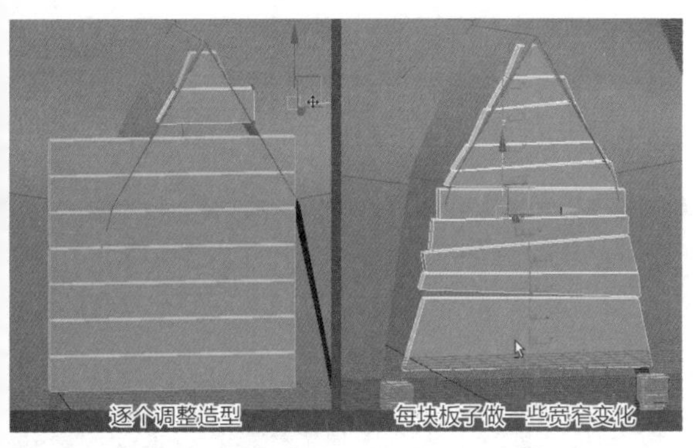

图6-47

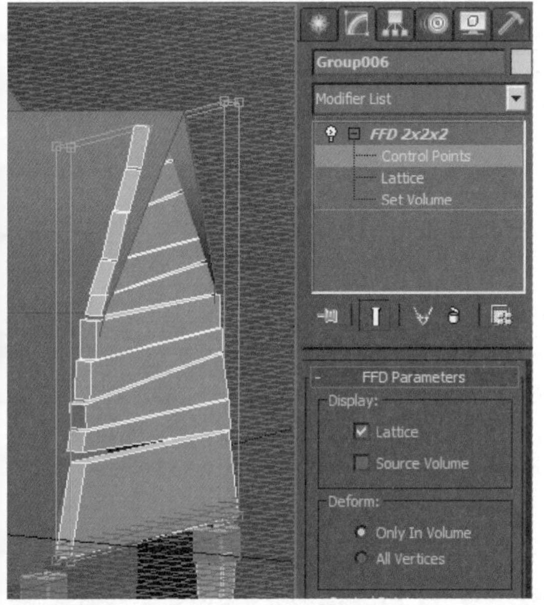

图6-48

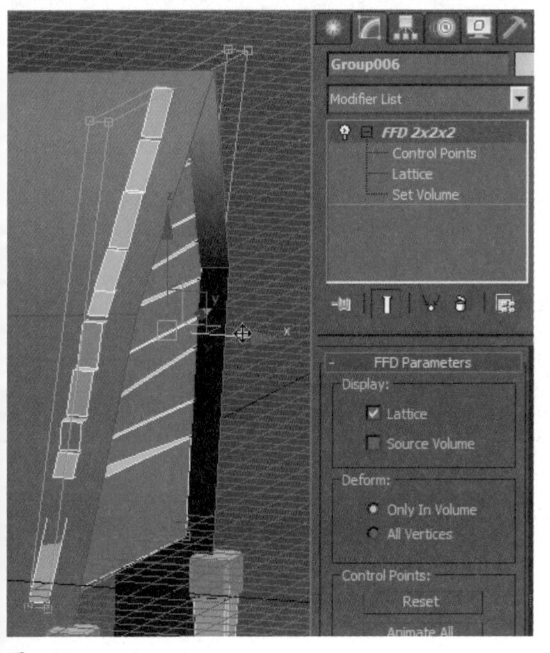

图6-49

⑤ 造型斜度调整好之后，选中所有的板子模型转化成可编辑多边形，然后选择单个板子添加段数，调整板子为不规则造型，最后进行切角处理，如图6-50所示。

⑥ 整个侧面的墙壁都是用木板拼凑而成的，如图6-51所示。

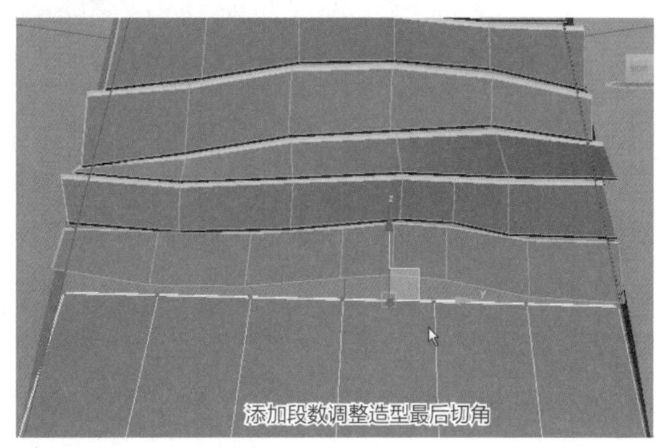

图6-50

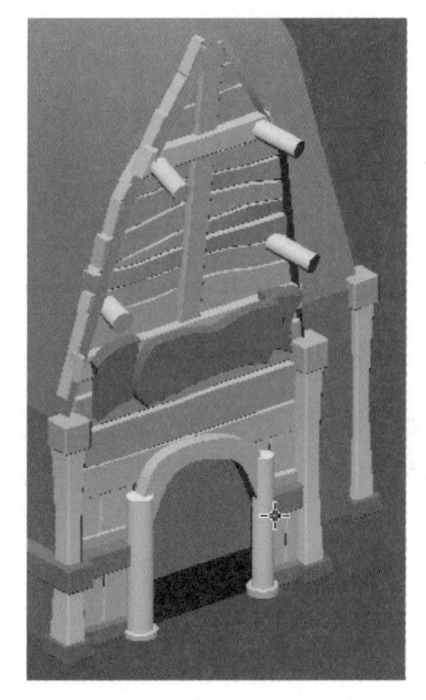

图6-51

⑦ 牌匾的造型用二维样条线制作，如图6-52所示。

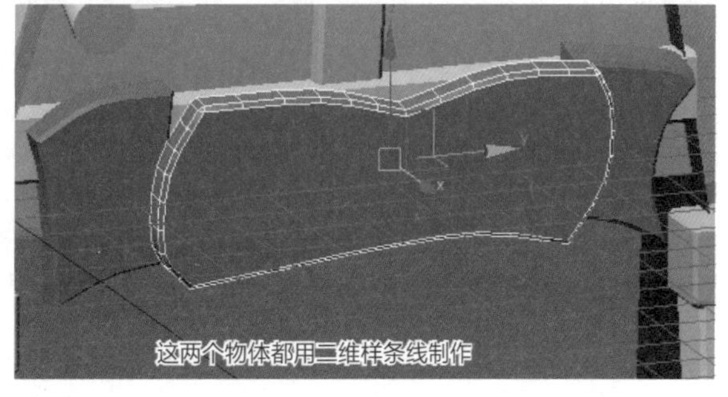

图6-52

5.门匾字体的制作

① 用线勾画出字体的外轮廓，然后再用线分别勾画出文字的两个内轮廓，分别进入三条线的点级别，调整相应点的属性为Smooth圆滑点，如图6-53所示。

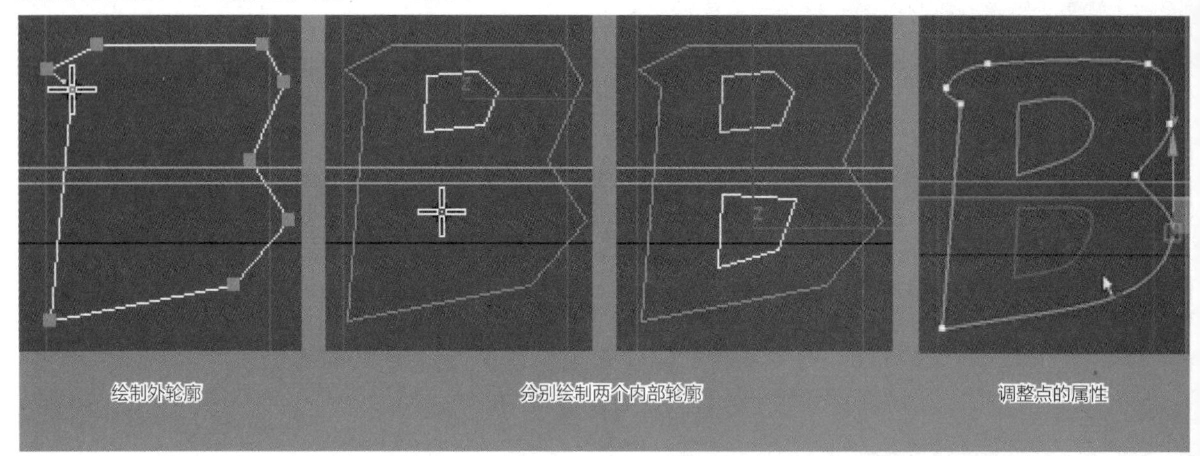

图6-53

② 选择一条线，在修改面板中激活“Attach”附加命令，然后单击要附加的线，如图6-54所示。

③ 附加后的线合并在了一起，颜色变成统一的颜色，如图6-55所示。

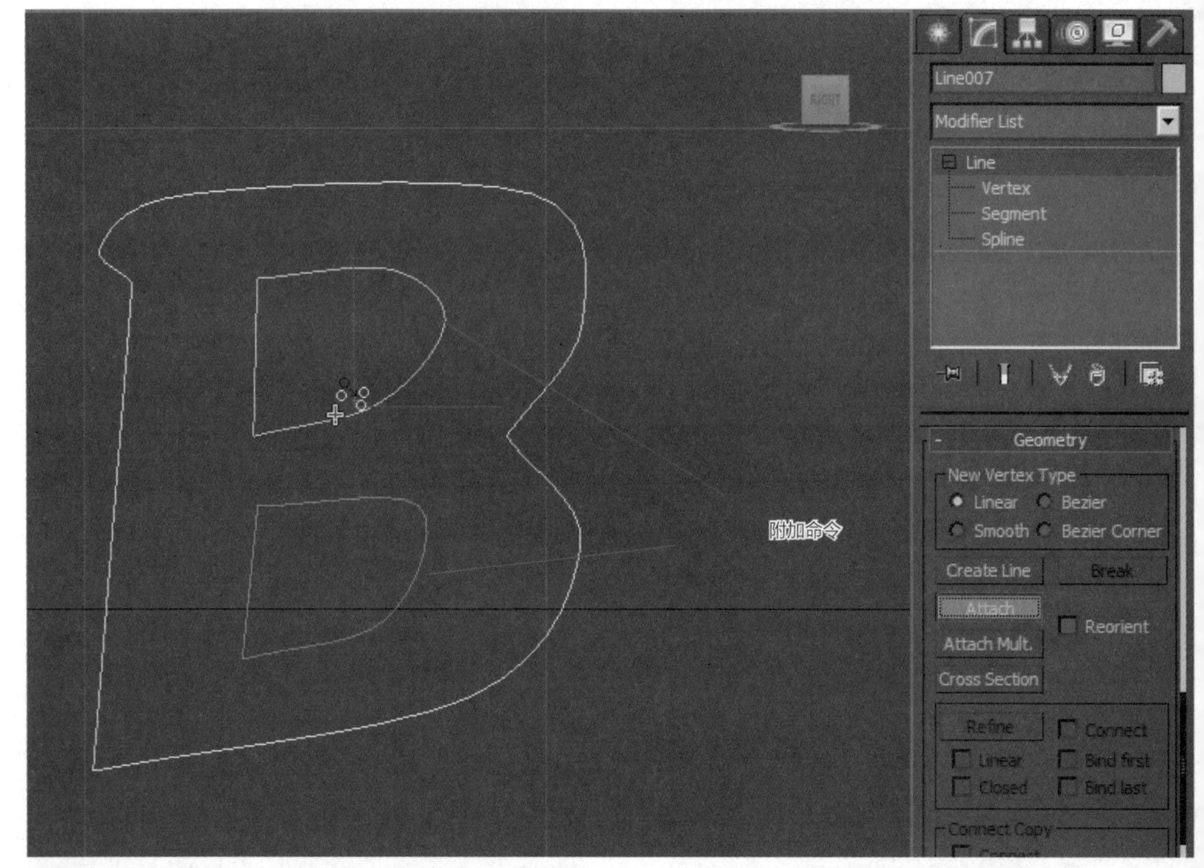

图6-54

④ 选择线，单击鼠标右键在弹出的面板中执行“Convert To> Convert to Editable Poly”命令，将线转化成可编辑多边形。然后在修改面板添加Shell壳修改器，设置加壳的厚度，如图6-56所示。

⑤ 用同样的方法把其他的两个字制作出来，并且用“Attach”附加命令将其他的两个字合并在一起，如图6-57所示。

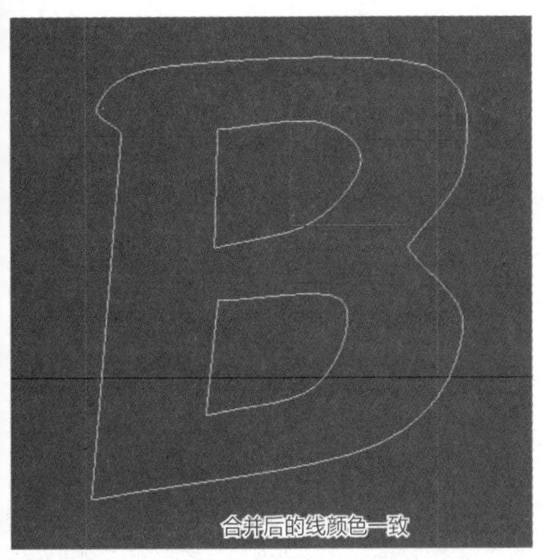

图6-55

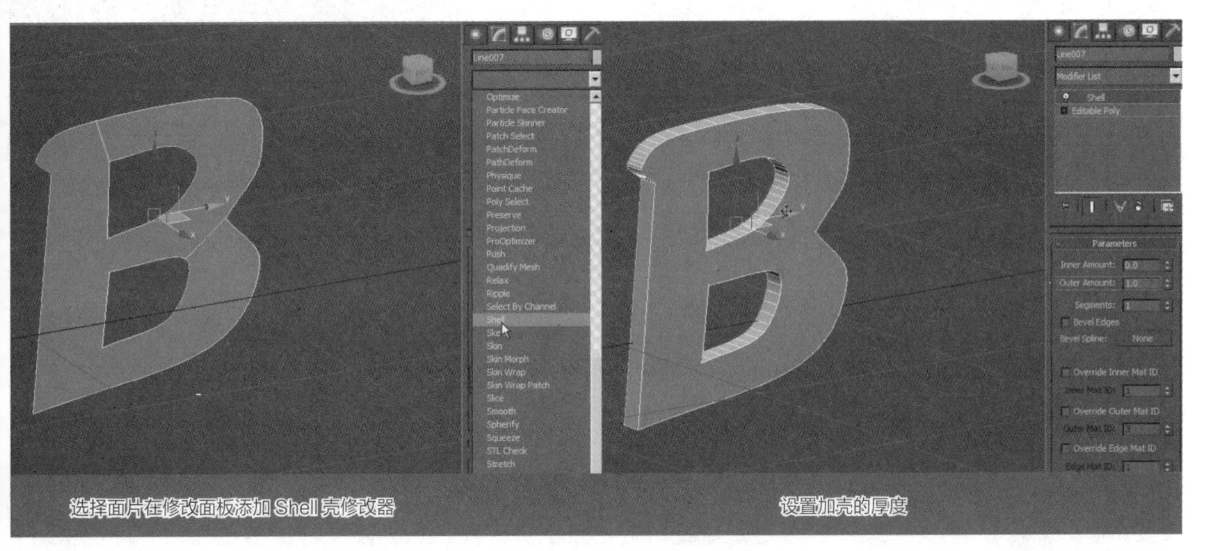

图6-56

图6-57

⑯ 字体做好之后要用布尔运算将两部分做运算，得到字体嵌在牌匾上的效果。但是要注意牌匾必须是闭合的物体，不能出现镂空。目前牌匾背面是镂空的，需要将镂空的地方补上。选择牌匾物体，进入边界级别，选择边界线，单击“Cap”封口命令，如图6-58所示。

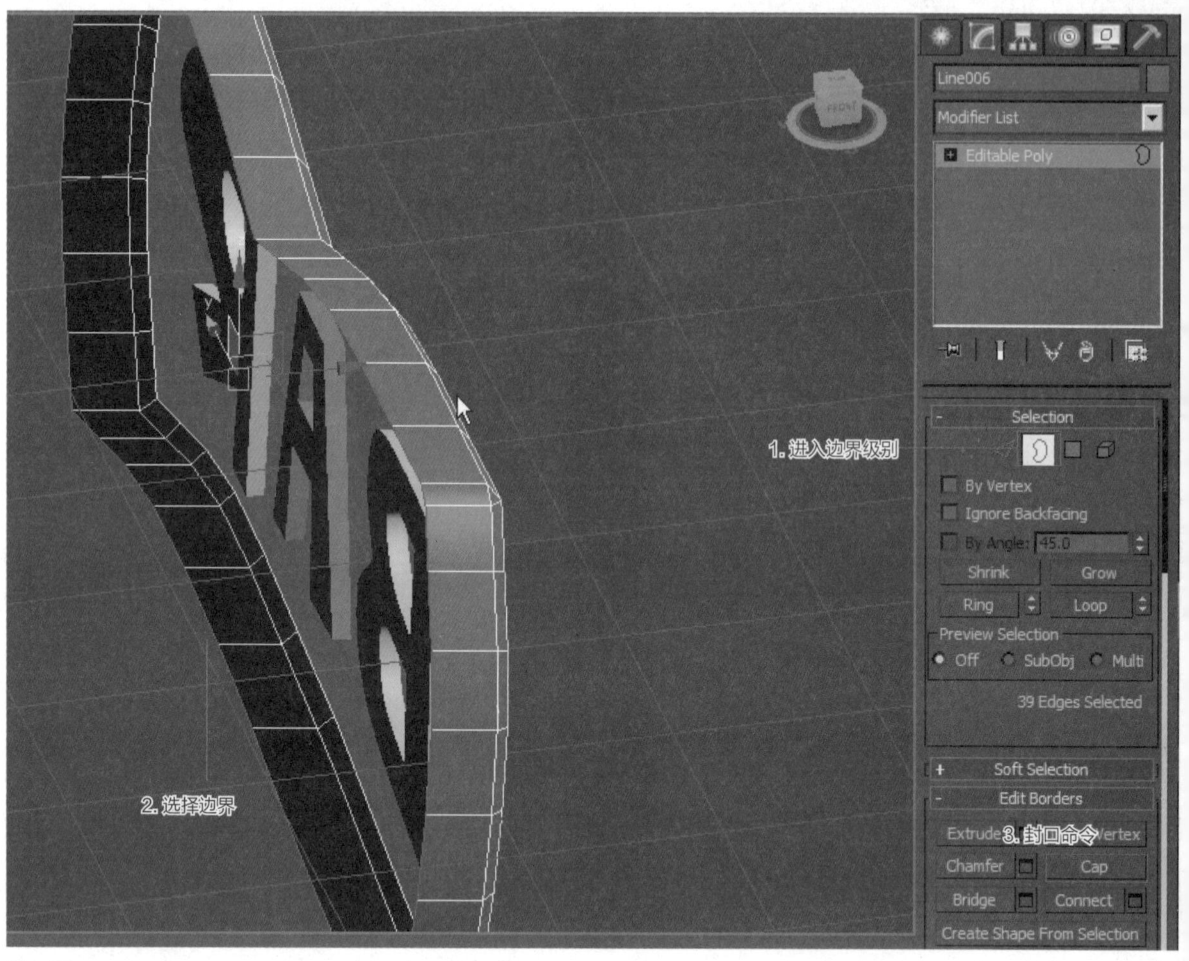

图6-58

⑰ 将背面闭合之后，选择牌匾物体，在修改面板>几何形体中更改为Compound Objects复合对象物体，如图6-59所示。

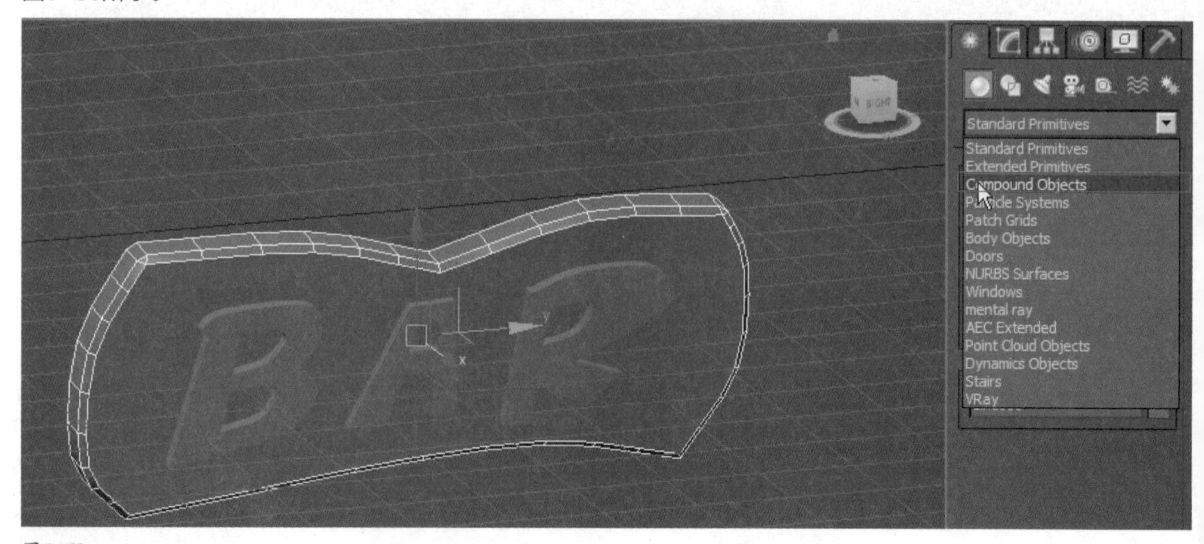

图6-59

⑱ 更改成符合对象的物体后，激活Boolean布尔运算按钮，单击Pick Operand B拾取B物体，然后单击文字模型，如图6-60所示。

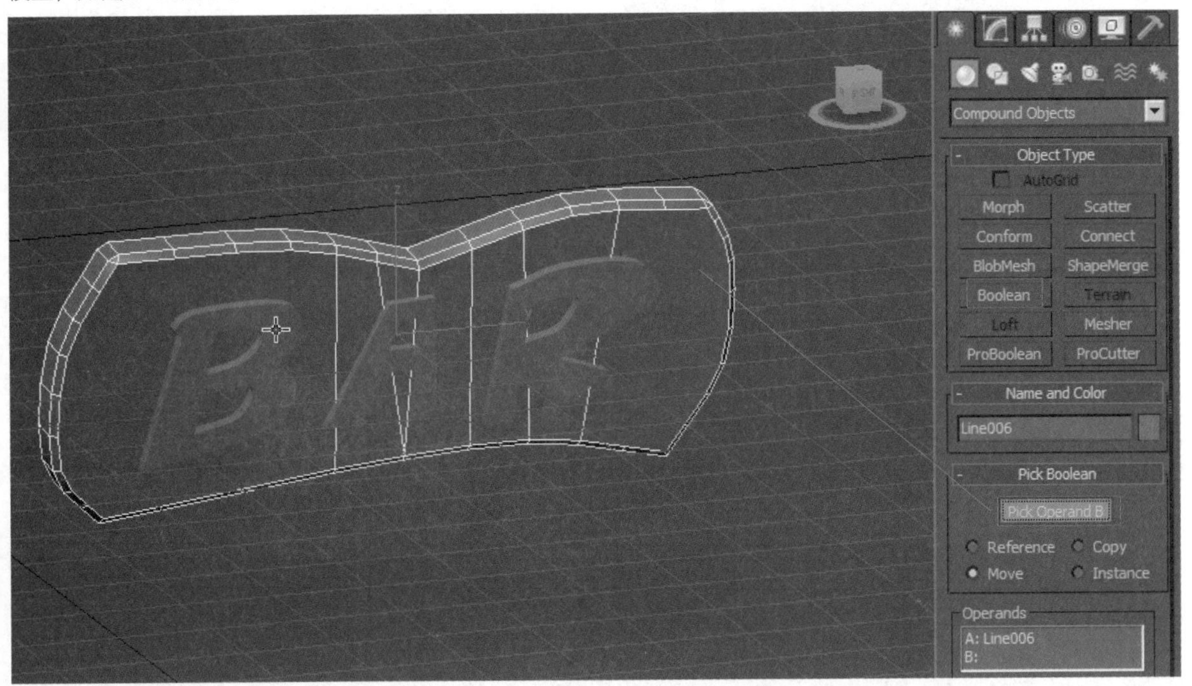

图6-60

⑲ 拾取后的效果如图6-61所示。

图6-61

⑳ 最后将字体的边角进行切角，如图6-62所示。

6.2.3 用不同的修改器制作模型

在制作3转2模型的时候，可以先制作简单模型，然后在修改面板中添加Turbo Smooth涡轮圆滑修改器，让物体更圆滑。

1.牌匾下的木棍制作

⑪ 先创建一个简单形体，然后将两头的面删除（避免加上涡轮圆滑修改器之后整个物体变圆），在修改面板添加Turbo Smooth涡轮圆滑修改器，如图6-63所示。

图6-62

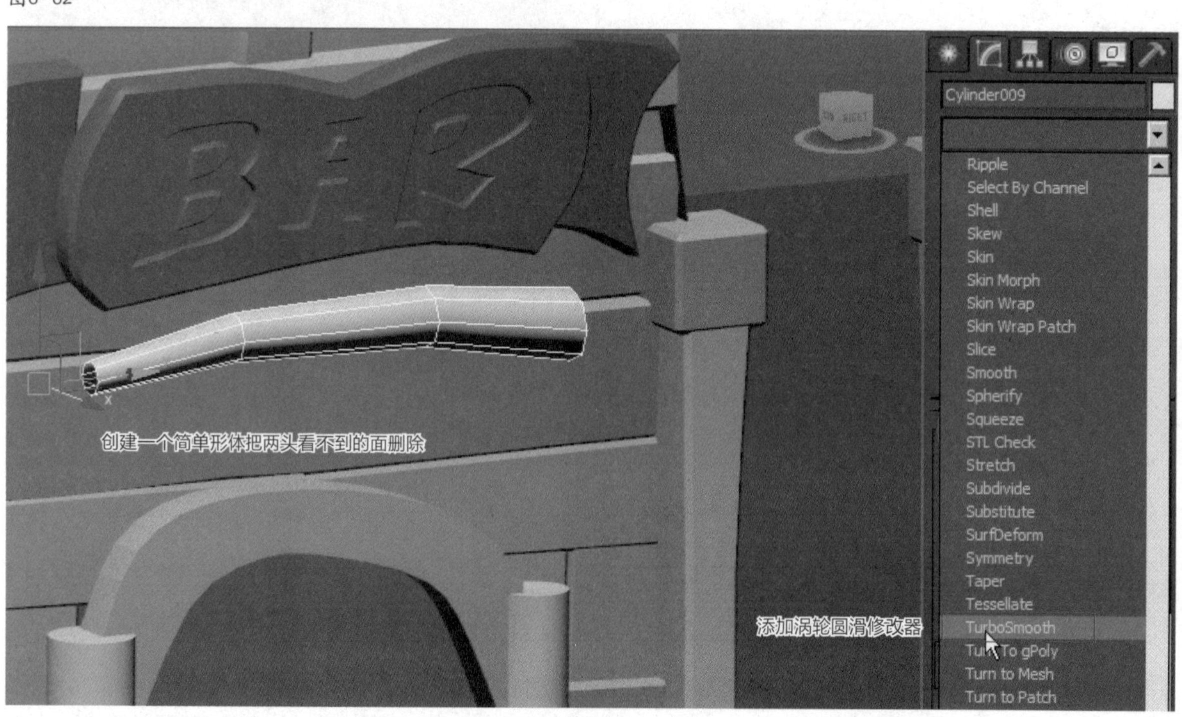

图6-63

⑫ 添加Turbo Smooth涡轮圆滑修改器之后，物体会变得圆滑，调整圆滑的强度数值，数值越大越圆滑，如图6-64所示。

⑬ FDD修改器是对模型进行变形处理的命令，FDD后面的数字越大，编辑节点越多，编辑越精细，但是FDD控制点多的同时，模型上的节点也要多。

⑭ 用FDD3×3×3制作木棍的变形。先创建一个有高度段数的圆柱体，如图6-65所示。

图6-64

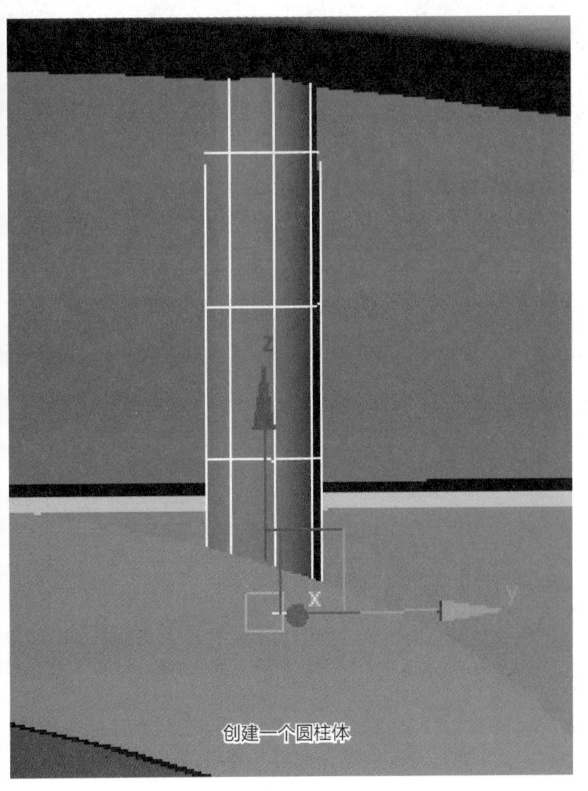

图6-65

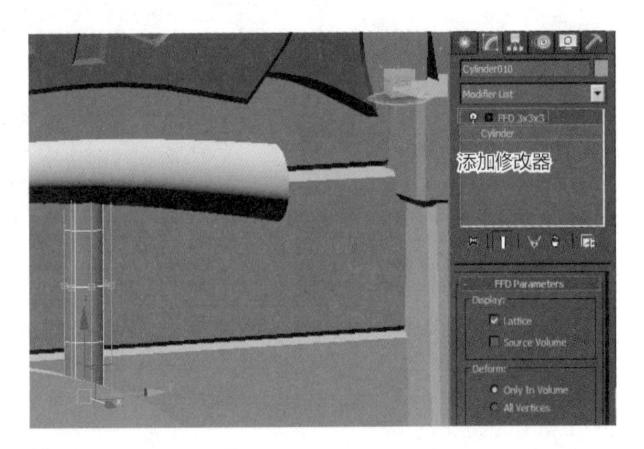

图6-66

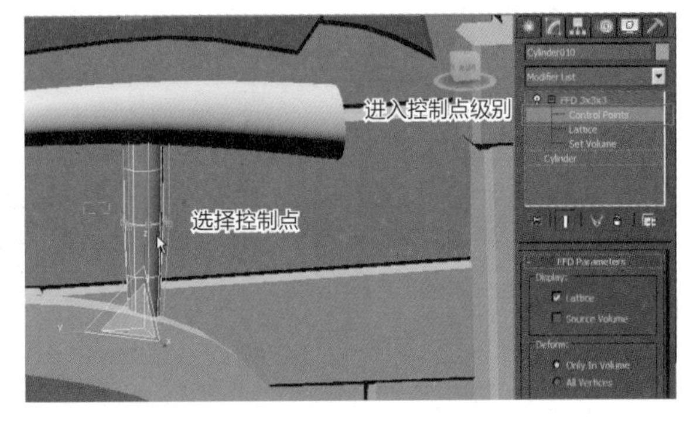

图6-67

⑤ 在修改面板添加FDD3×3×3的修改器，如图6-66所示。

⑥ 打开层级进入Control Points控制点级别，选择模型中间的控制点用缩放工具放大，可以达到中间鼓的效果，如图6-67所示。

⑦ 用移动工具调整控制点的位置也可以达到柱体弯曲的效果，如图6-68所示。

2.灯模型的制作

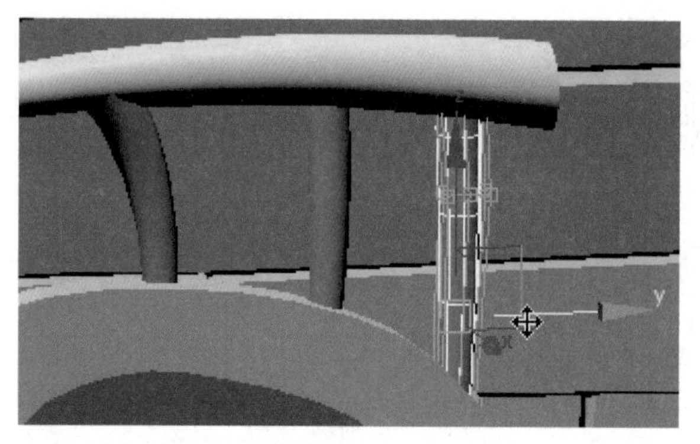

图6-68

① 创建一个正方体，单击鼠标右键将物体转化成可编辑多边形，进入面级别，选择周围一圈的面，单击鼠标右键在弹出的面板中单击“Inset”插入命令左侧的设置窗口，设置插入类型By Polygon，设置插入大小。选择刚插入的四个面，单击鼠标右键在弹出的面板中单击“Extrude”挤出命令左侧的设置按钮，设置挤出的长度，如图6-69所示。

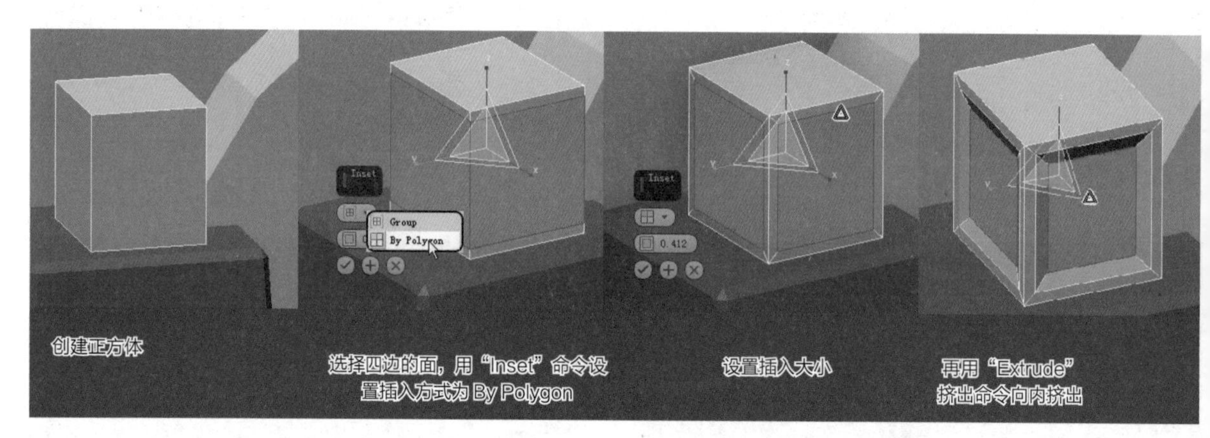

图6-69

② 进入线级别选择竖线，用“Connect”连接命令添加横断线，然后在修改面板添加FFD3×3×3的修改器，进入Control Points控制点级别，选择控制点调整造型，如图6-70所示。

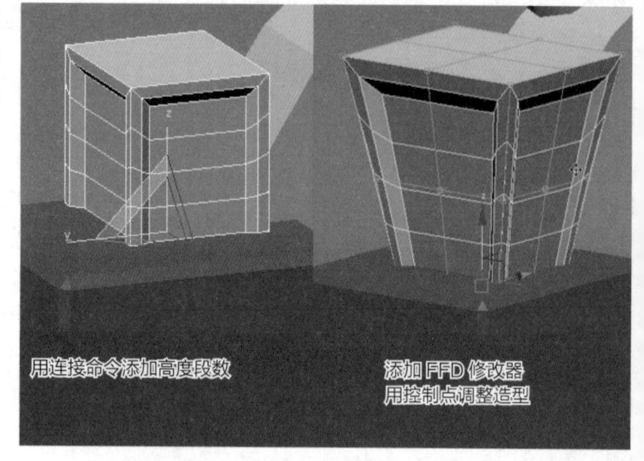

图6-70

3.灯盖模型的制作

① 创建一个圆柱体，转化成可编辑多边形后，选择顶部的面用“Extrude”挤出命令再挤出一段高度，再选择顶部的面用缩放工具收缩。选择边缘线，用“Chamfer”切角命令将转折边缘切角，进入修改面板，添加TurboSmooth涡轮圆滑修改器，如图6-71所示。

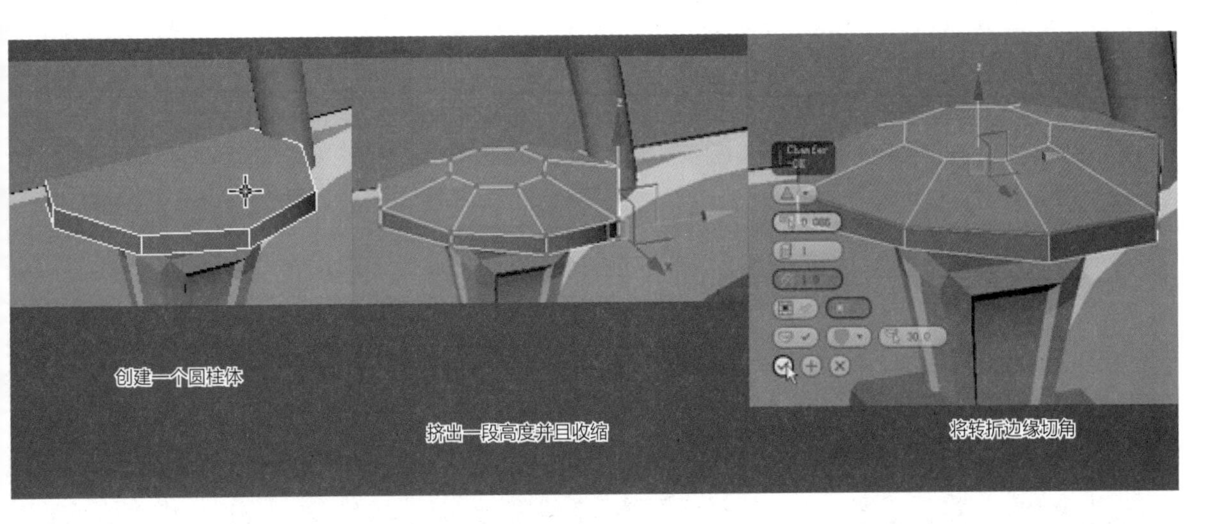

图6-71

⑫ 进入修改面板添加Turbo Smooth涡轮圆滑修改器，如图6-72所示。

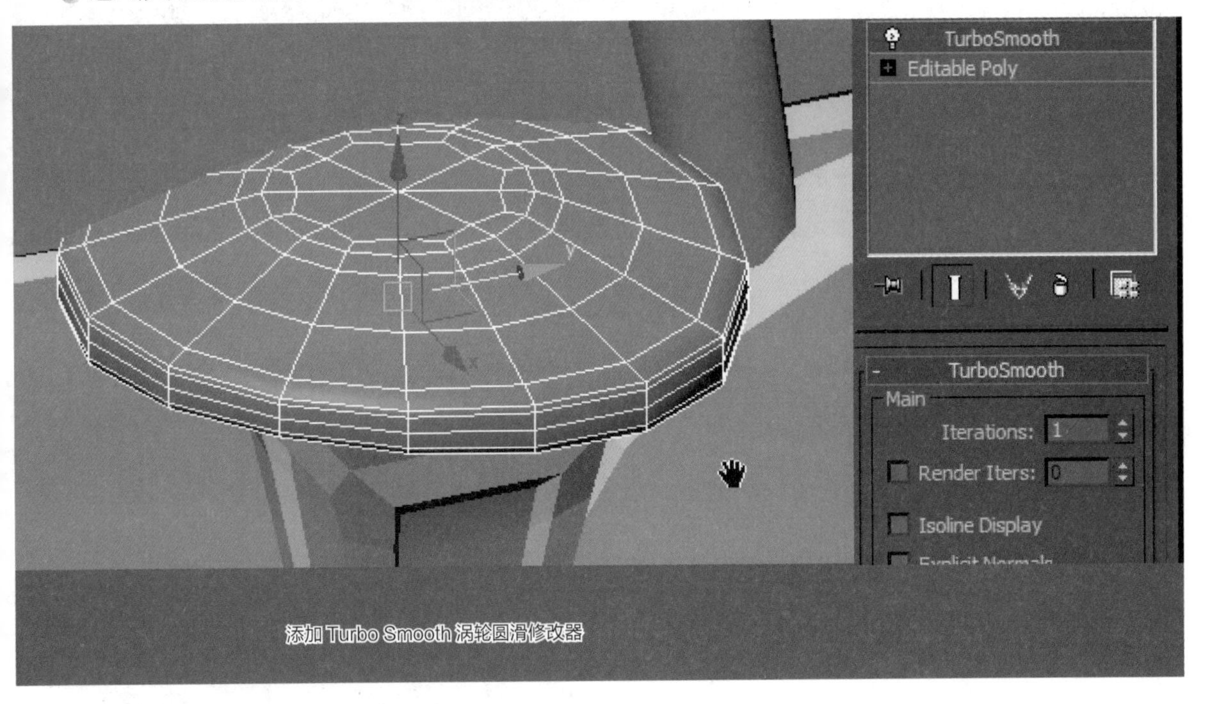

图6-72

⑬ 二维样条线建模与修改器配合创建模型。用二维样条线勾画造型，转化成可编辑多边形就形成一个面片，进入修改面板添加一个Shell加壳修改器之后面片变成一个有厚度的物体，再次添加一个FFD修改器，进入Control Points控制点级别，选择右边的控制点沿着*y*轴收缩调整造型，如图6-73所示。

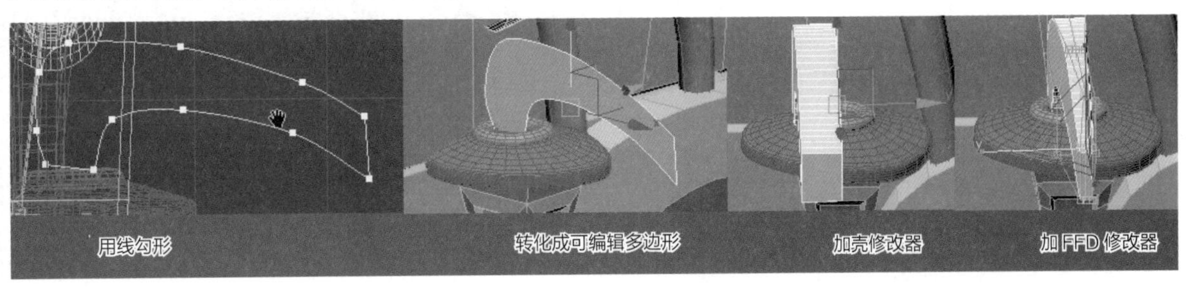

图6-73

4.用Turbo Smooth涡轮圆滑修改器制作的模型

① 先创建一个简单形体，然后将顶部的面删除（避免加上涡轮圆滑修改器之后整个物体变圆），进入边级别，将转角的边用“Chamfer”切角命令切角，在修改面板添加Turbo Smooth涡轮圆滑修改器，如图6-74所示。

② 右侧墙面的整体效果如图6-75所示。

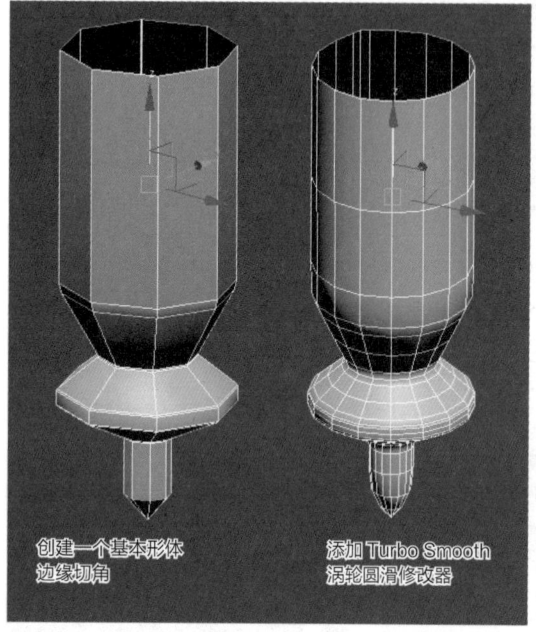

图6-74

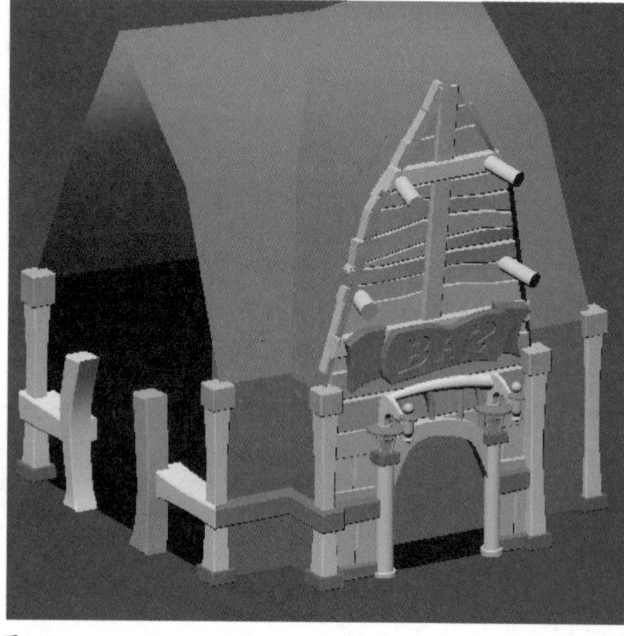

图6-75

5.轮子的制作

① 轮子分为外圈、中心、手柄三部分结构，如图6-76所示。

② 在创建面板>几何形体中激活Tube圆环，创建一个圆环，单击鼠标右键将其转化成可编辑多边形，进入点级别，选择局部的点用缩放工具调整圆环的粗细。然后进入修改面板，添加Turbo Smooth涡轮圆滑修改器，将轮子变圆滑，如图6-77所示。

图6-76

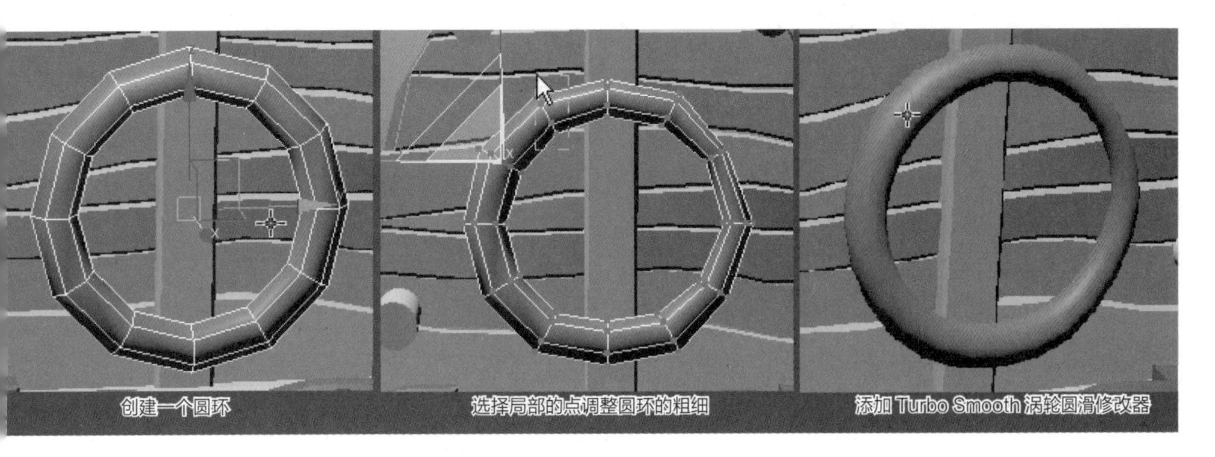

图6-77

⑬ 创建一个圆柱体，将其转化成可编辑多边形后选择转折面上的边用“Chamfer”命令进行切角。然后进入修改面板，添加Turbo Smooth涡轮圆滑修改器，将物体变圆滑，如图6-78所示。

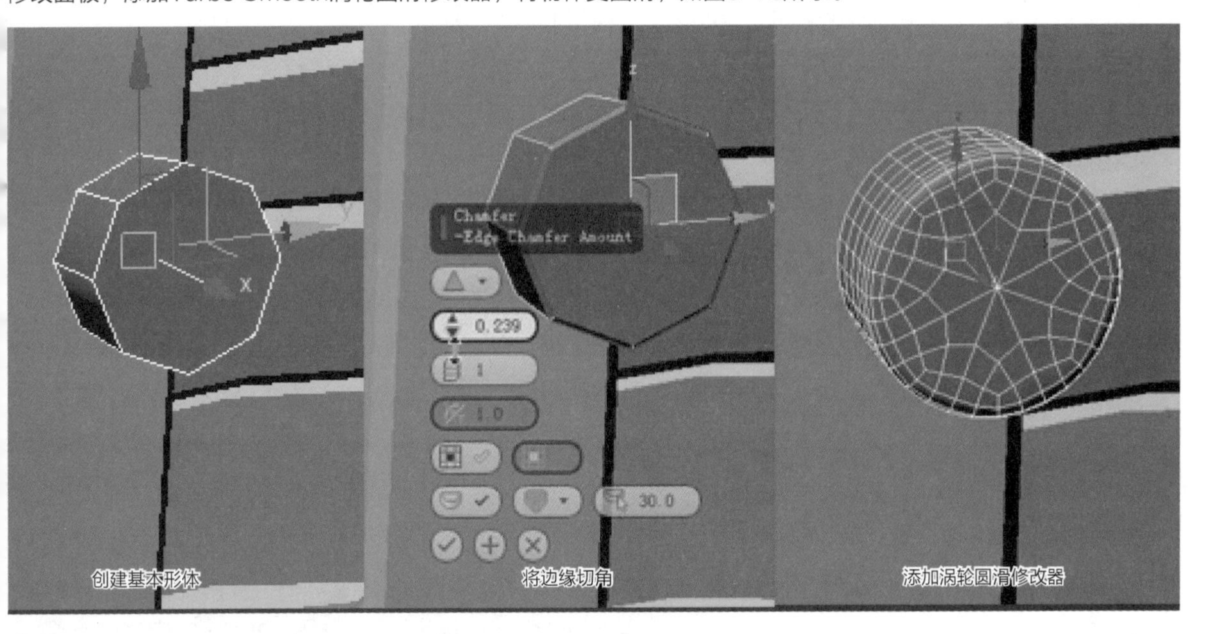

图6-78

⑭ 用同样的方式在顶部再制作一个物体，如图6-79所示。

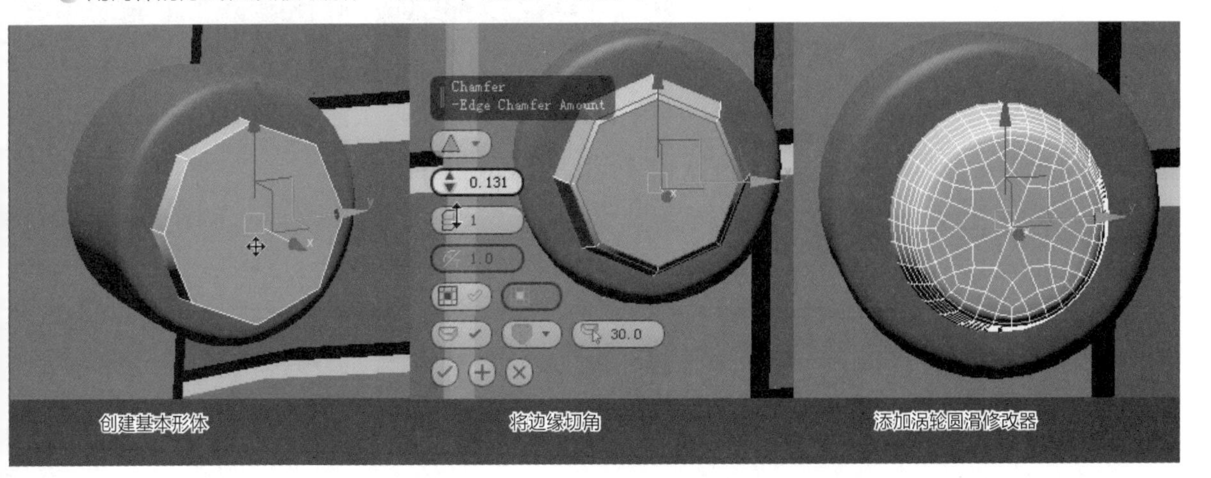

图6-79

⑤ 创建一个有高度段数的圆柱体，在修改面板添加FFD3×3×3修改器，进入控制点级别，选择顶部的控制点收缩，选择中间的控制点放大，达到变形的效果。选择中间的控制点沿着*x*轴移动达到弯曲的效果，如图6-80所示。

图6-80

⑥ 创建一个圆柱体，将物体转化成可编辑多边形，选择底部的点用“Collapse”塌陷命令将底部合为一点，在修改面板添加FFD3×3×3修改器，进入控制点级别，选择顶部的控制点，用缩放工具收缩，调整造型。在修改面板添加Turbo Smooth涡轮圆滑修改器，将物体圆滑，如图6-81所示。

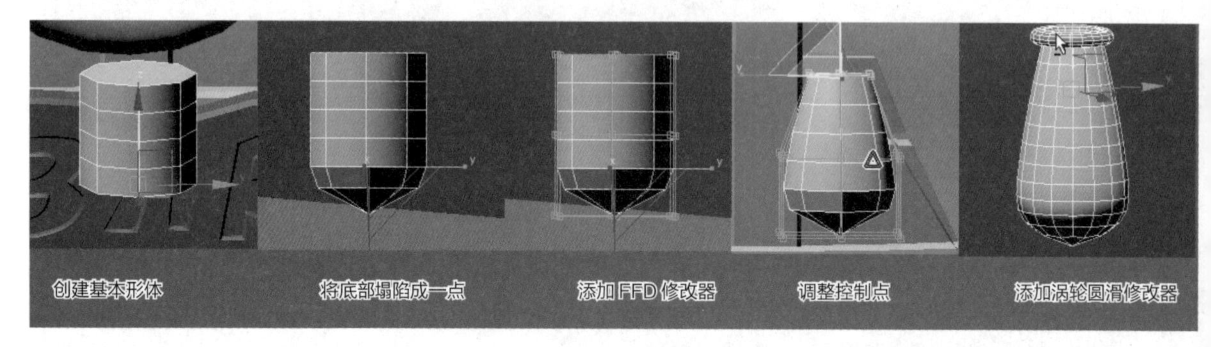

图6-81

6.房脊模型的制作

① 房脊的模型是由几个木板构成的，先创建几个Box作为木板模型，调整木板的大小，如图6-82所示。

② 将创建的几个木板转化成可编辑多边形，给每个木板添加几个段数，如图6-83所示。

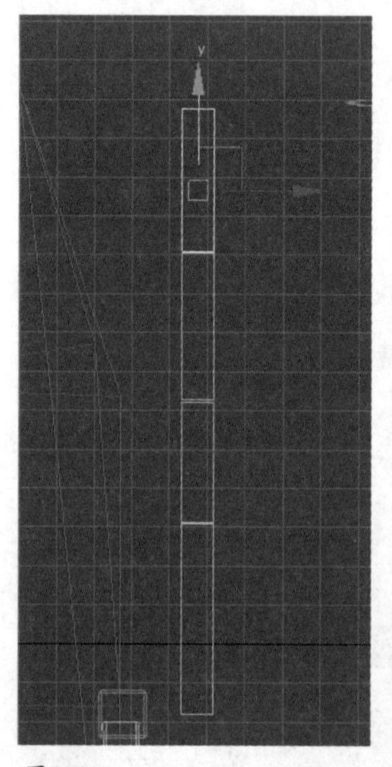

图6-82

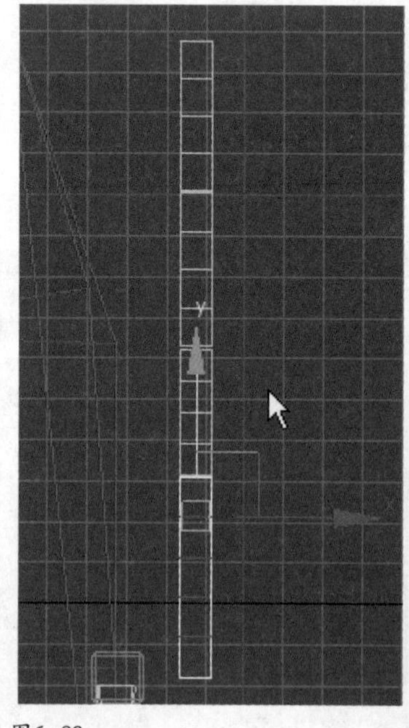

图6-83

③ 选择木板的边缘线，用“Chamfer”切角命令将边缘切角，如图6-84所示。

④ 根据原画的情况调整每块木板的造型，如图6-85所示。

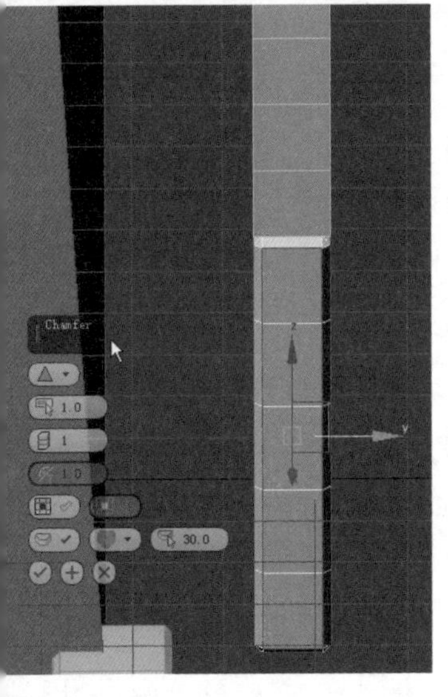

图6-84

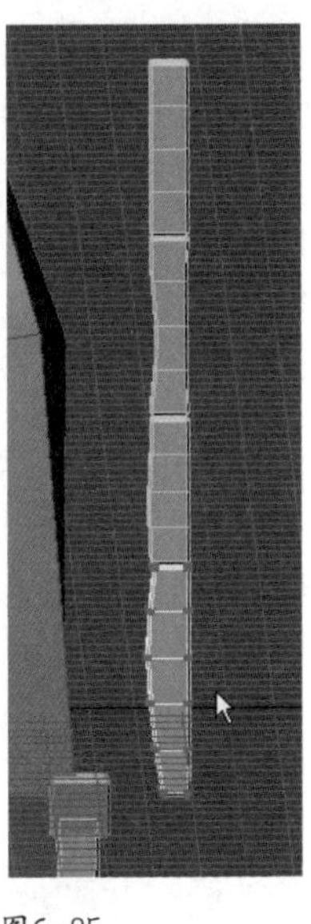
图6-85

⑤ 选择所有的木头块，在修改面板添加FFD(Box)，如图6-86所示。

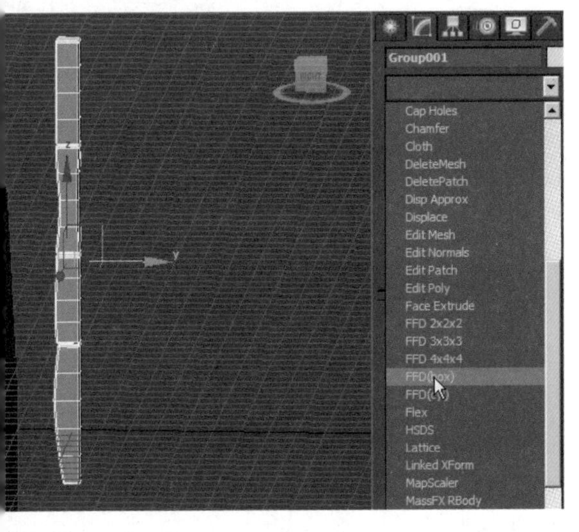

图6-86

⑥ 单击Set Number of Points，在打开的对话框中设置控制点的数量为6，如图6-87所示。

⑦ 进入控制点级别，选择控制点调整造型，如图6-88所示。

⑧ 选择房脊物体，单击镜像工具，在弹出的对话框中设置镜像轴向为*y*轴，选择镜像的类型为Copy，单击OK按钮，如图6-89所示。

⑨ 在创建面板用“Line”命令在墙面上绘制路线，如图6-90所示。

⑩ 在修改面板的Rendering渲染选项卡中勾选Enable In Renderer在渲染中显示、勾选Enable In Viewport在视窗中显示，线会变成实体状态，默认是Radiall圆截面的实体，如图6-91所示。

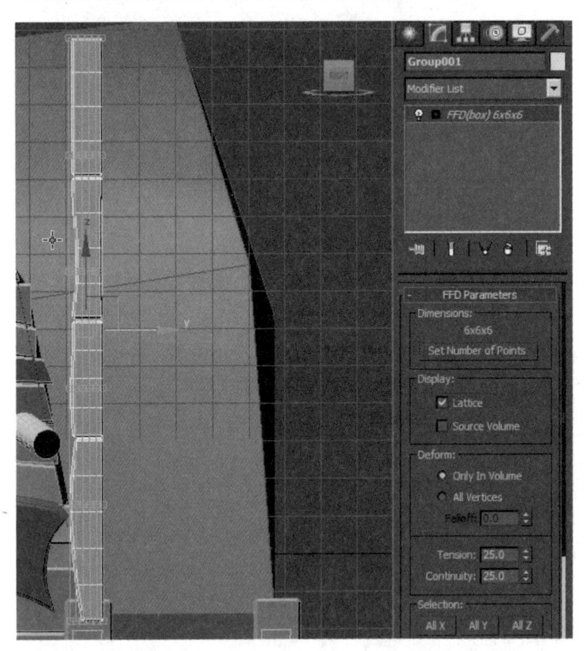

图6-87

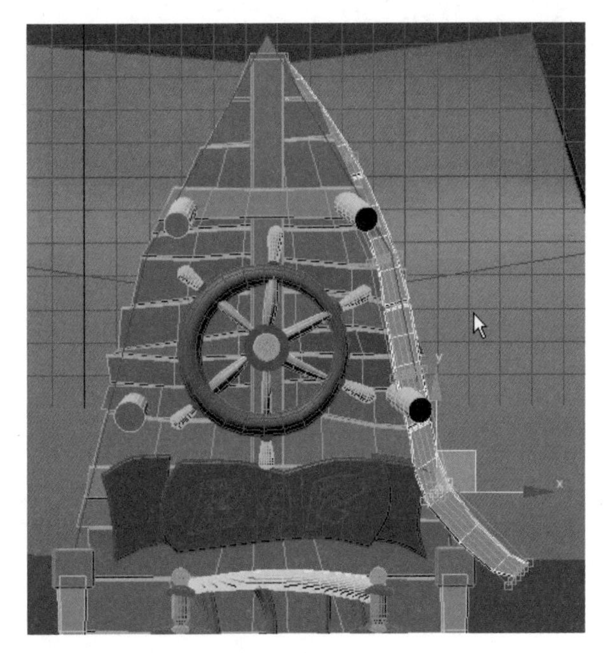
图6-88

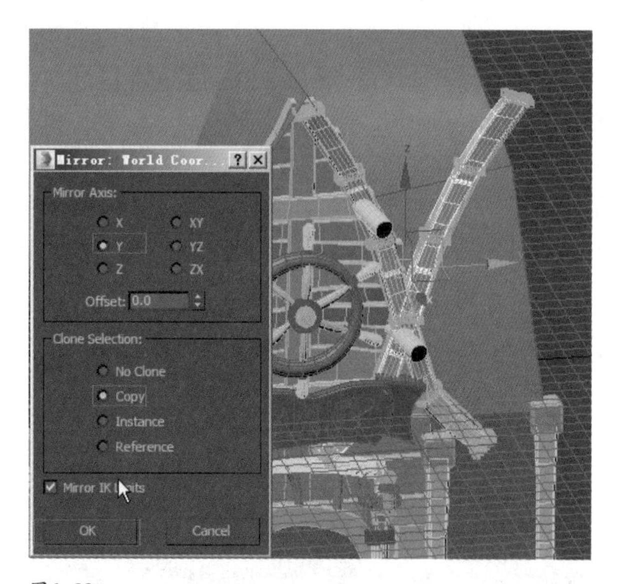

图6-89

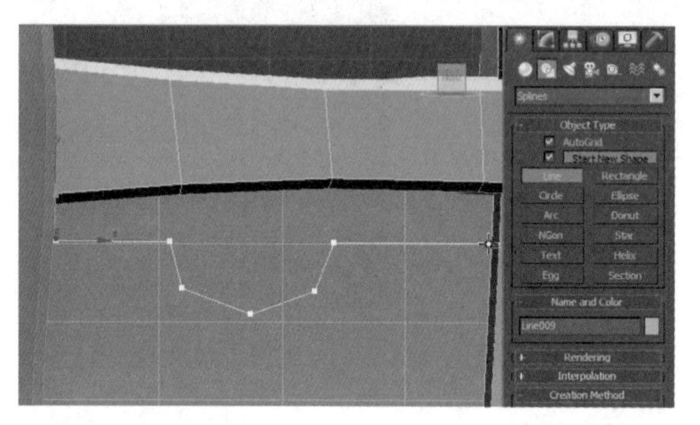

图6-90

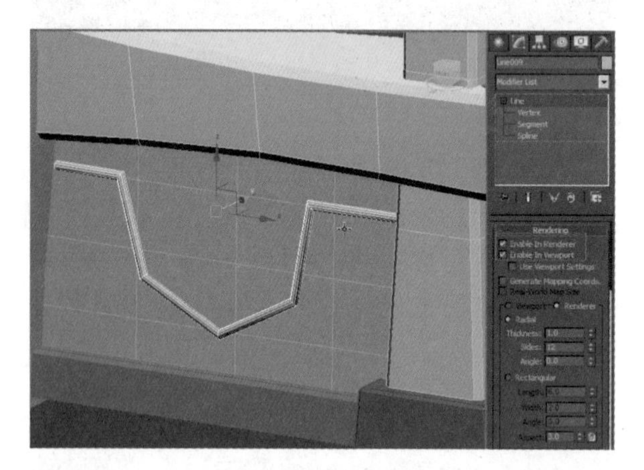

图6-91

⑪ 选择底部的点，单击鼠标右键将点的属性改为Smooth，如图6-92所示。

⑫ 设置实体模式为Rectangular方形截面，调整方形截面的宽、高数值，如图6-93所示。

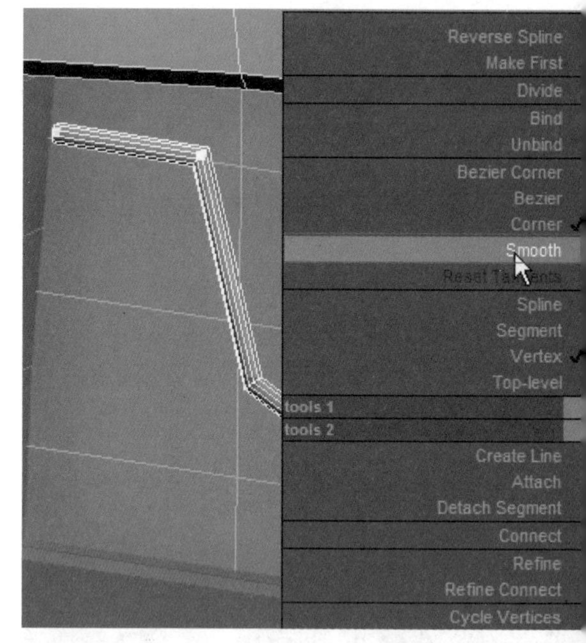

图6-92

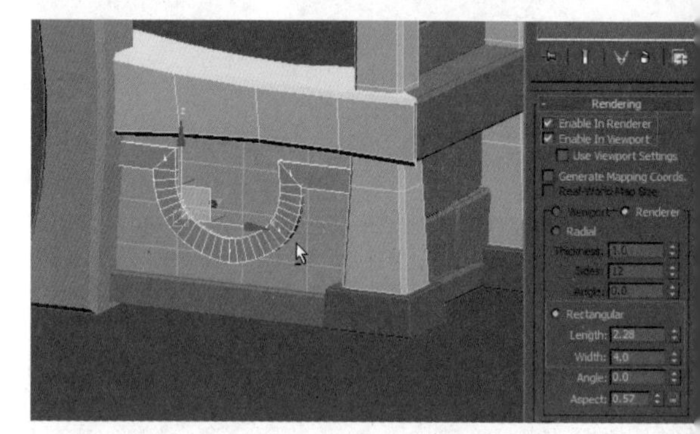

图6-93

⑬ 将线转化成可编辑多边形后选择转折边，用“Chamfer”切角命令将边缘切角，如图6-94所示。

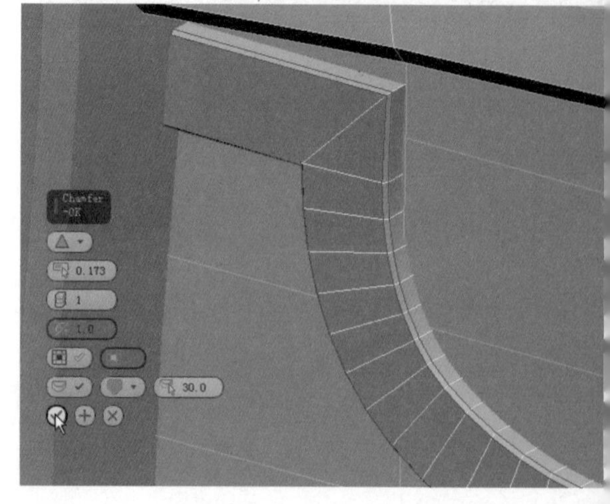

图6-94

⑭ 所有墙面与地面都是木板铺成的，创建木板的时候可以调整木板的大小与边缘的变化，尽量让模型变得自然，如图6-95所示。

⑮ 做好的墙面与房脊如图6-96所示。

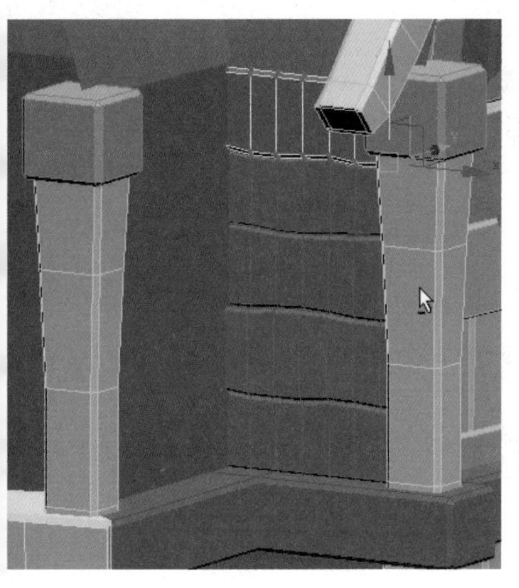

图6-95

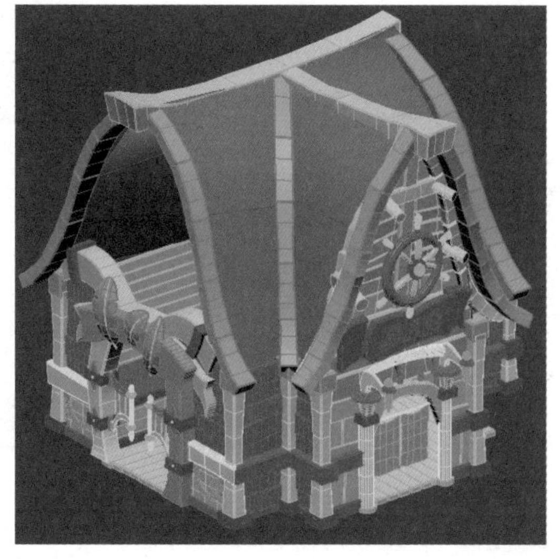

图6-96

7.瓦片的制作

瓦片的制作思路是先创建一个单独的瓦片，再将一个瓦片复制成多个瓦片，然后将瓦片调整造型使整体有所变化，最后添加修改器，整体变形。

① 创建一个Box，在横段和竖段上添加线，进入点级别，选择点，调整瓦片的造型。然后用“Chamfer”切角命令将瓦片的边缘切角，如图6-97所示。

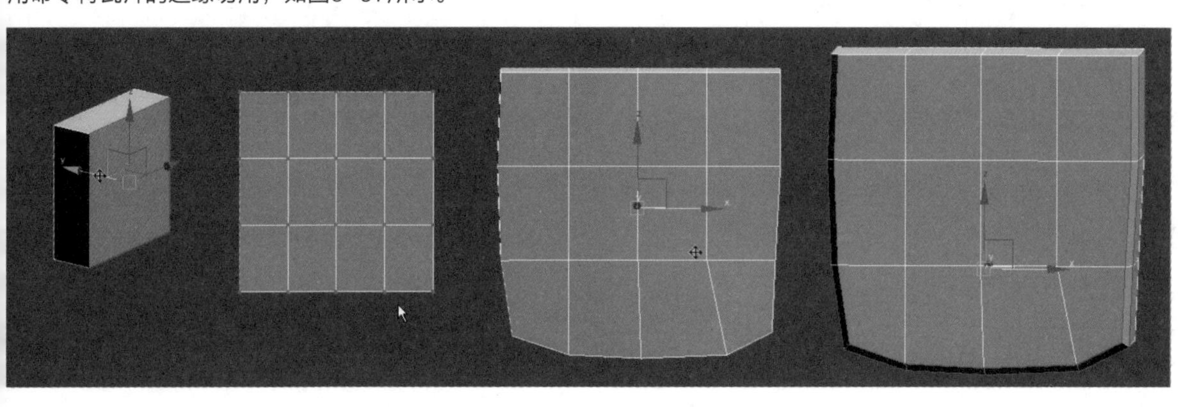

图6-97

② 选择做好的单个瓦片，按“Shift”键用移动工具拖曳复制多个瓦片，然后分别调整造型让瓦片有所变化，如图6-98所示。

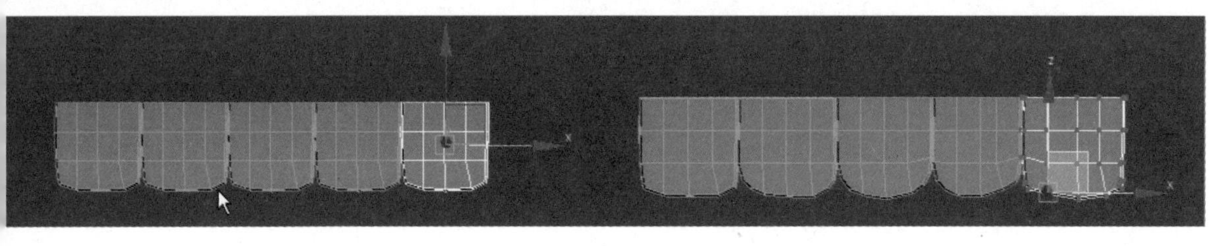

图6-98

③ 横排做好之后再次竖向复制多排，继续调整造型让整片瓦有所变化，如图6-99所示。

④ 选择整片的瓦在修改面板添加FFD4×4×4修改器，进入控制点级别调整整片瓦的弧度，如图6-100所示。

⑤ 复制整片的瓦片旋转放到其他地方，如图6-101所示。

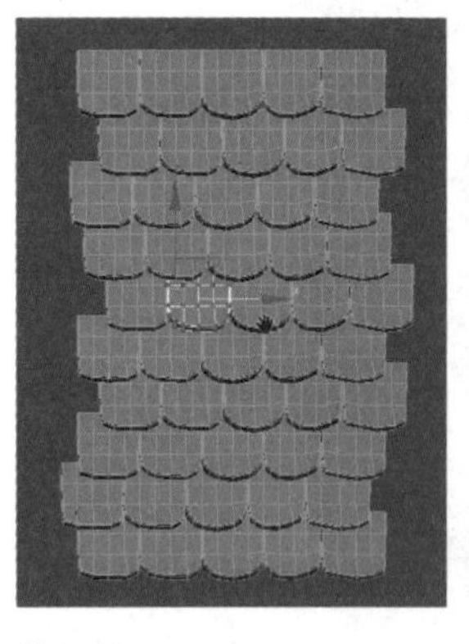

图6-99

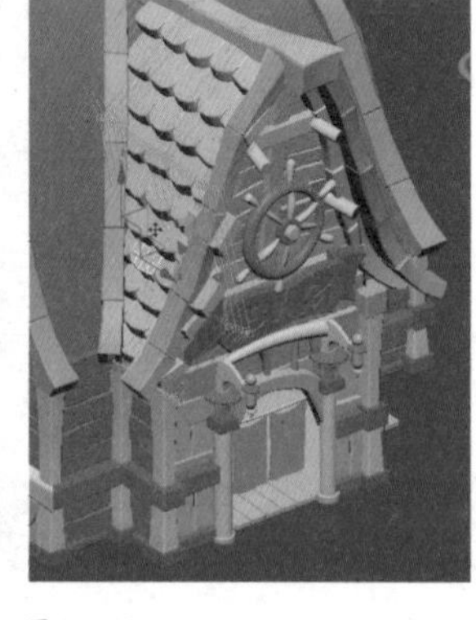

图6-100

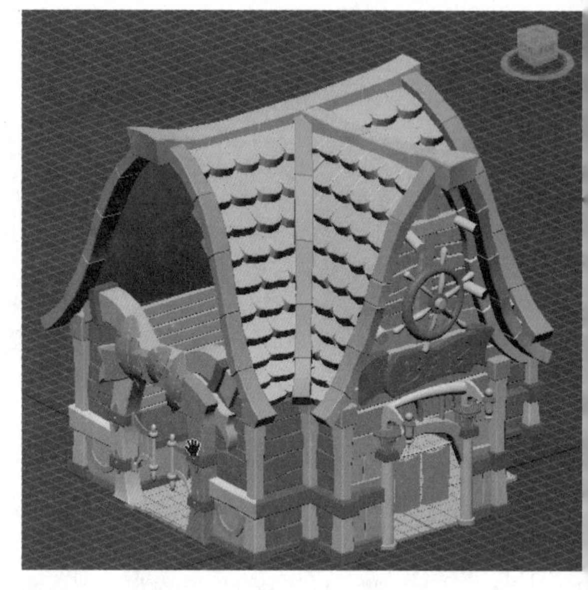

图6-101

8.船身制作

船身的制作思路就是先用基本形体创建一个大概造型，然后添加涡轮圆滑修改器，最后在船身上面添加一些小零件拼合而成。

创建一个Box，转化成可编辑多边形之后在横段上添加一条线，在竖段上添加一条线，进入点级别，从前视图调整船身底部的造型，从侧视图调整船身造型。

① 进入面级别，选择顶部的面，按“Delete”键删除面。继续调整船身的造型，然后在修改面板添加Turbo Smooth涡轮圆滑修改器，如图6-102所示。

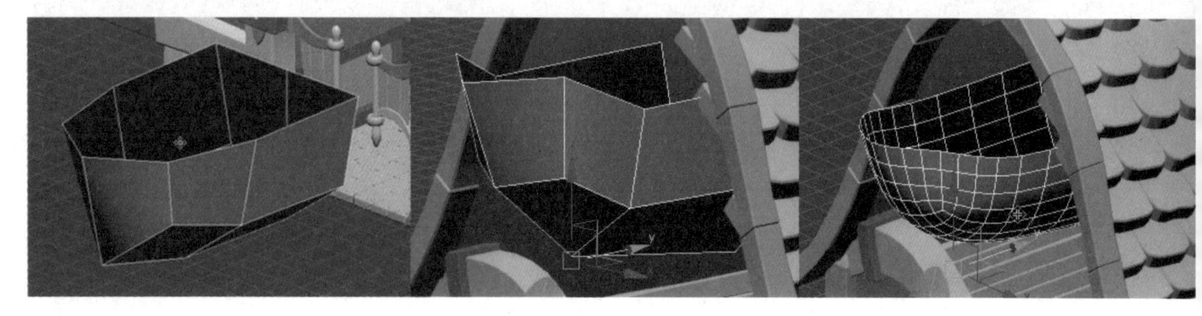

图6-102

② 添加涡轮圆滑修改器之后会把之前做好的棱角造型变圆滑，要想再次突出造型可以进入Editable Poly可编辑多边形级别的点级别，打开最终显示按钮，进入点级别调整点的位置，如图6-103所示。

③ 选择顶部的一条线，在修改面板Edit Edges编辑边选项卡内单击“Create Shape From Selection”提取线命令，如图6-104所示。

④ 在弹出的对话框内选择Shape Type形状类型为Smooth圆滑形式。单击“OK”按钮，如图6-105所示。

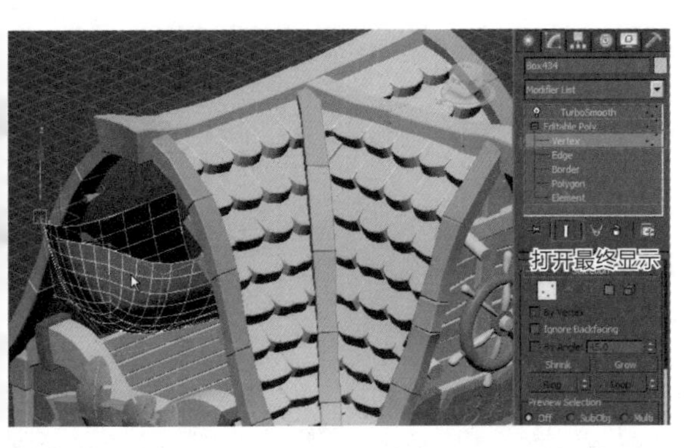

图6-103

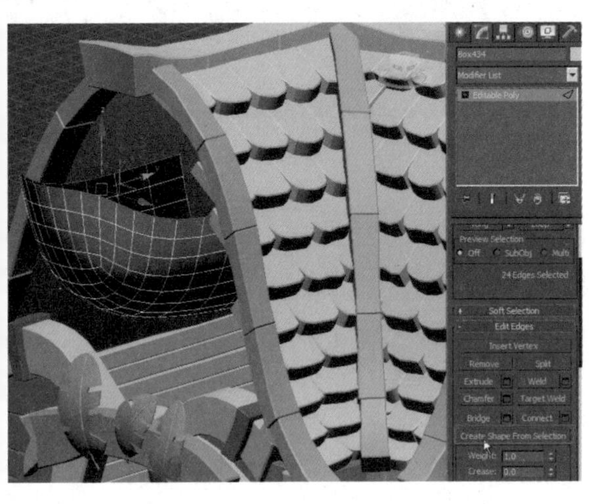

图6-104

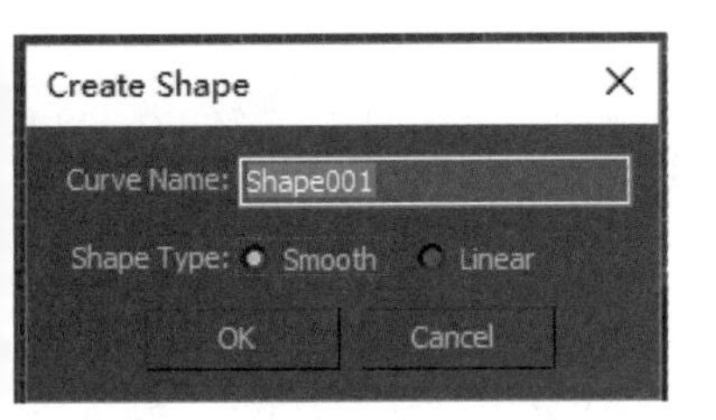

图6-105

⑮ 选择刚提取的线，进入点级别，选择点并调整造型，如图6-106所示。

⑯ 选择线，在修改面板Rendering>勾选Enable In Renderer在渲染中显示、勾选Enable In Viewport在视窗中显示，线就会变成实体状态，激活Rectangular方形截面，调整方形截面的宽、高数值，如图6-107所示。

⑰ 如果布线过于密集，可以进入Interpolation插值选项卡，设置Steps步数为0，如图6-108所示。

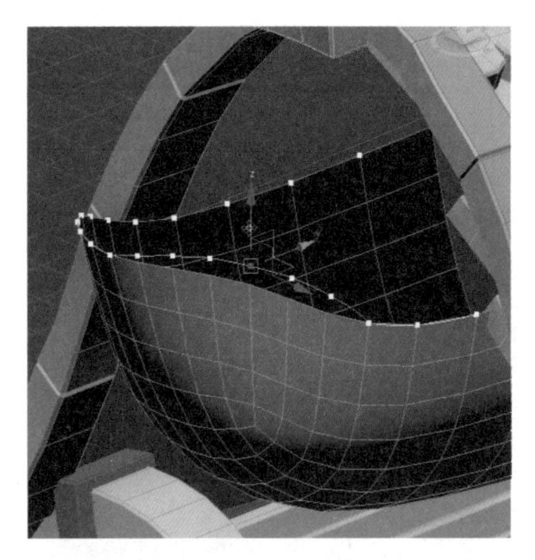

图6-106

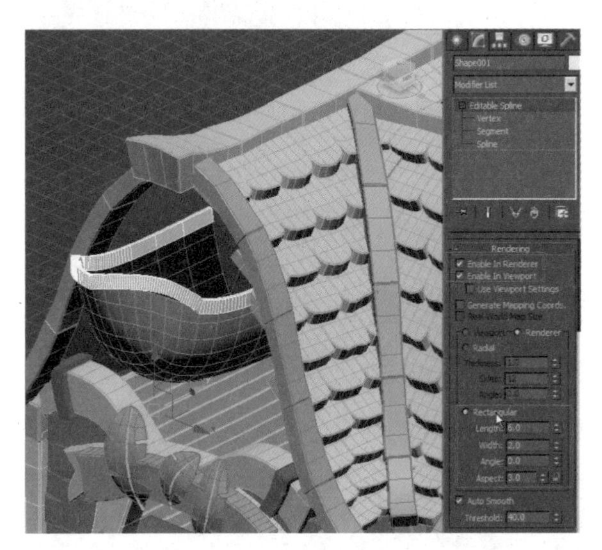

图6-107

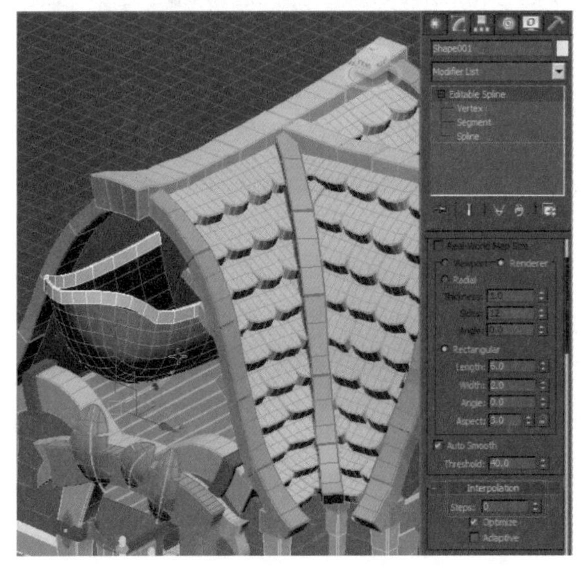

图6-108

⑧ 用线画出造型，修改面板Rendering>勾选Enable In Renderer在渲染中显示、勾选Enable In Viewport在视窗中显示，激活RadialI圆柱体，设置边数为4，如图6-109所示。

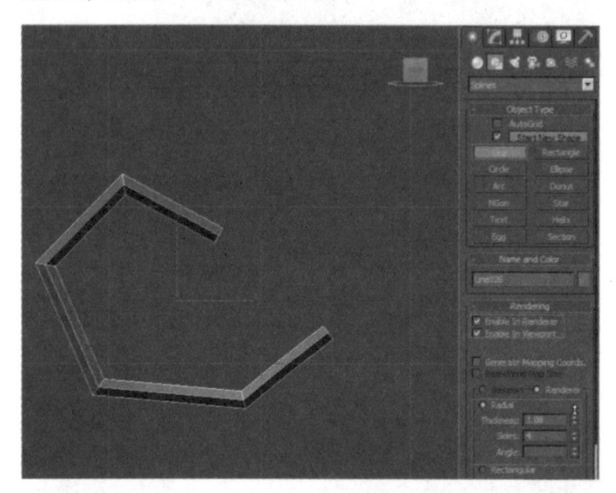

图6-109

⑨ 将线转化成可编辑多边形，选择顶部的点，单击鼠标右键在弹出的对话框中用“Collapse”塌陷命令将点合并，如图6-110所示。

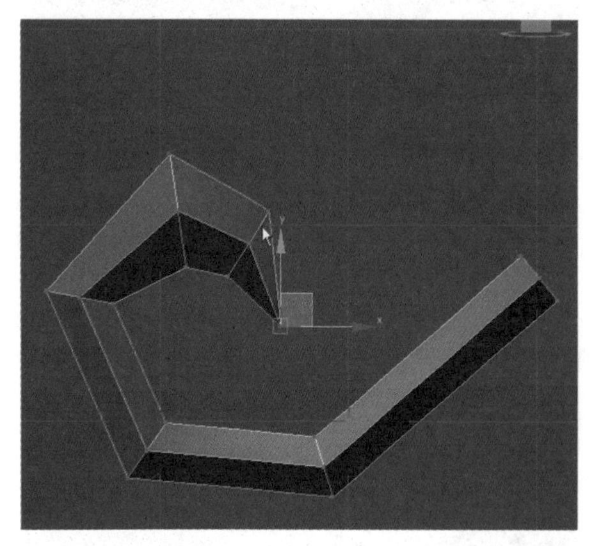

图6-110

⑩ 用连接命令添加几条线段，调整圆滑程度，如图6-111所示。

⑪ 选择转折边用切角命令切角后，在修改面板添加Turbo Smooth涡轮圆滑修改器，如图6-112所示。

⑫ 添加修改器后的效果如图6-113所示。

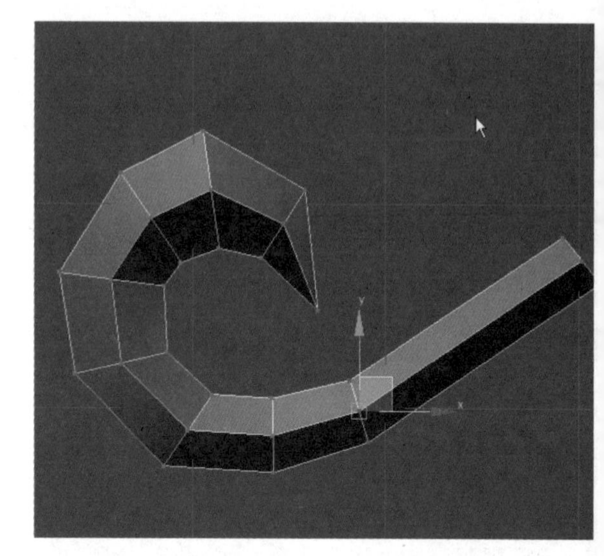

图6-111

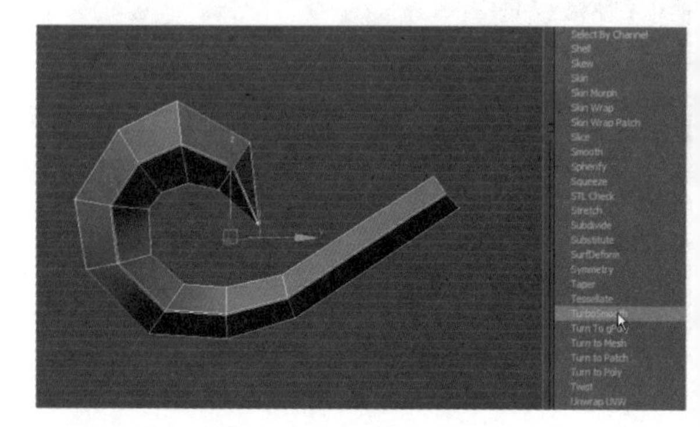

图6-112

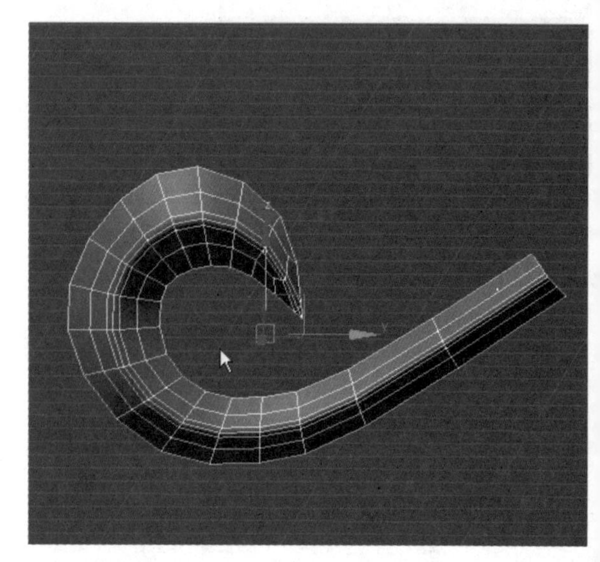

图6-113

⑬ 用同样的方法制作下面的造型，如图6-114所示。

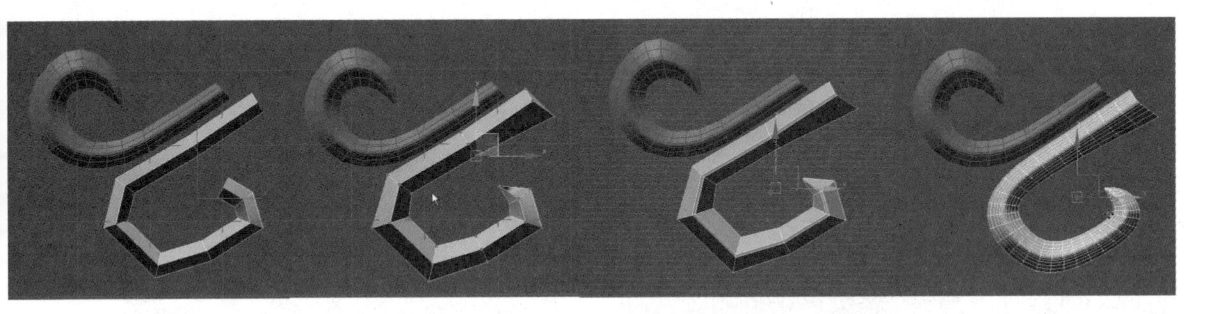

图6-114

⑭ 选择刚制作好的两个物体，在修改面板添加FFD3×3×3修改器，进入控制点级别，选择控制点将物体附着在船身上，如图6-115所示。

图6-115

9.船头的制作

① 制作一个Box，将其转化成可编辑多边形，横段加一条线，竖段加一条线，然后将左侧所有的点用“Collapse”塌陷命令合并成一点。再次调整造型，如图6-116所示。

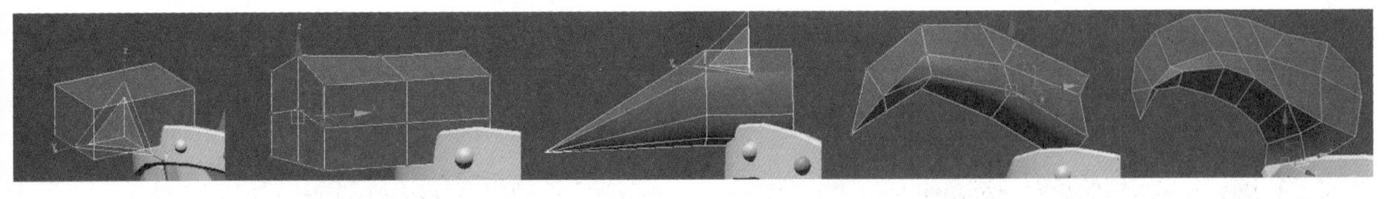

图6-116

② 选择边缘的一段边，按住“Shift”键用移动工具拖曳出面，如图6-117所示。

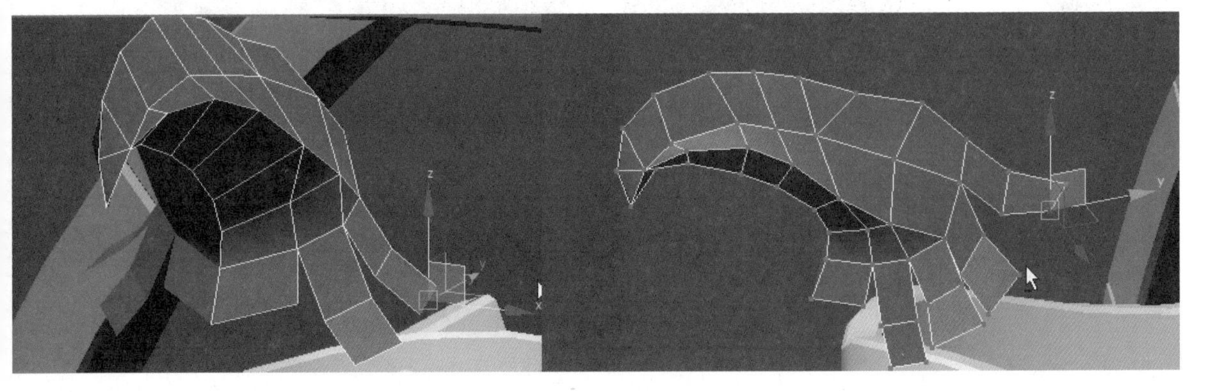

图6-117

③ 选择嘴部的面，在Edit Geometry编辑几何体下面单击“Detach”命令，将其分离，如图6-118所示。

图6-118

④ 选择边缘的线用“Chamfer”切角命令切角，如图6-119所示。

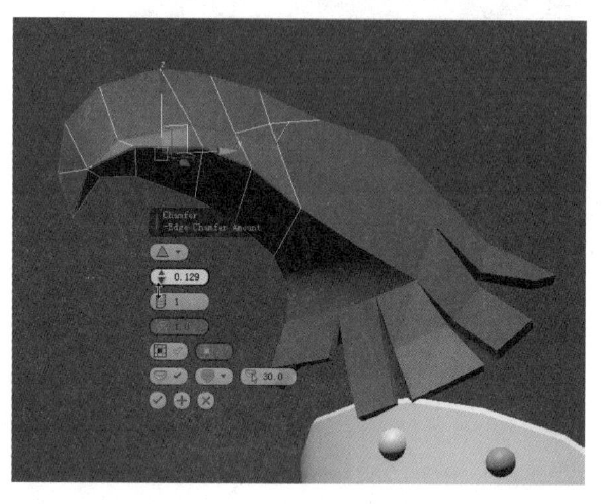

图6-119

⑤ 选择后面的模型，在修改面板添加“Shell”壳命令，如图6-120所示。

图6-120

⑥ 选择嘴部模型，在修改面板添加Turbo Smooth涡轮圆滑修改器，如图6-121所示。

⑦ 为了让头部的模型看着圆滑，也可以选择表面的面，进入修改面板，在Polygon:Smoothing Groups光滑组选项下，单击Clear All清除所有的光滑组，然后再激活一个光滑组数值，如图6-122所示。

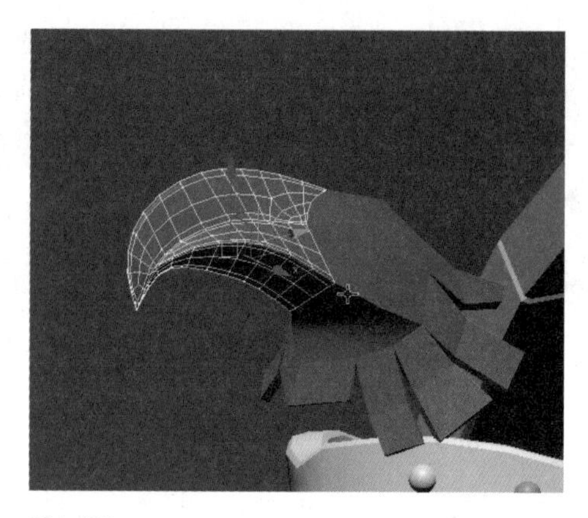

图6-121

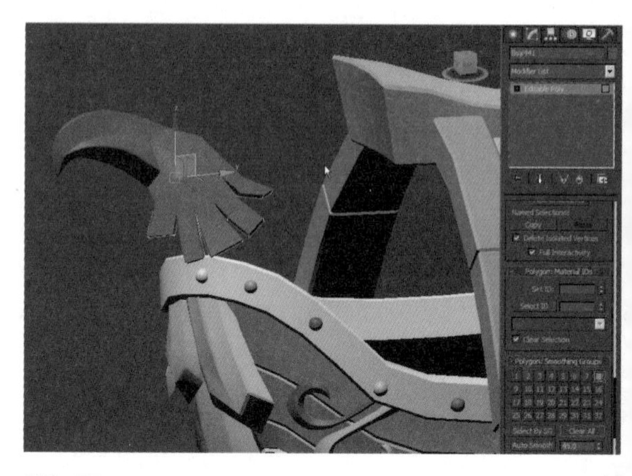

图6-122

10.船盖物体的创建

① 创建一个Sphere球体，如图6-123所示。

② 转化成可编辑多边形之后，进入点级别，单击鼠标右键在弹出的面板中用“Cut”切线命令切出开口的线，进入面级别选择开口的面，按“Delete”键删除，如图6-124所示。

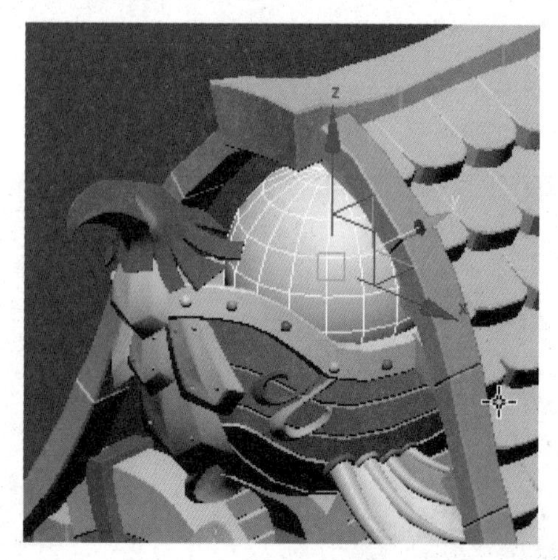

图6-123

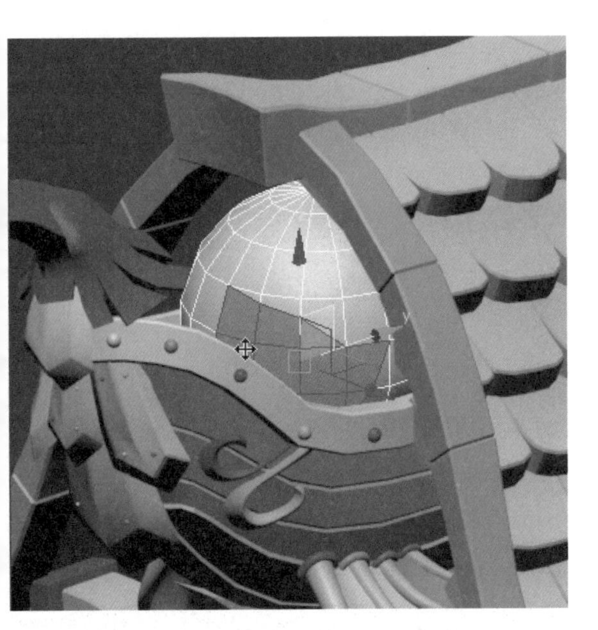

图6-124

③ 为了左右对称，将左侧的面全部删除，选择右侧的一半的面，单击主工具栏上的镜像工具，在弹出的对话框内设置复制类型为Instance关联复制，然后单击“OK”按钮，如图6-125所示。

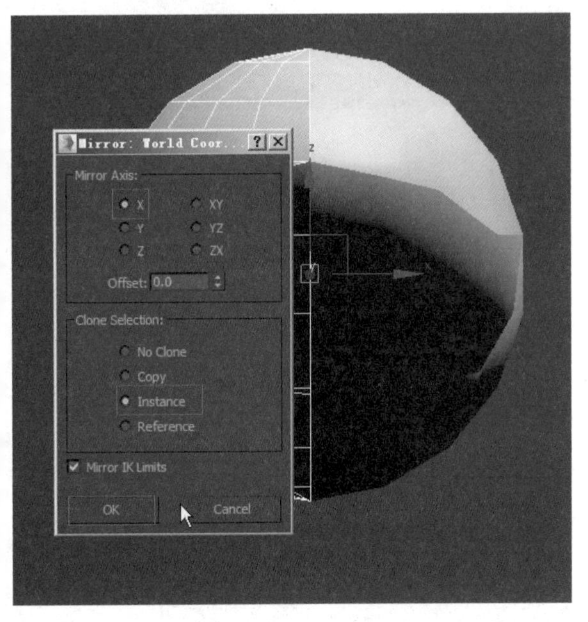

图6-125

④ 进入点级别，单击鼠标右键，在弹出的面板中用“Cut”命令切出木板的分割线，如图6-126所示。

⑤ 选择分割线，单击鼠标右键，在弹出的面板中用“Chamfer”切角命令切角，并且设置切角段数为2，如图6-127所示。

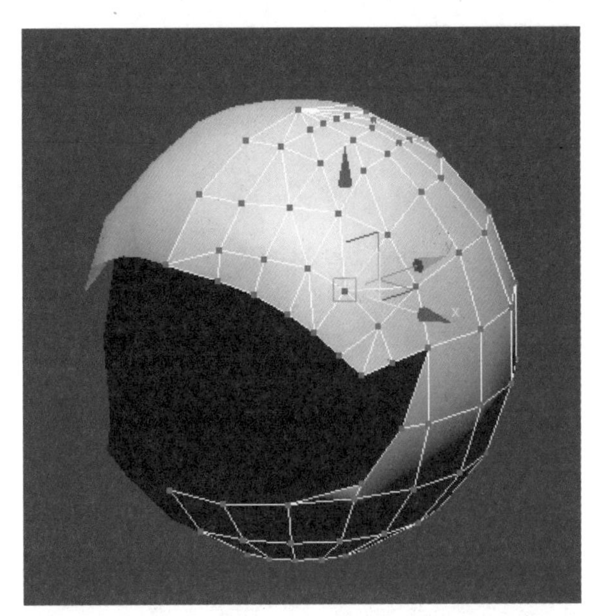

图6-126

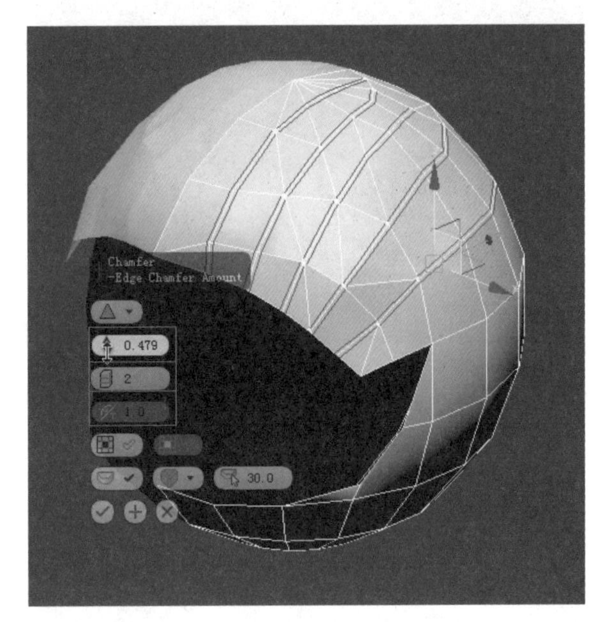

图6-127

⑥ 选择中间的线，用移动工具下压。选择开口的线，在修改面板Edit Edges编辑边选项卡内单击“Create Shape From Selection”提取线命令，这样就复制出一条二维样条线，如图6-128所示。

⑦ 选择刚提取的线，在修改面板Rendering>勾选Enable In Renderer在渲染中显示、勾选Enable In Viewport在视窗中显示，线就会变成实体状态，激活Rectangular方形截面，调整方形截面的宽、高数值，如图6-129所示。

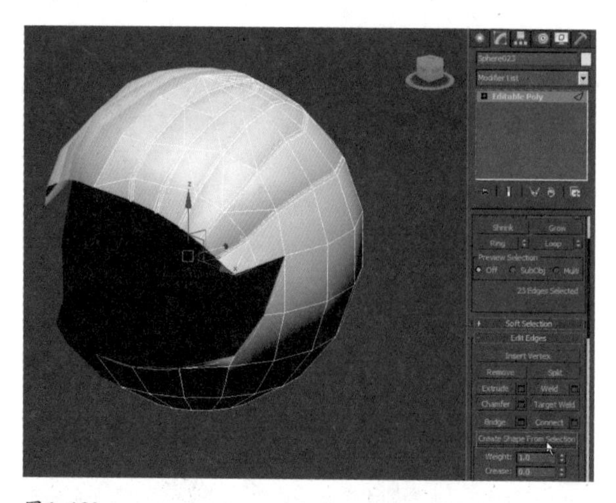

图6-128

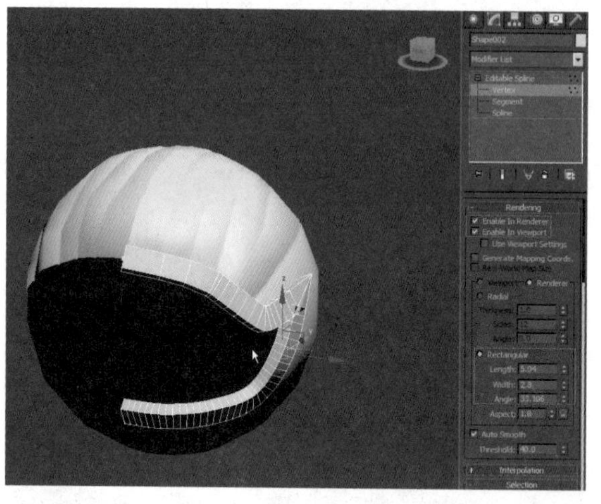

图6-129

⑧ 创建一个Tube圆环，作为眼睛的结构，转化成可编辑多边形之后选择转折边，用“Chamfer”切角命令切角。在中间再创建一个Sphere球体，如图6-130所示。

图6-130

11.木桶的制作

① 木桶是由木板拼合而成的，所以新建一个有高度段数的Box，转化成可编辑多边形之后进入线级别，选择转折面上的边，用“Chamfer”切角命令进行切角。选择物体，按“Shift”键拖曳复制多个木板，如图6-131所示。

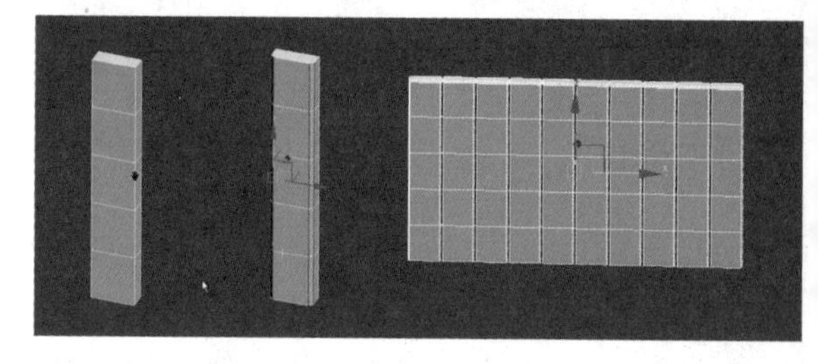

图6-131

② 选择所有木板，在修改面板添加一个Bend弯曲修改器，如图6-132所示。

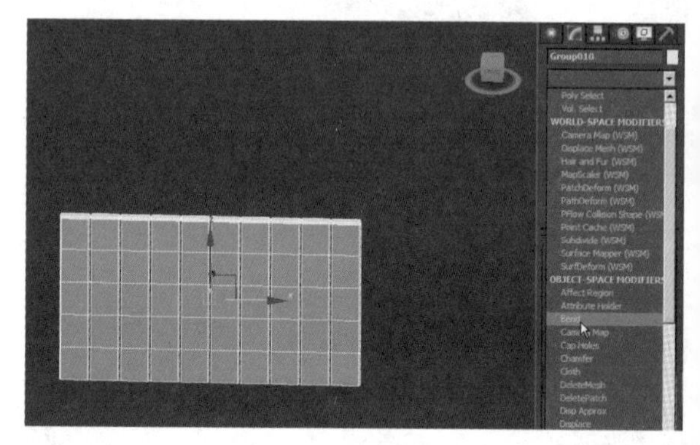

图6-132

③ 设置Angle弯曲的角度为360°，弯曲的轴向为*x*轴，Direction方向设置为90，如图6-133所示。

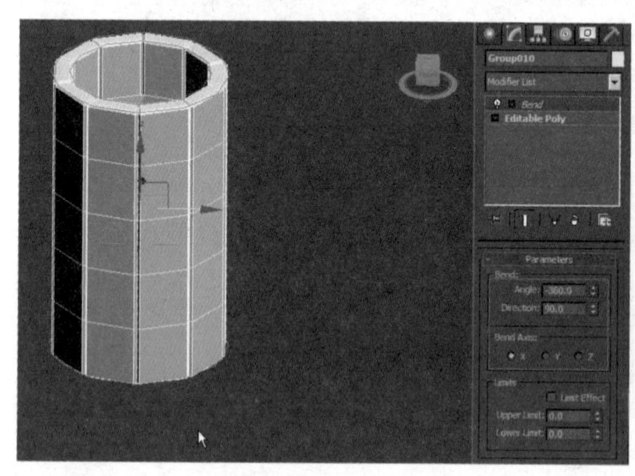

图6-133

④ 创建一个圆环作为固定木块的金属圈，如图6-134所示。

⑤ 转化成可编辑多边形之后进入线级别，选择转折边，用“Chamfer”切角命令进行切角，如图6-135所示。

⑥ 再复制一个放在木桶的底部位置如图6-136所示。

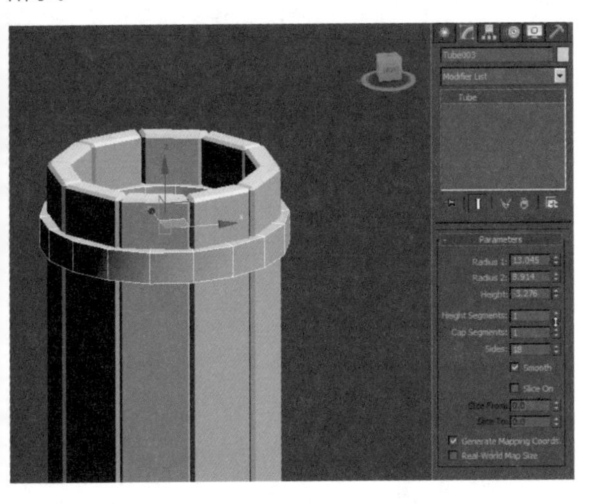

图6-134

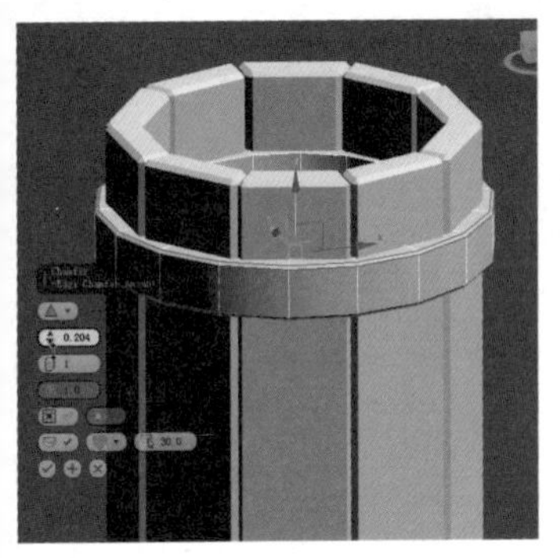

图6-135

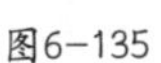

图6-136

⑦ 选择整个木桶物体，在修改面板添加FFD3×3×3修改器，进入控制点级别，选择中间的控制点用缩放工具放大，木桶的中间就放大了，如图6-137所示。

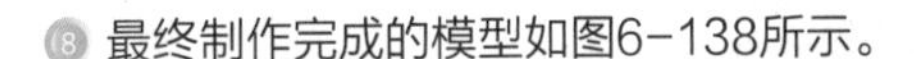

⑧ 最终制作完成的模型如图6-138所示。

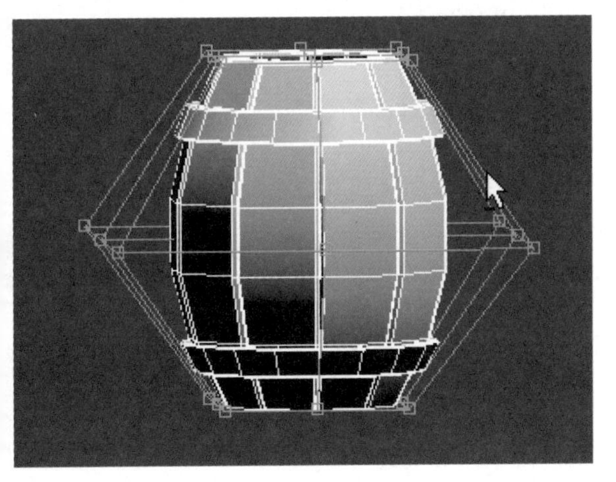

图6-137

图6-138

6.3 贴图的整理

① 3转2场景在制作贴图的时候采用的是多个材质球多张材质的贴图方式。大部分都是用的无缝贴图，无缝贴图就是在贴图重复的时候第一张图的右侧和第二张图的左侧接缝的位置是平滑过渡的，看不出明显的差别。下面是一张无缝的木纹贴图，如图6-139所示。

图6-139

② 将这张木纹重复后中间没有明显的接缝，如图6-140所示。

图6-140

❸ 整个场景里面有木头材质、金属材质、布料材质、石头材质，在制作材质的时候同一种材质可以用一张贴图，但是为了表现场景的丰富程度可以通过调整贴图的颜色与明度来做变化。一个场景里可以通过明度来调整三张不一样的贴图，也可以通过调整色彩平衡来得到三张不同色彩倾向的木纹。具体的操作方法如下。

❹ 打开Photoshop软件，在工具栏上单击文件>打开，在打开的对话框中"查找范围"选项中设置木纹的所在路径，选择好木纹贴图后单击"打开"。

❺ 单击工具栏上的"图像>调整>曲线"，在弹出的曲线面板中将曲线下压可以将图像调暗，将曲线上提可以将图像提亮，如图6-141所示。

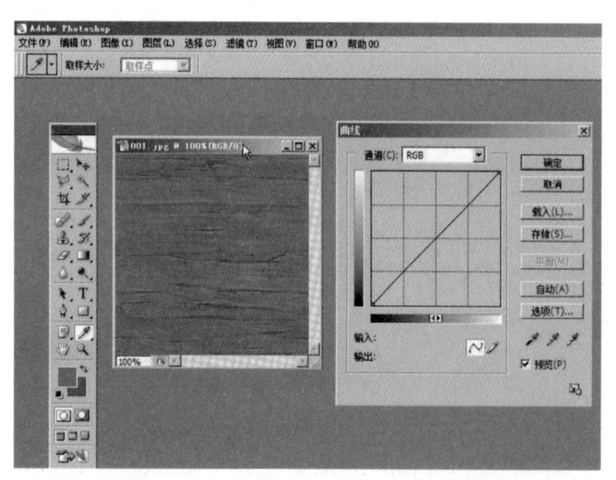

图6-141

❻ 打开一张木纹，单击工具栏上的"图像>调整>色彩平衡"，在弹出的色彩平衡对话框中调整中间的滑块达到自己想要的颜色偏向，如图6-142所示。

❼ 最后单击"文件>储存为"，在打开的对话框中设置储存位置和文件名，然后单击保存。

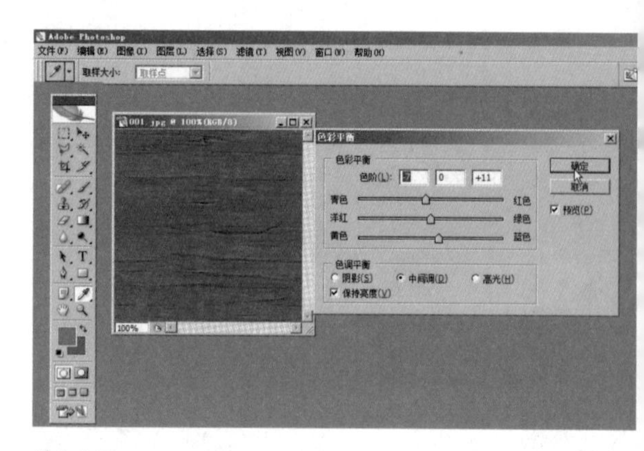

图6-142

1.安装插件

在准备贴图中还有一种贴图就是法线贴图，法线贴图主要用于次时代游戏中，在3转2游戏中主要使用它作为纹理的凹凸效果，法线贴图制作出的凹凸效果更细致。法线贴图可以用Photoshop软件制作，但是需要安装一个插件。

插件的安装方法如下。

❶ 从网站下载一个NVIDIA应用程序，如图6-143所示。

图6-143

❷ 在程序图标上双击鼠标左键，在弹出的对话框中单击"Next"按钮继续，如图6-144所示。

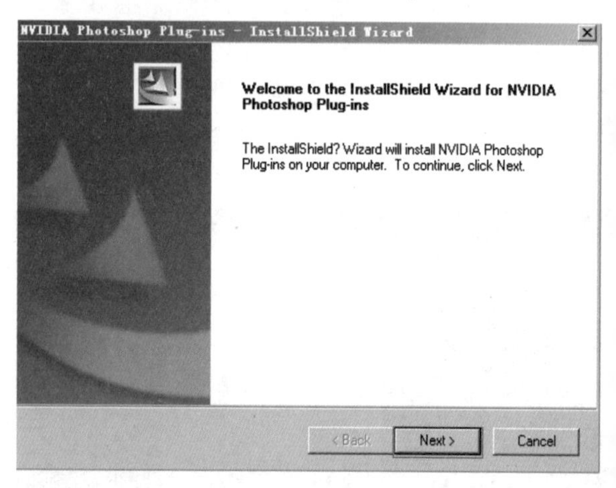

图6-144

❸ 激活同意条款选项，如图6-145所示。

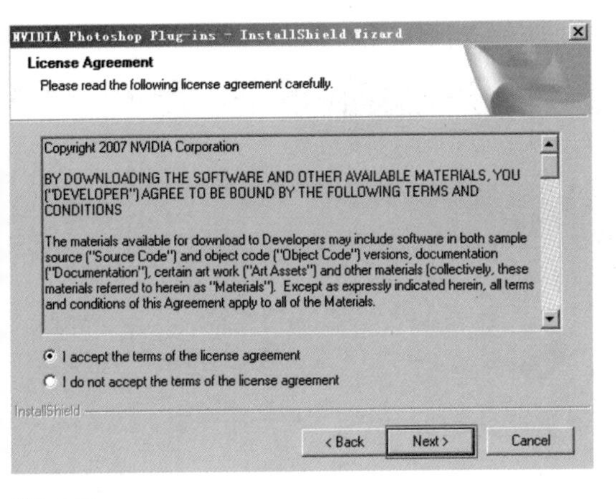

图6-145

④ 单击“Next”按钮继续，如图6-146所示。

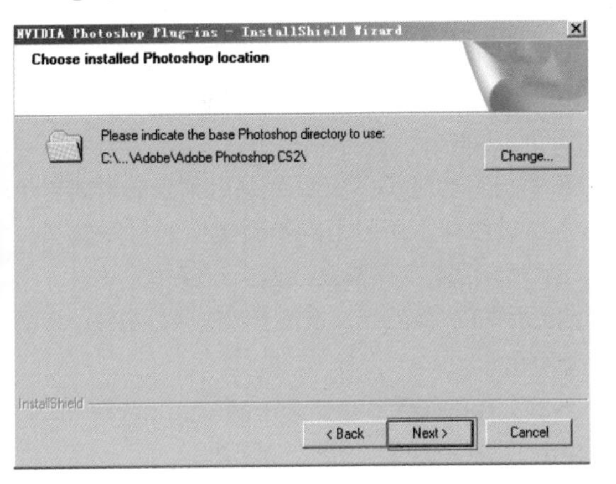

图6-146

⑤ 最后单击Install安装按钮，如图6-147所示。

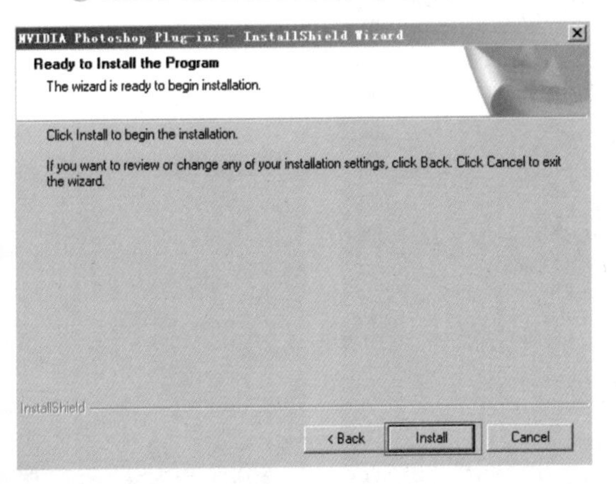

图6-147

2.法线贴图的制作方法

① 在Photoshop 软件中，打开一张木纹贴图，单击工具栏上的“滤镜>NVIDIA Tools>NormalMapFilter”，如图6-148所示。

图6-148

② 在打开的对话框中设置滤镜类型为7×7，比例为10，如图6-149所示。

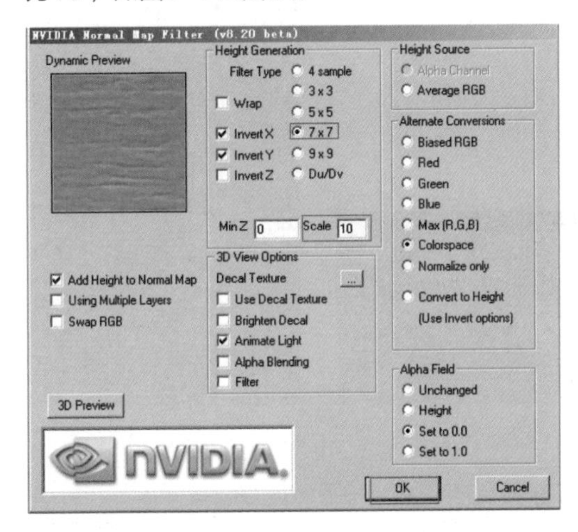

图6-149

③ 制作好的法线贴图如图6-150所示。

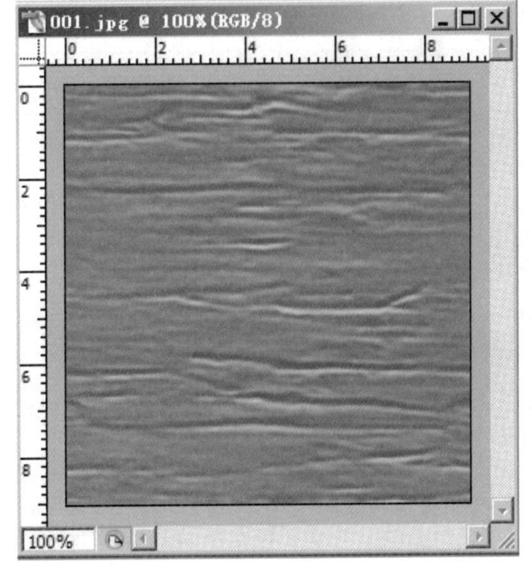

图6-150

用同样的方式将其他的石头材质、金属材质也制作成法线贴图。

6.4 不同材质的处理

6.4.1 木头材质的处理

01 单击主工具栏上材质编辑器，或者按M键也能打开材质编辑器，如图6-151、图6-152所示。

图6-151

图6-152

02 选择贴图文件，按住鼠标左键将其拖曳到材质球上，如图6-153所示。

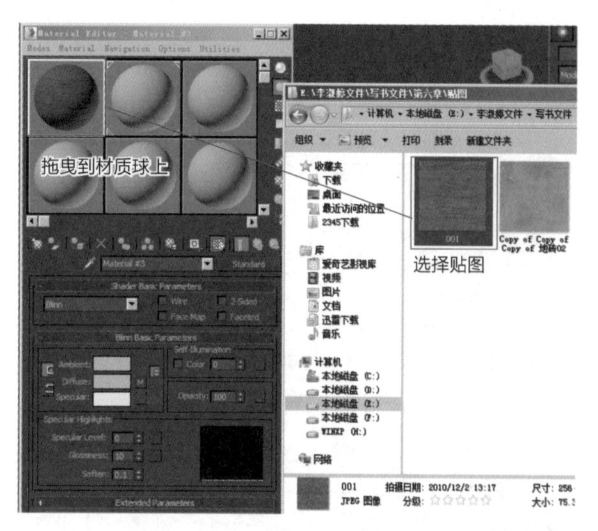

图6-153

03 选择材质球，按住鼠标左键将其拖曳到物体上，如图6-154所示。

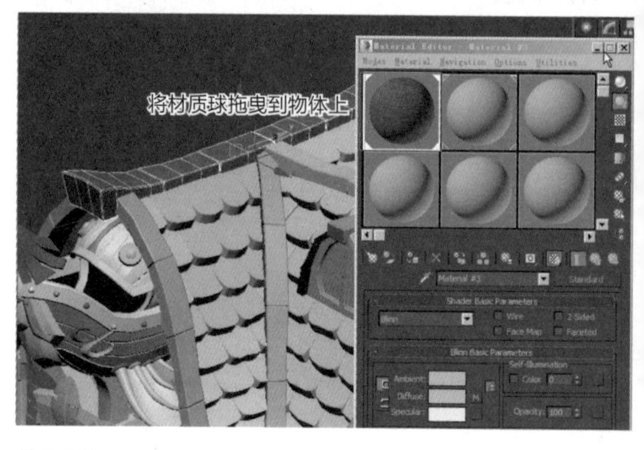

图6-154

04 直接把材质球拖曳到模型上面，模型就可以显示出贴图的纹理效果，但是这样渲染时纹理细节会丢失，为了将细节也渲染出来，需要给材质球再添加一个纹理的凹凸贴图。

05 打开Map选项卡，此处是以列表的形式显示被选中的材质球上所附上的不同类型的材质贴图。Diffuse Color固有色贴图上已经显示有贴图，在Bump凹凸贴图后面的"None"按钮上双击鼠标左键，如图6-155所示。

06 在弹出的面板上单击Normal Bump法线凹凸，然后单击"OK"按钮，如图6-156所示。

图6-155

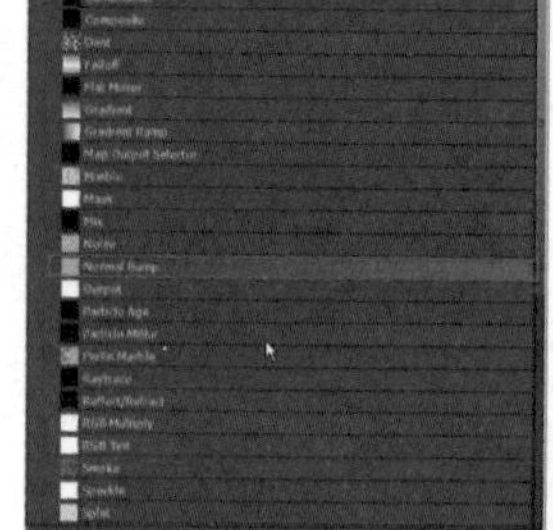

图6-156

07 之后打开的面板如图6-157所示。

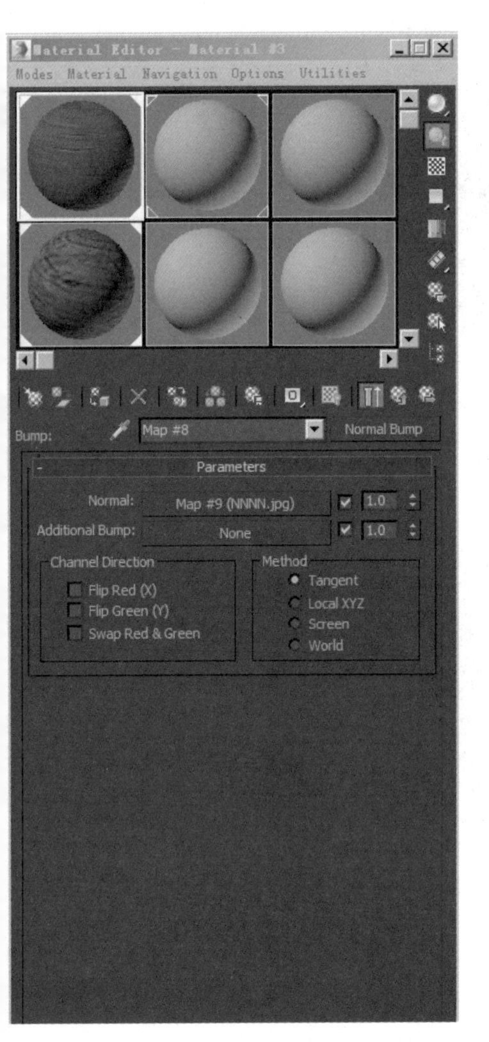

图6-157

08 选择做好的木纹法线贴图，按住鼠标左键将其拖曳到Normal后面的“None”按钮上。这样材质球上就有凹凸贴图了。单击返回上一层级按钮，去调整凹凸的强度数值，如图6-158、图6-159所示。

09 为了让木头有些光感，可以调节Specular Level高光强度为18，Glossiness高光范围为47，如图6-160所示。

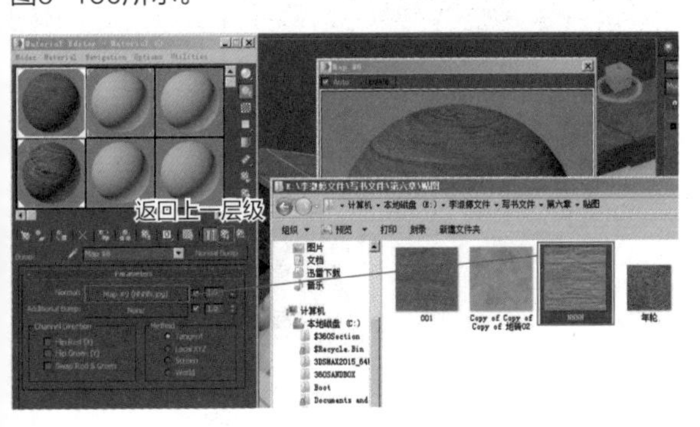

图6-158

图6-159

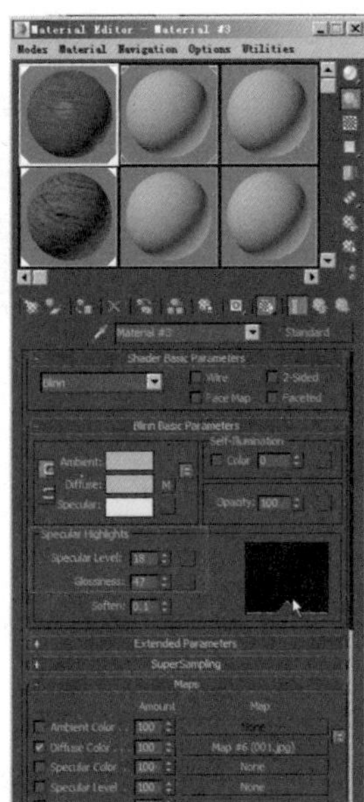

图6-160

10 将材质赋予物体之后纹理的大小不适合，需要展开UV来调整纹理大小。

11 选择模型，在修改面板添加UVW Map修改器，如图6-161所示。

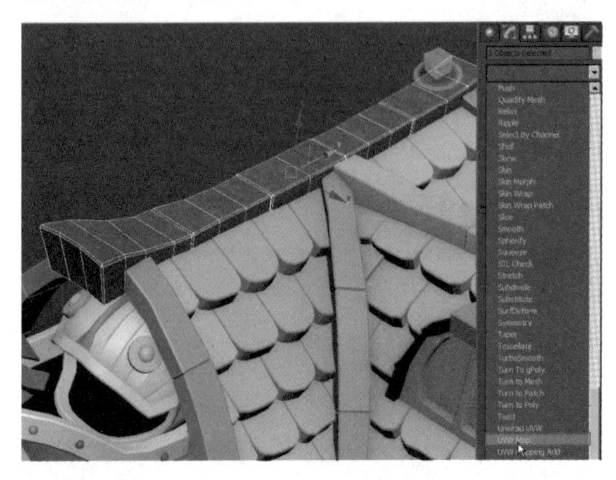

图6-161

12 添加修改器之后选择贴图的映射方式设置为Box形式，Box贴图以6个面的方式向对象投影。每个方向的面都能进行展开，如图6-162所示。

13 如果感觉纹理大小不合适，可以单击UVW Map修改器前面的“+”，激活Gizmo层级，用缩放工具就可以调整纹理大小，如图6-163所示。

14 在贴木纹材质的过程中一定要注意：木纹的方向要与模型的生长方向一致。如果不一致，进入UVW Map修改器的Gizmo层级，在主工具栏上单击激活角度捕捉，单击右键在弹出的面板中设置角度为90°，然后再旋转，如图6-164所示。

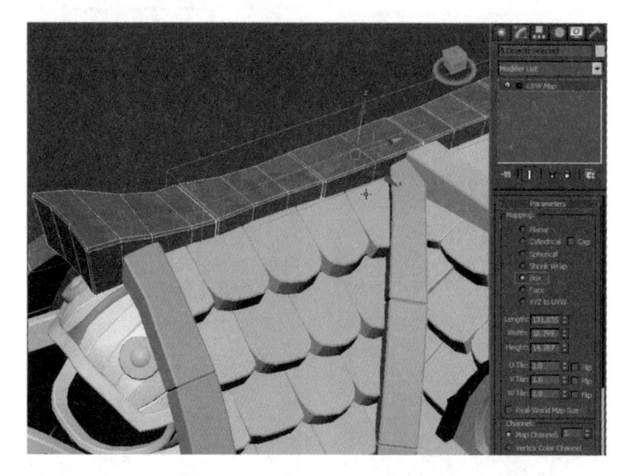

图6-162

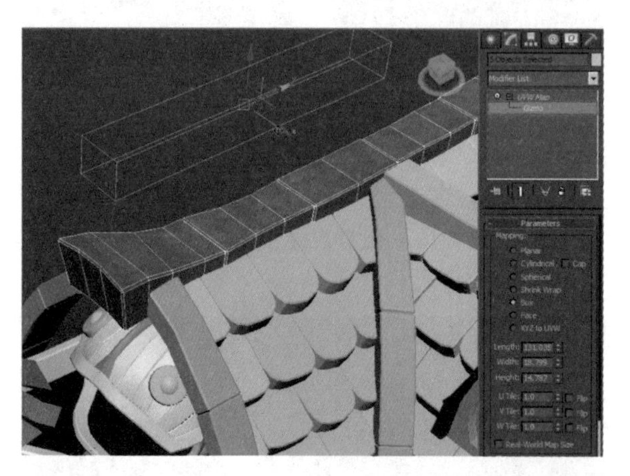

图6-163

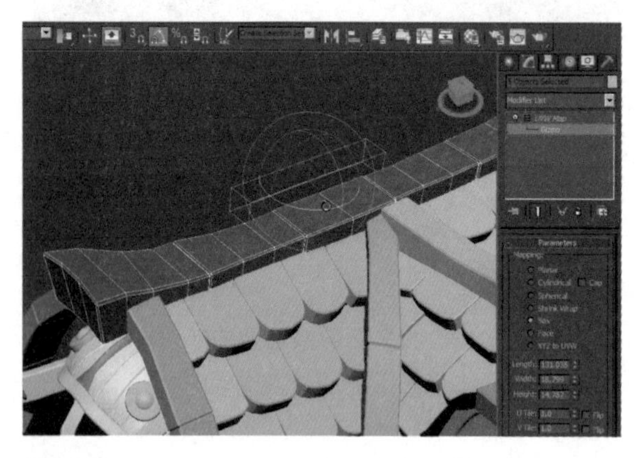

图6-164

15 通过缩放大小调整木纹的大小与木纹的宽窄，如图6-165所示。

16 同一个模型不同的面上需要贴不同材质时选择木头物体，单击鼠标右键，在弹出的菜单中，执行“Convert To> Convert to Editable Poly”命令，将物体转化成可编辑多边形。然后进入面级别，选择局部的面，如图6-166所示。

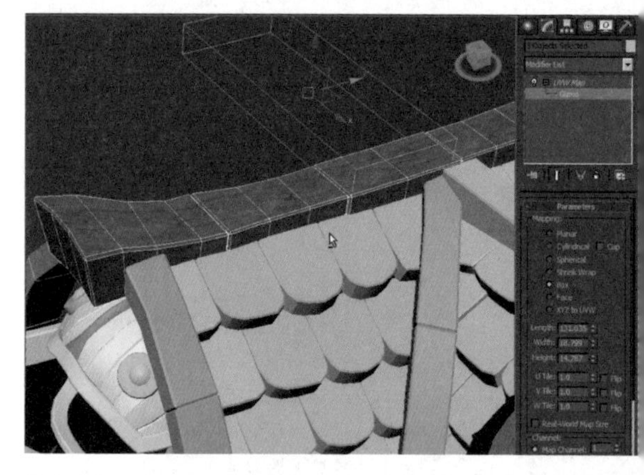

图6-165

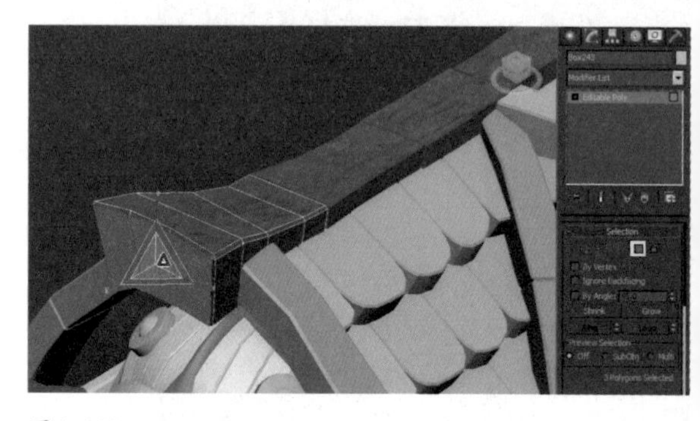

图6-166

17 按“M”键打开材质编辑器，将年轮的贴图拖曳到空白材质球上，然后将材质球拖曳到选择的面上。如图6-167所示。

18 选择年轮部分的面，在修改面板添加UVW Map修改器，因为是单独一个平面需要UV，所以这时候的映射方式可以选择Planar平面映射方式，单击UVW Map修改器前面的“+”，激活Gizmo层级，用缩放工具就可以调整纹理大小，如图6-168所示。

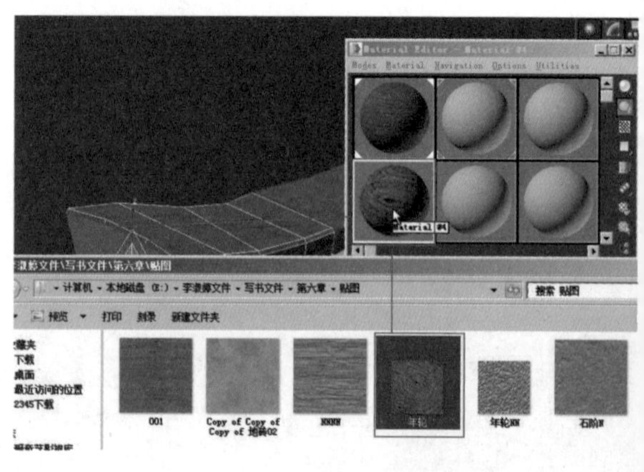

图6-167

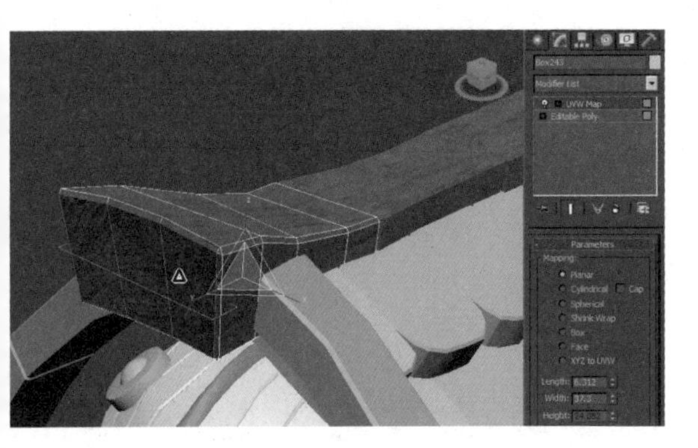

图6-168

⑲ 木纹贴完的渲染效果如图6-169所示。

图6-169

⑳ 选择其他部分的房脊赋予木纹的材质球，如图6-170所示。

㉑ 在修改面板添加UVW Map修改器，映射方式可以选择Box盒子映射方式，单击UVW Map修改器前面的“+”，激活Gizmo层级，用缩放工具就可以调整纹理大小，如图6-171所示。

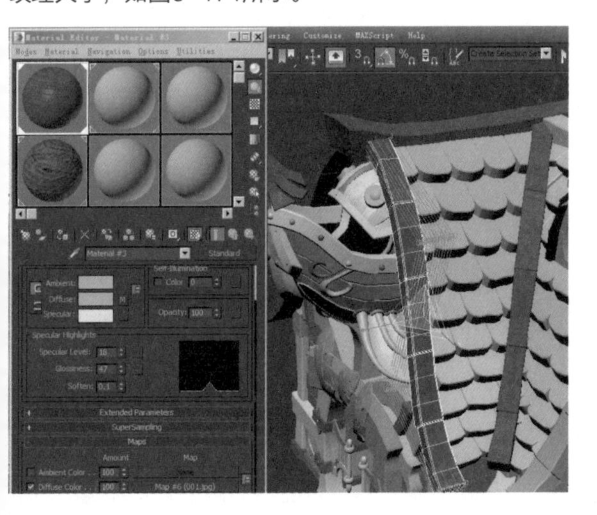

图6-170

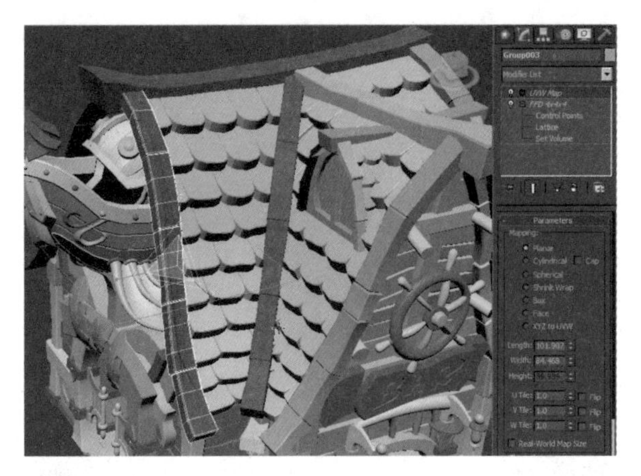

图6-171

㉒ 用同样的方式将做好的不同颜色的材质贴图都拖曳到材质球上，调整材质球的凹凸贴图，设置材质球的高光级别与高光范围，然后赋予不同位置的木板，如果纹理不合适就在修改面板添加UVW Map修改器，映射方式可以选择Box盒子映射方式，单击UVW Map修改器前面的“+”，激活Gizmo层级，用缩放工具就可以调整纹理大小，如图6-172、图6-173所示。

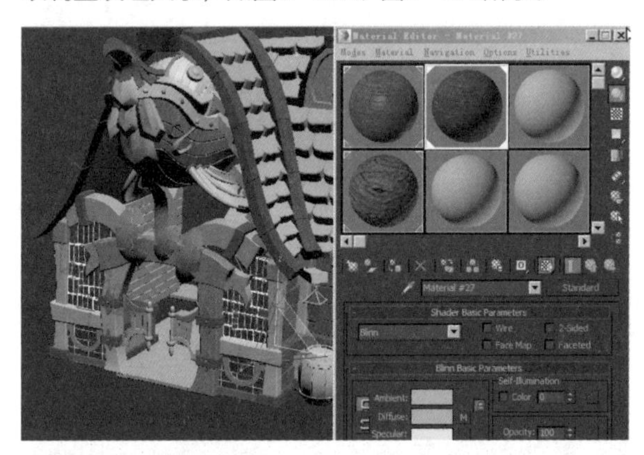

图6-172

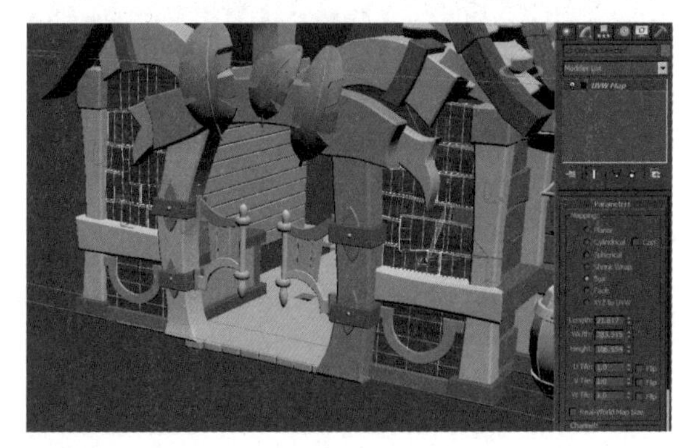

图6-173

㉓ 尽量让木板的颜色丰富一些，大面积的木板最好让木板之间有颜色的变化，如图6-174所示。

图6-174

㉔ 3转2场景中可以用两种展开UV的方式。为了达到木纹随着形体结构走的效果，这个弯曲的模型用UVW Map修改器是无法达到效果的。只能选择添加Unwrap UVW修改器来实现。这个修改器在之前章节已经讲到。

㉕ 选择木头模型赋予木纹材质之后，先添加UVW Map修改器，映射方式可以选择Box盒子映射方式，单击UVW Map修改器前面的“+”，激活Gizmo层级，用缩放工具就可以调整纹理大小，如图6-175所示。

图6-175

㉖ 其他的面的纹理调整好之后单击鼠标右键，在弹出的菜单中，执行“Convert To> Convert to Editable Poly”命令，将物体转化成可编辑多边形。进入面级别，选择正面的面，在修改面板添加Unwrap UVW修改器。单击“Open UV Editor”UV编辑器，如图6-176所示。

图6-176

㉗ 在UV编辑器的右侧，单击快速剥皮按钮，正面的UV即被展开，如图6-177所示。

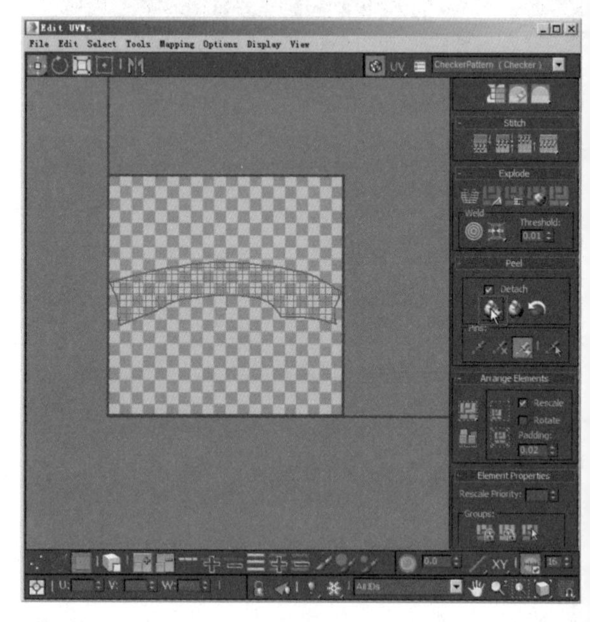

图6-177

㉘ 进入UV点级别，选择右侧下弯部分的点，用旋转工具旋转转正，如图6-178所示。

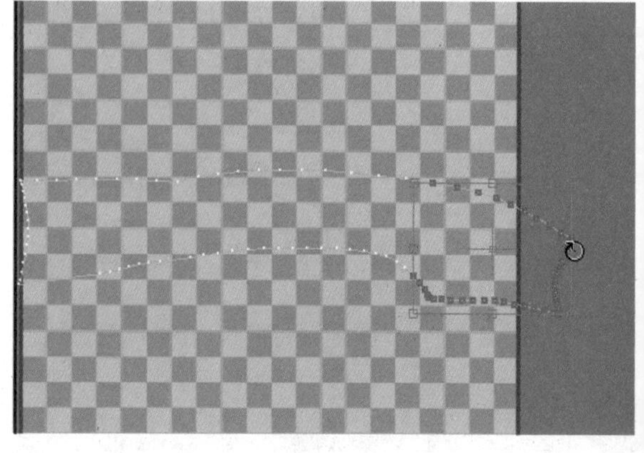

图6-178

㉙ 然后用移动工具向上平移,使整个UV保持平直状态。这样才能保证木纹顺着木头弯曲方向生长，如图6-179所示。

㉚ 材质球不够用的解决办法，3转2场景的材质贴图会比较多，材质编辑器上显示的材质球只有6个，要想看到更多的材质球可以在任何一个材质球上单击鼠标右键，如图6-180所示。

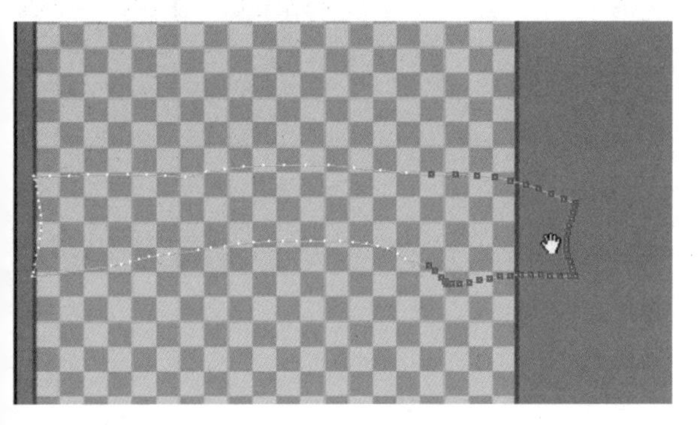

图6-179

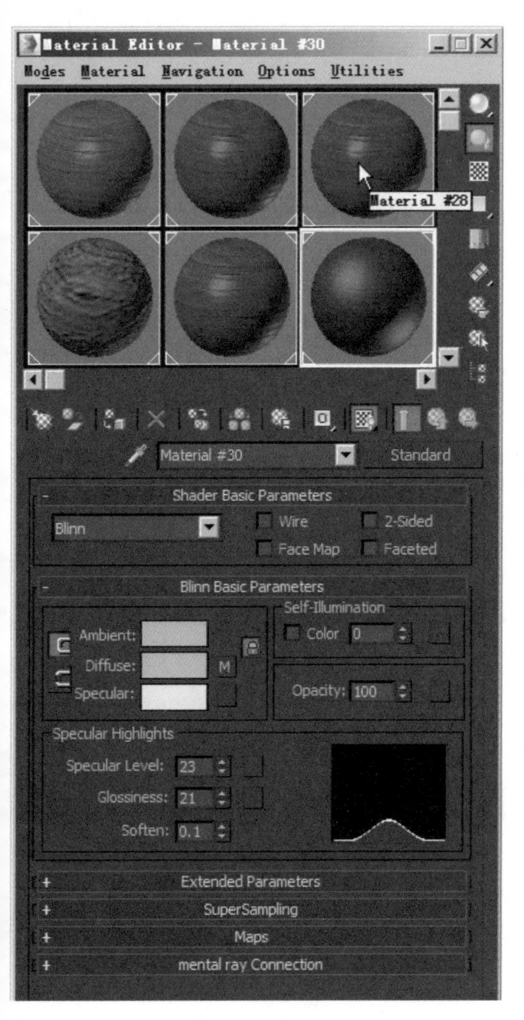

图6-180

㉛ 在弹出的面板中选择6×4 Sample Windows，如图6-181所示。

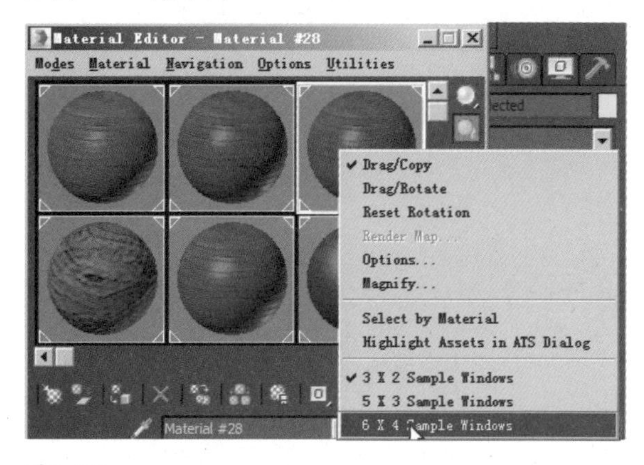

图6-181

㉜ 之后材质编辑器就会改变，如图6-182所示。

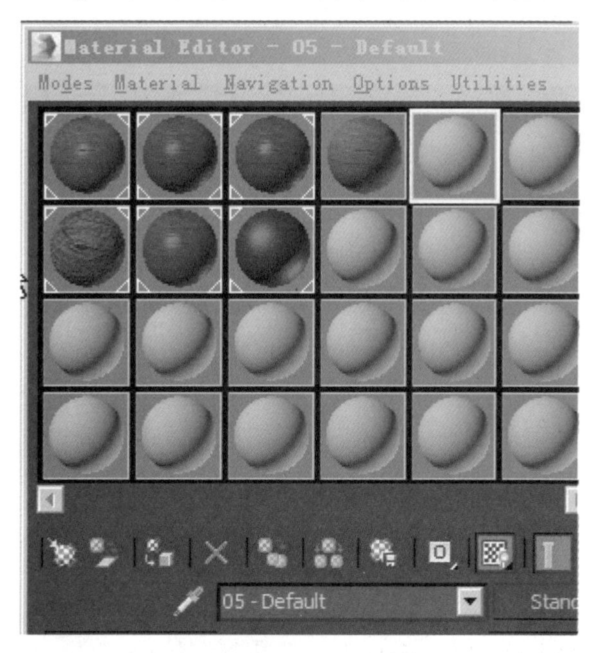

图6-182

6.4.2 石头材质与树叶材质的处理

1.门口石墩石灯的材质处理

① 找一张石头材质纹理，如图6-183所示。

② 将石头的贴图拖曳到空白材质球上，然后选择模型单击赋予按钮，再单击显示按钮，如图6-184所示。

图6-183

图6-184

③ 在修改面板添加UVW Map修改器，选择Box盒子映射方式，如图6-185所示。

图6-185

④ 单击UVW Map修改器前面的“+”，激活Gizmo层级，用缩放工具就可以调整纹理大小，如图6-186所示。

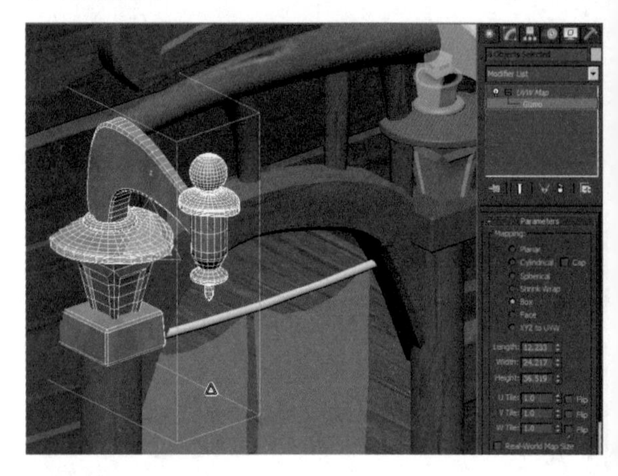

图6-186

2.瓦片材质的处理

① 选择一张石头的纹理，在Photoshop软件中打开，如图6-187所示。

② 贴图颜色与想要的颜色不一致，可以进行调整。在图层面板单击新建图层按钮，单击前景色，在弹出的色板上选择一个紫色，单击确定按钮，按“Alt+Delete”组合键填充颜色，如图6-188所示。

③ 为了让两个图层更换叠放的顺序，双击底部图层的锁图标，在弹出的面板中单击确定按钮，如图6-189所示。

④ 选择图层一，按住鼠标左键拖曳移动到底部图层下松开鼠标，如图6-190所示。

图6-187

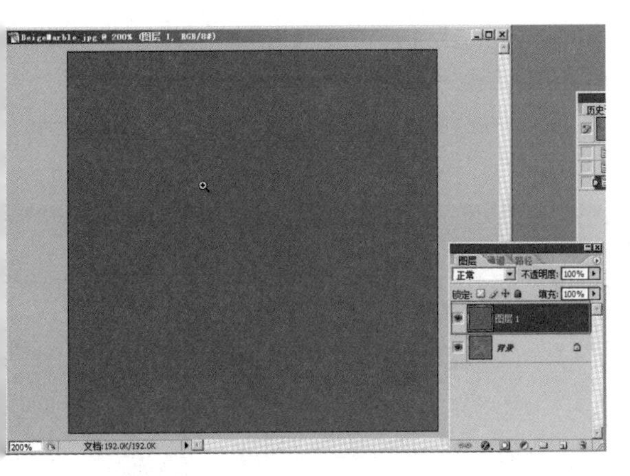

图6-188

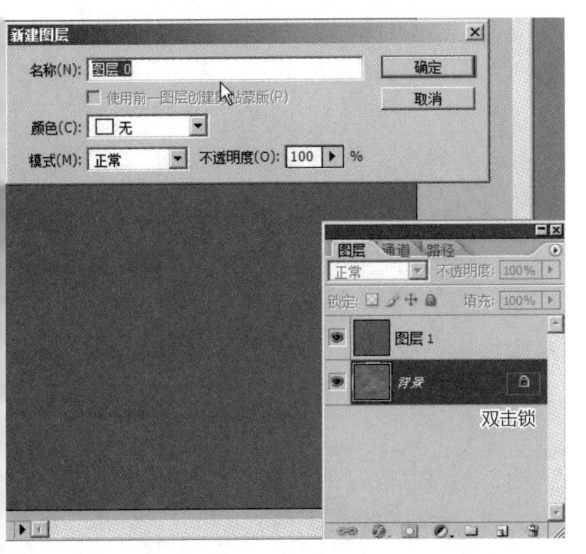

图6-189

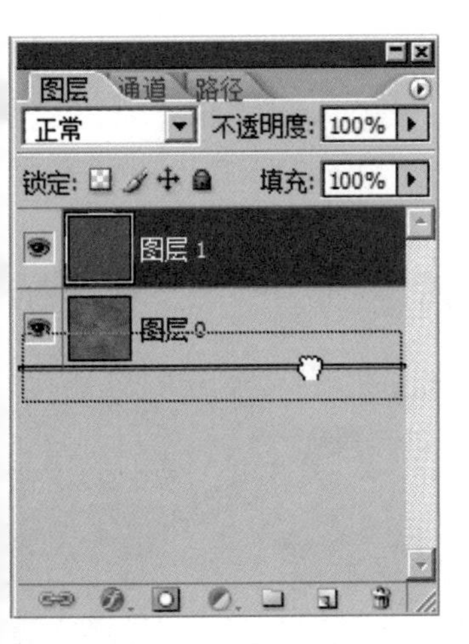

图6-190

⑤ 选择图层0，改变叠加方式为柔光模式。然后单击工具栏上的“文件>储存为”，设置保存路径与名称，单击保存按钮，如图6-191所示。

图6-191

⑥ 为了给瓦片做一些细节可以调整颜色的色相与明度。选择图层1，单击工具栏上的“图像>调整>色彩平衡”，在弹出的色彩平衡面板上设置颜色偏向，单击确定按钮，再次单击工具栏上的文件>储存为按钮，设置保存路径与名称，单击保存按钮，如图6-192所示。

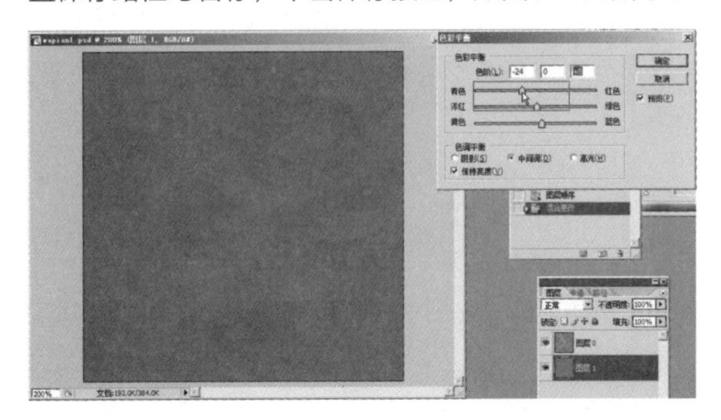

图6-192

⑦ 再次选择图层1，单击工具栏上的“图像>调整>曲线”，在弹出的曲线面板上将曲线下压使图层明度压暗，单击确定按钮，单击工具栏上的文件>储存为按钮，设置保存路径与名称，单击保存按钮，如图6-193所示。

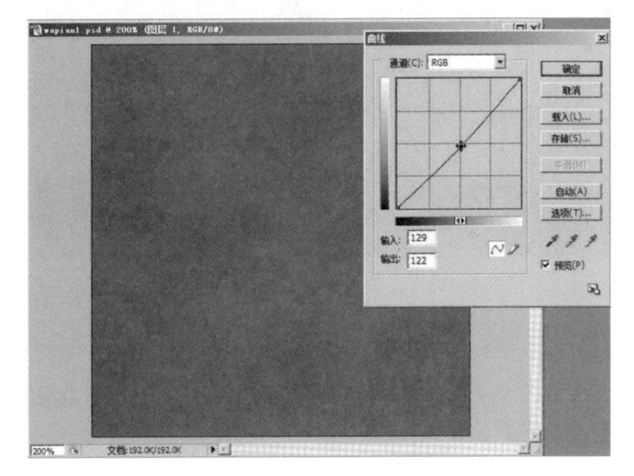

图6-193

⑧ 将制作好的3张石头的材质分别拖曳到3个空白材质球上，如图6-194所示。

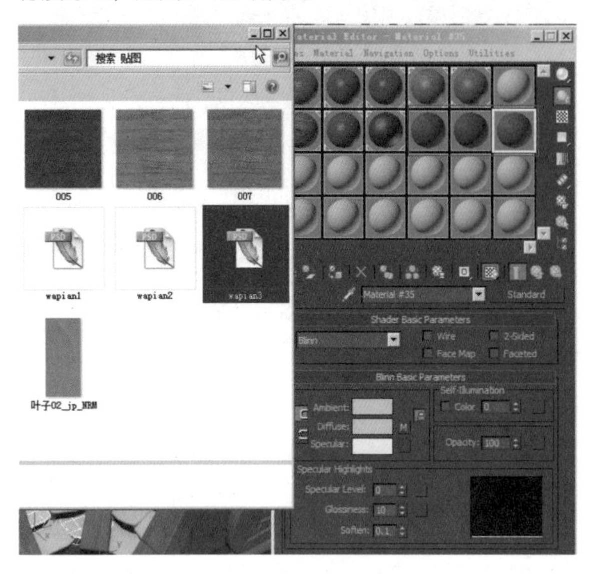

图6-194

⑨ 选择其中一个材质球，调节Specular Level高光强度为21，Glossiness高光范围为35，如图6-195所示。

⑩ 打开Map选项卡， Diffuse Color固有色贴图上已经显示有贴图，在Bump凹凸贴图后面的“None”按钮上双击鼠标左键。在弹出的面板上单击Normal Bump法线凹凸，然后单击“OK”按钮，如图6-196所示。

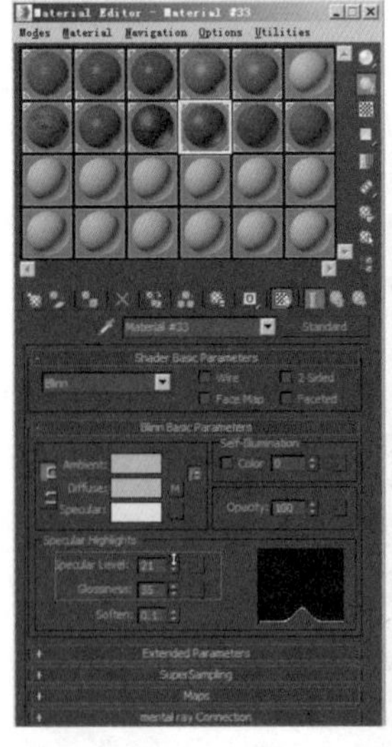

图6-195

图6-196

⑪ 选择做好的瓦片法线贴图，按住鼠标左键将其拖曳到Normal后面的“None”按钮上。这样材质球上就有凹凸贴图了。单击返回上一层级按钮，去调整凹凸的强度数值为40。用同样的方式将其他的两个瓦片的材质球设置好。

⑫ 不规则地选择局部的瓦片，赋予一张瓦片材质，如图6-197所示。

图6-197

⑬ 在修改面板添加UVW Map修改器，映射方式选择Box盒子映射方式，单击UVW Map修改器前面的“+”，激活Gizmo层级，用缩放工具就可以调整纹理大小，如图6-198所示。

图6-198

⑭ 用同样的方式选择局部的瓦片，赋予另外一张瓦片的材质，如图6-199所示。

⑮ 瓦片最后的渲染效果如图6-200所示。

图6-199

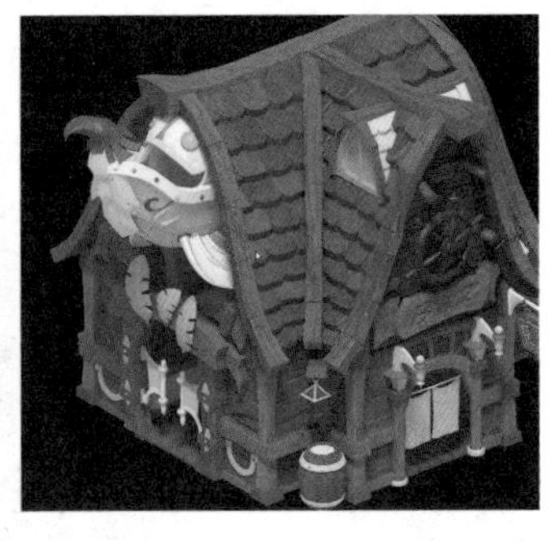

图6-200

3.树叶材质的处理

① 树叶除了需要一张纹理以外，其特点就是表面有一层薄膜从而有光感，凹凸效果不明显。所以树叶只需要调整高光级别与高光范围就可以。

② 选择一张叶子的贴图，如图6-201所示。

图6-201

③ 将树叶的贴图拖曳到材质球上，然后选择树叶模型，单击赋予按钮，再单击显示按钮，如图6-202所示。

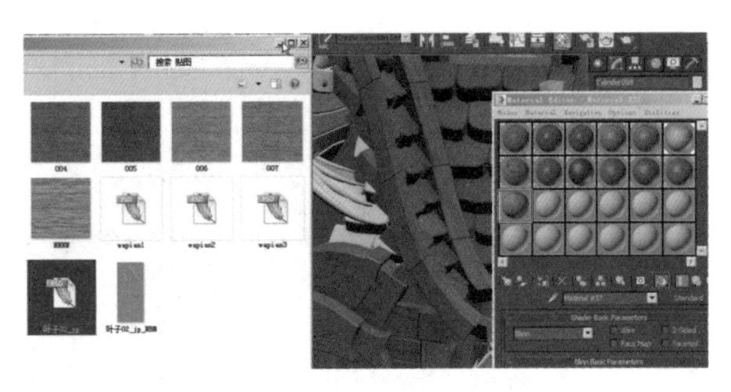

图6-202

④ 调节Specular Level高光强度为29，Glossiness高光范围为25，如图6-203所示。

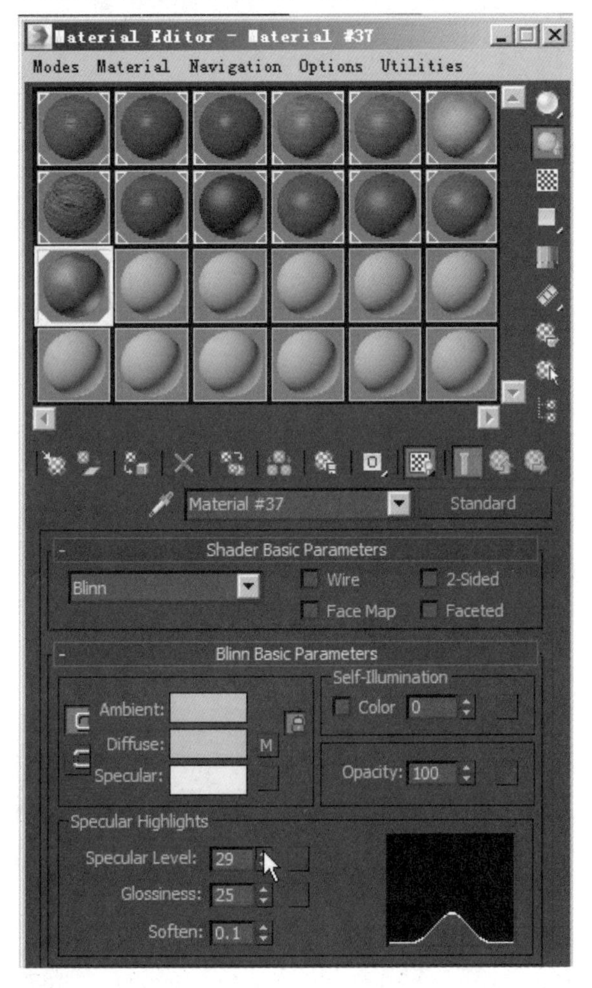

图6-203

⑤ 选择树叶模型，在修改面板添加UVW Map修改器，映射方式可以选择Planar平面映射方式，如图6-204所示。

⑥ 单击UVW Map修改器前面的“+”，激活Gizmo层级，用缩放工具就可以调整纹理大小。用移动工具调整纹理的位置，如图6-205所示。

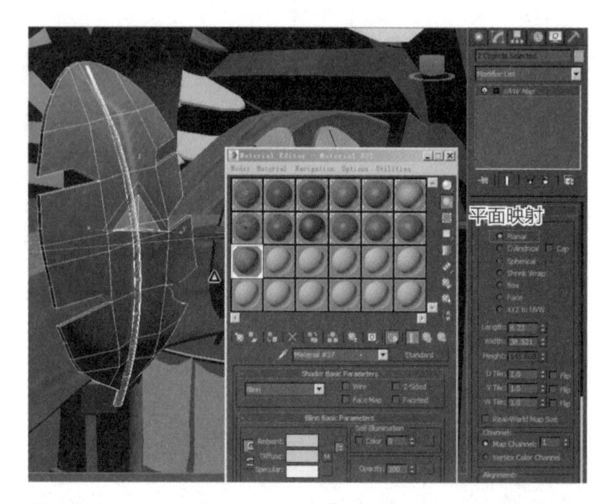

图6-204

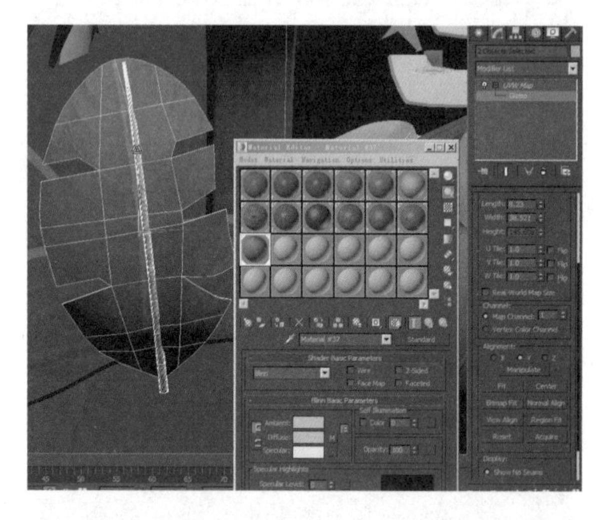
图6-205

⑦ 渲染效果，如图6-206所示。

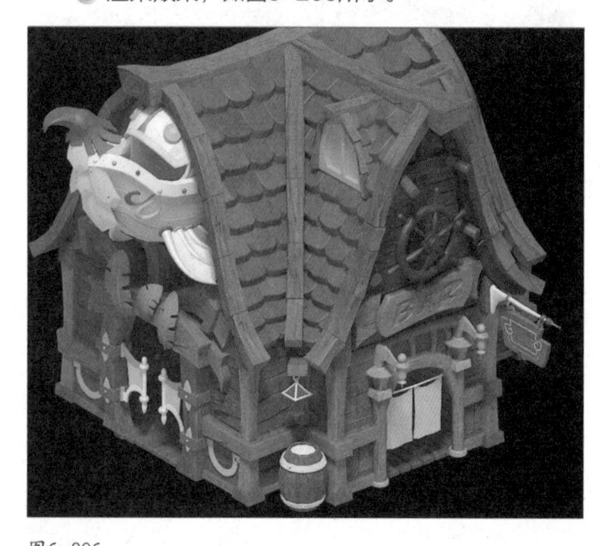
图6-206

6.4.3 透明材质的处理

① 选择玻璃的面，单击Edit Geometry编辑几何体下的“Detach”分离命令。在弹出的对话框中单击“OK”按钮，如图6-207所示。

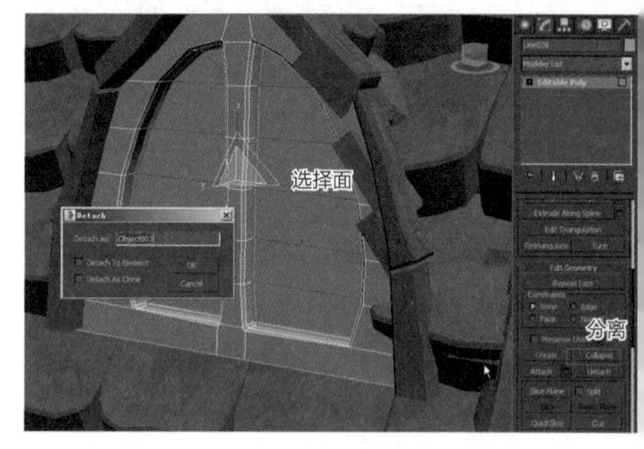

图6-207

② 按“M”键，打开材质编辑器，单击Diffuse固有色，在弹出的色彩选择里面设置一个颜色，如图6-208所示，单击“OK”按钮。

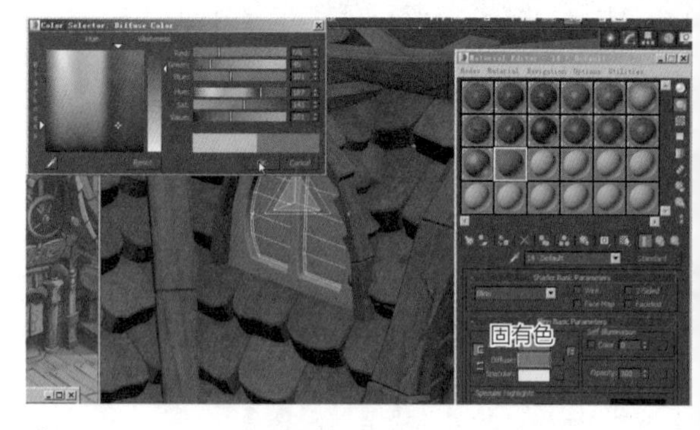

图6-208

③ 将Opacity透明度调成56，如图6-209所示。

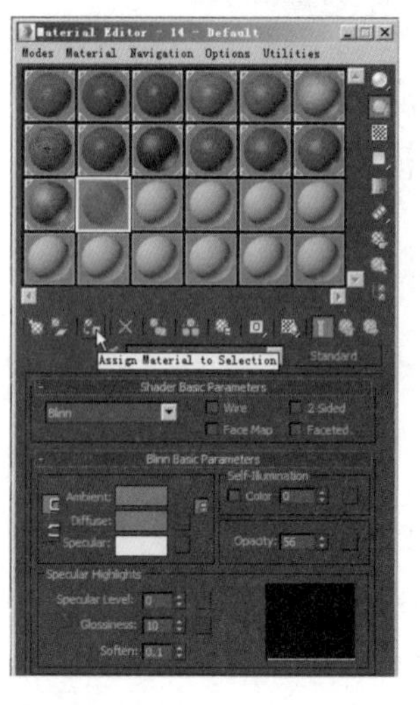

图6-209

6.4.4 金属材质的处理

① 选择一张金属纹理贴图，如图6-210所示。

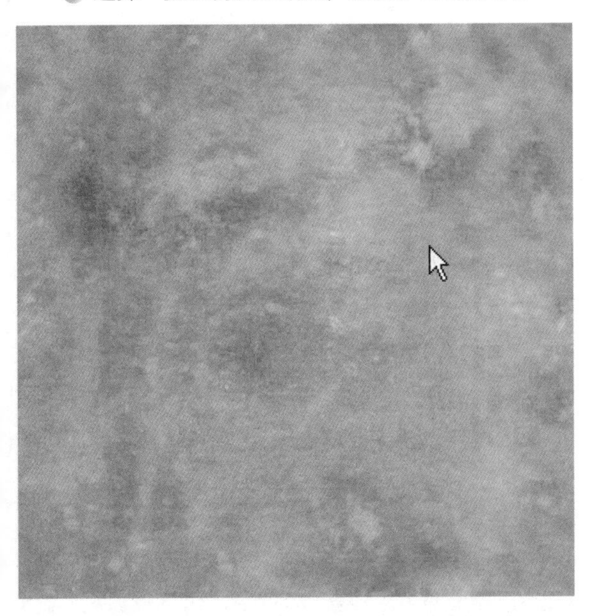

图6-210

② 将金属纹理贴图拖曳到空白材质球上，如图6-211所示。

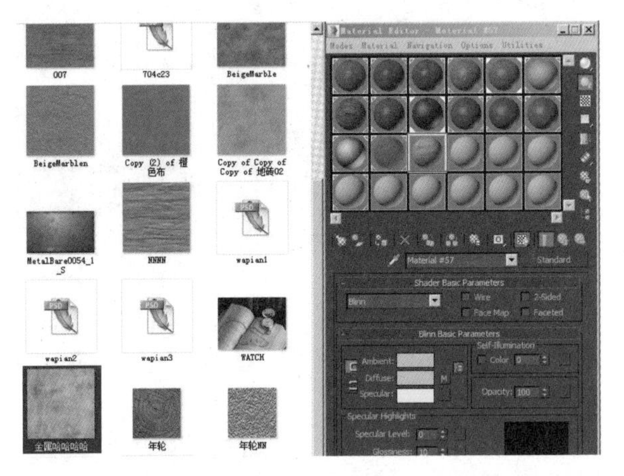

图6-211

③ 将阴影明暗器改为Metal，这种明暗器主要用来调金属材质，如图6-212所示。

④ 将Specular Level高光级别设置为60，将Glossiness高光范围设置为79，如图6-213所示。

⑤ 在Maps选项卡里，拖动Diffuse Color固有色贴图拖曳到Bump凹凸贴图上，设置凹凸贴图强度为41，如图6-214所示。

⑥ 金属材质的特点除了高光较强以外还有个特点就是有反光，容易受周围环境的影响，选择一张环境贴图，如图6-215所示。

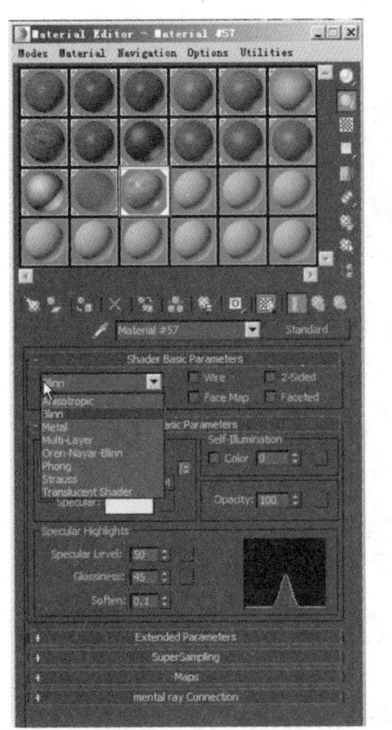

图6-212

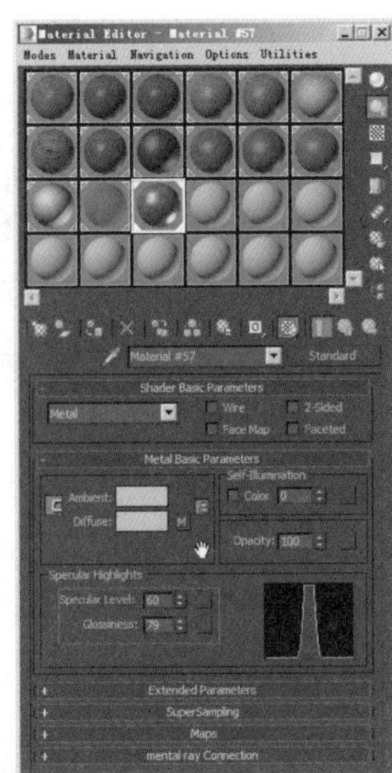

图6-213

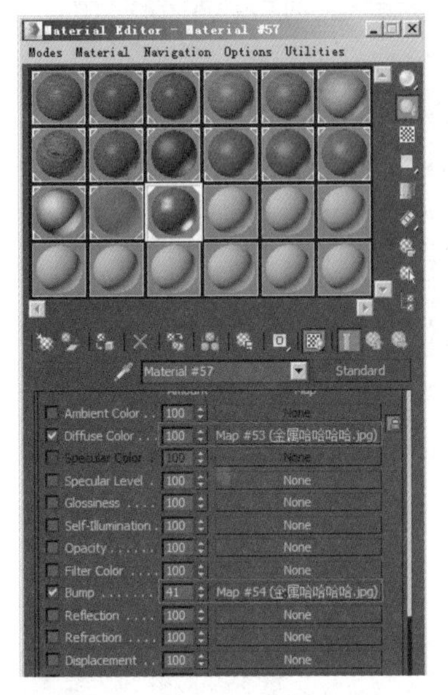

图6-214

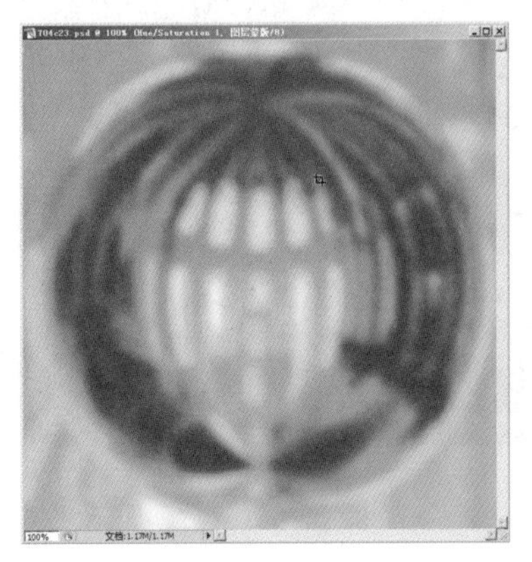

图6-215

⑦ 选择这个材质球，将这个材质拖曳到Reflection反射贴图按钮上，将强度设置为10，如图6-216所示。

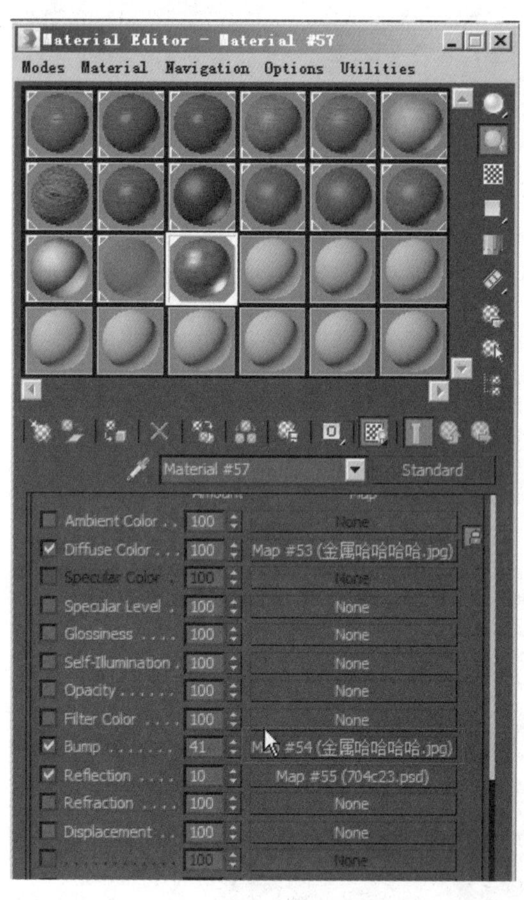

图6-216

⑧ 将制作好的材质球赋予到模型上，在修改面板添加UVW Map修改器，将映射方式改为Box，单击UVW Map修改器前面的“+”，激活Gizmo层级，用缩放工具就可以调整纹理大小，如图6-217所示。

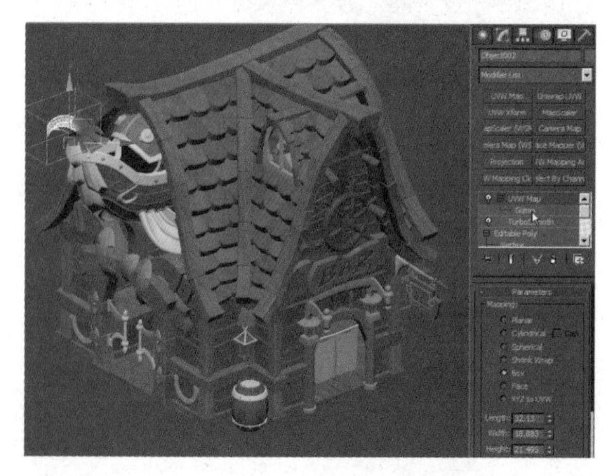

图6-217

6.5 渲染输出

6.5.1 固有色图的渲染

① 单击主工具栏上的渲染设置按钮，在弹出的面板中进入Common选项板，设置渲染尺寸Width宽度为1800，Height高度为1600，然后单击“Render”渲染按钮，如图6-218所示。

图6-218

② 渲染完毕后单击面板左上角的保存按钮，如图6-219所示。

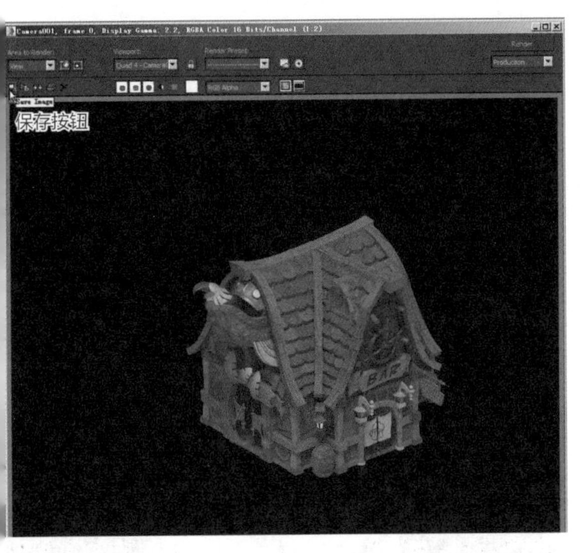

图6-219

③ 在弹出的保存对话框面板中设置保存的路径、保存文件名称、保存类型为png格式，这种格式放入Photoshop软件中除了中间房子的图像外周围都是透明的。最后单击“Save”保存按钮。如图6-220所示。

④ 单击保存之后会弹出一个对话框，保持默认设置单击“OK”按钮，如图6-221所示。

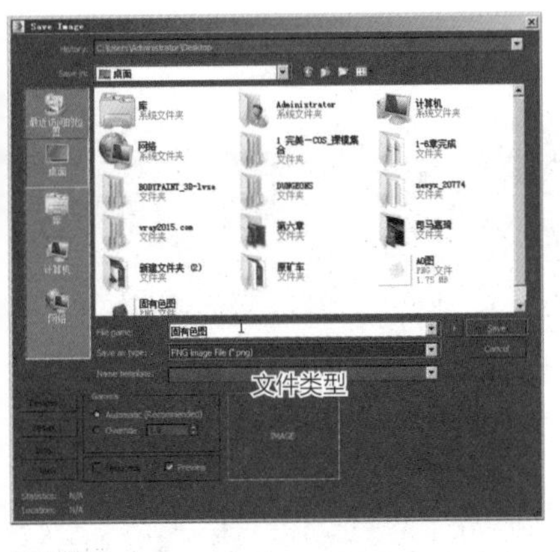

图6-220

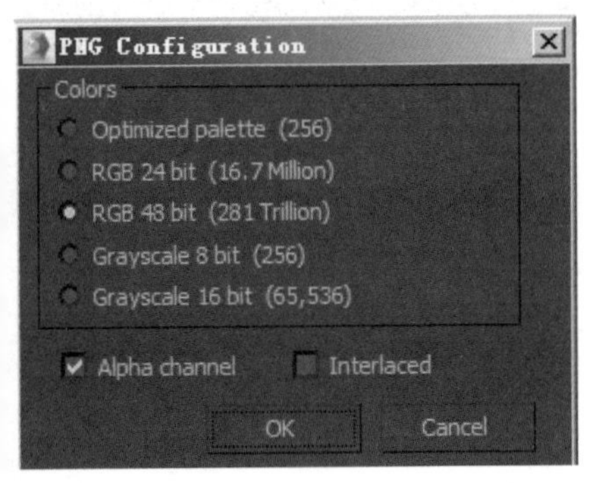

图6-221

6.5.2 线框颜色图的渲染

① 如果需要用Photoshop软件修改图可以渲染一个线框颜色图，线框颜色图主要是为了修图时快速选择选区，以提高修图效率。

② 单击主工具栏上的渲染设置按钮，在弹出的面板中进入Render Elements渲染元素选项卡，单击Add添加按钮，在弹出的面板中选择VRayWireColor线框颜色，单击“OK”按钮。添加之后单击Render，如图6-222所示。

③ 渲染的时候是渲染一张固有色图，然后弹出一张彩色线框图，如图6-223所示。

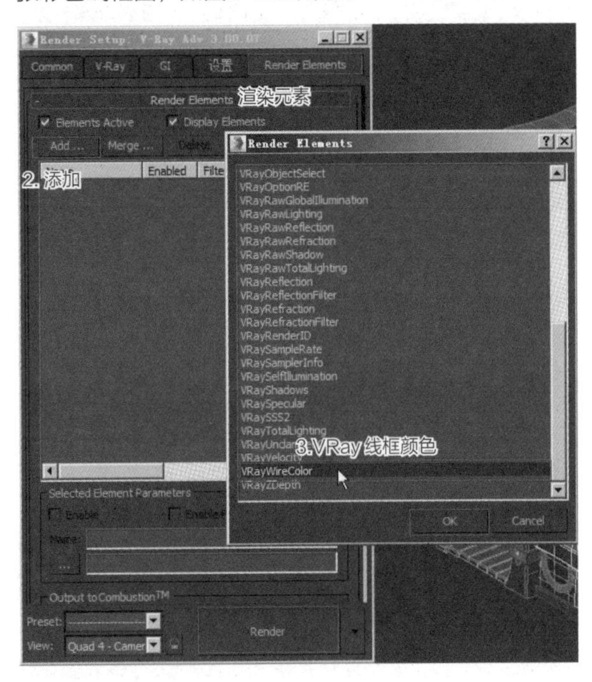

图6-222

图6-223

④ 线框图将每个物体以不同的单色显示，为了便于选择相邻的物体最好颜色区别大一些，同样的材质物体最好统一线框颜色，避免线框颜色图太过花。

⑤ 选择想要改变颜色的物体，在修改面板上单击颜色块，如图6-224所示。

在弹出的颜色面板上选择一个颜色单击“OK”按钮，如图6-225、图6-226所示。

图6-224

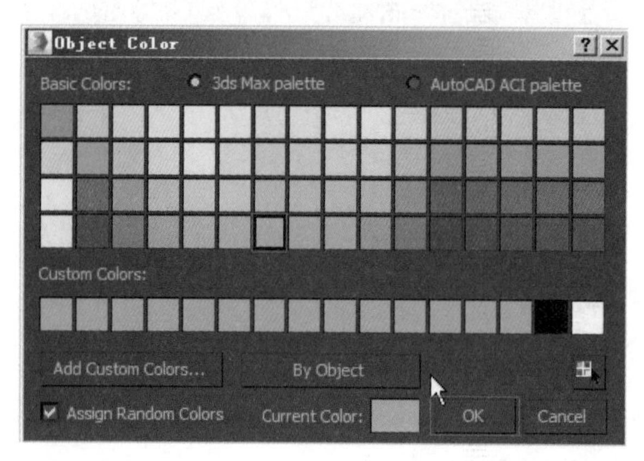

图6-225

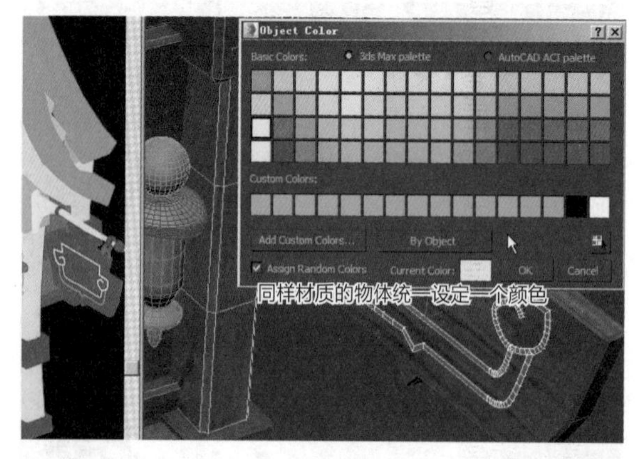

图6-226

⑥ 设置完成之后单击主工具栏上的渲染按钮，渲染完成之后单击保存按钮，在弹出的保存面板中设置文件名、保存路径、保存类型为png格式，最后单击保存按钮，如图6-227所示。

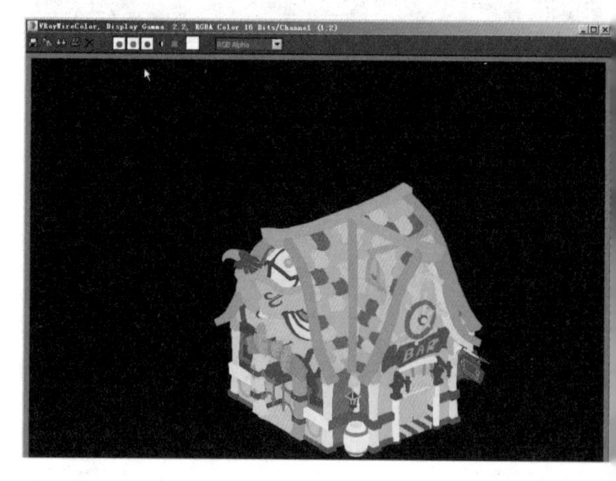

图6-227

6.5.3 AO图的渲染

① AO图是一种表现模型明暗细节的效果图，将AO图叠加到固有色图上会增加固有色图的立体效果。

② 按“M”键打开材质编辑器，选择一个空白的材质球，单击固有色贴图按钮，在弹出的面板中选择VR污垢，单击“OK”按钮，如图6-228所示。

图6-228

③ 在VR污垢贴图设置面板中设置细分值为40。然后单击返回上一层级按钮，如图6-229所示。

④ 进入贴图顶级别后设置Self-Illumination自发光为100，这样材质球就设置完成，如图6-230所示。

⑤ 按主工具栏上的渲染设置按钮，打开渲染设置面板>V-Ray>全局开关，勾选替代材质，将制作好的材质球按住鼠标左键将其拖曳到替代材质贴图按钮上，替代材质就是在渲染的时候替代模型上的其他材质，如果要再次渲染固有色图把替代材质前面的勾选关掉即可，如图6-231所示。

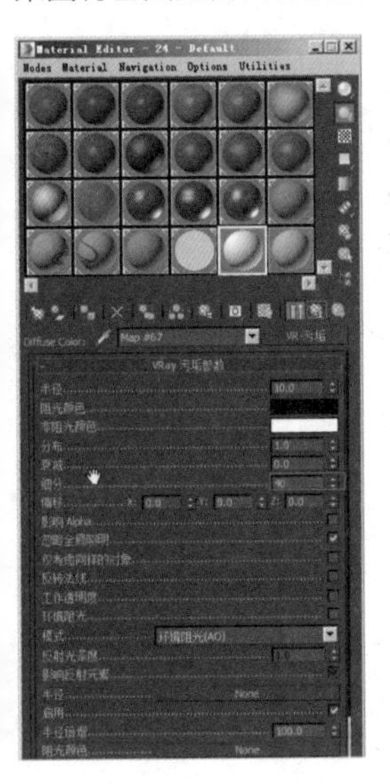

图6-229

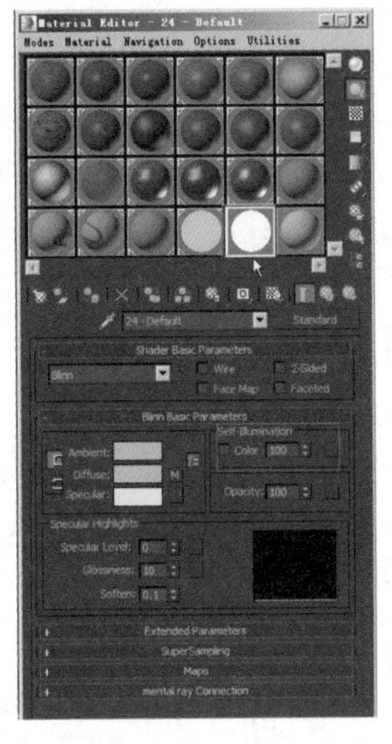

图6-230

图6-231

⑥ 然后单击主工具栏上的渲染按钮效果，如图6-232所示。将图片保存，保存格式为png。

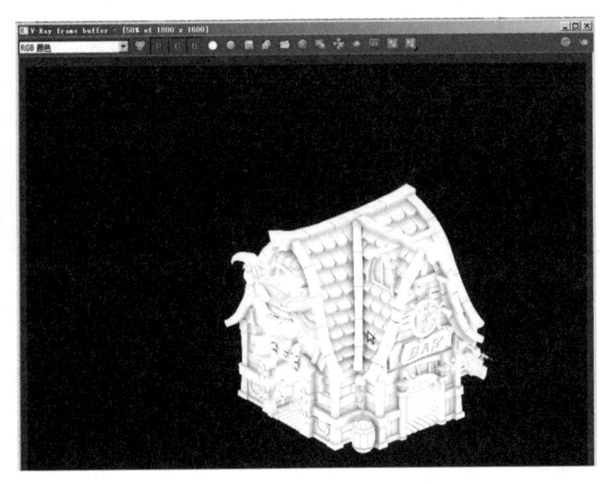

图6-232

6.6 Photoshop 修图

修图主要是修改图片的明暗关系，让场景更加立体，然后修改色彩，在3ds Max里面贴图颜色不准确的可以在Photoshop软件中局部选择进行修改，也可以修改局部的颜色让场景看起来更丰富。还要添加一些表现质感的细节，最后添加光效。

① 在Photoshop软件中打开渲染好的三张图，将三张图移动到一个窗口里面，图层从顶到底的顺序是线框颜色图、AO图、固有色图。线框颜色图与固有色图的模式是正常模式，AO图的叠加模式改为正片叠底。不选择选区的时候可以将线框颜色图前面的眼睛关掉，暂时隐藏，如图6-233所示。

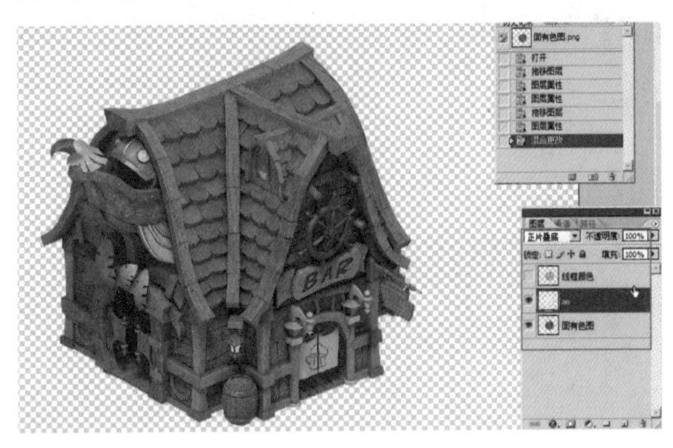

图6-233

② AO图叠加之后如果整个图像不是特别暗就可以按“Ctrl”键加选固有色图，按“Ctrl+E”组合键合并图层。单击新建图层按钮新建一个图层，将前景色改为灰色，按“Alt+Delete”组合键给这个图层填充颜色，如图6-234所示。

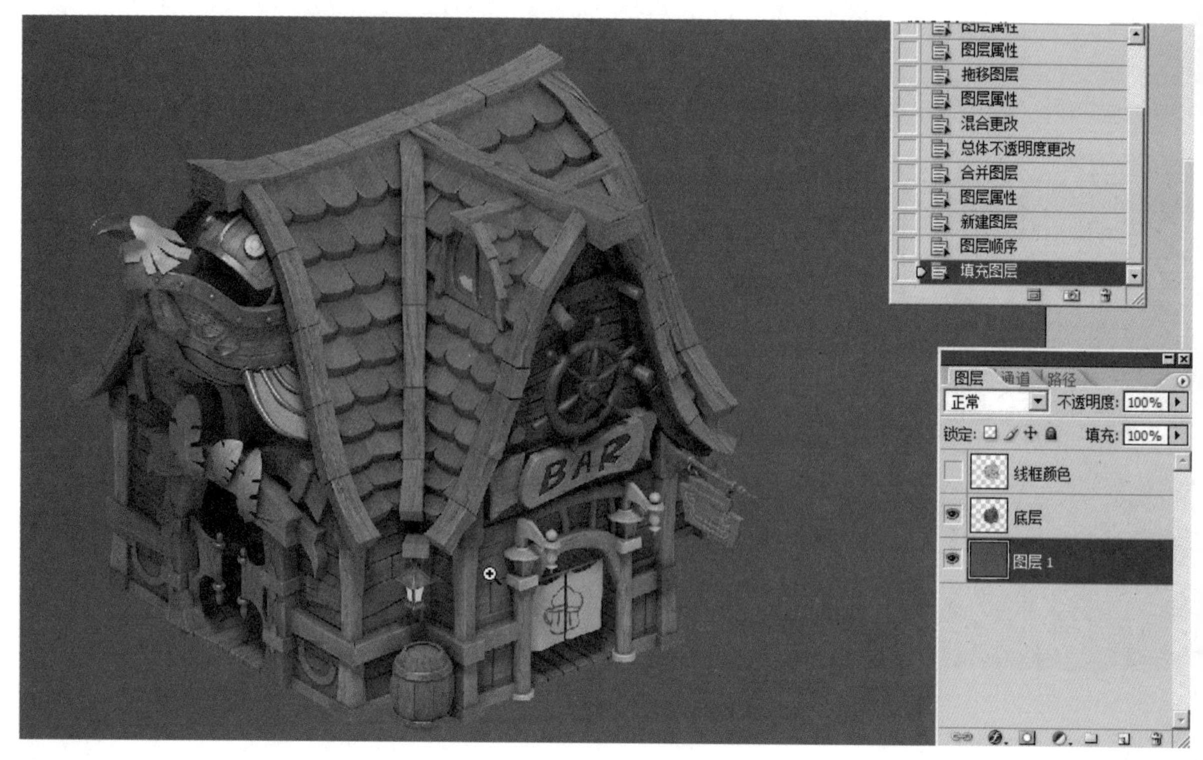

图6-234

③ 选择“底层”图层，单击鼠标右键在弹出的面板中单击复制图层，如图6-235所示。

④ 选择“底层副本”图层，按“Ctrl+M”组合键，在弹出的曲线面板中将图层提亮，如图6-236所示。

⑤ 创建这一亮的图层是想让局部亮部提亮以便加强明暗对比，所以选择“底层副本”图层，单击蒙版按钮添加图层蒙版，将前景色改为黑色，按“Alt+Delete”键给图层蒙版填充黑色，这样“底层副本”的图像将不显示，如图6-237所示。

图6-235

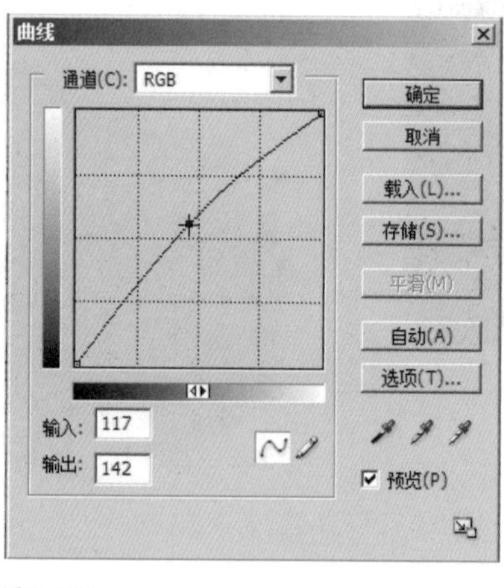

图6-236

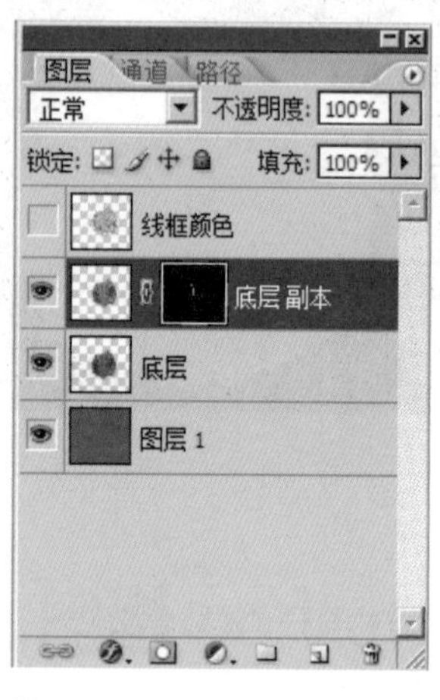

图6-237

⑥ 激活画笔工具，将前景色改为白色，用白色画亮部位置，这样用白色画到的部位“底层副本”的图像又显示出来，如图6-238所示。

⑦ 按“Ctrl+M”组合键调整曲线提高明度，如图6-239所示。

⑧ 单击新建图层按钮，在创建的新图层上绘制金属的高光，如图6-240所示。

⑨ 选择线框颜色层，用魔棒工具选择门的颜色，得到选区。按“Shift”键加选，如图6-241所示。

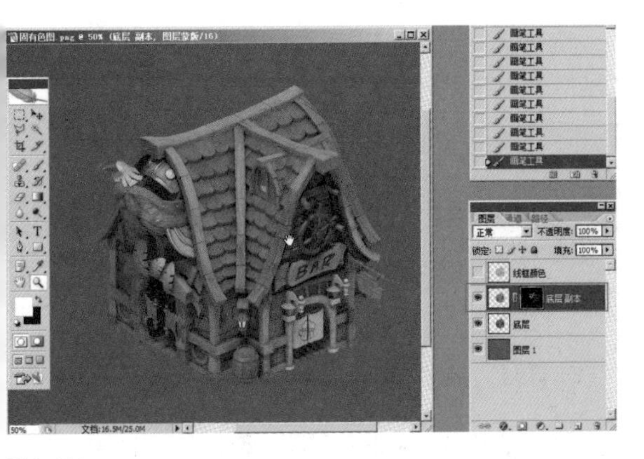

图6-238

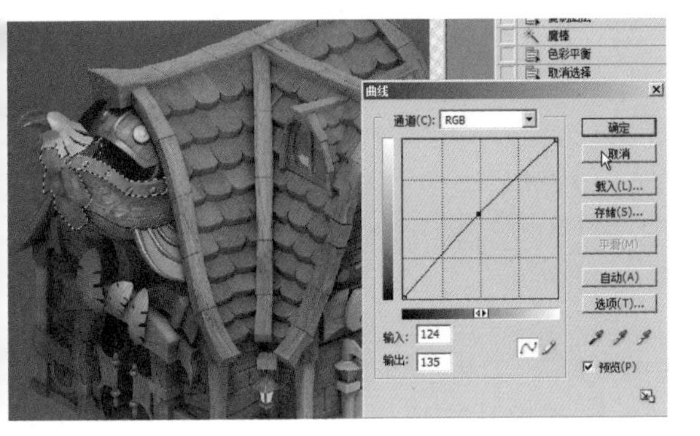

图6-239

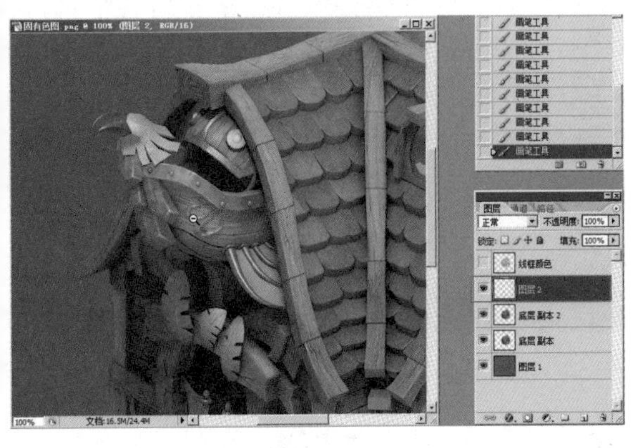

图6-240

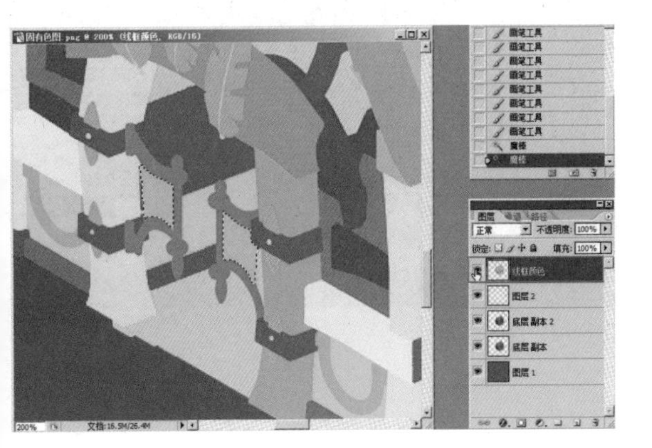

图6-241

⑩ 得到选区之后进入固有色图层，按“Ctrl+M”组合键调整曲线降低明度，如图6-242所示。

⑪ 按“Ctrl+B”组合键调整色彩倾向如图6-243所示。

⑫ 选择“线框颜色”图层，在工具栏上用魔棒工具选择柜台的面，如图6-244所示。

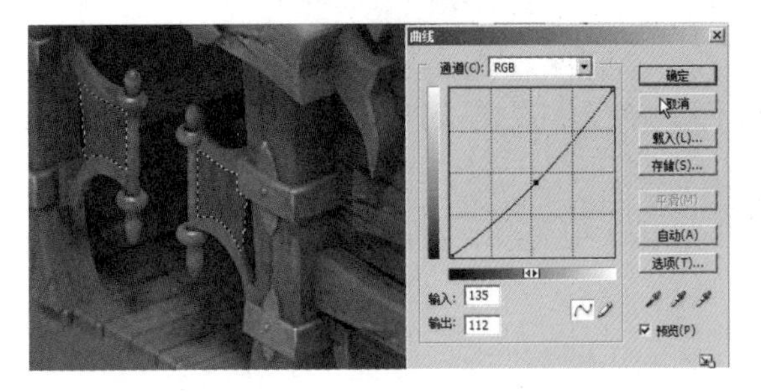

图6-242

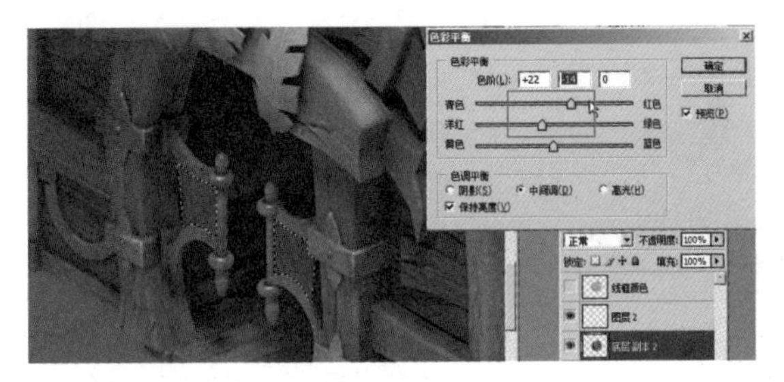

图6-243

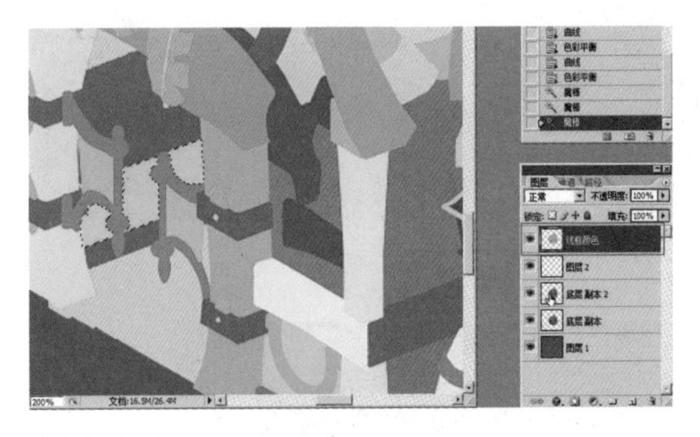

图6-244

⑬ 得到选区之后进入固有色图层，按“Ctrl+U”组合键降低饱和度，使内部的颜色不要太过跳跃，如图6-245所示。

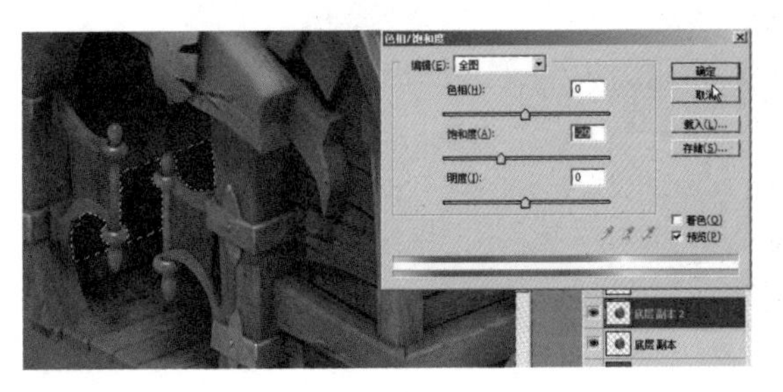

图6-245

⑭ 为了让木板墙更丰富有变化，选择局部的木板墙，用曲线调整亮度，如图6-246所示。

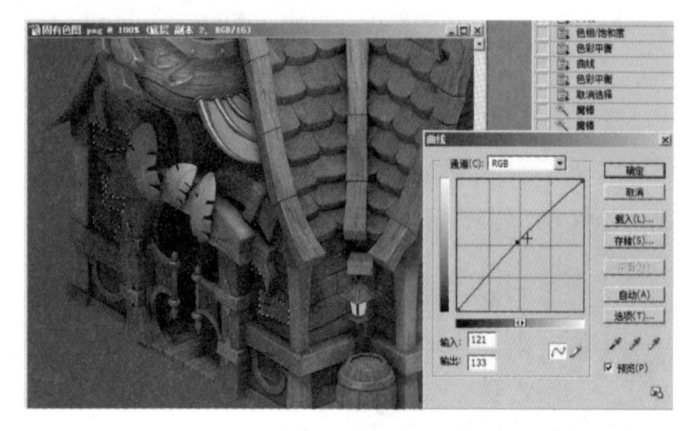

图6-246

⑮ 单击新建图层按钮新建一个图层，绘制木头边缘的磨损亮边与破损状况，如图6-247所示。

⑯ 用画笔绘制船头鸟的眼睛部位的结构，如图6-248所示。

图6-247

图6-248

⑰ 灯要对周围有光的影响，选择灯周围的选区，如图6-249所示。

图6-249

⑱ 单击新建图层按钮新建一个图层，将画笔改为虚化笔，以灯为中心画灯光的颜色，周围逐渐变虚，如图6-250所示。

⑲ 将绘制的灯光颜色的图层改为叠加模式，如图6-251所示。

⑳ 布料渲染完后纹理不清晰，可以再次打开布料的纹理贴图，叠加进去。为了避免布显得僵硬，需要手绘布褶，如图6-252所示。

图6-250

图6-251

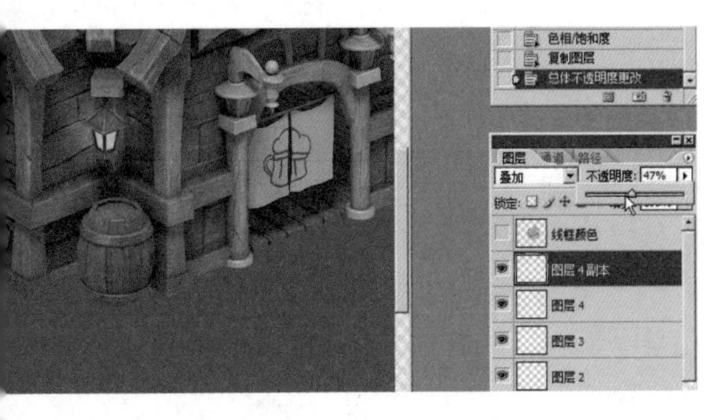

图6-252

㉑ 将之前的布纹再次打开，用选区工具选取一部分，用移动工具移动到窗口内，如图6-253所示。

图6-253

㉒ 将叠加方式改为叠加模式，按“Ctrl+T”组合键旋转布纹，让布纹顺着模型造型方向，然后按回车键，如图6-254所示。

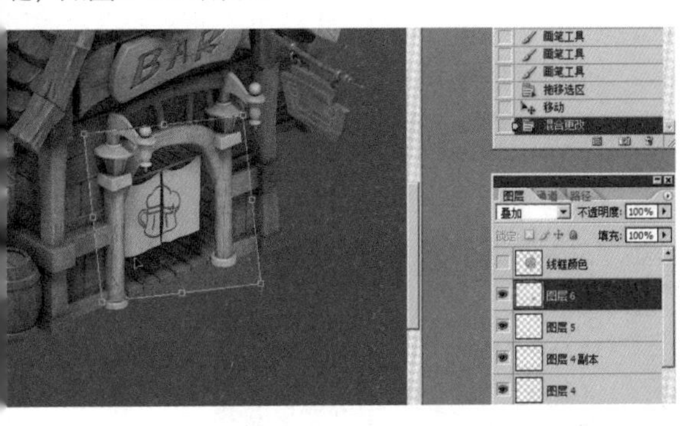

图6-254

㉓ 选择布料选区，按“Ctrl+Shift+I”组合键反选，然后按“Delete”键将多余的布纹删除，单击新建图层按钮新建一个图层，将图层叠加模式改为叠加，然后用暗色绘制布褶暗部，用亮色绘制布褶亮部，如图6-255所示。

图6-255

㉔ 用同样的方法将另一面布褶绘制完成，如图6-256所示。

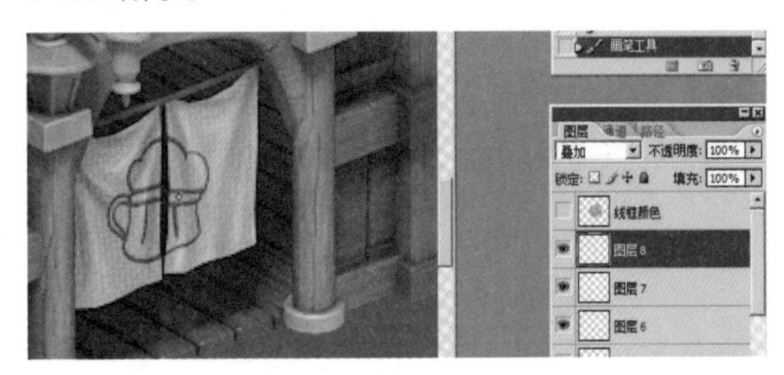

图6-256

6.7 本章作业

根据原画图6-257制作模型，渲染尺寸为1500像素×1200像素。

本章的作业参考图可以参考“资源\作业\第6章\房屋”。

图6-257

第7章

网络游戏男性角色制作

本章知识点

- 男性身体结构的比例
- 男性头部结构比例特点
- 金属装备的绘制方法

7.1 男性人体结构比例要领

以一个男性标准身体为例，将人的高度分为八段，第一段从头顶到下巴，第二段下巴到男性的乳头，第三段到肚脐，第四段到耻骨联合处，第五段到大腿的中间，第六段到膝盖的下缘，第七段到腓肠肌的底端，第八段到脚底。游戏中腿部做了夸张处理，腿部可以达到4.5个头高。

男性肩宽等于2个头高。从侧面看头的中间、胸廓的中间、盆骨的中间、脚的中间在一条直线上。后背与臀部与小腿最鼓点基本上在一条直线上，如图7-1所示。

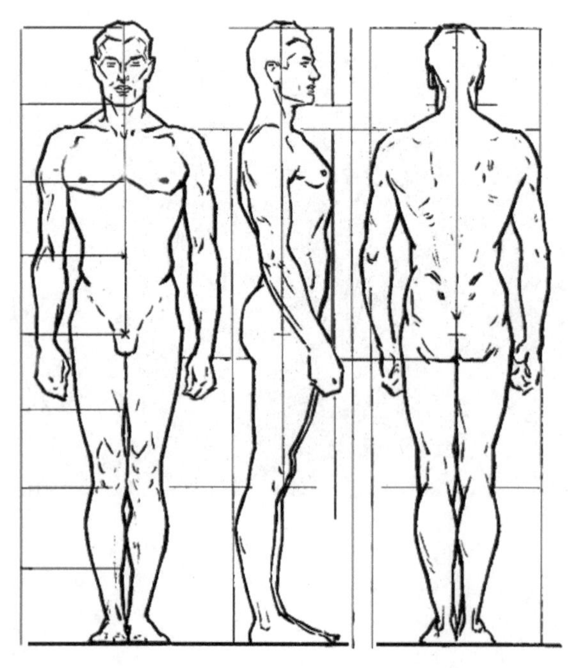

图7-1

7.2 创建男性裸模

本案例的模型文件在资源\模型\第7章\男性裸模步骤。

7.2.1 身体模型的制作

1.创建身体基本形体

① 根据比例躯干分为3个头高，创建一个Box，中间加一条中线，高度上分为3段，每一段的一半基本上是一个正方形，顶视图的一半也接近正方形，如图7-2~图7-5所示。

图7-2

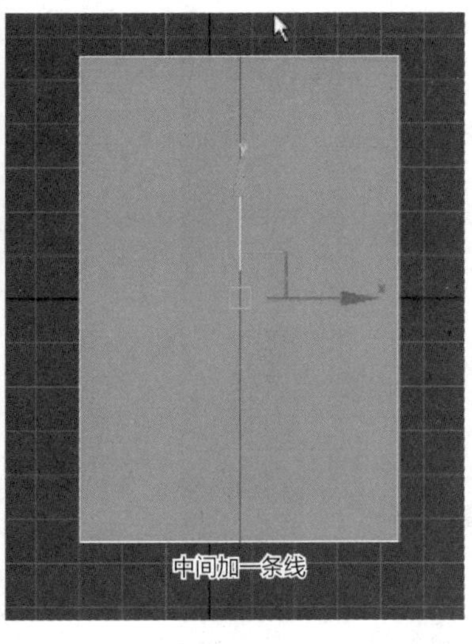

图7-3

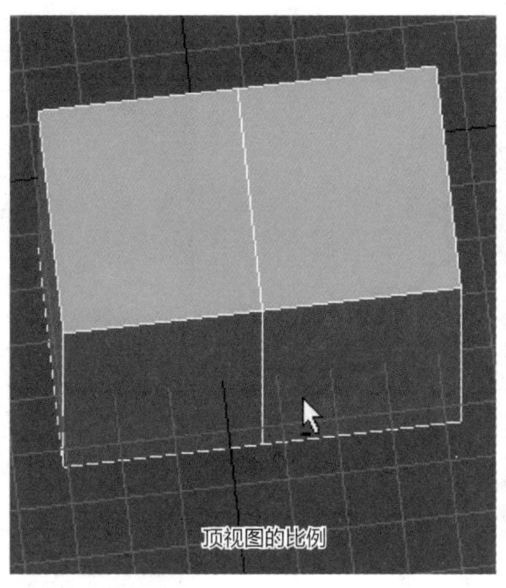

图7-4

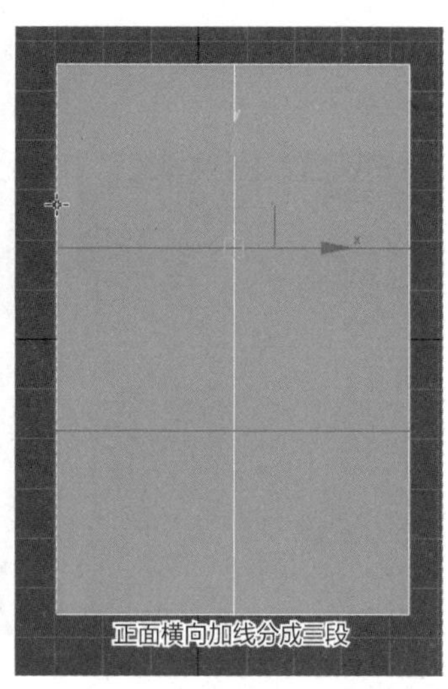

图7-5

⑫ 模型是左右对称的，可以做一半然后关联镜像复制另一半。进入面级别删除一半的面，单击主工具栏上的镜像工具，选择关联复制，如图7-6、图7-7所示。

⑬ 用现有的点调整出躯干的造型，正面与侧面要同时调整，如图7-8~图7-12所示。

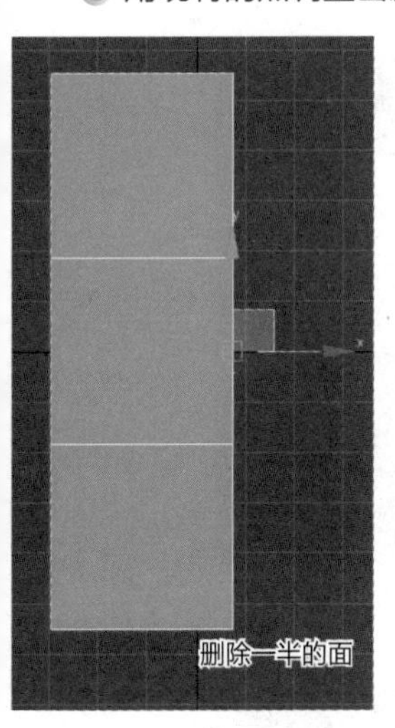

图7-6

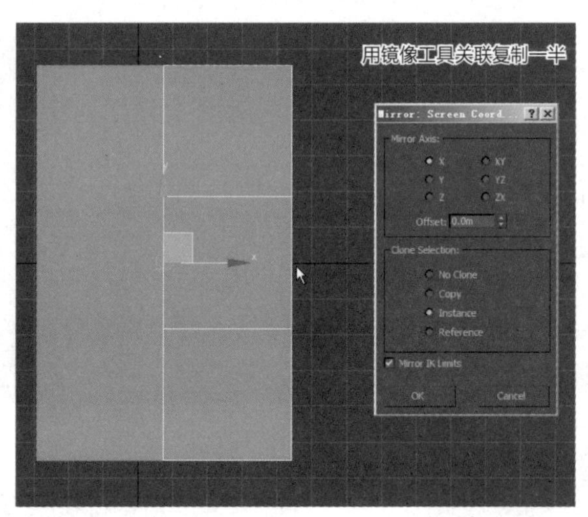

图7-7

图7-8

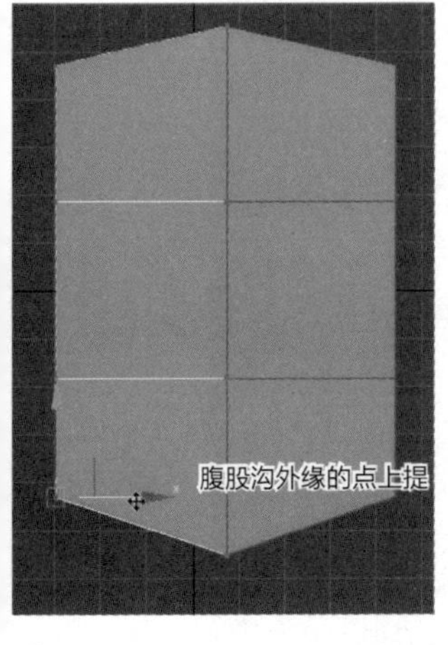

图7-9

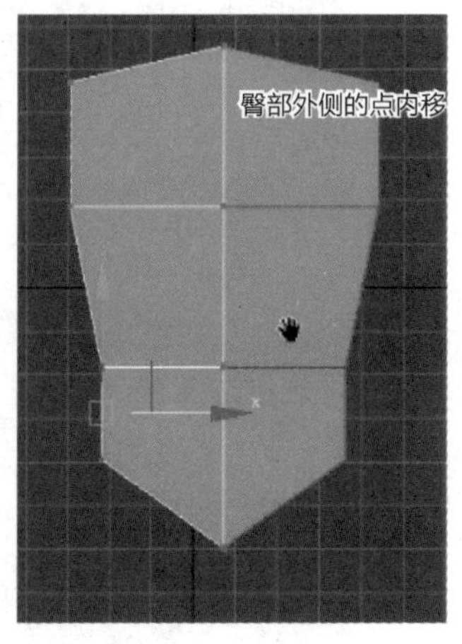

图7-10

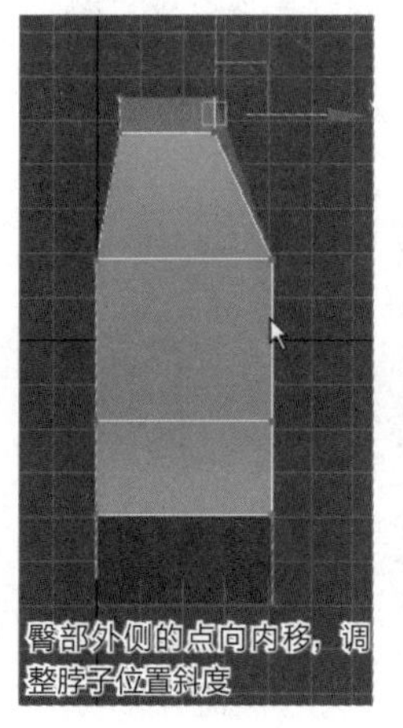

图7-11

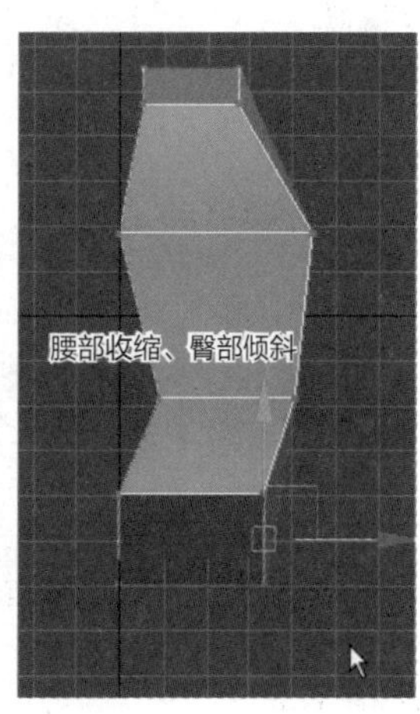

图7-12

④ 这些关键点都是对应的人体的关键位置，如图7-13所示。

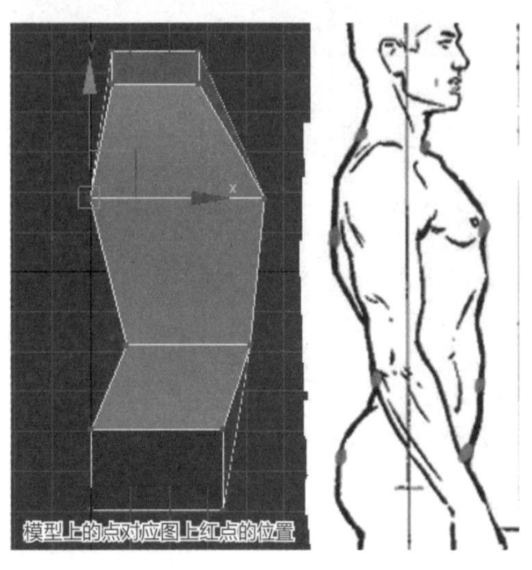

图7-13

⑤ 躯干部位后面背阔肌要宽一些，胸大肌要窄一些，盆腔前宽后窄。按照这个特点调整造型，如图7-14~图7-17所示。

⑥ 进入面级别，从底部挤出腿的长度为4.5个头高。并且从侧面调整腿的斜度，腿后面偏直，前面呈倾斜状态，中间偏上一点添加膝盖的位置，再添加一段，用"Extrude"挤出命令挤出脚掌，如图7-18~图7-22所示。

⑦ 调整脚的侧面造型，从顶视图调整脚自然分开的状态，再添加一条线将脚趾与脚掌分开，如图7-23~图7-25所示。

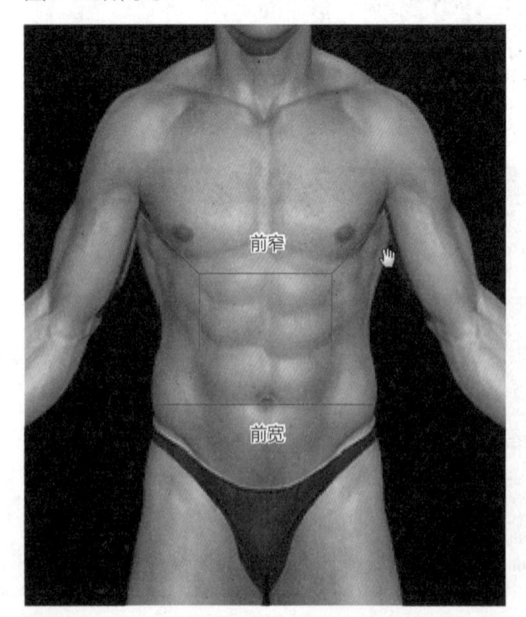

图7-14

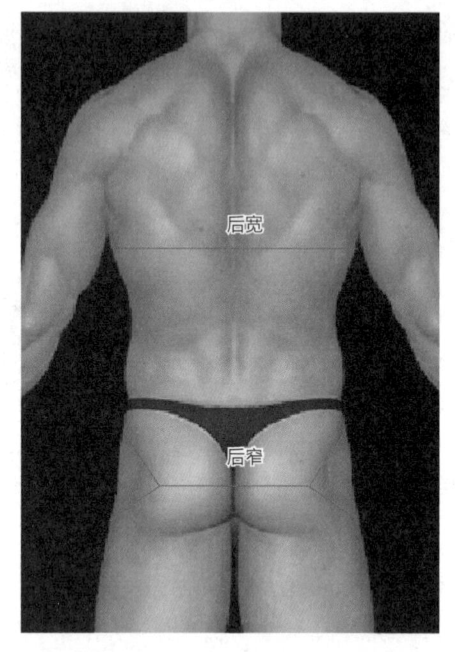

图7-15

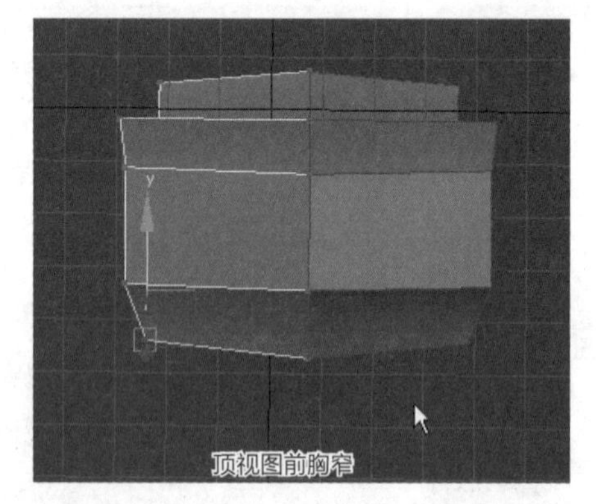

图7-16

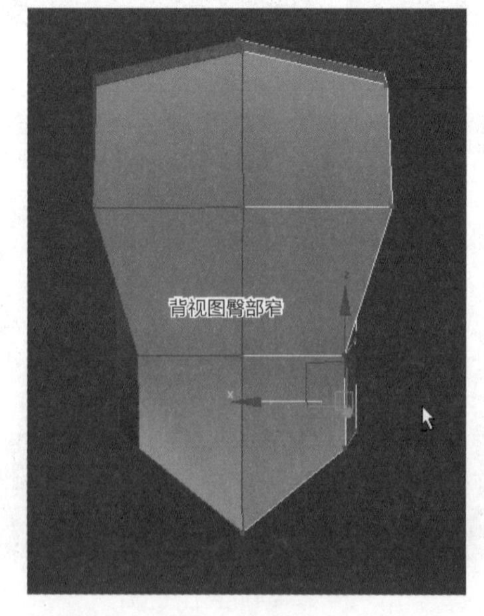

图7-17

图7-18

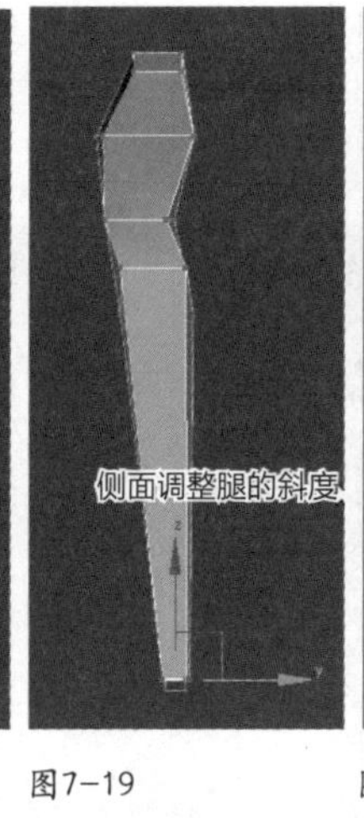

图7-19

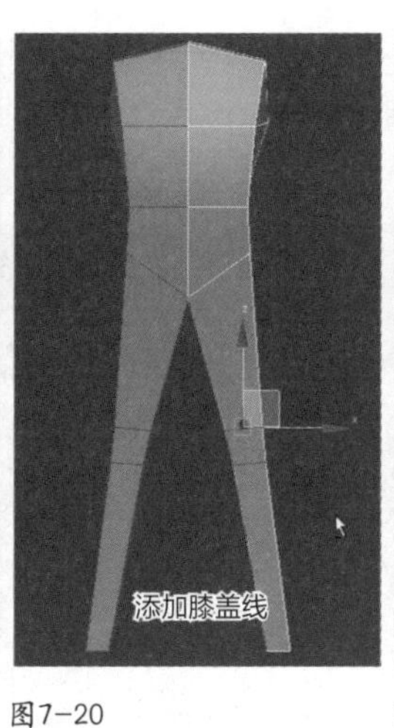

图7-20

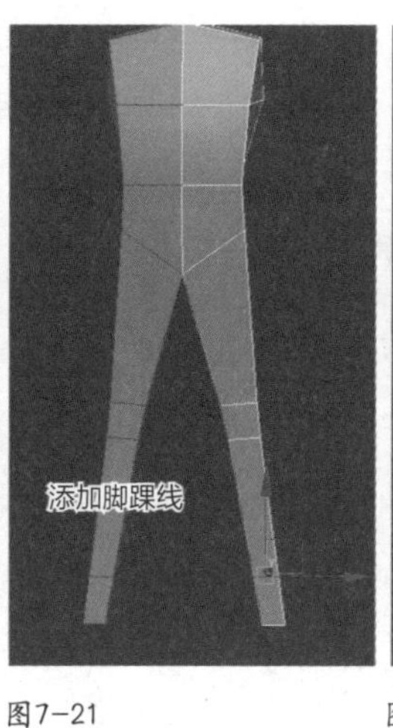

图7-21

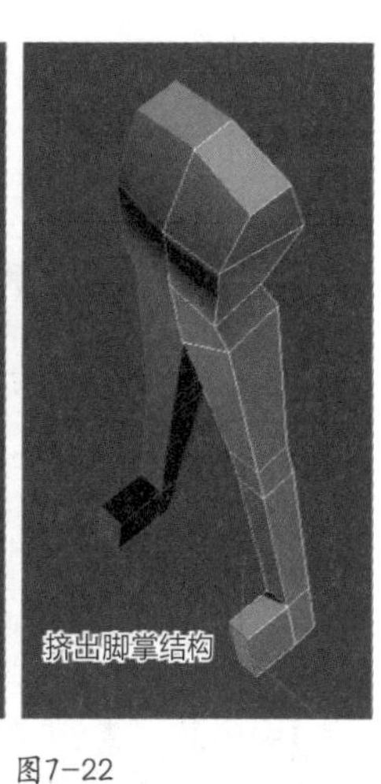

图7-22

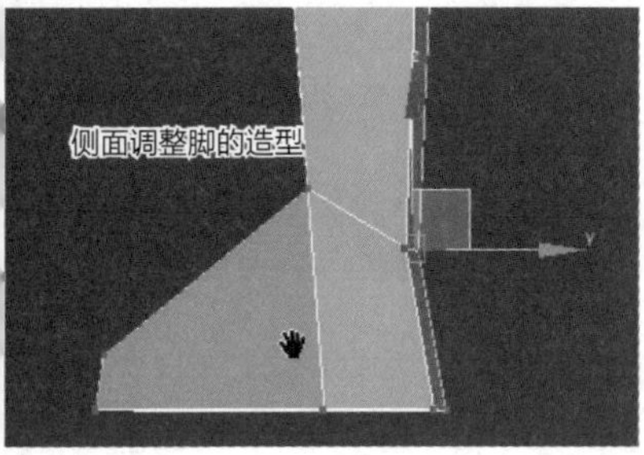

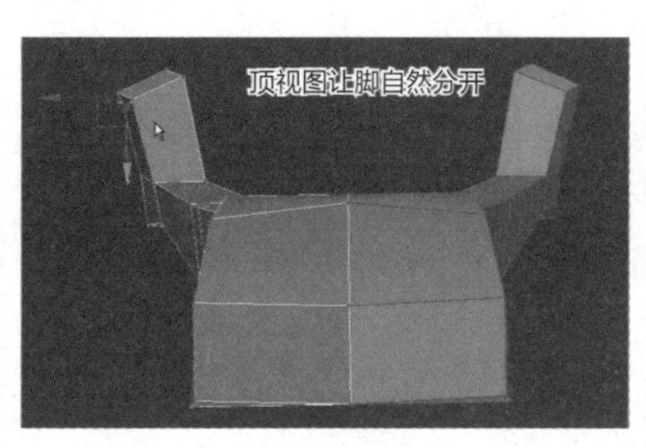

图7-23

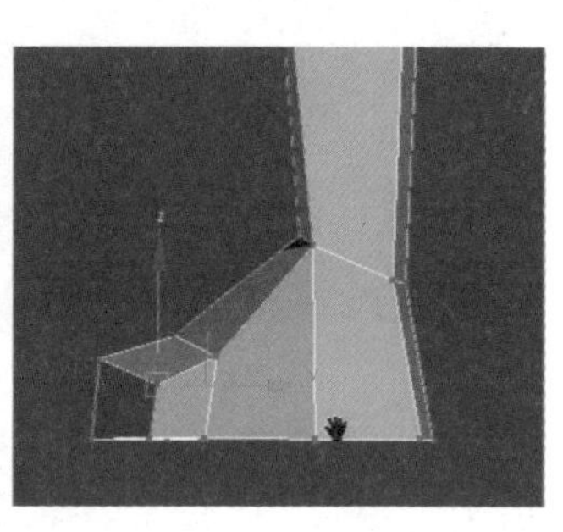

图7-24

图7-25

⑱ 给大腿与小腿分别添加一条线，按照人体肌肉结构调整大腿的最鼓点小腿的最鼓点，如图7-26~图7-28所示。

⑲ 从侧面调整腿的造型，保证腿前面的倾斜度，同时也保证后背的鼓点、臀部、小腿最鼓点基本上在一条直线上，如图7-29所示。

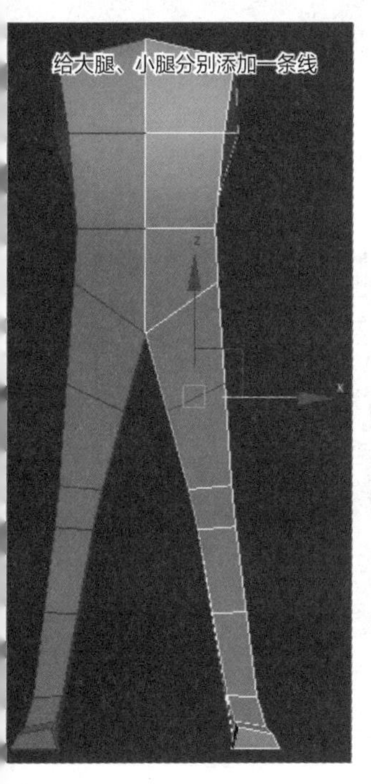

图7-26

图7-27

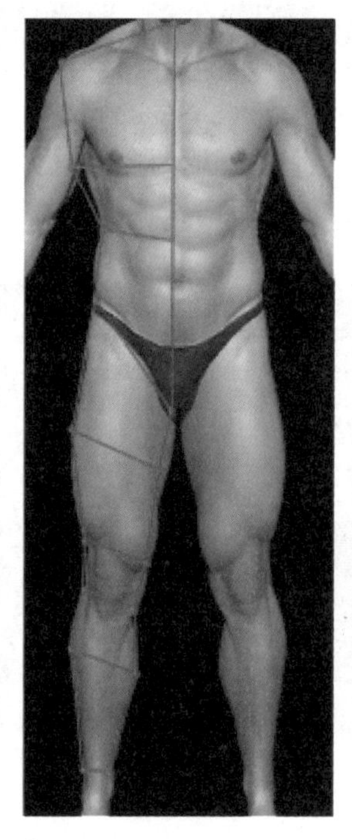

图7-28

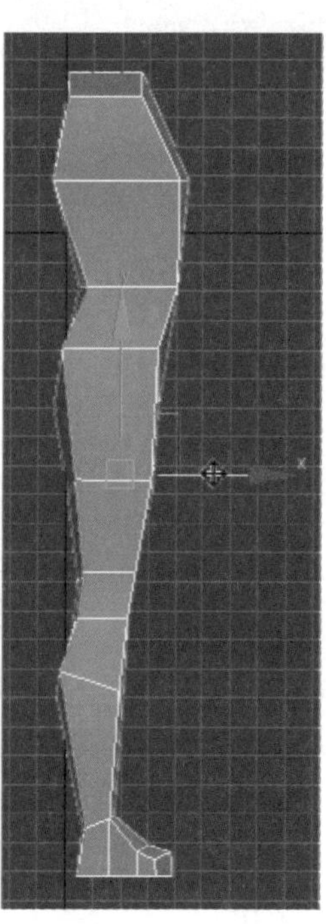

图7-29

⑩ 选择胳膊的面，用“Extrude”挤出命令挤出胳膊的长度，大概在耻骨联合的位置，用“Connect”连接命令添加肘部的两条线，并且向后移动做出胳膊自然弯曲的效果，然后在上臂添加两条线，调整出三角肌的造型，如图7-30~图7-35所示。

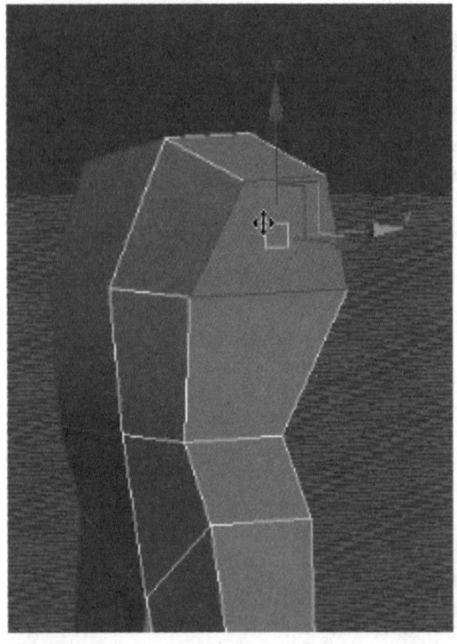

图7-30

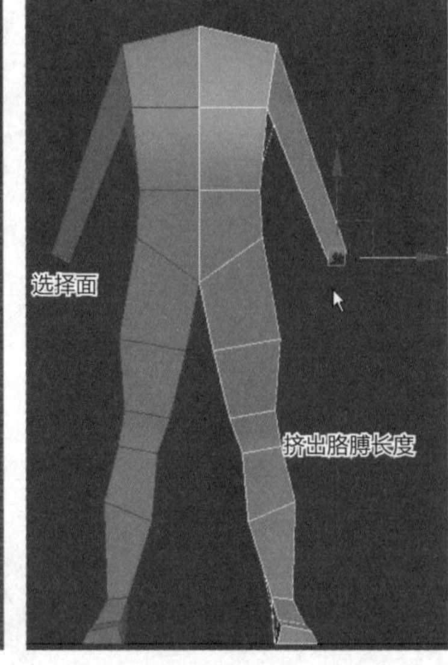

图7-31

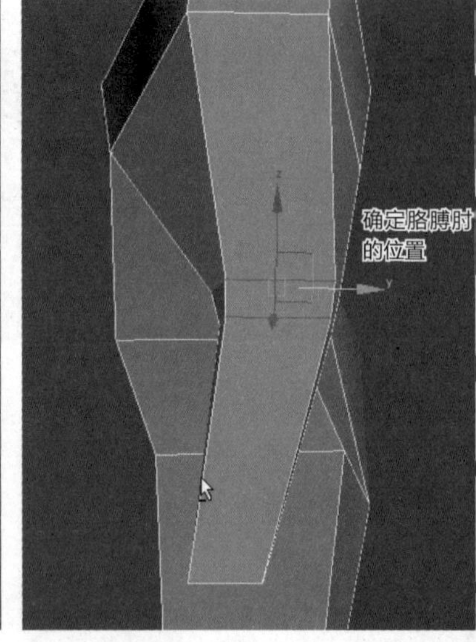

图7-32

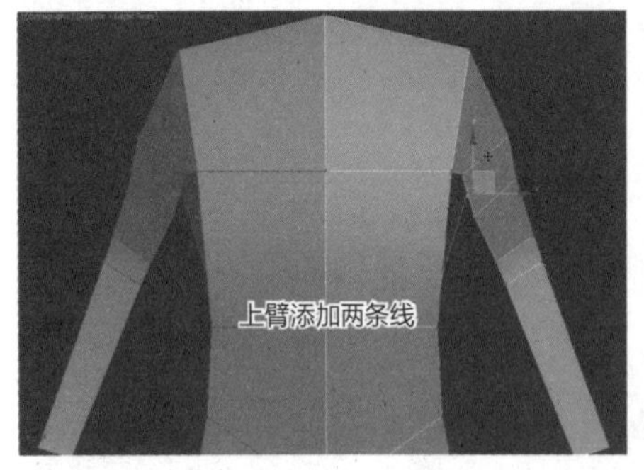

图7-33

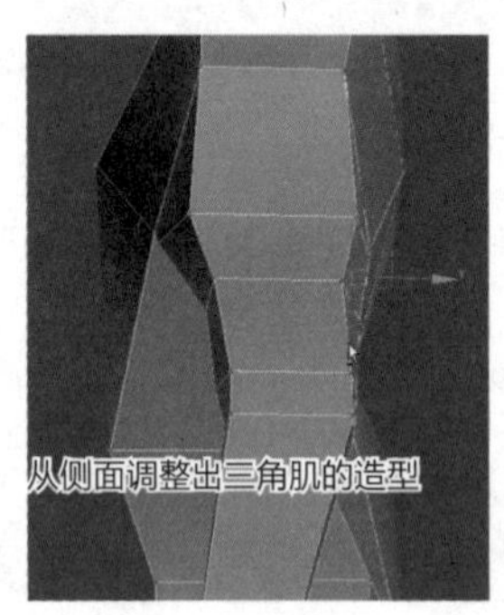

图7-34

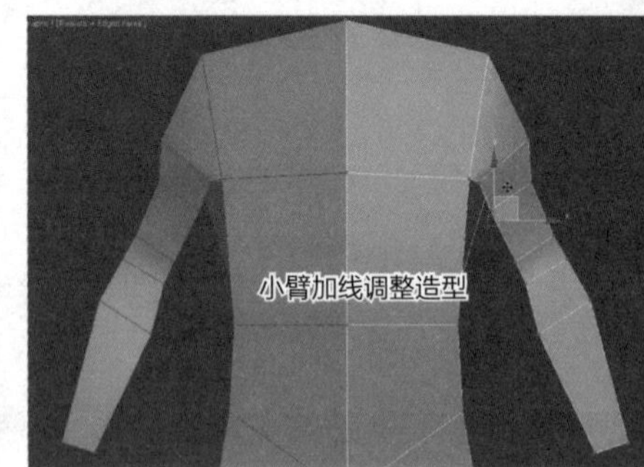

图7-35

⑪ 选择上身的横断线，用“Connect”连接命令添加一条线，进入点级别调整大腿根部之间的宽度，进入顶视图调整胸廓的弧度，如图7-36~图7-39所示。

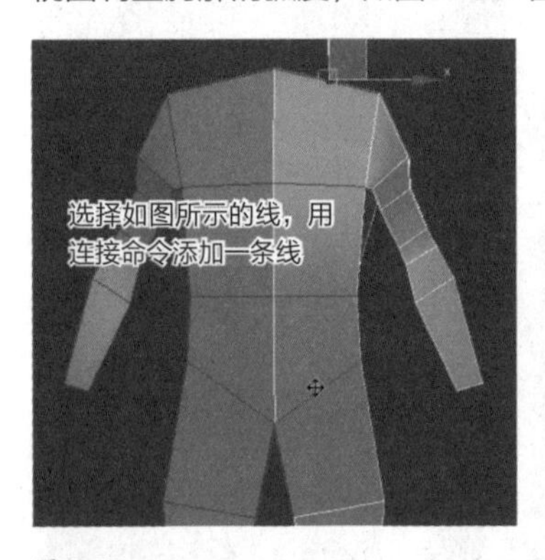

图7-36

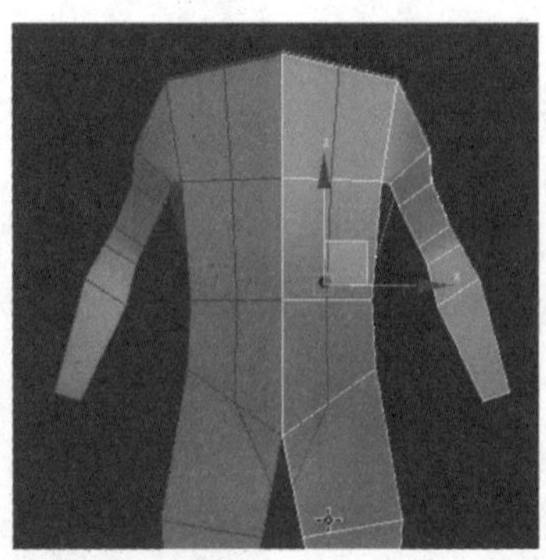

图7-37

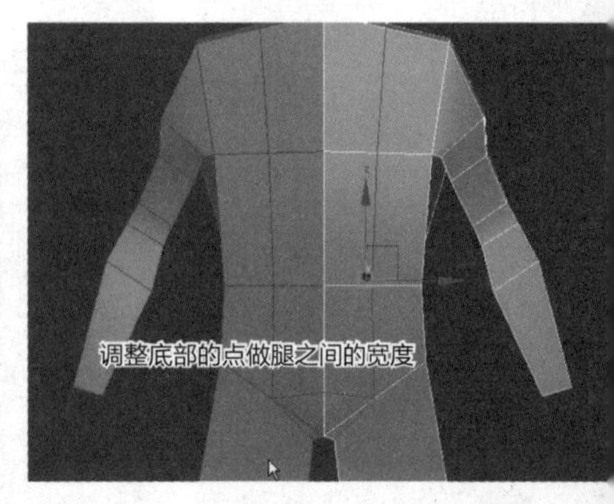

图7-38

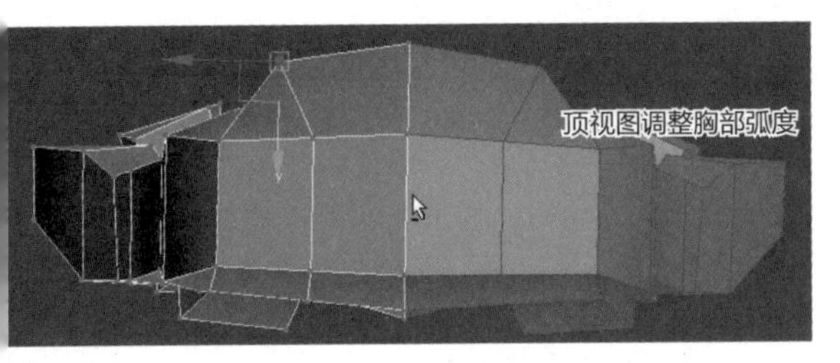

图7-39

⑫ 身体基本形体的整体效果如图7-40所示。

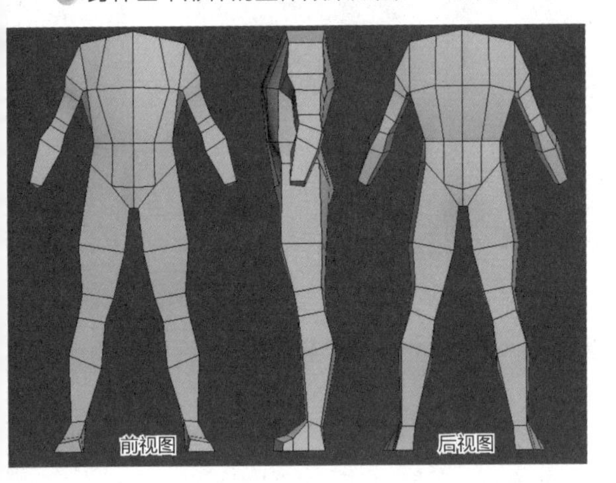

图7-40

⑬ 身体中间加上线之后，脖子的宽度也定出来了，脖子前低后高倾斜向前。选择脖子底部的面挤出脖子的高度，再挤出一段作为头的高度，向前挤出一段作为脸部的结构，如图7-41~图7-45所示。

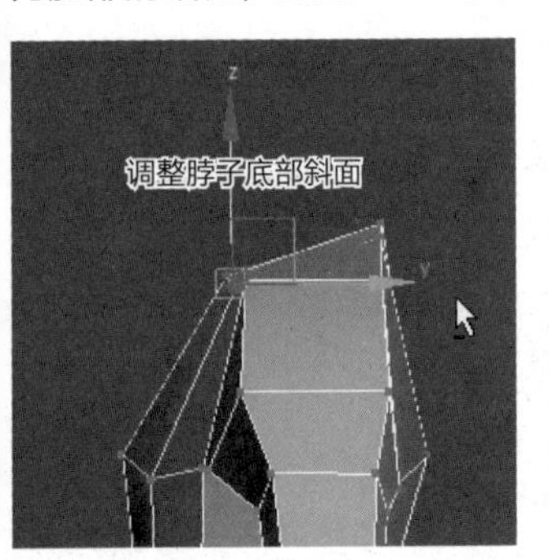

图7-41

图7-42

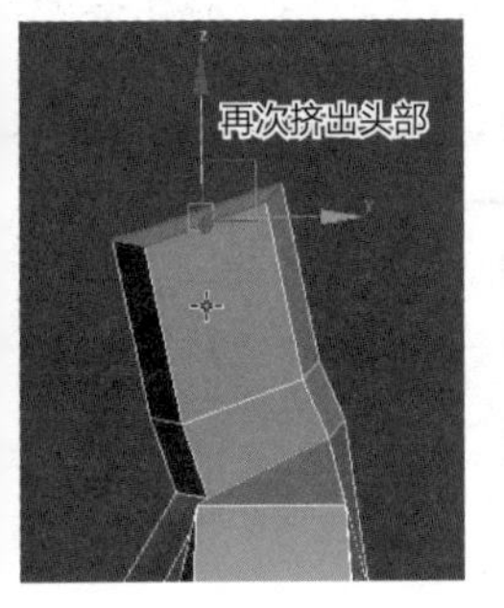

图7-43

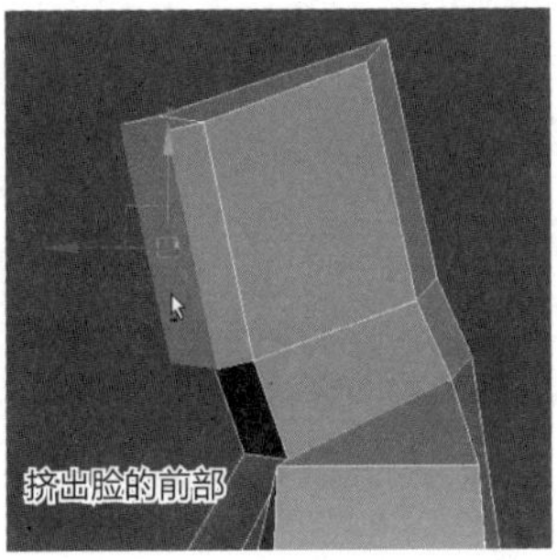

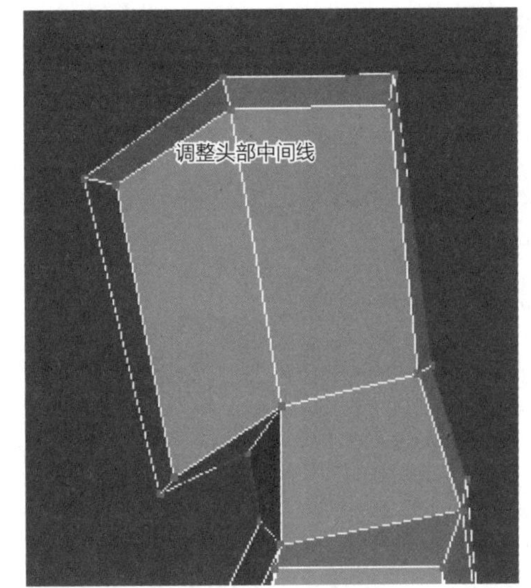

图7-44

图7-45

2.肢体细节深入

① 选择身体侧面横断的线，用“Connect”连接命令添加一条中线，然后将腿部胳膊调圆，如图7-46~图7-48所示。

② 用“Cut”切线命令在腿部添加一条直线，如图7-49所示。

③ 选择腰部竖线用“Connect”连接命令添加一条横线，如图7-50、图7-51所示。

④ 在胸部也添加一条线作为胸大肌的底端，如图7-52、图7-53所示。

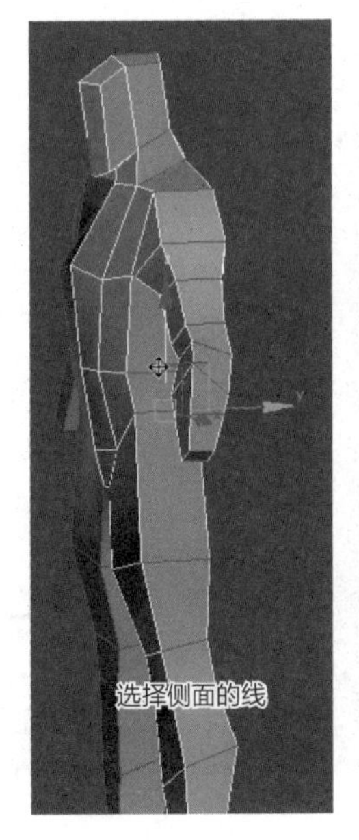

图7-46

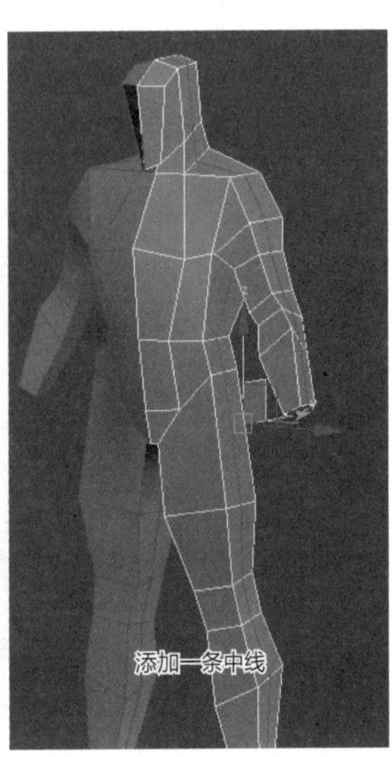

图7-47

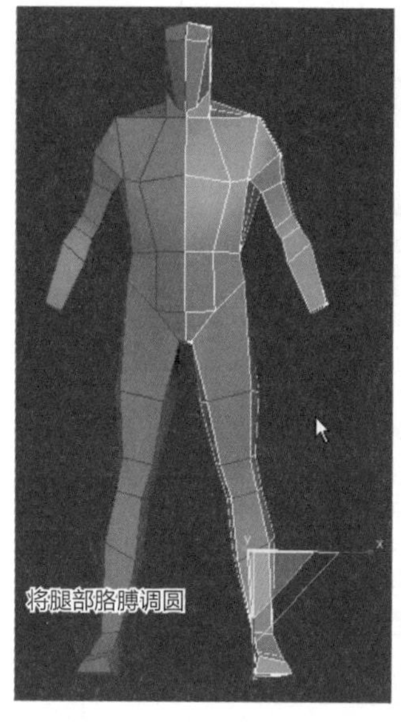

图7-48

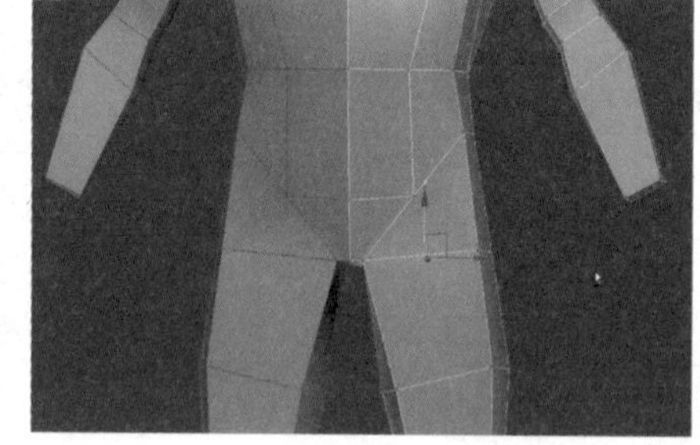

图7-49

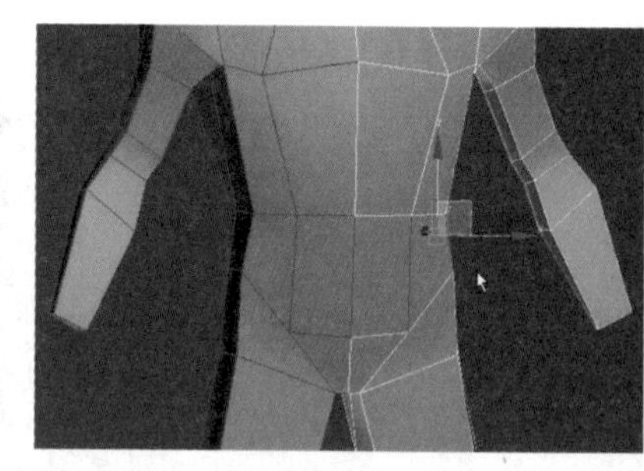

图7-50

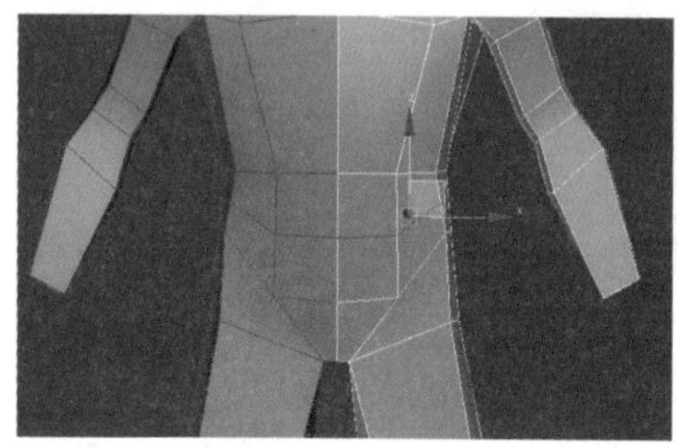

图7-51

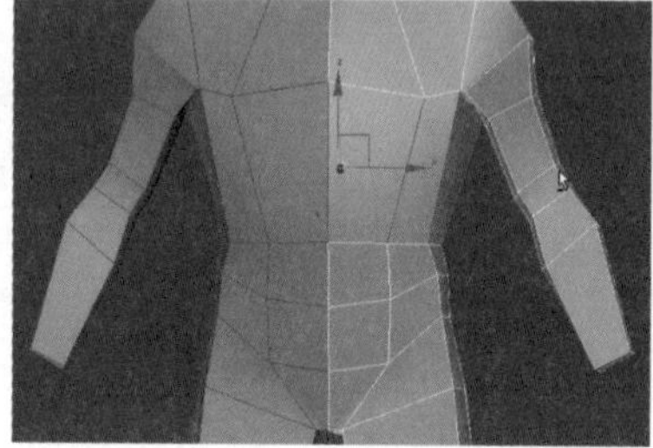

图7-52

图7-53

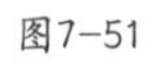

⑮ 将试图切换到侧面进入侧面调整点到合适的位置，如图7-54所示。

⑯ 用“Cut”命令添加一条线作为锁骨的位置，如图7-55、图7-56所示。

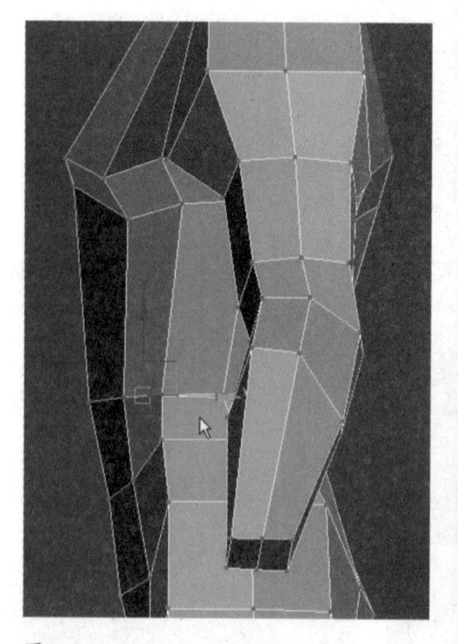

图7-54

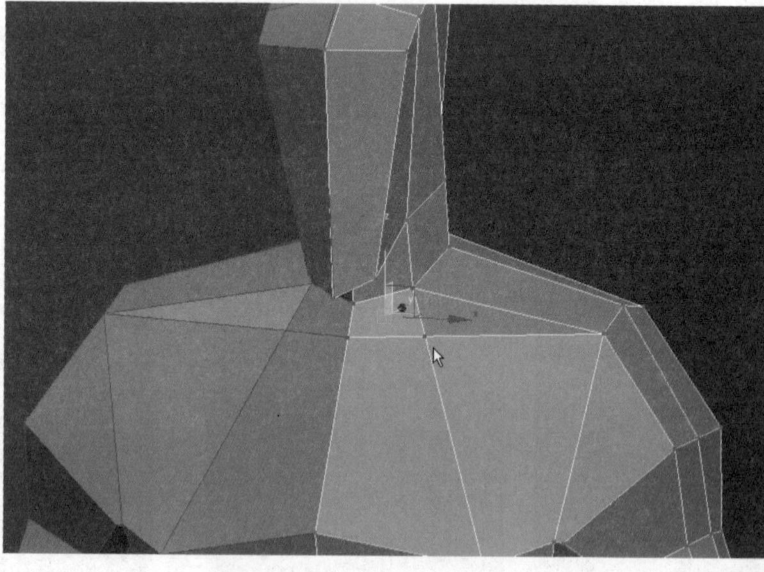

图7-55

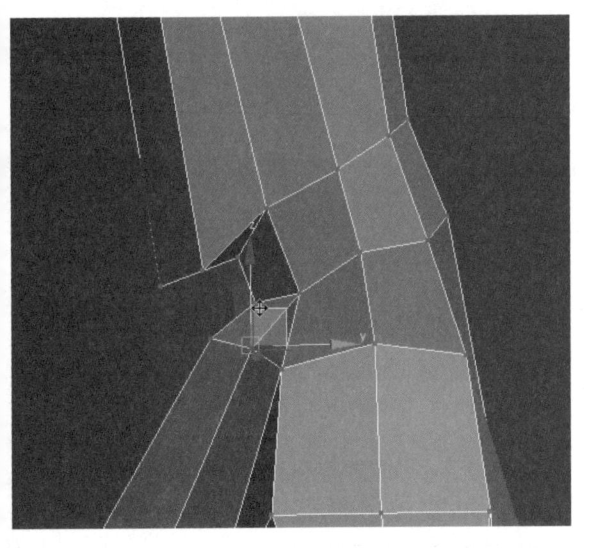

图7-56

⑰ 整体效果如图7-57所示。

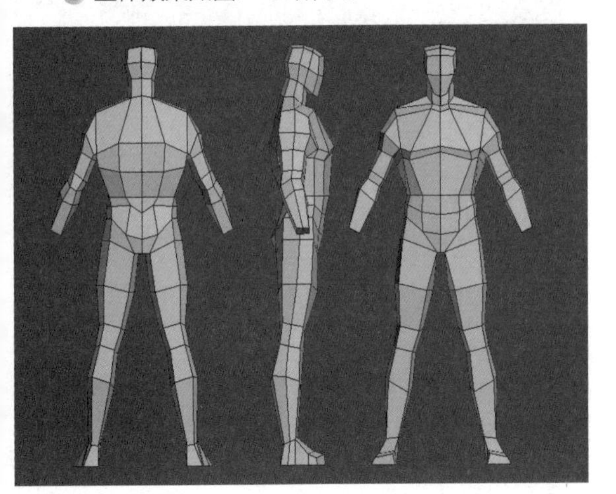

图7-57

⑱ 胸部的转折太生硬，用“Connect”连接命令添加两条线，在调整胸前布线，如图7-58~图7-61所示。

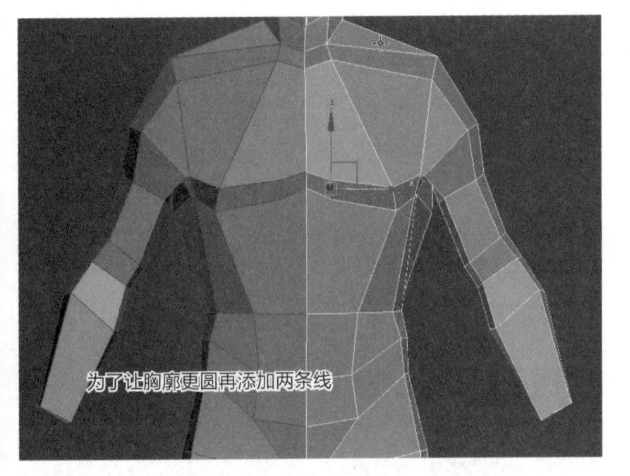

图7-58

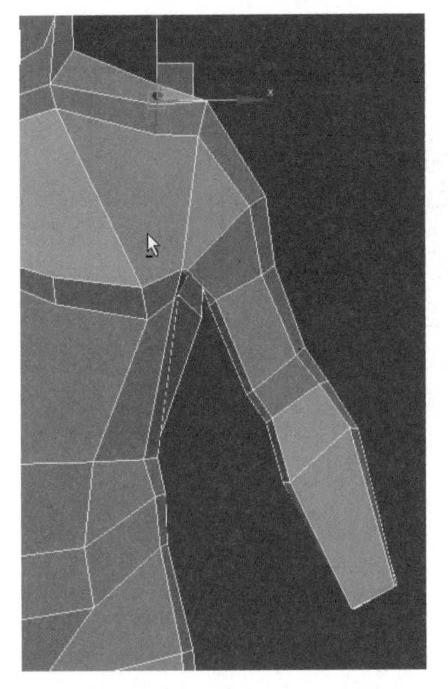

图7-59

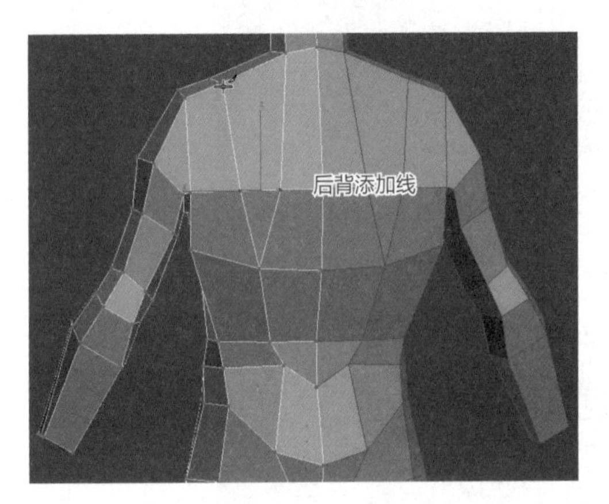

图7-60

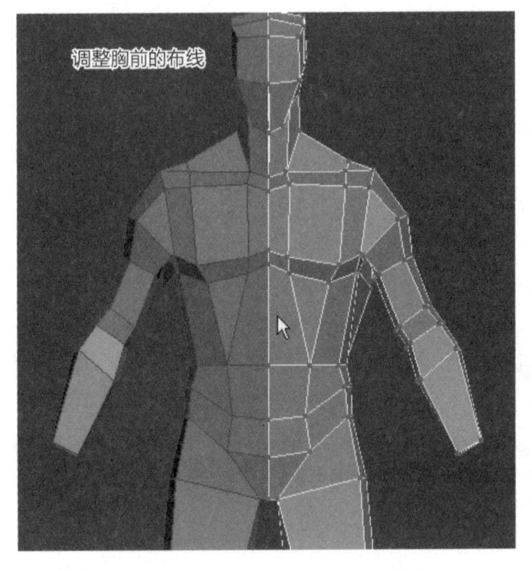

图7-61

⑨ 在胸大肌的下面再添加一条线，如图7-62所示。

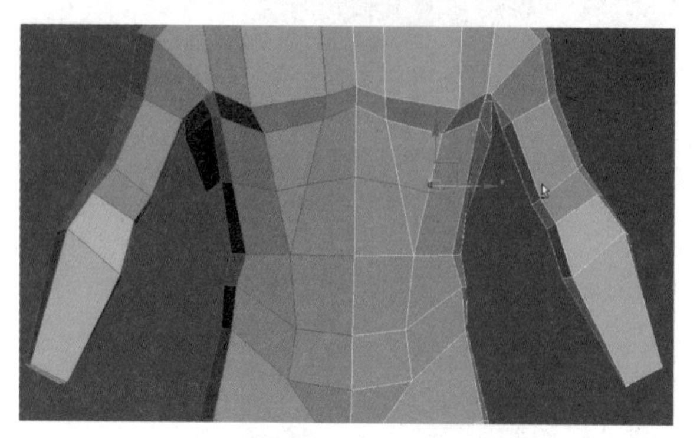

图7-62

⑩ 为了让腿部更圆滑，添加竖线与横断线，布线要均匀，如图7-63所示。

⑪ 在小腿上再添加一条线标示出腿部腓肠肌的末端结构，如图7-64~图7-66所示。

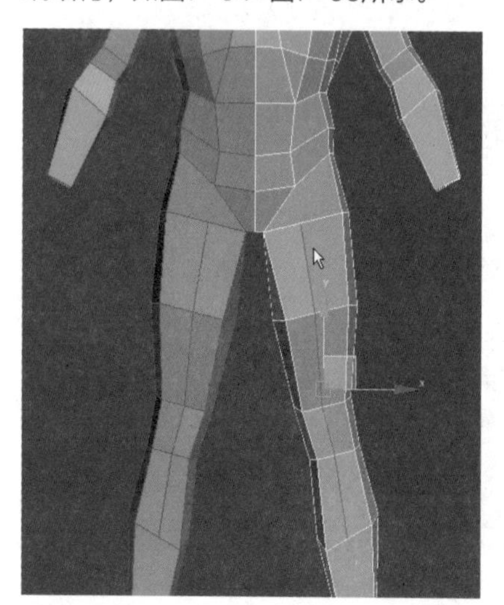

图7-63

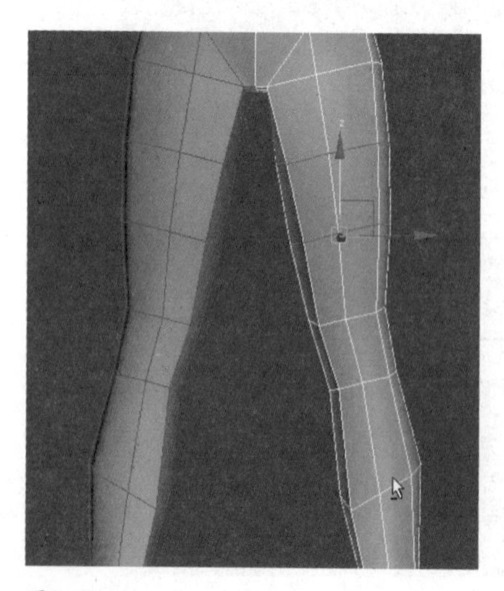

图7-64

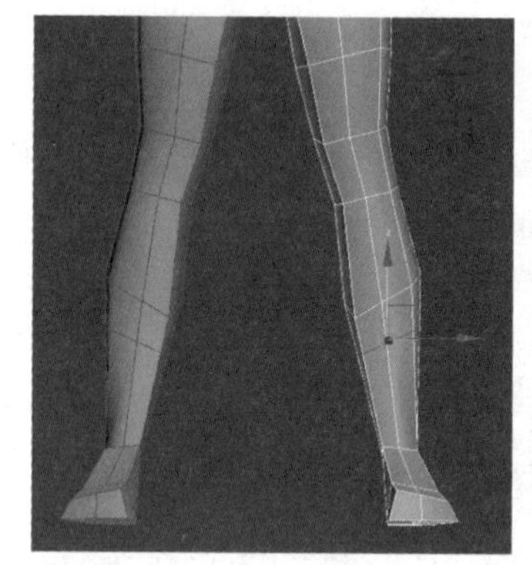

图7-65

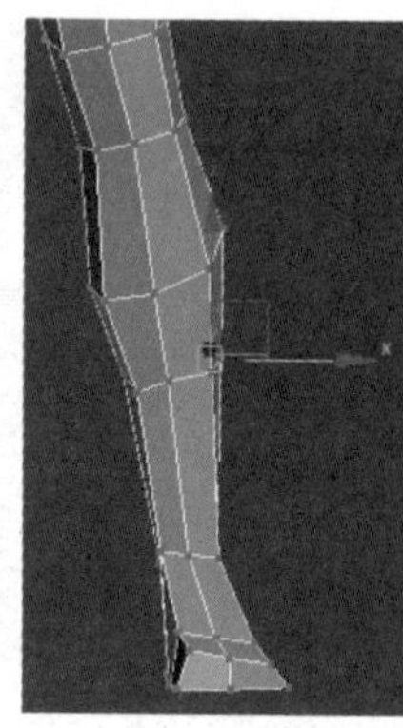

图7-66

⑫ 为了让形体更完美、布线更均匀，给后背添加一条线，如图7-67所示。

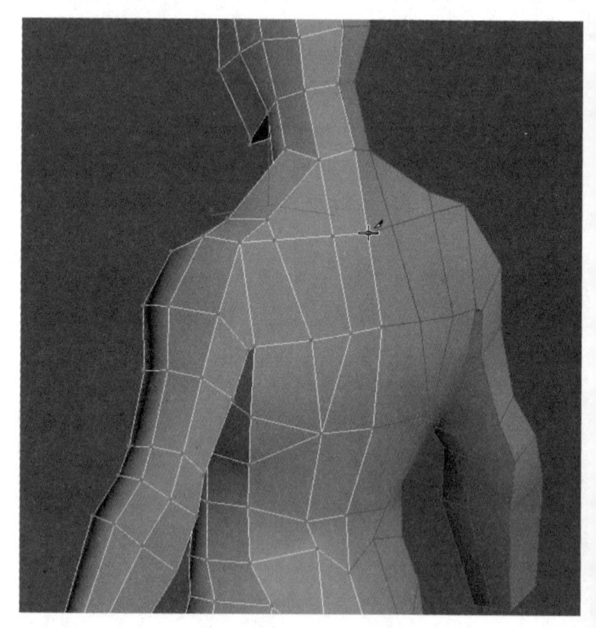

图7-67

⑬ 三视图的整体效果如图7-68所示。

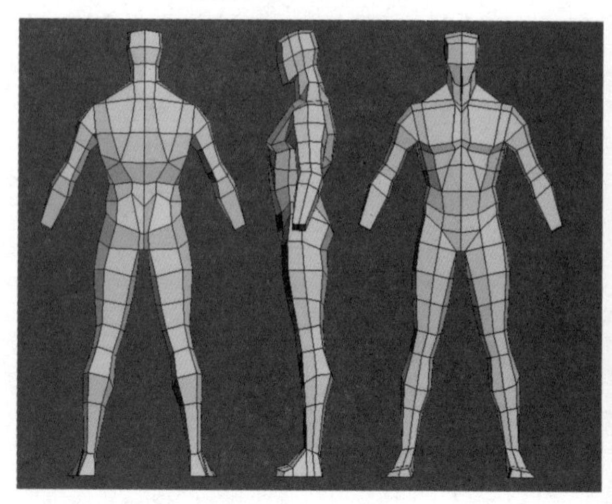

图7-68

⑭ 调整胸大肌底部的两条线，做出肋骨边缘的造型，如图7-69所示。

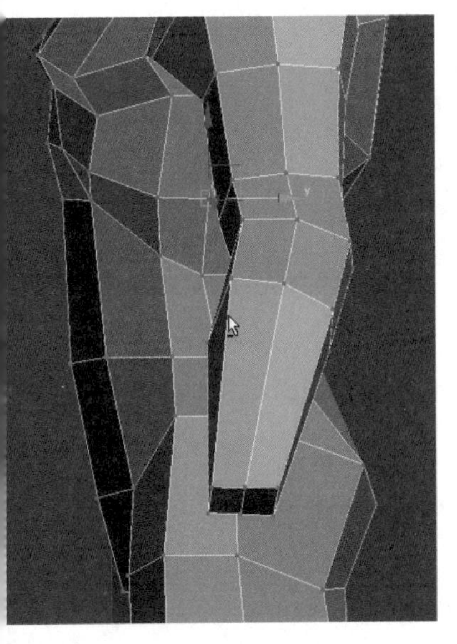

图7-69

⑮ 在小腹上添加一条线做出腹部的曲度，如图7-70所示。

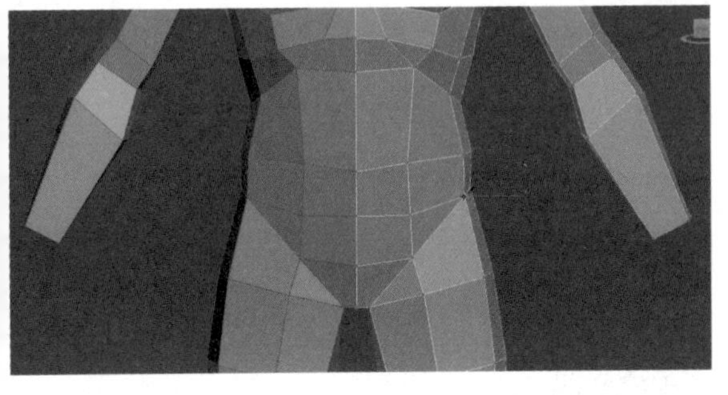

图7-70

⑯ 在臀部底部加一条线做出臀部的厚度，如图7-71所示。

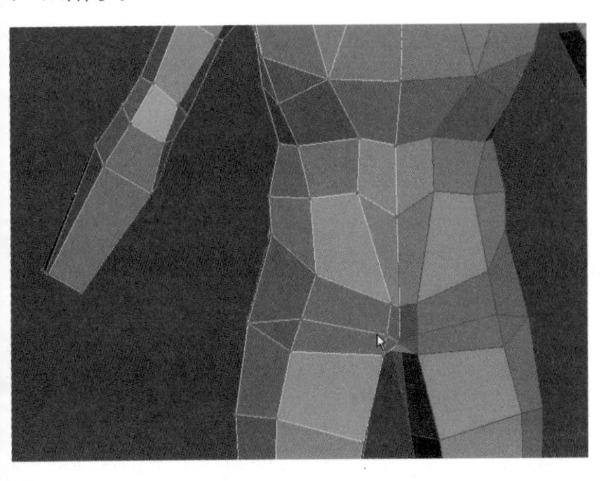

图7-71

⑰ 胸大肌的中间添加一条线做出胸大肌的弧度，如图7-72所示。

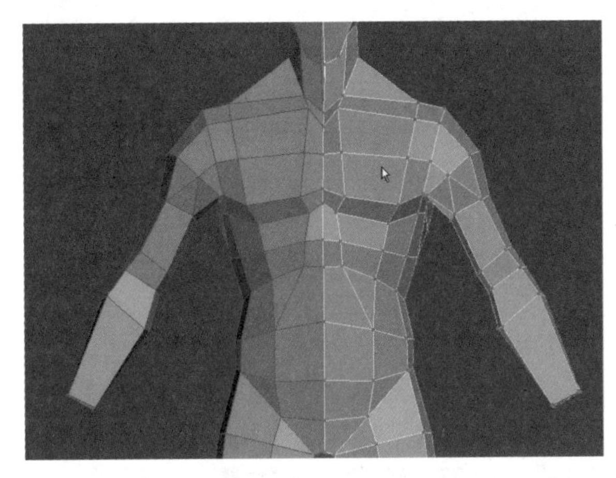

图7-72

⑱ 脚上添加一条线可以做出脚后跟的效果，如图7-73所示。

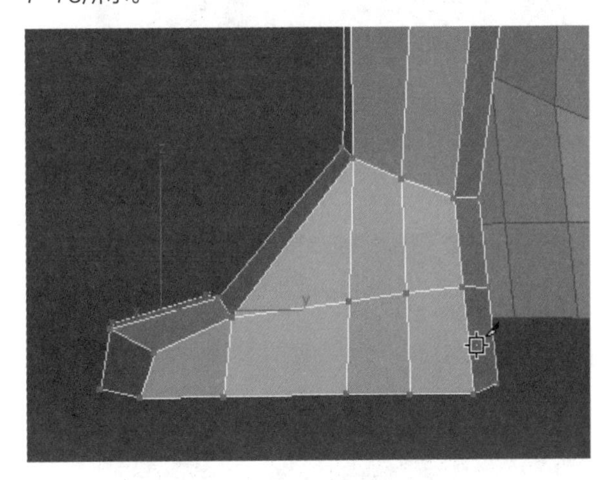

图7-73

⑲ 身体的基本形体结构如图7-74所示。

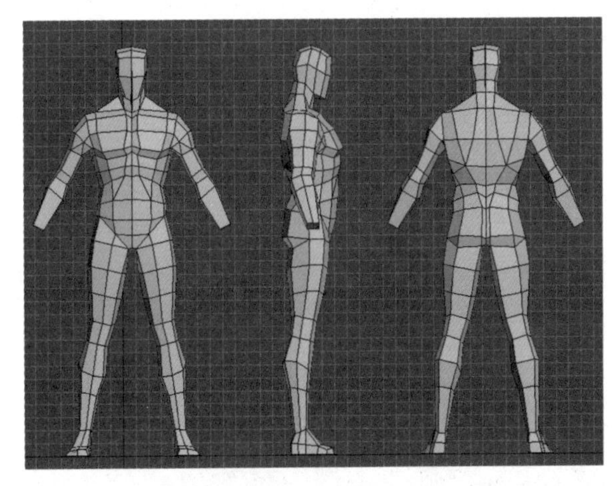

图7-74

7.2.2 手部模型的制作

手部模型的结构理论如下。

（1）手掌的长度与手指的长度基本相等。

（2）手掌的根部到手指指尖厚度呈递减状态。

（3）手掌在自然伸展状态下呈现弯曲的状态，并且食指、中指位置略宽，小指外侧略窄。

（4）手掌的末端不是一条直线，是有弧度的，从侧面看手掌与手指的断开面是一个斜面。

（5）从背面看手指的第一节（A）的长度与第二（B）第三(C)节的总长度基本一致。

（6）一般情况下拇指的长度基本与四指的第一节的末端齐平。手部的参考图如图7-75、图7-76所示。

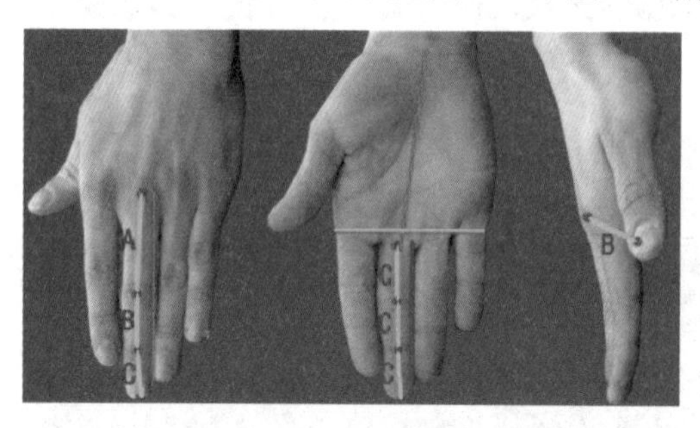

图7-75

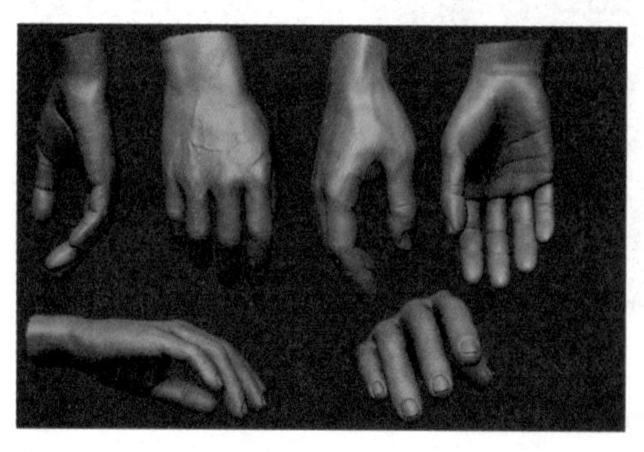

图7-76

1.挤出手部大型

① 首先用“Extrude”挤出命令挤出手腕的长度，再次挤出手掌的长度，用缩放工具调整手掌末端的厚度，从侧面调整手掌的宽度，如图7-77所示。

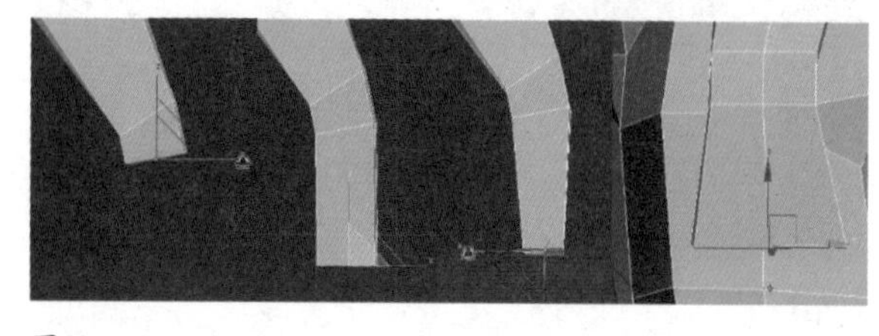

图7-77

② 手掌下端要长出四个手指，用“Connect”连接命令将手掌末端分成四段，以手掌中间的这一点为中心向左右两侧分别添加一条线，如图7-78所示。

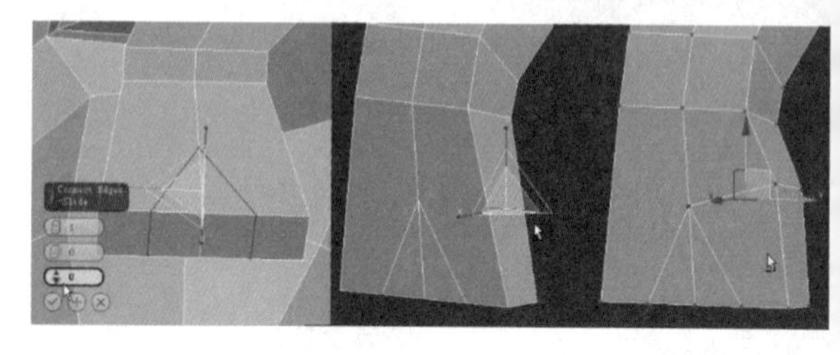

图7-78

③ 调整手掌外轮廓的造型，如图7-79所示。

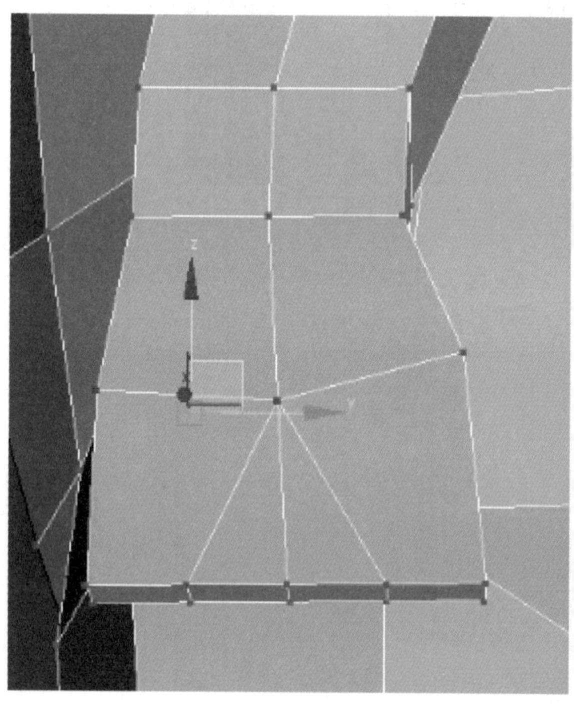

图7-79

④ 手掌在自然伸展状态下呈现弯曲的状态，并且食指、中指位置略宽小指外侧略窄。进入点级别用移动工具调整点的位置，如图7-80、图7-81所示。

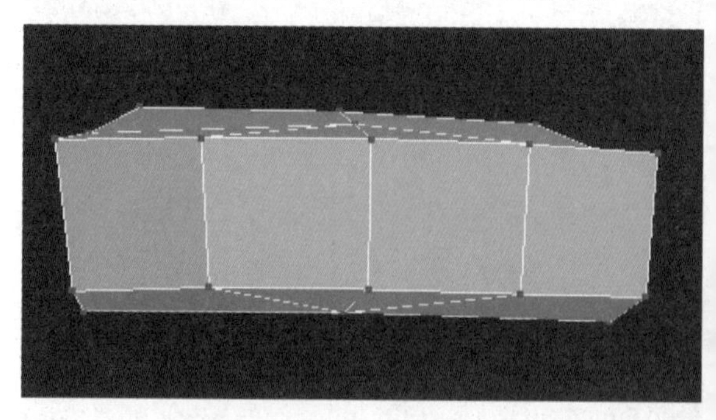

图7-80

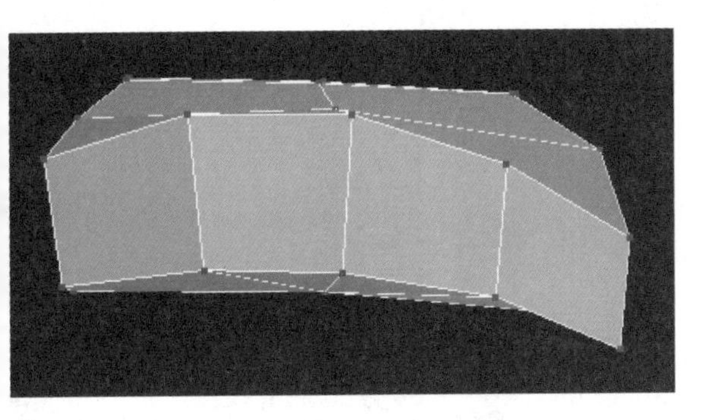

图7-81

⑮ 选择手掌底部的面，分别用“Extrude”挤出命令挤出手指的长度，中指最长，小指最短，指尖比指根要细，如图7-82所示。

⑯ 手掌的末端不是一条直线，是有弧度的，从侧面看手掌与手指的断开面是一个斜面，如图7-83~图7-85所示。

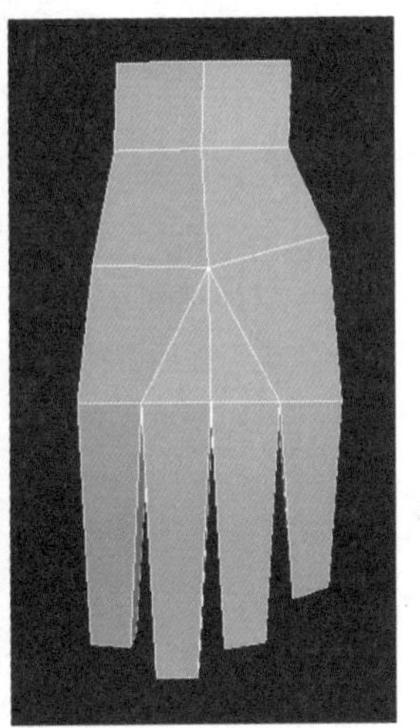

图7-82

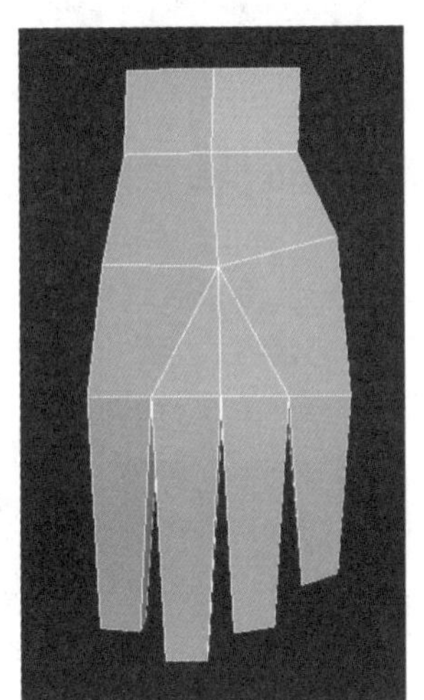

图7-83

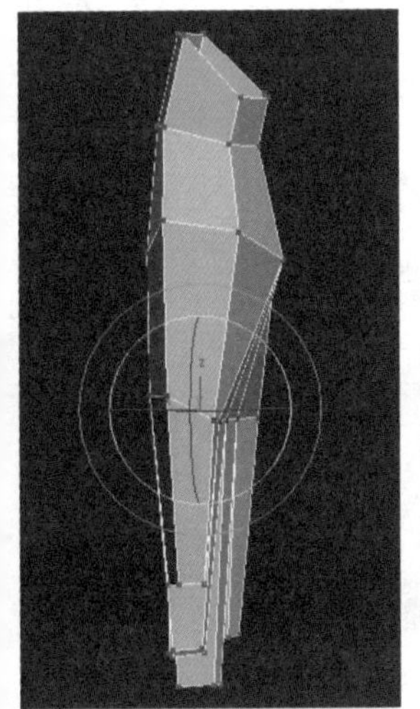

图7-84

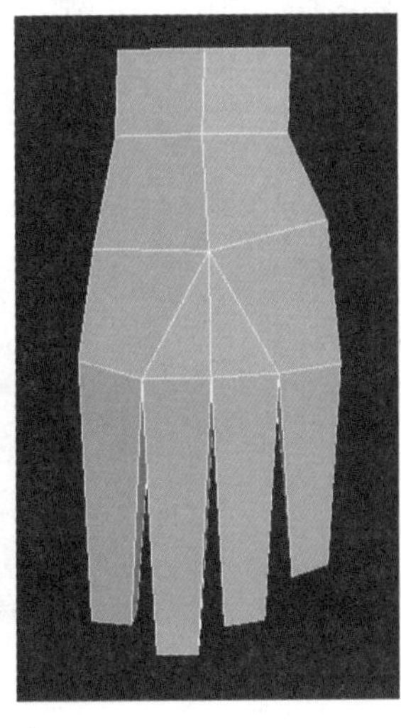

图7-85

⑰ 用“Connect”连接命令给手指添加中线，区分出第一节手指与第二和第三节的长度。并且调整小指与无名指的弯曲程度，如图7-86、图7-87所示。

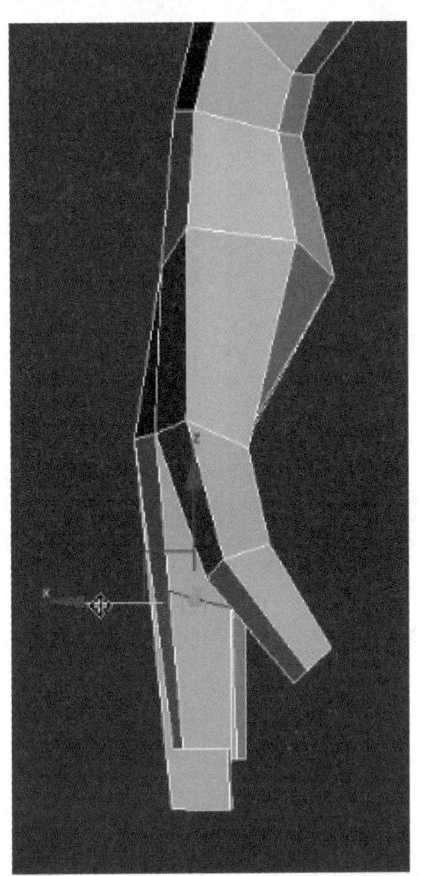

图7-86

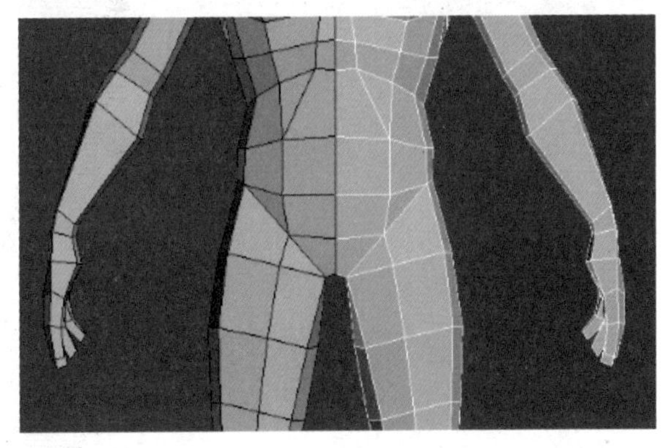

图7-87

2.制作拇指

① 选择图7-88所示的面，用“Extrude”挤出命令挤出大拇指的长度，拇指的长度基本与四指的第一节的末端齐平，如图7-88~图7-90所示。

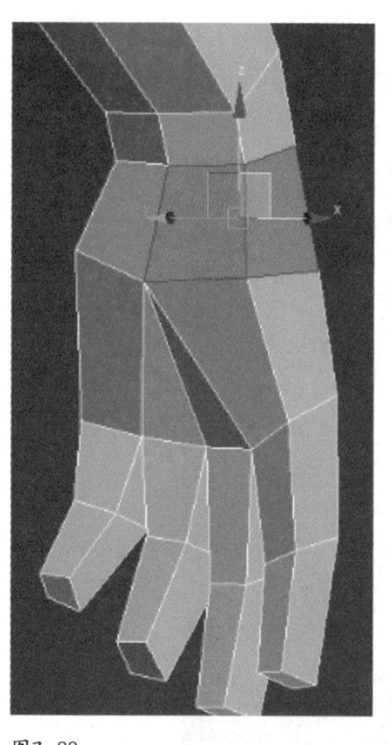

图7-88

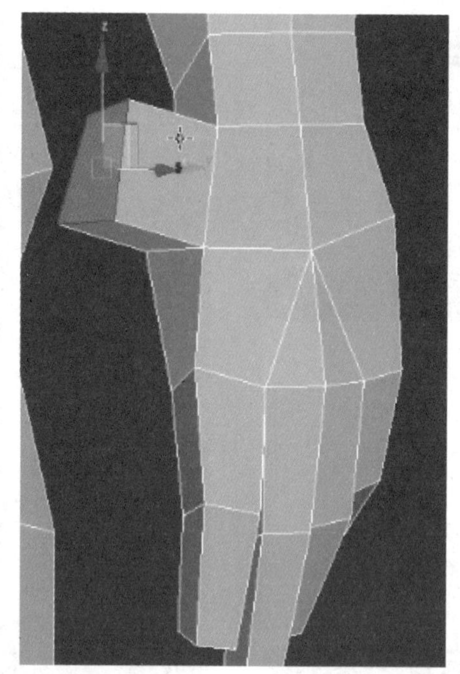

图7-89

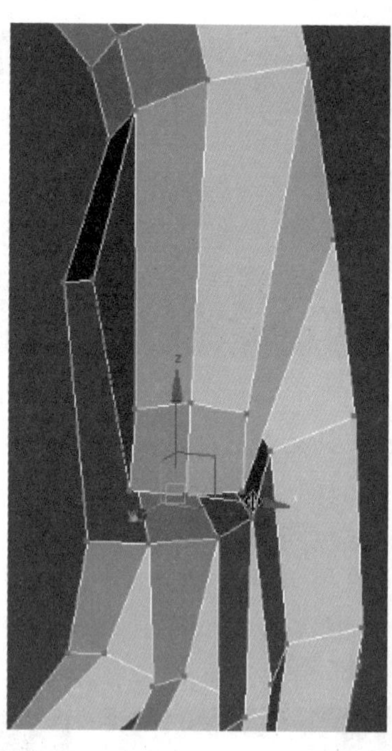

图7-90

② 为了调整布线，选择图7-91所示的线用“Remove”命令将其删除。然后用“Connect”连接命令将两个点连接，如图7-92所示。

③ 选择拇指内侧的三条线用“Connect”连接命令添加两条线，选择新添加的这两条线用“Collapse”塌陷命令将线塌陷成一点。目前看着拇指与手掌的交界线不够完善，可以用“Cut”切线命令切一条线，并且调整点的位置，如图7-93~图7-96所示。

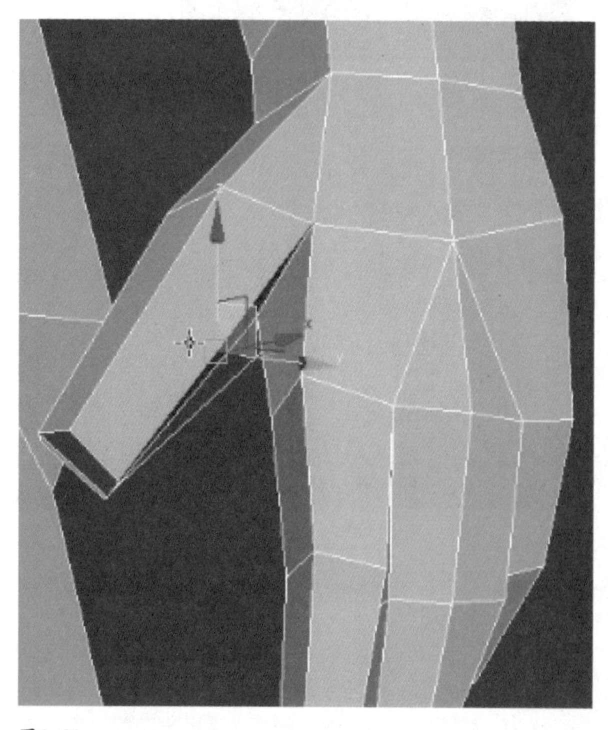

图7-91

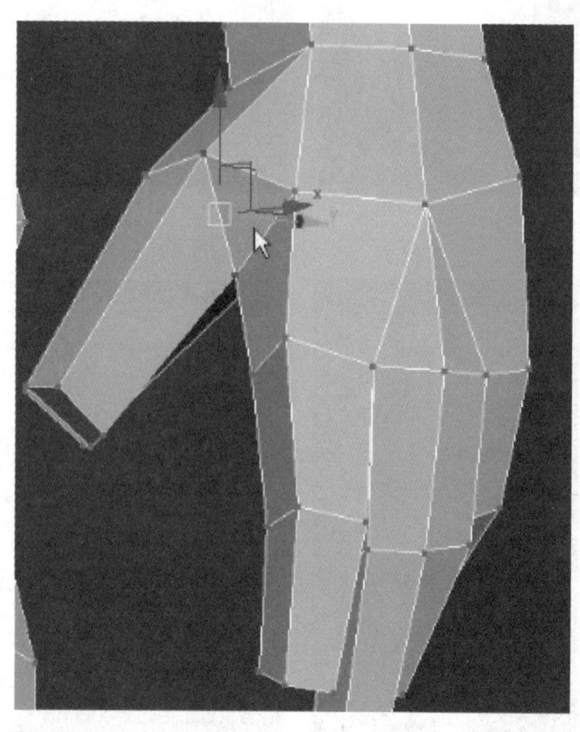

图7-92

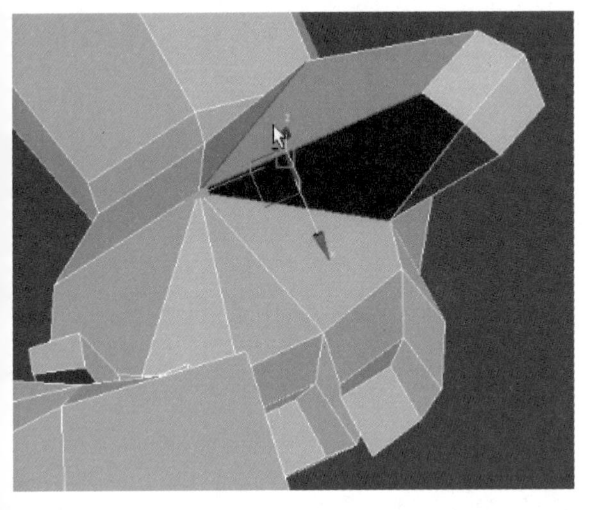

图7-93

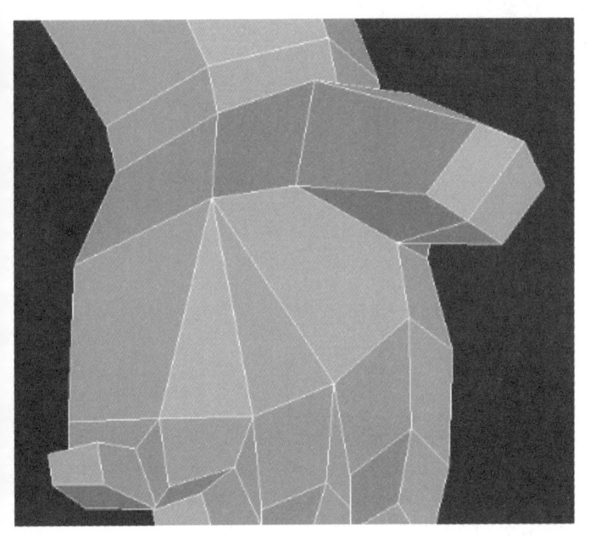

图7-94

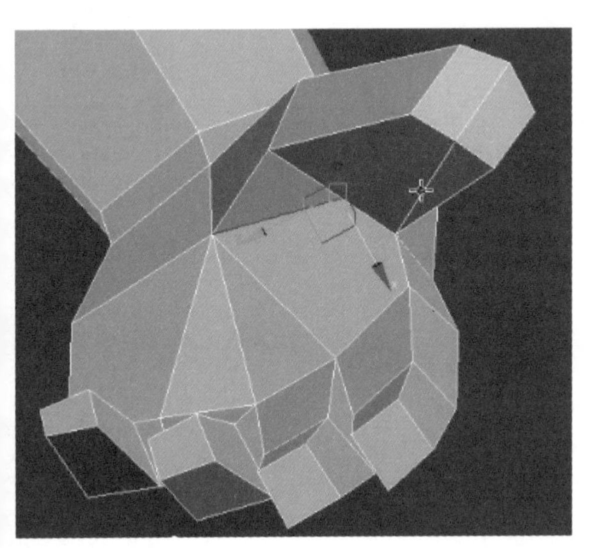

图7-95

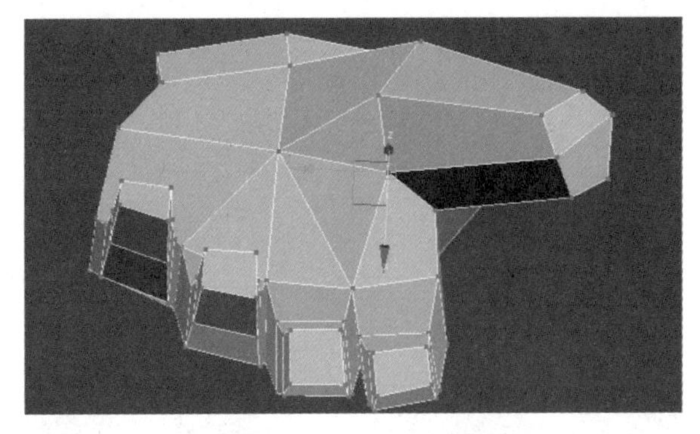

图7-96

④ 用“Connect”连接命令在拇指上添加一圈线把拇指分成两节，给四指再添加一圈线分出第二指与第三指，并且调整手指的弯曲程度，如图7-97~图7-99所示。

⑤ 做好的手的大型如图7-100和图7-101所示。

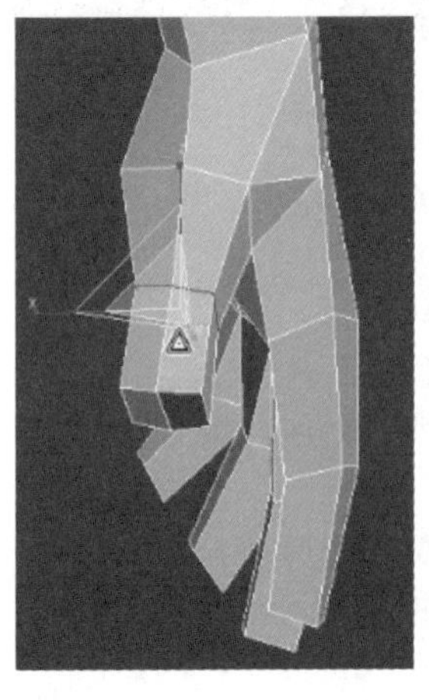

图7-97

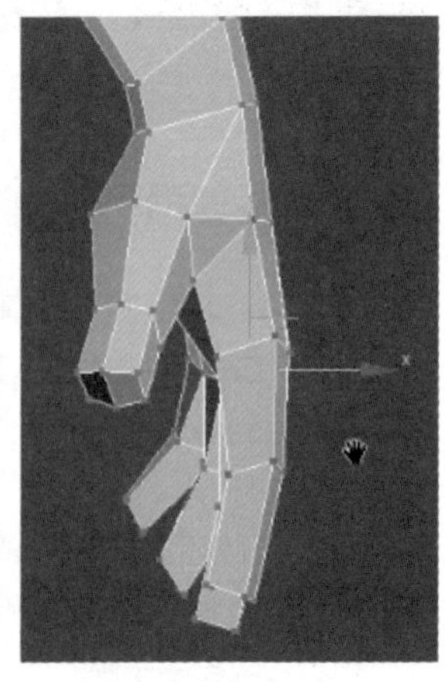

图7-98

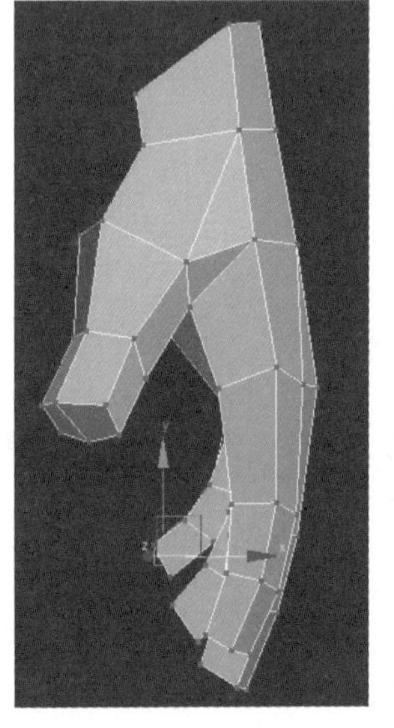

图7-99

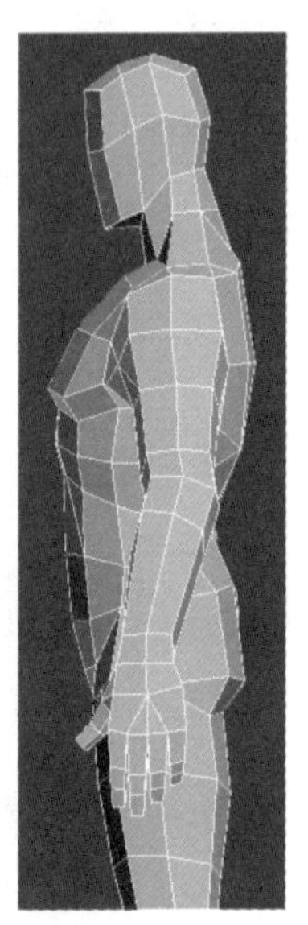

图7-100

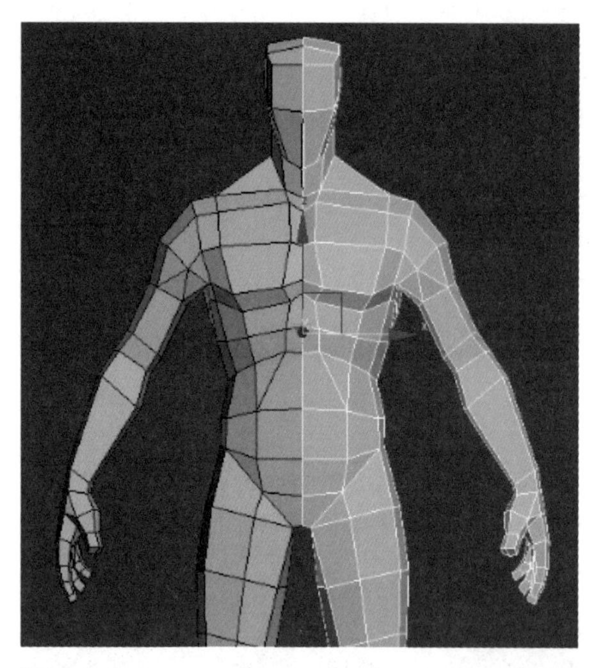

图7-101

7.2.3 头部模型的制作

（1）头部模型的理论基础如下。

（2）三庭五眼是指从发际线开始到眉弓是第一庭，从眉弓到鼻底是第二庭，从鼻底到下巴是第三庭，这三庭长度一样。

（3）五眼是指以眼睛的宽度为单位横向把头部分为五等份，两眼之间的间距也是一个眼的宽度，眼睛的外眼角到边缘是一个眼的宽度。

① 眼角之间连成线，这条线位于头顶到下巴的中线，如图7-102所示。

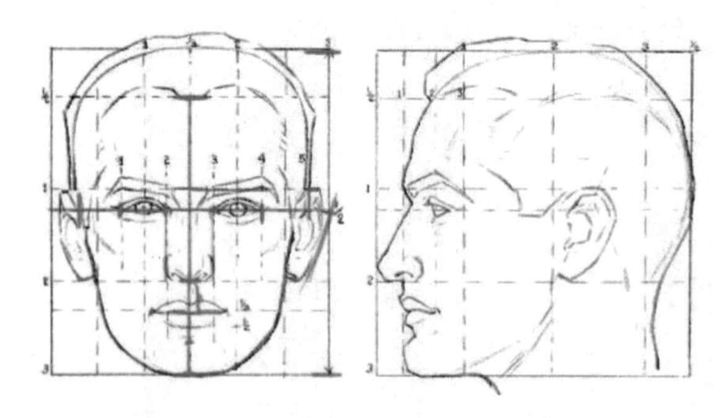

图7-102

② 从顶部看头的造型，额头要窄，后脑勺要宽，如图7-103所示。

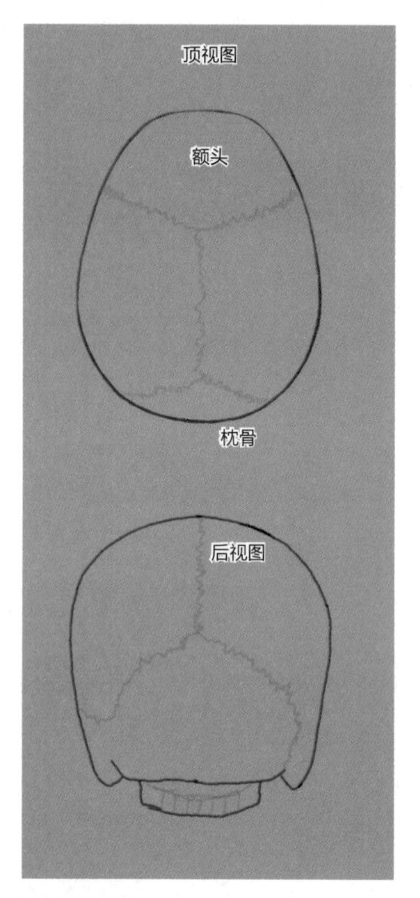

图7-103

1.创建头部基本形体

① 头部的基本形状是由一个椭圆加一个方盒子拼接而成，如图7-104、图7-105所示。

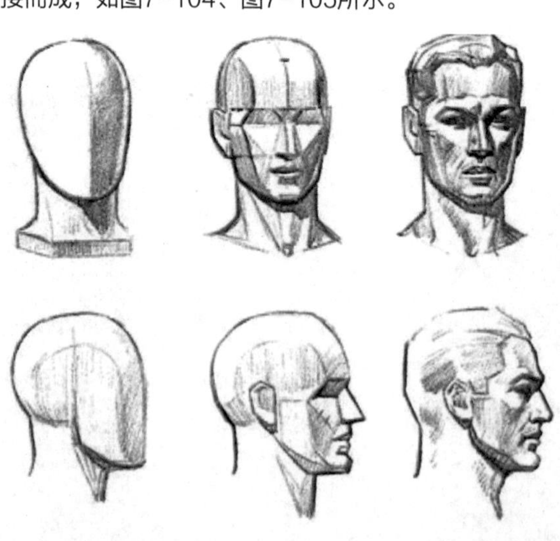

图7-104

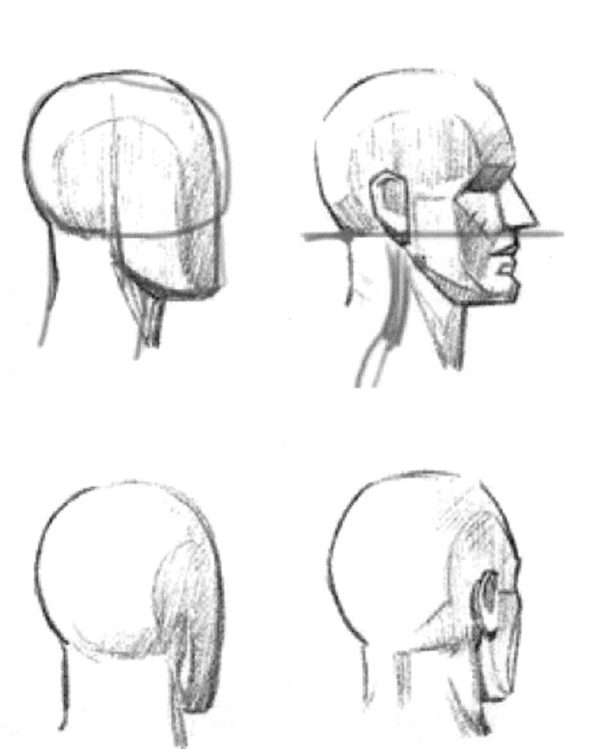

图7-105

② 创建一个Box，将物体转化成可编辑多边形，在修改面板中执行“Edit Geometry>MSmooth”命令，将盒子转化成球体，如图7-106所示。

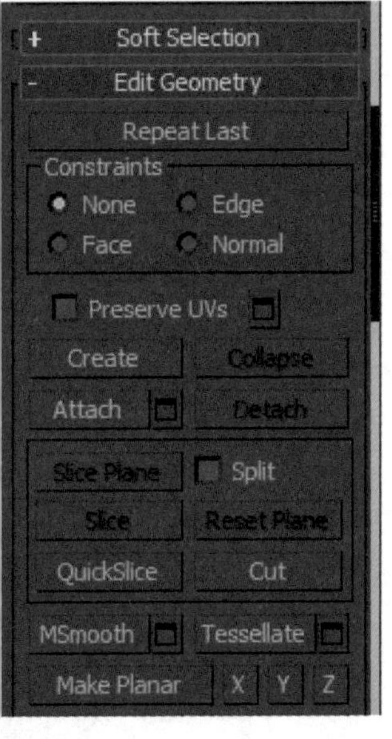

图7-106

③ 进入面级别，选择底部的面用“Extrude”挤出命令挤出下颌骨的结构，调整点的位置，从正面调整脸型，如图7-107~图7-110所示。

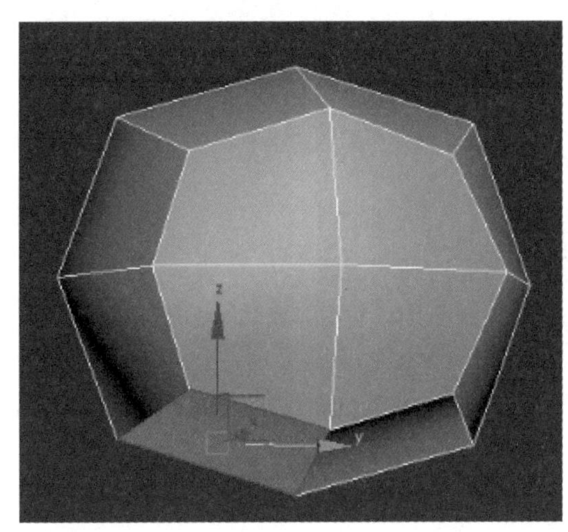

图7-107

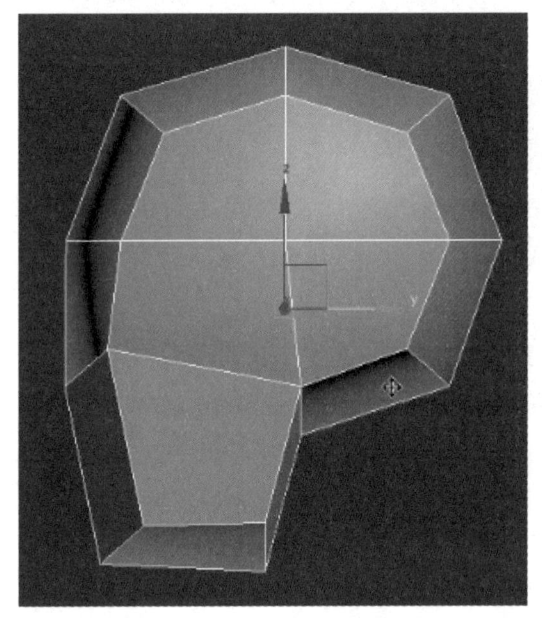

图7-108

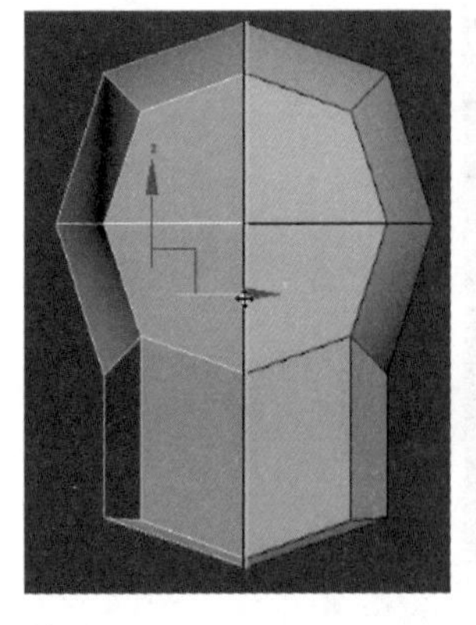

图7-109

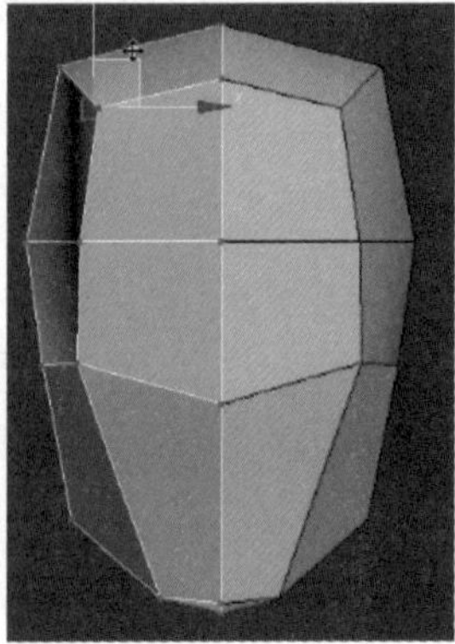

图7-110

④ 选择底部的面用“Extrude”挤出命令挤出脖

子的结构，如图7-111、图7-112所示。

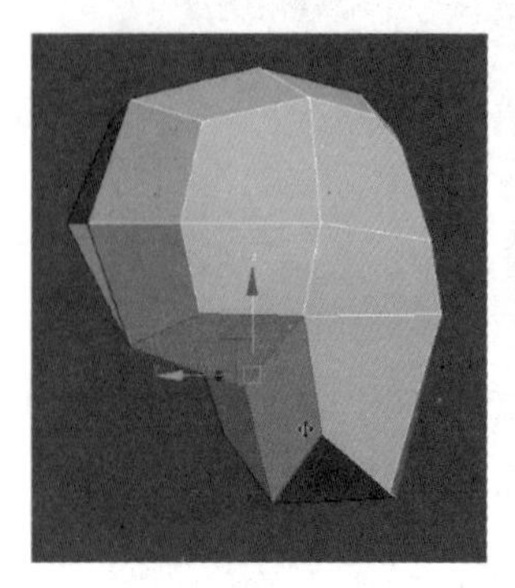

图7-111　　图7-112

⑤ 进入点级别，调整头骨与脖子转折点的位置，让转折点与鼻底基本齐平，如图7-113所示。

⑥ 正面看头顶两侧比较生硬，可以选择线，用“Chamfer”切角命令切角，如图7-114所示。

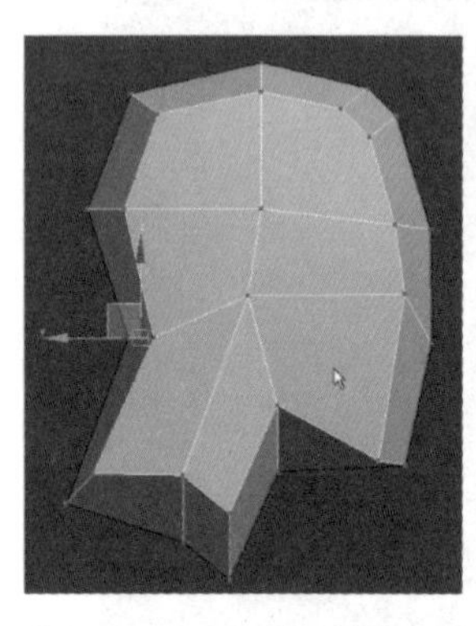

图7-113

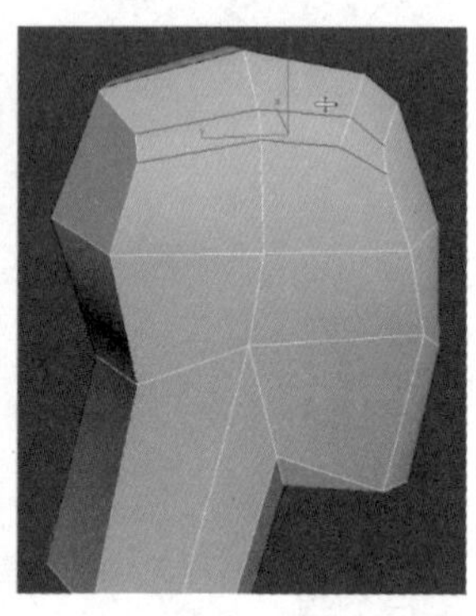

图7-114

⑦ 进入正视图用“Cut”切线命令，切一条线分出鼻子的宽度，进入底视图调整点的位置，让鼻底偏平，如图7-115和图7-116所示。

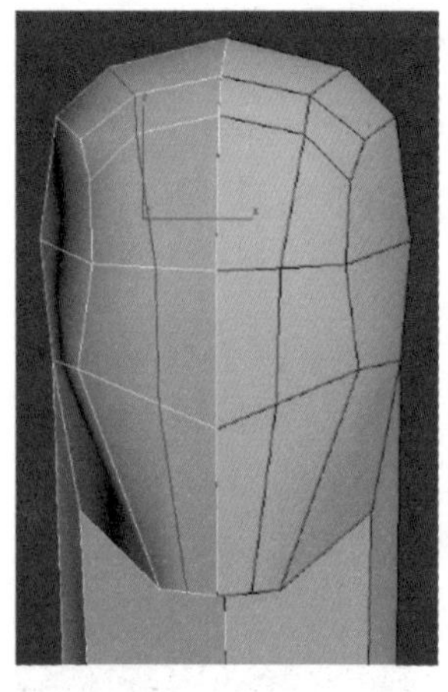

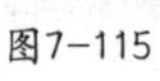

图7-115

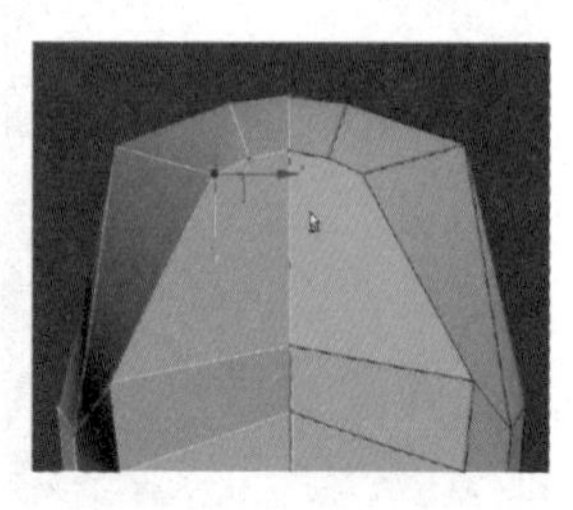

图7-116

2.五官结构的深化

① 选择鼻子的面用“Extrude”挤出命令挤出鼻子的高度，选择内部的面按“Delete”键将其删除，调整顶部的线的位置，如图7-117和图7-118所示。

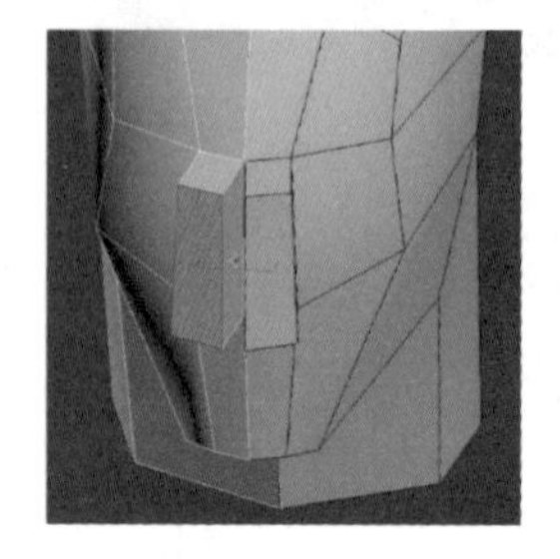

图7-117

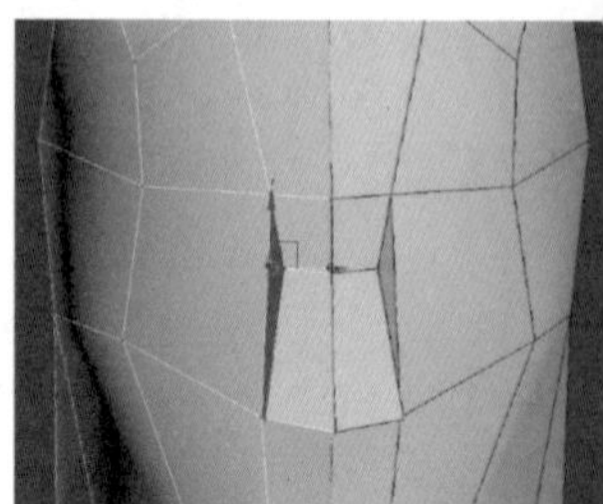

图7-118

② 鼻子位置确定之后再确定眼睛的位置。眼睛的位于整个头的正中间，从侧面用“Connect”连接命令连接一条线，如图7-119和图7-120所示。

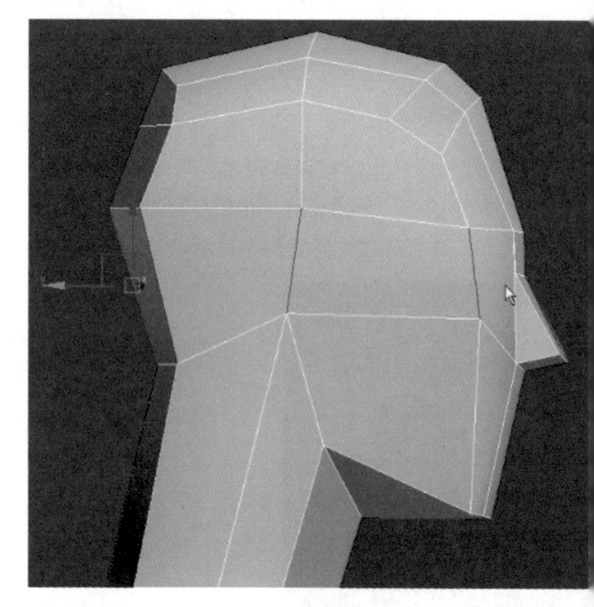

图7-119

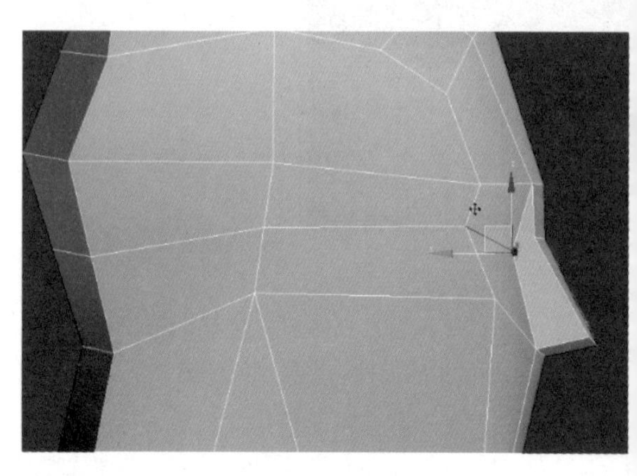

图7-120

⑬ 进入侧视图将中间的线用“Chamfer”切角命令将一条线切分成两条线，这样能定出耳朵的宽度，如图7-121所示。

⑭ 选择耳朵的面用“Extrude”挤出命令挤出耳朵的高度，从顶视图旋转出耳朵的方向，如图7-122和图7-123所示。

⑮ 用“Cut”切线命令切一条线，将下颌骨的控制点与脖子的控制点分开，如图7-124所示。

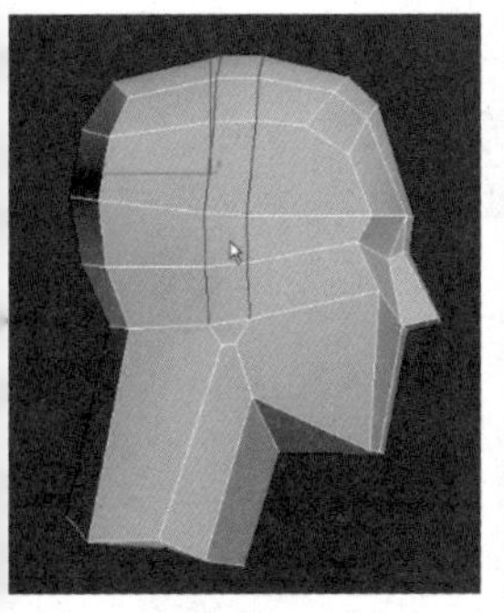

图7-121

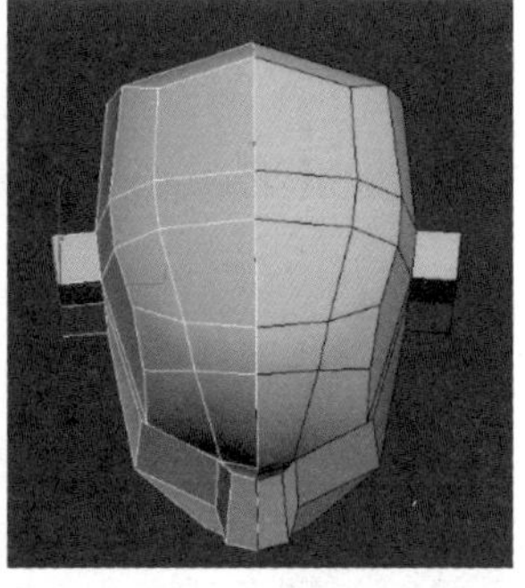

图7-122

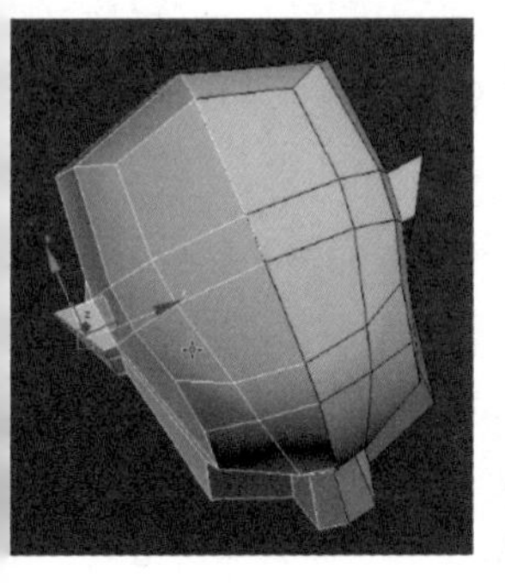

图7-123

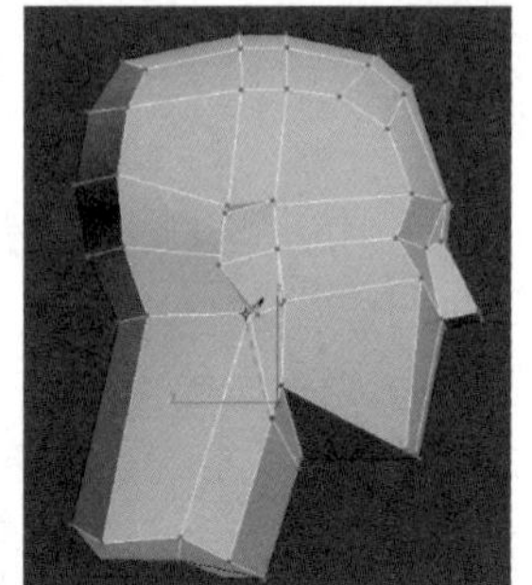

图7-124

⑯ 分开之后脖子就可以调细，一般情况下从后面可以看到人的下颌骨骨点，从正面看脖子要比下颌骨窄一些，如图7-125~图7-127所示。

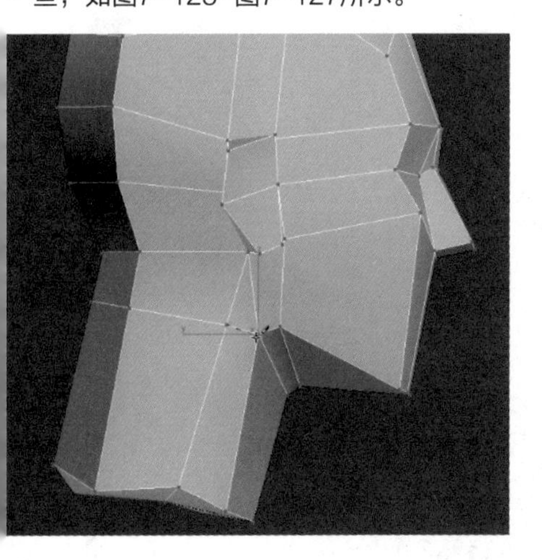

图7-125

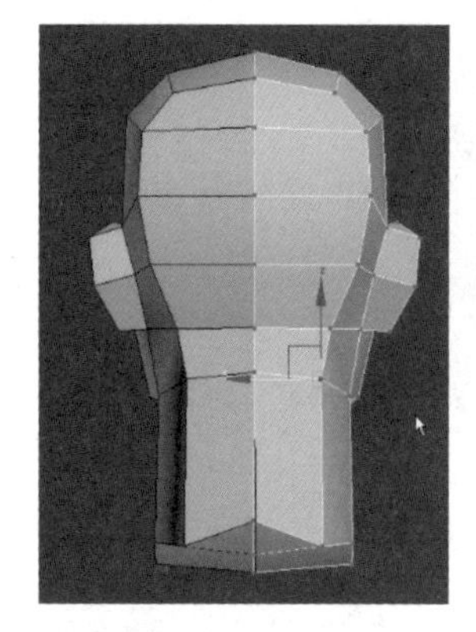

图7-126

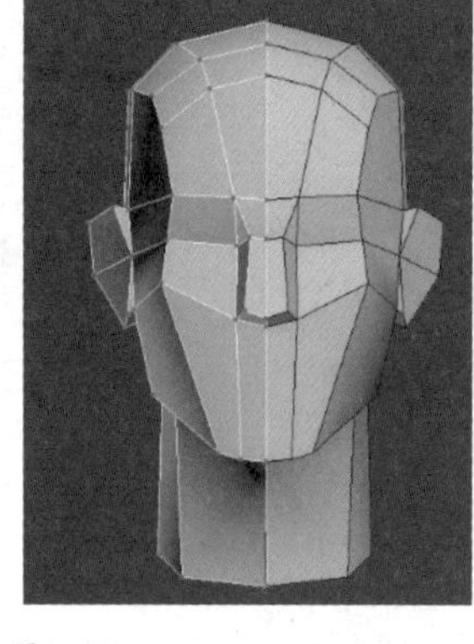

图7-127

⑰ 选择鼻子下方的三条竖线用“Connect”连接命令连接一条线，进入点级别，将刚添加线的右侧点与下颌骨的点连接起来。这条线就是要确定嘴的位置，唇线的位置位于鼻底到下巴的上三分之一处。调整点的位置，用“Cut”切线命令围绕嘴与鼻子切一条环线。调整点的位置，再次切出上嘴唇的位置，如图7-128~图7-131所示。

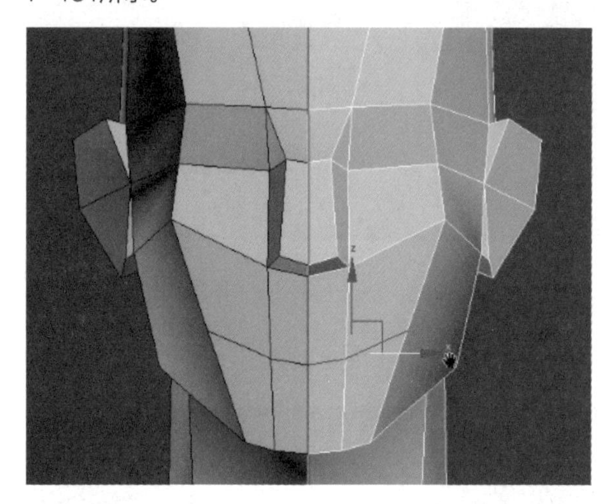

图7-128

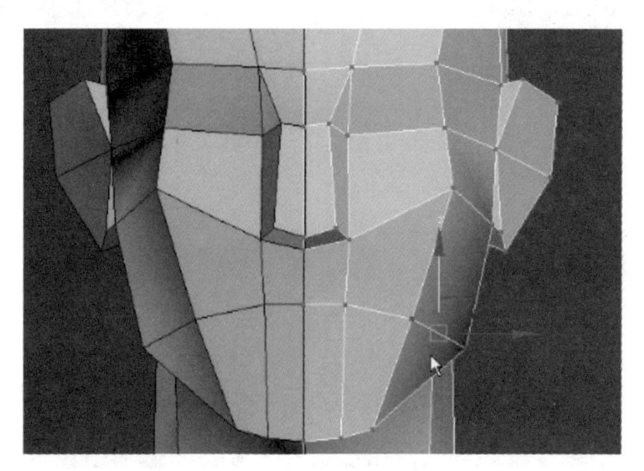

图7-129

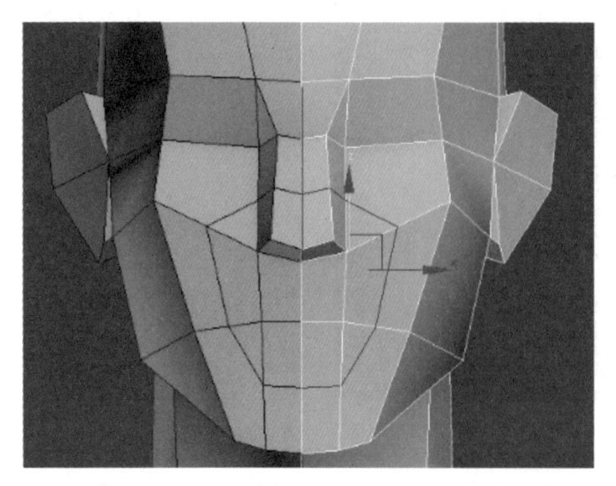

图7-130

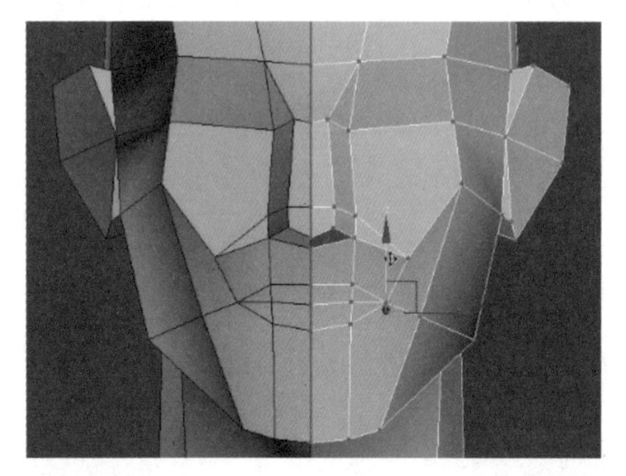

图7-131

⑧ 从正面调整出唇形，从侧面调整刚添加的点的位置。如图7-132和图7-133所示。

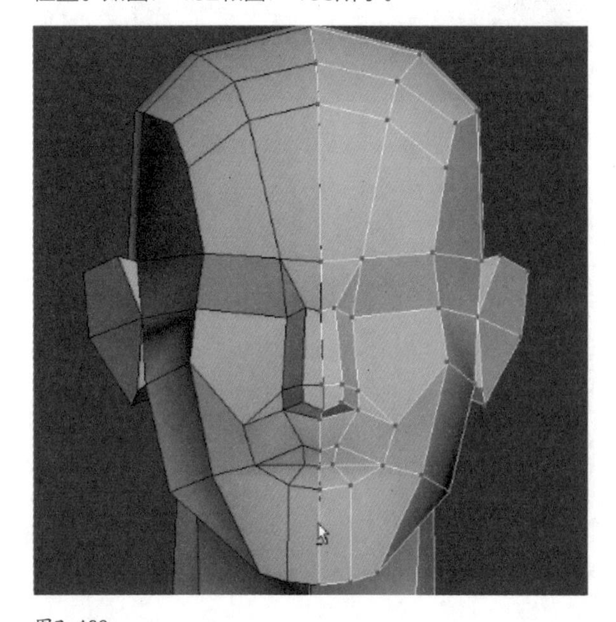

图7-132

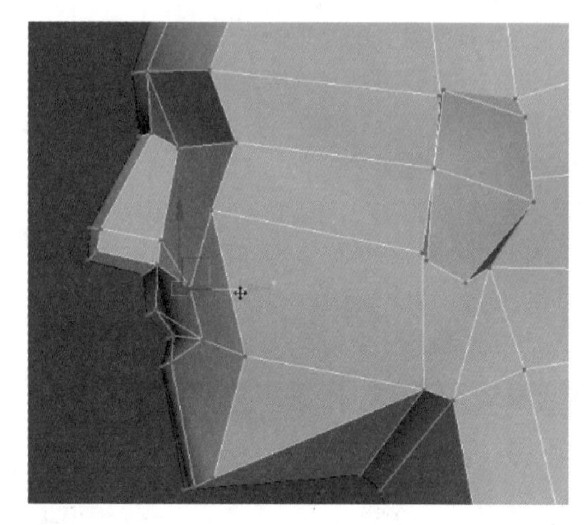

图7-133

⑨ 在嘴唇的下端有一个凹陷，用“Cut”切线命令切出一条线调整侧面点的位置，如图7-134和图7-135所示。

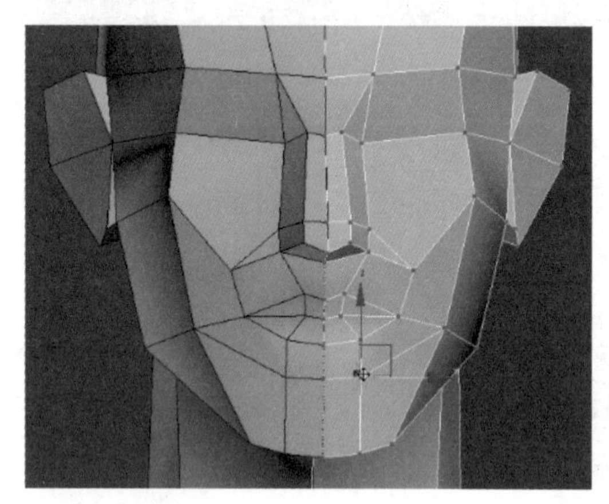

图7-134

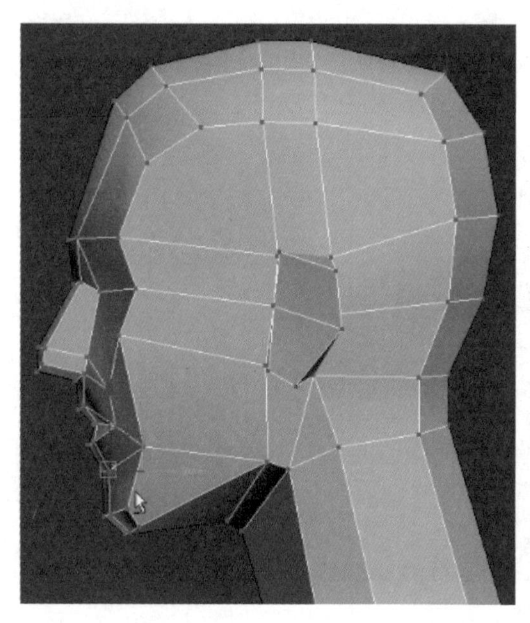

图7-135

⑩ 从鼻子外侧的点上用“Cut”切线命令向上延伸切出一条线，与眼睛的位置相交产生一个交点，这个点作为眼睛的准确位置。选择这个点用“Chamfer”切角命令切角，将一个点分成四个点。现阶段眼形太生硬，用“Cut”切线命令在眼睛线的中点上再向外切出四条线，如图7-136~图7-138所示。

⑪ 调整眼睛的造型，侧面看上眼皮靠前、下眼皮靠后，调整脸上点的位置，如图7-139所示。

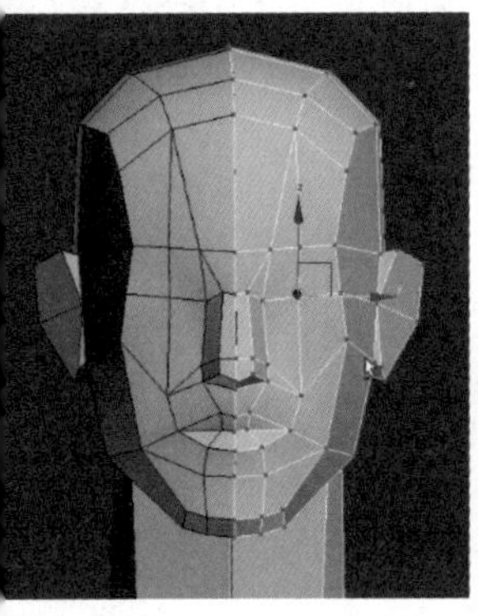

图7-136

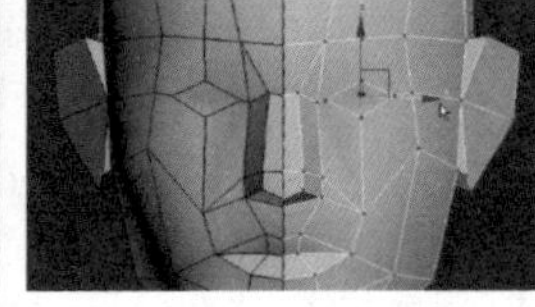

图7-137

图7-138

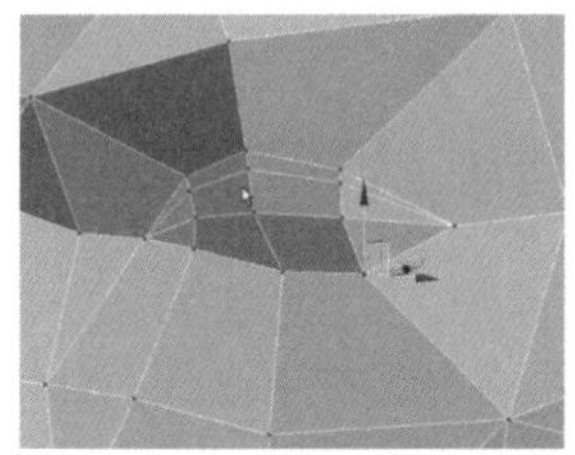

图7-139

⑫ 脸上的线现在不均匀，横向再添加一条线，如图7-140所示。

⑬ 调整新添加线的点的位置，如图7-141所示。

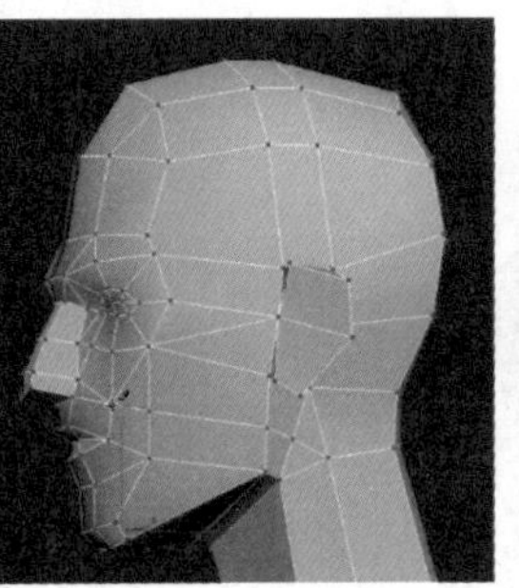

图7-140

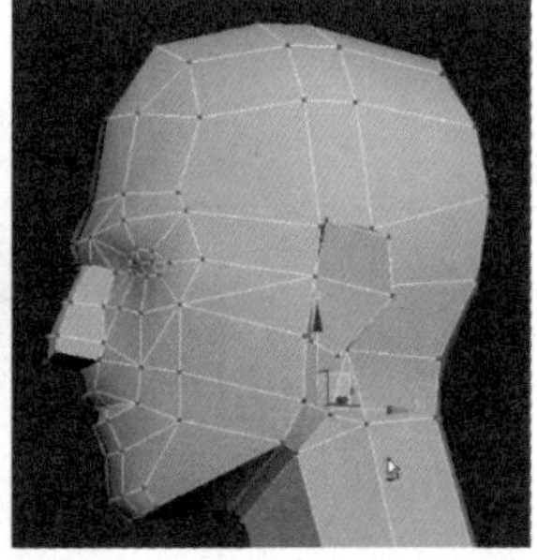

图7-141

⑭ 头部的基本形体如图7-142和图7-143所示。

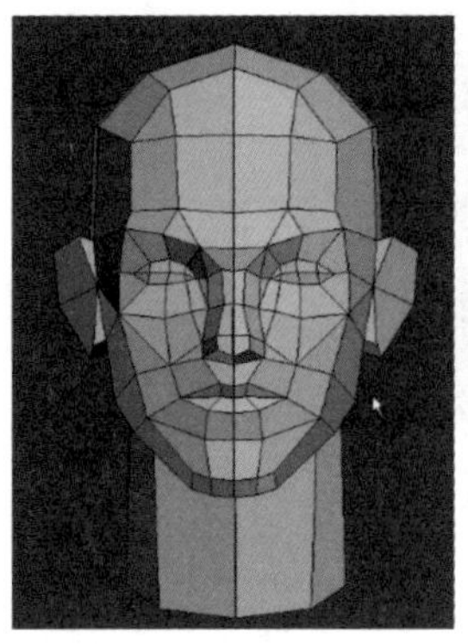

图7-142

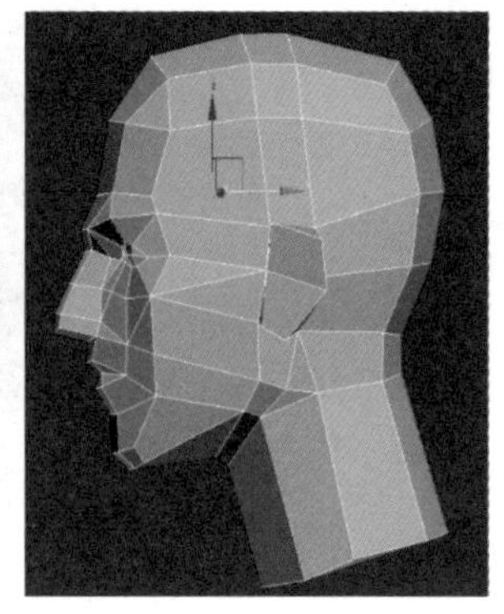

图7-143

3.调整结构布线

① 脸的基本形体做好后可以再添加一些线，主要目的是再制作出一些小的形体变化或者是让形体看起来过渡更圆滑、布线更均匀。

② 如眼部周围可以再次添加线调整眼部的细微结构变化，如图7-144~图7-146所示。

③ 从底部看新添加线的点的位置，如图7-147所示。

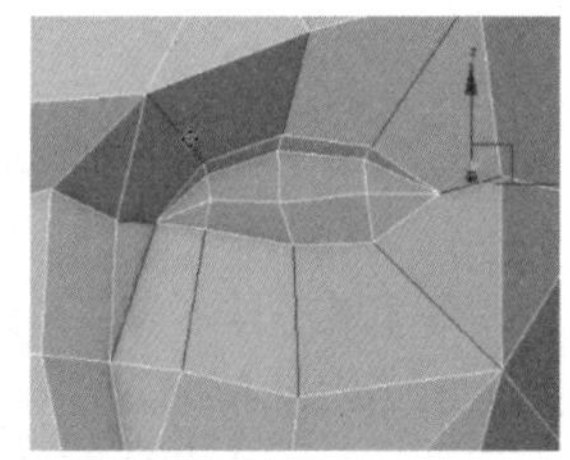

图7-144

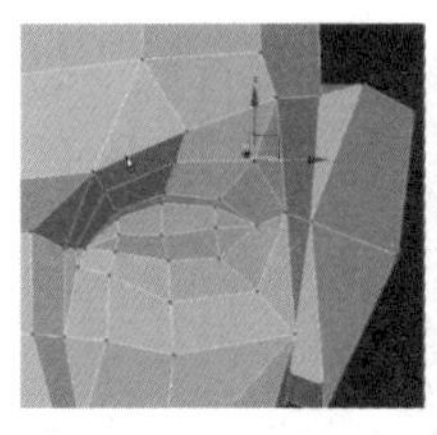

图7-145

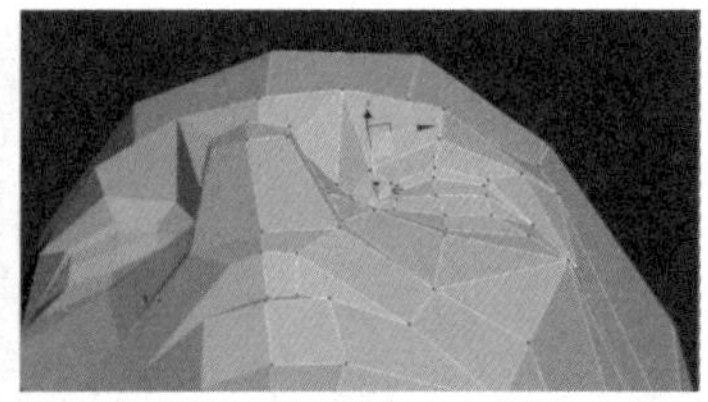

图7-146

图7-147

④ 脸的侧面添加一条线，并且与眉骨连接起来，调整点的位置，如图7-148~图7-151所示。

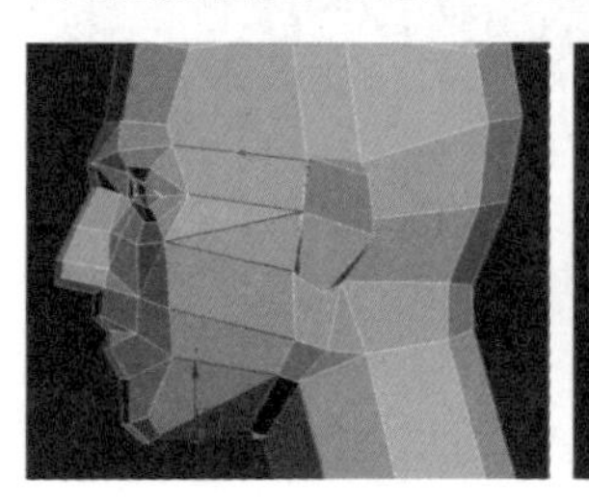

图7-148

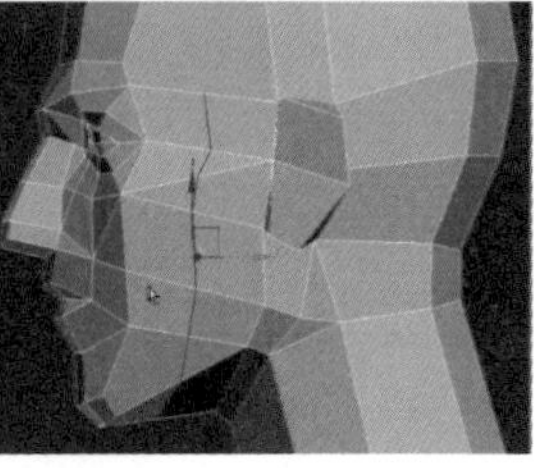

图7-149

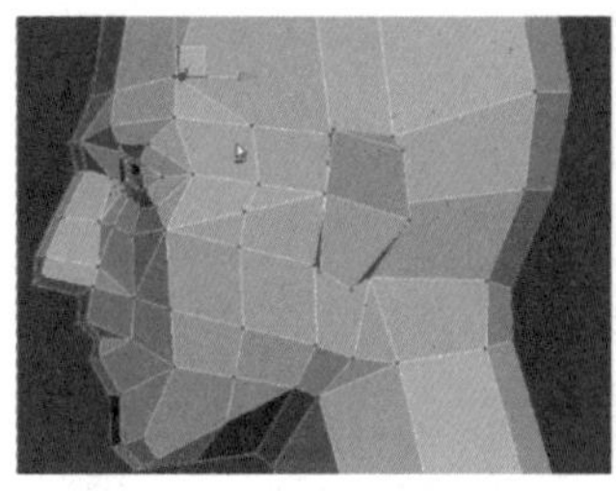

图7-150

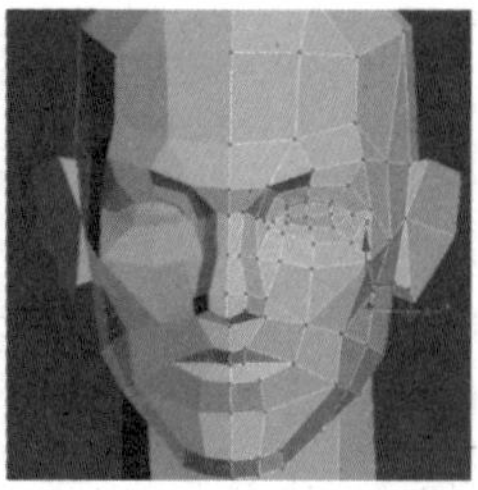

图7-151

⑮ 在下巴上用“Cut”切线命令切一条线，如图7-152所示。

⑯ 头部的形体如图7-153所示。

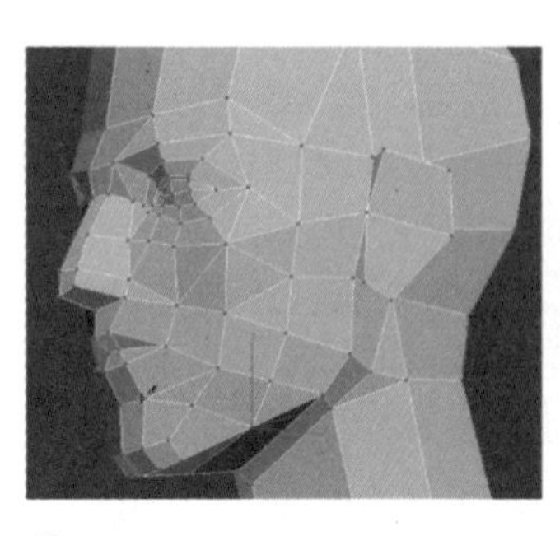

图7-152

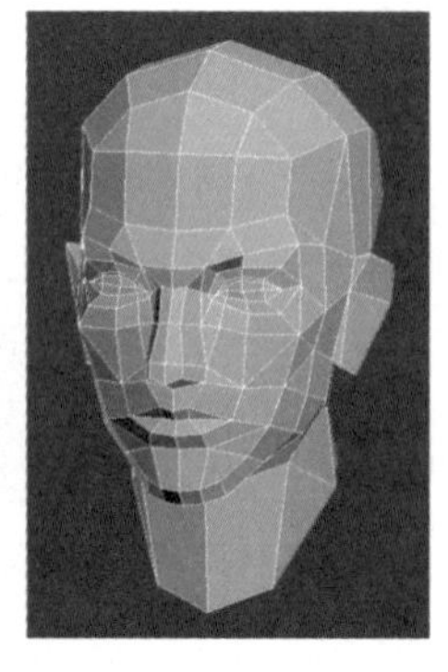

图7-153

7.2.4 头部与身体的拼接与调整

① 将另一半的身体与头部删除，选择身体模型，激活修改面板中的Edit Geometry>Attach命令，然后单击头部的模型，就可以将两部分合并在一起。如图7-154所示。

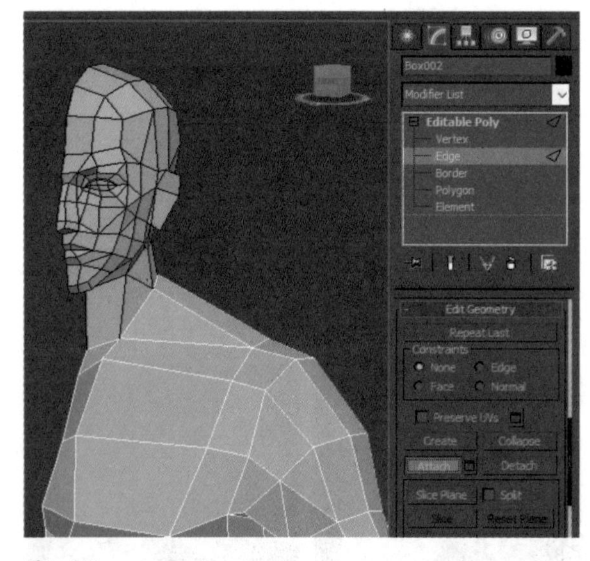

图7-154

② 合并后将脖子上的点与身体上的点用“Target Weld”目标焊接命令焊接在一起。如图7-155所示。

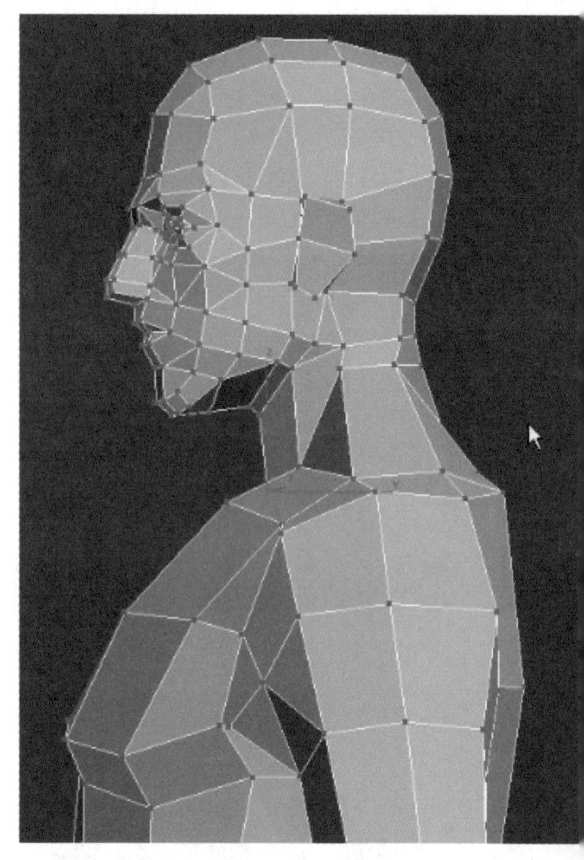

图7-155

③ 这样一半的裸模就做好了，可以选择一半的模型，单击主工具栏上的镜像按钮，关联复制出另一半，如图7-156、图7-157所示。

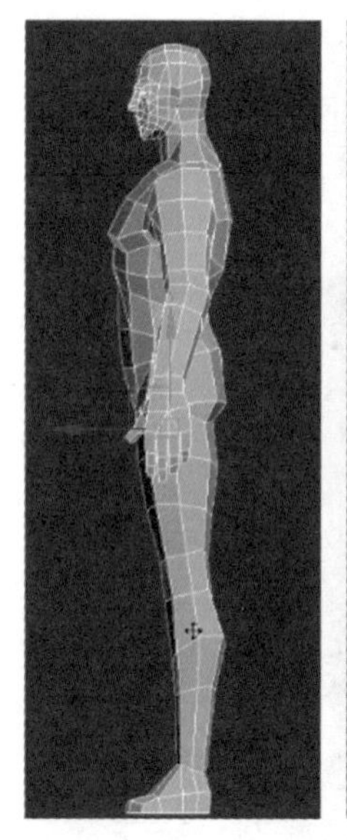

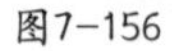

图7-156

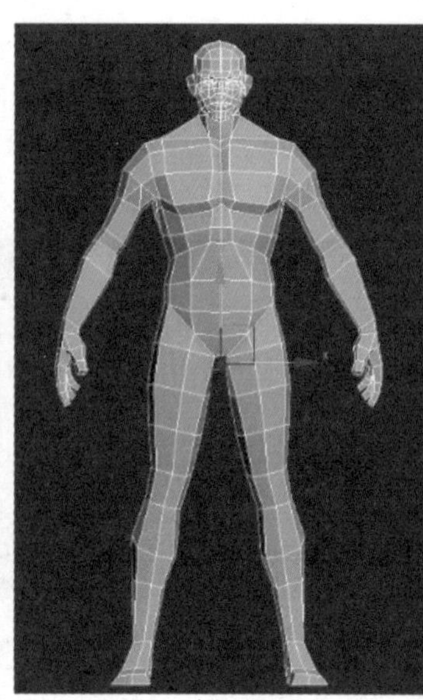

图7-157

7.3 创建装备

本案例的模型文件在资源\模型\第7章\男性装备模型。

7.3.1 调整头部模型和创建身体上部的装备

1.头部调整与头发的创建

① 根据原画角色的特点调整裸模，原画中的角色脸型瘦长，调整裸模的脸型，如图7-158所示。

② 这个角色表情比较凶，眉弓比较低，调整眉弓的造型，使眉弓下压，鼻头比较尖，如图7-159所示。

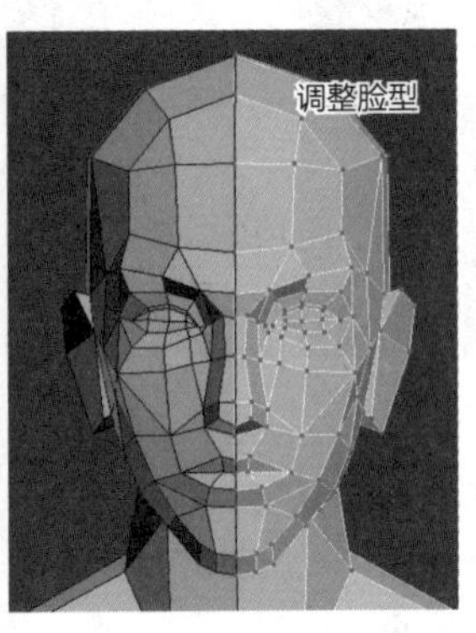

图7-158

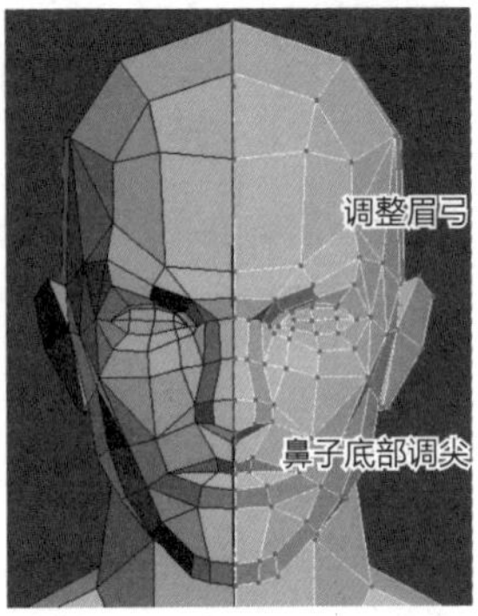

图7-159

③ 头发可以用“Cut”切线命令先切出发际线，然后选择头发的面用“Extrude”挤出命令挤出一个厚度，如图7-160、图7-161所示。

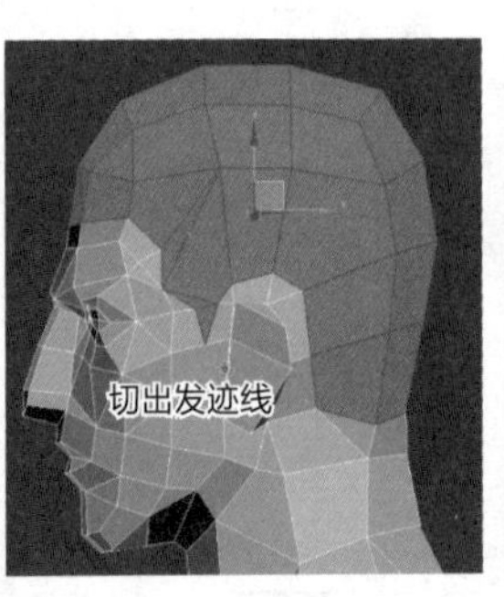

图7-160

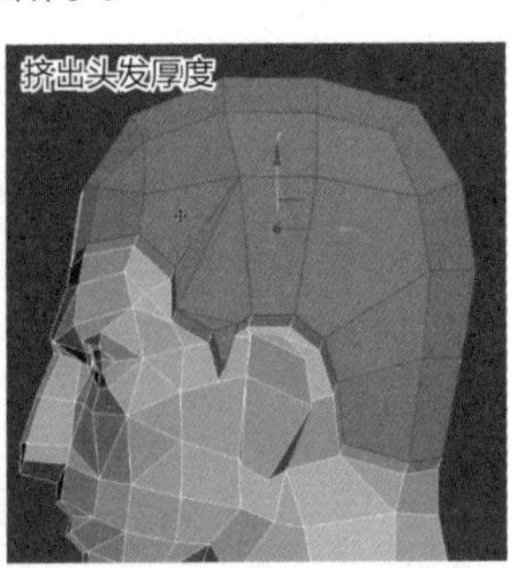

图7-161

④ 头部的线还不够，再次添加一条线，如图7-162所示。

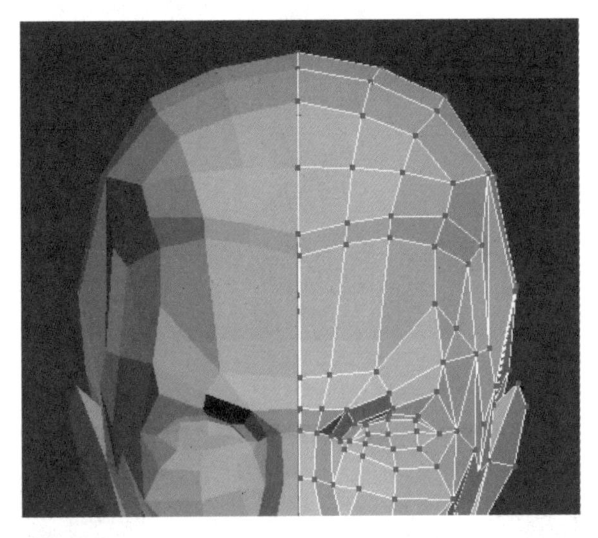

图7-162

⑤ 在头顶的后侧选择一个面，用“Extrude”挤出命令，挤出一个高度作为发髻，用“Connect”连接命令，在头部中间连接一条中线形成八边的圆，如图7-163~图7-165所示。

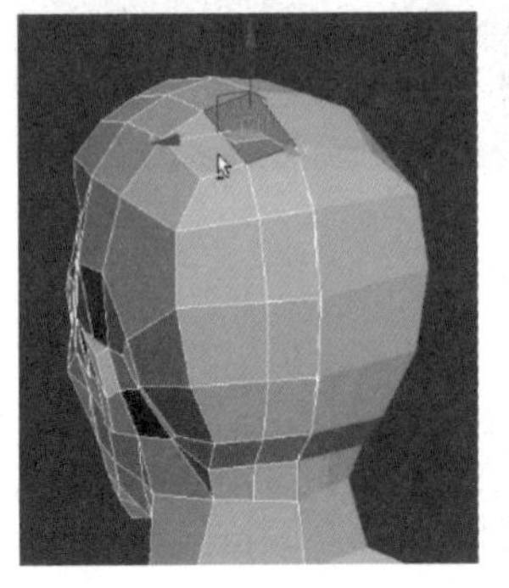

图7-163

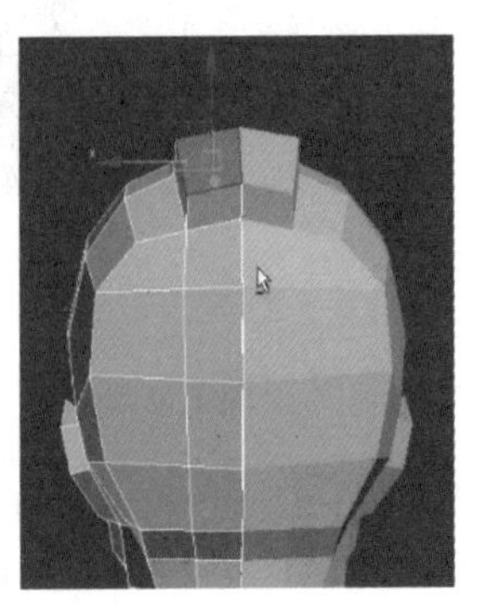

图7-164

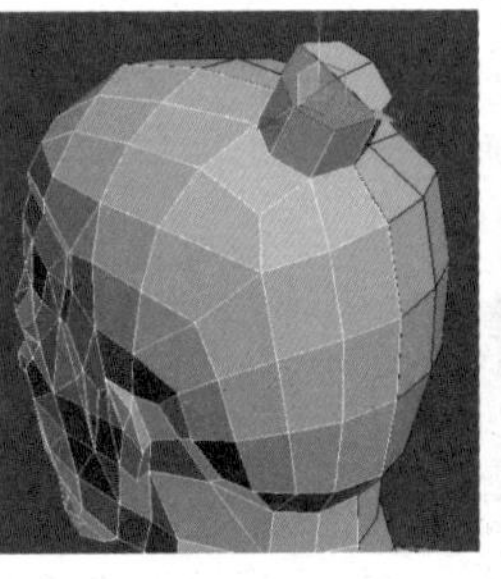

图7-165

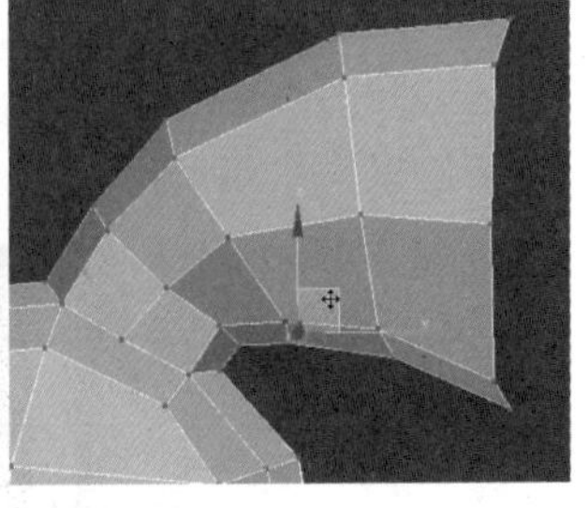

图7-166

⑥ 再次添加两条线，线的距离越往外越宽，再复制一段头发插入到第一层头发内，让头发有层次，如图7-166~图7-168所示。

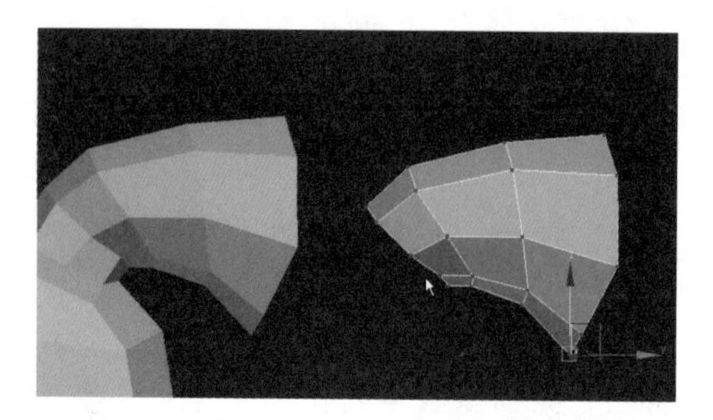

图7-167

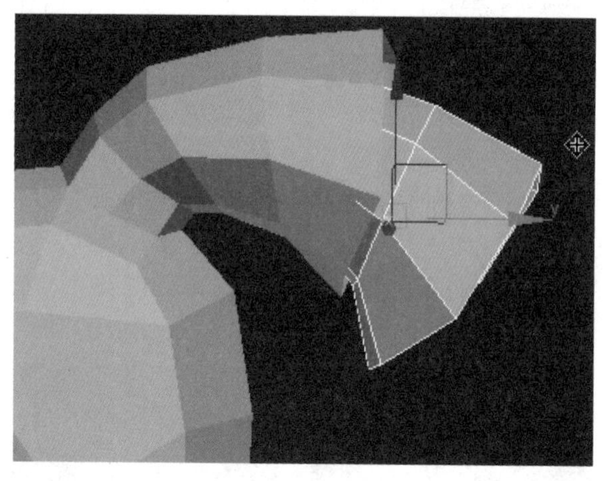

图7-168

2 脸部的细节深入

① 眼皮可以添加一些厚度，并且可以在眼睛周围再添加几条线让眼睛看着更圆，如图7-169~图7-171所示。

② 用“Cut”切线命令切出一条线，区分开鼻翼与鼻头，鼻翼如果看着造型太方，可以再横向添加一条线，调整点让鼻翼鼓起来，侧面调整鼻翼的造型，如图7-172~图7-174所示。

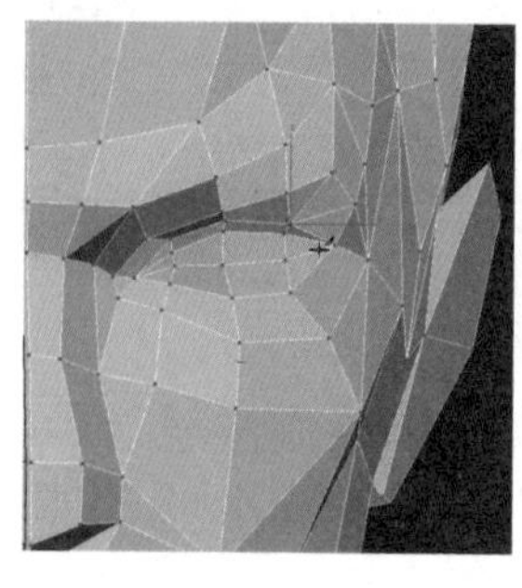

图7-169

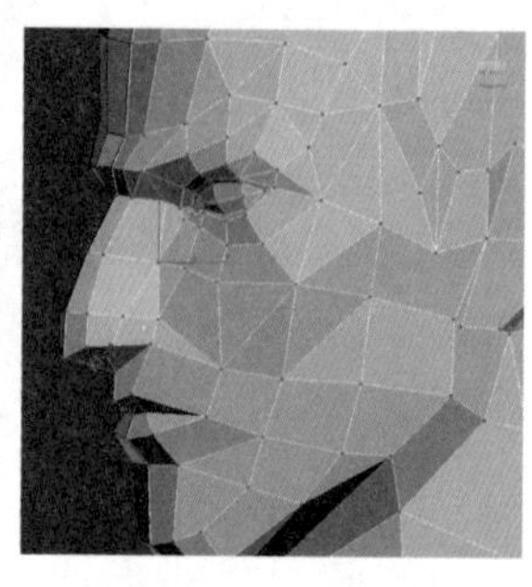

图7-170

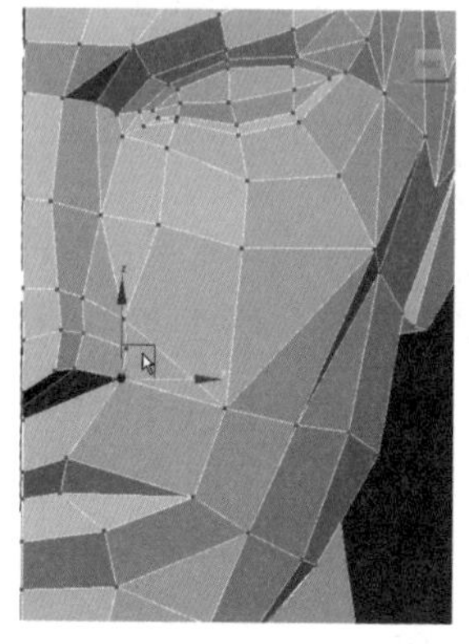

图7-171

图7-172

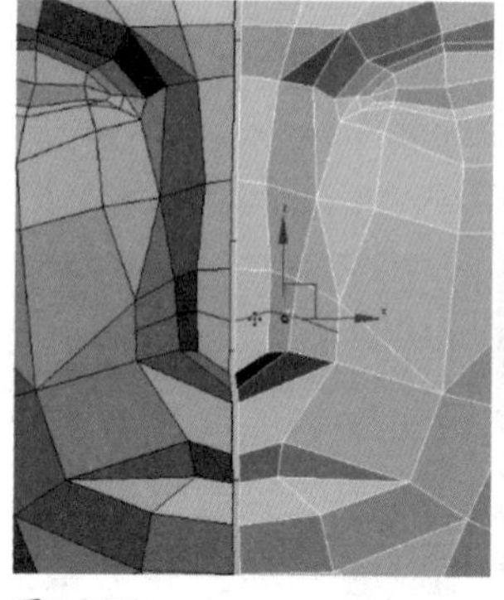

图7-173

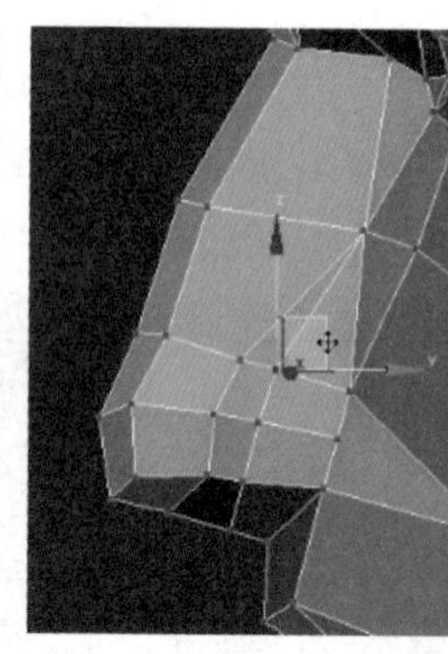

图7-174

③ 在制作嘴时注意嘴角不要做成尖的，用“Cut”切线命令穿过嘴角切出一条线，为了让上嘴唇饱满，在上嘴唇切出一条线，从上嘴唇外侧的点上开始切线，穿过唇缝线切到下嘴唇上，最后在嘴唇的上方再切一条线，从侧面调整点的位置，如图7-175~图7-179所示。

图7-175

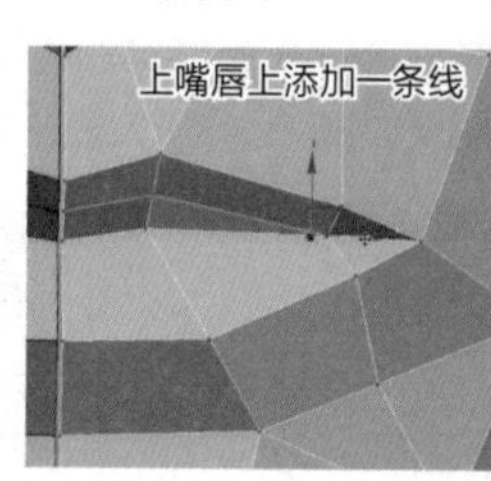

图7-176

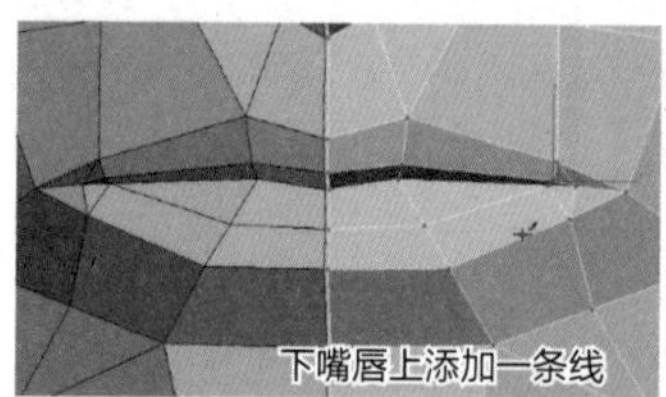

图7-177

图7-178

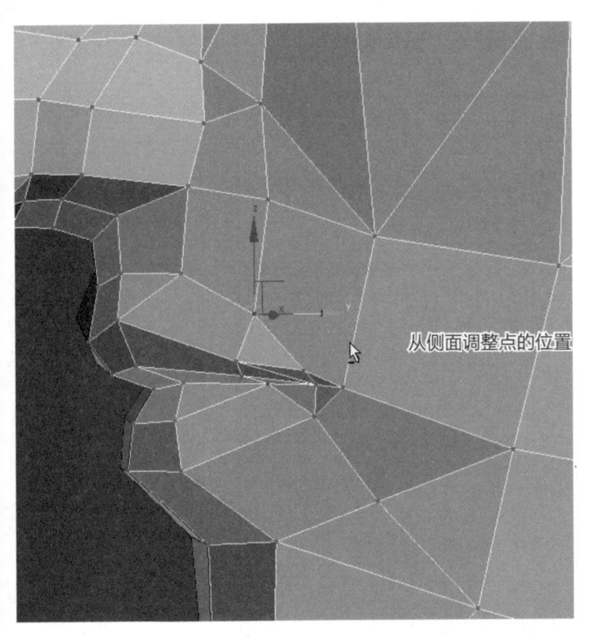

图7-179

3.创建上身的装备

① 在制作装备时先把身体的布线调整均匀，如图7-180所示。

② 制作服装时一定要注意服装要宽大，一定不要让人感觉穿的太紧身。选择腋窝底部的点，用移动工具下压，如图7-181所示。

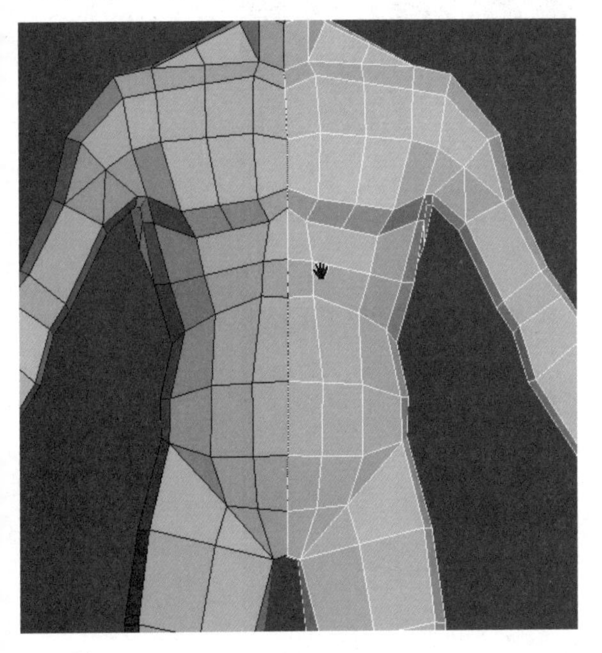

图7-180

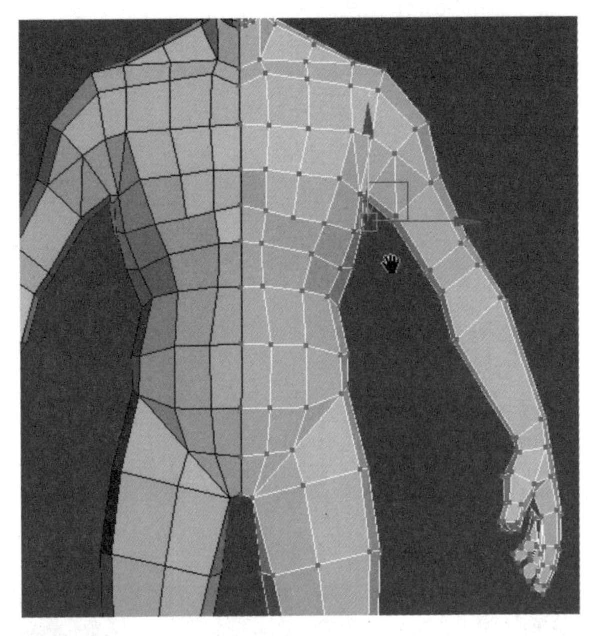

图7-181

③ 胳膊上也再添加线，横截面变成八边形，如图7-182所示。

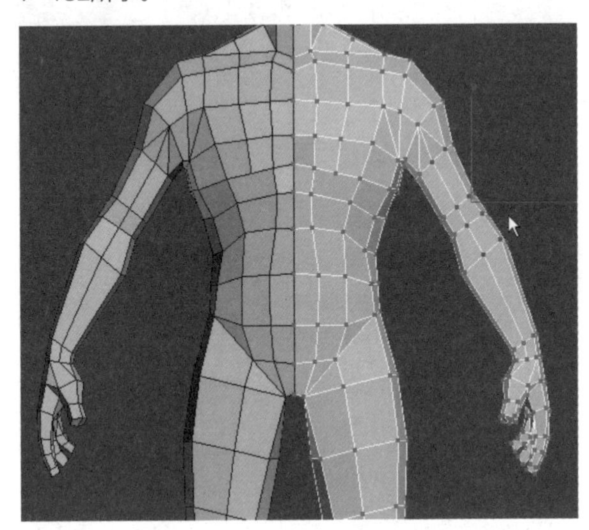

图7-182

④ 选择胳膊上的两条线用缩放工具放大，如图7-183所示。

⑤ 在后背上再添加一条线，调整后背的弧度，如图7-184所示。

⑥ 正面调整好的状态如图7-185所示。

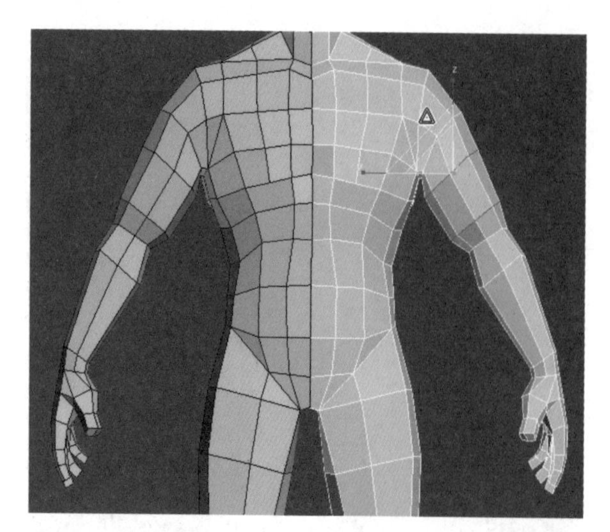

图7-183

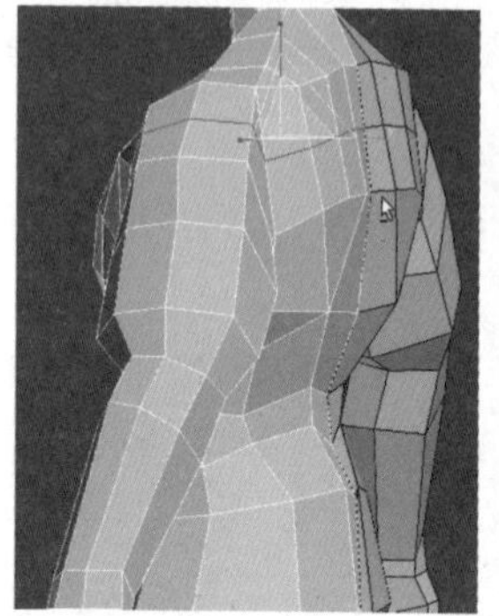

图7-184

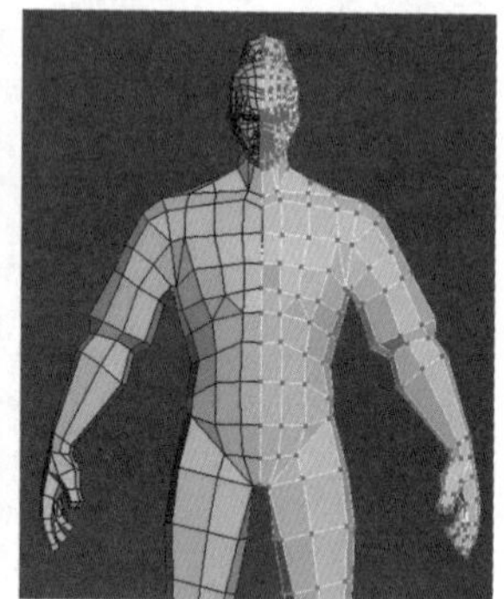

图7-185

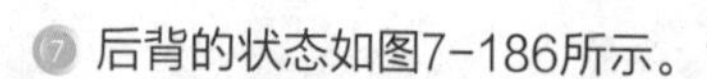

⑰ 后背的状态如图7-186所示。

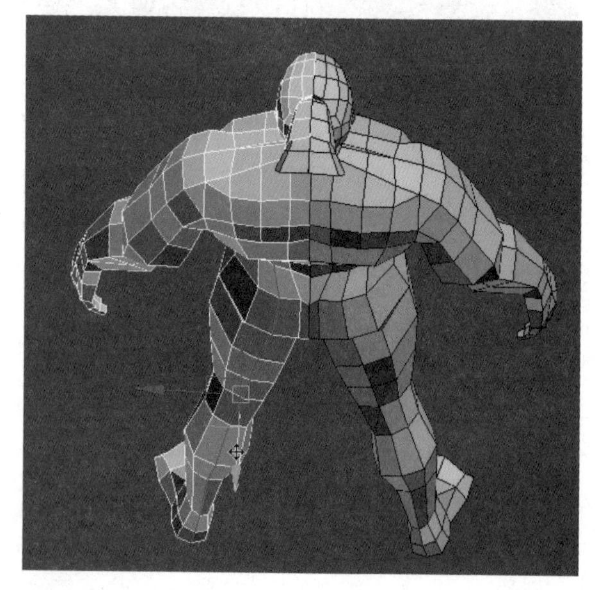

图7-186

4.创建肩甲和胸甲

① 创建一个圆柱体，转化成可编辑多边形之后，选择底部与侧面的面，按“Delete”键将其删除，用“Connect”连接命令添加两条线，如图7-187~图7-189所示。

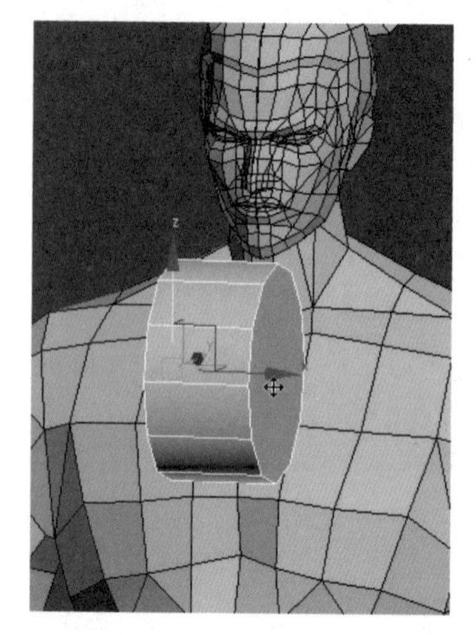

图7-187

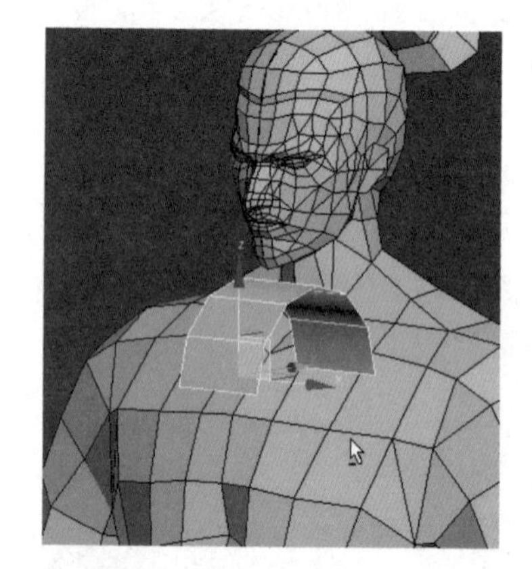

图7-188

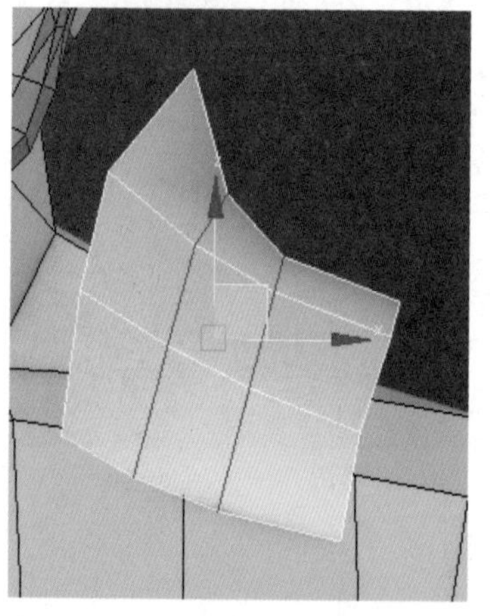

图7-189

⑫ 用“Cut”切线命令切出转角位置的造型，再复制一个肩甲，在此基础上调整造型，如图7-190~图7-192所示。

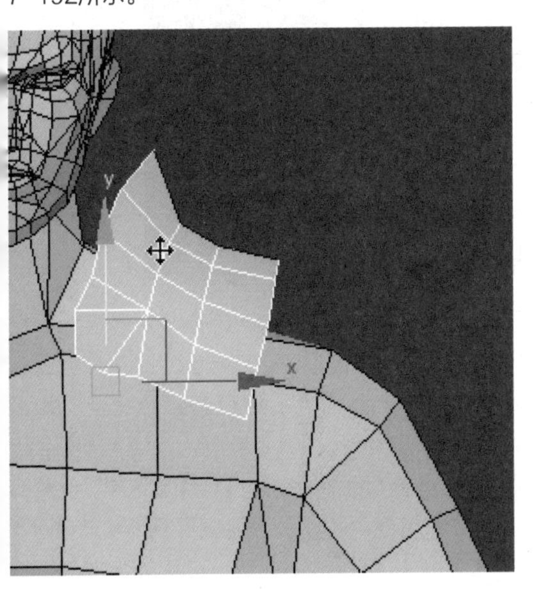

图7-190

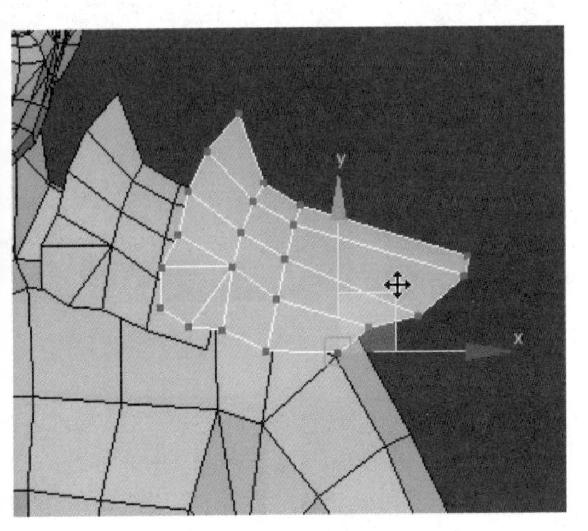

图7-191

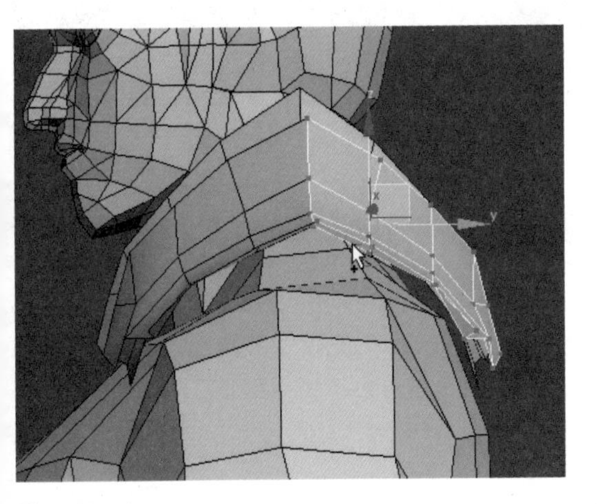

图7-192

⑬ 如果在面数范围之内可以在胸甲表面制作一些细节结构（不同的游戏对模型的面数有不同的要求），用“Cut”切线命令，切出结构的造型，如图7-193所示。

⑭ 再切出结构的厚度线，如图7-194所示。

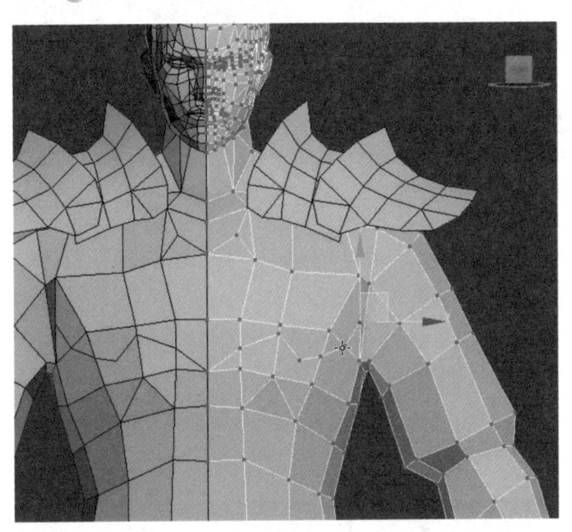

图7-193

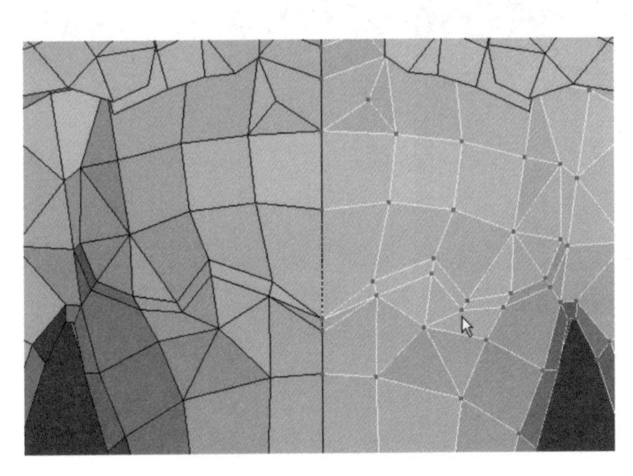

图7-194

⑮ 将底部的线用移动工具向内压进去，从底部看结构如图7-195所示。

⑯ 用同样的方式做出其他的结构，如图7-196、图7-197所示。

⑰ 侧面护腰的结构如图7-198所示。

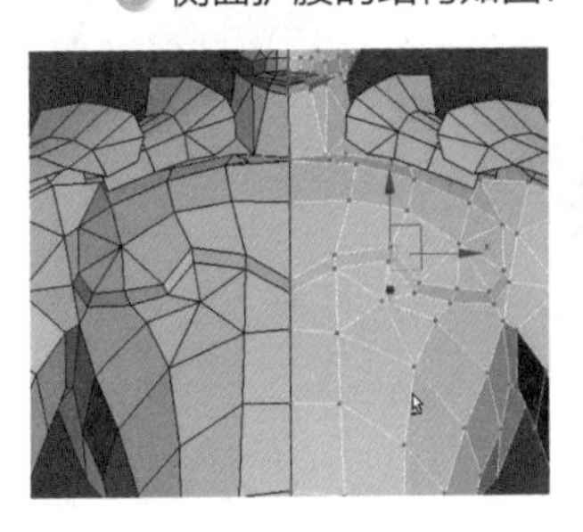

图7-195

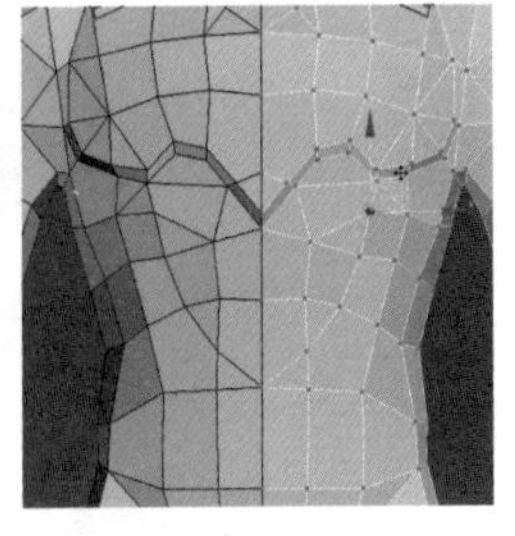

图7-196

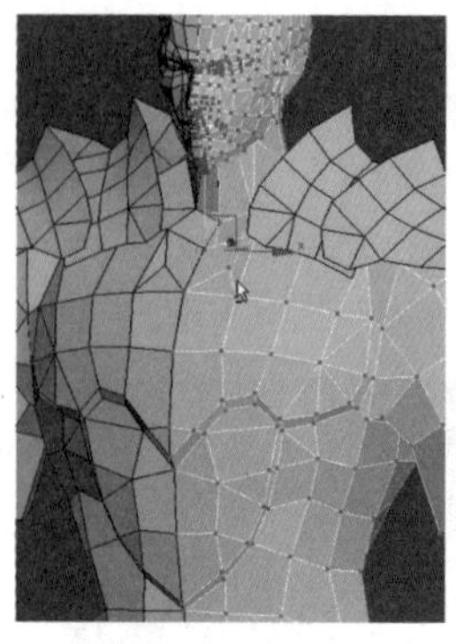

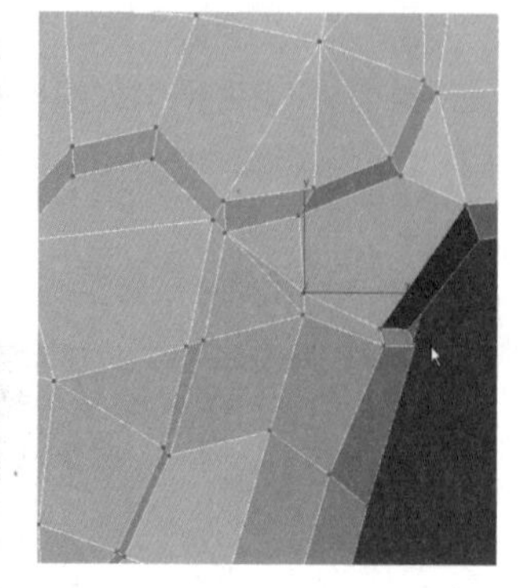

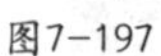

图7-197　　图7-198

⑧ 选择身体与肩甲的模型，按“Alt+Q”组合键能单独显示这两部分的模型，用“Attach”附加命令将两部分合并，如图7-199所示。

⑨ 为了将两部分连接起来，必须要有相应的点，用“Cut”切线命令在肩膀上切出与肩甲相应的线，如图7-200所示。

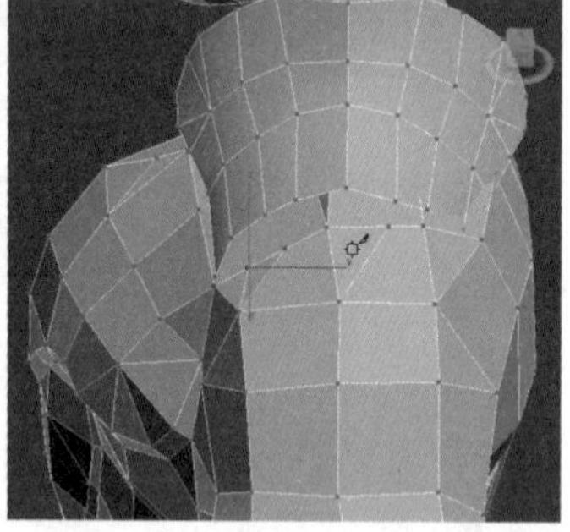

图7-199　　图7-200

⑩ 选择图7-201所示的肩膀上的面，按“Delete”键将其删除。

⑪ 选择两条相对应的线，单击修改面板中的“Edit Edges>Bridge”桥连命令，如图7-202所示。

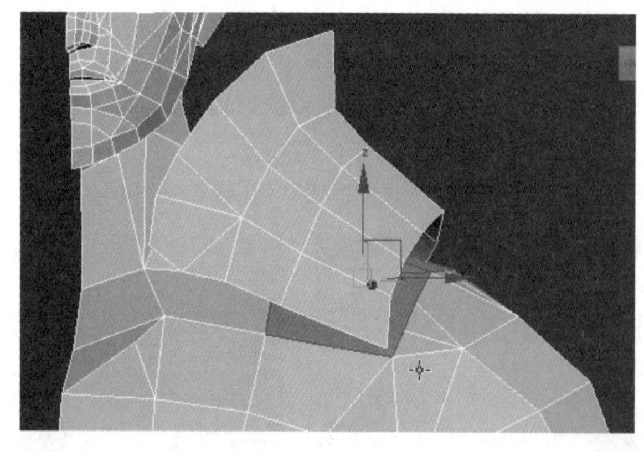

图7-201

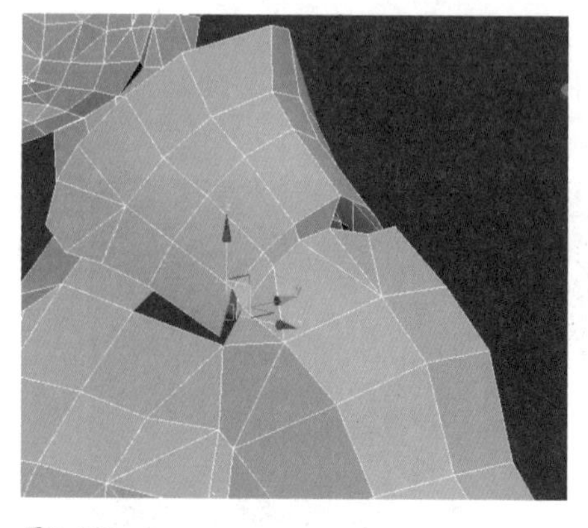

图7-202

⑫ 连接好的胸甲如图7-203所示。

⑬ 再制作一个肩甲正面和侧面的造型，如图7-204和图7-205所示。

⑭ 向下再复制两个肩甲然后选择三块肩甲，单击主工具栏上的镜像按钮，再复制出左侧的肩甲，如图7-206所示。

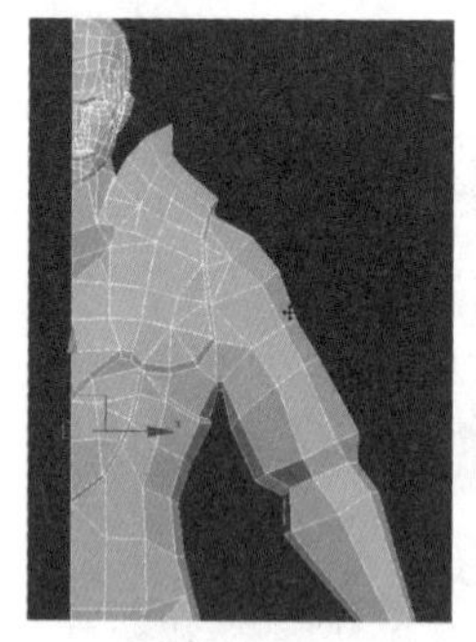

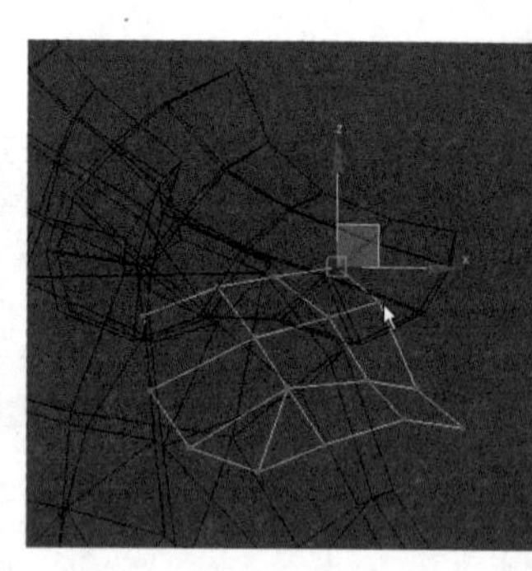

图7-203　　图7-204

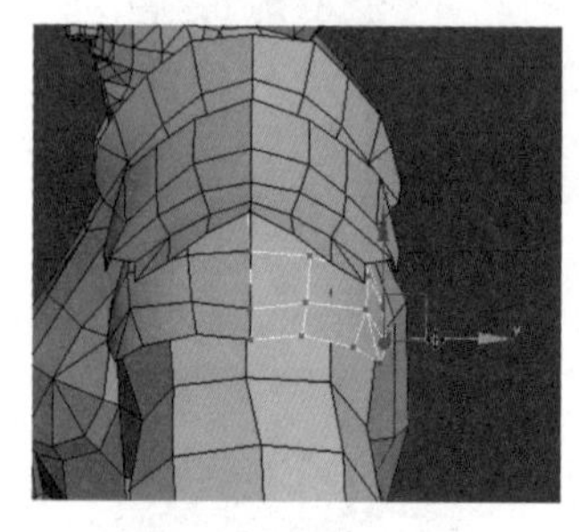

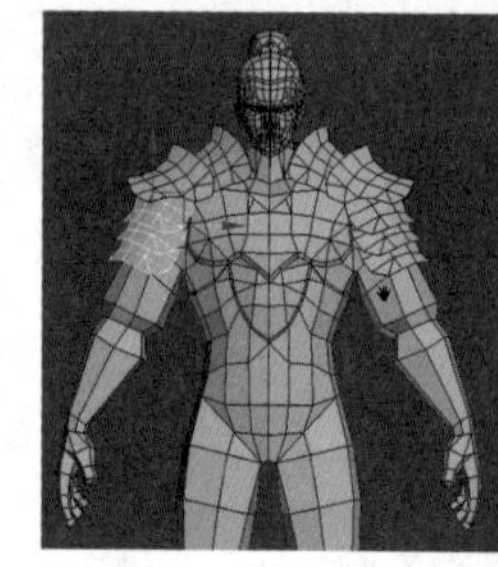

图7-205　　图7-206

5.创建手臂部分的装备

① 在上臂与小臂之间用“Chamfer”切角命令将一条线切分成两条线，如图7-207所示。

② 选择下方的一条线用缩放工具放大，如图7-208所示。

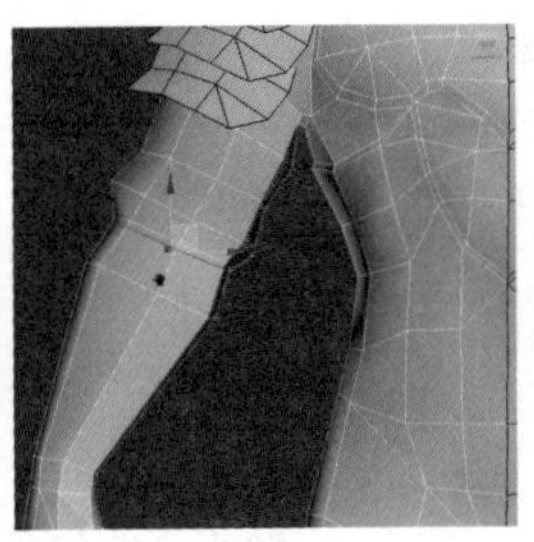

图7-207

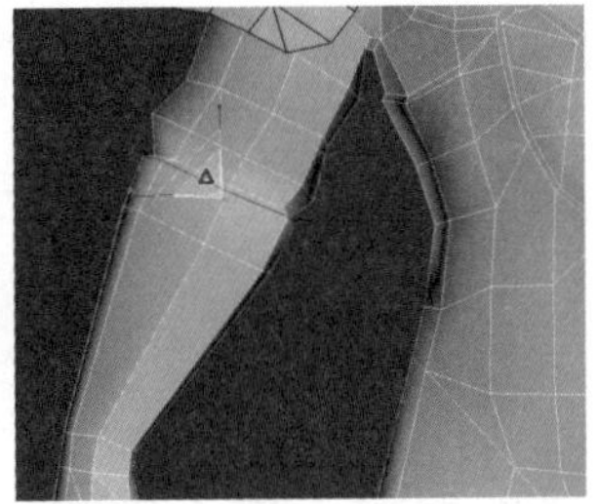

图7-208

③ 在小臂上添加几条横断线作为过渡线，调整手腕处的结构，如图7-209所示。

④ 选择胳膊上的面按住“Shift”键的同时用移动工具拖动复制出所选的面，如图7-210所示。

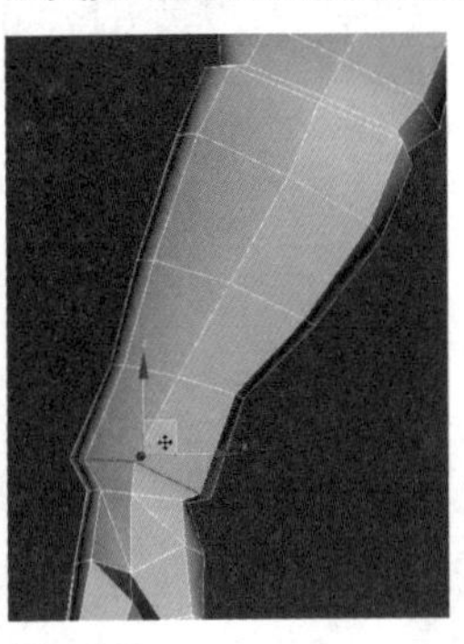

图7-209

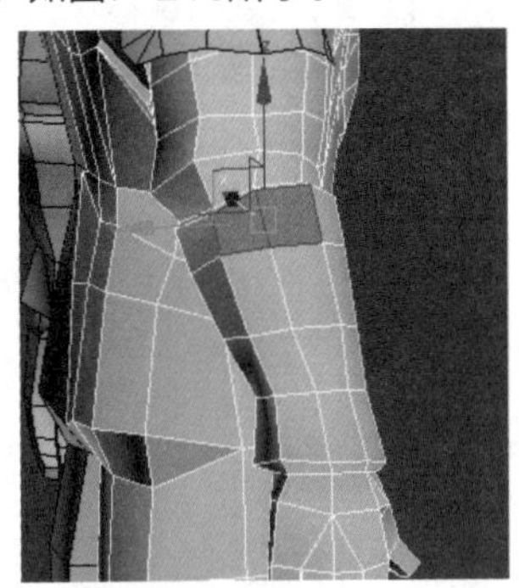

图7-210

⑤ 然后将其制作成如图7-211所示的造型。

⑥ 为了让两者相接得严丝合缝，要用到移动捕捉工具。左键激活主工具栏上的移动捕捉工具，在移动捕捉工具上单击鼠标右键，在弹出的设置面板中，关掉其他的选项，只勾选Vertex点捕捉，如图7-212所示。

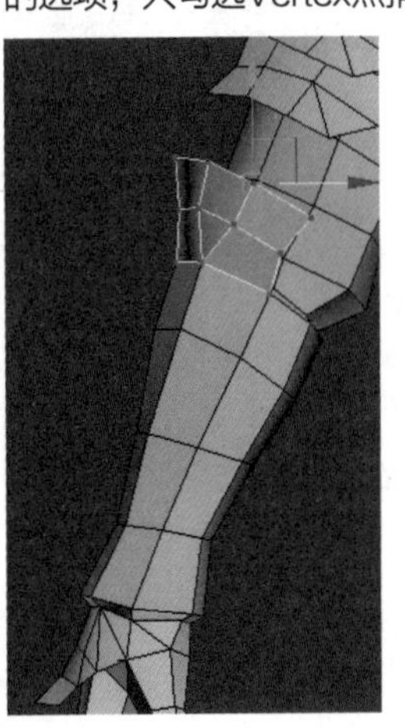

图7-211

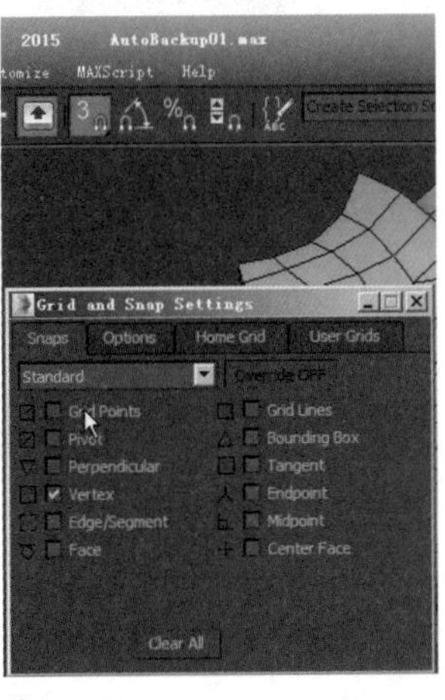

图7-212

⑦ 关闭设置窗口，选择面片上的点用移动工具拖曳到需要连接的点上，变成绿色十字线时松开鼠标左键，如图7-213所示。

⑧ 用同样的方式制作护手，如图7-214所示。

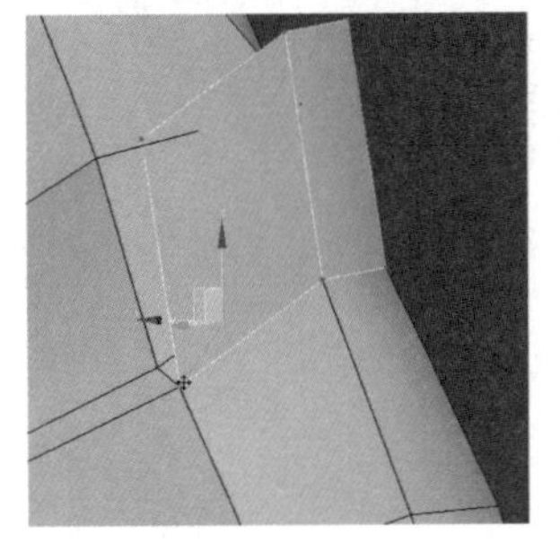

图7-213

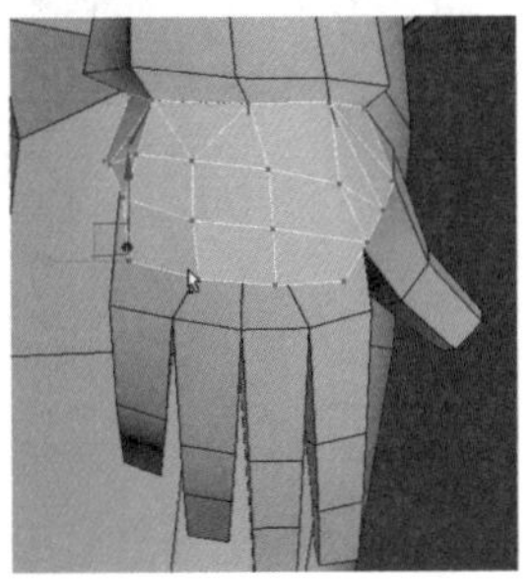

图7-214

⑨ 上半身的装备如图7-215所示。

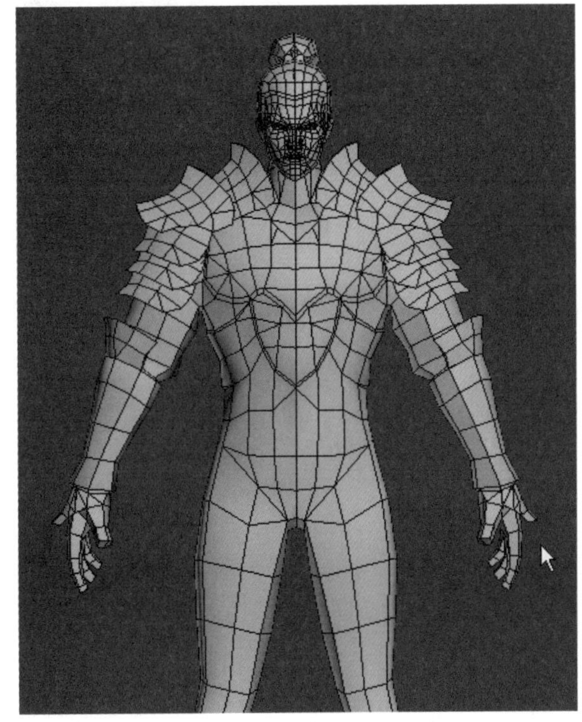

图7-215

7.3.2 创建身体下部和手部的装备

1.创建下肢的装备

① 将腿上的线用缩放工具放大，做出裤子的造型，如图7-216所示。

② 在腰部添加三条线，将中间的一条放大鼓起，在外边缘一个点支撑有些生硬，可以用“Cut”切线命令再切一条线，并且切出肚子上的圆盘结构，如图7-217、图7-218所示。

③ 侧面的造型如图7-219所示。

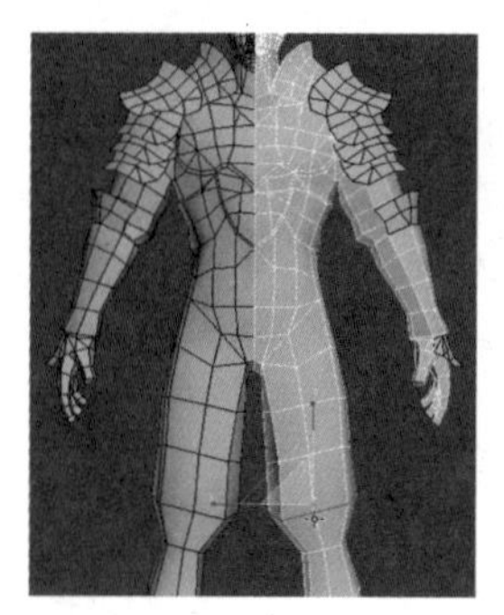

图7-216

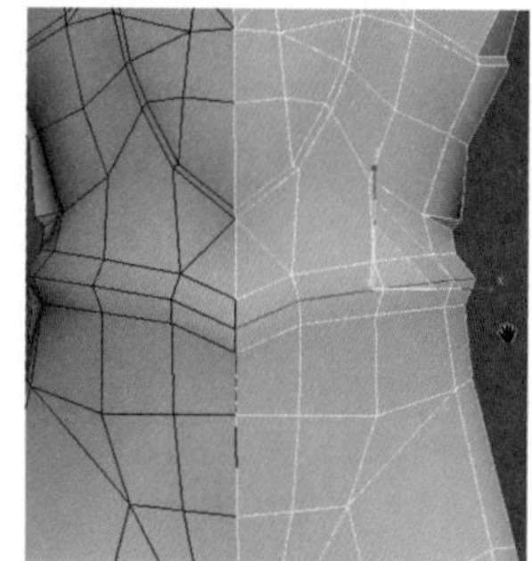

图7-217

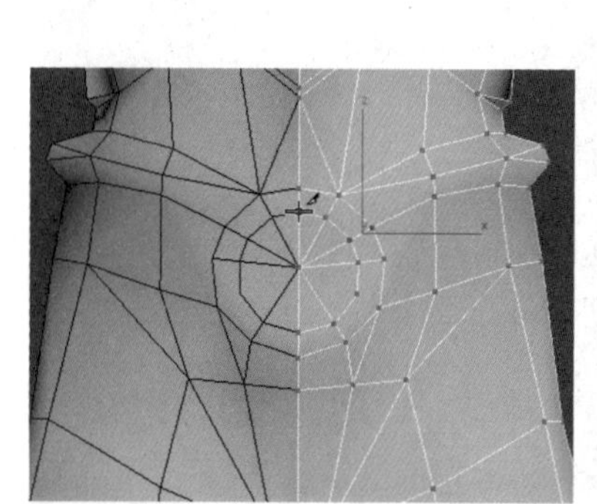

图7-218

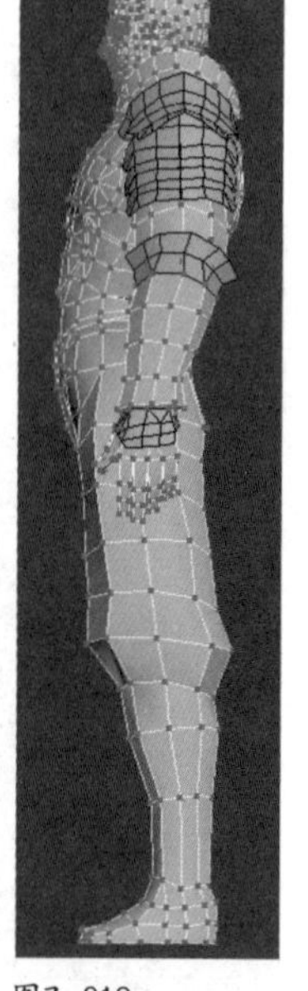

图7-219

④ 为了减少接缝线，下面做的裙子最好跟腰部的结构连接在一起。选择腿部的面，单击“修改面板>Edit Geometry>Detach”命令将其分离。在弹出的分离面板中单击“OK”按钮，如图7-220所示。

⑤ 选择腰上的线按住“Shift”键的同时用移动工具拖曳可以拖曳出面来，如图7-221、图7-222所示。

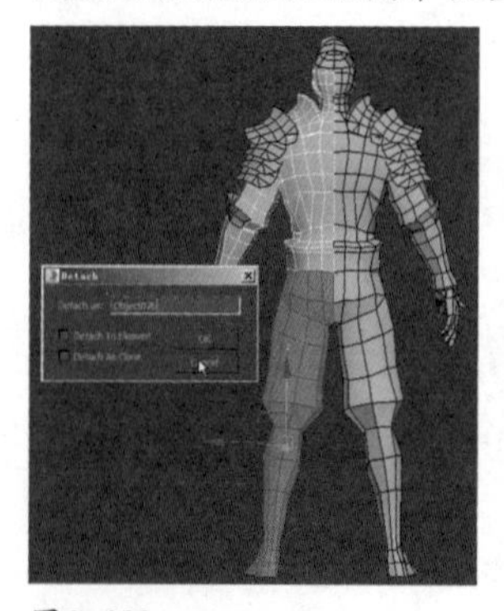

图7-220

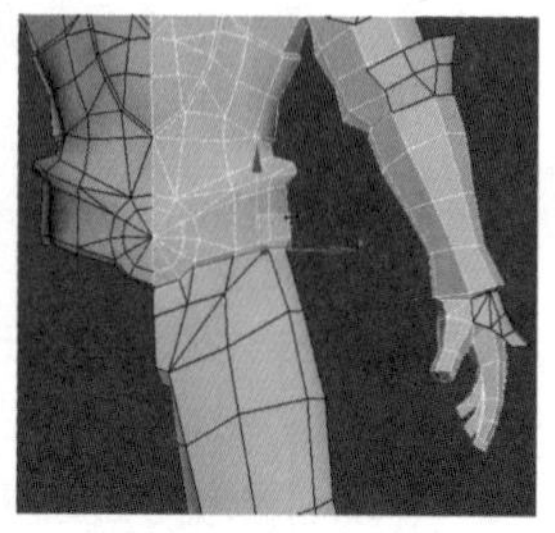

图7-221

⑥ 从侧面与背面调整造型。如图7-223和图7-224所示。

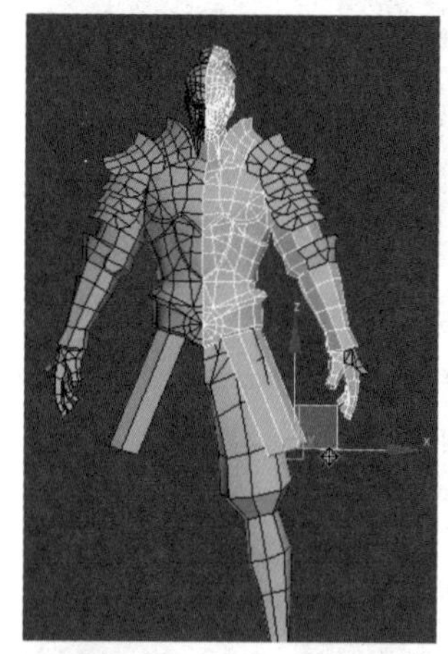

图7-222

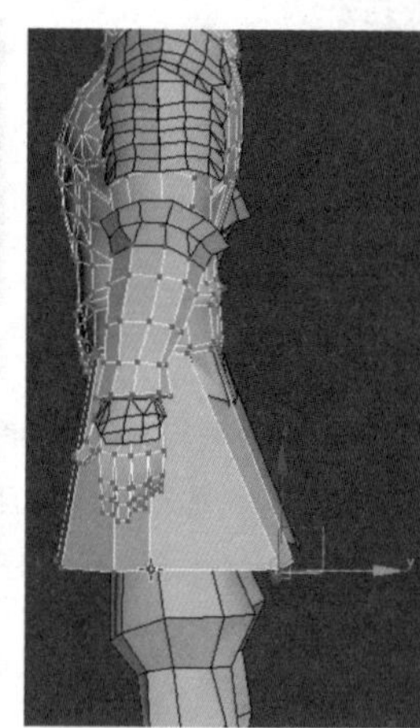

图7-223

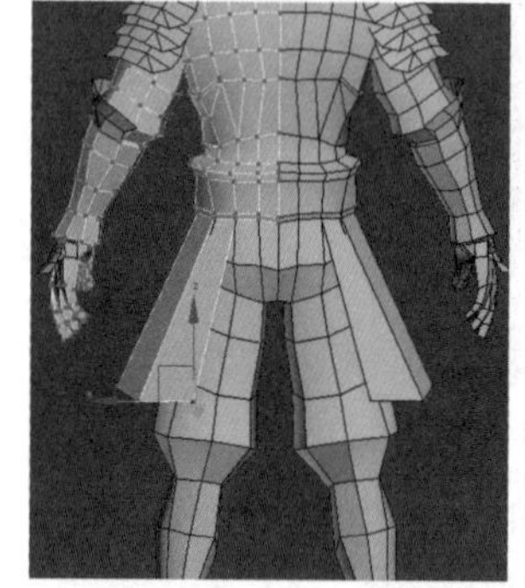

图7-224

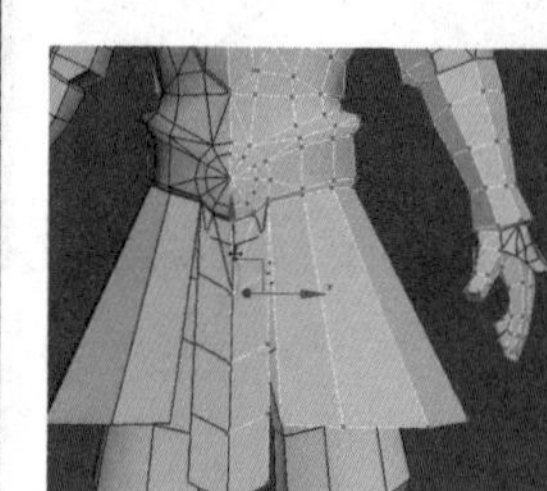

图7-225

图7-226

⑦ 选择圆盘底部的面，用同样的方式拖曳出前飘带的模型，背面也拖曳出后飘带的造型，然后横向添加横断线，如图7-225~图7-227所示。

⑧ 侧面的造型如图7-228所示。

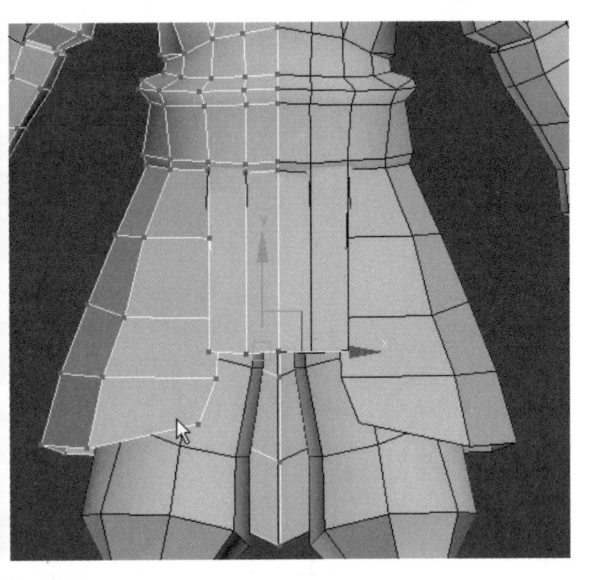

图7-227

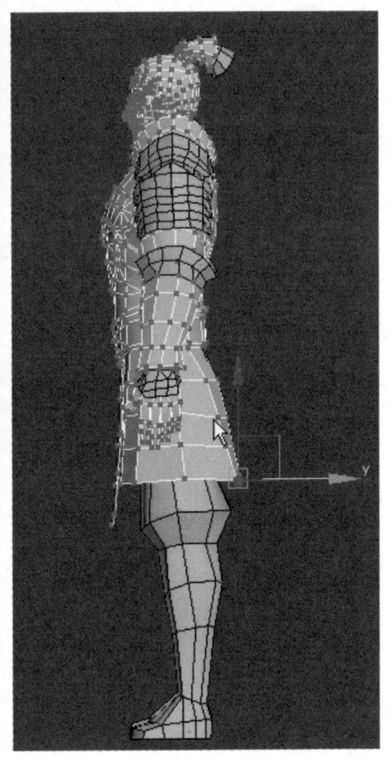

图7-228

2.创建颈部的装备

① 脖子周围的结构被肩甲挡住了不好处理，可以将肩甲隐藏。选择肩甲的面，在修改面板中单击“Hide Selected”，如图7-229所示。

② 将脖子上的线用“Chamfer”切角命令切角，并且将外部的线上提，如图7-230所示。

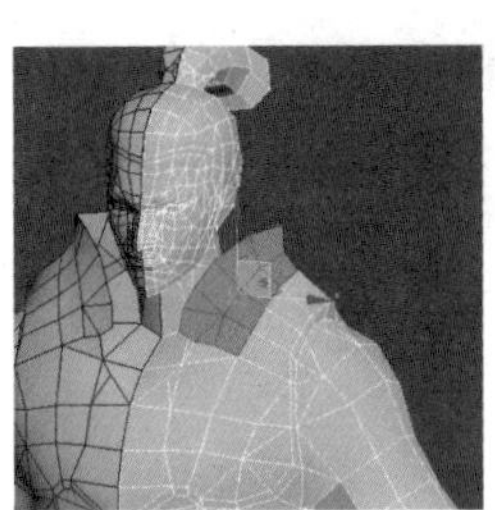

图7-229 图7-230

③ 调整完后要进入面级别，然后单击“Unhide All”全部显示。这样之前被隐藏的局部的面就会被显示出来，如图7-231所示。

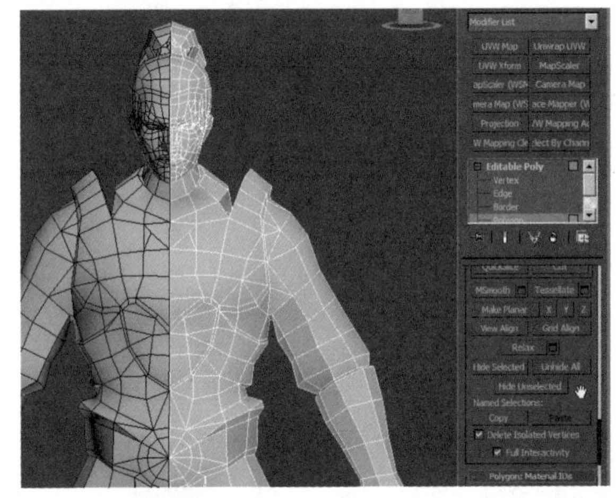

图7-231

④ 选择肩甲两侧的面按住“Shift”键的同时用缩放工具收缩也可以拖曳出面来，如图7-232所示。

⑤ 用缩放工具沿着*y*轴压缩可以将两条线压直，如图7-233所示。

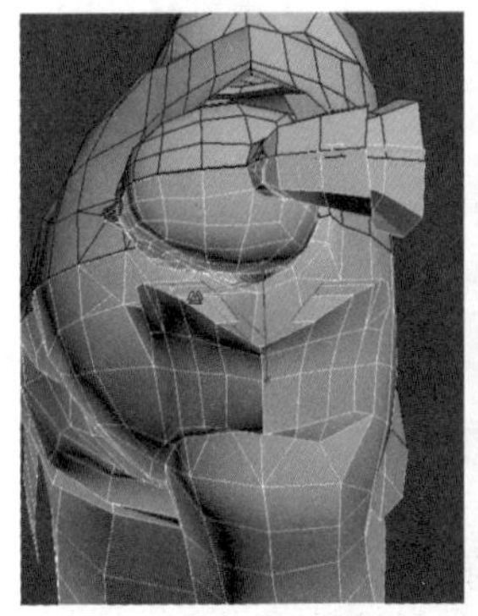

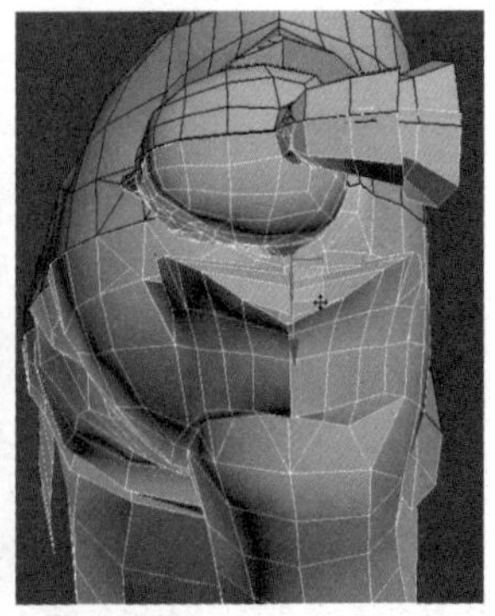

图7-232 图7-233

⑥ 选择中间线上的所有的点，单击鼠标右键在弹出的面板中单击“Weld”焊接命令的左侧设置窗口，在弹出的面板中设置焊接间距，然后单击对号按钮，如图7-234所示。

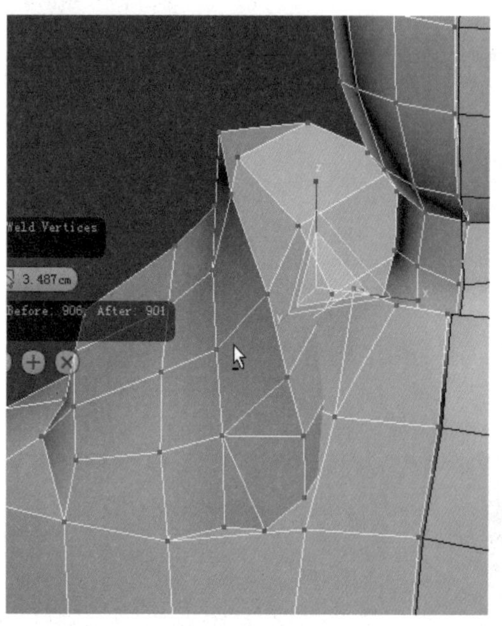

图7-234

3.创建手部的装备

① 手指的侧面可以用“Connect”连接命令连接一条中线，如图7-235所示。

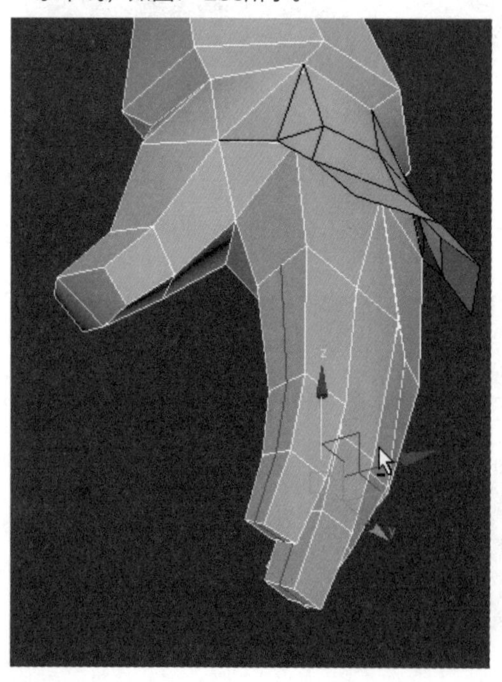

图7-235

② 调整中线的位置，如图7-236所示。

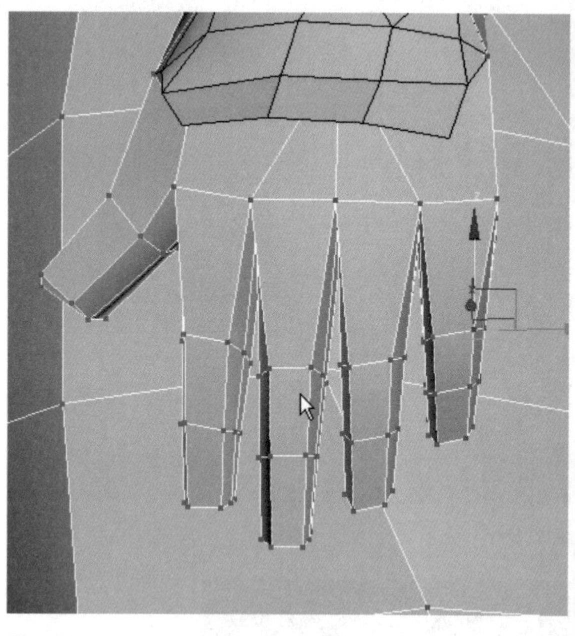

图7-236

③ 在手掌与手指的交界位置用“Connect”连接命令连接一条线，如图7-237所示。

④ 从侧面调整手掌与手指的结构转折，如图7-238所示。

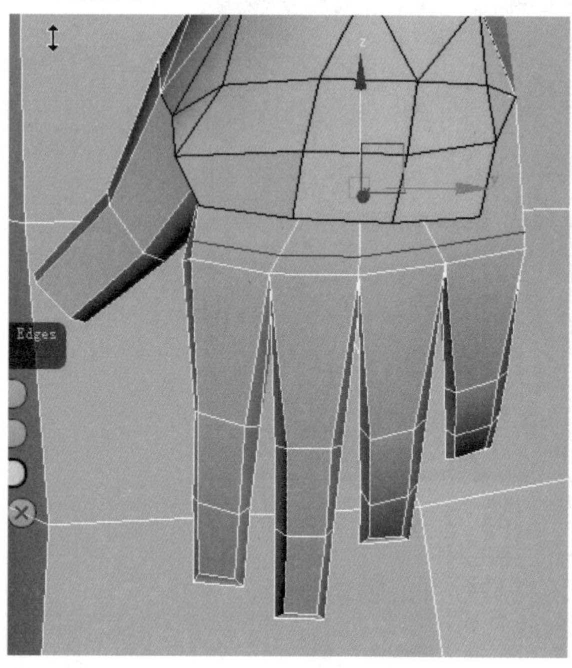

图7-237

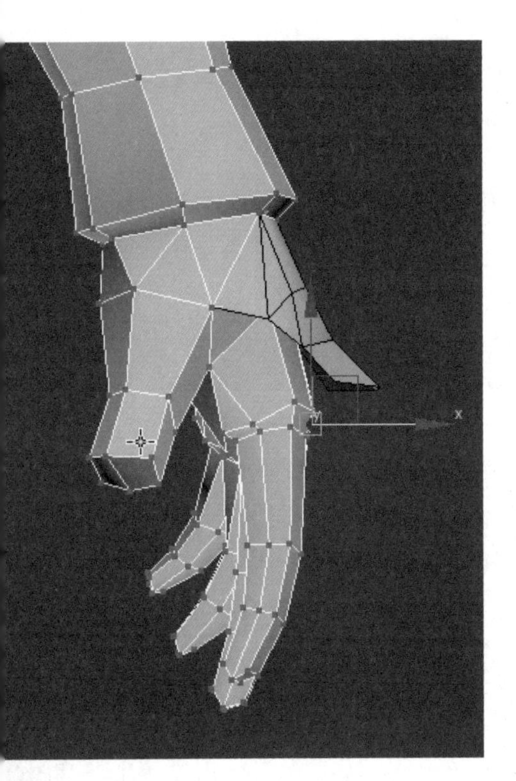

图7-238

4.创建小腿部分的装备

① 裤子与小腿交界处也添加一条线，如图7-239所示。

② 在小腿上添加几条线作为过渡线，调整间距与位置，如图7-240所示。

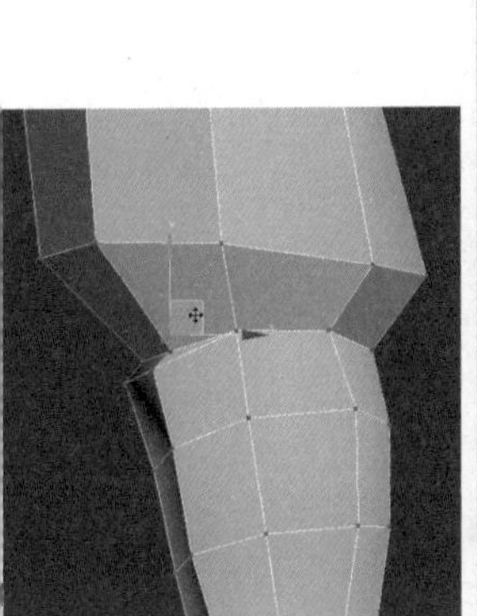

图7-239

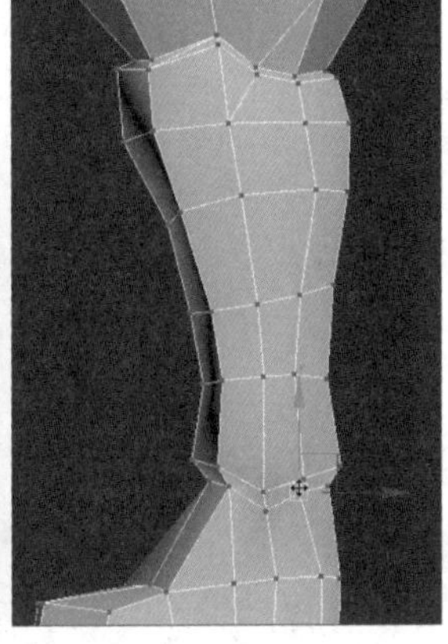

图7-240

③ 在脚的上部用“Connect”连接命令连接一条线，如图7-241所示。

④ 从正面调整刚添加线的位置，制作脚踝的结构，内踝高于外踝，如图7-242所示。

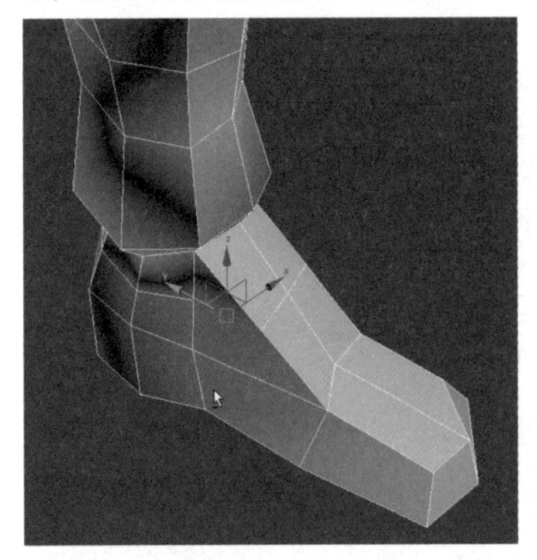

图7-241

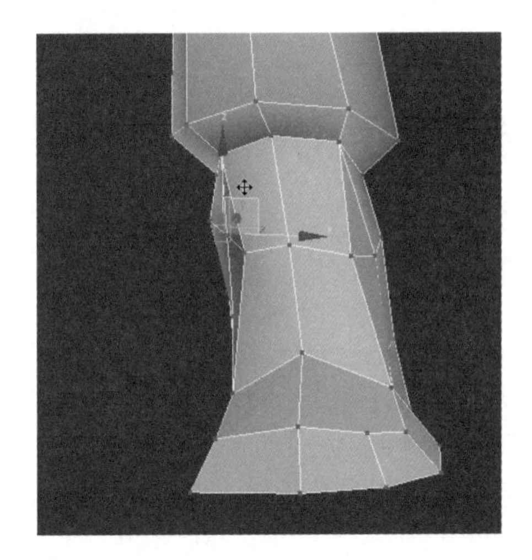

图7-242

⑤ 在脚的前面添加线调整鞋头偏圆，大脚趾靠前，小脚趾靠后，如图7-243所示。

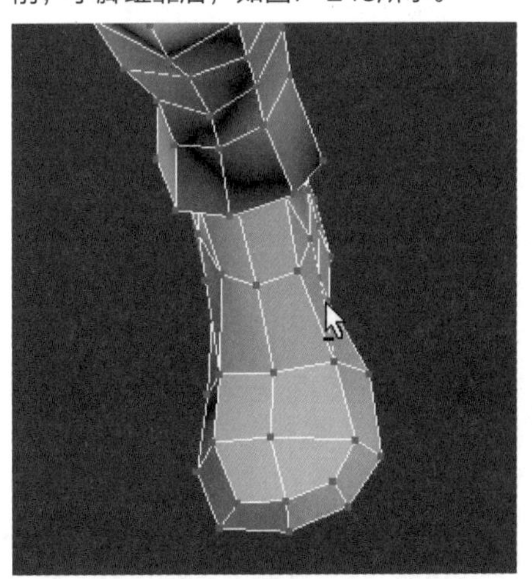

图7-243

⑥ 模型做完后正面侧面背面的造型，如图7-244所示。

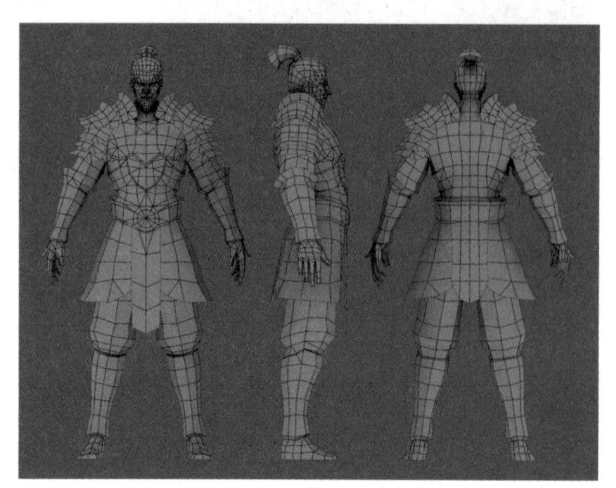

图7-244

7.4 展开角色UV

在展开角色UV的时候主要注意接缝线的位置，接缝线尽量藏在不容易被看到的地方。在游戏中观察人物的更多地是看一个人的头部和胸部，很少盯着别人的脚看，所以为了节省资源让画面更清晰，在摆放UV时可以使脸部、胸甲、肩甲的UV占的面积大一点，腿上、脚上的UV占的面积适当小一些。

本案例的模型文件在资源\模型\第7章\UV展开模型。

7.4.1 松弛方式展开UV

展角色时还可以用Relax松弛方式展开UV，但并不是之前讲的UV展开方式不能用，之前用过两种方式展开UV：快速平面方式展开UV和快速剥皮。本节中可以同时应用。

① 选择角色的模型，在修改面板中添加“Unwarp UVW”UV展开的修改器，在修改面板中进入UV面级别，选择脚底板的面，单击UV编辑器上的快速剥皮按钮，如图7-245所示。

② 脚上的UV拆分线在脚后跟上，选择脚后跟的竖线，在UV编辑器中单击鼠标右键，在弹出的面板中单击“Break”断开命令，然后选择脚背上的面，单击UV编辑器上的快速剥皮按钮，如图7-246和图7-247所示。

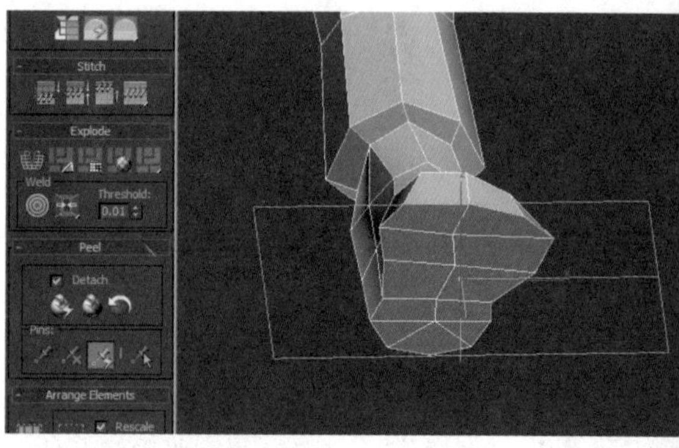

图7-245

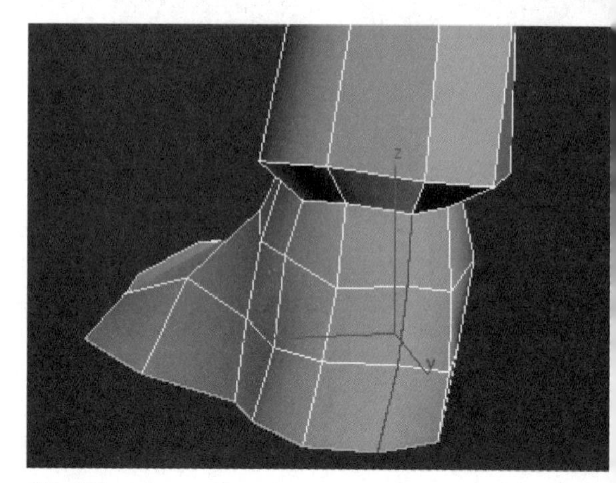

图7-246

图7-247

③ 选择小腿内侧的竖线，在UV编辑器中单击鼠标

右键，在弹出的面板中单击“Break”断开命令，然后选择小腿上的面，单击UV编辑器上的快速剥皮按钮，如图7-248、图7-249所示。

⑭ 选择大腿内侧的竖线，在UV编辑器中单击鼠标右键，在弹出的面板中单击“Break”断开命令，如图7-250所示。

⑮ 选择大腿上的面，在UV编辑器中单击菜单栏上的Tools>Relax松弛，如图7-251所示。

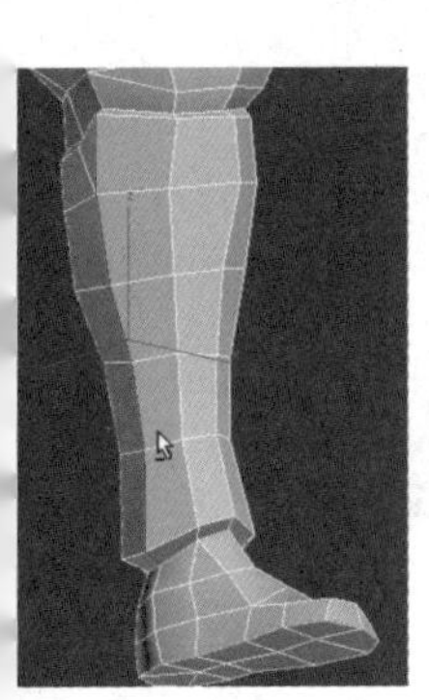
图7-248

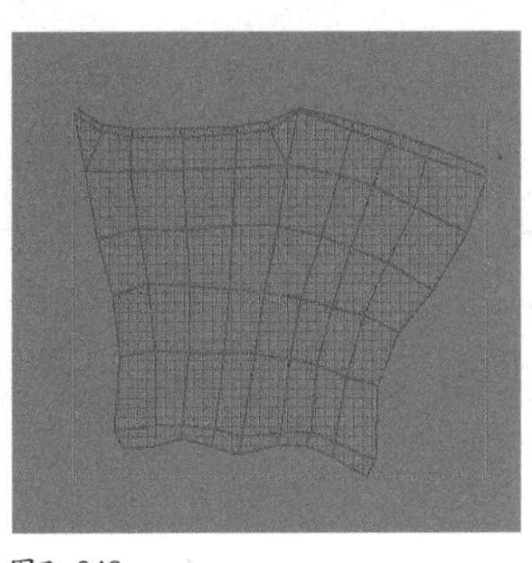
图7-249

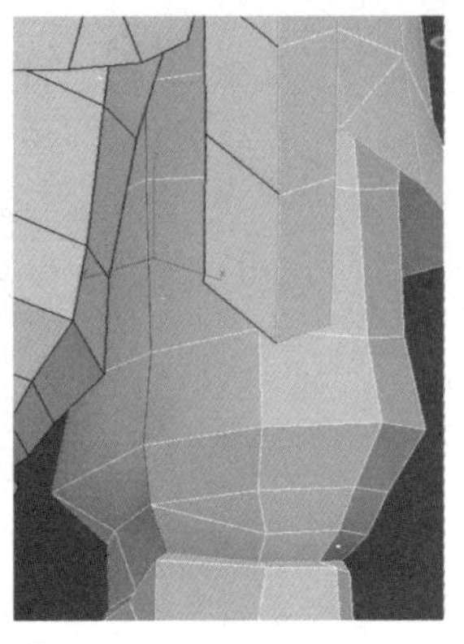
图7-250

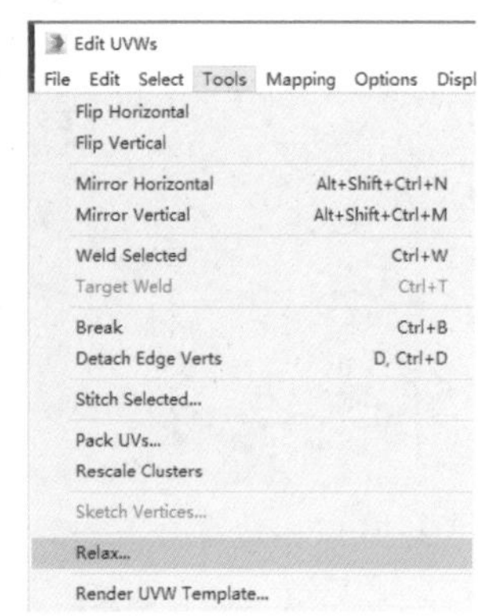

图7-251

⑯ 在弹出的Relax Tool面板中设置Relax By Polygon Angles，然后单击“Start Relax”按钮，如图7-252所示。

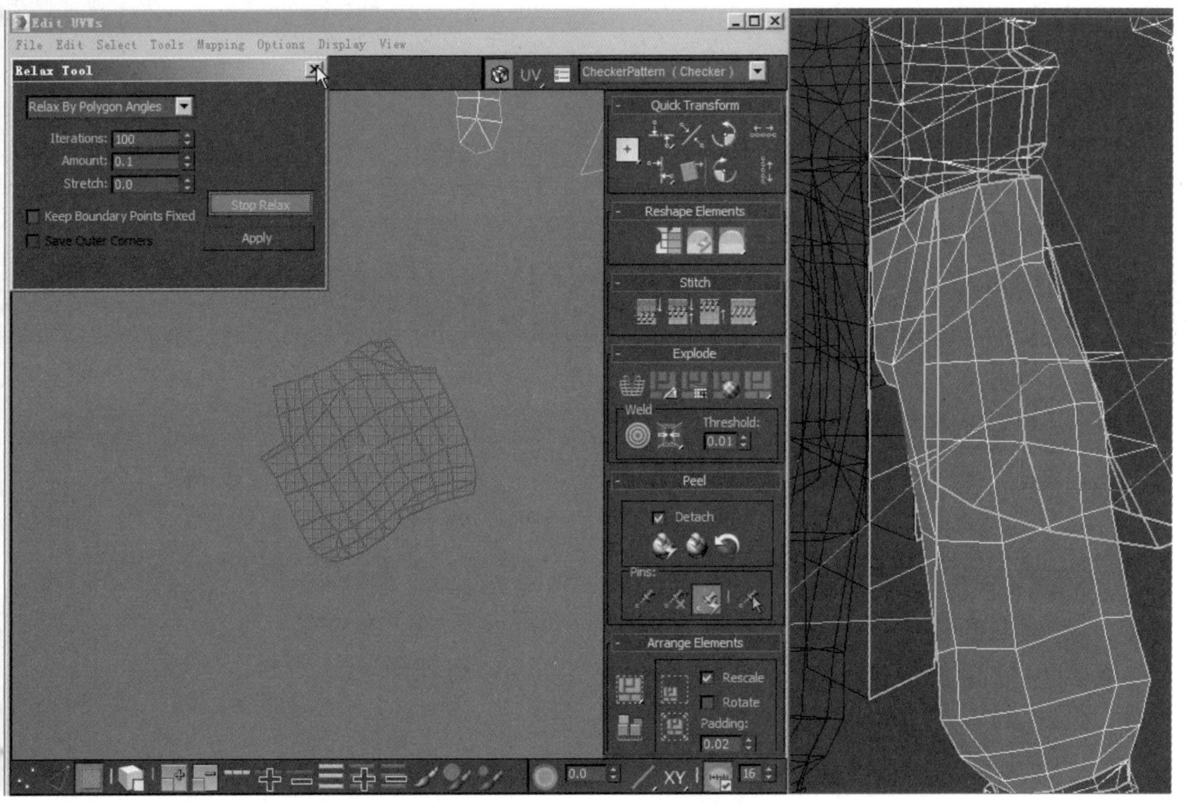

图7-252

⑰ 选择裙子的面，单击UV编辑器上的快速剥皮按钮，如图7-253所示。

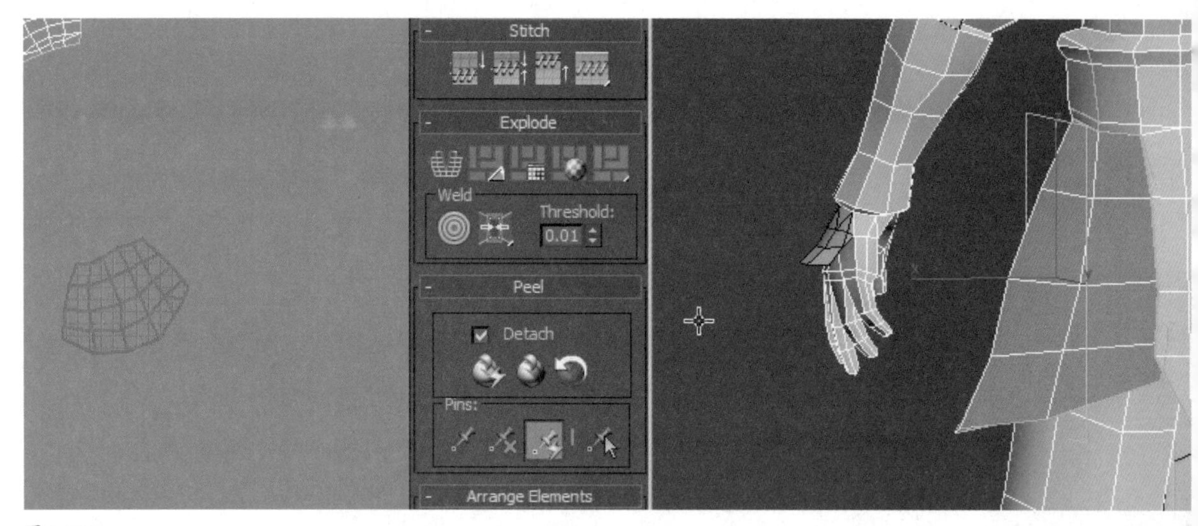

图7-253

⑱ 选择肩膀头的线，在UV编辑器中单击鼠标右键，在弹出的面板中单击“Break”断开命令；选择身上的面，在UV编辑器中，单击菜单栏上的Tools>Relax松弛，在弹出的Relax Tool面板中设置Relax By Polygon Angles，然后单击Start Relax，如图7-254所示。

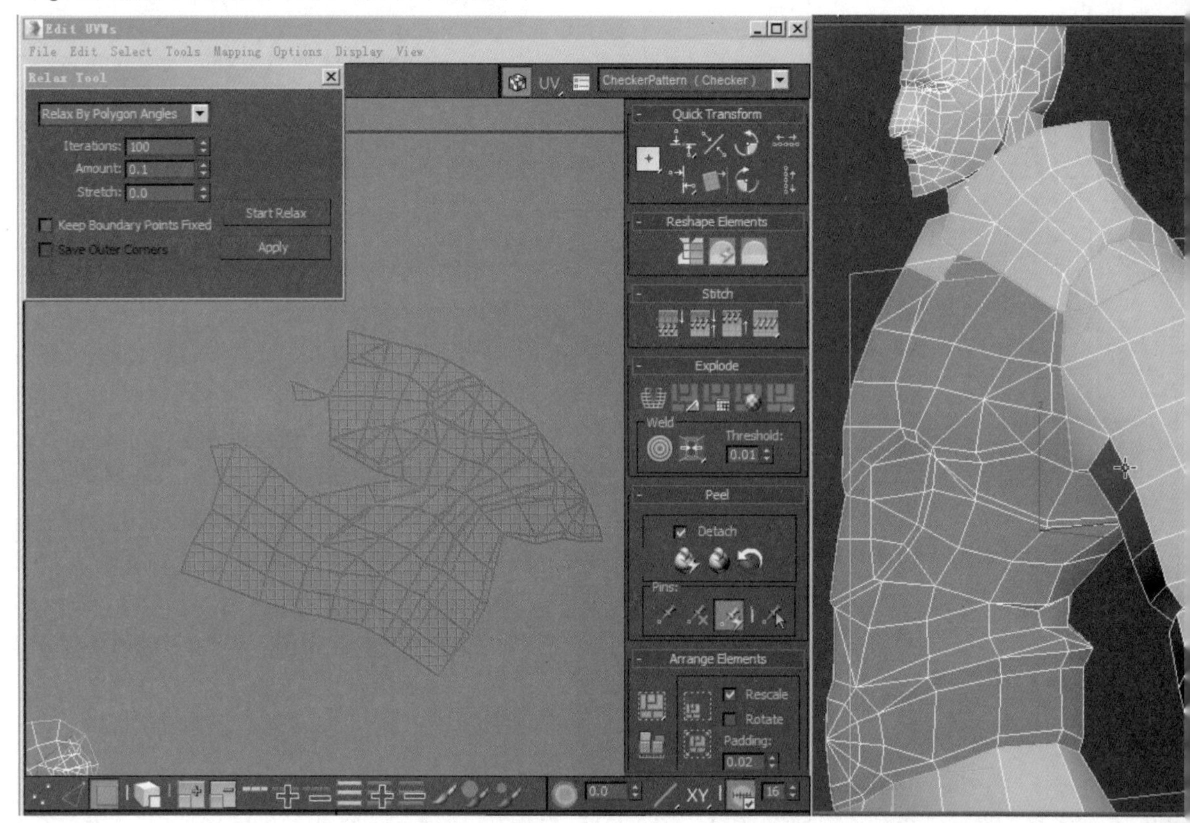

图7-254

⑲ 选择胳膊底部的线，在UV编辑器中单击鼠标右键，在弹出的面板中单击“Break”断开命令；选择胳膊上的面，单击快速剥皮按钮，UV即可展开。为了检查UV比例是否合理,需要给角色添加一个棋盘格材质球，具体的添加方法参考第4章内容。

⑩ 添加之后单击赋予按钮，再单击显示按钮，使棋盘格材质显示到角色身上，如图7-255、图7-256所示。

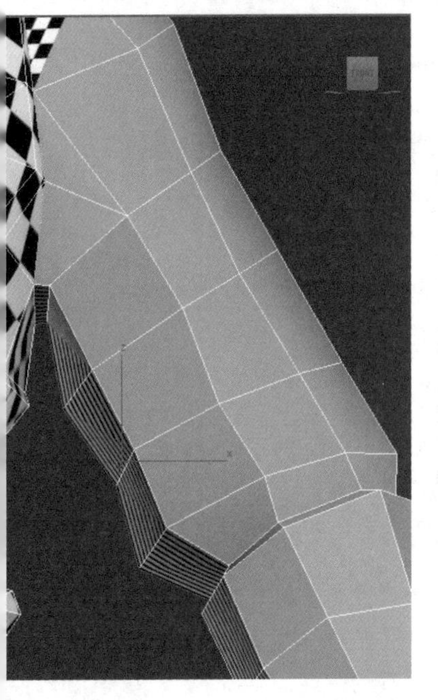

图7-255

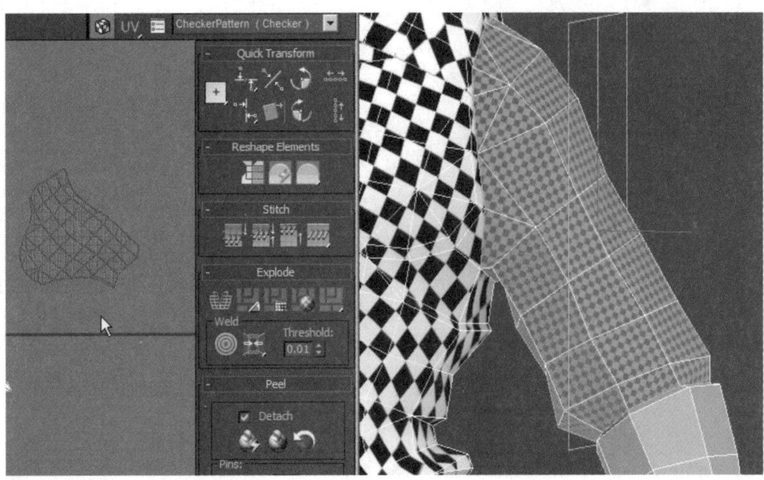

图7-256

⑪ 选择手心的面用快速剥皮，选择手背的面用快速剥皮，如图7-257所示。

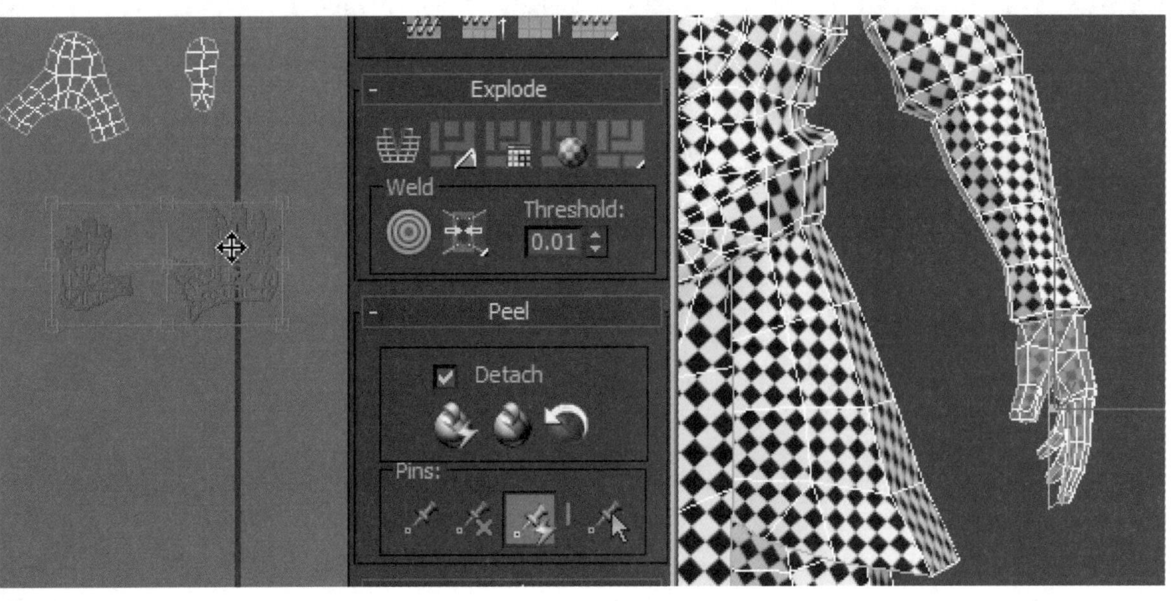

图7-257

⑫ 选择头发的面，在UV编辑器里，单击菜单栏上的“Tools>Relax”松弛命令，在弹出的Relax Tool面板中设置Relax By Polygon Angles，然后单击“Start Relax”按钮，如图7-258所示。

⑬ 选择脸部的面，在UV编辑器中，单击菜单栏上的“Tools>Relax”松弛命令，在弹出的Relax Tool面板中设置Relax By Polygon Angles，然后单击“Start Relax”按钮，如图7-259所示。

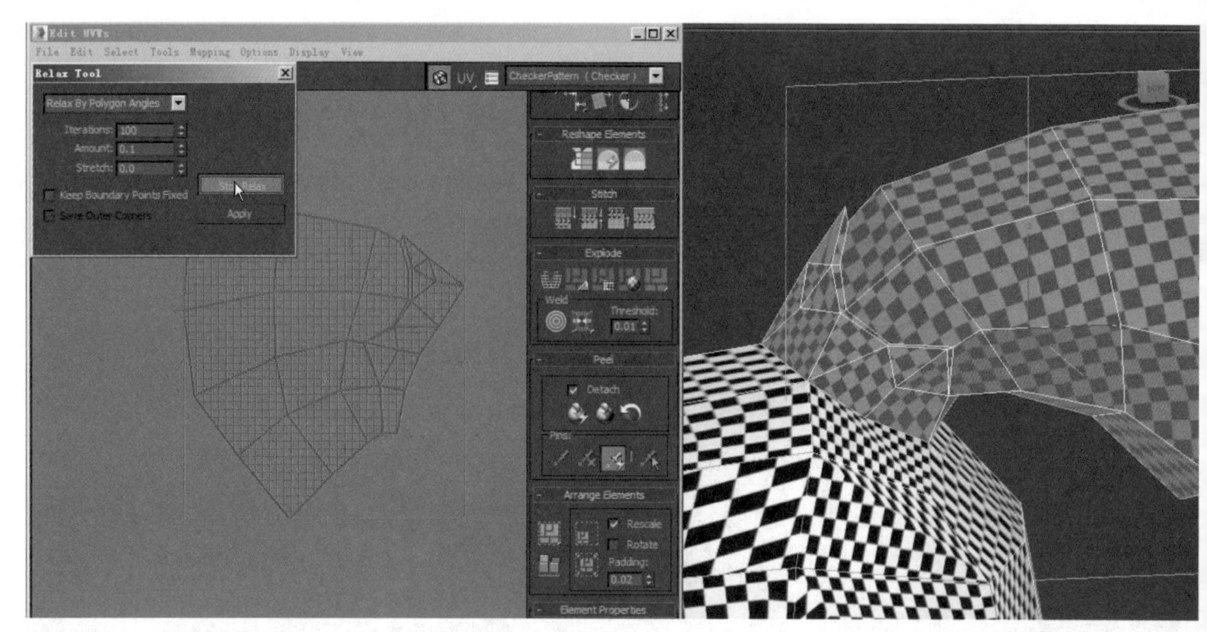

图7-258

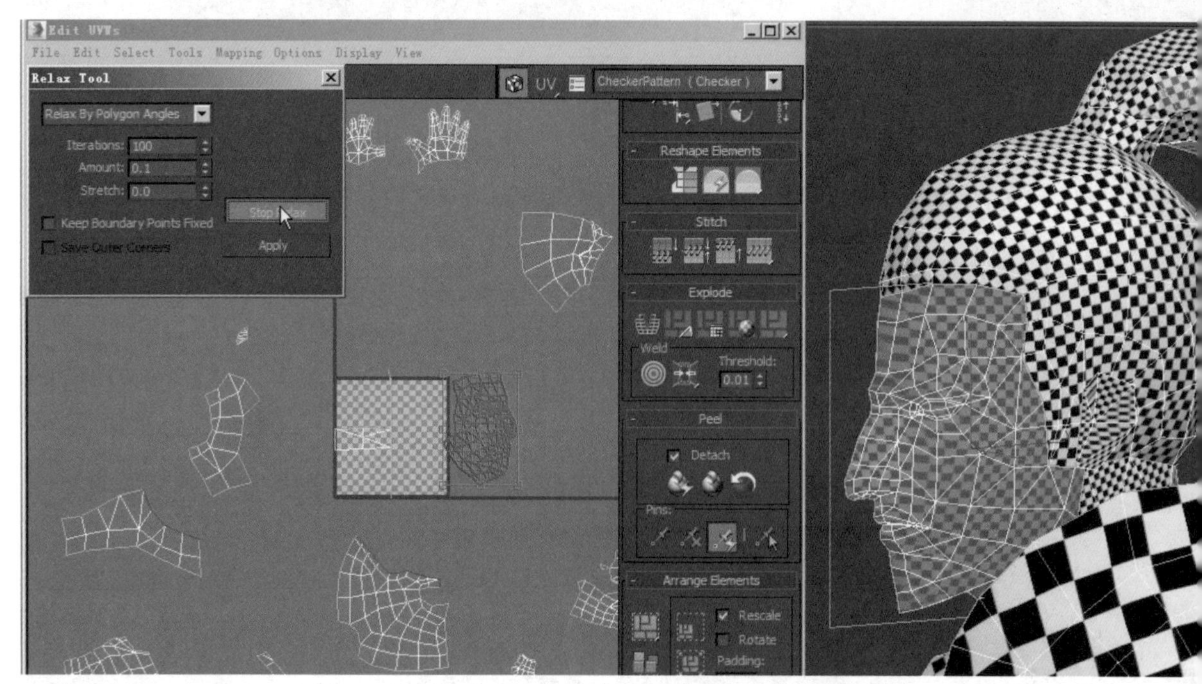

图7-259

7.4.2 整理 UV

① 现在角色的棋盘格贴图不规整，需要保证棋盘格子基本是方的，因为角色有好多复杂的形体，为了减少接缝线有些面会有一点拉伸。在摆放UV时可以使脸部、胸甲、肩甲的UV占的面积大一点，腿上、脚上的UV占的面积适当小一些，如图7-260所示。

② UV之间尽量摆满，不要留有过多的缝隙，如图7-261所示。

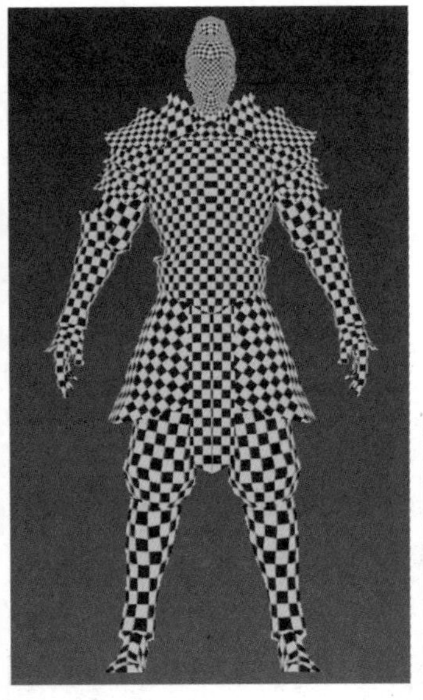

图7-260

图7-261

③ UV展开之后将两部分模型转化成可编辑多边形，选择半边的身体，单击“Attach”命令，然后单击另一半模型。将两部分合并后进入修改面板的点级别，选择中间的点，单击鼠标右键在弹出的面板中单击“Weld”焊接命令的左侧设置窗口，在弹出的面板中设置焊接间距，然后单击对号按钮，如图7-262所示。

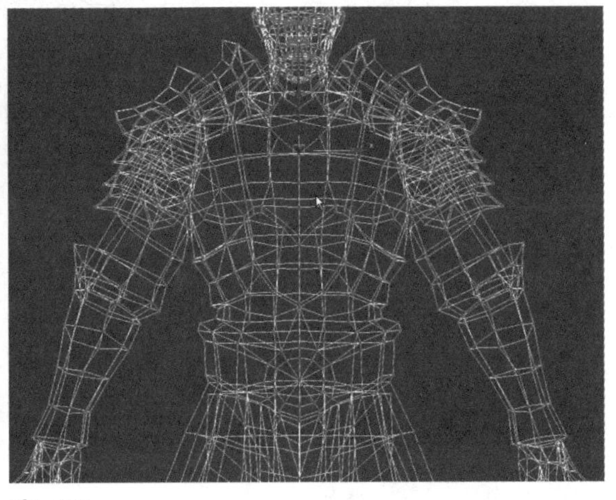

图7-262

④ 一般在项目里面我们会将物体的坐标放在角色的脚底中间。设置物体的坐标：选择整个模型单击层级面板，激活“Affect Pivot Only”仅影响轴，然后单击“Center to Object”对准到物体中心，然后用移动工具沿着y轴下移到两脚之间。然后再次单击“Affect Pivot Only”仅影响轴，如图7-263、图7-264所示。

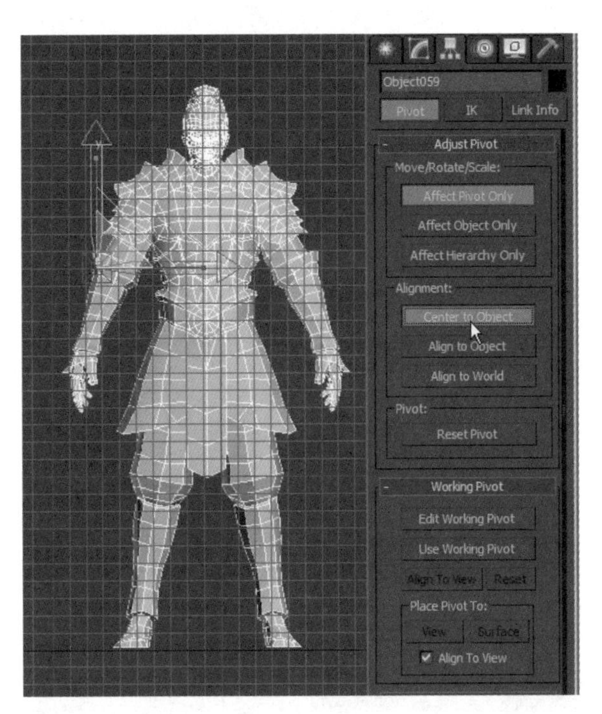

图7-263

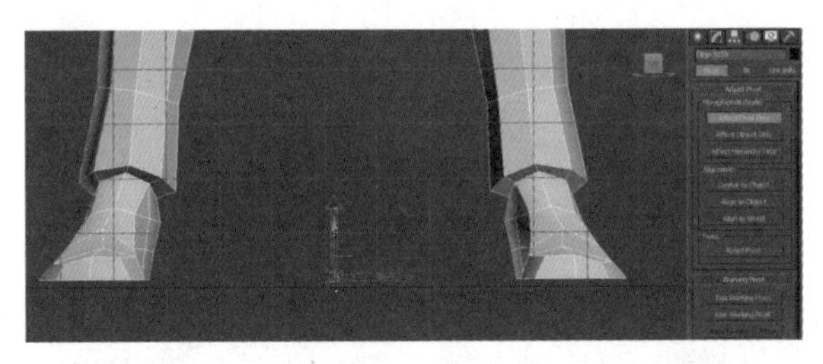

图7-264

⑤ 最后选择物体，激活移动工具，将坐标回归到零点。

7.5 绘制贴图

本案例的模型文件在资源\模型\第7章\完整模型。

7.5.1 男性脸部的绘制

① 首先添加固有色，肤色稍微偏一点红色，不能太亮。头发的颜色不能是纯黑色，可以用比较重的红色作为底色。接着绘制脸上的暗部：眉弓的底部眼窝处、鼻子底部、嘴唇的底部、上嘴唇、脸的侧面，石膏像比较

明确地概括出人物脸部的明暗关系，如图7-265所示。

② 然后绘制亮部，在绘制亮部的时候注意顶底关系，额头最亮其次是颧骨，最后是下巴。下嘴唇也是亮部。在颜色运用上可以上部分偏黄、中间偏红。具体步骤如图7-266~图7-269所示。

③ 脸部的明暗关系如图7-270所示。

图7-265

图7-266

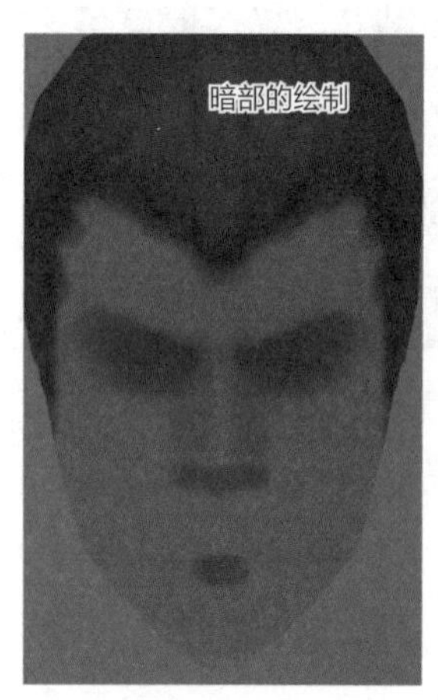

图7-267

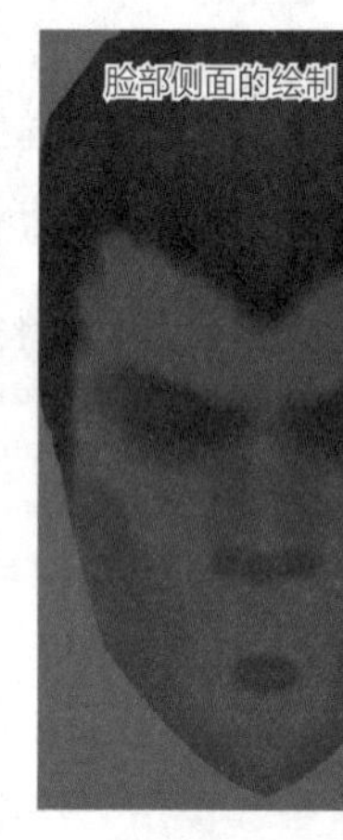

图7-268

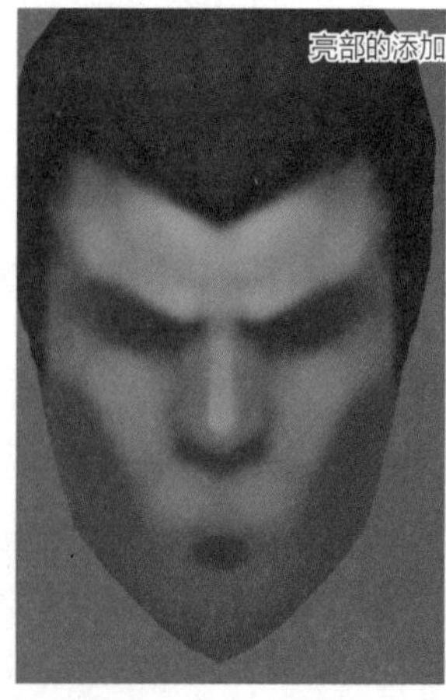

图7-269

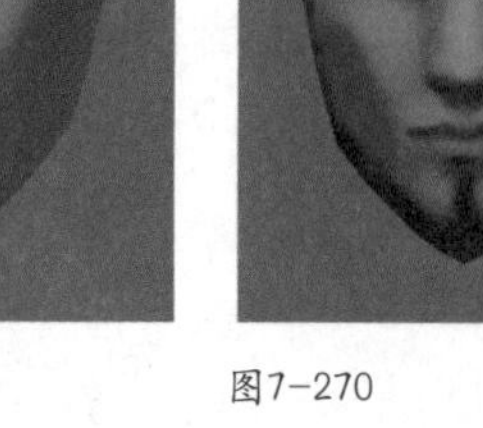

图7-270

④ 眼睛细节的刻画。

第一，用重色绘制出上眼皮的厚度，用灰色绘制出眼白的造型，眼白不能太亮，不然感觉眼睛会感觉长在外面，不够深邃。

第二，绘制出下眼袋的位置。

第三，添加黑眼球，一般眼皮会盖住黑眼球的上三分之一。

第四，原画黑眼球偏绿，所以在绘制时在黑眼球底部用饱和度较高的绿色绘制。瞳孔可以用比较深的颜色绘制。

第五，绘制出上眼皮对眼球的投影，并且添加高光，调整下眼皮的厚度。

具体步骤如图7-271~图7-275所示。

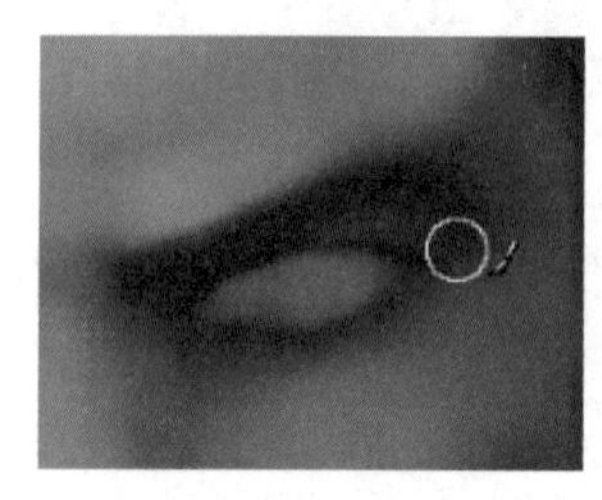

图7-271

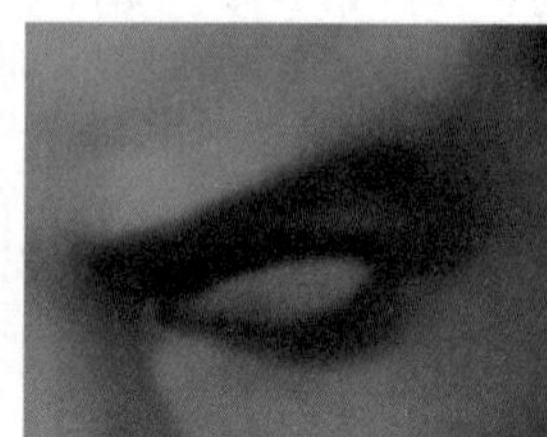

图7-272

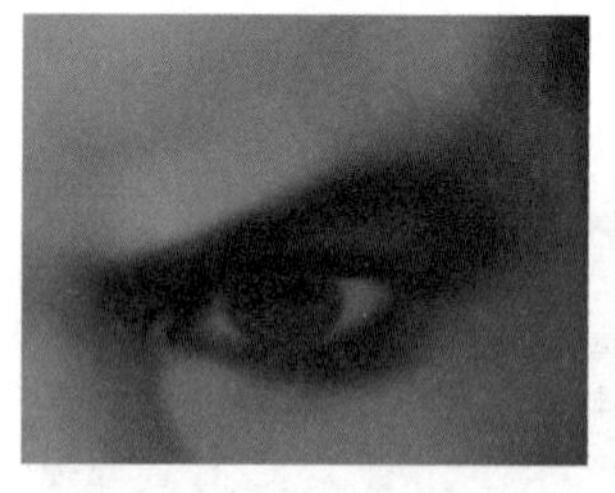

图7-273

图7-274

图7-275

⑤ 鼻子细节的刻画。

第一，区分出鼻子的正面、侧面、底面。

第二，用比较纯的红色绘制鼻底的明暗交界线。

第三，确定出鼻孔的位置，以及鼻翼外侧的亮部。

第四，绘制鼻子的高光，刻画鼻梁的暗部。

具体步骤如图7-276~图7-279所示。

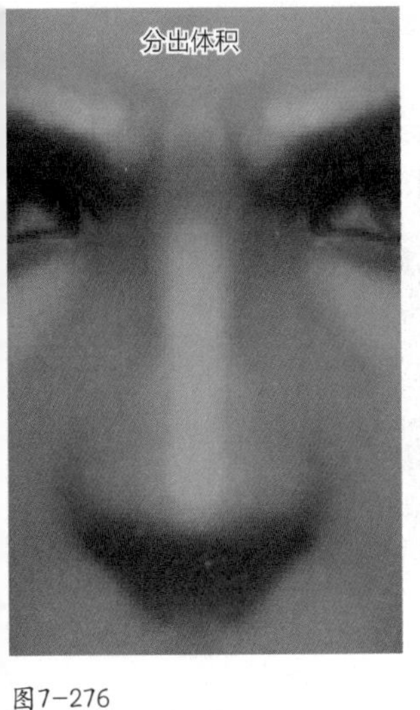

图7-276

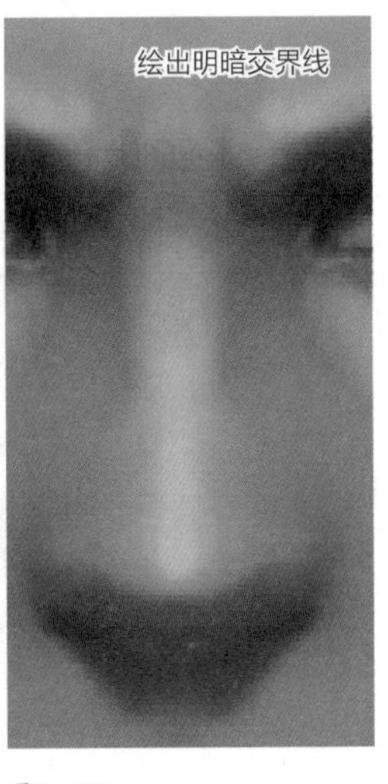
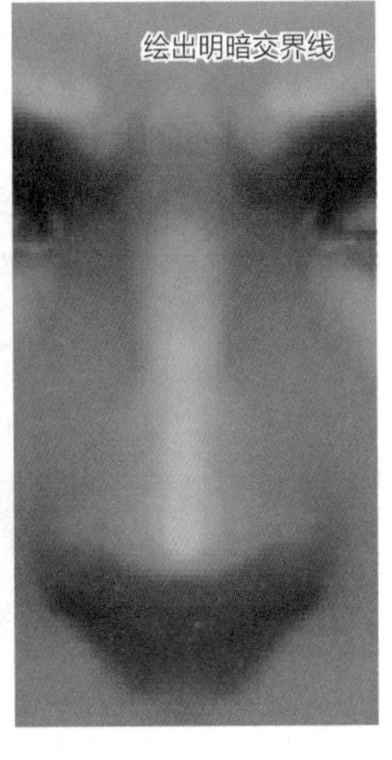

图7-277

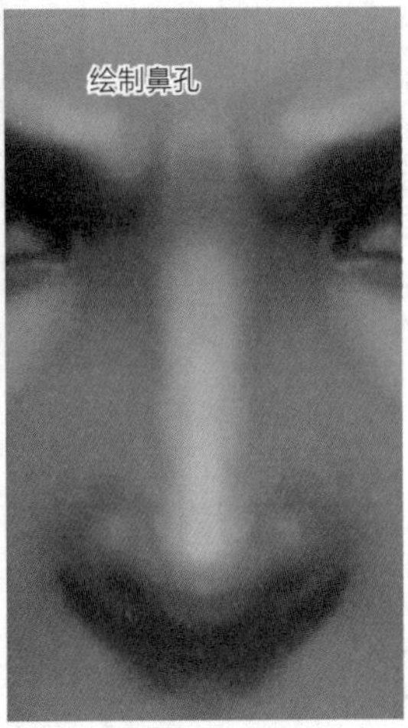

图7-278

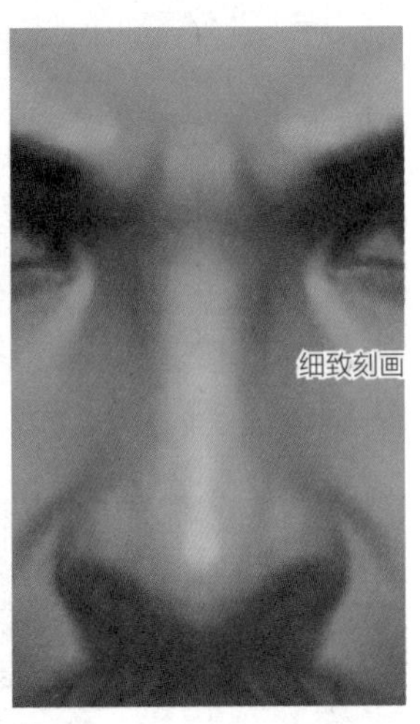

图7-279

⑥ 上唇是处在暗部当中，下唇是受光的，但是下唇内部会有上唇形成的阴影，嘴部的明暗关系如图7-280所示。

⑦ 添加嘴唇的高光并绘制出嘴部周围的明暗关系，如图7-281所示。

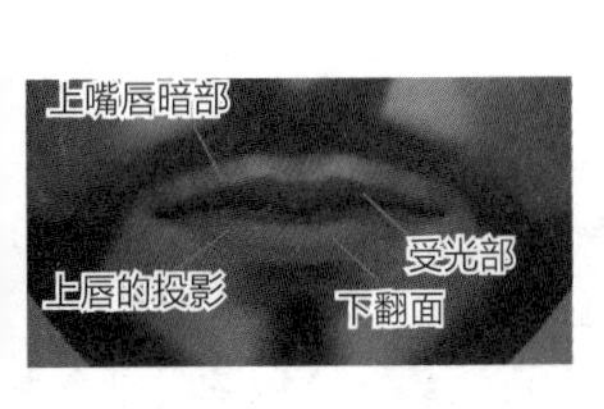

图7-280

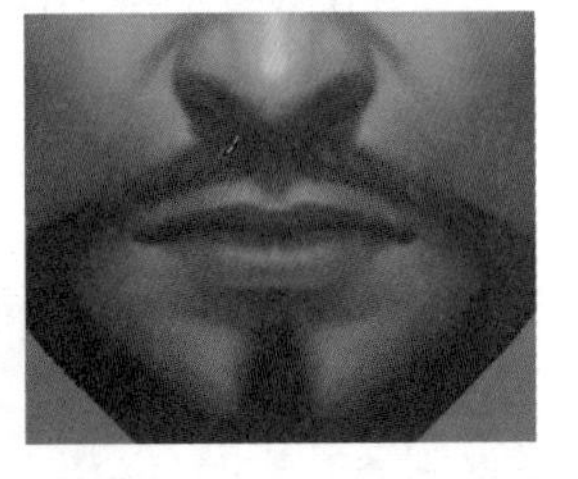

图7-281

⑧ 绘制出耳朵的暗部，然后绘制出亮部，最后细致刻画，如图7-282~图7-284所示。

头部明暗体积关系效果如图7-285所示。

图7-282

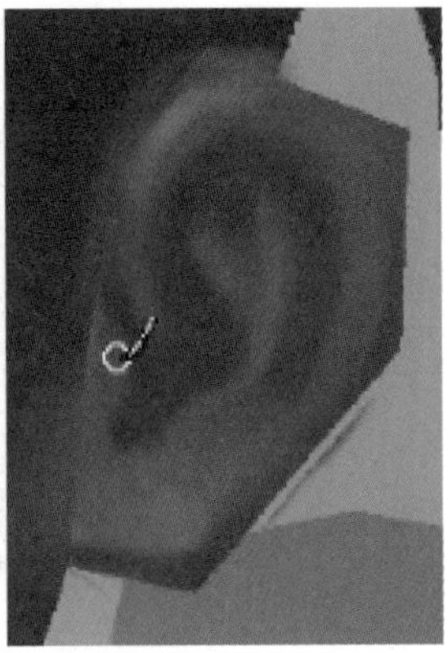

图7-283

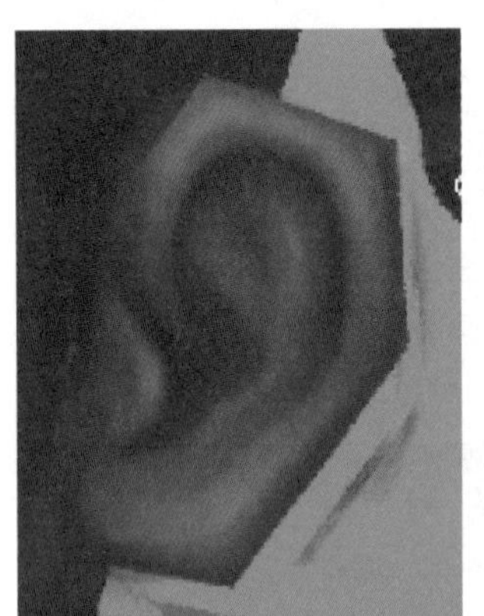

图7-284

图7-285

⑨ 绘制头发时先绘制出明暗关系，然后将头发分组，最后在一个小组里面绘制几根发丝，如图7-286所示。

图7-286

⑩ 头部绘制完成的效果如图7-287所示。

图7-287

7.5.2 装备的绘制

1. 体积关系的绘制

绘制体积关系的时候颜色不宜过亮，尤其是金属可以适当暗一些。然后就是多用邻近色，不要只用一种颜色绘制明暗关系，如图7-288所示。

图7-288

2. 金属质感的体现

① 绘制出整体的体积关系，然后分出大的体块，逐渐绘制细纹，将切好的局部做出明暗起伏，如图7-289、图7-290所示。

② 绘制好的胸甲如图7-291所示。

③ 在体积关系基础上绘制金属细纹结构，然后根据细纹绘制出凹槽的效果，加强明暗对比，绘制金属高光。金属的受光面的颜色一定要与金属高光的颜色拉开明暗对比才能保证金属质感的效果，如图7-292、图7-293所示。

④ 金属的高光可以断续添加，这样可以表现出金属表面的粗糙效果，如图7-294、图7-295所示。

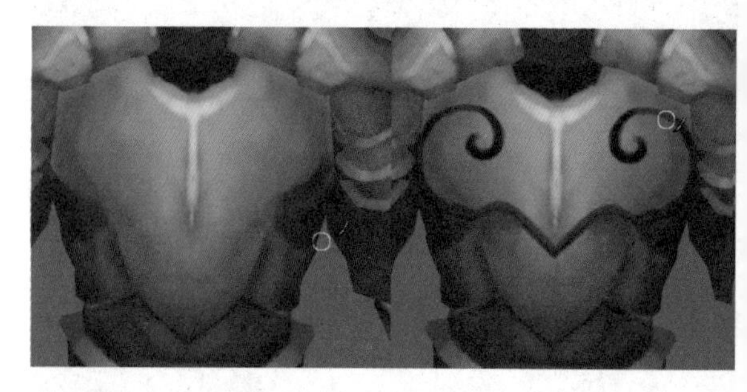

图7-289

图7-290

图7-291

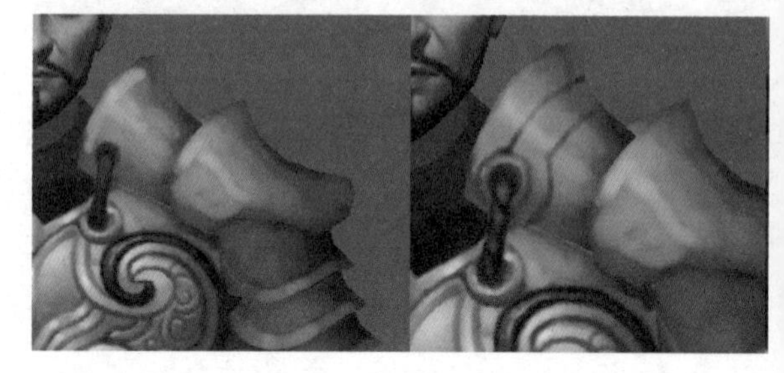

图7-292

图7-293

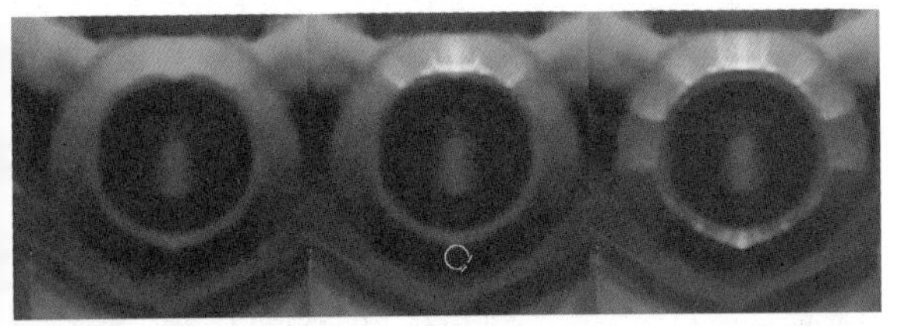

图7-294

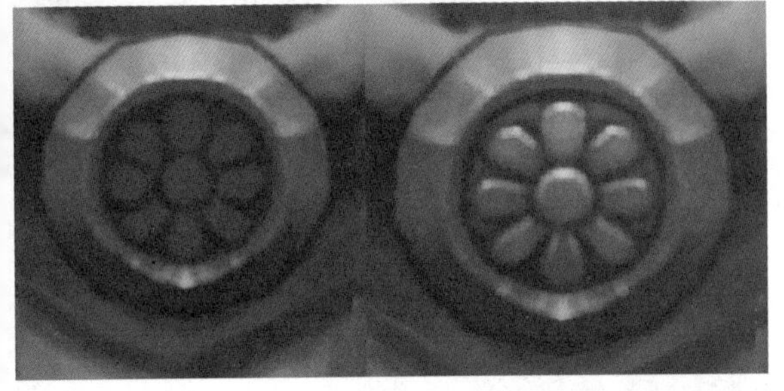

图7-295

图7-296

5 整体效果如图7-296所示。

7.6 本章作业

根据图片制作模型并绘制贴图，本案例可以用之前做好的裸模改成图片所示的体型，然后再添加装备。绘制贴图要注重顶底的明暗关系，注意金属质感的把握，如图7-297所示。

作业原画在资源\作业\第7章\将军。

图7-297

第 8 章 网络游戏女性角色制作

本章知识点

- 女性身体结构的特点
- 女性头部外轮廓的特点
- 布褶的绘制，图案的叠加

8.1 创建女性裸模

本案例源文件在资源\模型\第8章\女裸模制作。

8.1.1 头部模型的制作

女性头部制作与男性头部制作的方法是一致的，可以参考第7章来制作。女性的脸部线条更柔和，在制作时需要把握好关键点所在的位置与脸型的塑造。

1. 创建头部基本形体

① 创建基本形体之后，调整下巴的点，女性的下巴要更窄一些，整个头形也略窄一些。侧面造型与男性头部无异，如图8-1、图8-2所示。

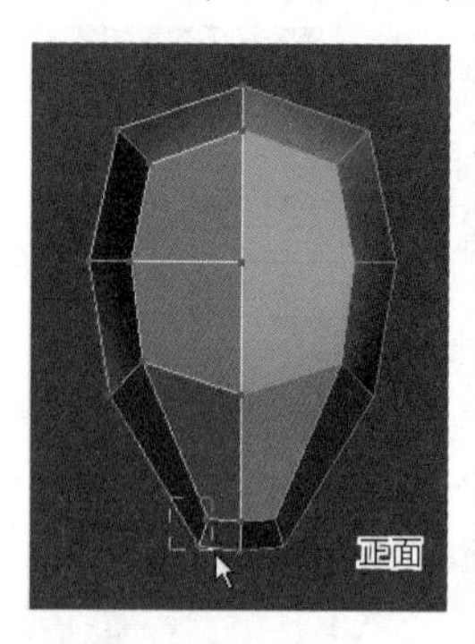

图8-1

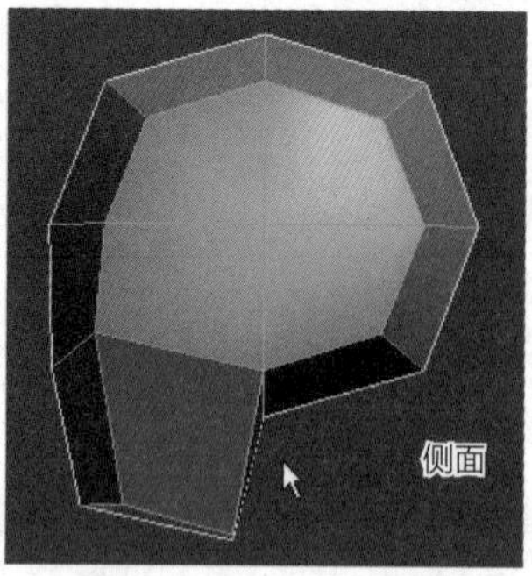

侧面

图8-2

② 选择底部的面挤出脖子，如图8-3~图8-5所示。

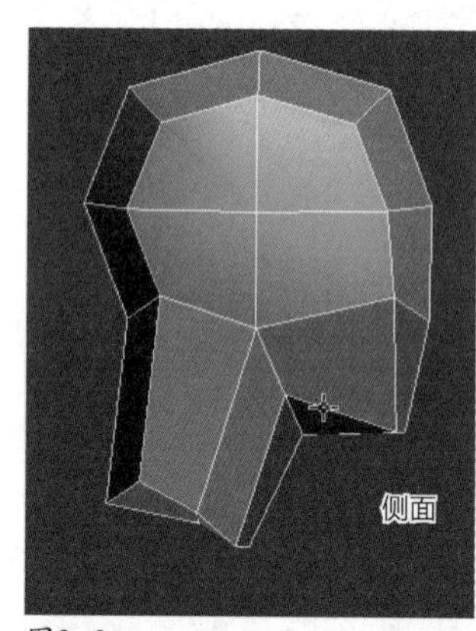

图8-3

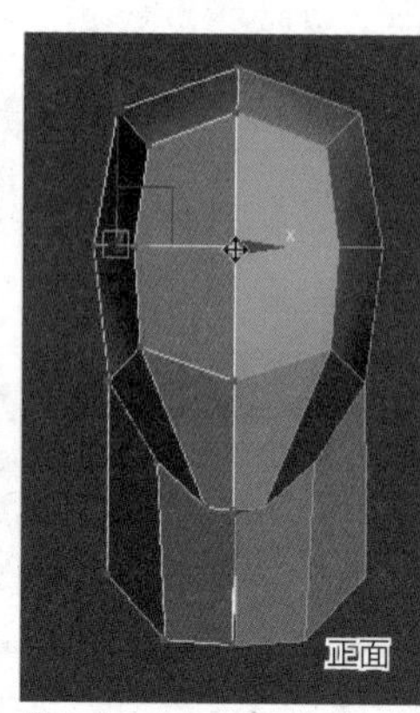

图8-4

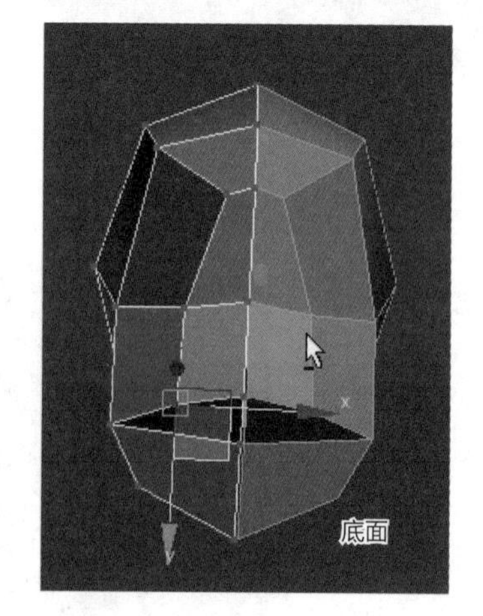

图8-5

2.五官结构的深化

① 用“Cut”切线命令切一条线，定出鼻子的宽度，进入顶视图将前额与后脑勺调圆，如图8-6、图8-7所示。

② 选择鼻子位置的面，用“Extrude”挤出命令挤出鼻子结构，正面与侧面鼻子的造型如图8-8、图8-9所示。

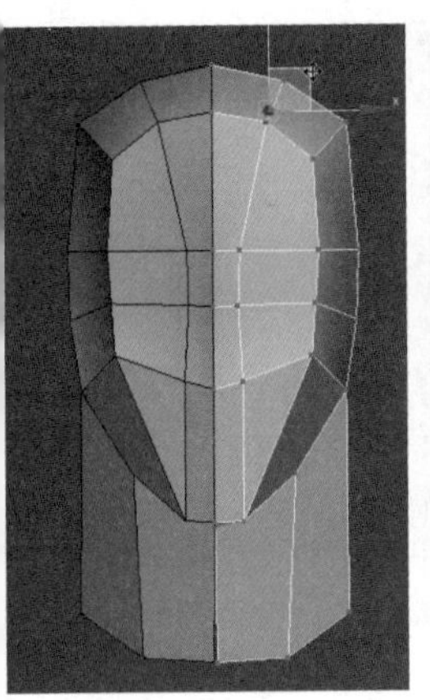

图8-6

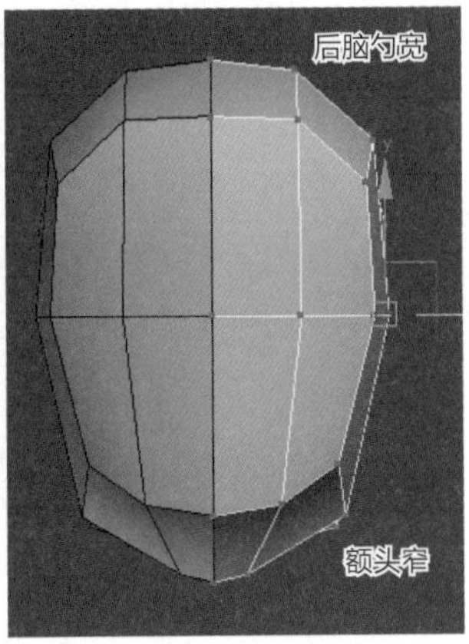

图8-7

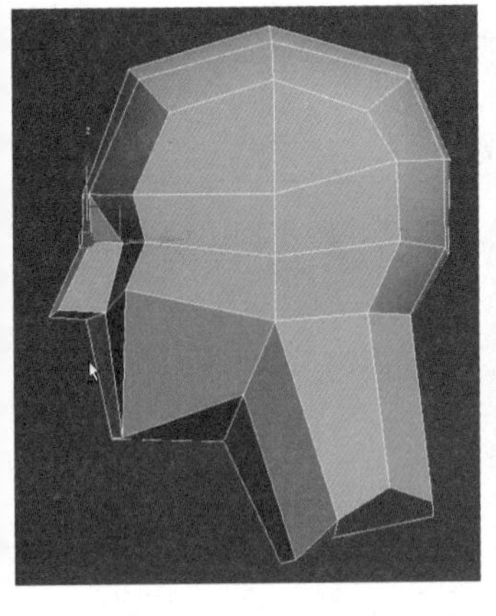

图8-8

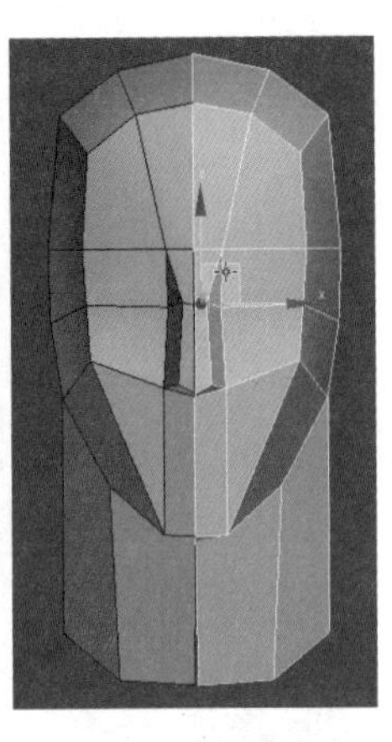

图8-9

③ 用“Cut”切线命令切一条线，定出嘴唇中缝线的位置，中缝线在鼻底到下巴长度的上1/3处。从正面接着调整脸型，如图8-10所示。

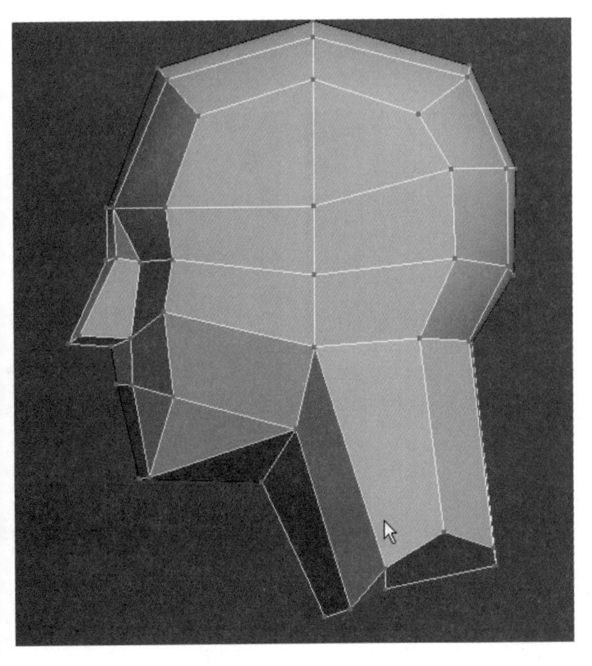

图8-10

④ 选择从下巴到下颌骨再到头顶的这条线，用“Chamfer”切角命令切角。进入点级别调整出耳朵的造型。进入后视图，将耳朵后面的点往后移动，从后视图能透过脖子看到下颌骨，这样脖子也可以调细一些，如图8-11~图8-14所示。

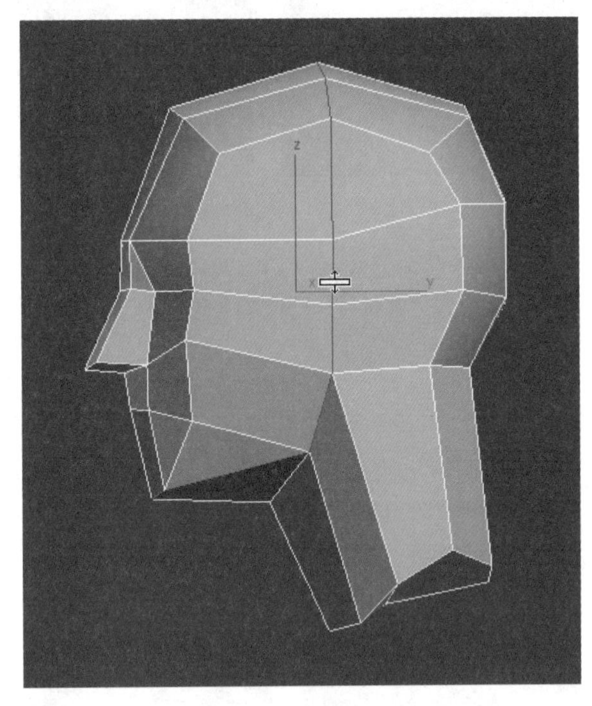

图8-11

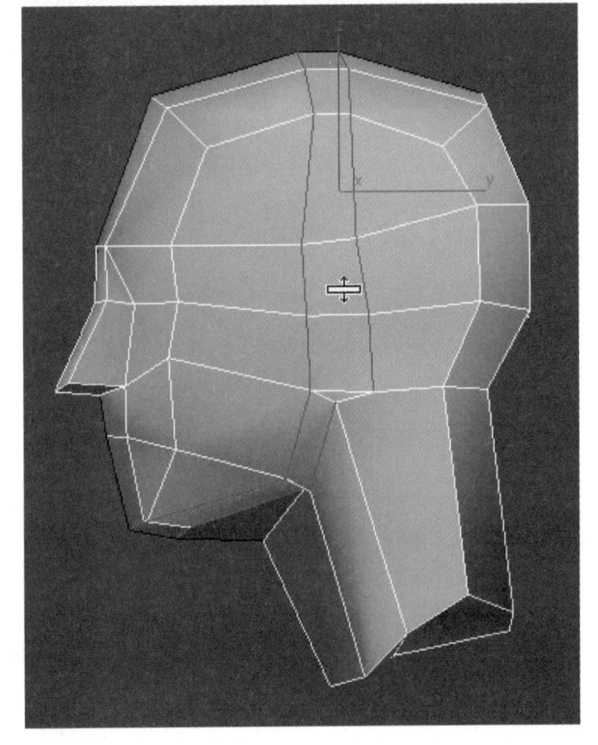

图8-12

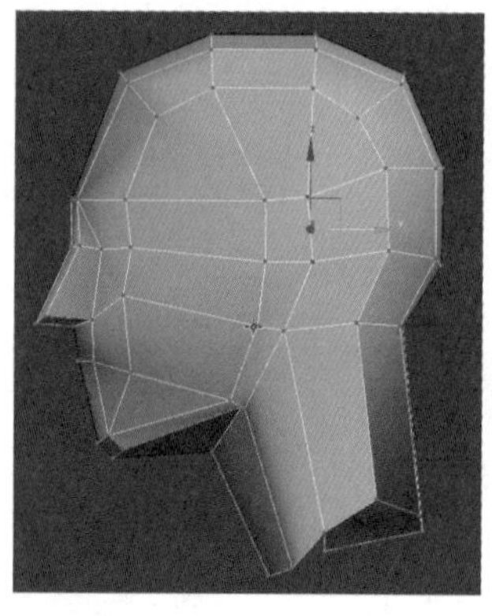

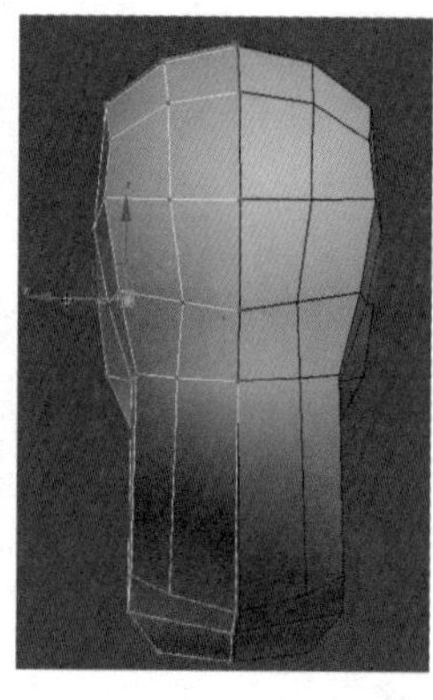

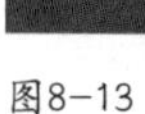

图8-13　　图8-14

⑤ 选择耳朵的面，用“Extrude”挤出命令挤出耳朵的高度，调整耳朵的造型（参照男性耳朵的制作），如图8-15所示。

⑥ 女性的脸型如同鸭蛋上宽下尖，外轮廓是一条完美的弧线。脖子要窄。基本形体必须要调整好才能往下做五官的细节，如图8-16所示。

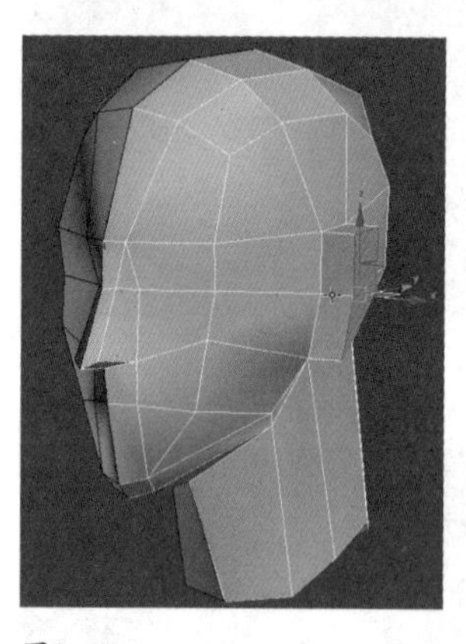

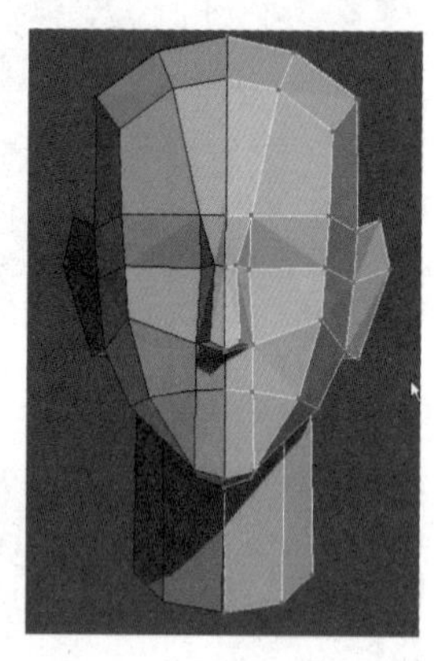

图8-15　　图8-16

⑦ 用“Cut”切线命令切出嘴的外轮廓，从底视图调整嘴的弧度，如图8-17和图8-18所示。

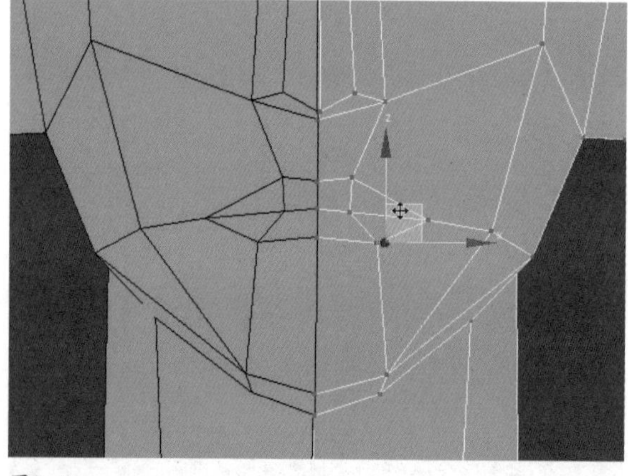

图8-17

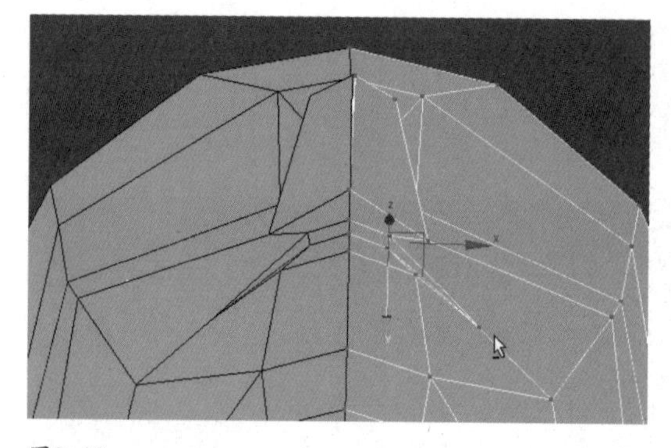

图8-18

⑧ 从侧视图选中嘴的中缝线上的点向后移动，如图8-19所示。

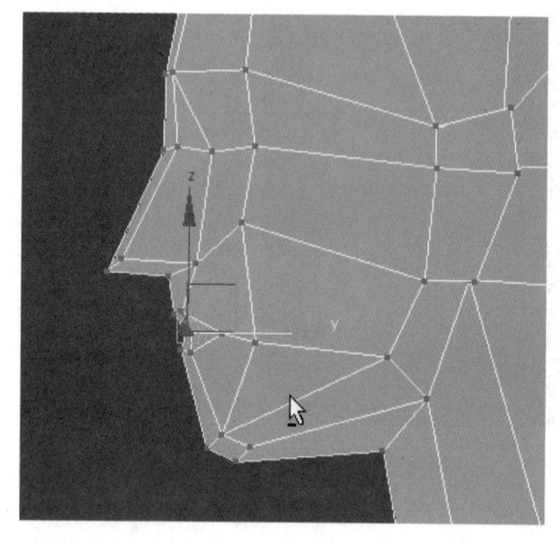

图8-19

⑨ 用“Cut”切线命令从嘴角的点开始向上切一条线一直到后脑勺底部，然后从各个角度调整这条线，使头部更饱满圆润，如图8-20和图8-21所示。

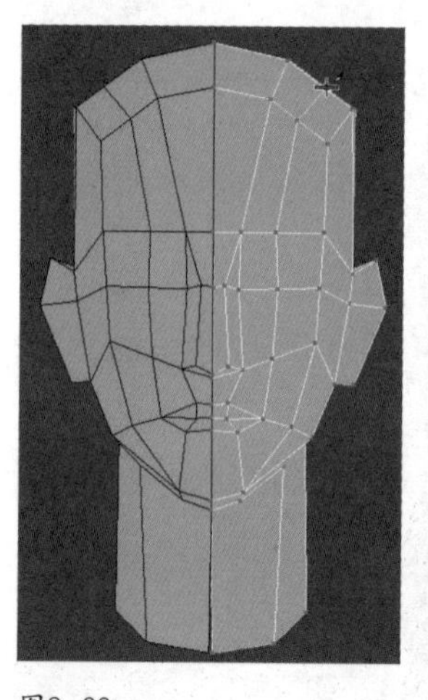

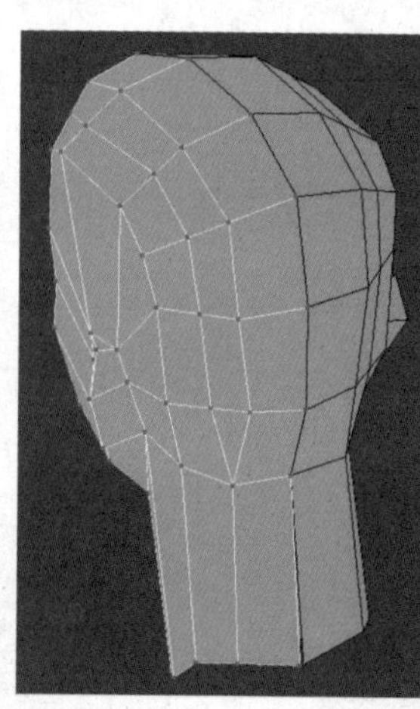

图8-20　　图8-21

⑩ 添加完线之后，从前视图再次调整头型，头顶部呈扁圆形态，如图8-22所示。

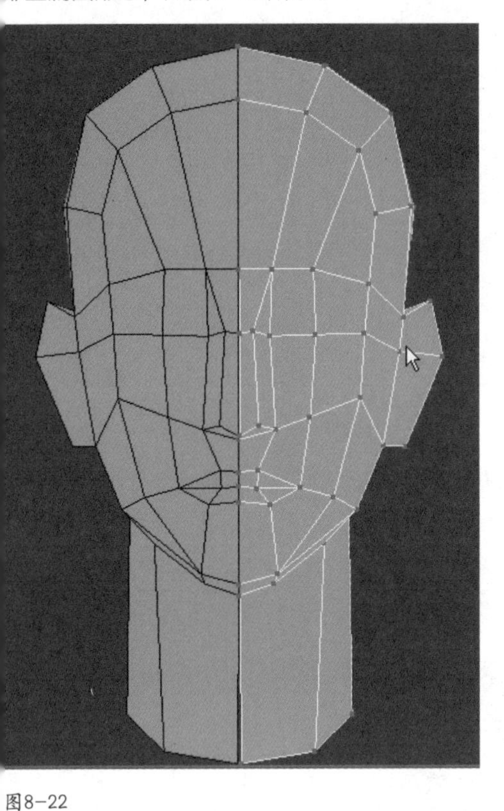

图8-22

3.眼睛的制作

⑪ 选择眼睛位置的一个点，用“Chamfer”切角命令将其切角，在眼睛外轮廓线上分别从中点向外切出放射性切线，调整眼的外轮廓。在眼的外部再添加一圈线，作为眼窝的结构，如图8-23~图8-25所示。

⑫ 从颧骨上的一个点横向用“Cut”切线命令切一条线到鼻子上，大致卡出鼻头的位置。调整脸部的布线为水平线，如图8-26~图8-28所示。

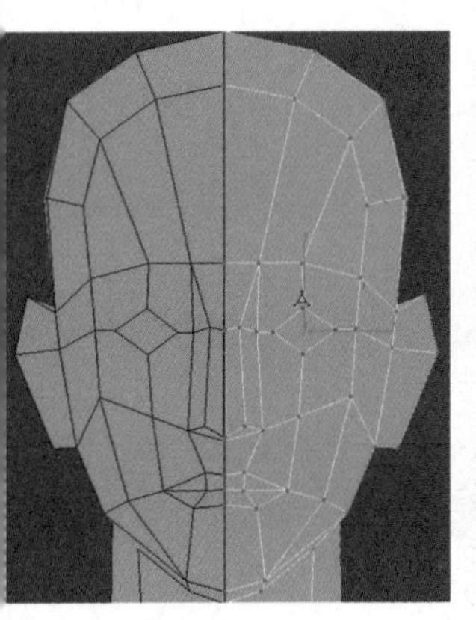

图8-23

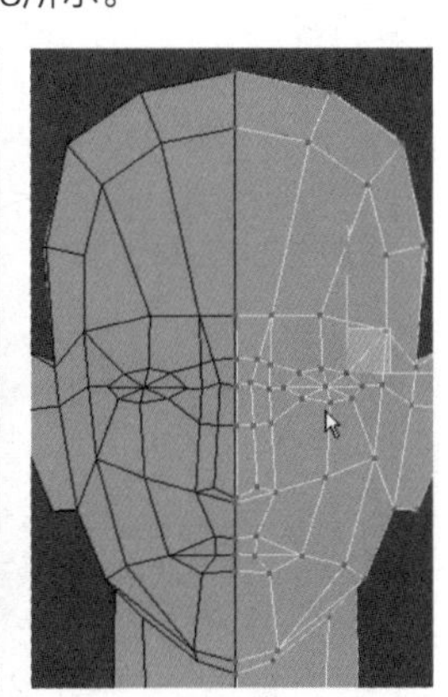

图8-24

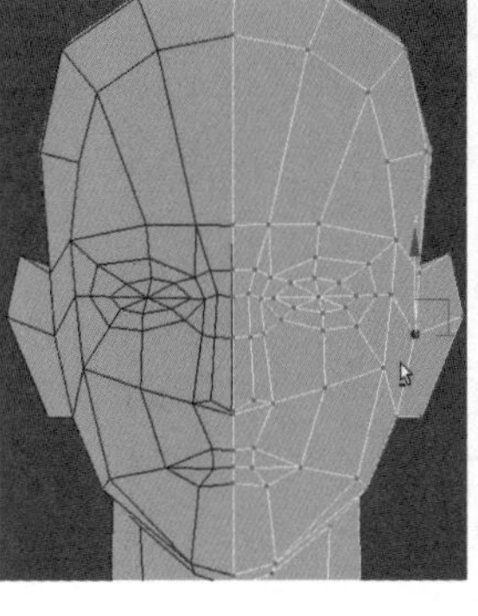

图8-25

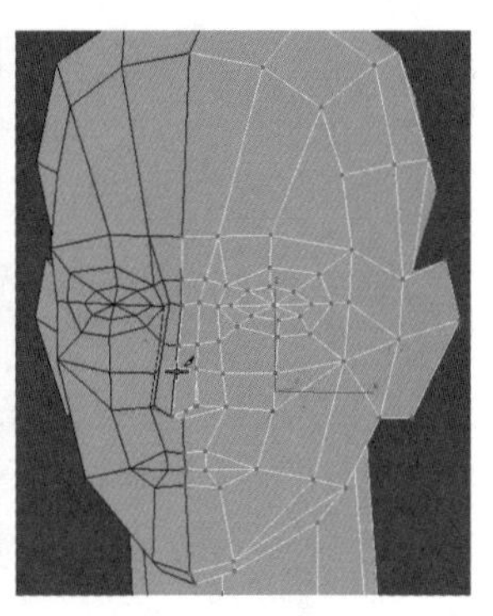

图8-26

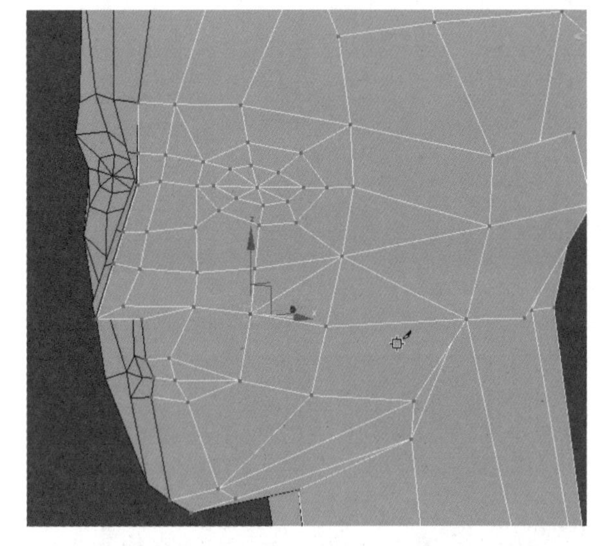

图8-27

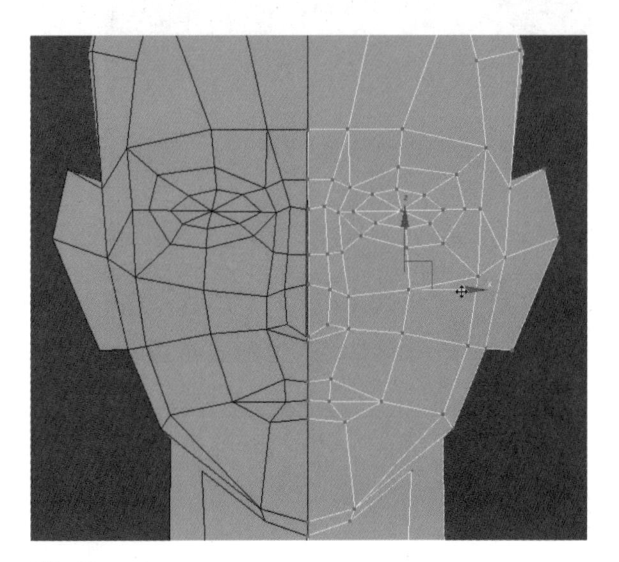

图8-28

⑬ 用“Cut”切线命令在额头上切一条线，从顶视图调整头部的轮廓，如图8-29和图8-30所示。

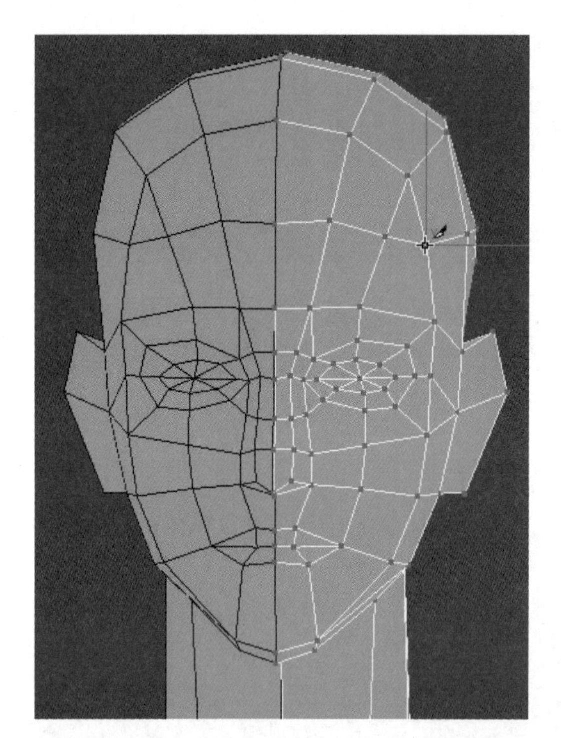

图8-29

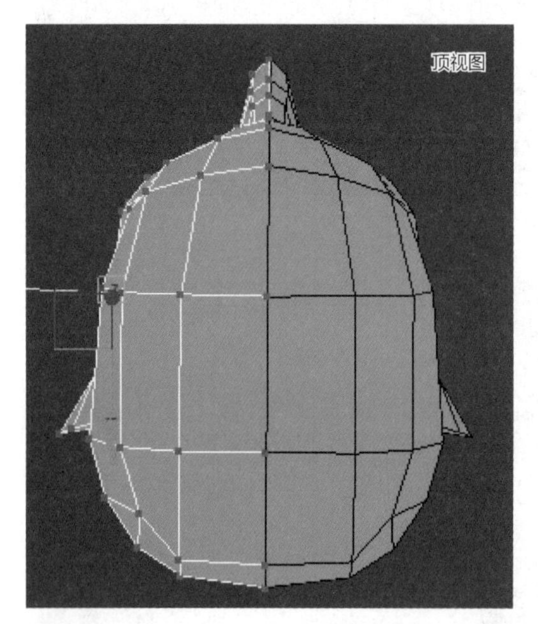

图8-30

④ 用“Cut”切线命令在嘴的周围切一圈的线，从侧面调整出下唇底部的凹陷，如图8-31和图8-32所示。

⑤ 选择图8-33所示的横断线，用“Connect”连接命令连接一条线，让脸部布线更均匀，同时调整出嘴的造型，如图8-34所示。

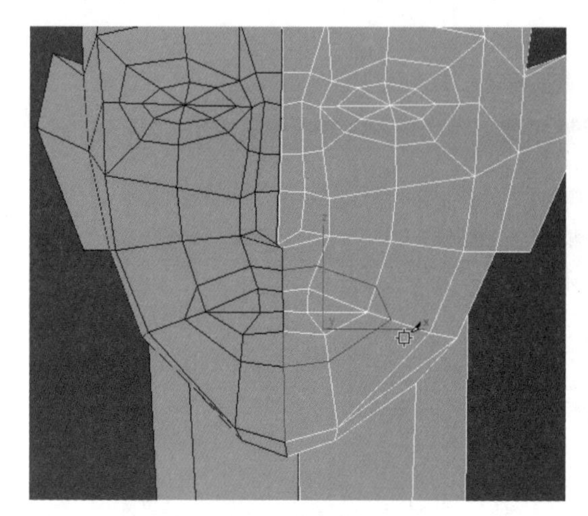

图8-31

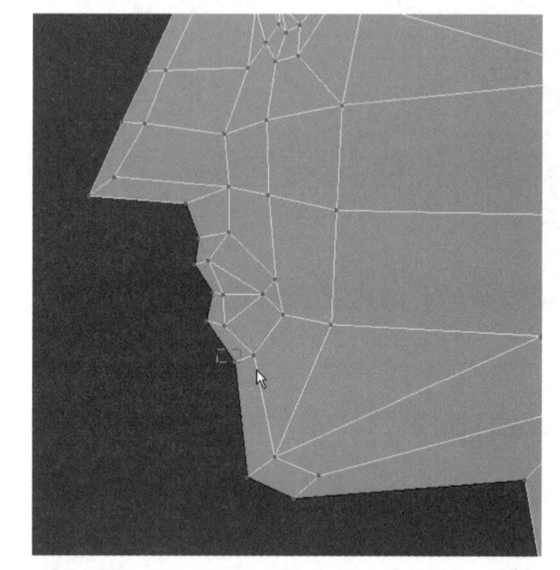

图8-32

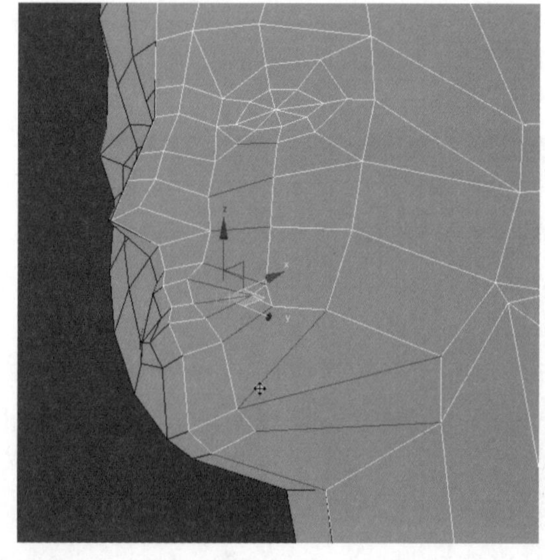

图8-33

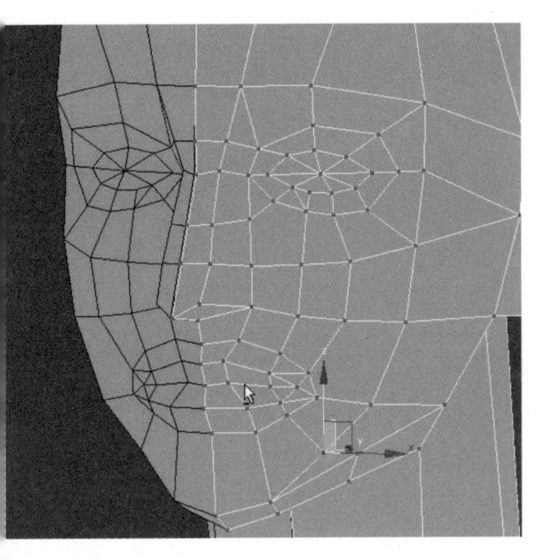

图8-34

4.鼻子的制作

① 首先用“Cut”切线命令切一条线，分出鼻头与鼻梁的结构。在鼻头上横向添加一条线让鼻头圆起来。为了将鼻头与鼻翼分开再次用“Cut”切线命令切一条线。为了让鼻翼鼓起来，在鼻翼的中间再添加一条线，注意从底视图调整鼻子的造型。最后调整鼻子侧面外轮廓的造型，如图8-35~图8-39所示。

② 鼻底的布线如图8-40所示，红色交叉点可以作为鼻孔的点上移。

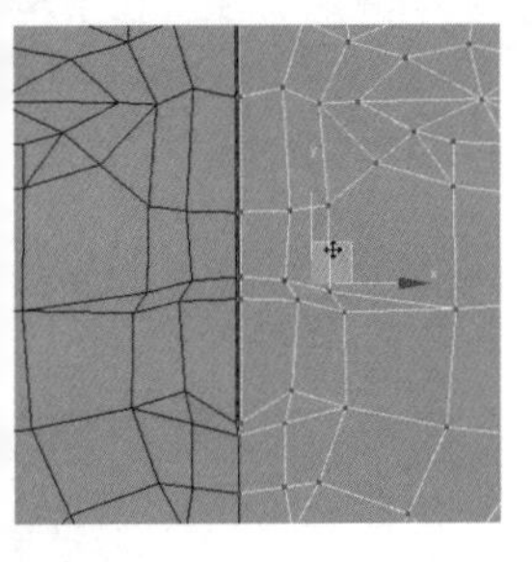

图8-35

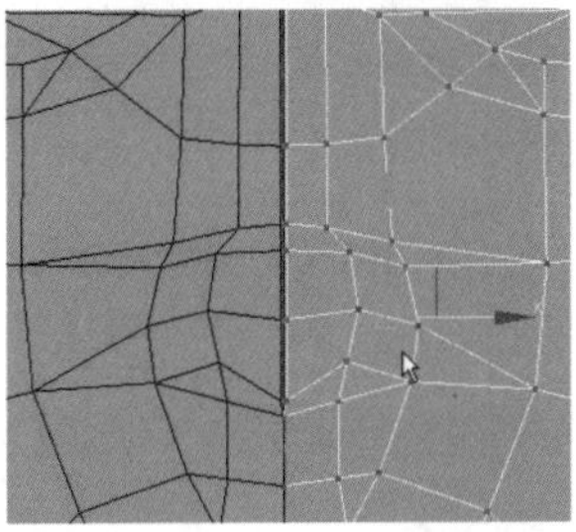

图8-36

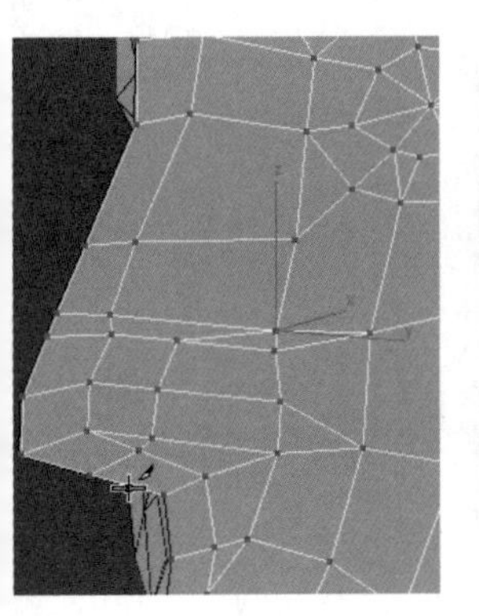

图8-37

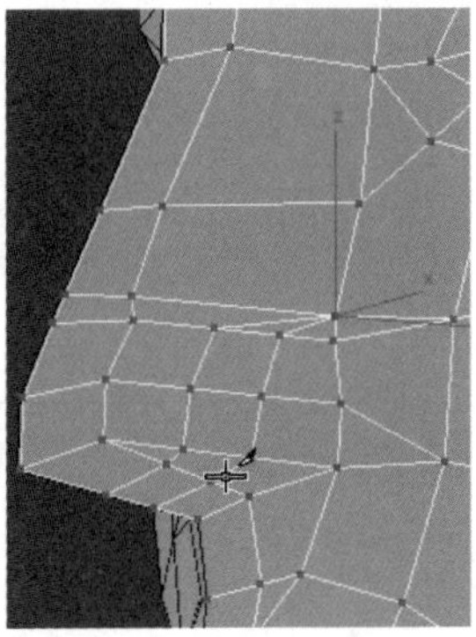

图8-38

图8-39

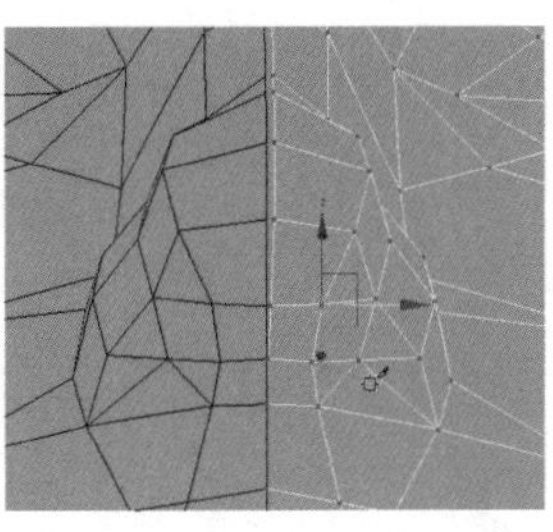

图8-40

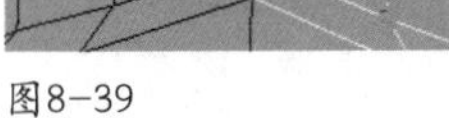

5. 结构布线调整

① 用“Cut”切线命令在脸的侧面切一条线，使布线更均匀，如图8-41所示。

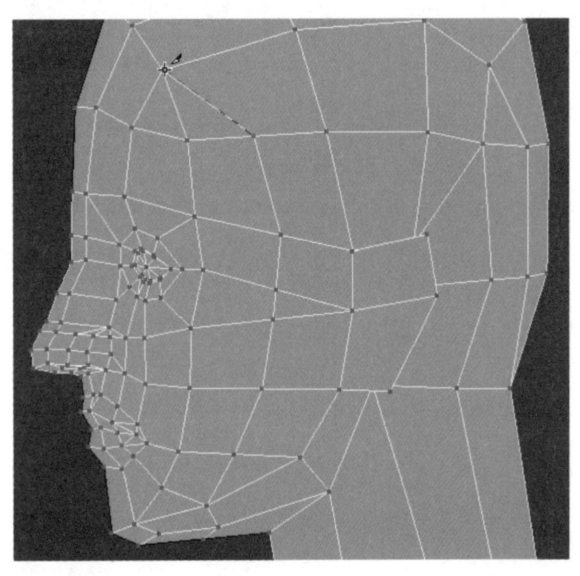

图8-41

② 为了让嘴更饱满，可以在上唇与下唇上再添加线。在下巴上用“Cut”切线命令切一条线，让下巴看着更饱满，如图8-42和图8-43所示。

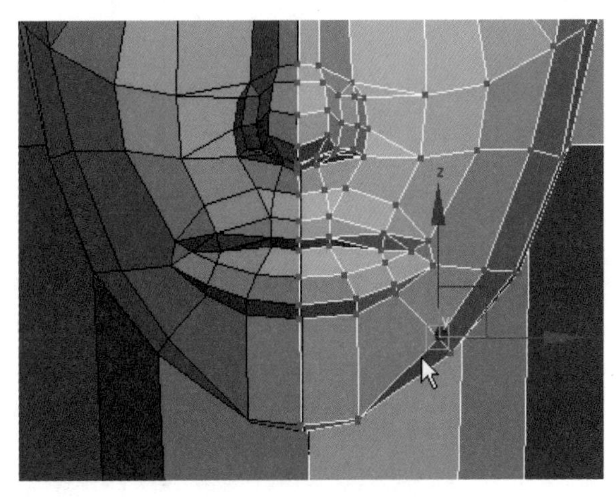

图8-42

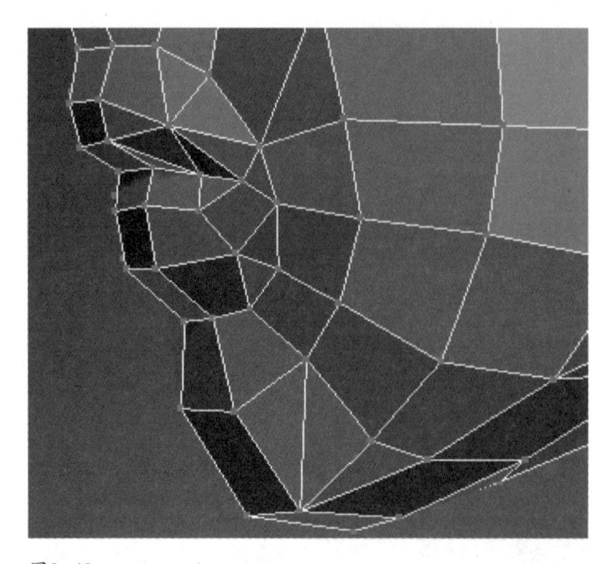

图8-43

③ 做出眼皮的厚度，并且添加线让眼睛的弧度更柔和，如图8-44和图8-45所示。

图8-44

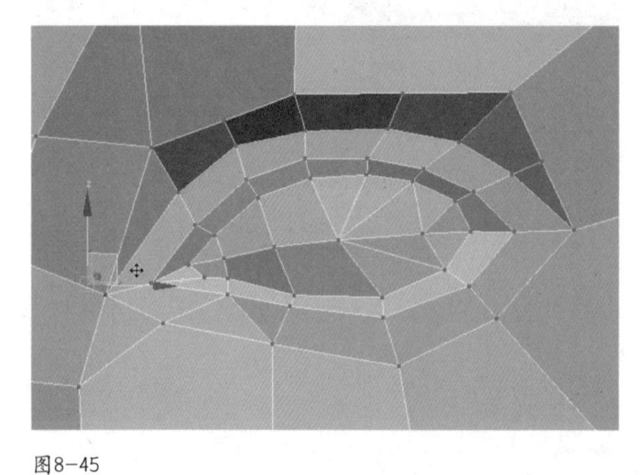

图8-45

④ 从正面看调整眉弓的点在一条弧线上，从底视图看调整眉弓这两条线的位置，如图8-46和图8-47所示。

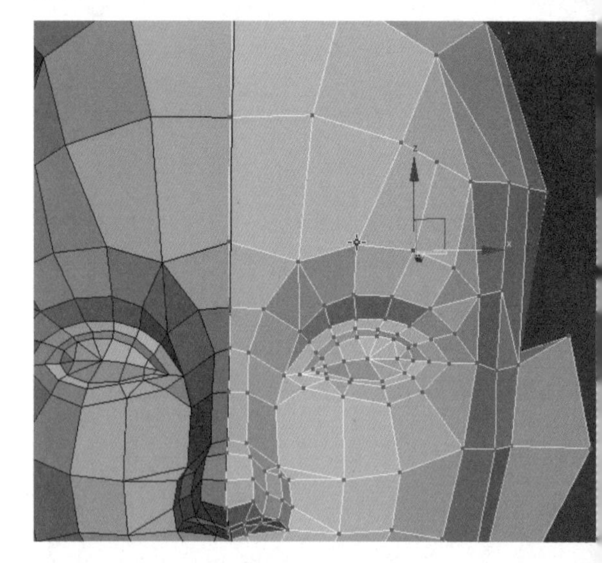

图8-46

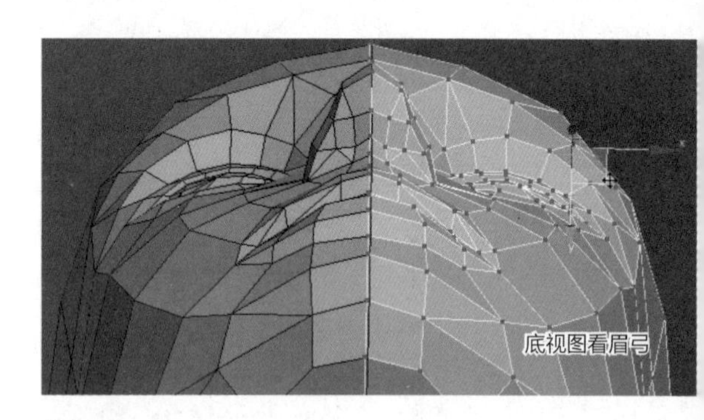

图8-47

⑤ 可以在耳朵上方用“Cut”切线命令切一条线作为过渡线，如图8-48所示。

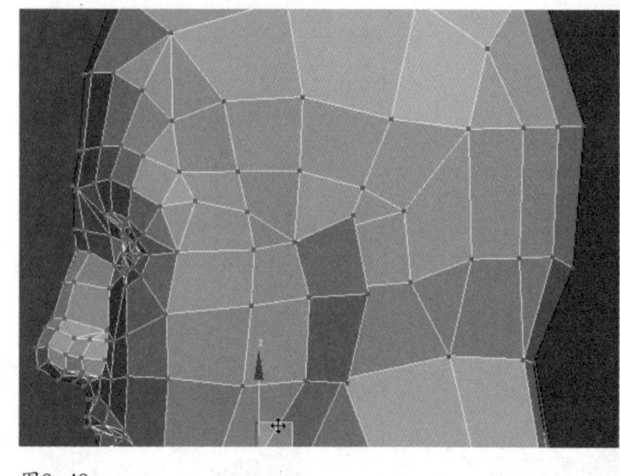

图8-48

⑥ 用“Cut”切线命令以耳朵中间的点为中心制作放射性切线，调整出耳朵的造型，如图8-49所示。

图8-49

⑰ 选择下巴与脸颊的交界线，用“Chamfer”切角命令将这条线切分成两条线，调整点的位置，如图8-50、图8-51所示。

⑱ 下唇底部如果转折太过明显可以用“Cut”切线命令再切一条线，让这个转折更缓和一些，如图8-52所示。

⑲ 女性头部最终正面图与侧面图分别如图8-53和图8-54所示。

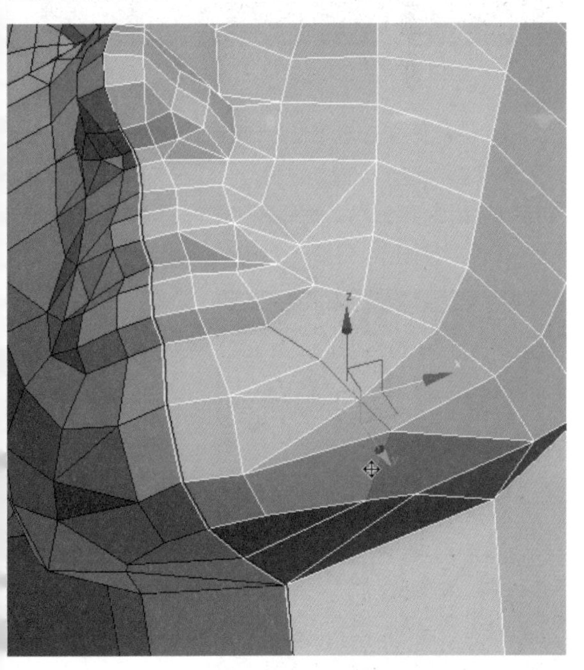

图8-50

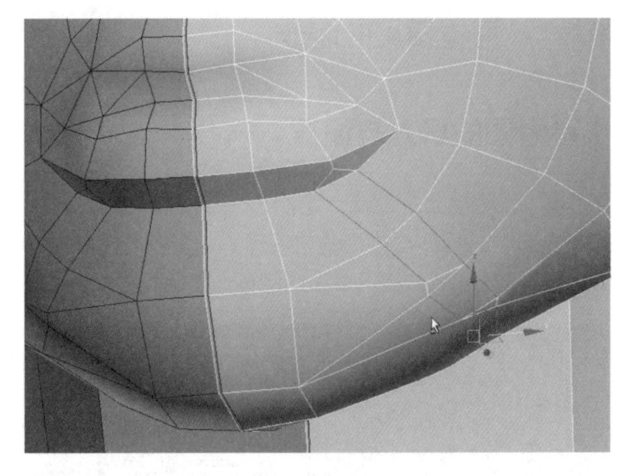

图8-51

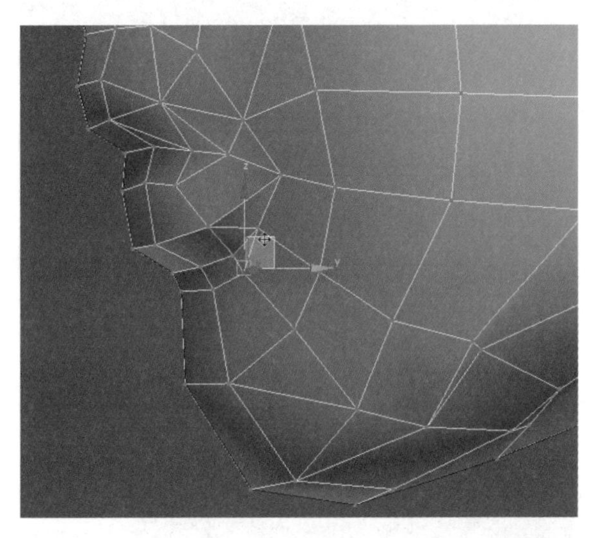

图8-52

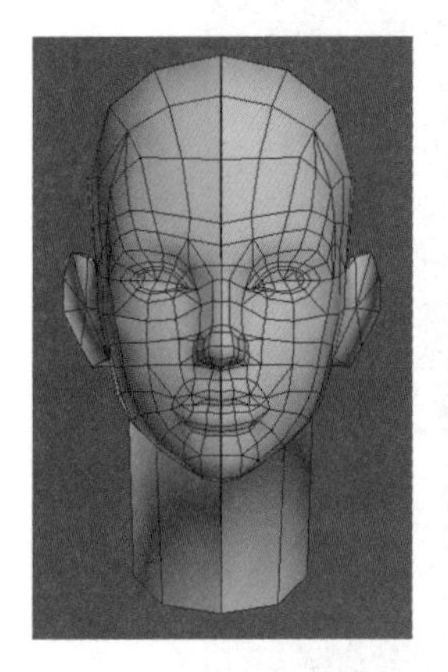

图8-53

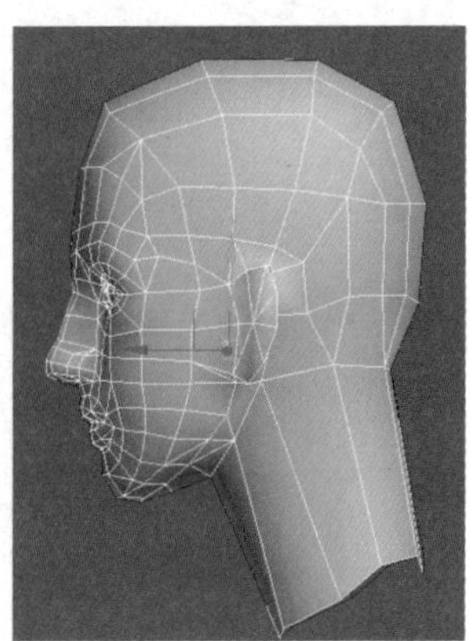

图8-54

8.1.2 身体模型的制作

1.参考图的导入与设置

① 在前视图中创建一个面片，按“M”键打开材质编辑器，选择一个空白的材质球，单击固有色右侧的按钮，如图8-55所示。

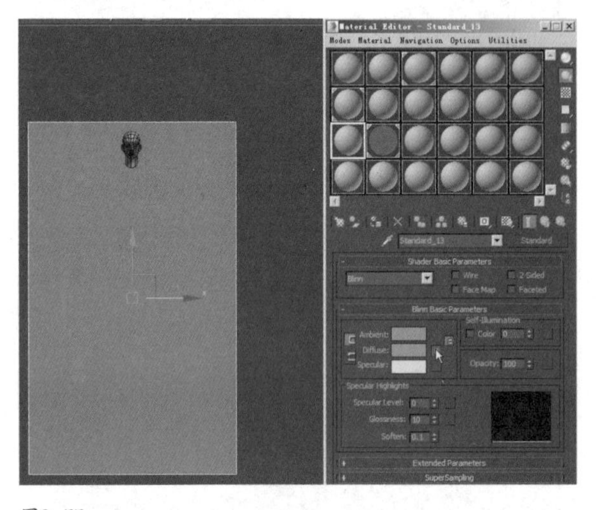

图8-55

② 单击固有色右侧的按钮之后，在弹出的面板中单击Bitmap位图，单击“OK”按钮，如图8-56所示。

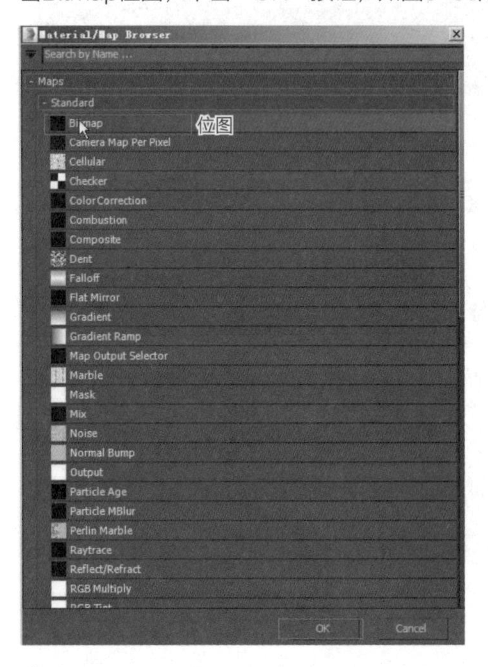

图8-56

③ 在弹出的选择图像文件面板中设置图片存储的路径，选择女性角色正面图的图片，然后单击“Open”打开按钮，如图8-57所示。

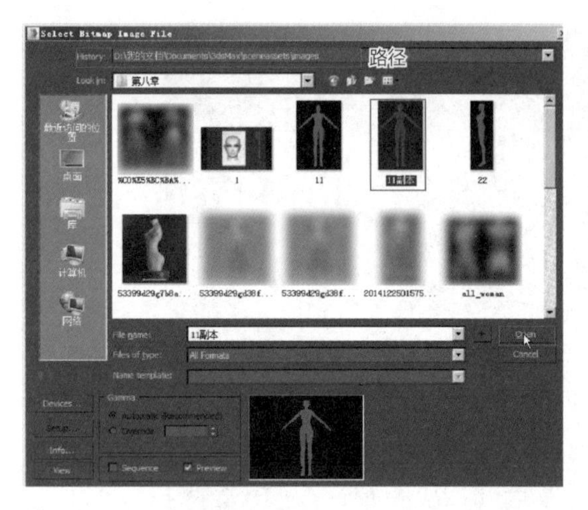

图8-57

④ 这样材质球上就会显示这张图片，将材质球拖曳到面片上，然后单击显示按钮，如图8-58所示。

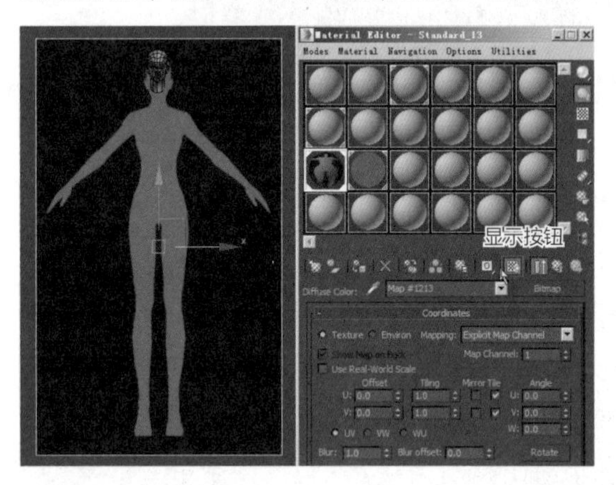

图8-58

⑤ 将贴图赋予面片之后有可能出现比例拉伸状况。为了解决这个问题，选择面片，在修改面板添加一个UVW Map修改器。然后在修改面板中单击Bitmap Fit匹配位图按钮，如图8-59所示。

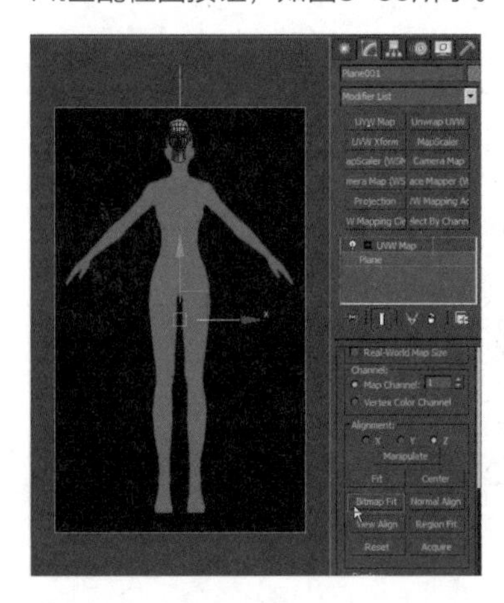

图8-59

⑥ 这样在打开的面板中再次设置图片存储的路径。然后单击“Open”打开按钮。这样图片的比例调整完毕，如图8-60所示。

⑦ 用同样的方法再次创建一个与正面垂直的面片并且导入角色的侧面图，如图8-61所示。

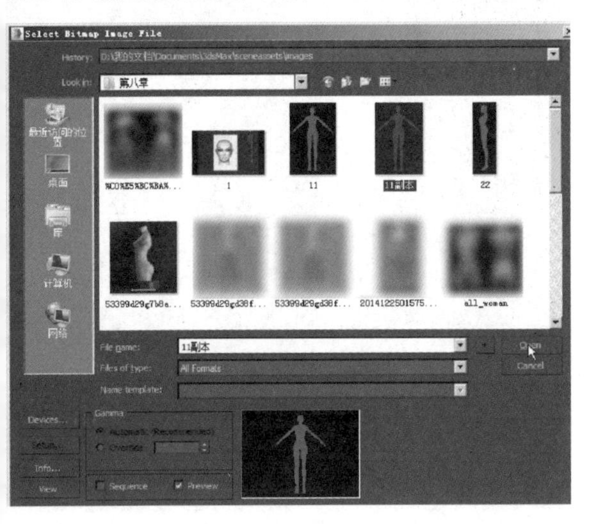

图8-60

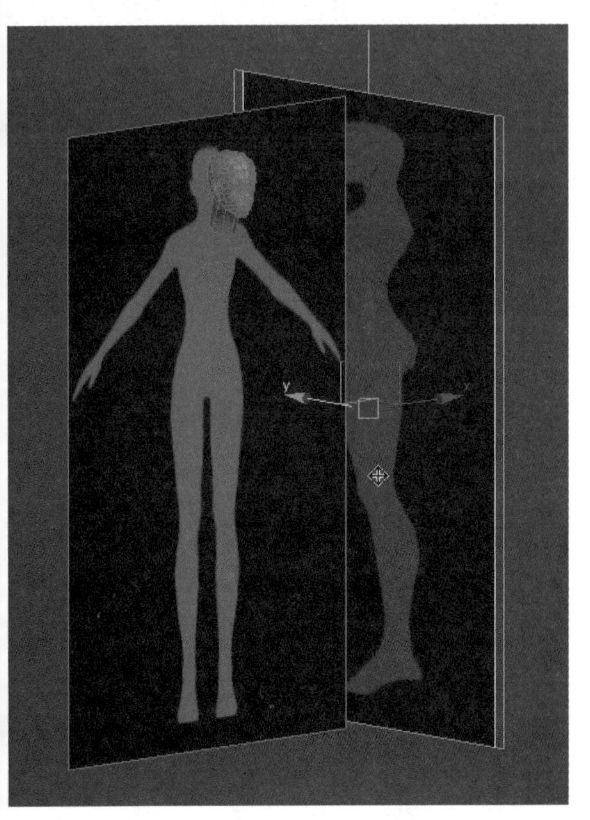

图8-61

2 创建身体基本形体

① 基本形体从盆腔开始，创建一个Box，将物体转化成可编辑多边形。用“Connect”连接命令添加一条竖着的中线，进入面级别，选择删除一半的面。然后单击主工具栏上的镜像工具，设置轴向为x，设置复制的类型为关联复制。进入点级别，调整造型（物体透明显示的组合键为“Alt+X”），如图8-62所示。

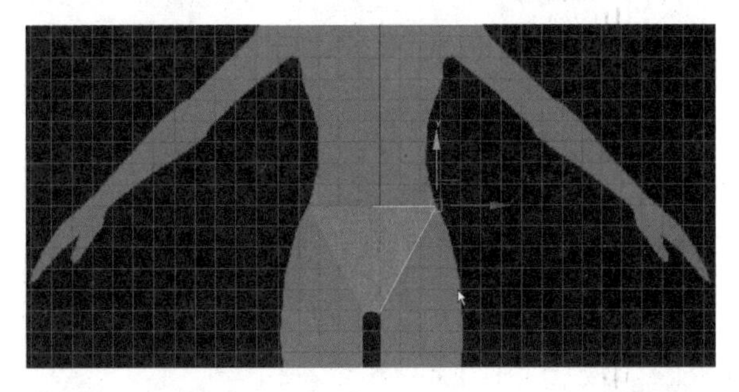

图8-62

② 选择盆腔侧面的面，用“Extrude”挤出命令挤出大腿的根部，再次挤出大腿的长度、小腿的长度、脚的高度。然后选择脚前面的面，向前挤出脚掌的长度，如图8-63所示。

③ 继续用挤出命令向上挤出腰部、胸廓、斜方肌、脖子的结构，如图8-64所示。

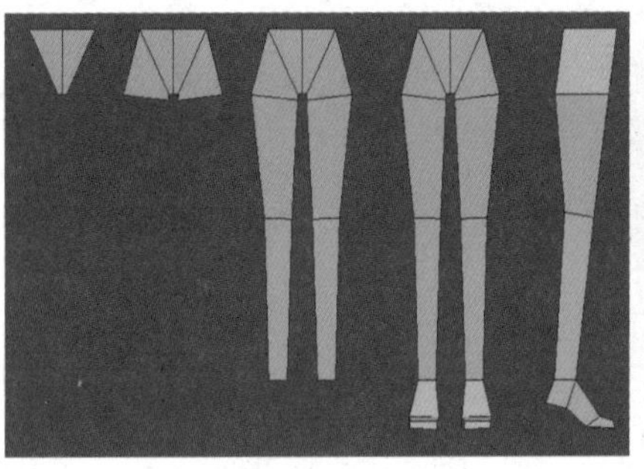

图8-63

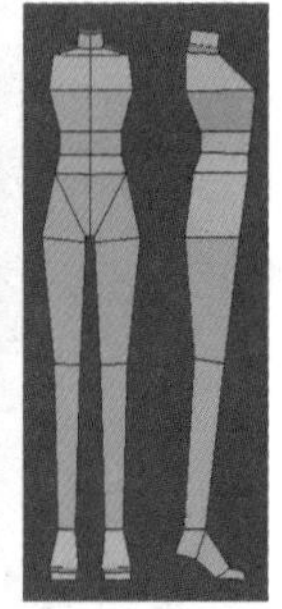

图8-64

④ 选择胳膊的面挤出两段结构作为三角肌的结构，腋窝下面要窄。注意胳膊侧面基本要保证方形，如图8-65所示。

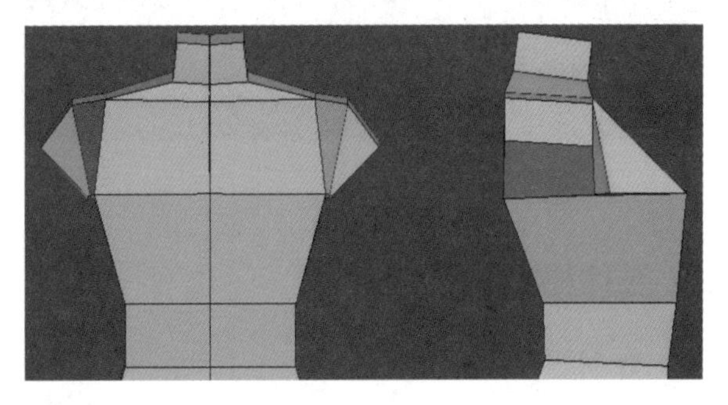

图8-65

⑤ 之后挤出上臂肱骨、小臂以及手掌的结构，如图8-66所示。

⑥ 之后分别给上臂、小臂、大腿以及小腿加中间结构线，然后调整造型，如图8-67所示。

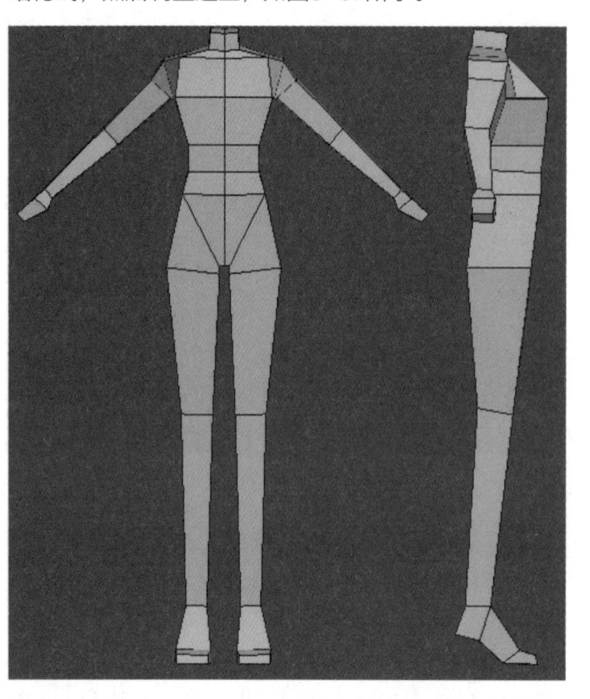

图8-66

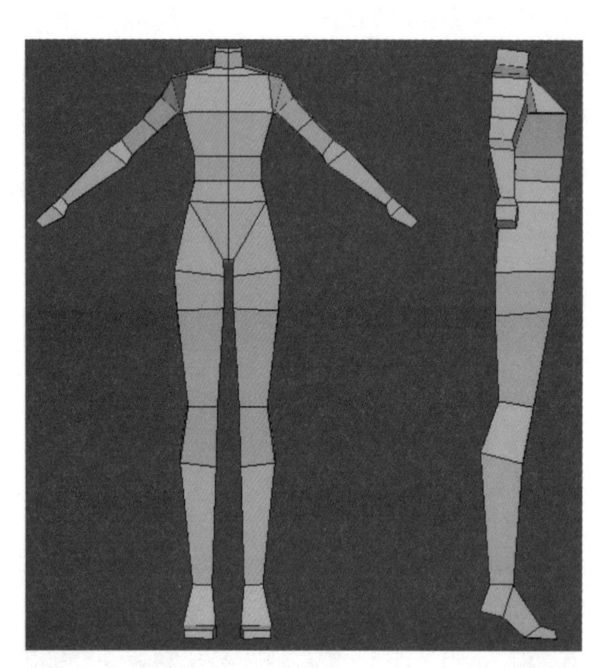

图8-67

3. 肢体细节深入

① 选择角色基本型，按“Alt+Q”组合键单独显示一半的结构，选择角色内部的面，按“Delete”键删除。然后在修改面板添加TurboSmooth涡轮平滑修改器，如图8-68所示。

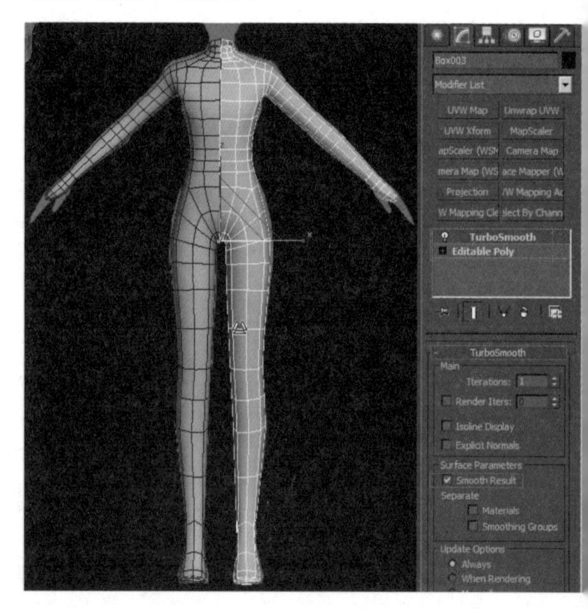

图8-68

② 为了看清布线可以勾选Isoline Display，如图8-69所示。

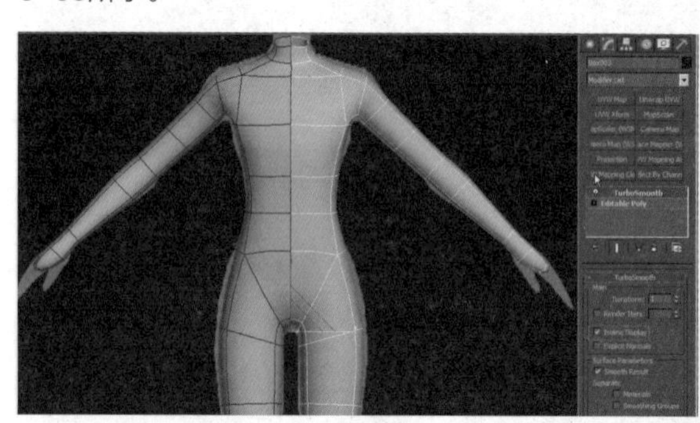

图8-69

③ 添加涡轮圆滑修改器之后，虽然造型圆滑了但是模型会有收缩，需要再次参考原画图片调整点的位置。打开Editable Poly点级别，激活最终显示按钮，就可以调整点了，如图8-70所示。

④ 用“Cut”切线命令在臀部上切一条线，调整臀部的造型，如图8-71所示。

⑤ 造型调整完之后，在修改面板上取消勾选Isoline Display，然后单击鼠标右键将模型转化成可编辑多边形。调整出膝盖的结构，膝盖处一般由三条线构成，如图8-72所示。

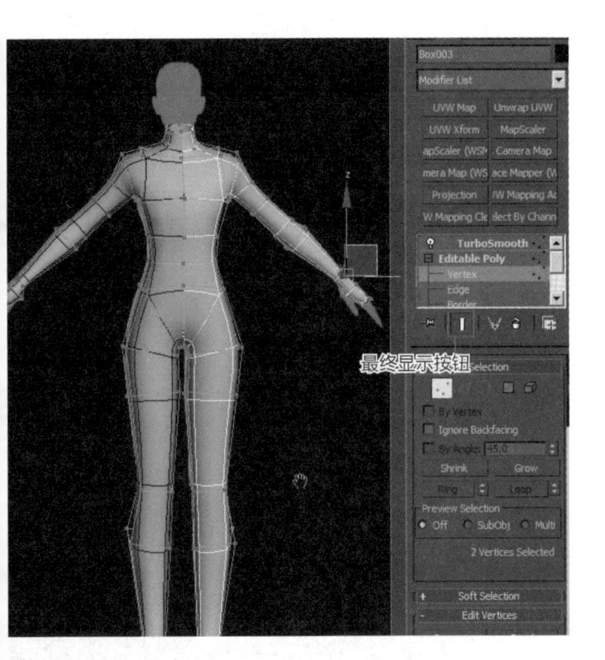

图8-70

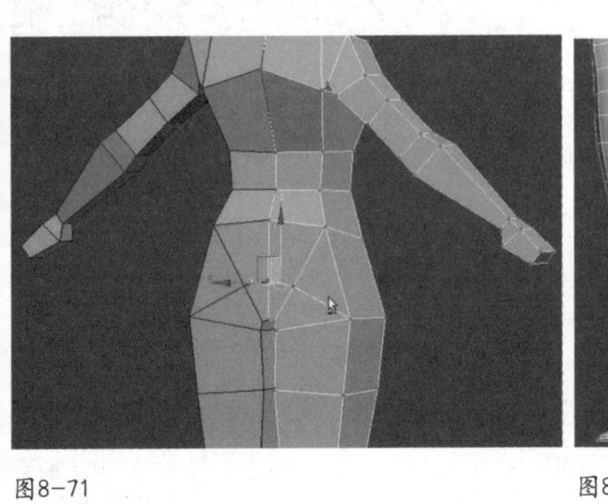

图8-71　　图8-72

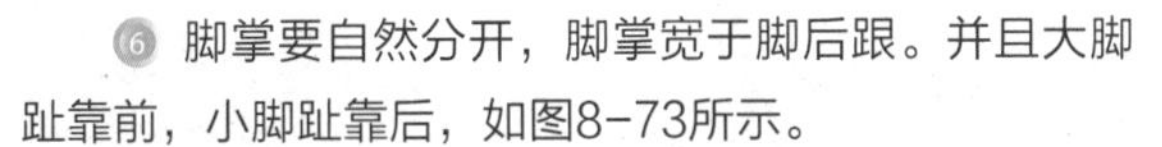

⑥ 脚掌要自然分开，脚掌宽于脚后跟。并且大脚趾靠前，小脚趾靠后，如图8-73所示。

⑦ 调整之后的三视图如图8-74所示。

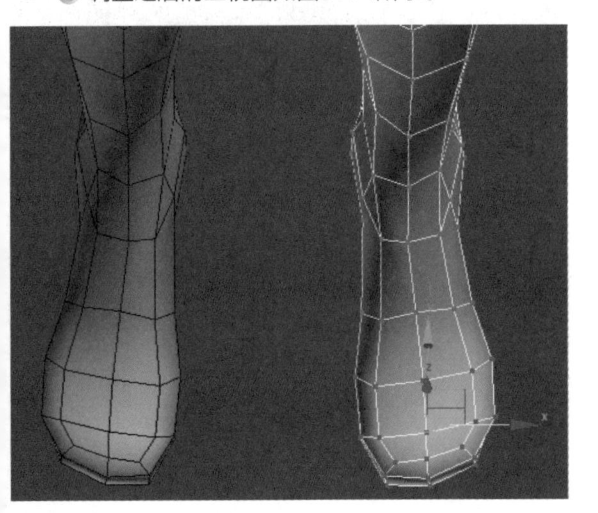

图8-73

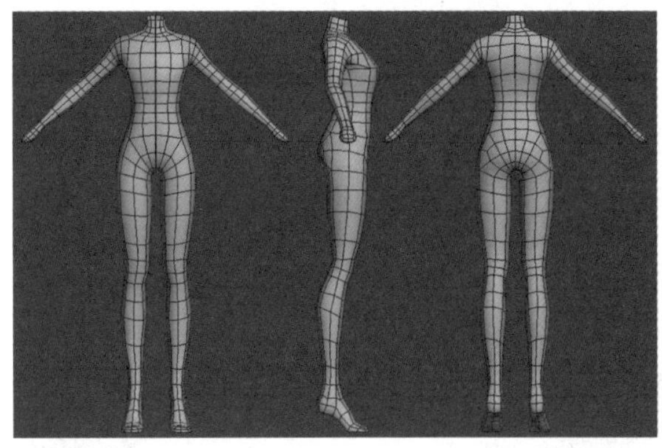

图8-74

⑧ 选择图8-75所示的线用“Collapse”塌陷命令将其合并。

⑨ 用“Cut”切线命令切出胸部的外轮廓，如图8-76所示。

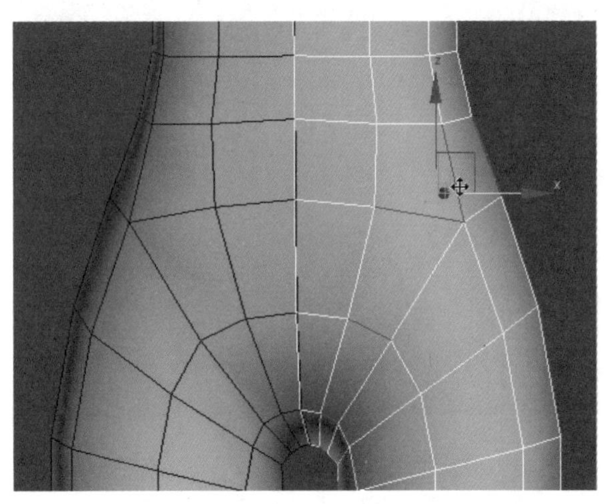

图8-75

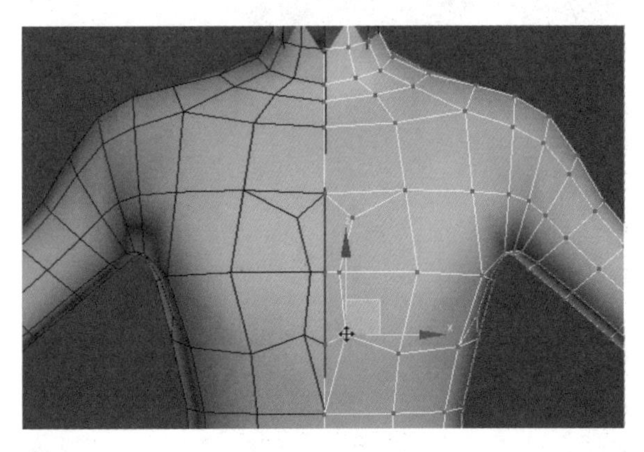

图8-76

⑩ 选择胸部的面，用“Extrude”挤出命令挤出胸的高度，如图8-77所示。

⑪ 添加布线使胸看起来更圆滑，从正面看胸的结

构布线如图8-78所示。

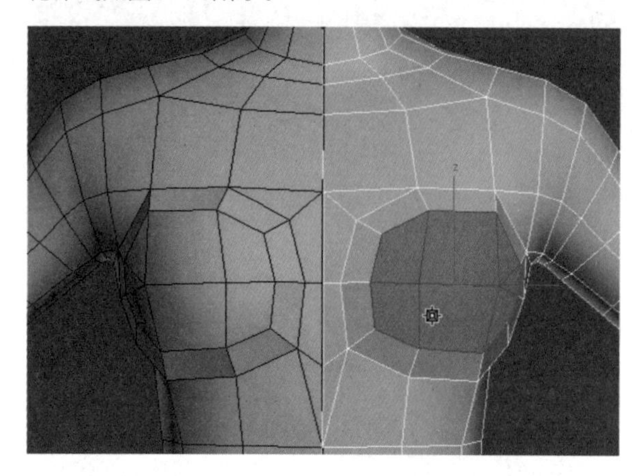

图8-77

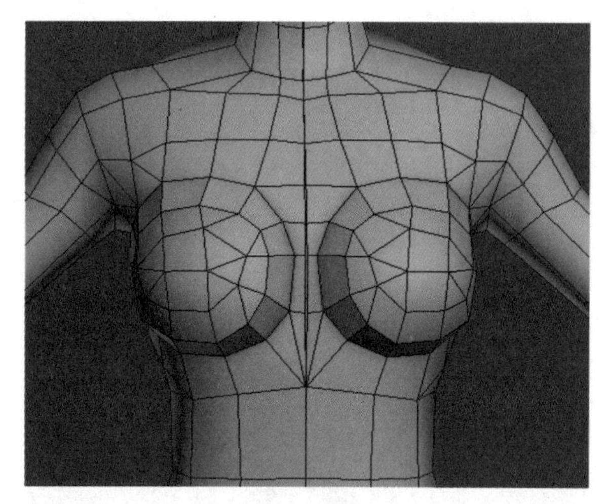

图8-78

⑫ 从侧面看胸的造型如图8-79所示。

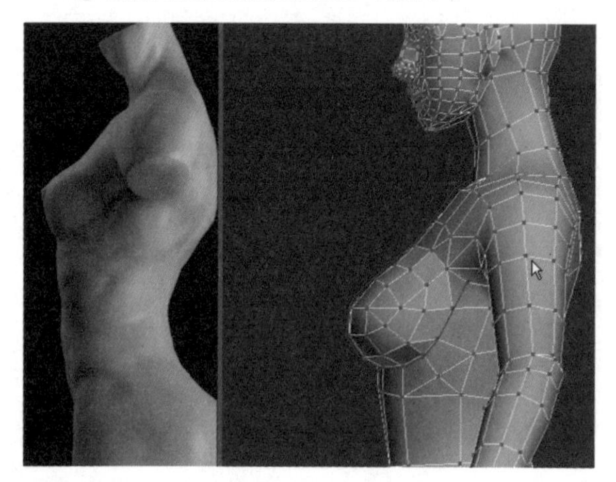

图8-79

4.手部模型的制作

⑪ 在手掌末端用“Cut”切线工具切出手指的分界线，然后分别用“Extrude”挤出命令挤出手指结构，其中中指最长，小指最短，如图8-80和图8-81所示。

⑫ 选择手侧面的4个面，用“Extrude”挤出命令挤出拇指的长度，如图8-82和图8-83所示。

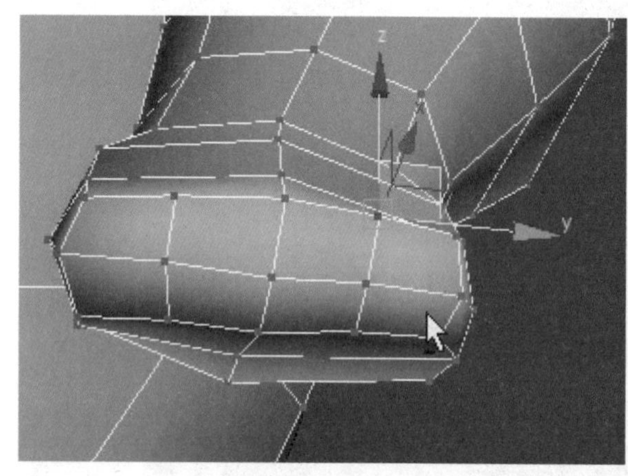

图8-80

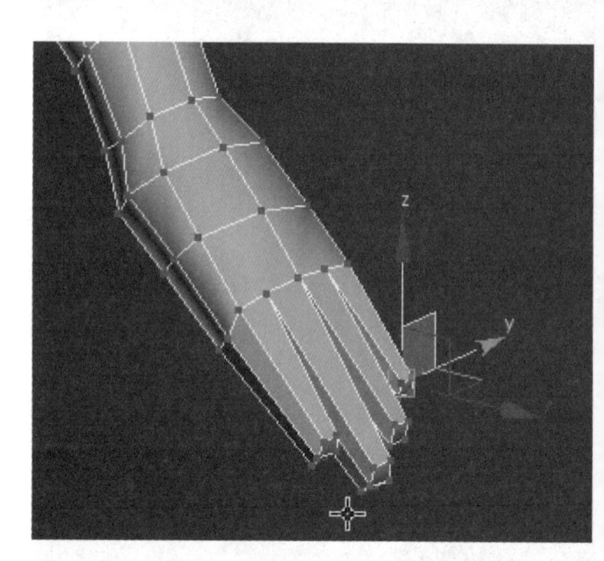

图8-81

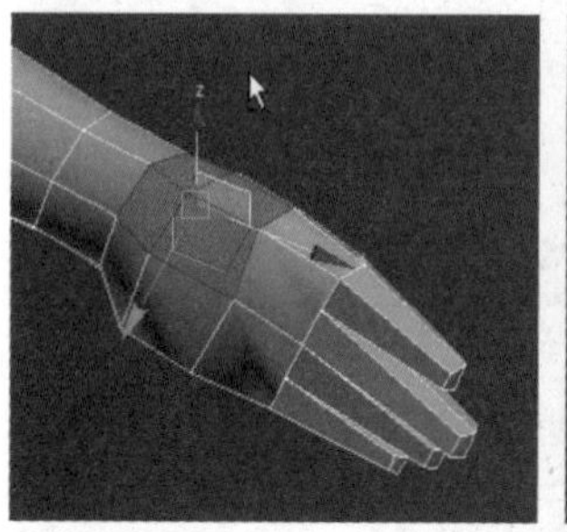

图8-82

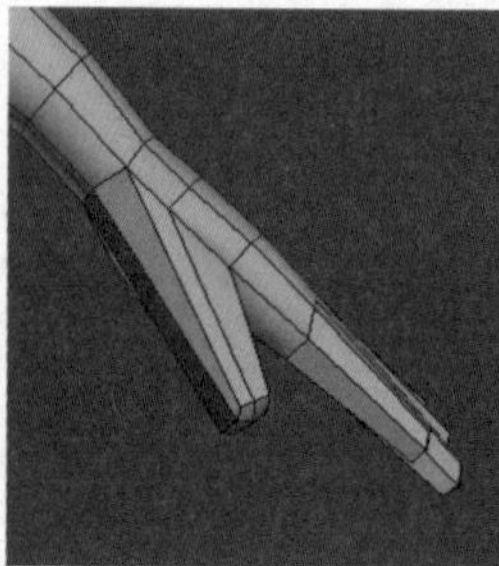

图8-83

⑬ 在拇指处横向切三条线，如图8-84所示。

⑭ 手心结构的造型如图8-85所示。

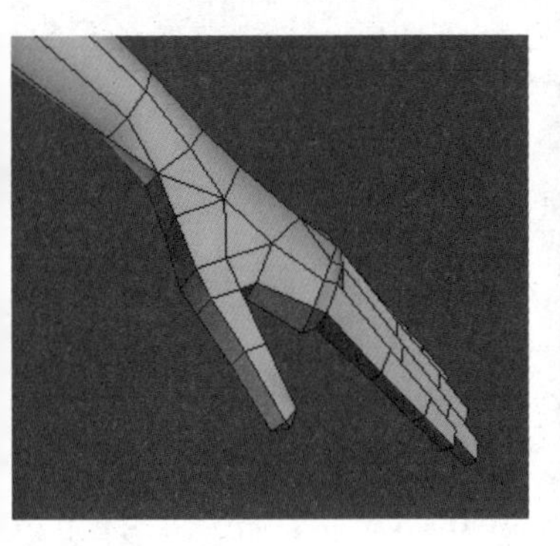

图8-84

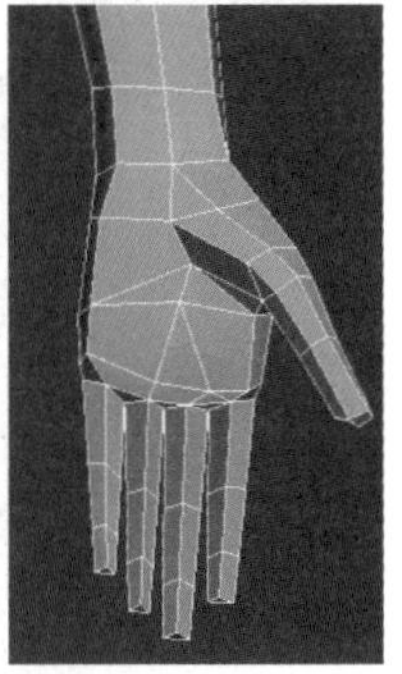

图8-85

⑮ 手背的造型如图8-86所示。

⑯ 女裸模的三视图如图8-87所示。

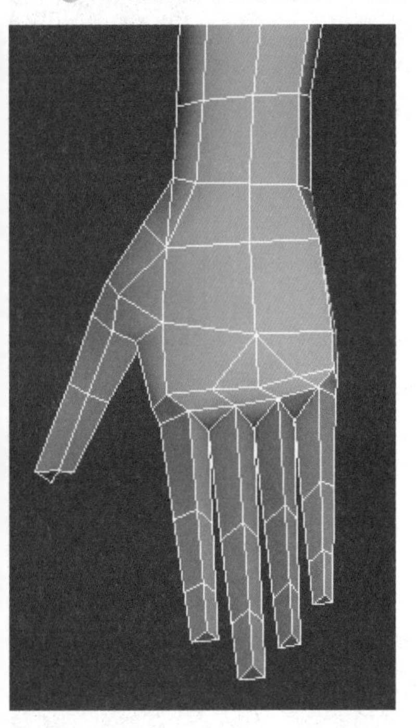

图8-86

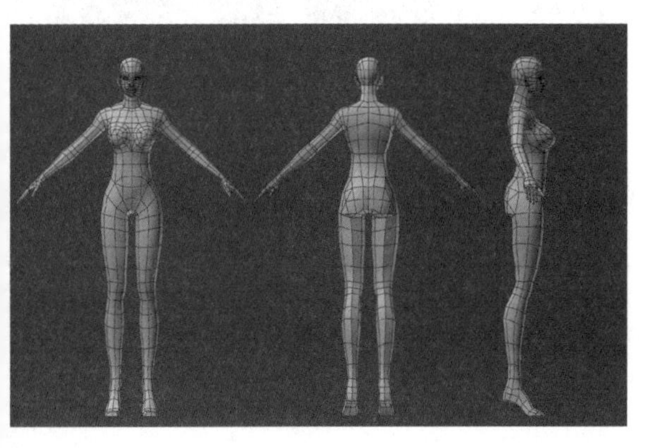

图8-87

8.2 服饰与头发的创建

本案例源文件在资源\模型\第8章\装备与发饰。

本案例完成后的服饰与头发的效果如图8-88所示。

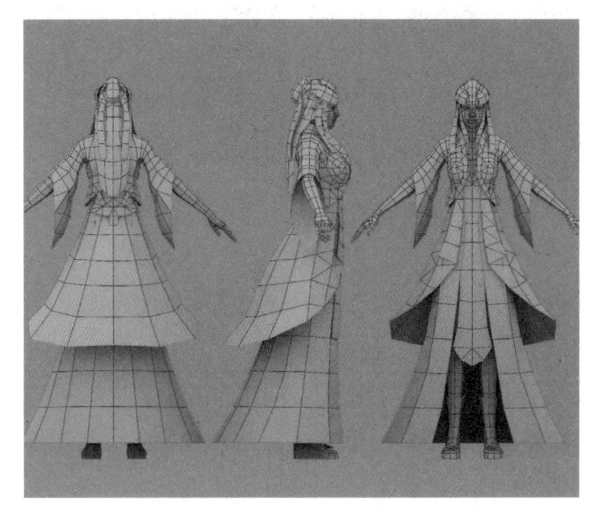

图8-88

8.2.1 创建服饰

服饰的制作采用提取法，就是从裸模上提取部分的面，然后再接着用调整造型的方法制作服饰。

1.制作外套

① 选择图8-89所示的面，按住“Shift”键，用缩放工具放大以复制出想要的面，在弹出的对话框中选择Clone To Object克隆成另一个物体，然后单击“OK”按钮，如图8-89所示。

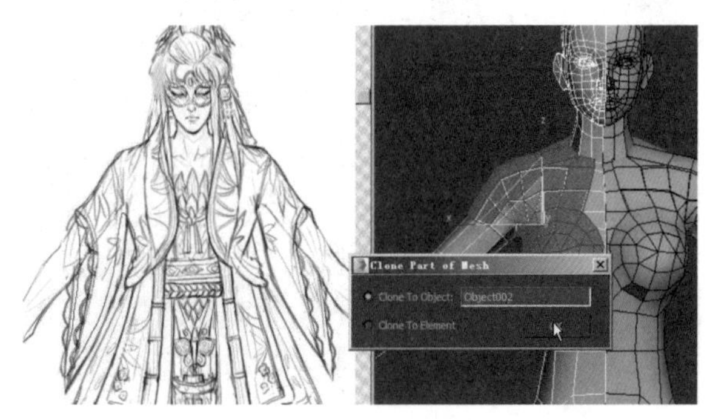

图8-89

⑫ 如果袖子不够长可以选择袖口所有的边按“Shift”键的同时用移动工具拖曳边，这样可以拖曳出新的一段结构。用这种方法根据原画来修整模型的外形，如图8-90所示。

⑬ 在袖子上多添加几条线调整点，做出袖子的垂坠感，如图8-91所示。

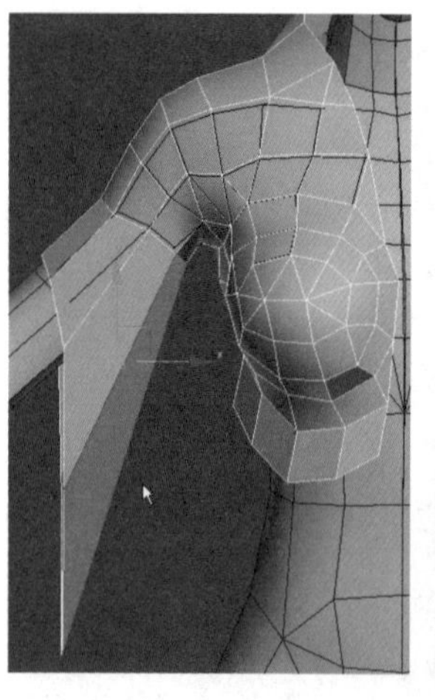

图8-90

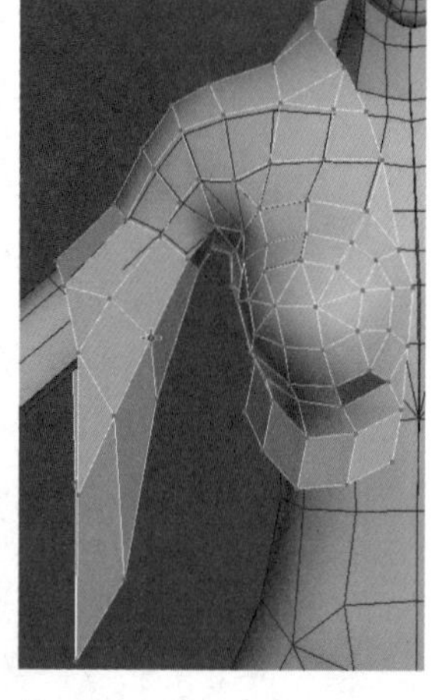

图8-91

⑭ 外套完成后的视图如图8-92和图8-93所示。

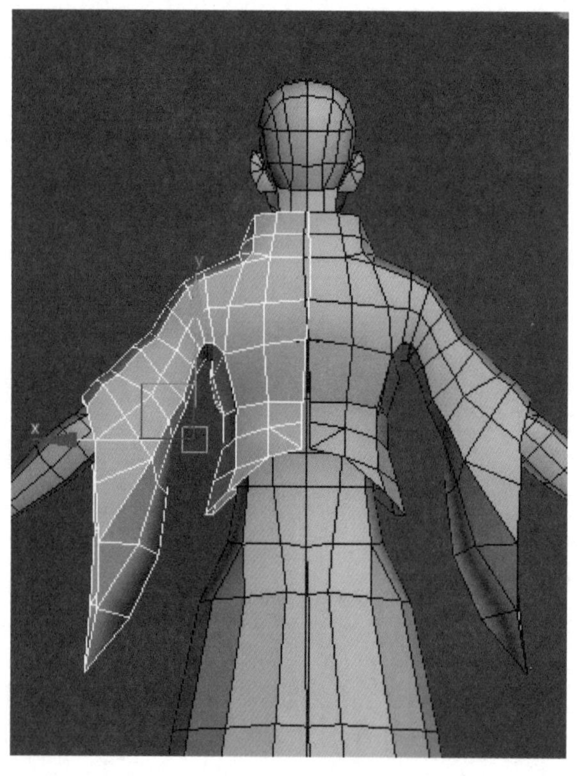

图8-92

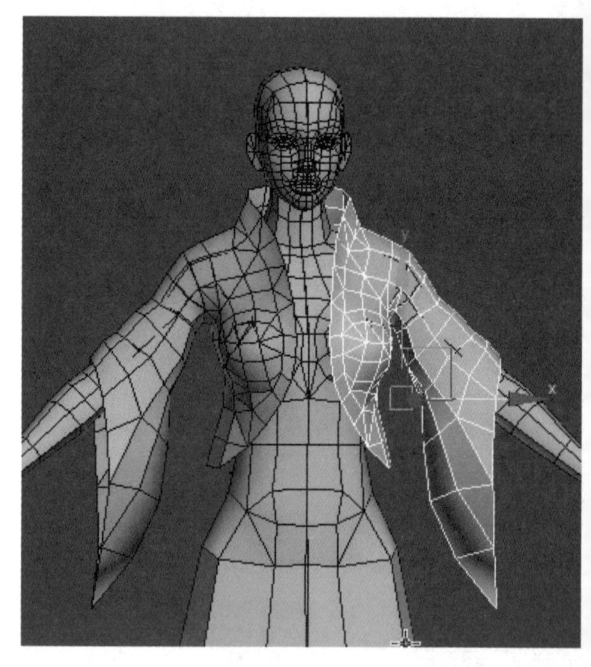

图8-93

2.制作裙子

① 选择图8-94所示的面，单击修改面板中的“Edit Geometry>Detach”分离命令。在弹出的对话框中单击“OK”按钮。

② 进入线级别，选择上身的边缘线，按“Shift”键的同时用移动工具拖曳边，如图8-95所示。

③ 拖曳出裙子的部分面，从侧面调整造型，如图8-96所示。

④ 横向给裙子添加段数，并且把前面的面用“Delete”键删除，如图8-97所示。

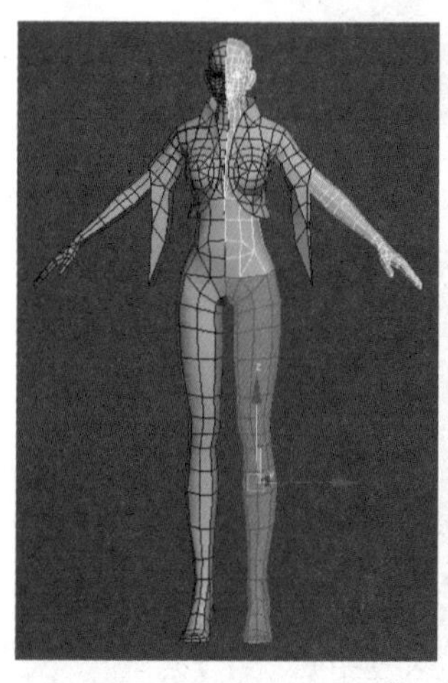

图8-94

图8-95

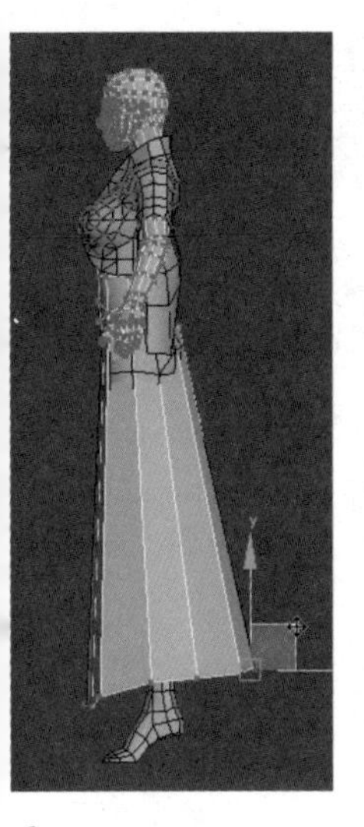
图8-96

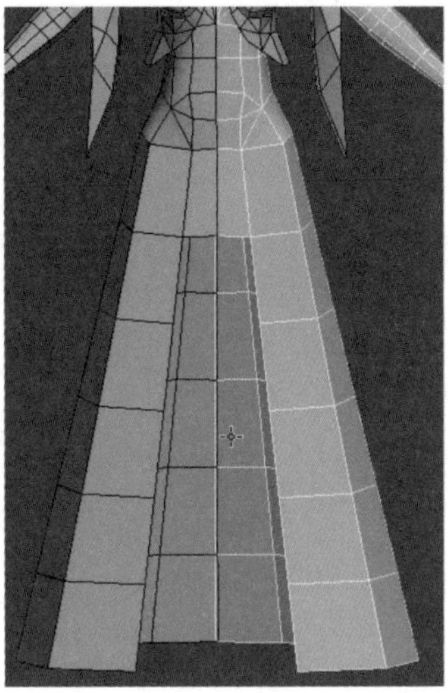

图8-97

⑤ 选择裙子前面的横线，按“Shift”键的同时用移动工具拖曳边，拖曳出裙子前面的飘带，如图8-98所示。

⑥ 裙子分为两层，选择图8-99所示的面，再次按“Shift”键的同时用缩放工具复制出来。

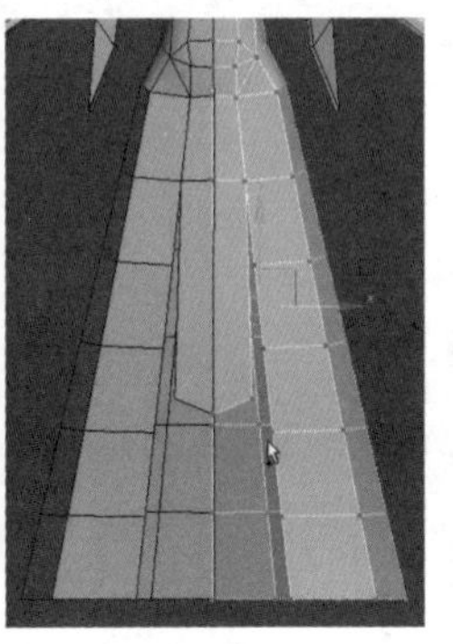
图8-98

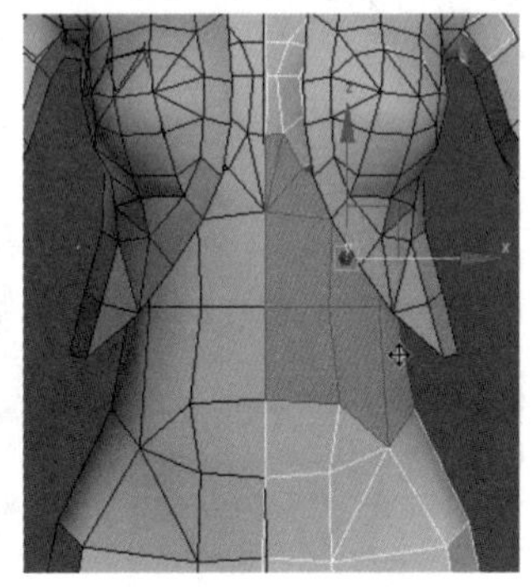
图8-99

⑦ 在弹出的对话框中选择Clone To Object克隆成另一个物体，然后单击“OK”按钮，如图8-100所示。

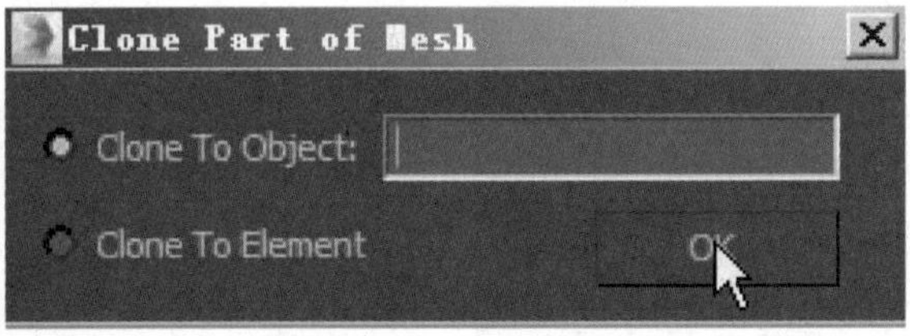

Clone Part of Mesh

Clone To Object:

Clone To Element

OK

图8-100

⑧ 选择底部的边缘，按“Shift”键的同时用移动工具拖曳出裙子的长度，如图8-101所示。

⑨ 从侧面调整裙子的造型，如图8-102所示。

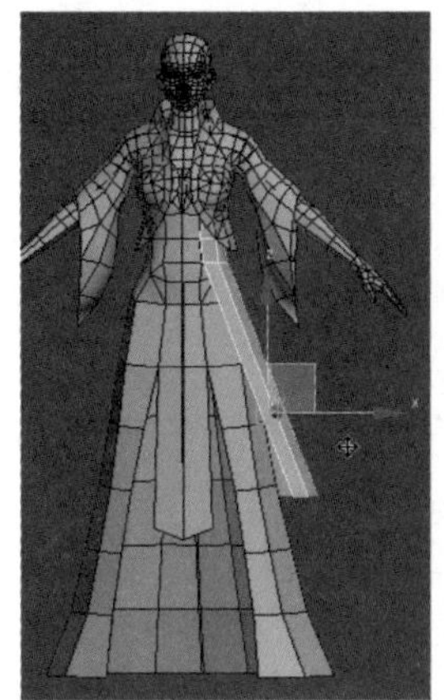
图8-101

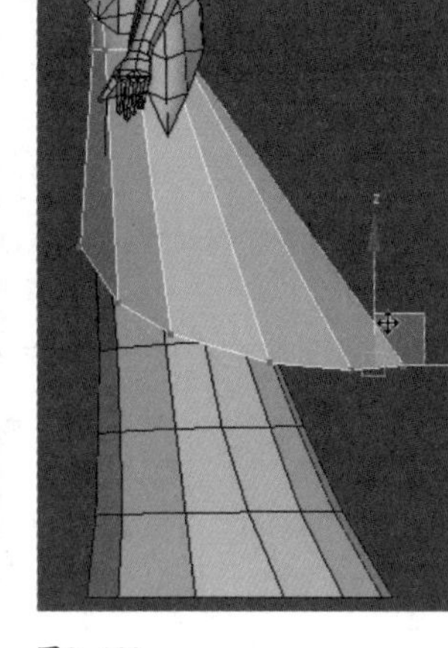
图8-102

⑩ 从正面调整裙子的造型，如图8-103所示。

⑪ 在裙子的前面再制作一个折面，如图8-104所示。

图8-103

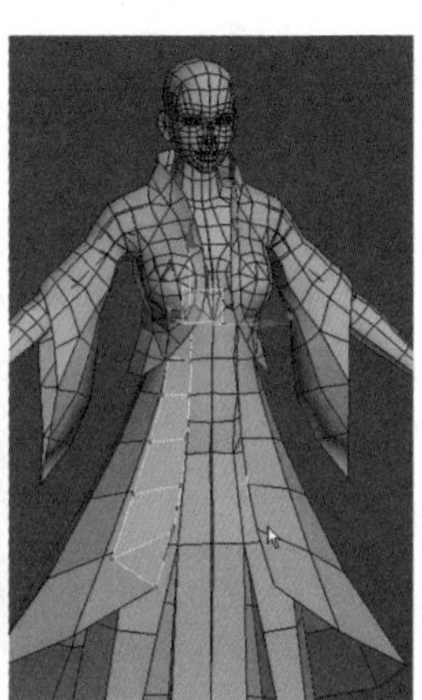
图8-104

⑫ 在上衣外套与裙子之间制作出红线标出的结构，如图8-105所示。

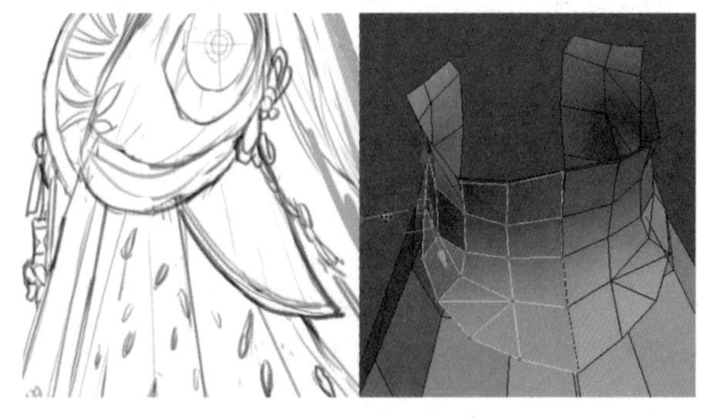
图8-105

⑬ 腰后部参考原画图片，制作相应的结构造型，如图8-106所示。

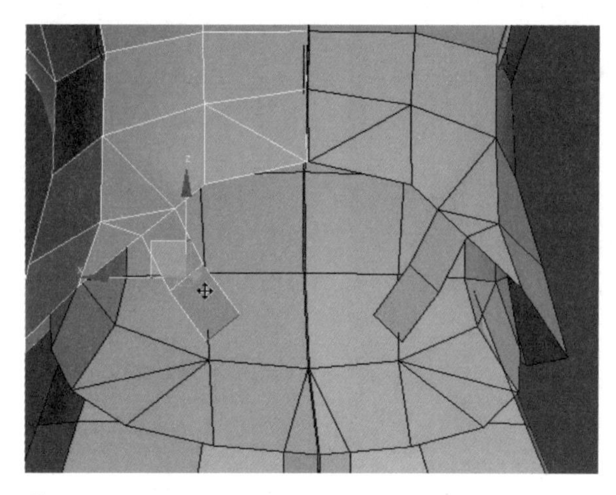

图8-106

3.制作鞋子

① 在制作鞋子的时候可以将脚放大，让脚底变厚，从而达到鞋子的造型。鞋子采用直接绘制到模型上的方式，如图8-107所示。

② 单独制作鞋筒子套在脚腕处，将鞋筒子底部的点与脚踝的点完全重叠，如图8-108所示。

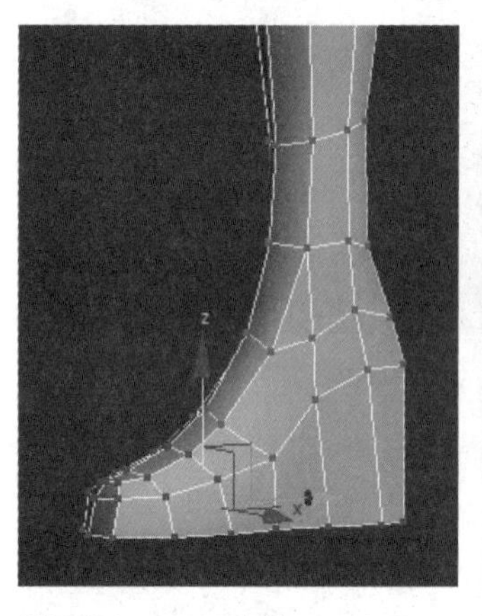

图8-107

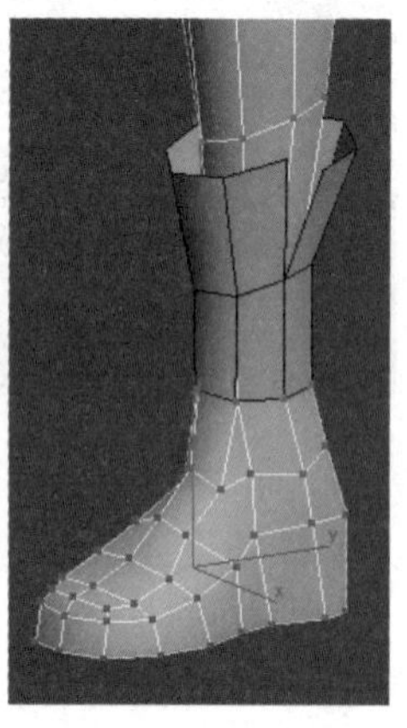

图8-108

8.2.2 创建头发

① 选择图8-109和图8-110所示的面，按“Shift”键的同时用缩放工具复制出来。在弹出的对话框中选择Clone To Object克隆成另一个物体，然后单击“OK”按钮。头发要自然蓬松一些，不要紧贴头皮。

② 选择底部的边按“Shift”键的同时用移动工具拖曳出头发的长度，然后调整头发侧面的造型，并且给头发添加段数，让头发随着身体结构自然弯曲，如图8-111~图8-113所示。

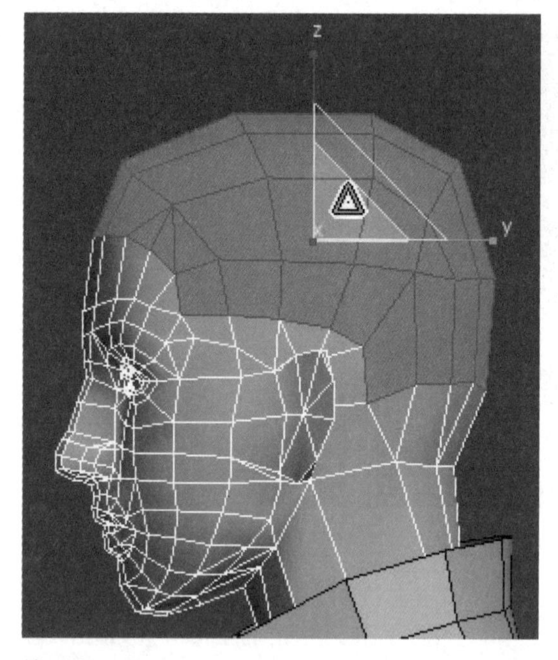

图8-109

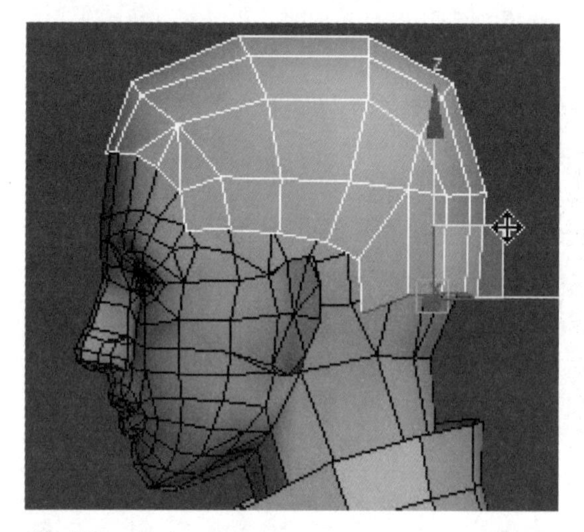

图8-110

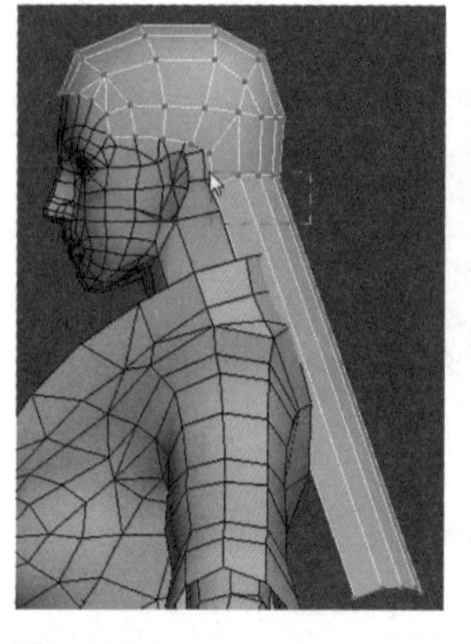

图8-111

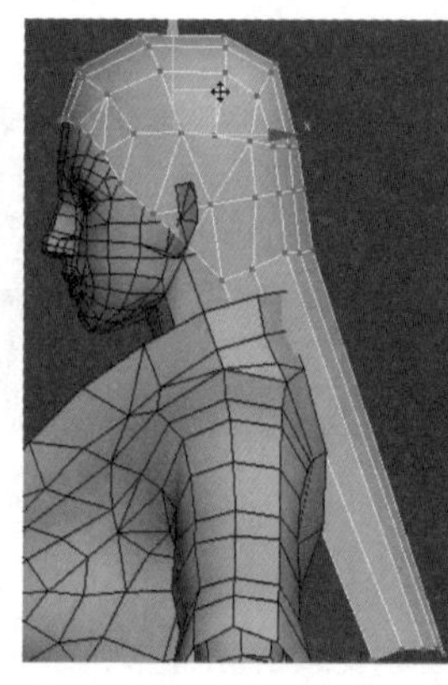

图8-112

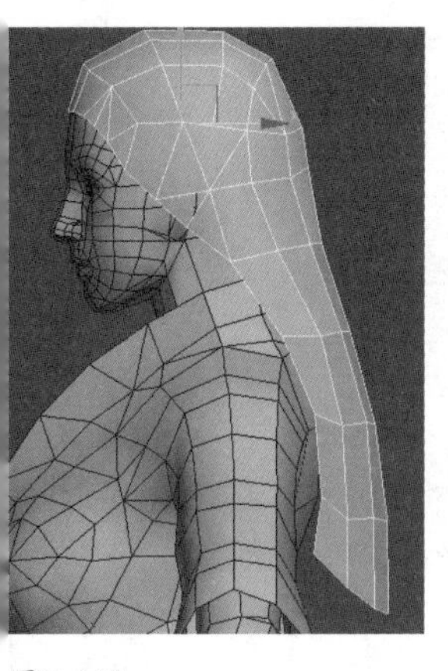

图8-113

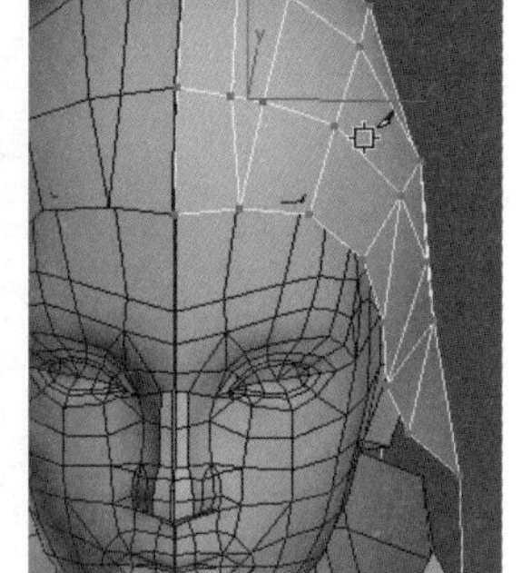

图8-114

⑬ 用“Cut”切线命令切出头顶的发髻结构线并且调整点的位置，如图8-114和图8-115所示。

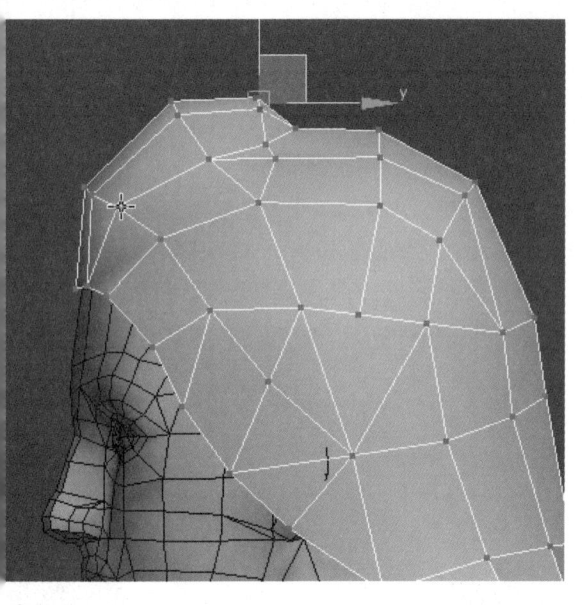

图8-115

⑭ 用“Cut”切线命令接着切出头顶的小发髻结构线并且从侧面调整点的位置，如图8-116、图8-117所示。

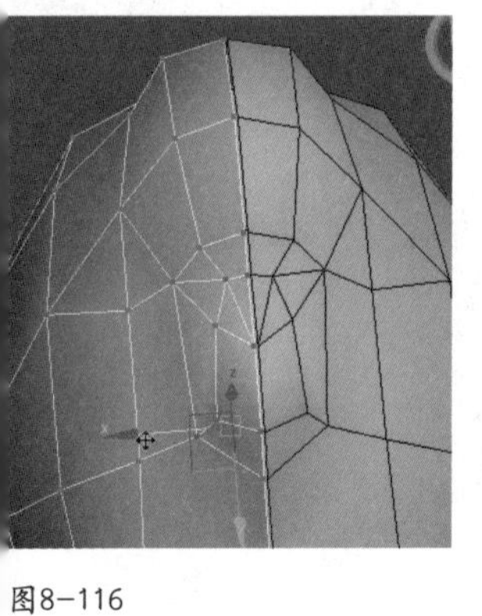

图8-116

图8-117

⑮ 创建面片作为刘海的造型，从正面、侧面调整造型并且边缘与发髻连接在一起，如图8-118、图8-119所示。

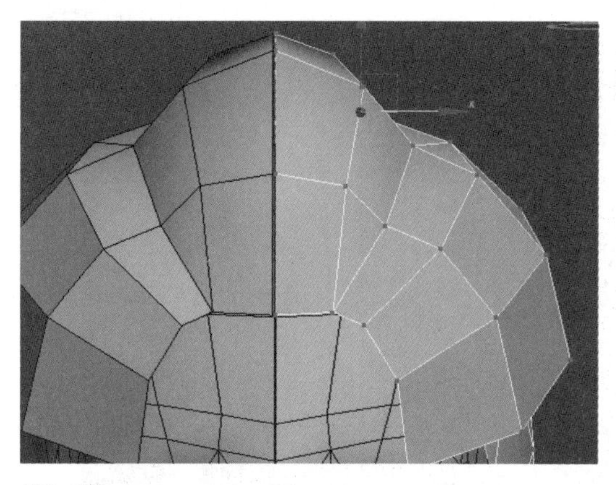

图8-118

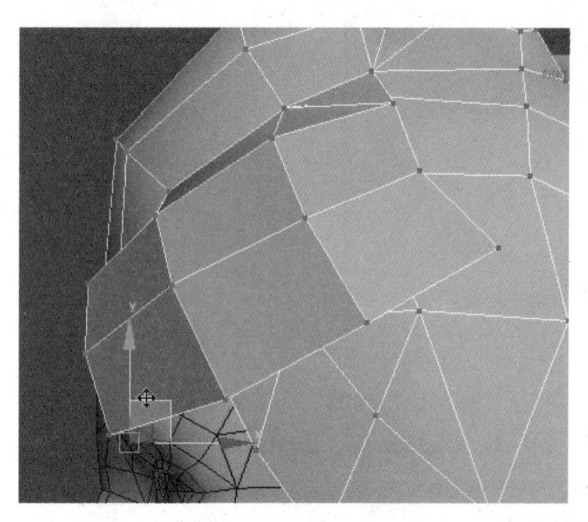

图8-119

⑯ 创建一个Box调整造型之后作为盘发结构衔接在头的后上部，如图8-120所示。

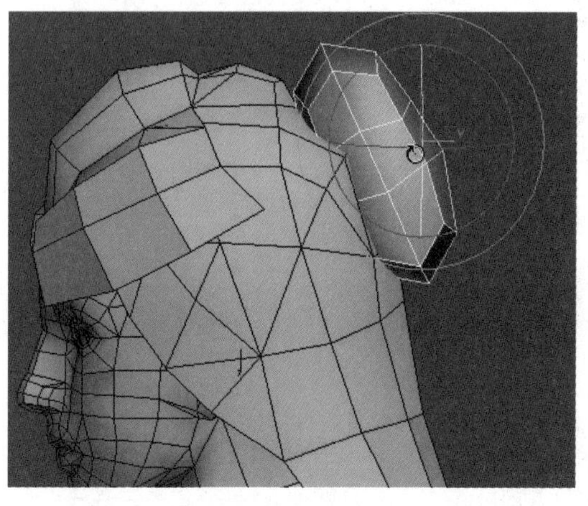

图8-120

⑰ 在脸的侧面创建两个面片作为两绺头发，从侧面与正面调整造型，要表现出头发的垂坠感，如图8-121、图8-122所示。

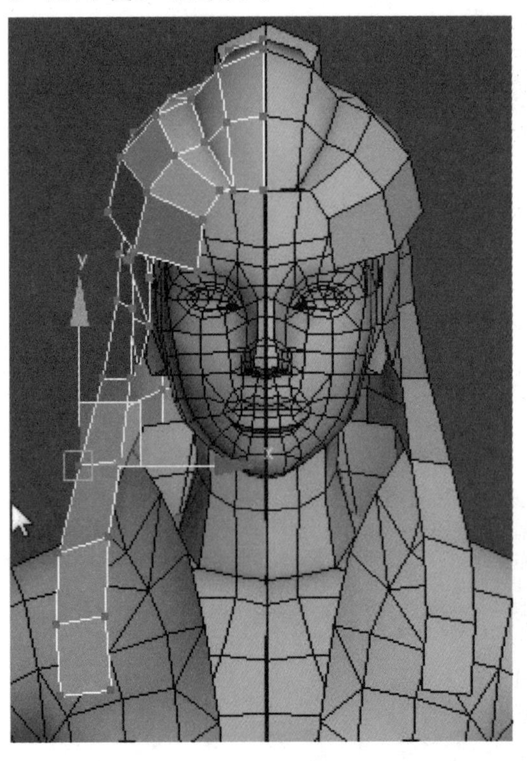

图8-121

⑱ 一绺头发搭在肩上、一绺头发放在衣服内部，做出层次感，如图8-123、图8-124所示。

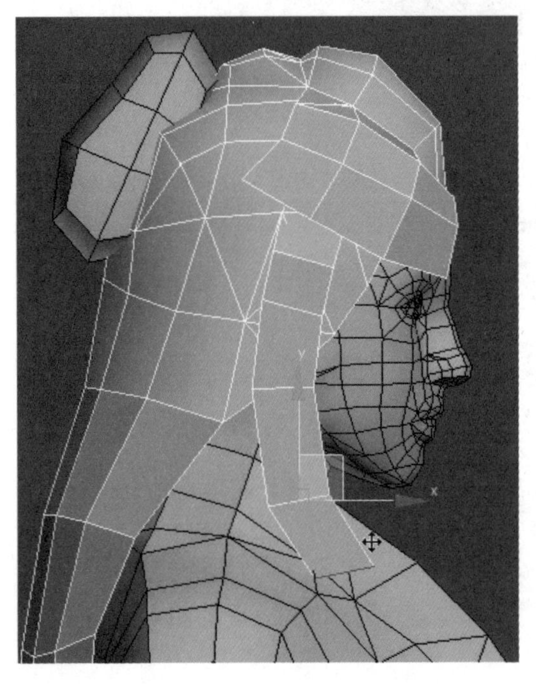

图8-122

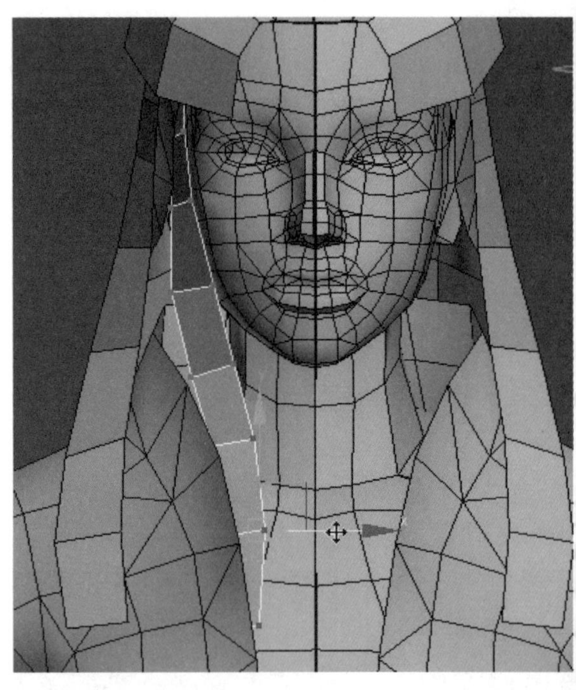

图8-123

⑲ 创建面片作为头饰，这些零碎的头饰在之后需要绘制透明贴图，如图8-125所示。

⑳ 模型完成后的效果如图8-126所示。

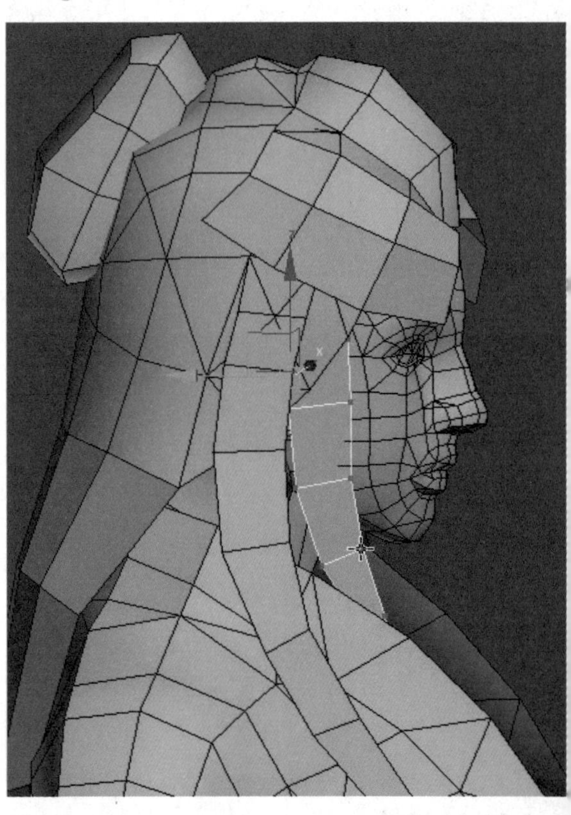

图8-124

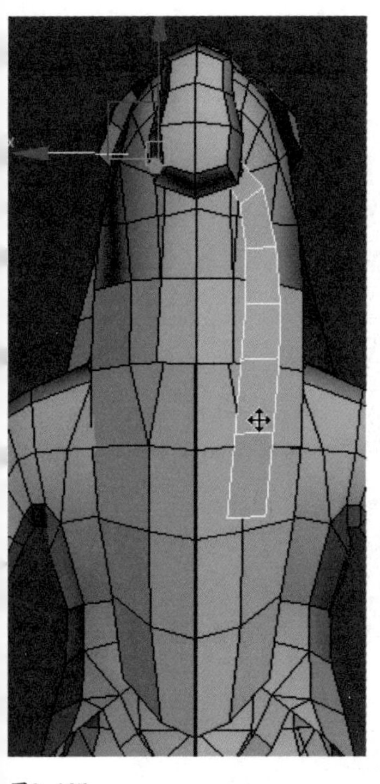

图8-125

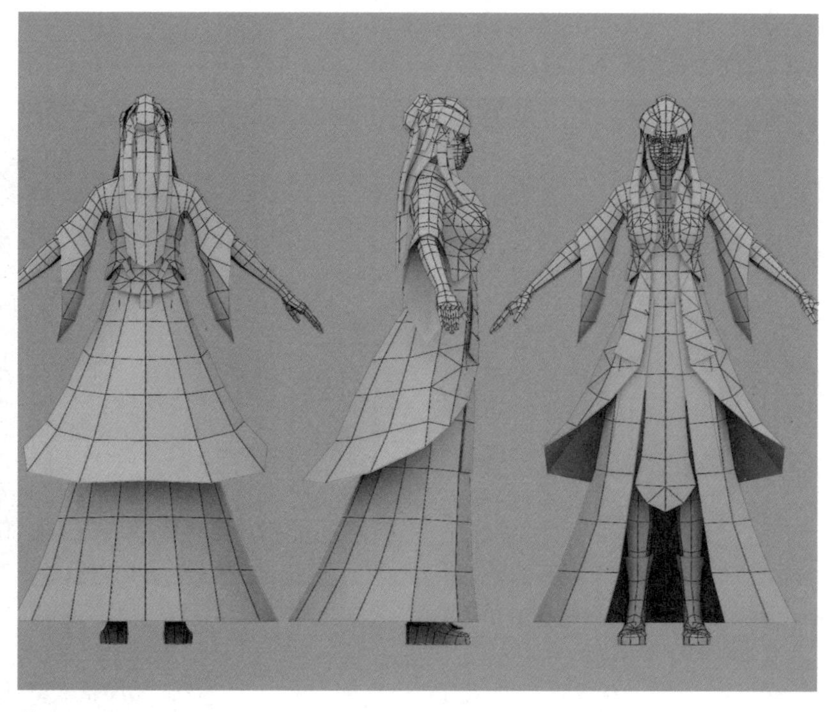

图8-126

8.3 展开角色UV

本案例源文件在资源\模型\第8章\女角色UV展开。

8.3.1 快速剥皮与松弛方式展开角色UV

角色模型基本上都是有弧度的造型，所以在选用展开UV方式时更多地采用快速剥皮与松弛的方式。角色展开UV主要是分好接缝线，接缝线尽可能地开在不容易被看到的地方，本例中的女性角色基本上与男性角色接缝线的位置无异。

1.处理接缝

① 按“Alt+Q”组合键，单独显示物体，在修改面板中添加“Unwrap UVW”UV展开的修改器，添加完修改器之后会有自动断开的接缝线，如果不处理用快速剥皮展开UV会出现破裂，如图8-127所示。

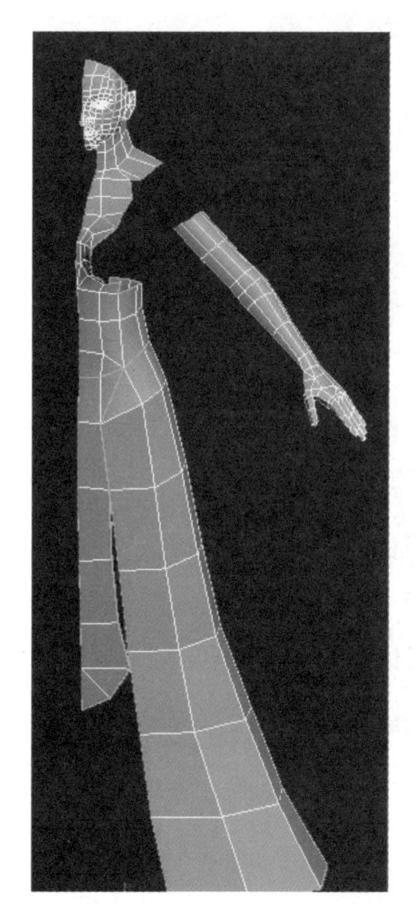

图8-127

② 在展开UV之前选中模型上的所有的面，单击快速平面按钮，这样所有的绿色接缝线就消失了，也相当于用快速平面重置了一遍UV信息，如图8-128所示。

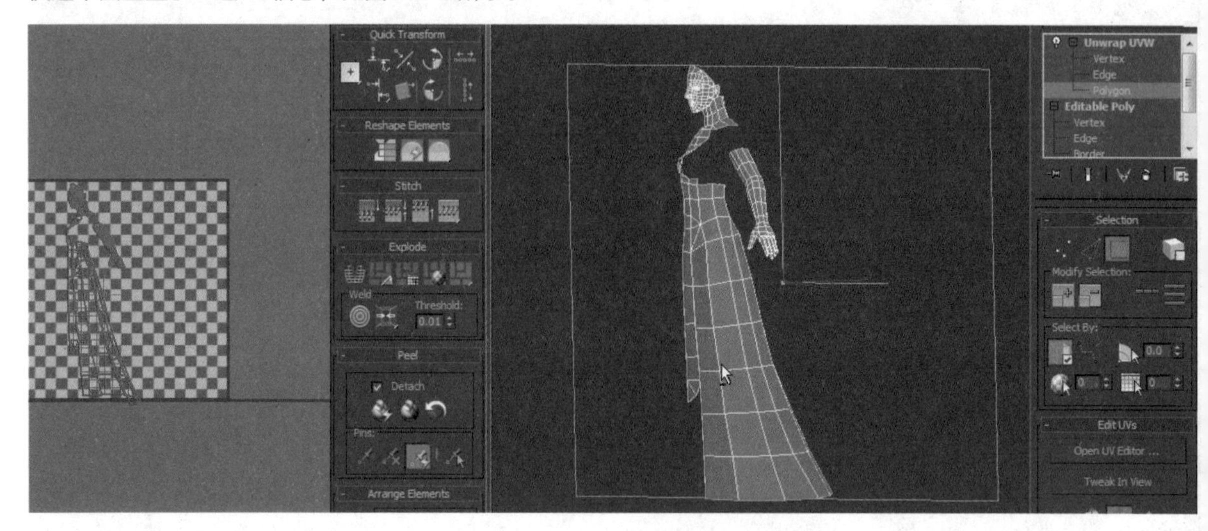

图8-128

③ 然后进入UV线级别，选择腰线单击断开按钮，将此处设置成想要的接缝线，如图8-129所示。

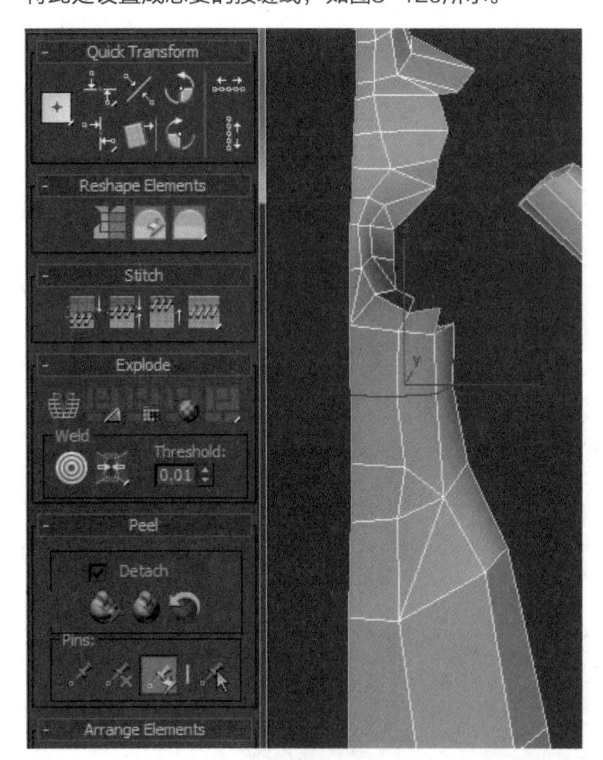

图8-129

④ 然后进入UV线级别，选择耳朵边缘线以及图8-130所示的线，单击断开按钮，将此处设置成接缝线。

⑤ 选择脸部与脖子的分界线，单击断开按钮，将此处设置成接缝线，如图8-131所示。

图8-130

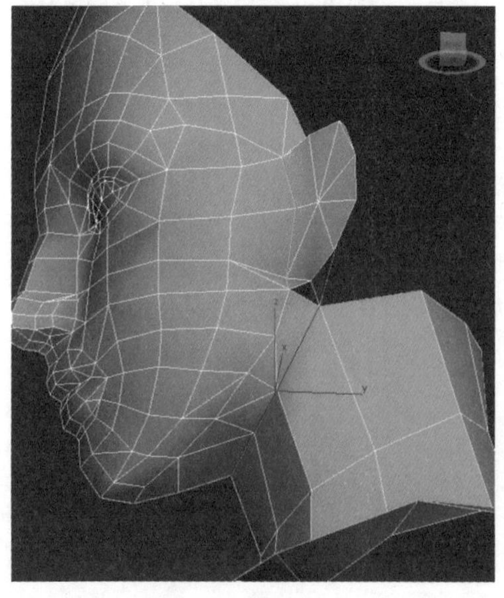

图8-131

⑯ 脸部的弧度太大，如果展不开也可以在下巴的转折处选择线，单击断开按钮，如图8-132所示。

⑰ 选择图8-133所示的线，单击断开按钮，将裙子与前面的挡风结构分开，如图8-133所示。

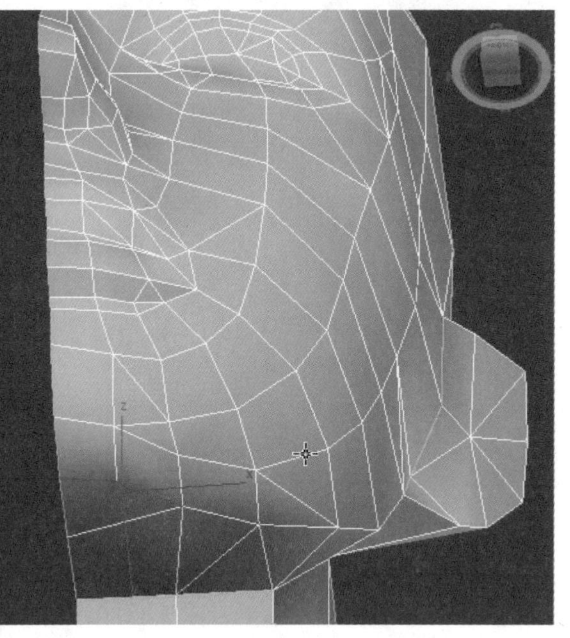

图8-132

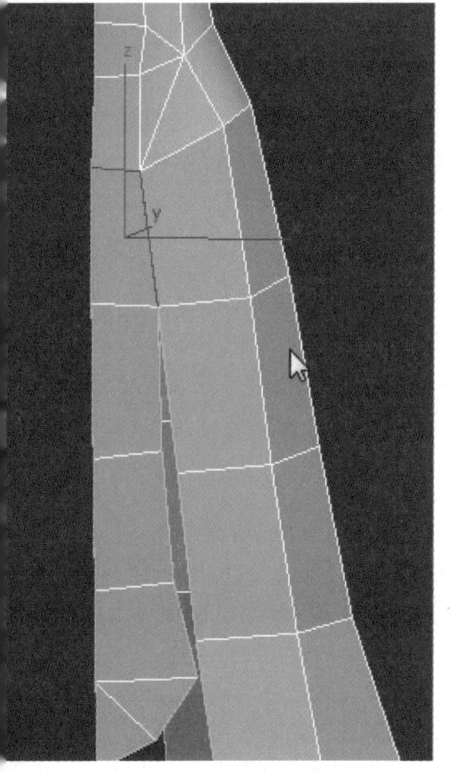

图8-133

⑱ 选择小臂与手掌的交界线将其断开，如图8-134所示。

⑲ 手臂的接缝线，选择在手臂的内侧，然后单击断开按钮，如图8-135所示。

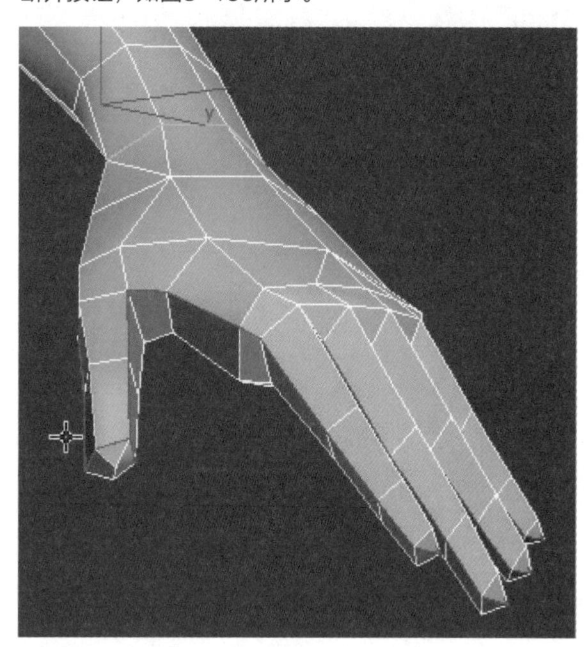

图8-134

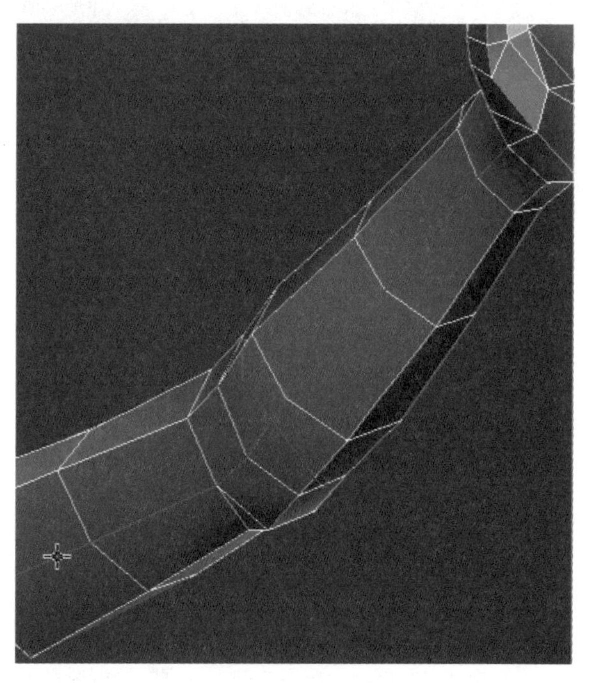

图8-135

2.松弛UV避免重叠

① 整个模型的接缝线确定好之后，选择模型上所有

的UV面，单击UV编辑器菜单栏>Tools>Relax松弛工具，如图8-136所示。

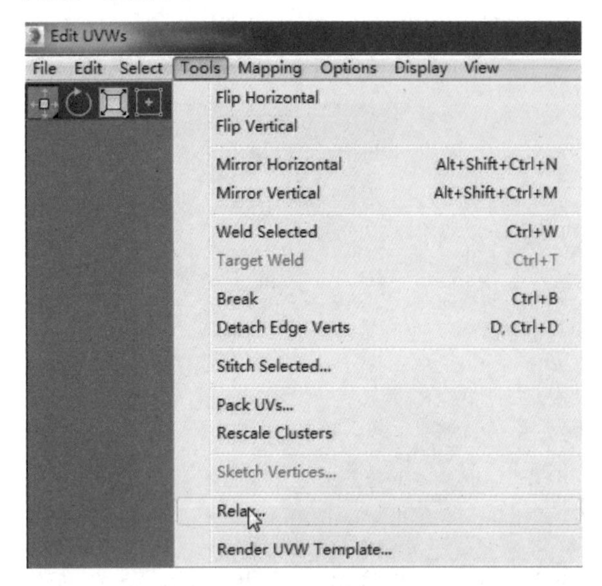

图8-136

② 在弹出的松弛面板中，设置类型为Relax By Polygon Angles，然后单击Start Relax开始松弛，如图8-137所示。

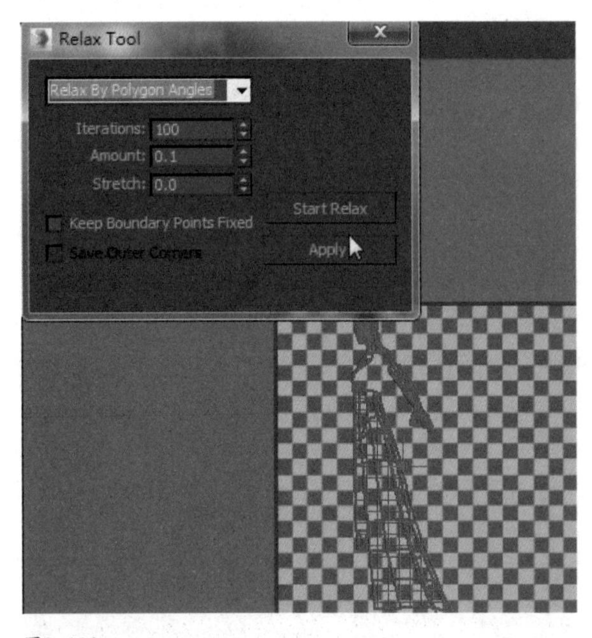

图8-137

③ 松弛之后模型会按照之前设置好的接缝线把整个模型的UV分成几部分，但是会有重叠，如图8-138所示。

④ 为了不让UV重叠，激活UV元素级别，选择局部的面将其移开，如图8-139所示。

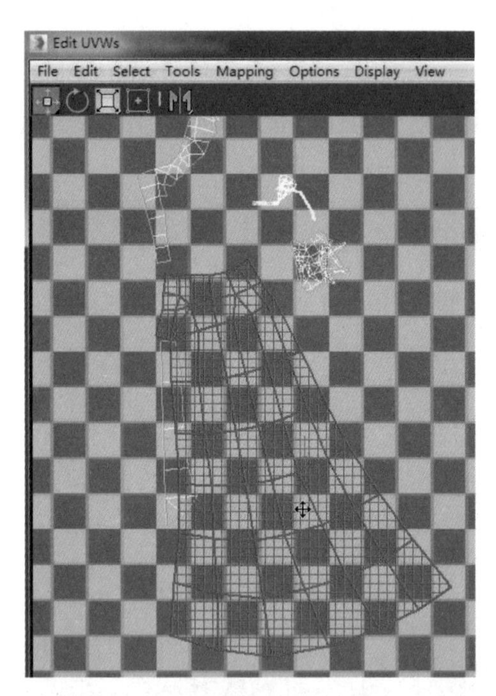

图8-138

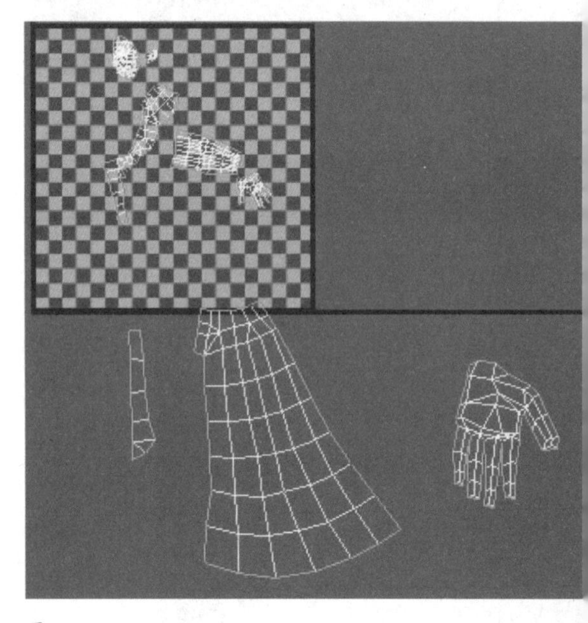

图8-139

⑤ 整个角色是由许多零部件组成的，在展开UV时可以将各个小部件分别添加“Unwrarp UVW”UV展开的修改器，然后用“Attach”命令将身体的模型合并在一起。模型合并了，UV也就合并了。

⑥ 还有一种方法就是先用“Attach”命令将身体的一半模型合并在一起，然后再添加“Unwrap UVW”UV展开的修改器。本案例剩余部分的UV采用第二种方法来制作。UV展开之后按M键打开材质编辑器，选择一个空白的材质球设置棋盘格，棋盘格的设置

方法参考第4章UV展开的内容，棋盘格材质球设置好之后选择物体，单击赋予按钮，再单击显示按钮，在视图中物体身上就显示成棋盘格子图像，如图8-140所示。

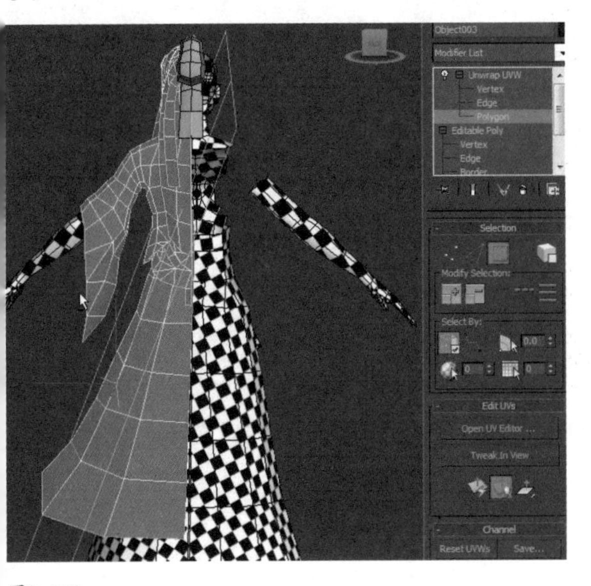

图8-140

⑦ 头发的造型都是散开的模型拼起来的，所以不需要设置接缝线，选择头发的面，单击UV编辑器菜单栏>Tools>Relax松弛工具，在弹出的松弛面板中，设置类型为Relax By Polygon Angles，然后单击Start Relax开始松弛。最后激活UV元素级别，将重叠的面用移动工具分散开，如图8-141所示。

⑧ 外套的接缝线设置在衣身与袖子交界处，并且袖子的内部选择一条线也作为接缝线。选择好线之后单击断开按钮，如图8-142所示。

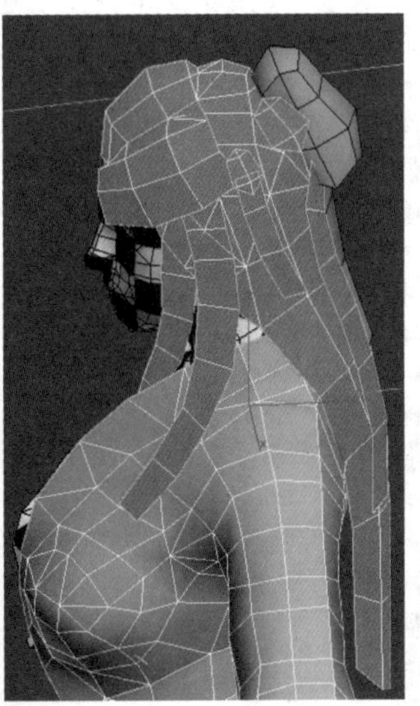

图8-141

图8-142

⑨ 在衣服的肩膀处选择一条线，单击断开按钮。选择整个外套的面，单击UV编辑器菜单栏>Tools>Relax松弛工具，在弹出的松弛面板中，设置类型为Relax By Polygon Angles，然后单击Start Relax开始松弛，如图8-143所示。

⑩ 头上的发髻选择一半的面用快速平面展开，如图8-144所示。

图8-143

图8-144

⑪ 选择底部的面，也用快速平面展开，如图8-145所示。

⑫ 脚部接缝线的位置是脚后跟上的一条竖线，设置好边缘线后用松弛的方式将其展开，如图8-146所示。

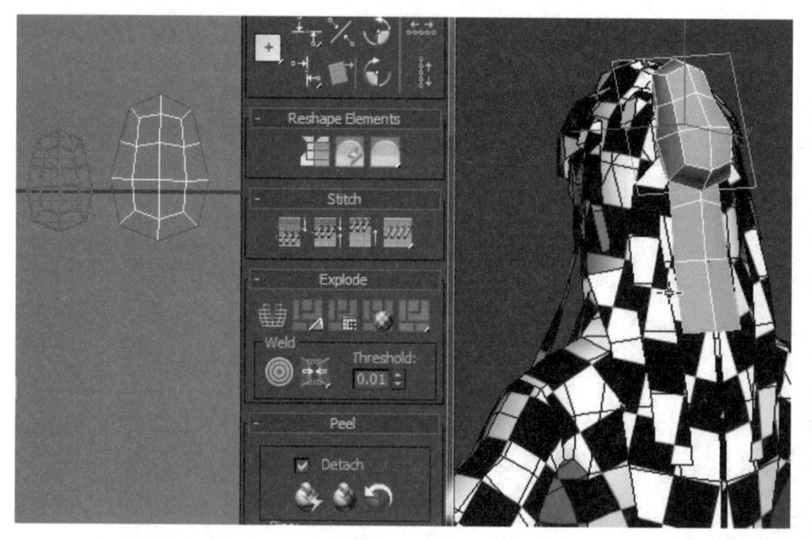

图8-145

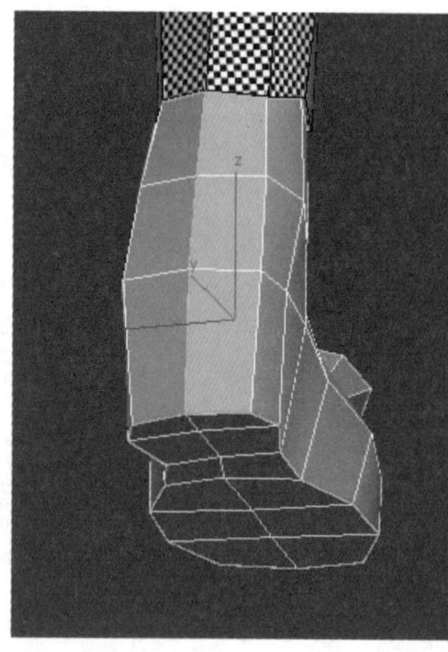

图8-146

8.3.2 整理UV

依据观察习惯，角色的UV尽量让上半身占得面积大一些，面积越大画面越细致。UV摆放要满，空间利用率要大，如图8-147所示。

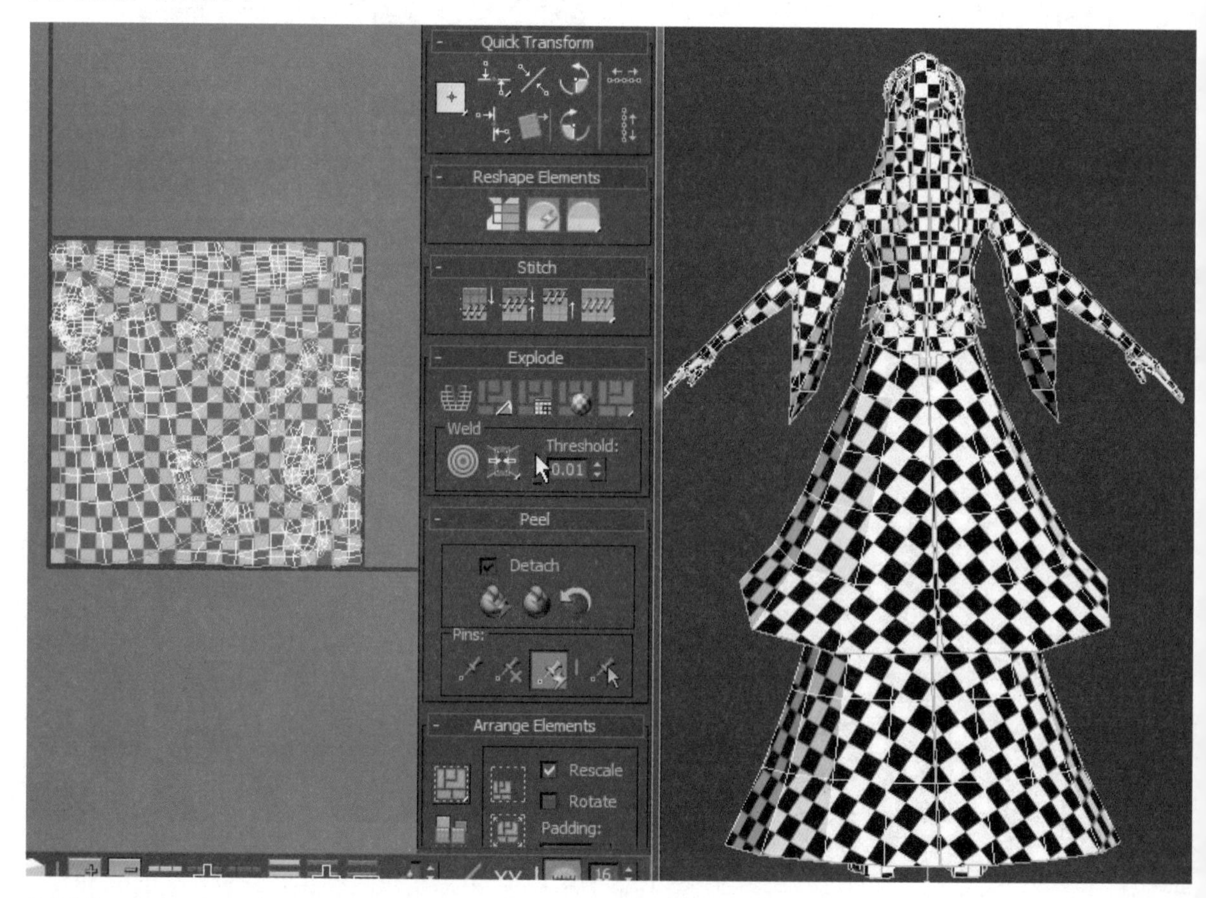

图8-147

整理好UV之后输出.obj格式。

8.4 绘制贴图

将.obj模型拖曳到BodyPaint软件中，具体绘制方法参照之前章节。

本案例源文件在资源\模型\第8章\女角色完整案例。

8.4.1 女性脸部的绘制

1.绘制固有色

① 首先绘制固有色，这个角色的肤色为黄色中透着红色，皮肤比较亮。肤色不能过于偏红，那样颜色会显得焦灼；也不能太过于偏黄，那样会使人显得病态。然后调整画笔将硬度降低，选取比固有色明度深、饱和度高的颜色，绘制眉弓的底部、眼睛的外侧、鼻子底部、下唇底部脸的两侧位置。这些位置都是整个脸部的暗部，如图8-148所示。

② 之后绘制出脸的亮部：额头、鼻子正面、脸的正面、上嘴唇的上部、下巴的上部，如图8-149所示。

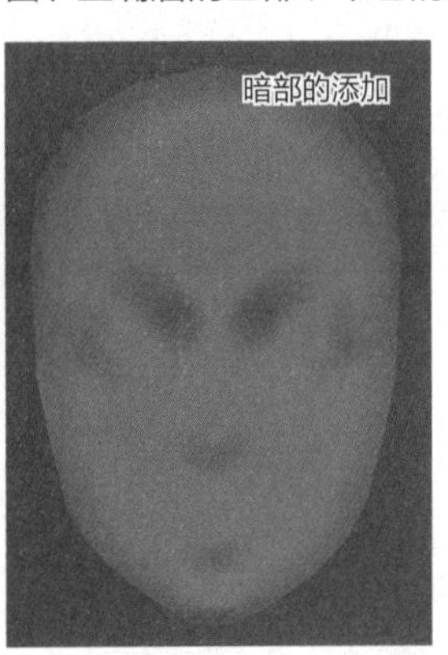

图8-148

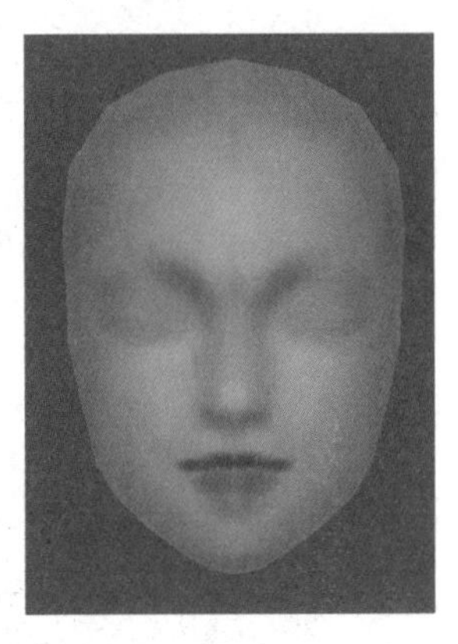

图8-149

2.眼睛的绘制

① 眼睛结构参考图如图8-150所示。

② 首先绘制出眼白与上眼皮的厚度，上眼皮适当要厚一些。然后绘制出眼白的立体感，整个眼球是个球体，要先把球体绘制出来。接着再绘制下眼皮，下眼皮往往是肉色的，越往外眼角处越暗一些，如图8-151~图8-153所示。

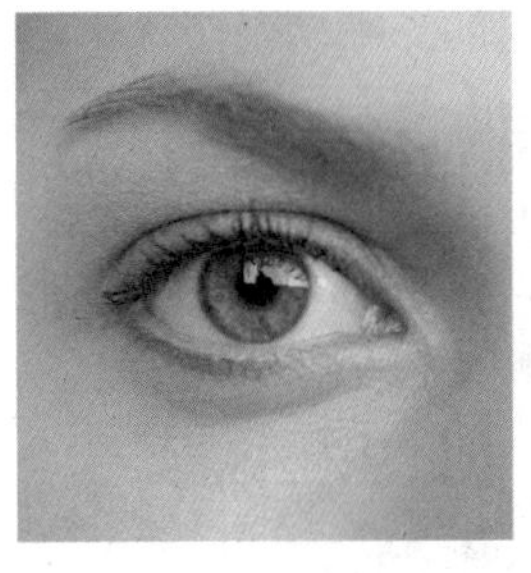

图8-150

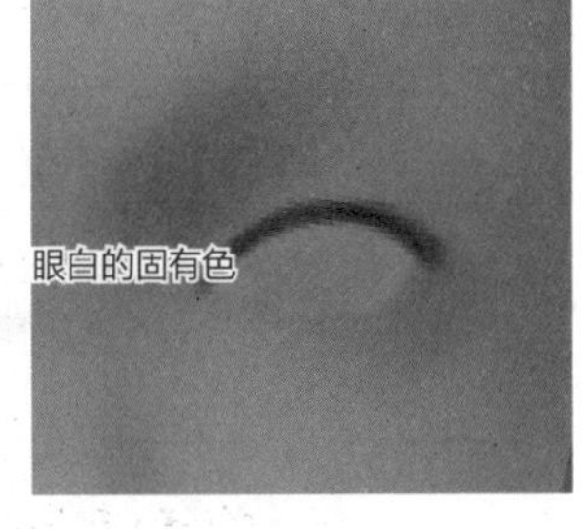

图8-151

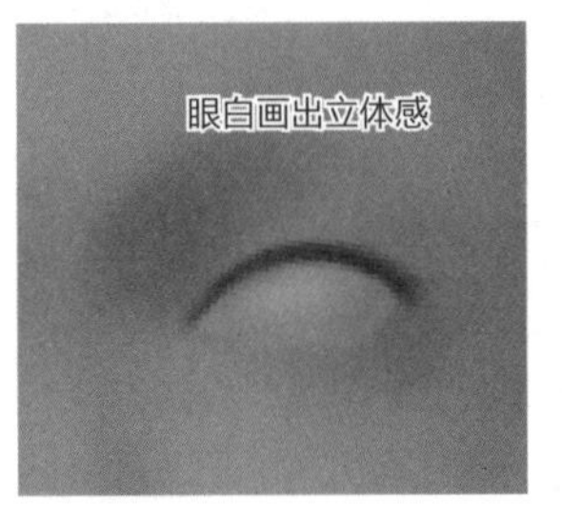

图8-152

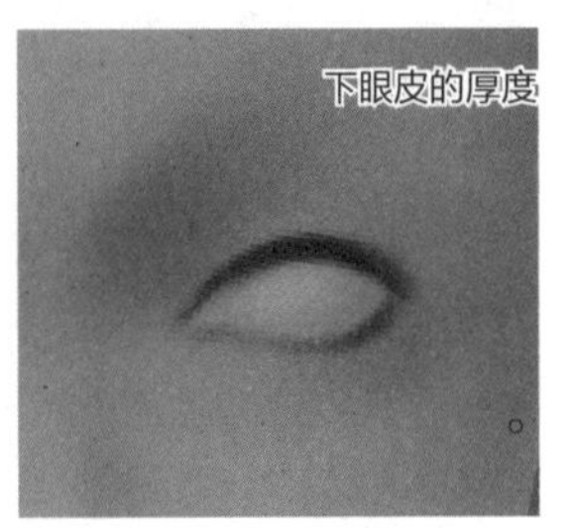

图8-153

③ 绘制出黑眼球的颜色，上部明度较暗，下部明度较亮且饱和度高，瞳孔的颜色较重。然后添加双眼皮与下眼线，双眼皮的颜色应该用深一点的皮肤的颜色，但是不要用黑色卡线，最后添加眼睫毛与眼睛的高光，眼睫毛边缘要虚，不能太死板，高光的位置要留出，上眼皮对眼球的投影位置并不是在眼球的最上方，如图8-154~图8-156所示。

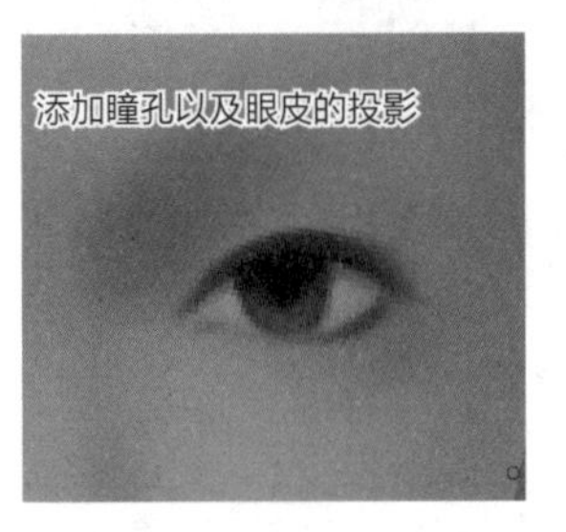

图8-154

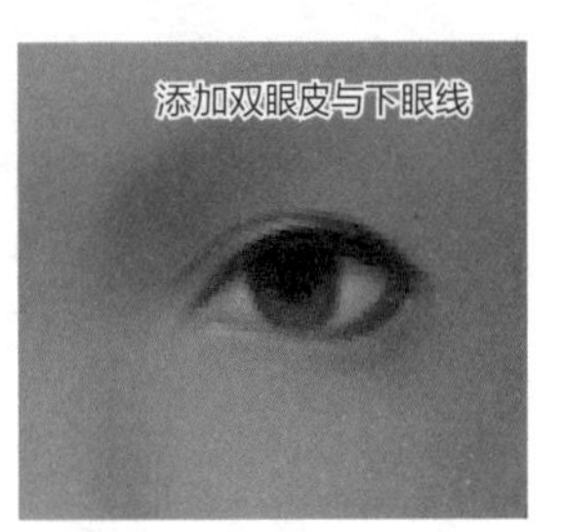

图8-155

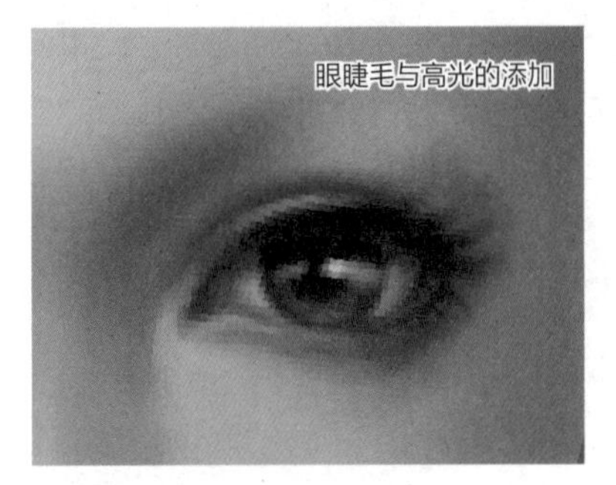

图8-156

3.绘制鼻子和嘴

① 鼻子底部与嘴的参考图如图8-157所示。

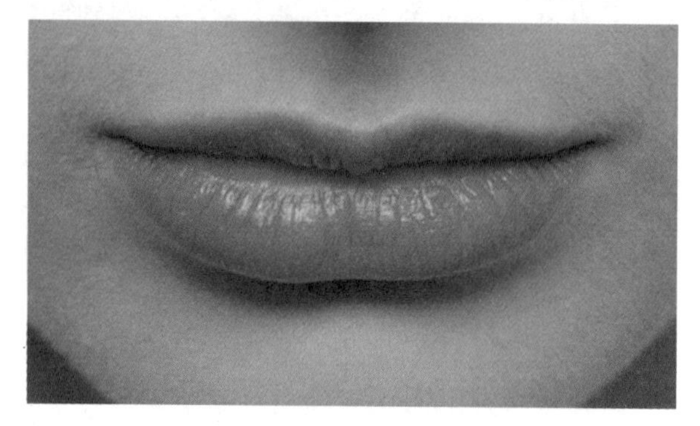

图8-157

② 选择比肤色明度重的颜色绘制鼻子的底部，但是饱和度要适当高一些，饱和度太低看着颜色脏。然后绘制鼻孔的造型，在鼻底与鼻子侧面明暗交界处选择饱和度高一点的肤色绘制过渡，最后添加鼻头到鼻梁骨的高光，如图8-158~图8-161所示。

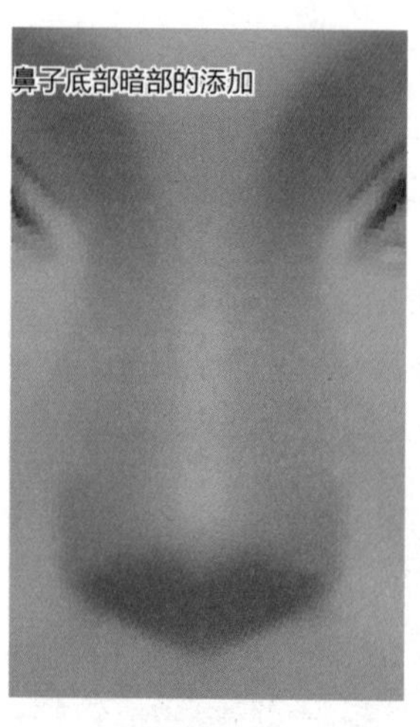

图8-158

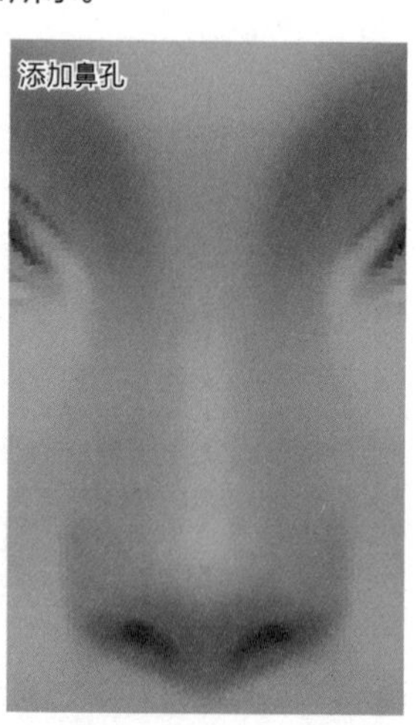

图8-159

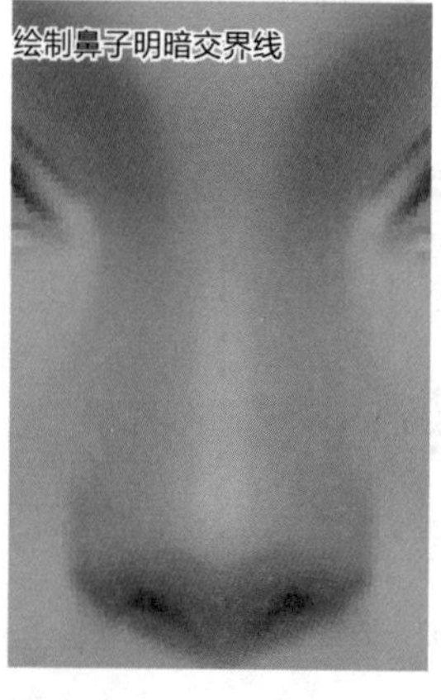

图8-160

图8-161

③ 嘴分为上嘴唇与下嘴唇，上嘴唇处在暗部当中，下嘴唇是受光面，在绘制固有色时上嘴唇要暗一些。然后绘制嘴唇中缝线，饱和度适当高一些，把握好中缝线的造型。然后添加上唇对下唇的投影，一般饱和度比较高。接着绘制出下唇的立体感，最后添加下唇的高光，如图8-162~图8-166所示。

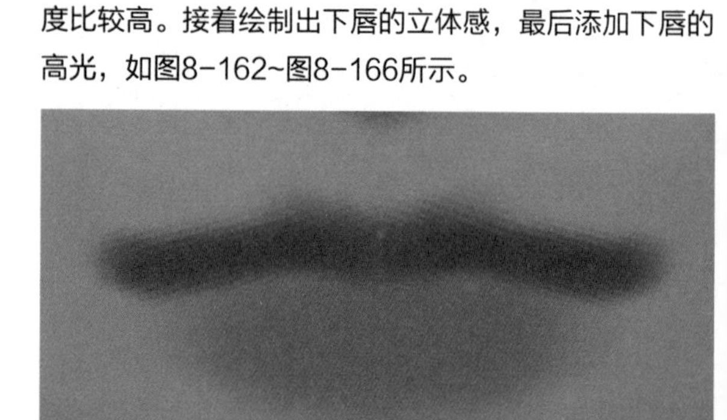

图8-162

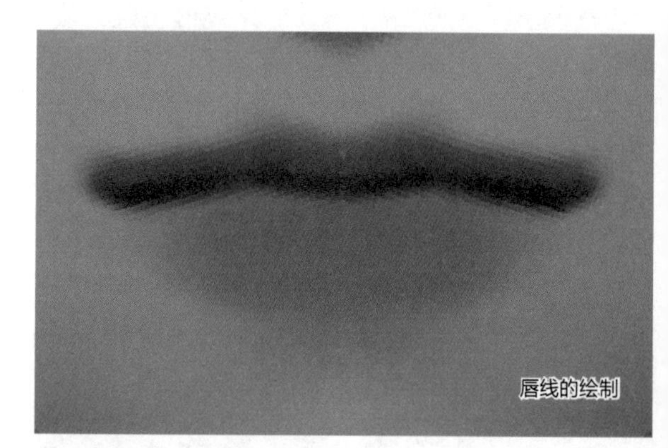

图8-163

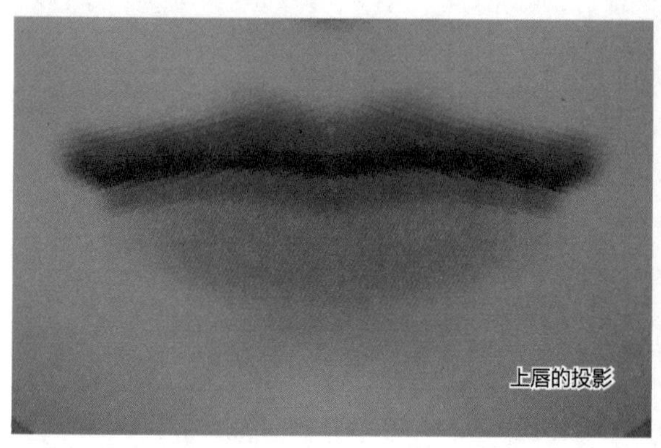

图8-164

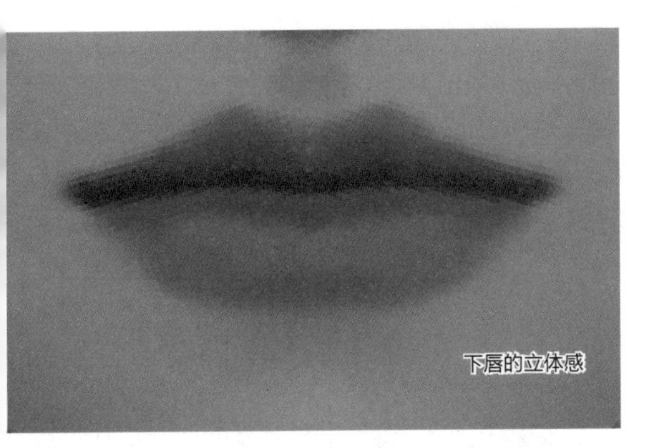

图8-165

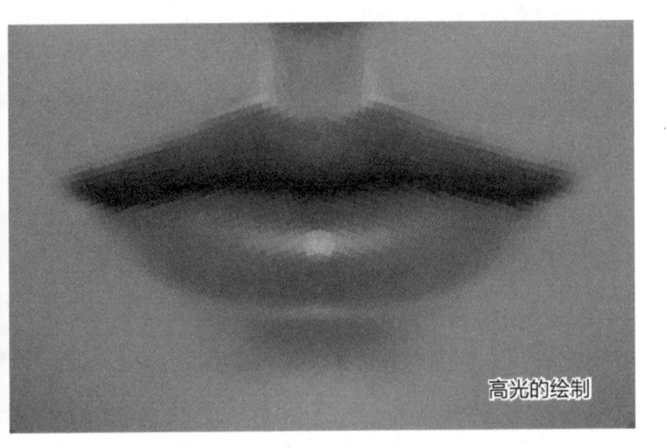

图8-166

④ 脸部的整体效果如图8-167所示。

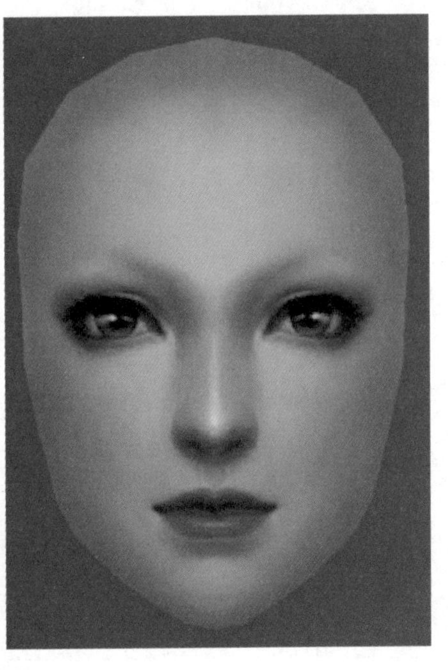

图8-167

4.绘制面具

① 在绘制完脸部后再添加一个面具，先新建一个图层绘制出面具的固有色，黄色金属的固有色不宜太亮，要留出足够的颜色空间绘制高光与亮部，金属色的特点就是对比要强。接着绘制金属的明暗结构关系，最后添加细节结构，如图8-168~图8-170所示。

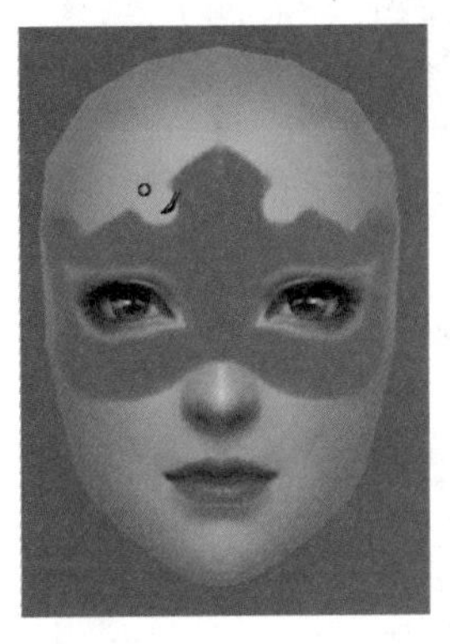

图8-168

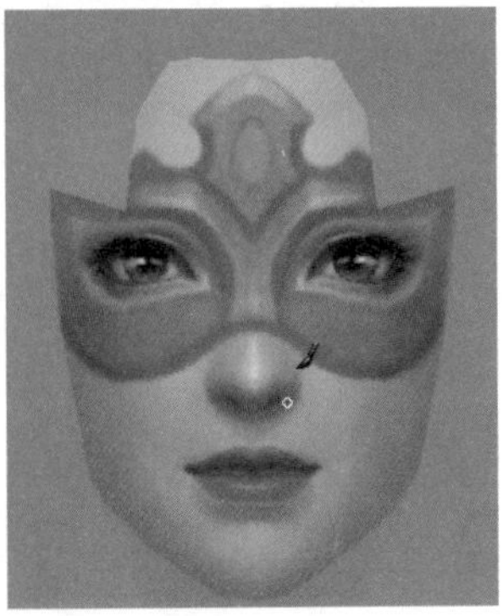

图8-169

图8-170

② 在皮肤与面具图层之间再新建一个图层，在新建的图层上绘制面具的投影，将涂层的叠加模式改成柔光模式。可以通过图层的不透明度来控制投影的强弱，如图8-171所示。

③ 最终效果如图8-172所示。

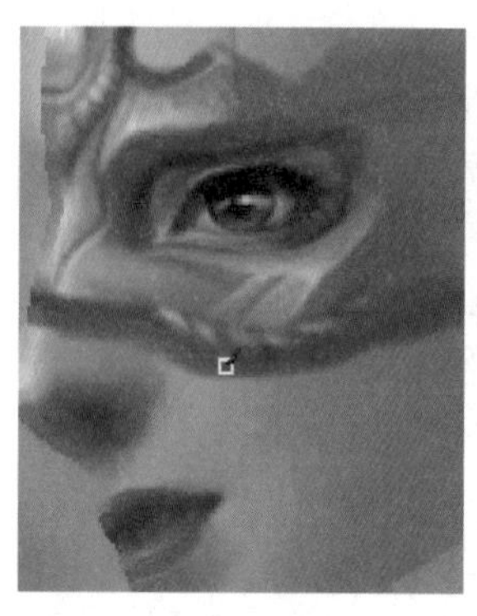

图8-171

图8-172

8.4.2 女性头发的绘制

1.绘制大的明暗关系和制作透明贴图

① 头发的绘制要注意整体关系，不要太拘泥于发丝的表现，否则绘制的贴图没有立体感，会显得太琐碎。头发绘制的步骤大致按照以下步骤，首先绘制大的明暗关系，如图8-173所示。

图8-173

② 制作透明贴图。在图层上单击鼠标右键，在弹出的面板中单击“纹理”>新建Alpha通道，如图8-174所示。

③ 进入图层面板就可以看到在图层的最底部多了一个Alpha通道图层，想透明的部分就可以用黑色绘制，想显示的部分就用白色绘制，简单来说就是“黑透白不透，如图8-175所示。

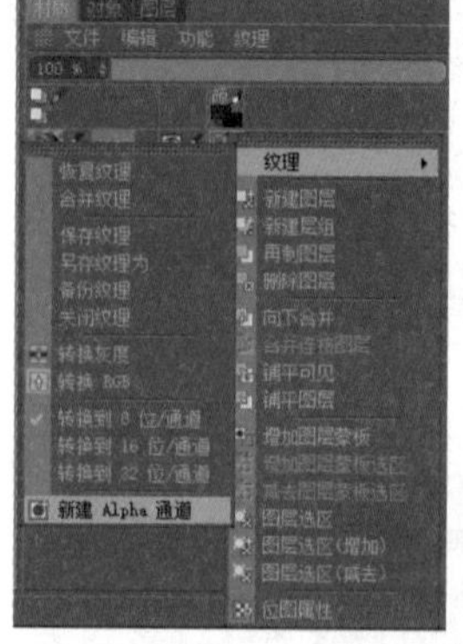

图8-174

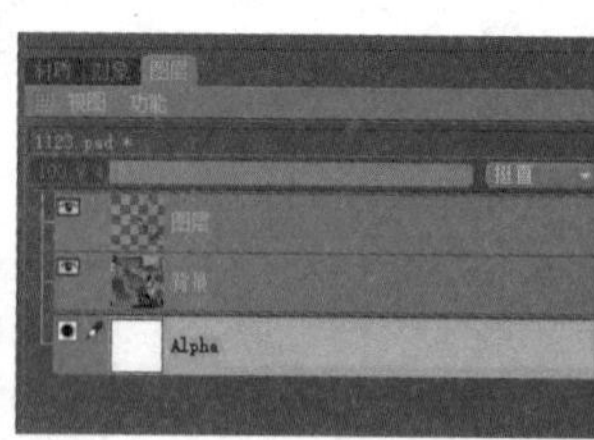

图8-175

④ 为了不影响其他的部分，可以将头发单独显示出来：激活UV多边形编辑模式按钮，进入纹理视图选择头发的面，然后单击菜单栏上的选择几何体>隐藏未选择，这样头发部分就被单独孤立出来了，如图8-176所示。

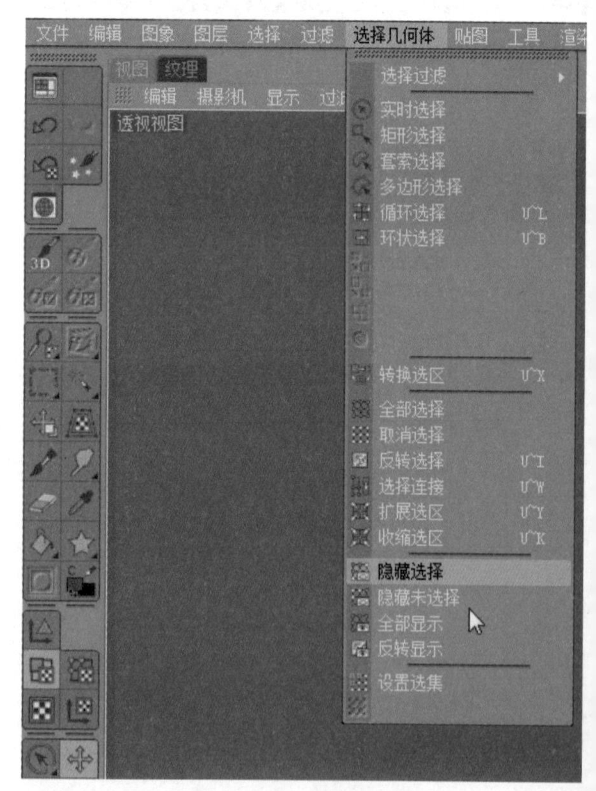

图8-176

⑤ 绘制好的透明贴图效果如图8-177所示。

图8-177

2.做出叠压关系和细节

① 分组做出叠压关系，如图8-178~图8-180所示。

图8-178

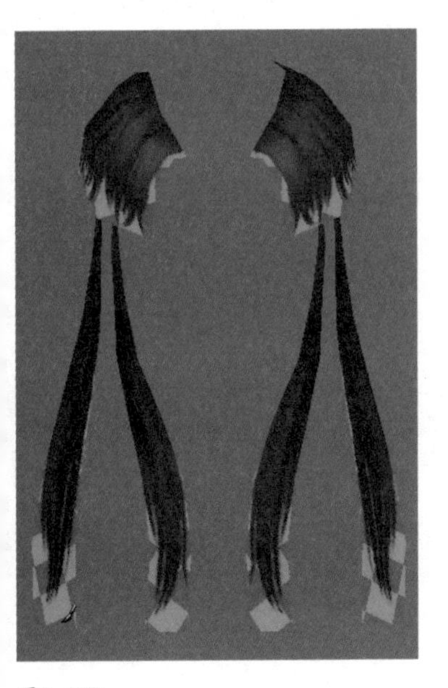

图8-179

图8-180

② 最后再适当绘制几条发丝，如图8-181和图8-182所示。

图8-181

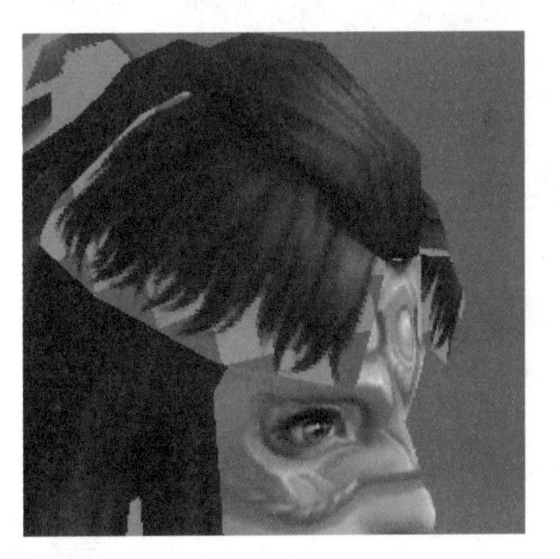

图8-182

③ 用同样的方法绘制其他部分的头发，如图8-183~图8-185所示。

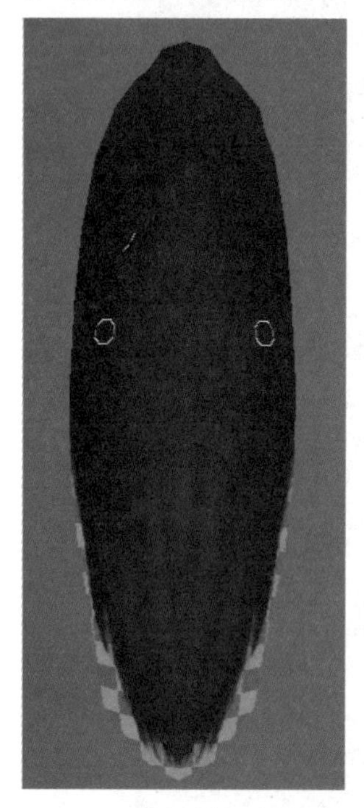

图8-183

图8-184

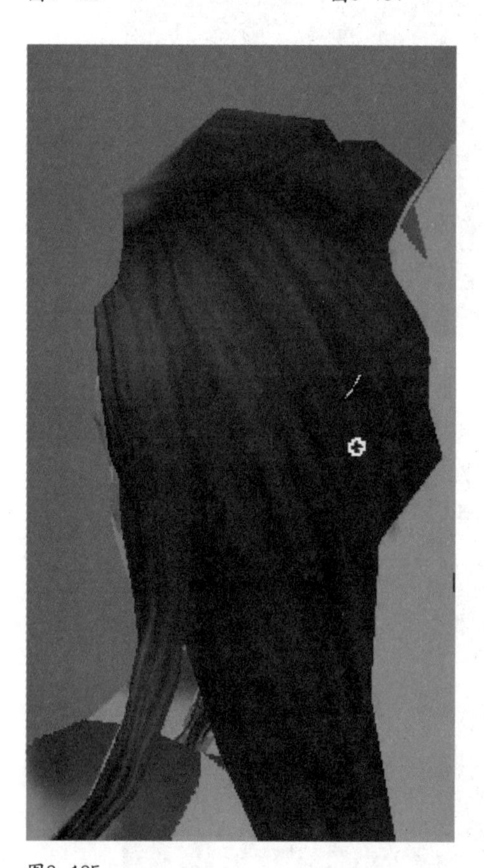

图8-185

8.4.3 女性服饰的绘制

1.固有色的搭配体积关系的绘制

① 按照原画绘制出衣服的固有色，具体的笔刷设置方法参考之前的章节，如图8-186所示。

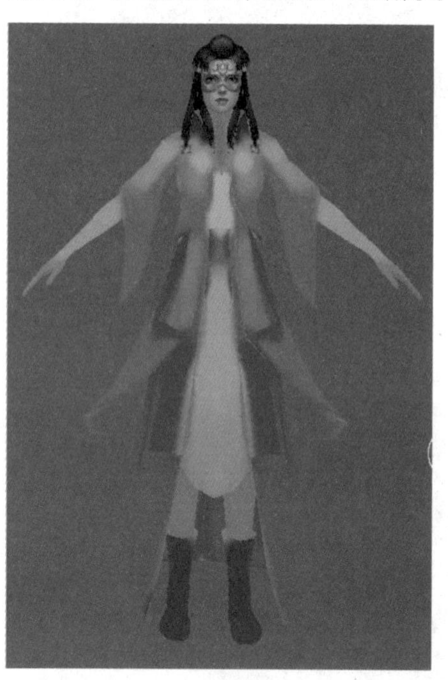

图8-186

② 角色的体积关系的绘制：整个角色的服饰分为外套、上层裙子、底层裙子、包身袖子四大部分。虽然大部分是绿色的，但是还是尽量找到一些差别，上身的外套离光源近可以偏黄绿一些，中间的裙子可以偏蓝色，包身袖是亮色但是偏冷色一些，让其与整个画面色调统一。体积关系绘制完成后的效果如图8-187所示。

图8-187

2.衣服细节的深入

① 外套细节的绘制：细节要随着整体效果添加，如身上的黄色条要随着布褶的起伏做出变化，细节也要随着整体的明暗颜色变化而变化，如图8-188所示。

图8-188

② 外套背部的细节如图8-189所示。

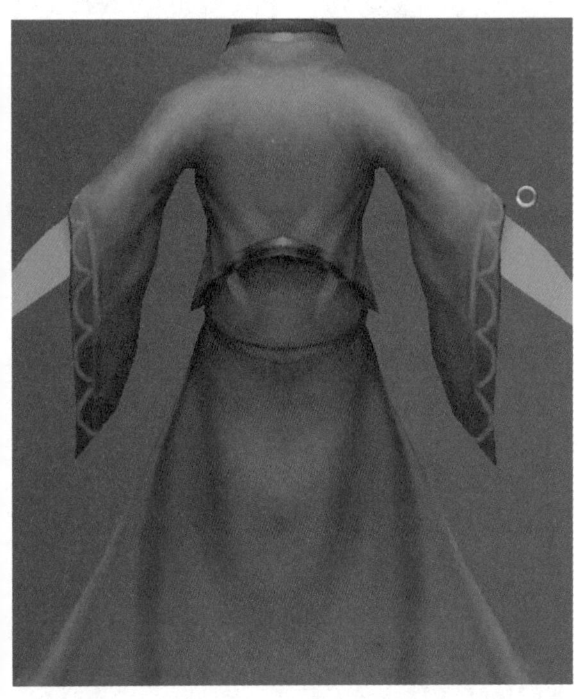

图8-189

③ 腰部细节的绘制：先画出中间亮两边暗的变化，如图8-190所示。

④ 绘制出花纹的走向，如图8-191所示。

图8-190

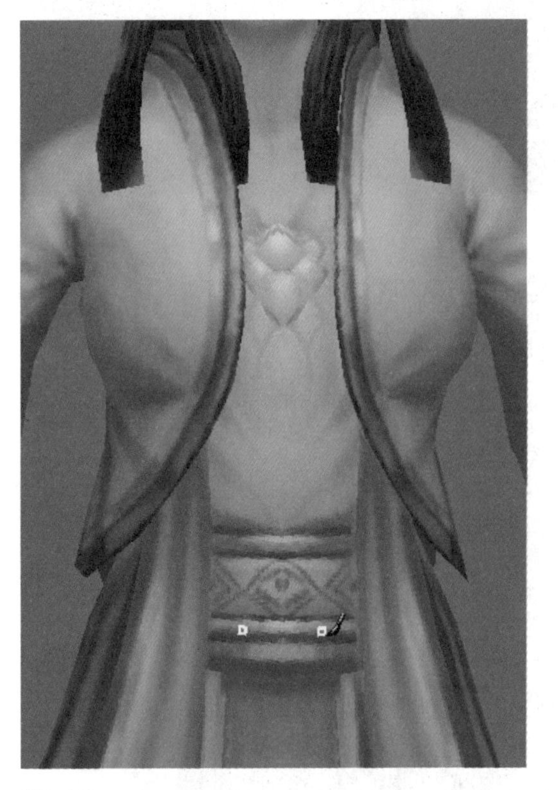

图8-191

⑤ 最后添加花纹的高光，如图8-192所示。

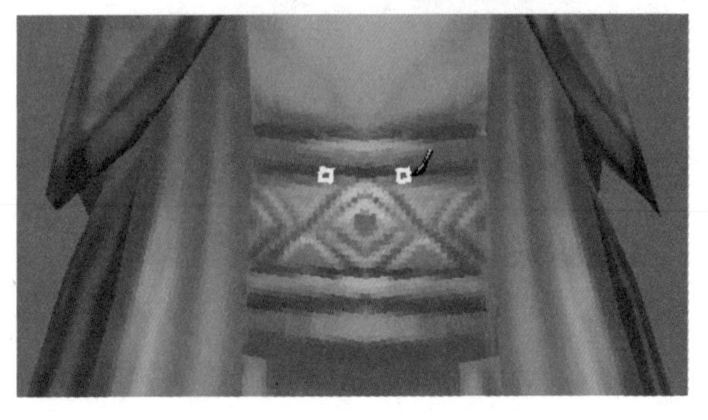

图8-192

3.头饰的绘制

① 绘制出顶底明暗以及颜色变化，然后勾勒出造型，接着添加Alpha通道图层，沿着外轮廓用黑色绘制透明的部分，选择贴图图层再绘制出发饰的立体体积结构。如图8-193~图8-195所示。

图8-193

图8-194

图8-195

② 前飘带的细节表现如图8-196和图8-197所示。

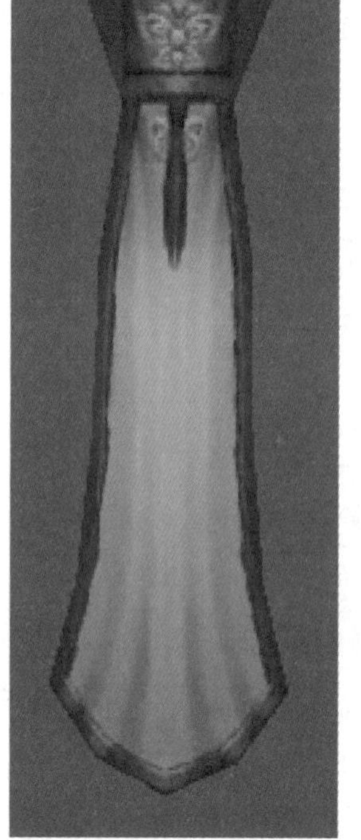

图8-196

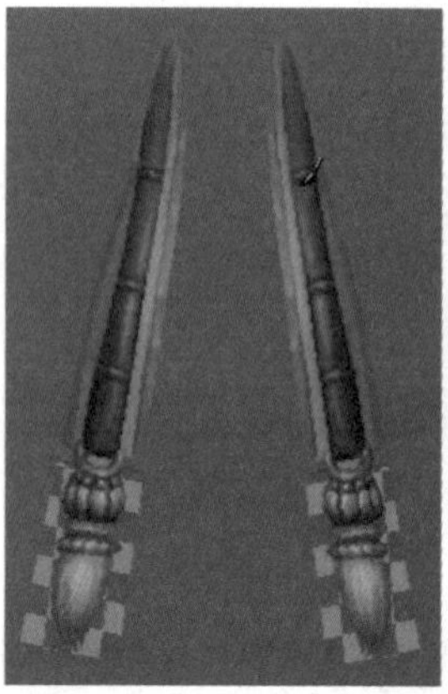

图8-197

③ 在Alpha通道图层上用黑色绘制出裙子的透明部分。裙子有一点半透明，可以用浅灰色在Alpha通道图层上绘制裙子的边缘，如图8-198所示。

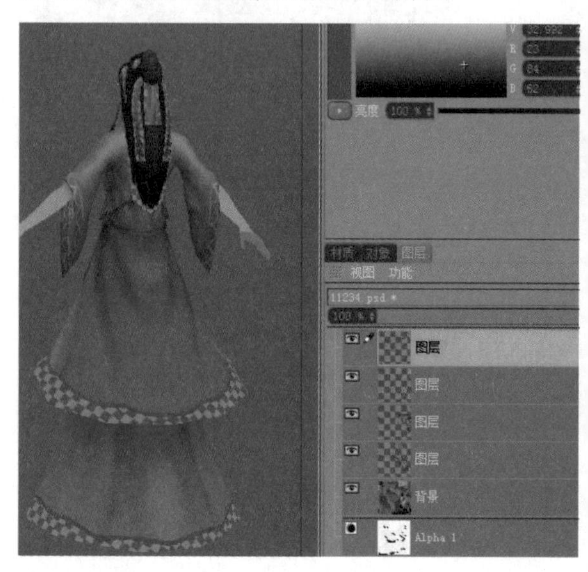

图8-198

④ 细节关系制作完成之后的效果如图8-199所示。

图8-199

⑮ 腿部的细节结构如图8-200所示。

图8-200

⑯ 角色身上的图案可以找一张竹子的图案叠加进去，如图8-201所示。

图8-201

⑰ 接到的图案并不是那么合适，可以多复制几层调整位置拼合成一张完整的图。在Photoshop软件中旋转画布可以用组合键“Ctrl+T”，如图8-202所示。

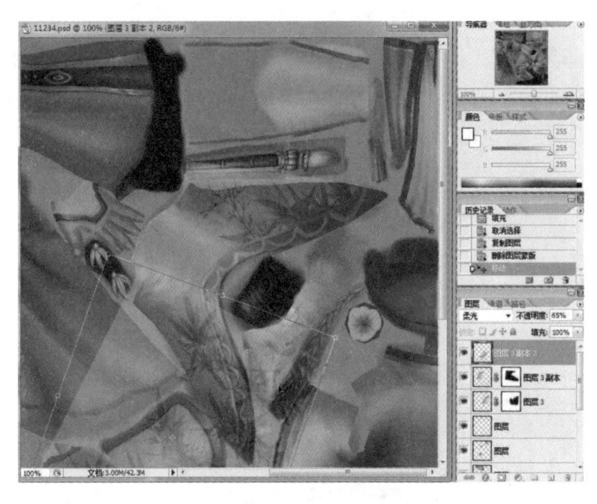

图8-202

⑱ 拼合好的图案如图8-203所示。

图8-203

⑲ 改图层的叠加模式为“柔光”模式，还可以通过改变图层的不透明度来调整叠加的强弱，如图8-204所示。

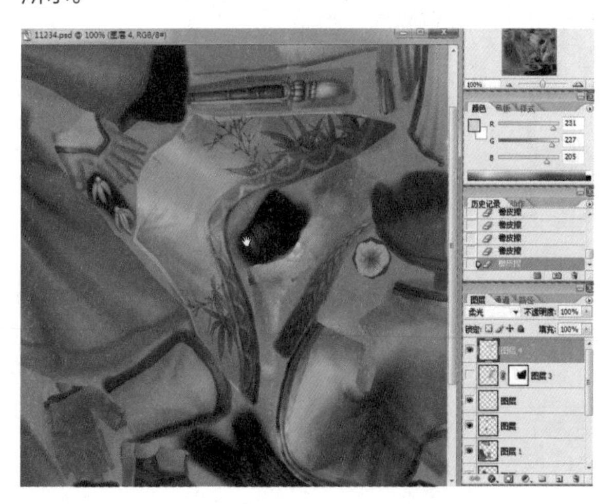

图8-204

⑩ 最终效果如图8-205所示。

图8-205

8.5 本章作业

根据原画图8-206制作角色模型并且绘制贴图，模型面数为4000面以内。

作业参考图在资源\作业\第8章\侠女。

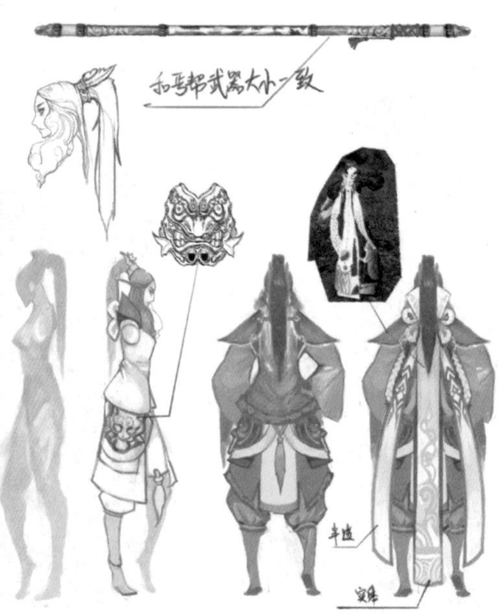

图8-206